≪디지털 응용회로 설계≫ 정오표

CHAPTER03 49쪽

〈표 3-1〉 자리올림수가 없을 경우

	1	1	1	0
	0	0	1	1
+	0	1	1	1
0	1	0	1	0

〈표 3-2〉 자리올림수가 있을 경우

	1	1	1	0
	1	0	1	1
+	0	1	1	1
1	0	0	1	0

CHAPTER04 81쪽

〈표 4-9〉 실장실험 1

입력	키 9	1	0	0	1
	키 5	0	1	0	1
FND 상태					

CHAPTER07 123쪽

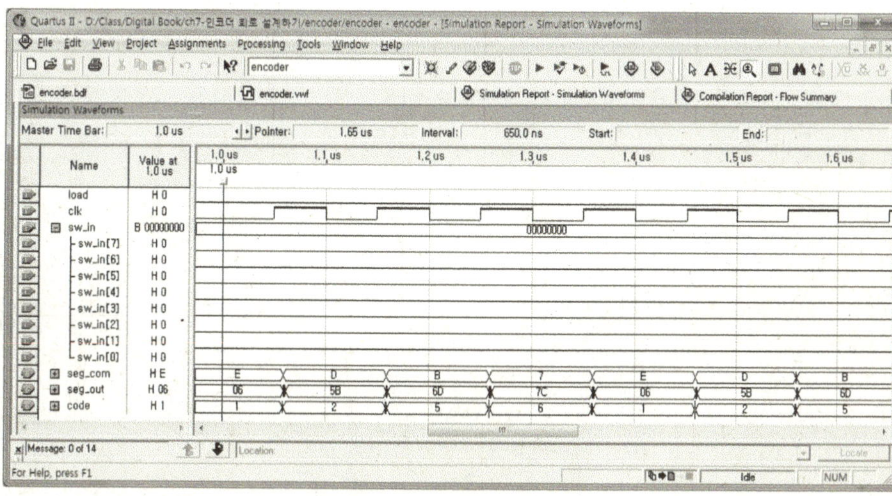

[그림 7-5] 인코더 응용회로의 clk 동작에 대한 모의실험 결과

JN434083

ALTERA QUARTUS II와

디지털 응용회로 설계

박군종 · 정성순 · 김용규 지음

생능출판

국립중앙도서관 출판시도서목록(CIP)

Altera quartus Ⅱ와 디지털 응용회로 설계 / 박군종, 정성순, 김용규 [지음].
— 파주 : 생능출판사, 2014
p. ; cm

ISBN 978-89-7050-800-9 94000 : ₩22000

논리 회로[論理回路]
디지털 회로 기술[—回路技術]
004.2212-KDC5

621.395-DDC21 CIP2014003309

머리말

본 교재는 디지털 논리 회로의 설계 아이디어, 설계 과정, 모의실험 그리고 실장실험까지의 모든 전개 과정을 아주 상세하고 세부적으로 설명하고 있다. 디지털 논리 회로를 설계하고 모의실험하며 실장 실험하는데 디지털 논리에 대한 기초 지식과 전문지식은 물론이고 CAD의 도움이 반드시 필요하다. 본 교재에서 사용하는 CAD는 알테라사에서 제공하는 Quartus II 프로그램이다. 본 교재에서 소개되는 모든 디지털 논리회로는 Quartus II Tool을 이용하여 설계하고 모의실험한 다음 트레이닝 키트에 실장실험을 완료한 검증된 회로들이다. Quartus II Tool외에 한백전자의 HBE-Combo II 트레이닝 키트를 본교재의 회로를 실장 실험하는데 사용하였다.

본 교재를 집필한 주요목적은

첫째, ASIC(Application Specific Integrated Circuit)설계에 대한 지속적인 관심을 가지는 것과 ASIC 제작을 위해 반드시 필요한 FPGA(Field Programmable Gate Array), CPLD(Complex Programmable Logic Device)에 대한 전문적인 지식과 개발기술을 터득하게 하는 것이다.

둘째, 본교재의 독자들이 ASIC기반기술을 중심으로 디지털 회로를 설계하기 위한 기본적 개념을 갖추게 하는 것이다.

셋째, 독자들이 디지털 회로설계에 대한 기본적인 개념을 갖춘 다음 어떻게 목적에 맞는 디지털 회로를 만들어 나갈 것인가를 터득하게 하는 것이다.

마지막으로 디지털 회로에 대한 개념과 설계방법을 터득한 후 CAD Tool을 활용하여 실제적인 설계과정을 직접 체험하게 하는 것이다.

본 교재의 특징은

첫째, 다양한 디지털 논리회로를 소개하면서 기초 논리 회로를 기본으로 복잡한 디지털 회로를 설계하는 과정을 다루었기 때문에 독자들은 단편적인 디지털 논리회로의 이해가 아닌 체계적인 디지털 논리회로 및 디지털 시스템 설계 능력을 갖추게 될 것이다.

둘째, 모든 디지털 논리회로에 대한 모의실험 과정이 포함되어 있기 때문에 회로 동작에 대한 이해를 높일 수 있고 디지털의 생명인 타이밍을 이해하는 데 도움이 될 것이다.

셋째, 트레이닝 키트의 많은 입출력 기능을 설계에 적용하였기 때문에 회로와 트레이닝 키트의 인터페이스 방법을 다양하게 터득할 수 있다.

본 교재는 전체 23개의 장과 5개의 부록으로 구성하였으며 제1장과 2장에서는 트레이닝 키트의 키 입력을 4비트 2진수로 바꾸고 이를 래치하는 방법을 다루었다. 3장에서는 4비트 덧셈기 응용회로를 다루었고 4장에서는 4비트 뺄셈기 응용회로를 다루었다. 5장에서는 4비트 덧셈기 및 뺄셈기와 유사한 BCD 덧셈기를 다루었으며 6장과 7장에서는 디코더 및 인코더 응용회로를 8장에서는 멀티플렉서 응용회로를, 9장에서는 비동기식 카운터 응용회로를 소개하였다. 10장에서는 동기식 카운터 설계 및 응용회로를 다루었으며 11장에서는 링 카운터와 존슨 카운터를 소개하였다. 12장에서는 일반적으로 소개된 IC로 구성하는 카운터 응용회로를, 13장과 14장에서는 다양한 주파수 분주회로를 카운터 IC와 함께 다루었다. 15장, 16장 그리고 17장 에서는 플립플롭으로 구성하는 직렬-직렬, 직렬-병렬, 병렬-병렬 레지스터 응용회로를 소개하였으며 18장에서는 개인의 보안을 유지할 수 있는 비밀번호 입력시스템을 다루었다. 19장에서는 덧셈, 뺄셈, 곱셈 나눗셈을 처리하는 4비트 계산기 설계 방법을 소개하였고 20장과 21장에서는 FPGA 칩 내부에 설정할 수 있는 RAM과 ROM을 응용하는 회로를 소개하였다. 22장에서는 트레이닝 키트에 외부 키보드를 연결할 수 있는 PS/2 키보드 인터페이스 응용회로를 다루었고 마지막으로 23장에서는 트레이닝 키트에 있는 외부 메모리를 어떻게 활용하는가를 소개하였다.

본 교재는 필자들이 산업체에 근무하면서 경험했던 ASIC 및 FPGA 그리고 CPLD등에 대한 경험과 CAD Tool의 사용 경험 그리고 디지털 시스템에 대한 기본 개념과 여러 해 동안 강의를 통해 습득한 경험을 토대로 집필하였으나 필자의 부족함으로 수정 보완해야할 부분이 많을 것으로 판단되며 이 교재를 사용하는 모든 분들의 조언을 부탁드린다.

2014년 1월 31일

저자일동

차례

CONTENTS

CHAPTER 07 인코더 응용회로 설계하기

CHAPTER 08 멀티플렉서 응용회로 설계하기

CHAPTER 09 비동기식 카운터 응용회로 설계하기

CONTENTS

CHAPTER 10 동기식 카운터 응용회로 설계하기

CHAPTER 11 링 존슨 카운터 회로 설계하기

CHAPTER 12 IC를 활용한 카운터 회로 설계하기

CONTENTS

CONTENTS

부록 01 Quartus II 프로그램 사용법

부록 02 Quartus II 프로그램과 USB blaster 디바이스 드라이버 설치

부록 03 HBE-Combo II 트레이닝 키트 사용법

CONTENTS

CHAPTER 01

트레이닝 키트에서 입력되는 2개의 키를 래치하는 회로 설계

CHAPTER

01 트레이닝 키트에서 입력되는 2개의 키를 래치하는 회로 설계

1.1 2개 키 입력 회로 설계하기 목표

① 트레이닝 키트에 있는 4×3 키패드(keypad) 또는 버튼 스위치를 입력으로 사용한다.

② 키패드(keypad) 또는 버튼 스위치에서 눌려진 숫자를 입력하는 방법을 실습한다.

③ 입력된 숫자에 해당하는 부호 값을 구하는 인코더를 설계한다.

④ 입력된 숫자 2개를 7-세그먼트 배열에 표시한다.

1.2 2개 키 입력 회로 구성하기

1.2.1 2개 키 입력 회로 블록도

[그림 1-1]은 Combo II 트레이닝 키트에서 2개의 숫자 키를 입력하여 7-세그먼트에 표시할 수 있는 장치의 구성을 나타낸 것이다. Combo II 트레이닝 키트는 숫자를 입력하기 위하여 4×3 매트릭스 방식으로 구현한 키패드(keypad)를 이용한다. [그림 1-1]의 블록도에 나타낸 것처럼 키패드에서 숫자 키를 누르면 상승펄스가 발생하고 상승펄스가 인코더에 입력되면 인코더는 이 신호를 BCD (Binary Coded Decimal) 코드로 부호화하여 2개의 래치에 저장한다. 저장된 2개의 입력 숫자는 7-세그먼트에 표시된다.

4×3 키패드는 서로 다른 12개의 키를 입력으로 사용할 수 있도록 구성되어 있다. 이와 같은 키패드는 스캔 방식으로 눌려진 스위치를 판단한다. 이 키패드는 행(row)과 열(column)을 동시에 제어하여 입력을 받을 수 있도록 구성한다. 트레이닝 키트에서는 키패드의 행과 열을 선택적으로 스캔할 수 있도록 구성되어 있다. 따라서 4개의 행을 스캔 형식으로 시프트 시키면서 논리 [1]을 출력하고, 열에 입력되는 값을 읽어, 키패드에 어떠한 값이 입력되었는지 판단하는 방

법이다. 키패드의 입력과 출력방향은 스캔방향을 결정하는 헤더 핀을 이용하여 바꿀 수 있다. 따라서 열 방향으로 스캔할지, 행 방향으로 스캔할지는 점퍼 캡을 이용하여 제어할 수 있다. 키패드에 있는 12개 키에는 풀다운 저항을 모두 사용하고 있기 때문에, 평상시에는 기본적으로 논리 [0]의 값을 나타내며, 키를 눌렀을 경우 논리 [1]의 값을 나타낸다.

입력된 2개 키에 대한 2개의 숫자 값을 저장하기 위하여 2개의 저장 공간인 Latch를 제어하며, 서로 교대로 저장 할 수 있도록 한다. 또한 저장된 2개의 숫자를 2개의 7-세그먼트 배열에 표시하기 위하여 동적 출력 방식(Dynamic Display)을 사용한다.

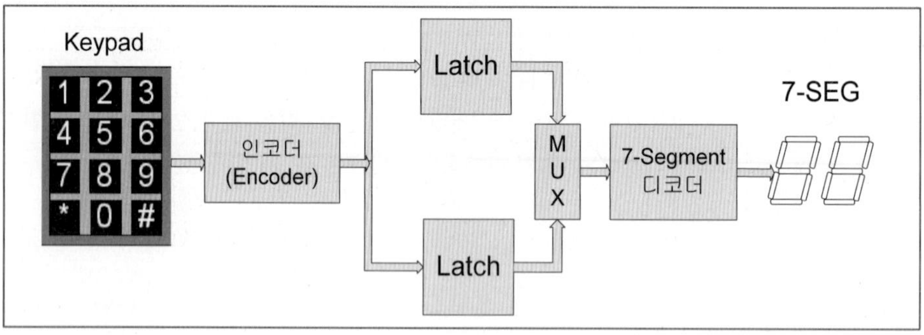

[그림 1-1] 2개 키 입력 회로 블록도

1.2.2 2개 키 입력 회로도

Combo II 트레이닝 키트에 적용할 수 있는 2개 키 입력 회로도는 [그림 1-2]와 같다. 숫자는 트레이닝 키트의 4×3 키패드 중 하나의 키를 누르면, keypad 4×3은 12개의 키 중에서 현재 눌려진 키의 값을 출력한다. get2key 블록에 12개 중 하나의 키 신호가 입력되면 get2key는 이 신호를 BCD 코드로 변환하고 Latch에 저장한다(data1[3..0]). 또 다른 키를 누르면 get2key는 이 신호를 BCD 코드로 변환하고 다른 Latch에 저장한다(data2[3..0]). get2key에 의해 저장된 2개의 입력 숫자는 74257 멀티플렉서를 통해 7-세그먼트에 출력할 코드 값 중 하나가 선택된다. 선택된 출력 코드는 7448을 통해 7-세그먼트 데이터 형식으로 바뀌어 출력된다.

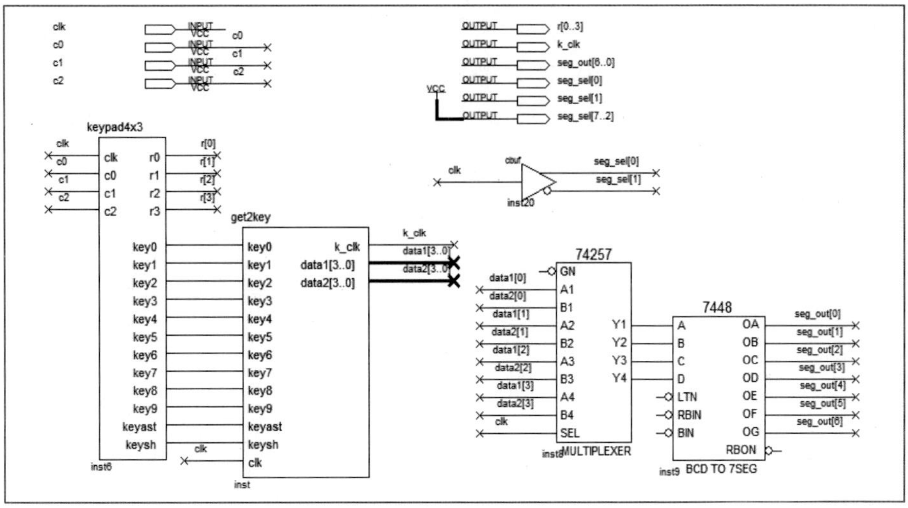

[그림 1-2] 2개 키 입력을 위한 회로도

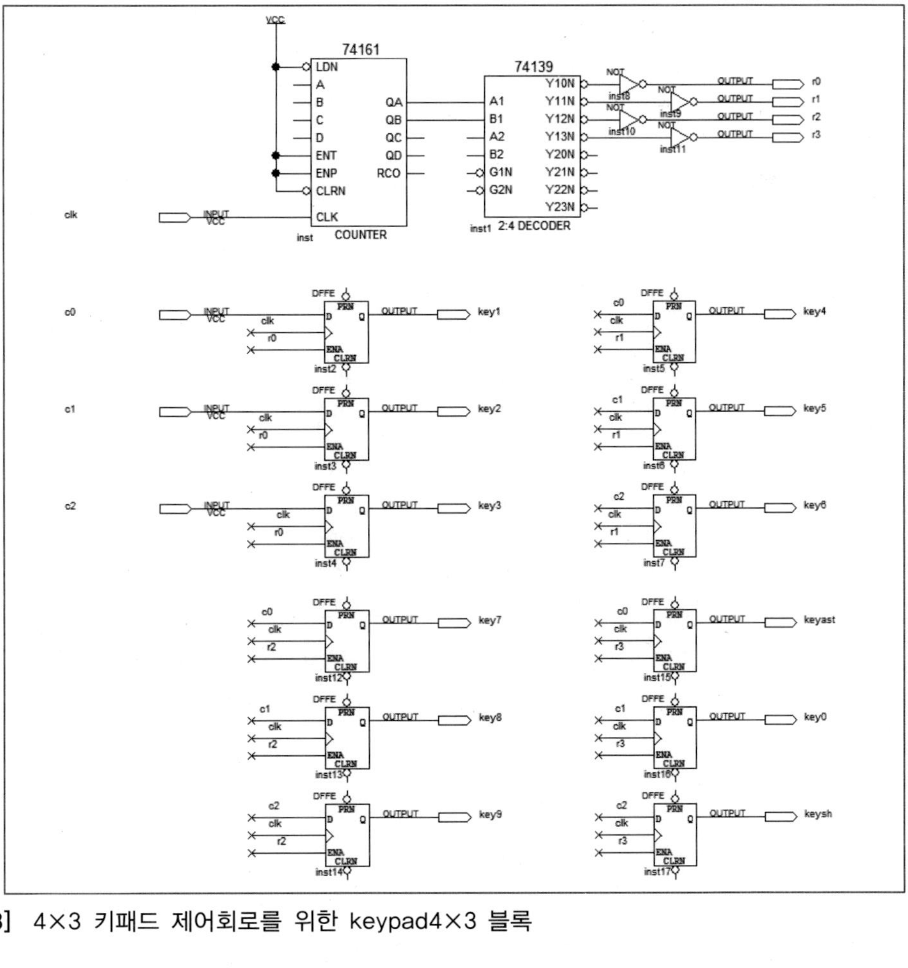

[그림 1-3] 4×3 키패드 제어회로를 위한 keypad4×3 블록

1.2.3 2개 키 입력 회로 동작원리

① keypad4×3 블록

트레이닝 키트에 내장된 4×3 키패드는 확인하고자 하는 행에 출력신호를 내보내고, 입력신호를 읽어 어떤 열의 스위치가 눌렸는지 확인하는 방식이다. 이 과정을 위하여 [그림 1-3]과 같은 회로를 사용한다.

눌려진 스위치의 행과 열을 판단하여 실제 눌린 키의 값을 D-플립플롭을 통하여 저장하고 해당 키 값을 논리 [1]로 출력한다. 이때 다른 모든 키 값은 논리 [0]을 출력한다.

[그림 1-3]에 나타낸 4×3 키패드 제어회로인, keypad4 × 3은 74161 카운터와 74139 디코더를 통하여, r[3] r[2] r[1] r[0]의 단자에 2진수 0001, 0010, 0100, 1000을 반복하여 출력한다. 이 신호의 논리 [1] 상태는 D-플립플롭들의 ENA 단자를 제어하며, 현재 스캔하고 있는 행만 활성화 시킨다. 키패드를 누르면 c0, c1, c2 신호 중에서 실제 누른 열의 신호만 논리 [1]이 된다. 따라서 r[0], r[1], r[2], r[3] 중에서 논리 [1]이 출력된 행과 c0, c1, c2 중에서 논리 [1]이 입력된 열의 D 플립플롭이 논리 [1]을 출력하므로 키를 누른 것을 확인할 수 있다. 예를 들어 r[0] 단자에서 논리 [1]이 출력되고, c1 단자에서 논리 [1]이 입력되면 숫자 키 2가 눌린 것으로 판단한다. 만일 r[3] 단자에서 논리 [1]이 출력되고, c1 단자에서 논리 [1]이 입력되면 숫자 키 0이 눌린 것으로 판단한다.

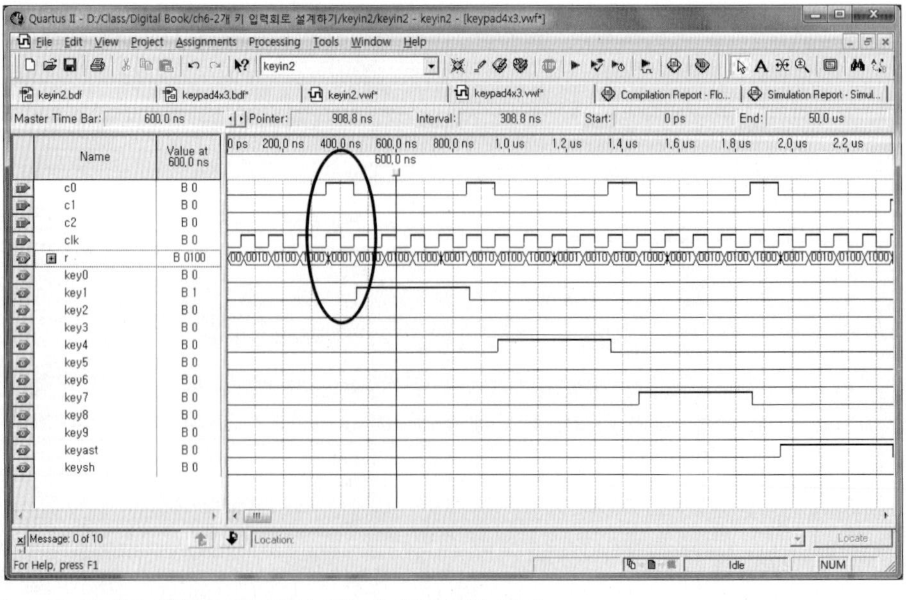

[그림 1-4] 4×3 키패드 회로의 첫 번째 열(c0) 모의실험 결과

[그림 1-4]는 4×3 키패드의 첫 번째 열에 위치하는 스위치가 눌린 경우, 회로가 동작하는 상태를 나타낸 것이다. 이 그림에서 출력신호 r은 r[3] r[2] r[1] r[0] 신호의 묶음이며 r[3] 신호가 상위 비트이다. r의 출력 값이 2진수 0001일 때 즉, r[0]가 논리 [1]로 출력되고, c0의 입력이 논리 [1]이라면, 키패드 첫 번째 행, 첫 번째 열 스위치가 눌린 것이다. 현재 사용하고 있는 키패드의 경우, 이 위치의 키 값은 1이다. 따라서 [그림 1-4]에 나타낸 동작파형을 보면 c0와 r[0]가 동시에 논리 [1]을 발생하고 clk의 상승에지가 있을 때 key1 신호가 논리 [1]을 출력하는 것을 알 수 있다.

[그림 1-5]는 4×3 키패드의 두 번째 열에 위치하는 스위치가 눌린 경우, 회로가 동작하는 상태를 나타낸 것이다. 이 그림에서 출력신호 r은 r[3] r[2] r[1] r[0] 신호의 묶음이며 r[3] 신호가 상위 비트이다. r의 출력 값이 2진수 0100일 때 즉 r[2]가 논리 [1]로 출력되고, c1의 입력이 논리 [1]이면, 키패드 세 번째 행, 두 번째 열 스위치가 눌린 것이다. 현재 사용하고 있는 키패드의 경우, 이 위치의 키 값은 8이다. 따라서 동작파형을 보면 key8 신호가 논리 [1]로 출력된다.

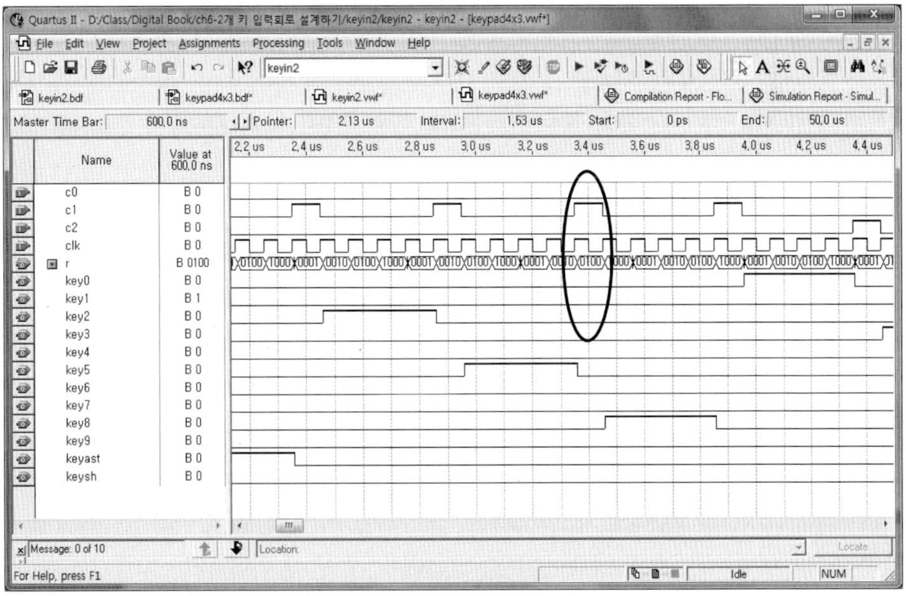

[그림 1-5] 4×3 키패드 회로의 두 번째 열(c1) 모의실험 결과

[그림 1-6]은 4 × 3 키패드의 세 번째 열에 위치하는 스위치가 눌린 경우, 회로가 동작하는 상태를 나타낸 것이다. 이 그림에서 출력신호 r은 r[3] r[2] r[1] r[0] 신호의 묶음이며 r[3] 신호가 상위 비트이다. r의 출력 값이 2진수 1000일 때 즉 r[3]이 논리 [1]로 출력되고, c2의 입력이 논리 [1]이면, 키패드 네 번째

행, 세 번째 열 스위치가 눌린 것이다. 현재 사용하고 있는 키패드의 경우, 이 위치의 키 값은 #이다. 따라서 동작파형을 보면 keysh 신호가 논리 [1]로 출력된다.

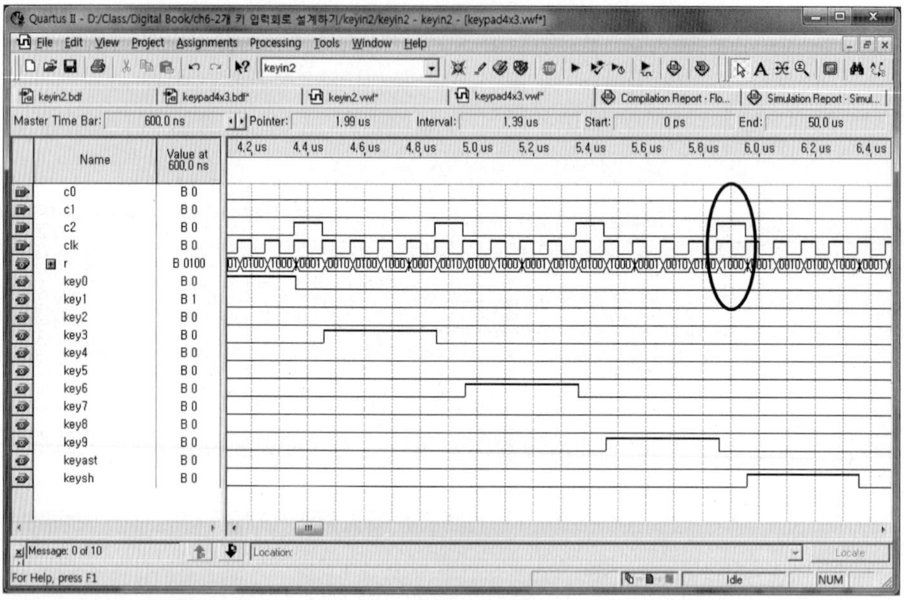

[그림 1-6] 4×3 키 패드 회로의 세 번째 열(c2) 모의실험 결과

② get2key 블록

[그림 1-7]은 2개 키 입력을 위한 get2key의 회로도이다. 입력되는 숫자 키의 값은 1개의 74147로 구성된 인코더 회로를 거쳐 4비트 BCD 코드로 부호화된다. 여기서 사용한 74147 인코더는 우선순위를 적용한 소자이므로 동시에 두 개 이상의 입력이 발생하여도 정해진 우선순위에 의해 오직 한 개의 BCD 부호를 발생한다. 2개의 74174는 새로 입력된 BCD 코드를 교대로 저장한다. 임의의 키가 눌린 것을 감지하기 위하여 k_clk 신호를 이용한다. k_clk신호는 키를 눌렀다 뗄 때마다 상승펄스가 발생하는 신호이며 이 신호를 토글플립플롭으로 2분주하여 발생하는 신호의 상승에지(d1_clk)에서 첫 번째 키에 대한 BCD코드를 래치하고 d1_clk신호를 반전한 신호(d2_clk)의 상승에지에서 두 번째 키에 대한 BCD코드를 래치한다.

입력된 숫자를 BCD 코드로 부호화하기 위해 74147을 사용한다. 이 74147은 〈표 1-1〉에 나타낸 바와 같이 액티브 로우(active low) 형식의 소자이기 때문에 원하는 결과를 얻기 위하여 입력신호와 출력신호 모두 NOT 게이트를 통과시킨다. BCD로 코드화된 숫자는 〈표 1-2〉와 같은 기능을 하는 74174 래치에 저장된다.

키패드에서 키 * 또는 키 # 키를 누르면 BCD 코드를 저장하는 래치를 초기화한다.

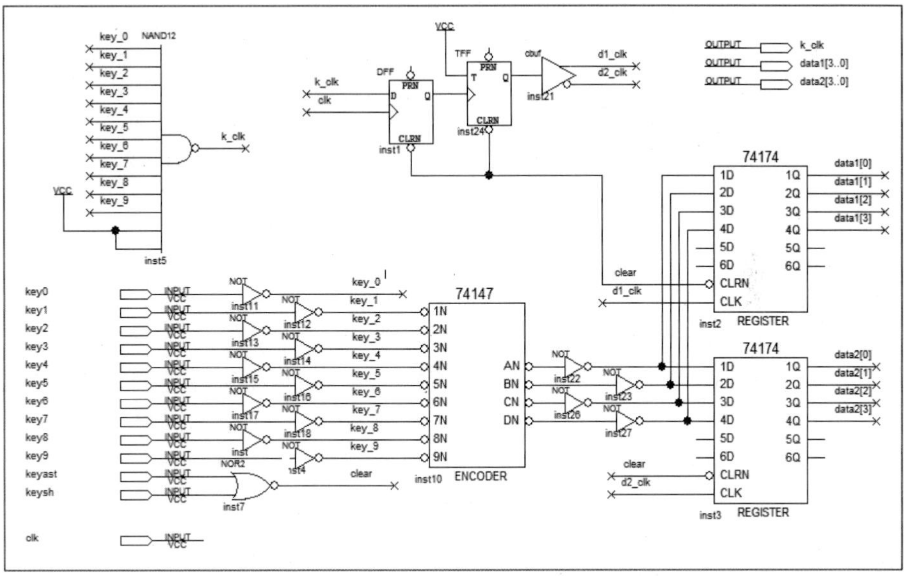

[그림 1-7] get2key 블록 회로도

〈표 1-1〉 74147의 진리표

INPUTS									OUTPUTS			
1N	2N	3N	4N	5N	6N	7N	8N	9N	DN	CN	BN	AN
1	1	1	1	1	1	1	1	1	1	1	1	1
X	X	X	X	X	X	X	X	0	0	1	1	0
X	X	X	X	X	X	X	0	1	0	1	1	1
X	X	X	X	X	X	0	1	1	1	0	0	0
X	X	X	X	X	0	1	1	1	1	0	0	1
X	X	X	X	0	1	1	1	1	1	0	1	0
X	X	X	0	1	1	1	1	1	1	0	1	1
X	X	0	1	1	1	1	1	1	1	1	0	0
X	0	1	1	1	1	1	1	1	1	1	0	1
0	1	1	1	1	1	1	1	1	1	1	1	0

〈표 1-2〉 74174의 진리표

INPUTS			OUTPUTS
CLRN	CLK	D	Q
0	X	X	0
1	↑	1	1
1	↑	0	0
1	0/1	X	Q0

③ 7-세그먼트 동적 출력 방식

일반적인 방법으로 8개의 7-세그먼트를 사용할 경우, 하나의 7-세그먼트마다 출력인 'a',~'h'의 8개 단자가 필요하므로 총 64개의 출력 단자가 필요하게 된다. 이런 경우 세그먼트에 너무 많은 입출력 단자가 할당되므로 입출력 단자의 수를 개선하기 위하여, 7-세그먼트의 데이터는 공통으로 연결하고, 출력할 위치의 7-세그먼트를 지정하는 com0~com7의 값을 제어하여 원하는 숫자나 문자를 표시하는 방법을 사용한다. 이렇게 하면 16개의 입출력 단자를 가지고 8개의 7-세그먼트를 제어할 수 있다. 따라서 8개의 7-세그먼트 중에 표시하려는 7-세그먼트의 위치를 선택하고, 동시에 해당 세그먼트에 표시될 데이터를 출력하는 형태로 7-세그먼트를 제어한다. 예를 들어 설명하면 7-세그먼트 데이터 값으로 숫자 1을 위한 패턴, 2진수 00000110을 출력하고, com0에 논리 [0]을 그리고 나머지 com1~com7은 논리 [1]의 값을 출력하면 첫 번째 7-세그먼트에만 숫자 1이 표시된다. 다음으로 숫자 2를 위한 패턴, 2진수 01011011을 출력하고, com1에 논리 [0]과 com0, com2~com7에 논리 [1]을 출력하면 두 번째 7-세그먼트에만 2가 표시된다. 이런 순서로 8개의 숫자를 표시하고 다시 처음으로 돌아가 앞의 과정을 반복한다. 이를 약 1ms 이하의 주기로 반복하면 잔상효과에 의해 전체 숫자가 모두 켜져 있는 것처럼 보인다. 이러한 형태로 8개의 com 단자를 이용하여 사용할 7-세그먼트의 위치를 선택하고, 해당되는 데이터를 출력함으로써 전체 7-세그먼트를 제어하는 방식을 동적 출력 방식이라 한다.

본 실습에서는 2개의 입력 숫자를 표시하므로, 2개의 7-세그먼트를 사용한다. clk 입력을 이용하여 사용할 7-세그먼트를 교대로 선택하는 기능을 구현한다. 교대로 선택되는 7-세그먼트에 부합하도록 74257를 이용하여 현재 선택된 7-세그먼트에 맞는 데이터를 출력하도록 한다. 74257의 진리표는 〈표 1-3〉과 같다. [그림 1-2]의 회로도와 같이 clk 신호를 74257의 선택신호로 사용하였기 때문에, clk 신호가 논리 [0]인 동안에는 74257의 A 포드에 연결된 BCD 코드가 출력되고, 반대로 clk 신호가 논리 [1]인 동안에는 74257의 B 포드에 연결된 BCD 코드가 출력된다. 7448은 해당 7-세그먼트에 표시할 숫자 패턴을 출력한다.

〈표 1-3〉 74257의 진리표

INPUTS				OUTPUTS
GN	SEL	A	B	Y
1	X	X	X	Z
0	0	0	X	0
0	0	1	X	1
0	1	X	0	0
0	1	X	1	1

1.2.4 2개 키 입력 회로 동작 파형

[그림 1-8]은 2개 키 입력회로의 동작을 확인하기 위한 동작파형을 나타낸 것이다. 이 동작파형의 모의실험 조건은 다음과 같다.

모의실험 조건

[Vector Waveform Editor] 창에서 [Edit]-[End Time]을 1μs로 설정한다.

[Vector Waveform Editor] 창에서 [Edit]-[Grid Size]을 100ns로 설정한다.

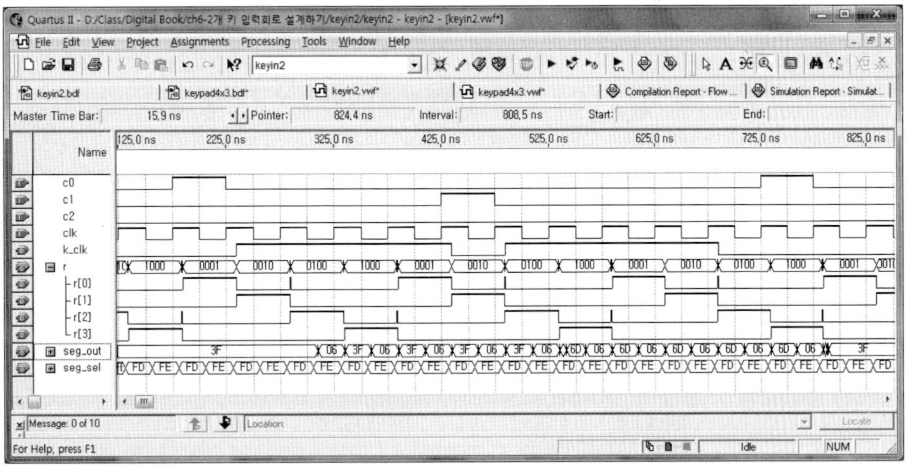

[그림 1-8] 2개 키 입력회로의 모의실험 결과

첫 번째 키 입력에서는, r 신호 값으로 2진수 0001이 출력되고, c0 신호에서 논리 [1]이 발생하였으므로 숫자 키 1을 누른 상태이다. 이 값은 BCD 코드 형태로 내부에 저장되고, 이 저장된 값이 7-세그먼트 배열 왼쪽에 표시된다. 따라서 출력할 7-세그먼트의 위치를 나타내는 seg_sel 신호에는 16진수 FEh(1111 1110)가 출력되고, 7-세그먼트에 표시할 숫자패턴을 나타내는 seg_out 신호에는 숫자 1을 표시하기 위한 16진수 06h이 출력된다. 두 번째 키 입력에서는, r 신호 값으로 2진수 0010

이 출력되고, c1 신호에서 논리 [1]이 발생하였으므로 숫자 키 5를 누른 상태이다. 이 값은 BCD 코드 형태로 내부에 저장되고, 이 저장된 값이 7-세그먼트 배열 두 번째 위치에 표시된다. 따라서 출력할 7-세그먼트의 위치를 나타내는 seg_sel 신호에는 16진수 FDh(1111 1101)가 출력되고, 7-세그먼트에 표시할 숫자패턴을 나타내는 seg_out 신호에는 숫자 5를 표시하기 위한 16진수 6Dh가 출력된다.

이후 숫자 키가 입력되지 않으면, 이미 저장된 두 개의 숫자가 7-세그먼트 배열에 표시된다. 눈으로 보기에는 그저 일정한 값이 표시되고 있는 것처럼 보이지만, 실제로는 교대로 돌아가면서 숫자가 표시되고 있다. 따라서 seg_sel과 seg_out 신호의 출력이 적절하게 교대로 이루어지고 있는 것을 확인할 수 있다.

리셋동작을 확인하기 위하여 키 * 또는 키 #가 눌린 경우의 동작을 살펴보자. [그림 1-8] 모의실험 동작파형에서 r 신호 값으로 2진수 1000이 출력되고, c0 신호에서 입력이 발생하였으므로 숫자 키 *가 입력되었다. 이 입력은 내부 74174의 CLRN 단자로 연결되어 있으므로 내부에 저장된 값을 모두 0으로 초기화한다. 따라서 숫자패턴을 나타내는 seg_out 신호에는 숫자 0을 표시하기 위한 16진수 3Fh가 출력된다.

1.2.5. 2개 키 입력 회로 핀 연결

〈표 1-4〉는 2개 키 입력회로의 실장실험을 위한 핀 연결 정보를 나타낸 것이다.

〈표 1-4〉 ComboⅡ 트레이닝 키트에 2개 키 입력회로 실장실험을 위한 핀 연결 정보

	신호명	Combo II 신호명	핀번호	신호명	Combo II 신호명	핀번호
Cyclone II EP2C35F672C8 ClockSelect : 6 (1㎑) ScanDir : r_scan	clk	CLK_MAIN[0]	N1	seg_out[4]	SEG_DATA[4]	AA2
	c0	KEYPAD_COLUMN[0]	V11	seg_out[5]	SEG_DATA[5]	AA1
	c1	KEYPAD_COLUMN[1]	AB10	seg_out[6]	SEG_DATA[6]	AA6
	c2	KEYPAD_COLUMN[2]	AA10	seg_sel[0]	SEG_COM[0]	Y1
	r[0]	KEYPAD_ROW[0]	AD10	seg_sel[1]	SEG_COM[1]	Y4
	r[1]	KEYPAD_ROW[1]	AC10	seg_sel[2]	SEG_COM[2]	Y3
	r[2]	KEYPAD_ROW[2]	V10	seg_sel[3]	SEG_COM[3]	W1
	r[3]	KEYPAD_ROW[3]	AF9	seg_sel[4]	SEG_COM[4]	Y5
	seg_out[0]	SEG_DATA[0]	AF5	seg_sel[5]	SEG_COM[5]	W3
	seg_out[1]	SEG_DATA[1]	AE5	seg_sel[6]	SEG_COM[6]	W2
	seg_out[2]	SEG_DATA[2]	AD6	seg_sel[7]	SEG_COM[7]	V1
	seg_out[3]	SEG_DATA[3]	AC6	k_clk	LED_D(7)	AC7

1.2.6. 2개 키 입력 회로 실장실험

〈표 1-4〉와 같은 핀 정보를 모두 입력한 다음 다시 컴파일 해야 한다. 컴파일 후 [Tools]-[Programmer]를 클릭하여 설계결과를 트레이닝 키트에 다운로드 한다.

〈표 1-5〉 첫 번째 값으로 1을 누른 경우

구분	Combo II
입력	키 1
7-세그먼트	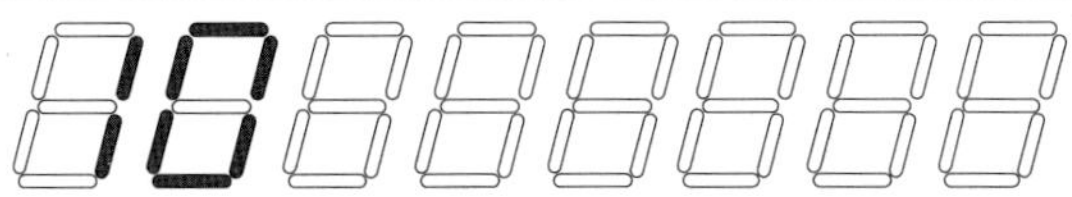
LED	

〈표 1-6〉 두 번째 값으로 5를 누른 경우

구분	Combo II
입력	키 5
7-세그먼트	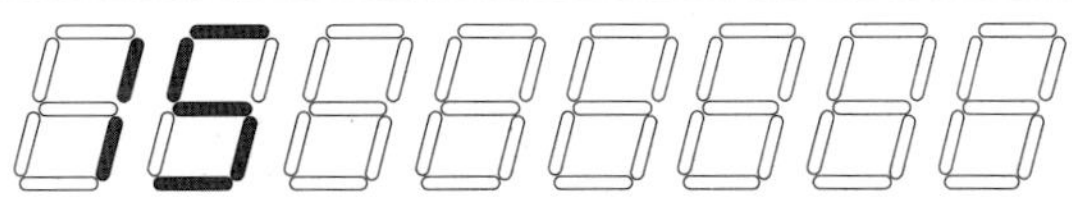
LED	

〈표 1-7〉 키 *를 누른 경우

	Combo II
입력	키 *
7-세그먼트	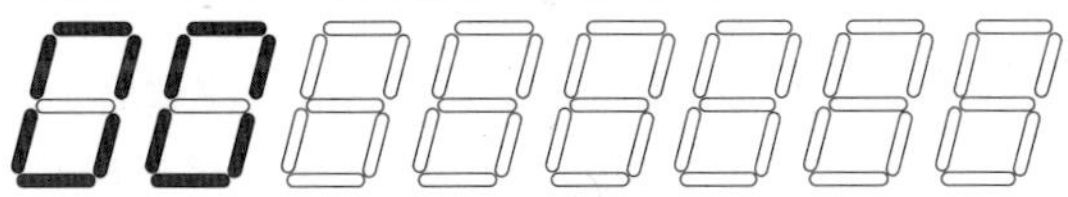
LED	

출력은 8개의 7-세그먼트 배열 중에서 왼쪽 2개의 7-세그먼트만 사용하여 입력 값을 표시한다. 최초에는 어떤 숫자도 입력하지 않았기에 2자리의 7-세그먼

트에는 모두 0이 표시된다. 여기서 〈표 1-5〉와 같이 숫자 1을 누르면, 첫 번째 입력된 값이 〈표 1-5〉와 같이 표시된다. 숫자를 누르고 있는 동안 오른쪽의 LED가 켜지게 된다. 숫자 스위치를 떼면 LED도 함께 꺼지게 된다.

첫 번째 숫자가 입력되어 〈표 1-5〉와 같이 표시된 상태에서, 다시 숫자 5를 누르면, 두 번째 입력된 숫자 값이 〈표 1-6〉과 같이 표시된다. 숫자를 누르고 있는 동안 오른쪽의 LED가 켜지게 된다. 숫자 스위치를 떼면 LED도 함께 꺼지게 된다.

두 번째 숫자가 입력되어 〈표 1-6〉과 같이 표시된 상태에서, 다시 임의의 숫자를 누르면, 이번에 입력된 숫자를 처음 입력된 숫자로 인식하여 왼쪽의 위치에 숫자가 나타난다. 이때도 숫자를 누르고 있는 동안 제일 오른쪽의 LED가 켜지게 된다. 숫자 스위치를 떼면 LED도 함께 꺼지게 된다.

7-세그먼트에 어떤 숫자가 표시된 경우에도, 키패드의 키 * 또는 키 #을 누르게 되면, 내부의 래치를 초기화하도록 설계하였다. 따라서 〈표 1-7〉과 같이 키 *를 누르면 두 7-세그먼트의 표시 값은 0으로 초기화된다.

1.3 주요 사항 검토

① 74147 대신, 74148를 이용하여 10진수를 나타내는 10개의 입력을 받아 BCD 코드를 출력하는 인코더를 설계한다면 몇 개의 74148이 필요한가?

② 74147의 입력신호 부분에 놓여진 NOT 게이트는 왜 사용한 것인가?

③ 74147의 출력신호 부분에 놓여진 NOT 게이트는 왜 사용한 것인가?

④ 동시에 두 개의 숫자가 눌렸을 때 어떤 결과가 있는가?

⑤ Combo II 트레이닝 키트에서 사용하는 clock의 속도를 5㎒ 이상 높였을 때 어떤 현상이 발생하는가?

⑥ 4×3 keypad에서 [r3 r2 r1 r0]의 출력값이 [1 0 0 0]일 때 [c2 c1 c0]의 입력값이 [0 1 0] 이였다면 어떤 스위치가 눌린 것인가?

⑦ [그림 1-2]의 회로에서 74257 소자는 어떤 역할을 하는 소자인가?

⑧ [그림 1-2]의 회로에서 7448 소자는 어떤 역할을 하는 소자인가?

1.4 연습문제

연습문제

① [그림 1-3]의 keypad4 × 3는 행 스캔 방식이다. 같은 기능을 수행하도록 키패드 제어 회로를 열 스캔 방식으로 변경하라.

② 두 개의 숫자를 입력받아 7-세그먼트에 표시하고 있지만, 현재 입력 숫자가 첫 번째인지, 두 번째 인지 표시가 없다. LED를 통하여 현재 입력받는 숫자가 어디에 표시될 숫자인지 나타낼 수 있도록 기존 회로를 변경하라.

③ [그림 1-3]의 keypad4 × 3에서 사용된 74161과 74139를 링 카운터로 대체하여 설계하라.

④ 숫자 값을 입력하는 방법으로 키 스캔 방법을 사용할 때의 장점과 단점을 논의하라.

⑤ 채터링 현상을 완화시키는 적절한 방법에 대하여 논의하라.

CHAPTER 02

트레이닝 키트에서 입력되는 4개의 키를 래치하는 회로 설계

CHAPTER 02

트레이닝 키트에서 입력되는 4개의 키를 래치하는 회로 설계

2.1 4개 키 입력 회로 설계하기 목표

① 트레이닝 키트에 있는 4×3 키패드(keypad) 또는 버튼 스위치를 입력으로 사용한다.

② 키패드(keypad) 또는 버튼 스위치에서 눌려진 숫자를 입력하는 방법을 실습한다.

③ 입력된 숫자에 해당하는 부호 값을 구하는 인코더를 설계한다.

④ 입력된 숫자 4개를 7-세그먼트 배열에 표시한다.

2.2 4개 키 입력 회로 구성하기

2.2.1 4개 키 입력 회로 블록도

[그림 2-1]은 Combo II 트레이닝 키트에서 4개의 숫자 키를 입력하여 7-세그먼트에 표시할 수 있는 장치의 구성을 나타낸 것이다. Combo II 트레이닝 키트는 숫자를 입력하기 위하여 4×3 매트릭스 방식으로 구현한 키패드(keypad)를 이용한다. [그림 2-1]의 블록도에 나타낸 것처럼 키패드에서 숫자 키를 누르면 상승펄스가 발생하고 상승펄스가 인코더에 입력되면 인코더는 이 신호를 BCD (Binary Coded Decimal) 코드로 부호화하여 4개의 래치에 저장한다. 저장된 4개의 입력 숫자는 7-세그먼트에 표시된다.

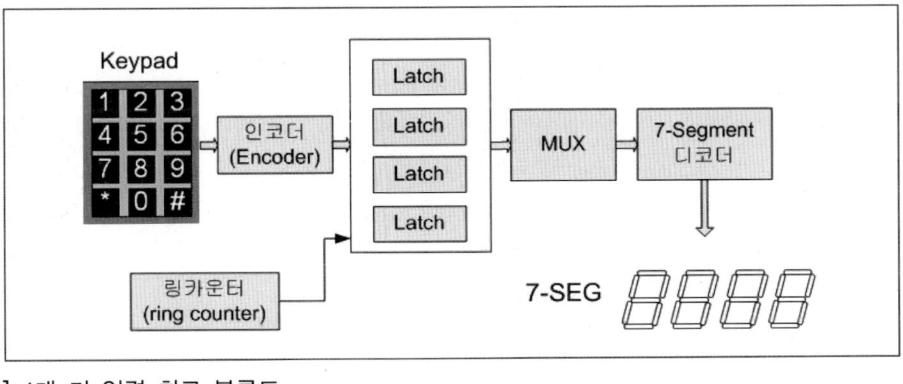

[그림 2-1] 4개 키 입력 회로 블록도

4×3 키패드는 서로 다른 12개의 키를 입력으로 사용할 수 있도록 구성되어 있다. 이와 같은 키패드는 스캔 방식으로 눌려진 스위치를 판단한다. 이 키패드는 행(row)과 열(column)을 동시에 제어하여 입력을 받을 수 있도록 구성한다. 트레이닝 키트에서는 키패드의 행과 열을 선택적으로 스캔할 수 있도록 구성되어 있다. 따라서 4개의 행을 스캔 형식으로 시프트 시키면서 논리 [1]을 출력하고, 열에 입력되는 값을 읽어, 키패드에 어떠한 값이 입력되었는지 판단하는 방법이다. 키패드의 입력과 출력방향은 스캔방향을 결정하는 헤더 핀을 이용하여 바꿀 수 있다. 따라서 열 방향으로 스캔할지, 행 방향으로 스캔할지는 점퍼 캡을 이용하여 제어할 수 있다. 키패드에 있는 12개의 키에는 풀다운 저항을 모두 사용하고 있기 때문에, 평상시에는 기본적으로 논리 [0]의 값을 나타내며, 키를 눌렀을 경우 논리 [1]의 값을 나타낸다.

링 카운터(ring counter)를 이용하여, 입력된 4개의 숫자 값을 교대로 저장할 수 있도록 제어한다. 또한 저장된 4개의 숫자를 7-세그먼트 배열에 표시하기 위하여 동적 출력 방식(Dynamic Display)을 사용한다.

2.2.2 4개 키 입력 회로도

[그림 2-2]는 Combo II 트레이닝 키트에 적용할 수 있는 4개 키 입력을 위한 회로도를 나타낸 것이다. 4×3 키패드를 제어하는 keypad4×3으로부터 12개의 키 중에서 현재 눌려진 키의 값을 넘겨받는다. 현재 눌려진 키의 값은 1개의 74147로 구성된 인코더 회로를 거쳐 BCD 코드로 부호화된다. 이 74147 소자는 액티브 로우(active low) 형식이기 때문에 원하는 동작을 얻기 위하여 입력신호와 출력신호 모두 NOT 게이트를 통과시킨다. ringcount는 새로운 숫자를 누를 때마다 발생하는 BCD코드를 어느 래치에 저장할지 결정하는 역할을 수행한다. 4개의 74174 래치는 새로 입력된 키에 대한 BCD 코드를 순차적으로 저장한다. 저장된 4개의 BCD 코드가 7-세그먼트에 표시되는 과정은 dyn_seg에서 제어한다. 시스템 클럭(clk)을 입력받아, 하나의 클럭 주기마다 7-세그먼트를 순차적으로 제어한다. dyn_seg블록은 출력할 7-세그먼트의 위치에 대한 신호 seg_sel을 출력하고, 또한 그 위치에 해당하는 BCD 코드를 선택하고 이 선택된 숫자를 표시하기 위한 신호 seg_out을 생성한다.

임의의 키가 눌린 것을 감지하기 위하여, NOT 게이트를 통과한 모든 키 신호를 묶어 NAND 게이트를 통과하여 k_clk 신호를 얻는다. 이 신호를 이용하여 숫자 스위치가 눌려진 것을 시각적으로 확인할 수 있다. 또한 매번 숫자가 입력될 때마다 저장될 위치를 결정하는 링 카운터의 클럭으로 사용하기도 한다. 키패드의 경우 키 * 또는 키 #가 입력되면 BCD 코드를 저장하는 래치소자를 초기화한다. 연속된 4개의 숫자 키를 입력하는 과정에서 처음부터 다시 입력하고자할 때 키 * 또는 키 #를 이용한다.

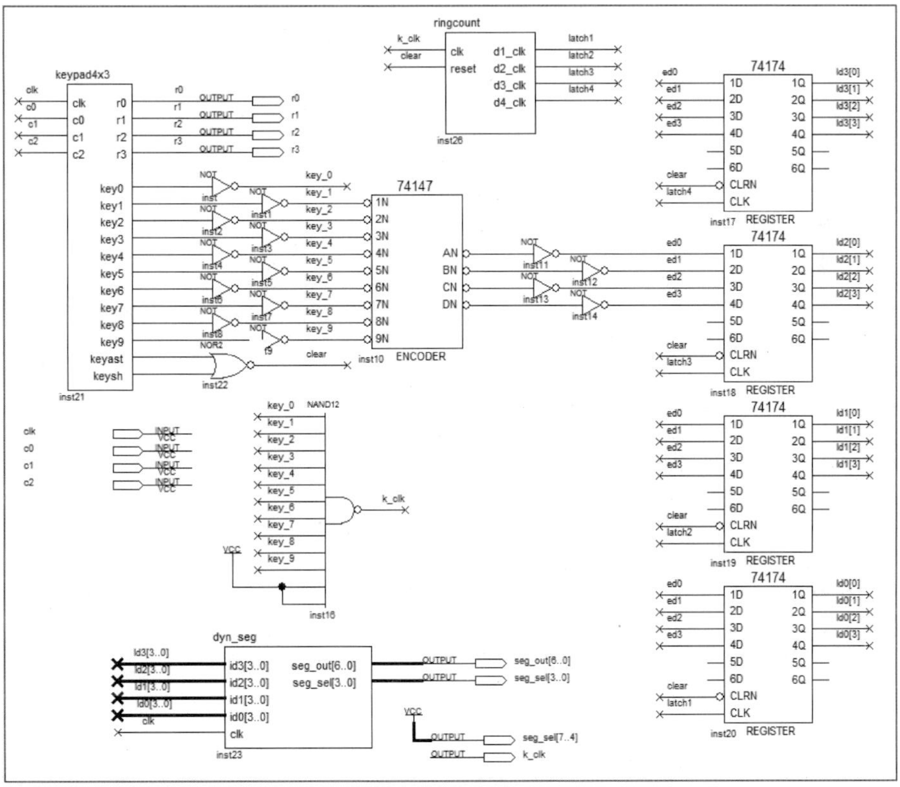

[그림 2-2] 4개 키 입력을 위한 회로도

2.2.3. 4개 키 입력 회로 동작원리

① ring count 블록

[그림 2-3]은 ringcount 블록의 회로도이다. 숫자가 입력될 때마다 변환한 BCD 코드를 4개의 저장 공간 중에서 어느 위치에 저장할 것인가를 순차적으로 결정하고, 해당 소자에 저장신호를 발생하는 기능을 담당한다. 저장할 위치는 4개의 위치를 순환적으로 반복하여 사용한다. ringcount는 그 출력 값이 2진수 0111, 1011, 1101, 1110을 반복하도록 설계된 회로이다. 이때 0의 위치가 BCD 코드를 저장할 74174의 위치를 의미한다. 초기화 신호인 reset신호에 논리 [0]을 공급하면 ringcount는 최초 상태, 즉 2진수 0111 값을 출력하도록 구싱되어 있다.

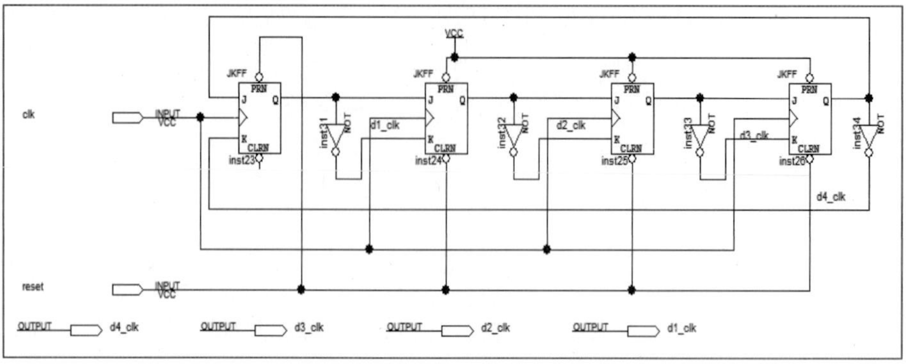

[그림 2-3] ringcount블록의 회로도

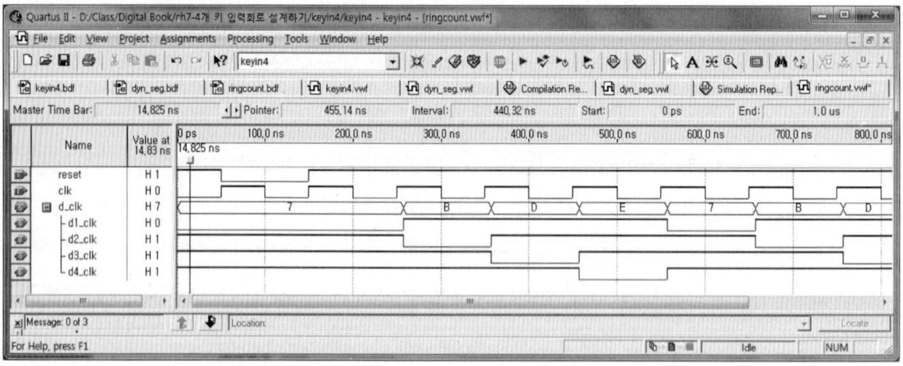

[그림 2-4] ringcount회로의 모의실험 결과

[그림 2-4]는 ringcount의 동작을 확인하기 위한 파형을 나타낸 것이다. [그림 2-4]에서 출력신호 d_clk는 [d1_clk, d2_clk, d3_clk, d4_clk] 신호의 묶음이며 d1_clk 신호가 상위 비트이다. reset 신호에 의해 d_clk의 값은 초기 값 2진수 0111로 출력된다. 다음 clk에 의해 d_clk의 값은 2진수 1011이 되며, 순차적으로 2진수 1101, 1110이 출력된다. 다시 다음 clk에 의해 d_clk가 2진수 0111 값을 갖는 것을 파형에서 확인할 수 있다. 결과적으로 74174는 d_clk의 상승에지에서 입력되는 BCD코드를 래치한다.

② dyn_seg 블록

[그림 2-5]는 dyn_seg 블록의 회로도를 나타낸 것이다. 입력된 4개의 숫자 값을 7-세그먼트에 표시하기 위해 사용하는 소자이다. 매 클럭마다 표시할 7-세그먼트의 위치 신호를 발생하고, 그 위치에 표시할 숫자 패턴을 결정하여 출력하는 기능을 수행한다.

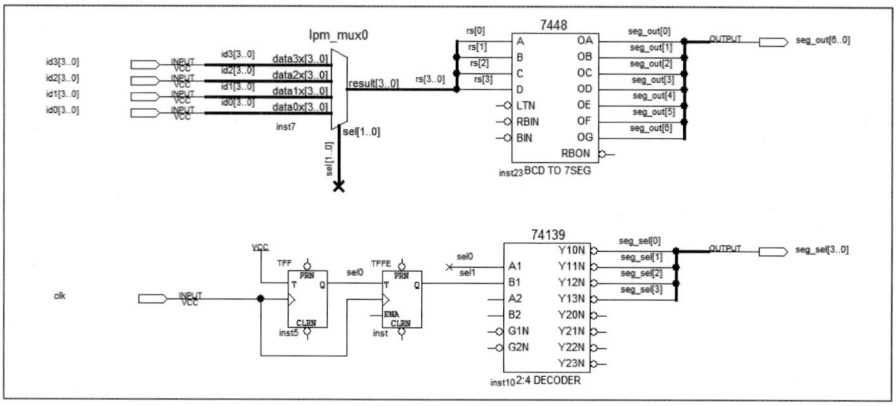

[그림 2-5] dyn_seg 블록의 회로도

dyn_seg는 크게 두 부분으로 구분하여 동작한다. 한 부분은 표시할 7-세그먼트의 위치를 순차적으로 지정하는 기능이다. 즉 0부터 3까지를 반복적으로 sel1, sel0를 출력할 수 있는 4진 계수기(counter)와 이 계수기 값에 따라 출력위치를 지정하는 74139 디코더로 구성된다. 또 다른 한 부분은 저장된 4개의 BCD 값을 선택적으로 출력시키는 멀티플렉서이다. 계수기의 값이 현재 표시할 7-세그먼트의 위치를 나타내므로, 이 계수 값을 근거로 4개의 BCD 값 중에서 표시할 BCD 값을 선택한다. 이렇게 선택된 BCD 값은 7448 7-세그먼트 디코더를 통하여 표시할 숫자 패턴으로 출력된다. 예를 들어 계수기의 값이 0인 경우 첫 번째 입력된 숫자의 패턴, 1인 경우에는 두 번째 입력된 숫자의 패턴, 2인 경우에는 세 번째 입력된 숫자의 패턴, 그리고 3인 경우에는 네 번째 입력된 숫자의 패턴이 출력된다.

본 실습에서는 4개의 입력 숫자를 표시할 수 있도록, 4개의 7-세그먼트를 사용한다. dyn_seg에서 4개의 7-세그먼트를 순차적으로 선택하고, 그 선택된 위치에 해당하는 숫자 패턴을 출력하는 기능을 수행한다.

[그림 2-6]은 dyn_seg의 동작을 확인하기 위한 파형을 나타낸다. 첫 번째부터 네 번째 7-세그먼트에 출력할 숫자가 각각 3, 5, 7, 9라고 할 때, 7-세그먼트에 동적 표시 기법으로 숫자를 표시하는 과정을 살펴보자. seg_sel의 값이 2진수 1110이라면 제일 왼쪽에 위치한 7-세그먼트를 의미하고, 2진수 1101은 두 번째, 2진수 1011은 세 번째, 2진수 0111은 네 번째 세그먼트를 각각 의미한다. 따라서 seg_sel에 2진수 1110이 출력될 때 seg_out에는 숫자 3의 표시 패턴인 16진수 4Fh가 출력된다. 같은 방법으로 네 번째 7-세그먼트에 숫자 9를 출력하기 위한 조합으로 seg_sel은 2진수 0111이 출력되고, seg_out에는 숫자 9를 의미하는 패턴인 16진수 67h이 출력되는 것을 확인할 수 있다.

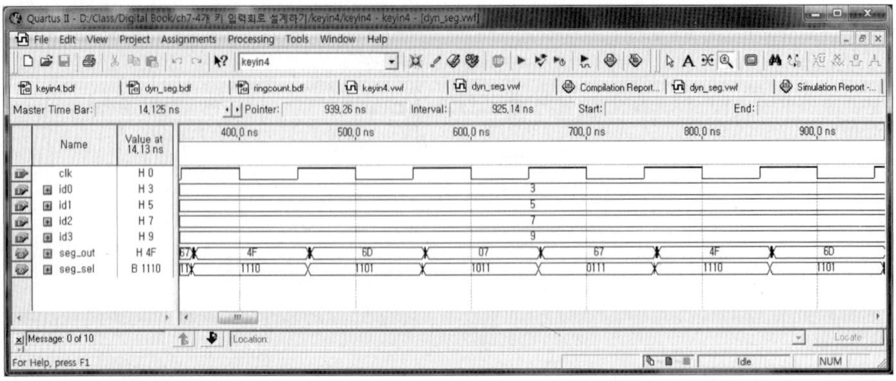

[그림 2-6] dyn_seg 회로의 동작 파형

2.2.4 4개 키 입력 회로 동작 파형

[그림 2-7]은 4개 키 입력 실습회로의 전체 동작을 확인하기 위한 파형을 나타낸 것이다. 모의실험 조건은 다음과 같다.

모의실험 조건
[Vector Waveform Editor] 창에서 [Edit]-[End Time]을 3㎲로 설정한다.
[Vector Waveform Editor] 창에서 [Edit]-[Grid Size]을 100ns로 설정한다.

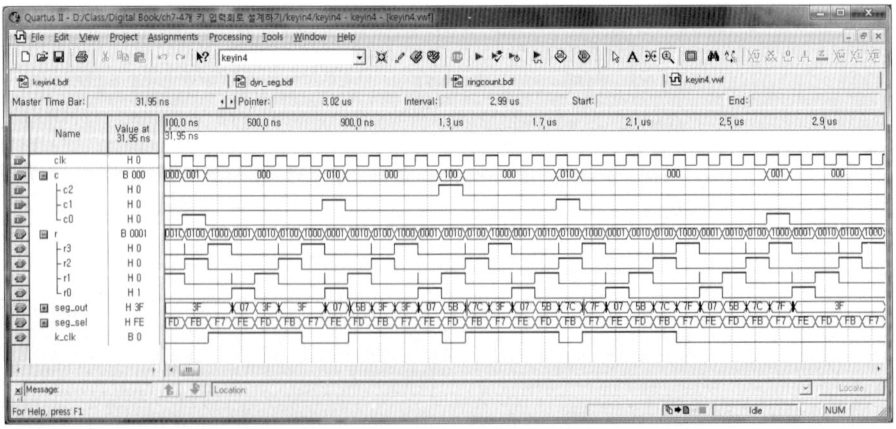

[그림 2-7] 4개 키 입력 회로의 모의실험 결과

첫 번째 숫자 입력에서, r 신호 값으로 2진수 0100이 출력되고, c0 신호에서 논리 [1]이 발생하였으므로 숫자 키 7로 판단한다. 이 값은 BCD 코드 형태로 내부에 저장되고, 이 저장된 값이 왼쪽 7-세그먼트에 표시된다. 따라서 출력할 7-세그먼트의 위치를 나타내는 seg_sel 신호에는 16진수 FEh(1111 1110)가 출력되고, 7-세그먼트에 표시할 숫자패턴을 나타내는 seg_out 신호에는 숫자 7을 표시하기 위한 16진수 07h이 출력된다. 두 번째 키 입력에서, r 신호 값으로 2진수 0001이 출력되고, c1 신호에서 논리 [1]이 발생하였으므로 숫자 키 2로 판단한다. 이 값은 BCD 코드 형태로 내부에 저장되고, 이 저장된 값이 두 번째 7-세그먼트에 표시된다. 따라서 출력할 7-세그먼트의 위치를 나타내는 seg_sel 신호에는 16진수 FDh(1111 1101)가 출력되고, 7-세그먼트에 표시할 숫자패턴을 나타내는 seg_out 신호에는 숫자 2을 표시하기 위한 16진수 5Bh가 출력된다. 세 번째 키 입력에서, r 신호 값으로 2진수 0010이 출력되고, c2 신호에서 논리 [1]이 발생하였으므로 숫자 키 6으로 판단한다. 이 값은 BCD 코드 형태로 내부에 저장되고, 이 저장된 값이 세 번째 7-세그먼트 위치에 표시된다. 따라서 출력할 7-세그먼트의 위치를 나타내는 seg_sel 신호에는 16진수 FBh(1111 1011)가 출력되고, 7-세그먼트에 표시할 숫자패턴을 나타내는 seg_out 신호에는 숫자 6을 표시하기 위한 16진수 7Ch가 출력된다. 네 번째 키 입력에서, r 신호 값으로 2진수 0100이 출력되고, c1 신호에서 논리 [1]이 발생하였으므로 숫자 키 8로 판단한다. 이 값은 BCD 코드 형태로 내부에 저장되고, 이 저장된 값이 네 번째 7-세그먼트 위치에 표시된다. 따라서 출력할 7-세그먼트의 위치를 나타내는 seg_sel 신호에는 16진수 F7h(1111 0111)이 출력되고, 7-세그먼트에 표시할 숫자패턴을 나타내는 seg_out 신호에는 숫자 8을 표시하기 위한 16진수 7Fh가 출력된다.

이후 숫자 키가 입력되지 않으면 이미 저장된 4개의 숫자가 각 7-세그먼트에 표시된다. 눈으로 보기에는 그저 일정한 값이 표시되고 있는 것처럼 보이지만, 실제로는 교대로 돌아가면서 숫자가 표시되고 있다. 따라서 seg_sel과 seg_out 신호의 출력이 적절하게 교대로 이루어지고 있는 것을 확인할 수 있다.

리셋동작을 확인하기 위하여 키 * 또는 키 #가 눌린 경우의 동작을 살펴보자. [그림 2-7]의 모의실험 파형에서 r 신호 값으로 2진수 1000이 출력되고, c0 신호에서 입력이 발생하였으므로 숫자 키 *가 입력되었다. 이 입력은 74174 소자의 CLRN 단자로 연결되어 있으므로 내부에 저장된 값을 모두 0으로 초기화한다. 따라서 숫자패턴을 나타내는 seg_out 신호에는 숫자 0을 표시하기 위한 16진수 3Fh가 출력된다.

2.2.5 4개 키 입력 회로 핀 연결

〈표 2-1〉은 4개 키 입력회로의 실장실험을 위한 핀 연결 정보를 나타낸 것이다.

〈표 2-1〉 Combo II 트레이닝 키트에 4개 키 입력회로 실장실험을 위한 핀 연결 정보

	신호명	Combo II 신호명	핀번호	신호명	Combo II 신호명	핀번호
Cyclone II EP2C35F672C8 ClockSelect : 6 (1㎑) ScanDir : r_scan	clk	CLK_MAIN[0]	N1	seg_out[4]	SEG_DATA[4]	AA2
	c0	KEYPAD_COLUMN[0]	V11	seg_out[5]	SEG_DATA[5]	AA1
	c1	KEYPAD_COLUMN[1]	AB10	seg_out[6]	SEG_DATA[6]	AA6
	c2	KEYPAD_COLUMN[2]	AA10	seg_sel[0]	SEG_COM[0]	Y1
	r0	KEYPAD_ROW[0]	AD10	seg_sel[1]	SEG_COM[1]	Y4
	r1	KEYPAD_ROW[1]	AC10	seg_sel[2]	SEG_COM[2]	Y3
	r2	KEYPAD_ROW[2]	V10	seg_sel[3]	SEG_COM[3]	W1
	r3	KEYPAD_ROW[3]	AF9	seg_sel[4]	SEG_COM[4]	Y5
	seg_out[0]	SEG_DATA[0]	AF5	seg_sel[5]	SEG_COM[5]	W3
	seg_out[1]	SEG_DATA[1]	AE5	seg_sel[6]	SEG_COM[6]	W2
	seg_out[2]	SEG_DATA[2]	AD6	seg_sel[7]	SEG_COM[7]	V1
	seg_out[3]	SEG_DATA[3]	AC6	k_clk	LED_D(7)	AC7

2.2.6 4개 키 입력 회로 실장실험

〈표 2-1〉과 같은 핀 정보를 모두 입력한 다음 다시 컴파일 해야 한다. 컴파일 후 [Tools]-[Programmer]를 클릭하여 설계결과를 트레이닝 키트에 다운로드 한다.

출력은 8개의 7-세그먼트 배열 중에서 왼쪽 4개의 7-세그먼트만 사용하여 입력 값을 표시한다. 최초에는 어떤 숫자도 입력하지 않았기에 4자리의 7-세그먼트에는 모두 0이 표시된다. 여기서 〈표 2-2〉와 같이 숫자 7을 누르게 되면, 첫 번째 입력된 숫자가 〈표 2-2〉와 같이 표시된다. 숫자를 누르고 있는 동안 오른쪽의 LED가 켜지게 된다. 숫자 스위치를 떼면 LED도 함께 꺼지게 된다.

첫 번째 숫자가 입력되어 〈표 2-2〉와 같이 표시된 상태에서, 다시 숫자 2를 누르게 되면, 두 번째 입력된 숫자가 〈표 2-3〉과 같이 표시된다. 숫자를 누르고 있는 동안 오른쪽의 LED가 켜지게 된다. 숫자 스위치를 떼면 LED도 함께 꺼지게 된다.

〈표 2-2〉 첫 번째 값으로 7을 누른 경우

구분	Combo II
입력	키 7
7-세그먼트	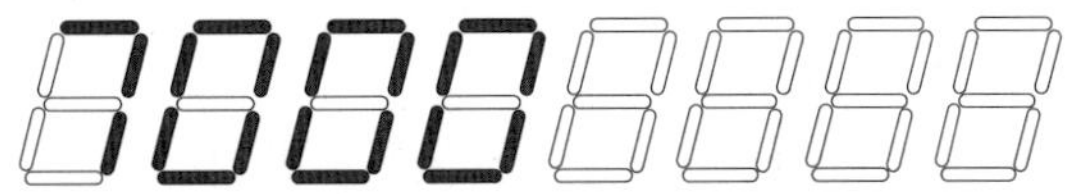
LED	

두 번째 숫자가 입력되어 〈표 2-3〉과 같이 표시된 상태에서, 다시 숫자 6를 누르게 되면, 세 번째 입력된 숫자가 〈표 2-4〉와 같이 표시된다. 숫자를 누르고 있는 동안 오른쪽의 LED가 켜지게 된다. 숫자 스위치를 떼면 LED도 함께 꺼지게 된다.

〈표 2-3〉 두 번째 값으로 2를 누른 경우

구분	Combo II
입력	키 2
7-세그먼트	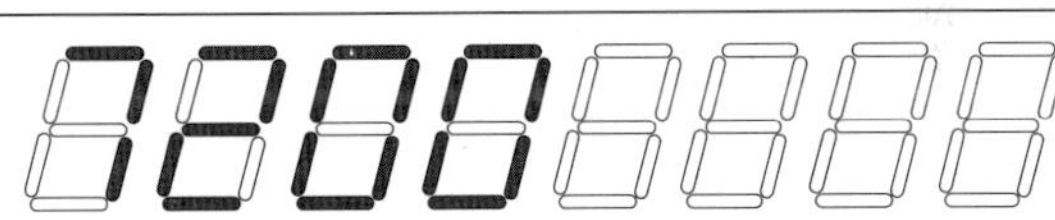
LED	

세 번째 숫자가 입력되어 〈표 2-4〉와 같이 표시된 상태에서, 다시 숫자 8을 누르게 되면, 네 번째 입력된 숫자가 〈표 2-5〉와 같이 표시된다. 숫자를 누르고 있는 동안 오른쪽의 LED가 켜지게 된다. 숫자 스위치를 떼면 LED도 함께 꺼지게 된다.

〈표 2-4〉 세 번째 값으로 6을 누른 경우

구분	Combo II
입력	키 6
7-세그먼트	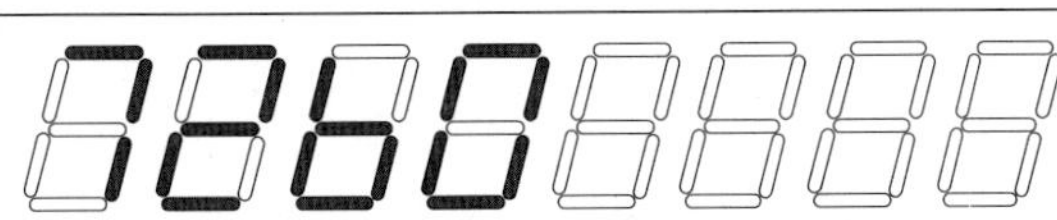
LED	

네 번째 숫자가 입력되어 〈표 2-5〉와 같이 표시된 상태에서, 다시 임의의 숫자를 누르게 되면, 이번에 입력된 숫자를 처음 입력된 숫자로 인식하여 왼쪽 7-세그먼트에 숫자를 나타낸다. 이때도 숫자를 누르고 있는 동안 오른쪽의 LED가 켜지게 된다. 숫자 스위치를 떼면 LED도 함께 꺼지게 된다.

〈표 2-5〉 네 번째 값으로 8을 누른 경우

구분	Combo II
입력	키 8
7-세그먼트	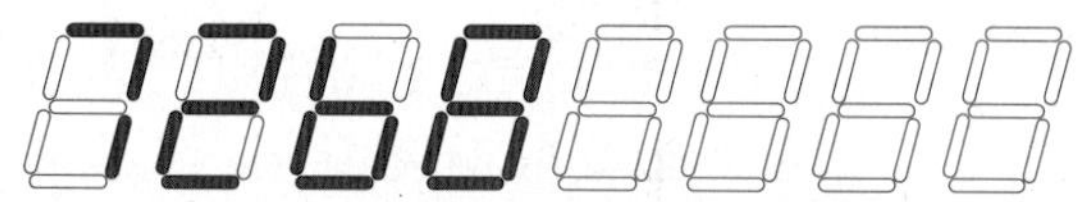
LED	○○○○○○○●

7-세그먼트에 어떤 숫자가 표시된 경우에도, 키 * 또는 키 #을 누르게 되면, 내부의 래치를 초기화하도록 설계하였다. 따라서 〈표 2-6〉과 같이 키 *를 누르면 4개의 7-세그먼트 표시값이 모두 0으로 초기화된다.

〈표 2-6〉 키 *를 누른 경우

구분	Combo II
입력	키 *
7-세그먼트	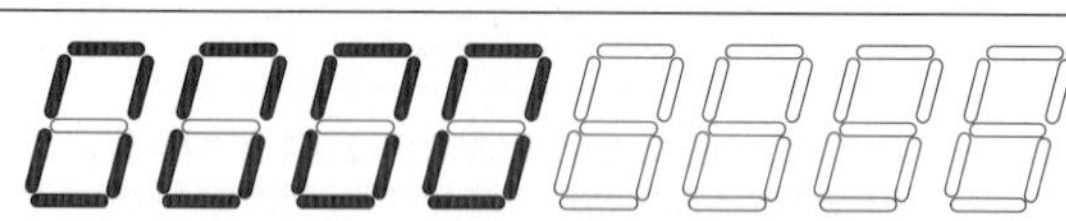
LED	○○○○○○○●

2.3 주요 사항 검토

① [그림 2-3]과 같은 ring counter의 동작을 확인하고 적합한 용도를 나열하라.

② [그림 2-5]에서는 T-FF을 이용한 counter를 구현하였다. clk 신호에 따른 계수값을 나열하라.

③ 사용하는 clock의 속도를 100㎐ 또는 50㎐ 또는 10㎐이하일 때 어떤 현상이 발생하는가?

④ 깜박임 없이 입력 숫자를 표시할 수 있는 최저 clock 속도는 얼마인가?
⑤ 4×3 keypad에서 [r3 r2 r1 r0]의 출력값이 [0 0 1 0]일 때 [c2 c1 c0]의 입력값이 [0 1 0] 이였다면 어떤 스위치가 눌린 것인가?
⑥ [그림 2-2]의 회로에서 74174 소자는 어떤 역할을 하는 소자인가?
⑦ [그림 2-2]의 회로에서 74147 소자는 어떤 역할을 하는 소자인가?

2.4 연습문제

연습문제

① [그림 2-3]의 회로에서 링 카운터를 만들기 위하여 JK-FF을 사용하였다. JK-FF을 대신하여 T-FF를 이용하여 링 카운터를 설계하라.

② [그림 2-3]의 회로에서 링 카운터를 만들기 위하여 JK-FF을 사용하였다. JK-FF을 대신하여 D-FF를 이용하여 링 카운터를 설계하라.

③ dyn_seg를 나타낸 [그림 2-5]의 회로에서 T-FF로 구성한 4진 카운터를 74161 소자로 변경하여 설계하라.

④ 4개의 숫자를 입력받아 7-세그먼트에 표시하고 있지만, 현재 입력 숫자가 몇 번째 입력되는 숫자인지 표시가 없다. LED를 통하여 현재 입력받는 숫자가 어디에 표시될 숫자인지 나타낼 수 있도록 기존 회로를 변경하라.

CHAPTER 03

4비트 덧셈기를 트레이닝 키트에서 동작시키기

CHAPTER 03

4비트 덧셈기를 트레이닝 키트에서 동작시키기

3.1 4비트 덧셈기 응용회로 설계 목표

① 덧셈기의 입력 원으로 4×3키패드(keypad)와 버튼스위치를 사용한다.

② 덧셈기의 출력을 확인하기 위해 5개의 LED를 사용한다.

③ 16개의 키 중 2개를 입력장치로 사용한다.

④ 9키와 5키를 누르면 [1001+0101]과 같으므로 결과는 [01110]며 이 결과를 LED에 연결하여 5개의 LED가 [OFF ON ON ON OFF]가 되도록 설계한다.

3.2 4비트 덧셈기 응용회로 구성하기

3.2.1 4비트 덧셈기 응용회로 블록도

Combo II 트레이닝 키트에서 4비트 덧셈기 응용회로는 매트릭스 방식을 사용하는 12개 키와 푸시 버튼 형식인 6개의 16진수 키, 12개 키를 매트릭스 방식으로 제어하는 key_ matrix 블록, 총 16개의 키 입력 중 2개를 받아 4비트 2진수로 바꾼 다음 래치하는 keyin 블록, 4비트 덧셈기, 자리올림수 입력을 제어하는 스위치, 그리고 5개의 LED로 구성하며 [그림 3-1]에 상세 블록도를 나타내었다. LED는 출력이 논리 [1]이면 켜지고 출력이 논리 [0]이면 꺼진다.

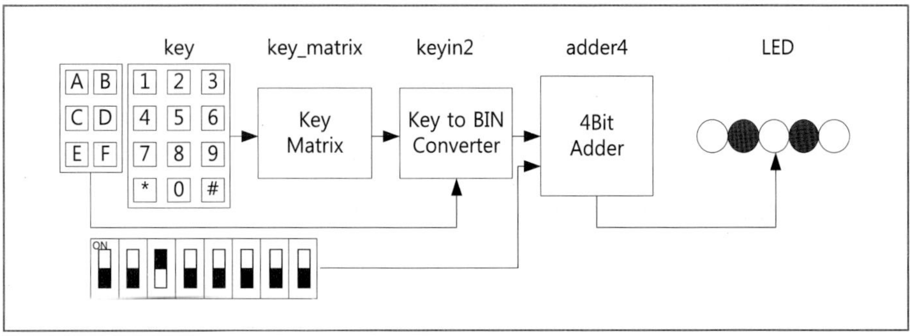

[그림 3-1] 4비트 덧셈기 회로의 블록도

① 키 입력을 제어하는 회로 key_matrix

key_matrix블록은 컬럼과 로우 방식의 매트릭스로 설계되어 있는 키를 제어하며 keyin회로에 키가 입력되었음을 상승펄스로 알린다.

② 키를 4비트 2진수로 바꾸고 래치하는 회로 keyin

keyin블록은 16개의 키 중 연속으로 2개의 키를 받아서 4비트 2진수로 바꾸어 래치시키는 기능을 한다.

③ 4비트 2진수 2개 그룹을 더하는 회로 adder4

4비트 2진수 2개 그룹을 더한 결과를 5비트로 나타낸다. 5비트 중 MSB(Most Significant Bit)는 자리올림수(carry)이다.

3.2.2 4비트 덧셈기 응용회로도

[그림 3-2]는 4비트 덧셈기 응용회로도이다. 4비트 덧셈기 응용회로는 2개의 키를 이용하여 덧셈에서의 더하는 수와 더해지는 수를 공급하고 이 더하는 수와 더해지는 수를 4비트 덧셈기인 adder4에 공급하여 덧셈 결과를 얻어낸다. 얻어진 덧셈 결과는 5개의 LED에 나타낸다. 4비트 덧셈기는 2비트 덧셈기 4개를 직렬로 연결하여 설계한다.

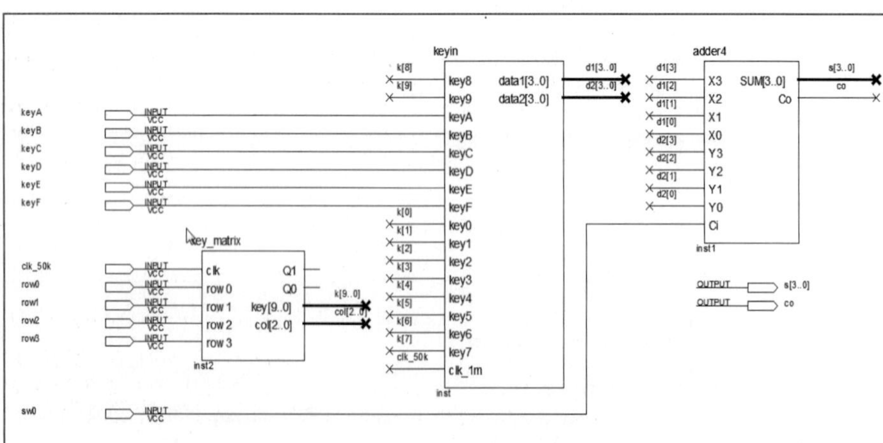

[그림 3-2] 4비트 덧셈기 응용 회로도

3.2.3 4비트 덧셈기 응용회로 동작원리

4비트 덧셈기 응용회로의 계산과정은 다음과 같다. 더하는 수와 더해지는 수의 4비트 덧셈에서 첫 번째 자리는 자리올림수와 함께 더하며 덧셈의 결과 자리올림수가 있을 경우 두 번째 덧셈 위치로 자리올림수를 전달한다. 각각의 자리에서는 언제나 자리올림수와 함께 덧셈을 진행한다. 마지막 자리에서 발생하는 자리 올림수는 5비트의 출력 중 최상위 MSB비트(MSB) 자리에 배치한다.

〈표 3-1〉 자리올림수가 없을 경우

	1	1	1	0
	0	0	1	1
+	0	1	1	1
0	1	0	1	0

〈표 3-2〉 자리올림수가 있을 경우

	1	1	1	0
	1	0	1	1
+	0	1	1	1
1	0	0	1	0

① key_matrix블록

[그림 3-3]은 Combo II 트레이닝 키트에 적용되는 key_matrix 블록 회로이다.

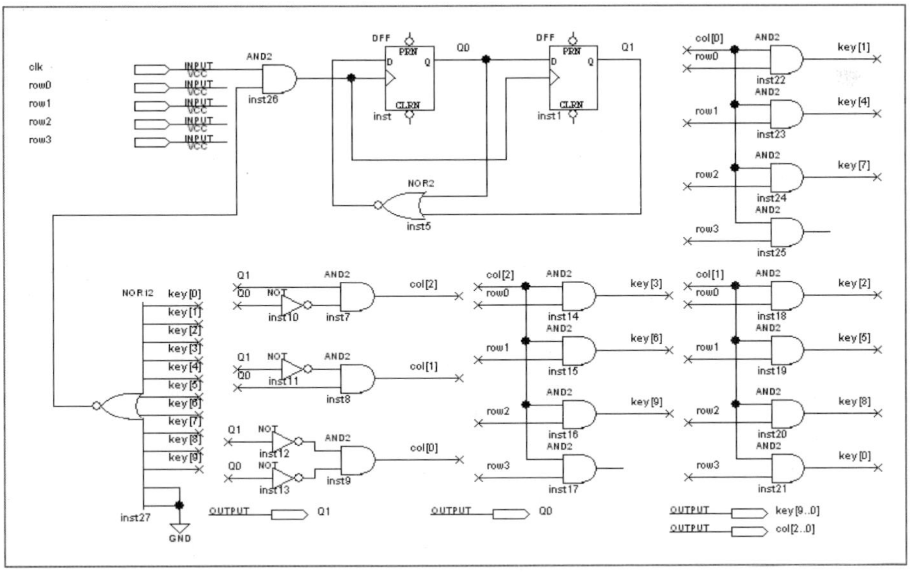

[그림 3-3] 4비트 덧셈기 응용회로의 key_matrix블록 회로도

Combo II 트레이닝 키트는 12개의 키 입력을 매트릭스 방식을 적용하여 제어한다. 4개의 행(row)과 3개의 열(column)이 있는 매트릭스 방식이기 때문에 트레이닝 키트의 키를 누를 경우 눌려진 키에 대한 상승펄스가 발생하도록 설계한다. [그림 3-3]에서 컬럼 신호는 D-플립플롭(DFF) 2개를 이용하여 동기식 3진 카운터를 설계하여 얻은 2비트 신호(Q1, Q0)에 적절한 게이트 조합을 추가

하여 3비트 2진수 col[2..0] 신호가 출력되도록 설계한다. 3진 카운터의 출력 2비트의 게이트 조합에 의해 구한 컬럼신호는 〈표 3-3〉과 같다.

〈표 3-3〉 3진 카운터의 출력으로 컬럼 신호를 구하기 위한 논리식

Q1	Q0	col[2]	col[1]	col[0]	논리식
0	0	0	0	1	$\mathrm{col}[0] = \overline{Q1} \cdot \overline{Q0}$
0	1	0	1	0	$\mathrm{col}[1] = \overline{Q1} \cdot Q0$
1	0	1	0	0	$\mathrm{col}[2] = Q1 \cdot \overline{Q0}$
0	0	0	0	1	

〈표 3-4〉 매트릭스 회로의 키, 컬럼신호 그리고 로우신호의 관계

키 번호	컬럼신호			로우신호				key신호
	col[2]	col[1]	col[0]	row[3]	row[2]	row[1]	row[0]	
1	0	0	1	0	0	0	1	key[1]
2	0	1	0	0	0	0	1	key[2]
3	1	0	0	0	0	0	1	key[3]
4	0	0	1	0	0	1	0	key[4]
5	0	1	0	0	0	1	0	key[5]
6	1	0	0	0	0	1	0	key[6]
7	0	0	1	0	1	0	0	key[7]
8	0	1	0	0	1	0	0	key[8]
9	1	0	0	0	1	0	0	key[9]
*	0	0	1	1	0	0	0	사용안함
0	0	1	0	1	0	0	0	key[0]
#	1	0	0	1	0	0	0	사용안함

〈표 3-3〉과 같이 3진 카운터가 동작하면 컬럼신호가 일정한 주기로 변한다. 일정한 주기로 변하는 컬럼신호의 논리 [1]이 매트릭스에 공급되는 순간 매트릭스에 연결된 키를 누르면 펄스가 발생하고 이 펄스는 키를 누른 것과 같은 동작을 하도록 설계한다. 〈표 3-4〉는 매트릭스 회로의 컬럼신호와 로우신호 그리고 키 정보를 표현한 것이다. [그림 3-4]는 Combo II 트레이닝 키트의 매트릭스 제어 방식의 기본구조를 나타낸 것이다. Combo II 트레이닝 키트 사용자는 컬럼 신호 제어방식 및 로우 신호 제어 방식 중 하나를 선택해서 제어할 수 있다. 예를 들어 키 2를 누를 때 컬럼 신호가 010이면 로우 신호가 0001이 되고 key[2]신호에 상승펄스가 발생하여 마치 2키를 누른 것과 같게 된다.

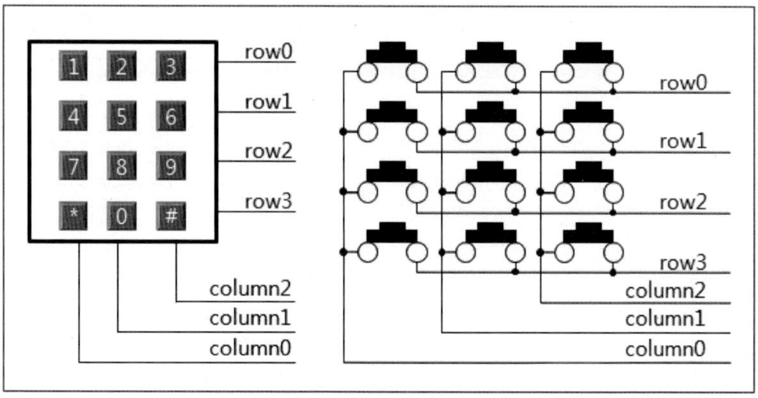

[그림 3-4] Combo II 트레이닝 키트의 매트릭스 제어 방식

이번 장에서는 컬럼 신호를 공급해서 키가 눌려진 것을 확인하는 컬럼제어 방식을 적용한다. [그림 3-5]는 key_matrix 블록 회로의 동작파형이다. clk신호가 공급되면 3진 카운터에 의해 Q1과 Q0가 00, 01, 10, 00의 순으로 인코딩되어 나타난다. 이 신호는 컬럼 신호인 col[2..0]신호가 001, 010 그리고 100이 되도록 코딩하였으며 컬럼 신호가 100일 때 즉, col[2]가 논리 [1]일 때 첫 번째 행(row0)에 있는 키 중 3번 키가 눌려지면 key[3]신호에 펄스가 발생한다. 컬럼 신호가 010일 때 즉, col[1]이 논리 [1]일 때 두 번째 행(row1)에 있는 키 중 5번 키가 눌려지면 key[5]신호에 펄스가 발생한다. 컬럼 신호가 001일 때 즉, col[0]이 논리 [1]일 때 세 번째 행(row2)에 있는 키 중 9번 키가 눌려지면 key[9]신호에 펄스가 발생한다. 컬럼신호가 010일 때 즉, col[1]이 논리 [1]일 때 네 번째 행(row3)에 있는 키 중 0번 키가 눌려지면 key[0]신호에 펄스가 발생한다.

컬럼 신호가 100일 때 즉, col[2]가 논리 [1]일 때 세 번째 행(row2)에 있는 키 중 9번 키가 눌려지면 key[9]신호에 펄스가 발생한다. 컬럼 신호가 010일 때 즉, col[1]이 논리 [1]일 때 두 번째 행(row1)에 있는 키 중 5번 키가 눌려지면 key[5]신호에 펄스가 발생한다. 컬럼 신호가 001일 때 즉, col[0]이 논리 [1]일 때 첫 번째 행(row0)에 있는 키 중 1키가 눌려지면 key[1]신호에 펄스가 발생한다.

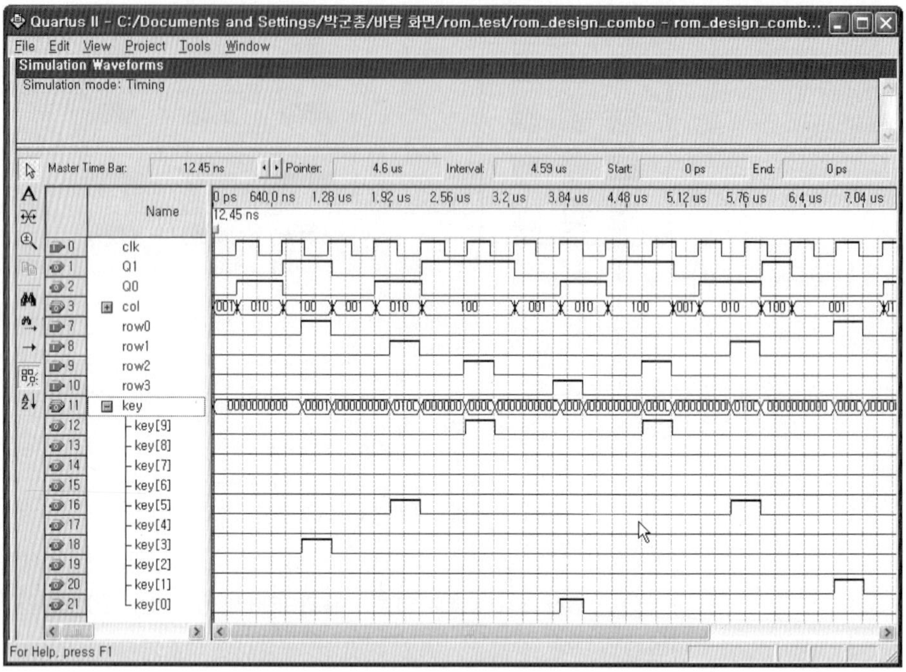

[그림 3-5] key_matrix회로의 동작 파형

② keyin블록

[그림 3-6]은 keyin 블록의 회로도이다. [그림 3-6]은 두 개의 74148 인코더, 2개의 74174 래치, 그리고 플립플롭 및 몇 개의 게이트로 설계한 키 입력회로이다. Combo II 트레이닝 키트의 경우 6개 16진수 키와 key_matrix에서 출력되는 10개의 키 등 총 16개의 키로부터 입력되는 신호가 2개의 74148 인코더를 거쳐서 4비트 2진수 데이터로 변경된다. 74148은 8입력 3출력의 인코더이므로 2개의 인코더를 이용해서 16개의 키 입력을 받아 4개의 4비트 2진수 데이터를 출력하도록 설계한다. 위쪽의 인코더는 키 8부터 키 F까지의 입력신호를 처리하고, 아래쪽의 인코더는 키 0부터 키 7까지의 입력신호를 처리한다. 74148 입력신호가 부논리를 적용하기 때문에 인코더 74148의 입력에 NOT 게이트를 연결하여 설계한다. 이렇게 각각의 인코더를 거쳐서 출력되는 정보는 3개의 NAND 게이트를 통해 4비트 2진수 데이터가 되며 74174라는 2개의 래치에 순차적으로 저장된다. 각각의 래치는 d1_clk, d2_clk에 의해서 데이터를 저장하는데, d1_clk과 d2_clk은 키가 입력될 때 마다 발생하는 k_clk에 의해서 발생하는 신호이다. k_clk신호는 2개의 AND게이트와 NAND 게이트를 이용하여 만든다.

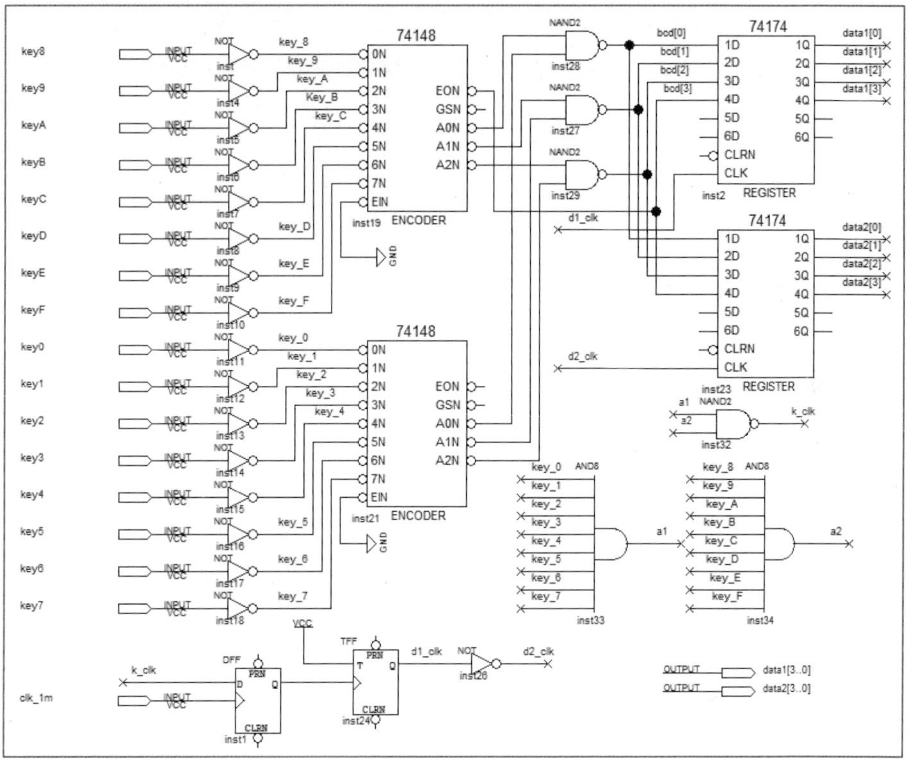

[그림 3-6] 4비트 덧셈기 응용회로의 keyin 블록 회로도

[그림 3-7]은 keyin 블록 회로의 동작 파형이다. 이 그림에 key2와 keyA를 눌렀을 경우 해당키에 대한 4비트 2진수와 래치 결과를 나타내었다. 키를 누를 때 마다 k_clk신호가 clk에 동기 되어 출력된다. 키를 누르면 해당키에 대한 4비트 2진수가 출력되는데 키 2에 대한 0010과 키 A에 대한 1010이 출력되는 것을 확인할 수 있다. 첫 번째 데이터 0010이 나타날 때 k_clk에 상승에지가 발생하면 d1_clk에 상승에지가 나타나며 이 상승에지에 의해 0010이 저장되어 첫 번째 74174에 최종 출력 data1으로 나타난다. 두 번째 데이터 1010이 출력될 때 k_clk신호에 2번째 상승에지가 발생하면 d2_clk신호에 상승에지가 나타나며 1010이 래치되고 두 번째 74174에 최종 출력 data2로 나타나는 것을 확인할 수 있다. clk_1m에 의해 동기된 k_clk를 토글플립플롭으로 입력한 다음 나타나는 출력을 d1_clk로, 그리고 d1_clk에 NOT게이트를 연결하여 출력되는 신호를 d2_clk로 사용한다.

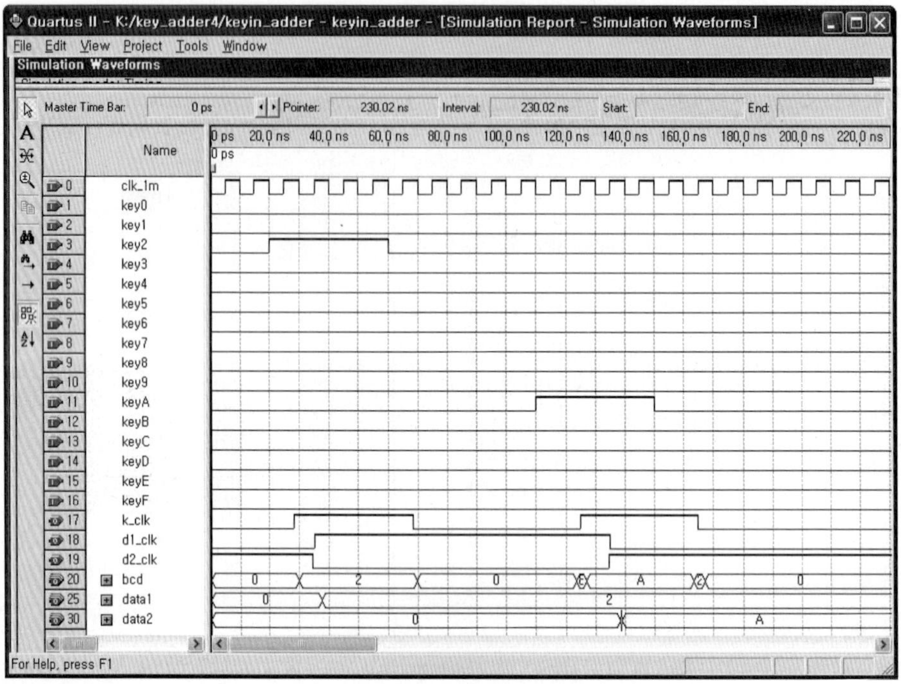

[그림 3-7] 4비트 덧셈기 응용회로 keyin 블록 회로 동작파형

③ adder4 블록 회로

[그림 3-8]은 4비트 덧셈기 블록 회로도 adder4이다. 이 회로는 [그림 3-9]에 있는 2비트 덧셈기(bitadder) 4개를 직렬로 연결한 것이다.

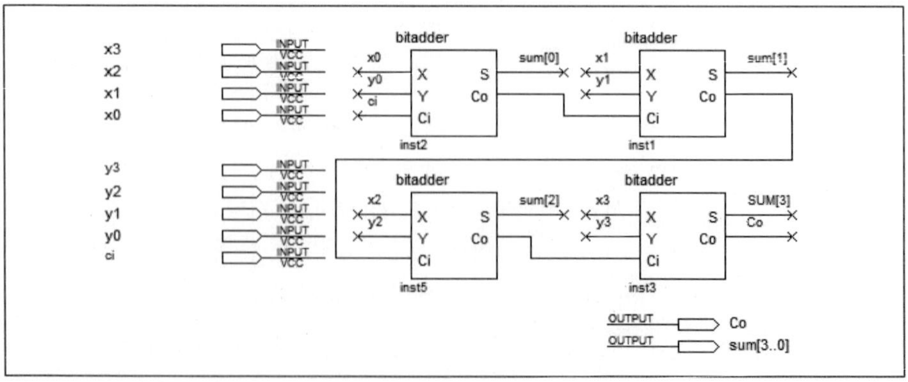

[그림 3-8] 덧셈기 응용회로의 adder4 블록 회로

2비트 덧셈기 심벌은 2개의 입력X, Y와 자리올림수 입력 Ci가 있으며 출력으로는 합의 결과인 S와 자리 올림수 Co가 있다. 첫 번째 bitadder에 4비트 중 최하위 비트(LSB : Least Significant Bit)인 x0, y0을 연결하고 자리 올림수 Ci를

연결한다. 첫 번째 bitadder에서 출력되는 합의 결과 S는 sum[0] 출력으로 연결하고 자리 올림수 Co는 다음 단 bitadder의 자리 올림수 입력 Ci에 연결한다. 이와 같은 방법으로 4개의 bitadder를 직렬로 연결한다. 4번째 bitadder의 출력인 Co는 2진수 덧셈의 최상위 비트 Co로 표현한다.

④ bitadder 블록 회로

[그림 3-9]는 adder4 블록에서 사용하는 2비트 덧셈기 bitadder의 회로이다. 이 덧셈기의 진리표는 〈표 3-5〉와 같다.

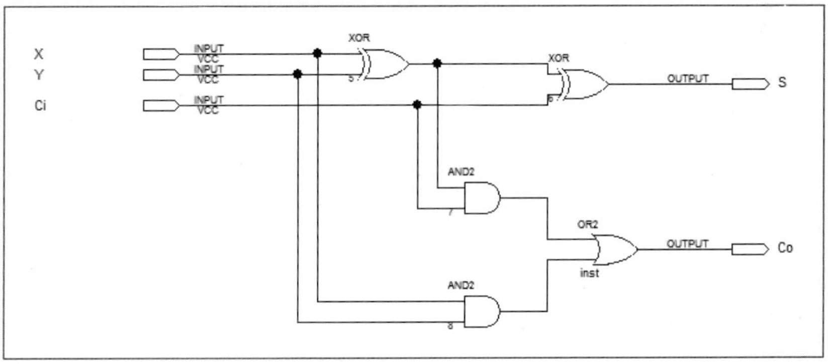

[그림 3-9] 2비트 덧셈기 bitadder 블록 회로

〈표 3-5〉 2비트 덧셈기 진리표

입력			출력	
X	Y	Ci	S	Co
0	0	0	0	0
0	0	1	1	0
0	1	0	1	0
0	1	1	0	1
1	0	0	1	0
1	0	1	0	1
1	1	0	0	1
1	1	1	1	1

3.2.4 4비트 덧셈기 응용회로 동작 파형

[그림 3-10]은 4비트 덧셈기 응용회로 동작파형이다. [그림 3-10]에서 sw0는 덧셈기 adder4의 자리올림수 입력이며 초기에는 논리 [0]이다. 즉, 덧셈에 더해

지는 자리 올림수는 없다는 의미이다. 첫 번째 덧셈에서 키 A를 치면 A에 대한 2진수 1010이 d1에 래치되어 나타난다. 다음으로 매트릭스 제어회로의 row0에 논리 [1]을 공급하면 col[0]가 논리 [1]인 001과 일치하여 k[1]에 상승펄스가 발생하고 k[1]과 일치하는 2진수 0001이 d2에 래치되어 나타난다. 동시에 adder4에 의해 d1과 d2가 더해지고 덧셈의 결과인 S는 자리올림수가 0, 합의 결과가 1011이 되는 것을 알 수 있다. 두 번째 덧셈에서 키 C를 치면 C에 대한 2진수 1100이 d1에 래치되어 나타난다. 다음으로 매트릭스 제어회로의 row2를 치면 col[0]이 논리 [1]인 001과 일치하는 k[7]에 상승펄스가 발생하고 k[7]과 일치하는 2진수 0111이 d2에 래치되어 나타난다. 동시에 adder4에 의해 d1과 d2가 더해지고 덧셈의 결과인 S는 자리올림수가 1, 합의 결과가 0011이 되는 것을 알 수 있다.

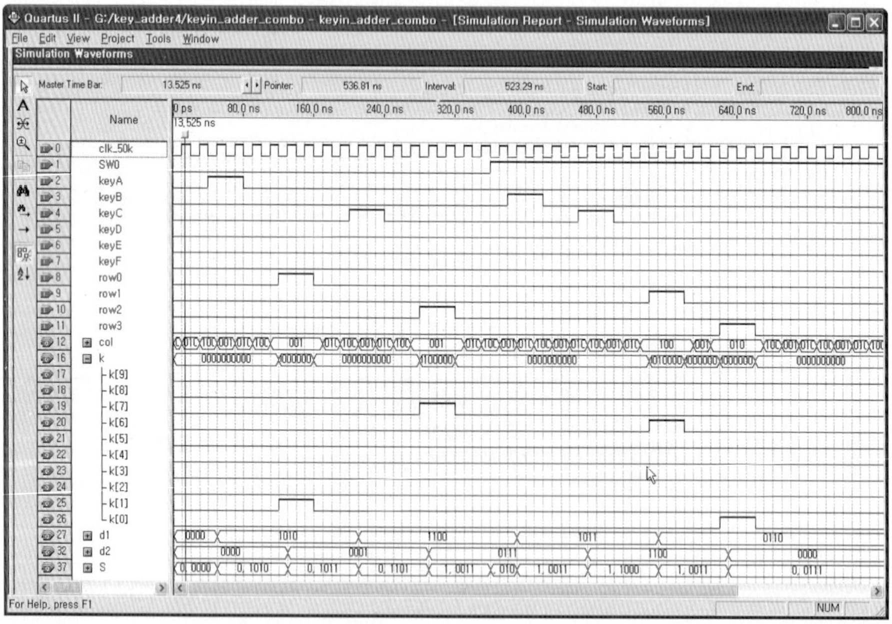

[그림 3-10] 4비트 덧셈기 응용회로 동작파형

이번에는 sw0을 논리 [1]로 만들어 덧셈에 더해지는 자리올림수가 있는 경우를 검토해보자. 첫 번째 덧셈에서 키 B를 치면 B에 대한 2진수 1011이 d1에 래치되어 나타난다. 다음으로 키 C를 치면 C에 대한 2진수 1100이 d2에 래치되어 나타난다. 동시에 adder4에 의해 d1과 d2가 더해지고 덧셈의 결과인 S의 내용은 자리 올림수는 1, 합의 결과는 1000이 되는 것을 알 수 있다. 두 번째 덧셈에서 매트릭스 제어회로의 row1을 치면 col[2]가 논리 [1]인 100과 일치하는

k[6]에 상승펄스가 발생하고 k[6]과 일치하는 2진수 0110이 d1에 래치되어 나타난다. 다음으로 매트릭스 제어회로의 row3을 치면 col[1]이 논리 [1]인 010과 일치하는 k[0]에 상승펄스가 발생하고 k[0]과 일치하는 2진수 0000이 d2에 래치되어 나타난다. 동시에 adder4에 의해 d1과 d2가 더해지고 덧셈의 결과인 S의 내용은 자리 올림수는 0, 합의 결과는 '0111'이 되는 것을 알 수 있다.

3.2.5 4비트 덧셈기 핀 연결

〈표 3-6〉은 Combo II 트레이닝 키트에 4비트 덧셈기 응용회로를 모의실험하기 위해 연결할 핀 정보를 나타낸 것이다.

〈표 3-6〉 4비트 덧셈기와 Combo II 트레이닝 키트 핀 연결

	신호명	Combo II 신호 명	핀번호	신호명	Combo II 신호 명	핀번호
Cyclone II EP2C35F672C8	clk_50k	CLK_MAIN[0]	N1	keyA	BUTTON_SW[0]	Y10
	row0	KEYPAD_ROW[0]	AD10	keyB	BUTTON_SW[1]	W10
	row1	KEYPAD_ROW[1]	AC10	keyC	BUTTON_SW[2]	AA9
	row2	KEYPAD_ROW[2]	V10	keyD	BUTTON_SW[3]	V9
	row3	KEYPAD_ROW[3]	AF9	keyE	BUTTON_SW[4]	AE9
	sw0	DIP_D[0]	Y12	keyF	BUTTON_SW[5]	AC9
	col[0]	KEYPAD_COLUMN[0]	V11	S3	LED_D[1]	AE7
	col[1]	KEYPAD_COLUMN[1]	AB10	S2	LED_D[2]	AB8
	col[2]	KEYPAD_COLUMN[2]	AA10	S1	LED_D[3]	W8
	S4	LED_D[0]	AF7	S0	LED_D[4]	AF6

3.2.6 4비트 덧셈기 응용회로 실장실험

〈표 3-6〉과 같이 핀 정보를 모두 입력한 다음 다시 컴파일을 해야한다. 컴파일을 한 후 [Tools]-[Programmer]를 클릭하여 실장실험을 한다.

트레이닝 키트의 키 9와 키 5 그리고 sw1을 〈표 3-7〉과 같이 설정한 후 실장실험을 실시한다. 실장실험 결과가 〈표 3-7〉의 LED상태와 동일하게 나타나는지 확인한다.

〈표 3-7〉 Combo II 트레이닝 키트 실장실험 1

입력	키 9		1	0	0	1
	키 5		0	1	0	1
sw1	OFF					0
4비트 덧셈기 연산 결과		0	1	1	1	0
LED 상태		○	●	●	●	○

다음으로 sw1을 ON상태로 바꾸어 보자. 〈표 3-8〉과 같이 LED 상태가 나타나는지 확인한다.

〈표 3-8〉 Combo II 트레이닝 키트 실장실험 2

입력	키 9		1	0	0	1
	키 5		0	1	0	1
sw1	ON					1
4비트 덧셈기 연산 결과		0	1	1	1	1
LED 상태		○	●	●	●	●

트레이닝 키트의 키 C와 키 D 그리고 sw1을 〈표 3-9〉와 같이 설정한 후 실장실험을 실시한다. 실장실험 결과가 〈표 3-9〉의 LED상태와 동일하게 나타나는지 확인한다.

〈표 3-9〉 Combo II 트레이닝 키트 실장실험 3

입력	키 C		1	1	0	0
	키 D		1	1	0	1
sw1	OFF					0
4비트 덧셈기 연산 결과		1	1	0	0	1
LED 상태		●	●	○	○	●

다음으로 sw1을 [ON]상태로 바꾸어 보자. 〈표 3-10〉과 같이 LED 상태가 나타나는지 확인한다.

〈표 3-10〉 Combo II 트레이닝 키트 실장실험 4

입력	키 C		1	1	0	0
	키 D		1	1	0	1
sw1	ON					1
4비트 덧셈기 연산 결과		1	1	0	1	0
LED 상태		●	●	○	●	○

트레이닝 키트의 키 A와 키 3 그리고 sw1을 〈표 3-11〉과 같이 설정한 후 실장실험을 실시한다. 실장실험 결과가 〈표 3-11〉의 LED상태와 동일하게 나타나는지 확인한다.

〈표 3-11〉 Combo II 트레이닝 키트 실장실험 3

입력	키 A		1	0	1	0
	키 3		0	0	1	1
sw1	OFF					0
4비트 덧셈기 연산 결과		0	1	1	0	1
LED 상태		○	●	●	○	●

다음으로 sw1을 ON상태로 바꾸어 보자. 〈표 3-12〉와 같이 LED 상태가 나타나는지 확인한다.

〈표 3-12〉 Combo II 트레이닝 키트 실장실험 4

입력	키 A		1	0	1	0
	키 3		0	0	1	1
sw1	ON					1
4비트 덧셈기 연산 결과		0	1	1	1	0
LED 상태		○	●	●	●	○

3.3 주요 사항 검토

① 2비트 반 덧셈기(half adder)와 2비트 전 덧셈기(full adder)의 차이점은 무엇인가?

② 4비트 덧셈기를 만들기 위해 필요한 전 덧셈기의 수는 몇 개인가?

③ 4비트 덧셈기에서 최하위 비트의 덧셈 시 자리 올림수가 없다면 입력 핀 Ci는 어떻게 처리하는 것이 좋은가?

④ 부호비트를 고려하지 않을 때 4비트로 처리할 수 있는 수의 범위는 얼마인가?

⑤ 부호비트를 고려할 때 4비트로 처리할 수 있는 수의 범위는 얼마인가?

⑥ 모의실험 시 입력신호 그룹 X를 선택한 후 아이콘 을 클릭하면 [그림 3-11], [그림 3-12]가 나타난다. [그림 3-11], [그림 3-12]와 같이 입력할 경우 X의 상태가 어떻게 나타날지를 예측하라.

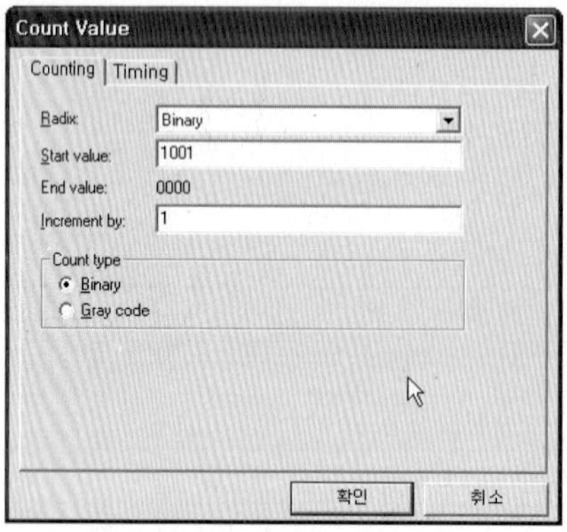

[그림 3-11] [Counting]결정하기

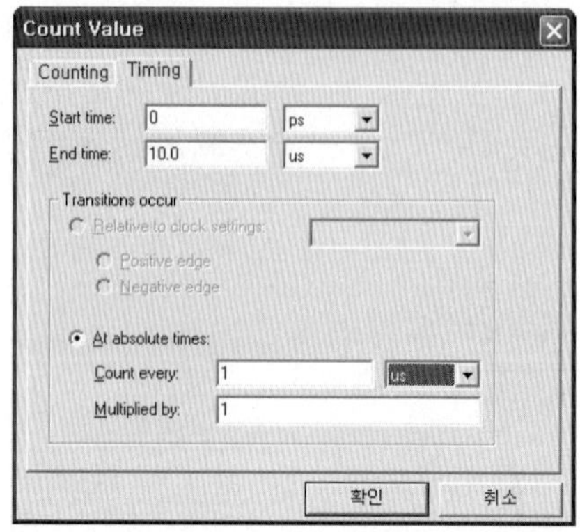

[그림 3-12] [Timing]결정하기

⑦ 모의실험 시 입력신호 Ci를 선택한 후 아이콘 을 클릭하면 [그림 3-13]이 나타난다. [그림 3-13]과 같이 입력할 경우 Ci의 상태가 어떻게 나타날지를 예측하라.

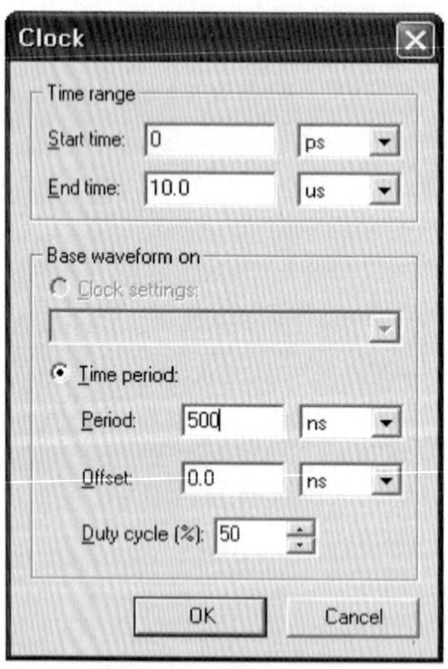

[그림 3-13] 신호주기 결정하기

3.4 연습문제

연습문제

① 2비트 전 덧셈기를 이용하여 8비트 덧셈기를 설계하시오.

② 4비트 덧셈기를 이용하여 8비트 덧셈기를 설계하시오.

③ 설계한 8비트 덧셈기를 이용하여 [121+139]를 [Binary]형태로 모의실험하고 결과 파형을 제시하시오.

④ 설계한 8비트 덧셈기를 이용하여 [211+193]를 [Binary]형태로 모의실험하고 결과 파형을 제시하시오.

CHAPTER 04

4비트 뺄셈기를 트레이닝 키트에서 동작시키기

CHAPTER

04 4비트 뺄셈기를 트레이닝 키트에서 동작시키기

4.1 4비트 뺄셈기 응용회로 설계 목표

① 뺄셈기의 입력 원으로 4×3 키패드(keypad)와 버튼 스위치를 사용한다.
② 뺄셈기의 출력을 확인하기 위해 4개의 FND를 사용한다.
③ 16개의 키 중 2개를 입력장치로 사용한다.
④ 9키와 5키를 누르면 [01001-00101]과 같으므로 2의 보수 연산 결과는 [0100]며 이 결과가 4개의 FND에 각각9, 5, +, 4로 나타나도록 한다.

4.2 4비트 뺄셈기 응용회로 구성하기

4.2.1 4비트 뺄셈기 응용회로 블록도

Combo II 트레이닝 키트에서 4비트 뺄셈기 응용회로는 매트릭스 방식을 사용하는 12개 키와 푸시 버튼 형식인 6개의 16진수 키, 12개 키를 매트릭스 방식으로 제어하는 key_ matrix 블록, 총 16개의 키 입력 중 2개를 받아 4비트 2진수로 바꾸고 래치하는 keyin 블록, 4비트 뺄셈기(subtracter4) 그리고 4개의 FND로 구성하며 [그림 4-1]에 상세 블록도를 나타내었다. LED는 출력이 논리 [1]이면 켜지고 출력이 논리 [0]이면 꺼진다.

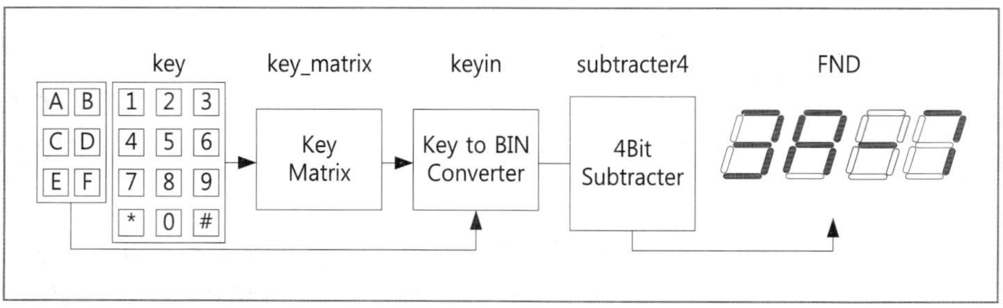

[그림 4-1] 4비트 뺄셈기 회로의 블록도

① 키 입력을 제어하는 회로 key_matrix

key_matrix블록은 컬럼과 로우 방식의 매트릭스로 설계되어 있는 키를 제어하며 keyin회로에 키가 입력되었음을 알리는 상승펄스를 공급한다.

② 키를 4비트 2진수로 바꾸고 래치하는 회로 keyin

keyin블록은 16개의 키 중 연속으로 2개의 키를 받아서 4비트 2진수로 바꾸어 래치시키는 기능을 한다.

③ 4비트 2진수 2개 그룹을 빼는 회로 subtracter4

4비트 2진수 2개 그룹을 뺀 결과를 4개의 FND에 나타낸다. subtracter4는 adder5, adder4, xor게이트 등으로 구성한다.

④ 4개의 FND를 제어하는 FND제어회로

4비트 뺄셈기의 빼지는 수, 빼는 수 뺄셈의 결과 부호 및 뺄셈 결과를 표시하기 위해 사용한다.

4.2.2 4비트 뺄셈기 응용회로도

4비트 뺄셈기 응용회로는 빼지는 수와 빼는 수는 언제나 양수라는 가정하에 설계한다. 이 회로는 2개의 키를 이용하여 뺄셈에서의 빼는 수와 빼지는 수를 공급하고 이 빼지는 수에 빼는 수의 1의 보수를 캐리와 함께 5비트 덧셈기인 adder5에 공급하여 덧셈 결과를 얻어낸다. 얻어진 덧셈 결과에서 캐리가 발생하면 캐리는 버리고 덧셈 결과 5비트 중 MSB(Most Significant Bit)가 [1]이면 음수이므로 2의 보수를 구한 결과에 음수 부호를 붙여 결과를 얻어낸다. 얻어진 결과는 4개의 FND에 표시한다.

[그림 4-2]는 Combo II 트레이닝 키트 뺄셈기 응용 회로이며 6개의 16진수 키, 10개의 숫자 키 및 #과 *, 로우 및 컬럼 매트릭스 기능을 이용하여 10개의 숫자 키를 만들어내는 key_matrix 블록, key_matrix 블록과 16진수 키 2개를 받아 2개의 4비트 2진수로 변환하여 그 결과를 래치하는 keyin 블록, 부호있는 5비트 덧셈을 처리하는 adder5와 빼는 수의 1의 보수를 처리하는 NOT게이트, 5비트 덧셈의 결과 s[4..0] 중 MSB(s[4])가 논리 [1]이면 음수이므로 XOR게이트를 이용하여 1의 보수를 구한 다음 결과를 다시 더하는 adder4, 빼지는 수, 빼는 수, 부호 그리고 뺄셈의 결과를 하나씩 선택하여 출력하는 LPM_MUX2, LPM_MUX2를 제어하는 2비트 2분주 회로, 4개의 FND를 제어하는 디코더 74139, 뺄셈의 부호가 +인지 -인지를 결정하는 부호 결정회로와 LPM_MUX1,

4개의 FND에 숫자 3개와 부호 정보를 선택하여 출력하는 LPM_MUX0, 마지막으로 FND에 0부터 F까지 표시하기 위한 fnd0_F 블록으로 구성한다.

〈표 4-1〉 4비트 뺄셈기 응용회로 블록 요약

블록 이름	기능
key_matrix	로우 컬럼 매트릭스 제어
keyin	키에 해당하는 4비트 2진수 발생 및 래치
adder5	5비트 덧셈기
adder4	4비트 덧셈기
LPM_MUX0	숫자 FND 데이터 또는 부호 FND 데이터 중 선택
LPM_MUX1	+부호 또는 -부호 중 하나를 선택
LPM_MUX2	빼지는 수, 빼는 수, None, 뺄셈 결과 중 하나를 선택
XOR 게이트	어떤 2진수의 1의 보수를 제공
D-FlipFlop	2비트 2분주 신호를 제공
디코더 74139	4개의 FND제어신호를 제공
fnd0_F	FND에 0부터 F까지를 표시

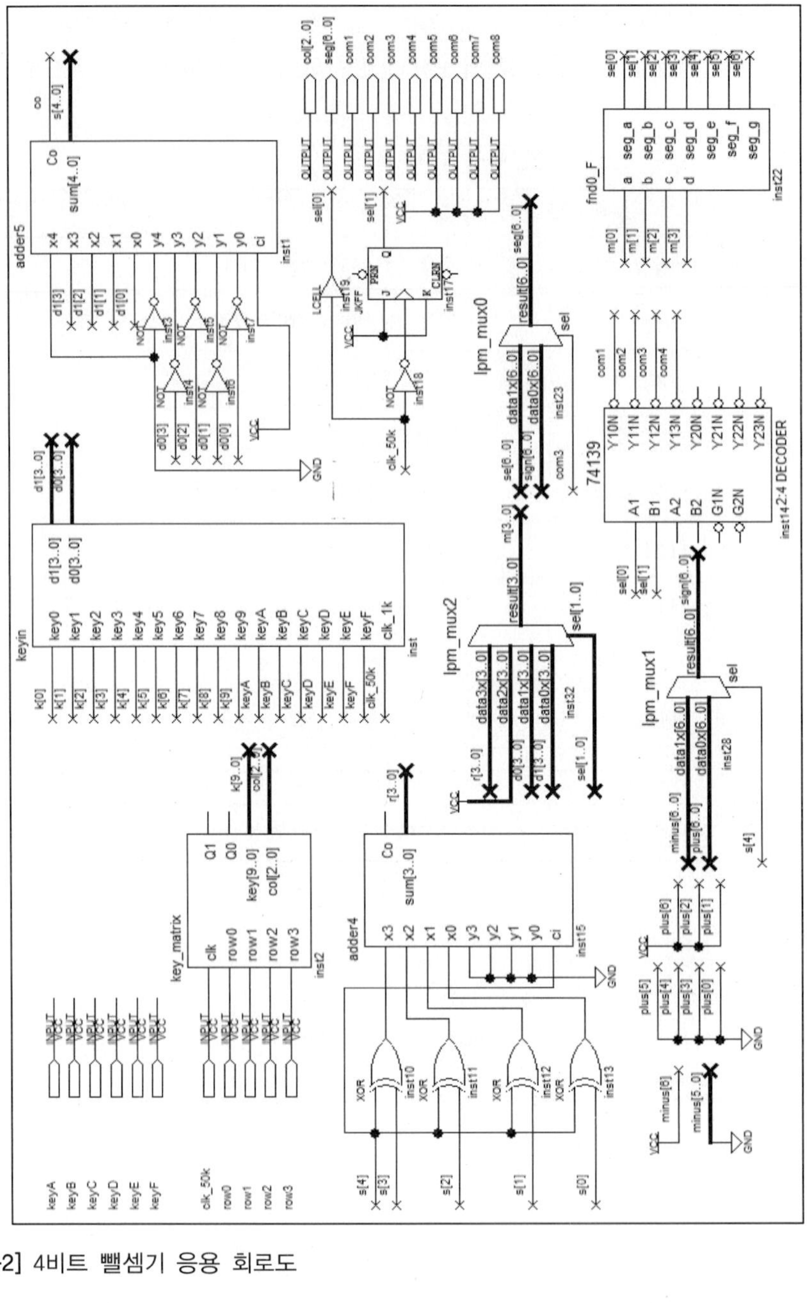

[그림 4-2] 4비트 뺄셈기 응용 회로도

4.2.3 4비트 뺄셈기 응용회로 동작원리

〈표 4-2〉와 〈표 4-3〉을 참고하여 4비트 뺄셈기 응용회로의 계산과정을 살펴보자. 〈표 4-2〉와 같이 큰 수에서 작은 수를 뺄 경우 이를 덧셈으로 바꾸면 작은 수는 음수가 된다. 음수에 2의 보수를 취하면 큰 수와 작은 수의 뺄셈을 덧

셈으로 바꾸어 처리할 수 있다. 덧셈의 결과 캐리가 발생하면 버리고 MSB가 0이면 양수, 1이면 음수가 된다. 양수는 그대로 그 값이 크기가 되지만 음수의 경우 결과에 대한 2의 보수를 취한 값이 음수의 크기가 된다. 표 4-3은 작은 수에서 큰 수를 뺄 경우이며 이를 덧셈으로 바꾸면 큰 수는 음수가 된다. 음수에 2의 보수를 취하므로 서 작은 수와 큰 수의 뺄셈을 덧셈으로 처리하게 된다. 덧셈의 결과 캐리가 발생하면 버리고 MSB가 0이면 양수, 1이면 음수가 된다. 양수는 그대로 그 값이 크기가 되지만 음수의 경우 결과에 대한 2의 보수를 취한 결과가 음수의 크기가 된다.

〈표 4-2〉 큰 수에서 작은 수를 뺄 경우

큰 수 - 작은 수[9 - 5 = 9 + (-5) = +4]						
9	캐리	0	1	0	0	1
+(-5)		0	0	1	0	1
5의 2의 보수		1	1	0	1	1
2의 보수 덧셈		0	1	0	0	1
		1	1	0	1	1
MSB가 0일 경우 양수	1	0	0	1	0	0
최종 결과		0	0	1	0	0
	+ 4					

〈표 4-3〉 작은 수에서 큰 수를 뺄 경우

작은 수 - 큰 수[5 - 9 = 5 + (-9) = -4]						
5	캐리	0	0	1	0	1
+(-9)		0	1	0	0	1
9의 2의 보수		1	0	1	1	1
2의 보수 덧셈		0	0	1	0	1
		1	0	1	1	1
MSB가 1일 경우 음수	0	1	1	1	0	0
결과에 대한 2의 보수		0	0	1	0	0
최종 결과	- 4					

① key_matrix블록

[그림 4-3]은 key_matrix 블록 회로이다. Combo II 트레이닝 키트는 12개의 키 입력을 매트릭스 방식을 적용하여 제어한다. 4개의 행(row)과 3개의 열(column)이 있는 매트릭스 방식이기 때문에 트레이닝 키트의 키를 누를 경우 눌려진 키에 대한 상승펄스가 발생하도록 설계한다. [그림 4-3]에서 컬럼 신호는 D-플립플롭(DFF) 2개를 이용하여 동기식 3진 카운터를 설계하여 얻은 2비

트 신호(Q1, Q0)에 적절한 게이트 조합을 추가하여 3비트 2진수 col[2..0] 신호가 출력되도록 설계한다. 3진 카운터의 출력 2비트의 게이트 조합에 의해 구한 컬럼신호는 〈표 4-4〉와 같다.

〈표 4-4〉 3진 카운터의 출력으로 컬럼 신호를 구하기 위한 논리식

Q1	Q0	col[2]	col[1]	col[0]	논리식
0	0	0	0	1	$col[0] = \overline{Q1} \cdot \overline{Q0}$
0	1	0	1	0	$col[1] = \overline{Q1} \cdot Q0$
1	0	1	0	0	$col[2] = Q1 \cdot \overline{Q0}$
0	0	0	0	1	

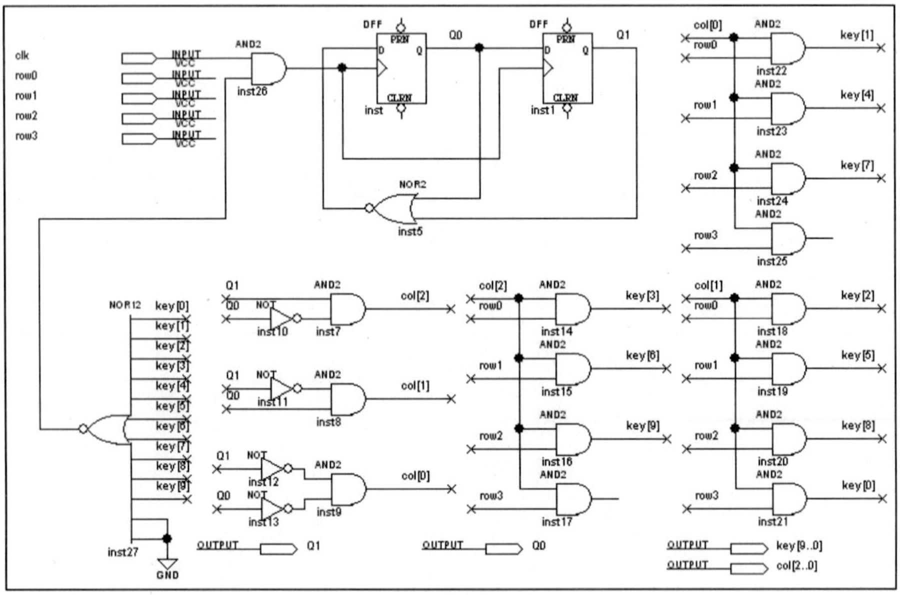

[그림 4-3] 4비트 뺄셈기 응용회로의 key_matrix블록 회로도

〈표 4-4〉와 같이 3진 카운터가 동작하면 컬럼신호가 일정한 주기로 변한다. 일정한 주기로 변하는 컬럼신호의 논리 [1]이 매트릭스에 공급되는 순간 매트릭스에 연결된 키를 누르면 펄스가 발생하고 이 펄스는 키를 누른 것과 같은 동작을 하도록 설계한다. 표 4-5는 컬럼신호와 로우신호 그리고 키 정보를 표현한 것이다. [그림 4-4]는 Combo II 트레이닝 키트의 매트릭스 제어 방식의 기본구조를 나타낸 것이다. Combo II 트레이닝 키트 사용자는 컬럼 신호 제어방식 및 로우 신호 제어 방식 중 하나를 선택해서 제어할 수 있다. 예를 들어 키 2를 누

를 때 컬럼 신호가 010이면 로우 신호가 0001이 되고 키 2신호에 상승펄스가 발생하여 마치 2키를 누른 것과 같게 된다.

〈표 4-5〉 매트릭스회로의 키, 컬럼신호 그리고 로우신호의 관계

키 번호	컬럼신호			로우신호				key신호
	col[2]	col[1]	col[0]	row[3]	row[2]	row[1]	row[0]	
1	0	0	1	0	0	0	1	key[1]
2	0	1	0	0	0	0	1	key[2]
3	1	0	0	0	0	0	1	key[3]
4	0	0	1	0	0	1	0	key[4]
5	0	1	0	0	0	1	0	key[5]
6	1	0	0	0	0	1	0	key[6]
7	0	0	1	0	1	0	0	key[7]
8	0	1	0	0	1	0	0	key[8]
9	1	0	0	0	1	0	0	key[9]
*	0	0	1	1	0	0	0	사용안함
0	0	1	0	1	0	0	0	key[0]
#	1	0	0	1	0	0	0	사용안함

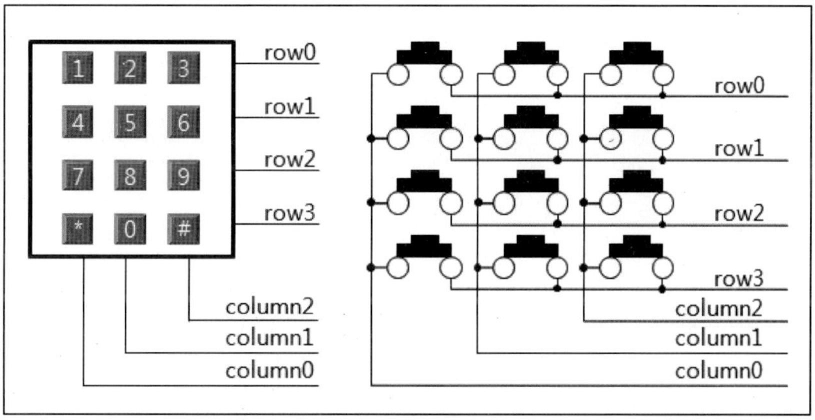

[그림 4-4] Combo II 트레이닝 키트의 매트릭스 제어 방식

이번 장에서는 컬럼 신호를 공급해서 키가 눌려진 것을 확인하는 컬럼제어 방식을 적용한다. [그림 4-5]는 key_matrix 블록 회로의 동작파형이다. clk신호가 공급되면 3진 카운터에 의해 Q1과 Q0가 00, 01, 10, 00의 순으로 인코딩되어 나타난다. 이 신호는 컬럼 신호인 col[2..0]신호가 001, 010 그리고 100이 되도록 코딩하였으며 컬럼 신호가 100일 때 즉, col[2]가 논리 [1]일 때 첫 번째 행

(row0)에 있는 키 중 3번 키가 눌려지면 key[3]신호에 펄스가 발생한다. 컬럼 신호가 010일 때 즉, col[1]이 논리 [1]일 때 두 번째 행(row1)에 있는 키 중 5번 키가 눌려지면 key[5]신호에 펄스가 발생한다. 컬럼 신호가 100일 때 즉, col[2]가 논리 [1]일 때 세 번째 행(row2)에 있는 키 중 9번 키가 눌려지면 key[9]신호에 펄스가 발생한다. 컬럼 신호가 010일 때 즉, col[1]이 논리 [1]일 때 네 번째 행(row3)에 있는 키 중 0번 키가 눌려지면 key[0]신호에 펄스가 발생한다. 컬럼 신호가 100일 때 즉, col[2]가 논리 [1]일 때 세 번째 행(row2)에 있는 키 중 9번 키가 눌려지면 key[9]신호에 펄스가 발생한다. 컬럼 신호가 010일 때 즉, col[1]이 논리 [1]일 때 두 번째 행(row1)에 있는 키 중 5번 키가 눌려지면 key[5]신호에 펄스가 발생한다. 컬럼 신호가 001일 때 즉, col[0]이 논리 [1]일 때 첫 번째 행(row0)에 있는 키 중 1키가 눌려지면 key[1]신호에 펄스가 발생한다.

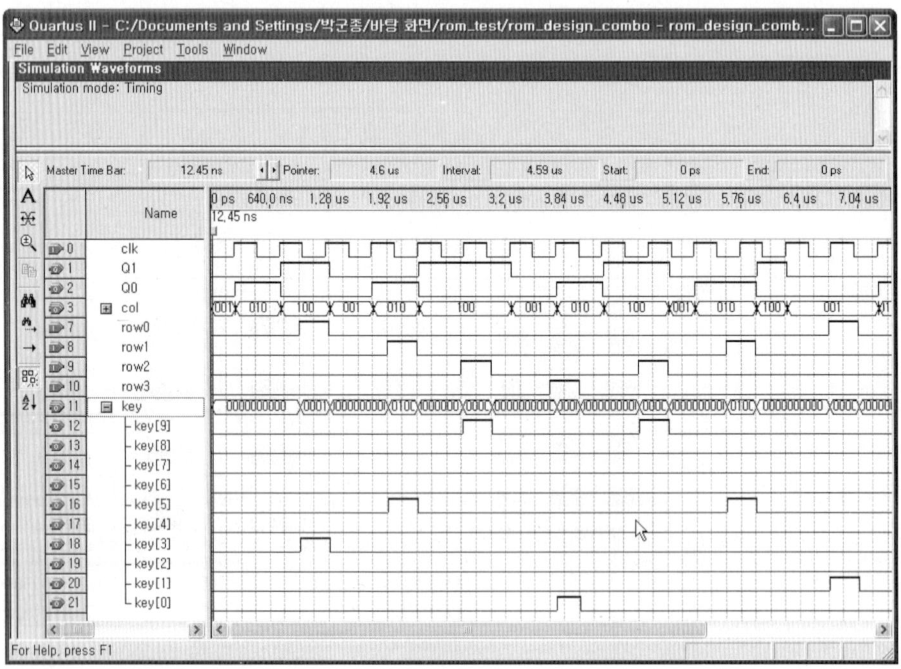

[그림 4-5] key_matrix회로의 동작 파형

② **keyin블록**

[그림 4-6]은 keyin 블록의 회로도이다. [그림 4-6]은 두 개의 74148 인코더, 2개의 74174 래치, 그리고 플립플롭 및 몇 개의 게이트로 설계한 키 입력회로이다. Combo II 트레이닝 키트의 경우 6개 16진수 키와 key_matrix에서 출력되는 10개의 키 등 총 16개의 키로부터 입력되는 신호가 2개의 74148 인코더를

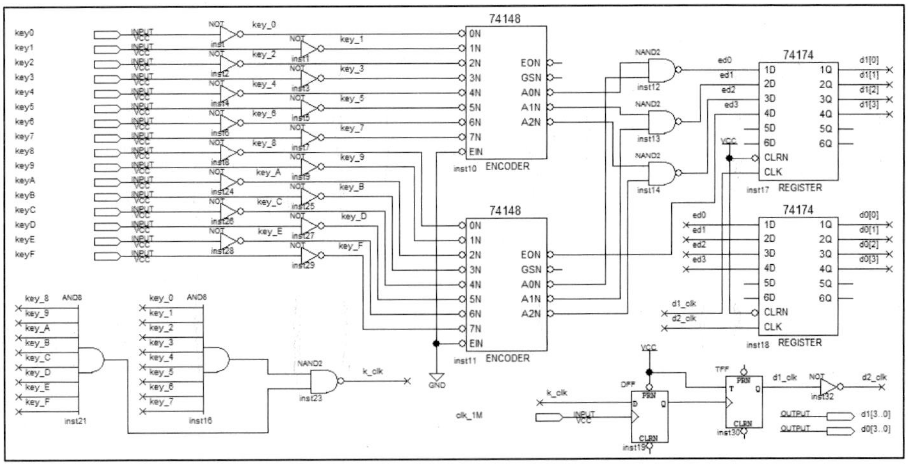

[그림 4-6] 4비트 뺄셈기 응용회로의 keyin 블록 회로도

거쳐서 4비트 2진수 데이터로 변경된다. 74148은 8입력 3출력의 인코더이므로 2개의 인코더를 이용해서 16개의 키 입력을 받아 4비트 2진수 데이터를 출력하도록 설계한다. 위쪽의 인코더는 키 0부터 키 7까지의 입력신호를 처리하고, 아래쪽의 인코더는 키 8부터 키 F까지의 입력신호를 처리한다. 74148 입력신호가 부논리를 적용하기 때문에 인코더 74148의 입력에 NOT 게이트를 연결하여 설계한다. 이렇게 각각의 인코더를 거쳐서 출력되는 정보는 3개의 NAND게이트를 통해 4비트 2진수 데이터가 되며 74174라는 2개의 래치에 순차적으로 저장된다. 각각의 래치는 d1_clk, d2_clk에 의해서 데이터를 저장하는데, d1_clk과 d2_clk은 키가 입력될 때 마다 발생하는 k_clk에 의해서 발생하는 신호이다. k_clk신호는 2개의 AND게이트와 1개의 NAND게이트를 이용하여 만든다.

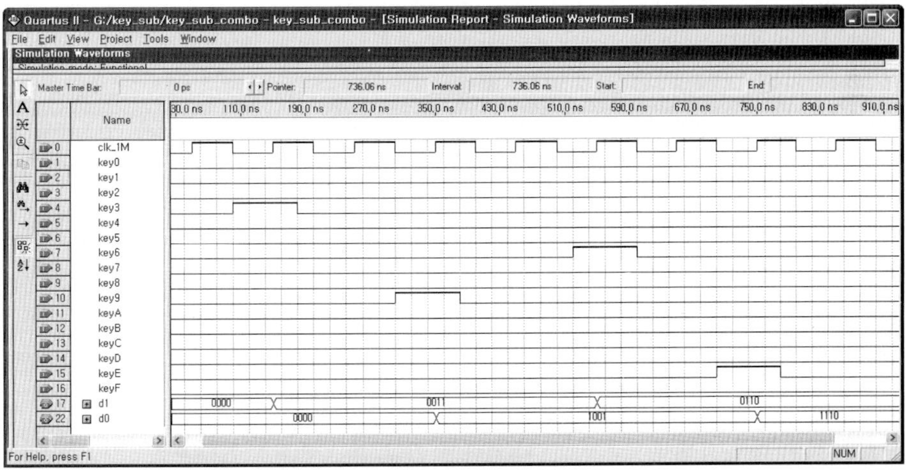

[그림 4-7] 4비트 뺄셈기 응용회로 keyin 블록 회로 동작파형

[그림 4-7]은 keyin 블록의 동작 파형이다. 뺄셈에 사용할 키를 입력하기 위해 키 3을 누른 다음 키 9와 키 6을 누르는 모의실험 과정을 [그림 4-7]에 나타내었다. 키를 누르면 해당키에 대한 4비트 2진수 데이터가 d1과 d0에 출력되는데 키 3에 대한 0011이 d1에 출력되고 키 9에 대한 1001이 d0에 출력되고 그리고 키 6에 대한 0110이 다시 d1에 출력되는 것을 확인할 수 있다. 첫 번째 데이터 0011이 나타날 때 d1_clk의 상승에지가 있으며 이 상승에지에 의해 0011이 저장되어 첫 번째 74174에 최종 출력 d1으로 나타난다. 두 번째 데이터 1001이 출력될 때 d2_clk신호의 상승에지가 있으며 1001이 래치되고 두 번째 74174에 최종 출력 d0로 나타나는 것을 확인할 수 있다. clk_1M에 의해 동기된 k_clk를 토글플립플롭으로 입력한 다음 나타나는 출력을 d1_clk로, 그리고 d1_clk에 NOT게이트를 연결하여 출력되는 신호를 d2_clk로 사용한다.

③ 2비트 덧셈기 회로

[그림 4-8]은 adder4와 adder5에서 사용하는 2비트 덧셈기 bitadder의 회로이다. 이 덧셈기의 진리표는 〈표 4-6〉과 같다.

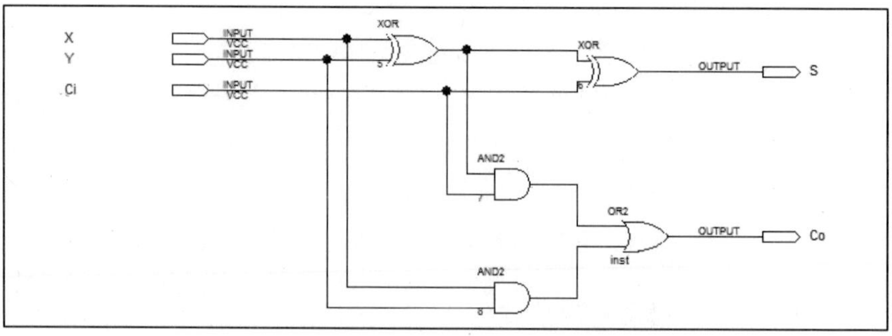

[그림 4-8] 4비트 뺄셈기 응용회로의 2비트 덧셈기 bitadder 블록 회로

〈표 4-6〉 2비트 덧셈기 bitadder 진리표

입력			출력	
X	Y	Ci	S	Co
0	0	0	0	0
0	0	1	1	0
0	1	0	1	0
0	1	1	0	1
1	0	0	1	0
1	0	1	0	1
1	1	0	0	1
1	1	1	1	1

④ adder5 블록 회로

[그림 4-9]는 5비트 덧셈기 블록 회로도이다. 이 회로는 [그림 4-8]에 있는 2비트 덧셈기(bitadder) 5개를 직렬로 연결한 것이다. 2비트 덧셈기 심벌에는 2개의 입력 X, Y와 캐리 입력 Ci가 있으며 출력으로 합의 결과인 S와 자리 올림수 C가 있다. 첫 번째 bitadder에 4비트 중 최하위 비트인 x0, y0을 연결하고 자리 올림수 ci를 연결한다.

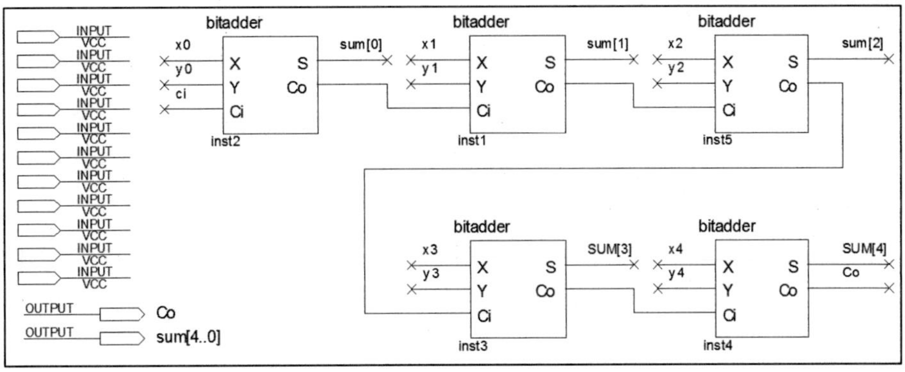

[그림 4-9] 4비트 뺄셈기 응용회로의 adder5 블록 회로도

첫 번째 bitadder에서 출력되는 합의 결과 S는 sum[0]출력에 연결하고 자리 올림수 Co는 다음 단 bitadder의 자리 올림수 입력 Ci에 연결한다. 이와 같은 방법으로 4개의 bitadder를 동일하게 직렬로 연결한다. 5번째 bitadder의 출력인 Co는 2진수 덧셈의 최상위 비트 Co로 표현한다.

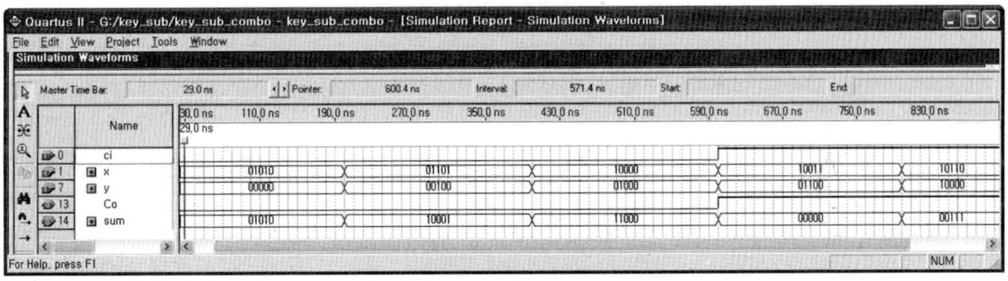

[그림 4-10] 4비트 뺄셈기 응용회로 adder5블록의 동작파형

[그림 4-10]은 adder5 블록 회로의 동작파형이며 캐리 입력 ci가 [0]인 경우

첫 번째 01010 + 00000 = 01010

두 번째 01101 + 00100 = 10001

세 번째 10000 + 01000 = 11000이 된다.

ci가 [1]인 경우

첫 번째, 10011 + 01100 + 00001 = 00000이 되고 자리올림수 출력 Co = 1

두 번째, 10110 + 10000 + 00001 = 00111이 되고 자리올림수 출력 Co = 1이 된다.

⑤ adder4 블록 회로

[그림 4-11]은 4비트 덧셈기 블록 회로도이다. 이 회로는 [그림 4-8]에 있는 2비트 덧셈기(bitadder) 4개를 직렬로 연결한 것이다. 2비트 덧셈기 심벌에는 2개의 입력 X, Y와 캐리 입력Ci가 있으며 출력으로 합의 결과인 S와 자리 올림수 Co가 있다. 첫 번째 bitadder에 4비트 중 최하위 비트(LSB : Least Significant Bit)인 x0, y0을 연결하고 자리 올림수 Ci를 연결한다. 첫 번째 bitadder에서 출력되는 합의 결과 S는 sum[0]출력에 연결하고 자리 올림수 Co는 다음 단 bitadder의 자리 올림수 입력 Ci에 연결한다. 이와 같은 방법으로 4개의 bit_adder를 동일하게 직렬로 연결한다. 4번째 bitadder의 출력인 Co는 2진수 덧셈의 최상위 비트 Co로 표현한다.

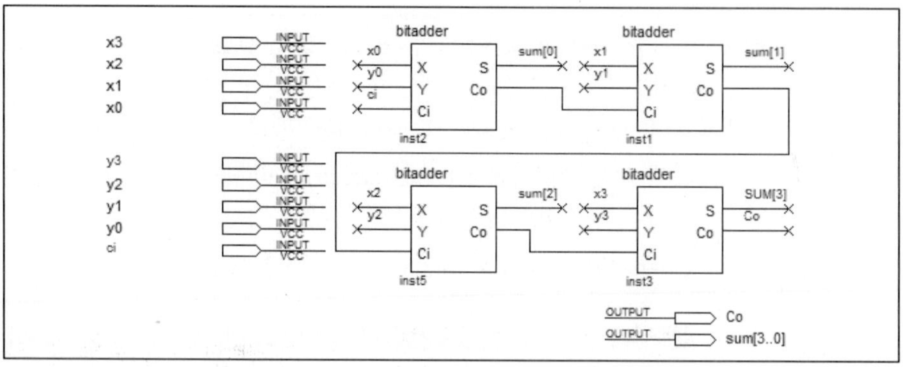

[그림 4-11] 4비트 뺄셈기 응용회로의 adder4 블록 회로

[그림 4-12]는 adder4 블록 회로의 동작파형이며 캐리 입력 ci가 논리 [0]인 경우

첫 번째 0101 + 0000 = 0101

두 번째 0111 + 0011 = 1010

세 번째 1001 + 0110 = 1111이 된다.

ci가 [1]인 경우

첫 번째, 1011 + 1001 + 0001 = 0101이 되고 자리올림수 출력 Co = 1

두 번째, 1101 + 1100 + 0001 = 1010이 되고 자리올림수 출력 Co = 1이 된다.

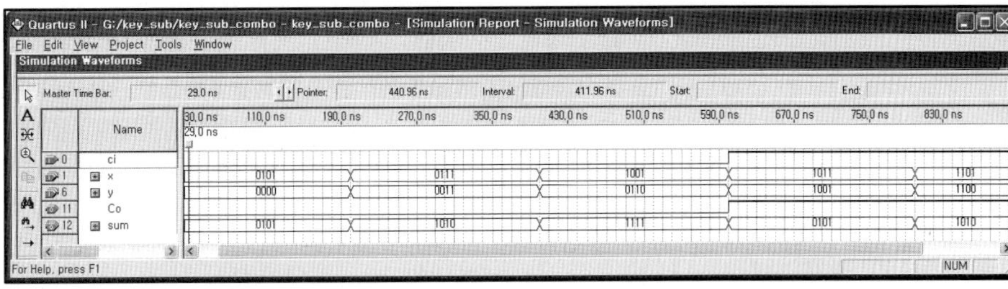

[그림 4-12] 4비트 뺄셈기 응용회로 adder4 블록 동작파형

⑥ FND 드라이버 fnd0_F

[그림 4-13]은 트레이닝 키트의 FND에 0부터 F까지 표시할 수 있도록 설계한 회로이다. [그림 4-13] 회로는 〈표 4-7〉을 참고하여 설계한 것이다.

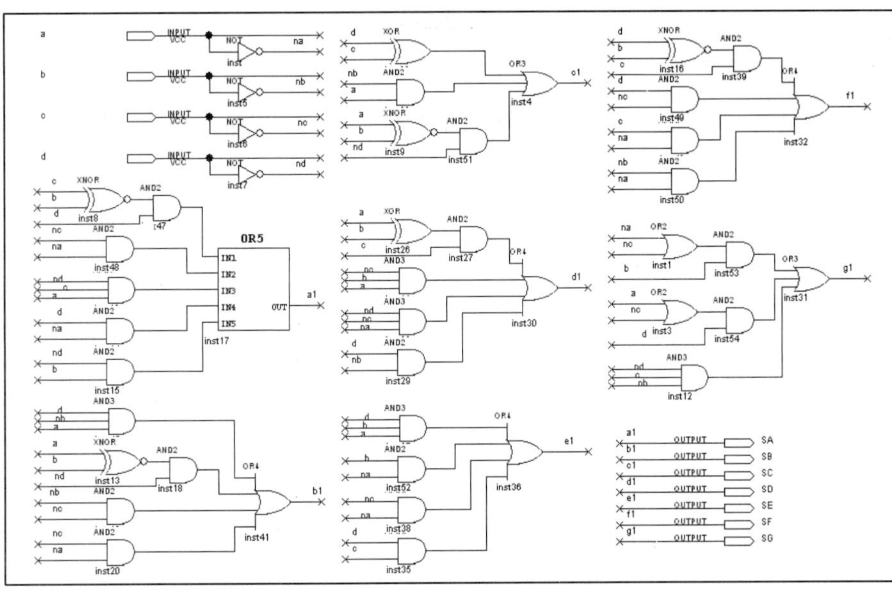

[그림 4-13] FND에 0부터 F까지 표시하기 위한 FND 드라이버 회로

〈표 4-7〉 FND 드라이버 입·출력 진리표

숫자	입력 신호				FND 구동신호						
	d	c	b	a	SG	SF	SE	SD	SC	SB	SA
0	0	0	0	0	0	1	1	1	1	1	1
1	0	0	0	1	0	0	0	0	1	1	0
2	0	0	1	0	1	0	1	1	0	1	1
3	0	0	1	1	1	0	0	1	1	1	1
4	0	1	0	0	1	1	0	0	1	1	0

숫자	입력 신호				FND 구동신호						
	d	c	b	a	SG	SF	SE	SD	SC	SB	SA
5	0	1	0	1	1	1	0	1	1	0	1
6	0	1	1	0	1	1	1	1	1	0	1
7	0	1	1	1	0	0	0	0	1	1	1
8	1	0	0	0	1	1	1	1	1	1	1
9	1	0	0	1	1	1	0	0	1	1	1
A	1	0	1	0	1	1	1	0	1	1	1
B	1	0	1	1	1	1	1	1	1	0	0
C	1	1	0	0	0	1	1	1	0	0	1
D	1	1	0	1	1	0	1	1	1	1	0
E	1	1	1	0	1	1	1	1	0	0	1
F	1	1	1	1	1	1	1	0	0	0	1

4.2.4 4비트 뺄셈기 응용회로 동작 파형

[그림 4-14]는 Combo II 트레이닝 키트를 위한 4비트 뺄셈기 응용회로 동작 파형이다. [그림 4-14]에서 col 신호는 clk_50k 신호 한 주기 동안 001, 010, 100, 001을 되풀이하여 출력한다. 이 신호는 키 매트릭스회로 컬럼 제어신호이다.

① 첫 번째 뺄셈(B-D)

[그림 4-14]의 앞부분처럼 키 B를 치면 B에 대한 2진수 1011이 d1에 래치되어 나타난다. 다음으로 키 D를 치면 D에 대한 2진수 1101이 d0에 래치되어 나타난다. d0은 빼는 수이며 덧셈으로 처리할 경우 음수에 해당하므로 부호비트를 고려하여 5비트로 확대한 다음 1의 보수를 취하면 10010이 된다. 결과적으로 01011 + 10010 + 1 = 0 11110이 되어 Co와 s로 나타난다. Co는 무시하고 s의 MSB가 1이므로 11110은 음수이다. [그림 4-2]와 같이 MSB s[4]를 XOR게이트의 입력으로 연결하고 나머지 비트는 또 다른 입력으로 연결하면 1의 보수가 얻어진다. 이 값과 캐리를 함께 더하면 r값이 얻어지는데 이 값이 최종 결과이다. 즉, r은 0010이므로 최종 값은 -2가 된다. m데이터는 4개의 FND에 보내지는 4비트 데이터이며 LPM_MUX2에 의해 빼지는 수, 빼는 수, None 그리고 뺄셈의 결과가 순차적으로 출력된다. 여기서 None은 아무것도 출력하지 않음을 의미하며 None자리에는 LPM_MUX1에 의해 출력되는 부호(+, -)가 나타난다. com1이 0일 때 빼는 수 B(1011), com2가 0일 때 빼지는 수 D(1101), com3가

0일 때 1111, 그리고 com4가 0일 때 결과 2(0010)가 FND드라이버에 공급된다. 세 번째 FND에는 -부호를 표시해야 하기 때문에 FND드라이버의 출력과 부호 데이터를 선택하는 멀티플렉서 LPM_MUX1을 사용하며 com3가 0일 때는 부호 데이터가 출력되므로 -가 표시되고, com3가 1일 때는 com1과 com2 그리고 com4가 동작 중이므로 숫자 데이터가 순차적으로 나타난다. 결과적으로 FND에는 B D-2가 차례로 나타난다.

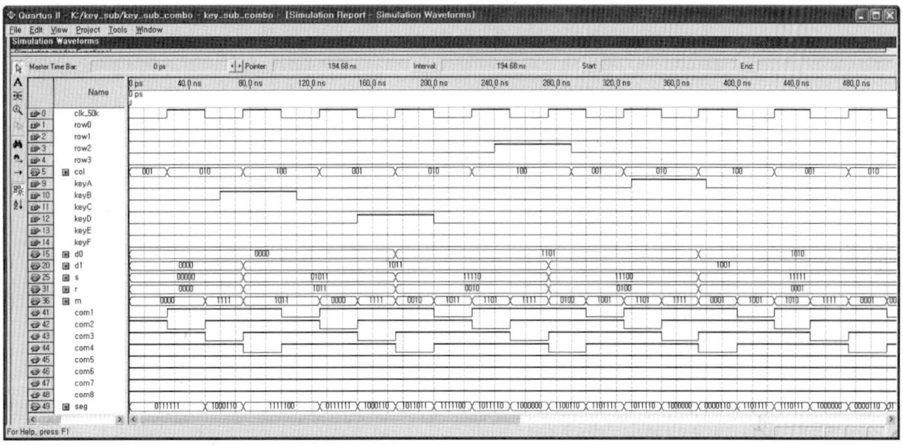

[그림 4-14] 4비트 뺄셈기 응용회로 동작파형

② 두 번째 뺄셈(9-A)

[그림 4-14]의 중간 부분처럼 매트릭스 제어회로의 row2가 col 데이터 100과 일치하는 순간 k[9]에 상승펄스가 발생하고 k[9]와 일치하는 2진수 1001이 d1에 래치되어 나타난다. 다음으로 키 A를 치면 A에 대한 2진수 1010이 d0에 래치되어 나타난다. d0은 빼는 수이며 덧셈으로 처리할 경우 음수에 해당하므로 부호비트를 고려하여 5비트로 확대한 다음 1의 보수를 취하면 10101이 된다. 결과적으로 그림 4-3 Adder5의 입력과 출력을 살펴보면 01010 + 10101 + 1 = 0 11111이 되어 Co와 s로 나타난다. Co는 무시하고 s의 MSB가 1이므로 11111은 음수이다. MSB s[4]를 XOR게이트의 입력으로 연결하고 나머지 비트는 또 다른 입력으로 연결하면 1의 보수가 얻어진다. 이 값과 캐리를 함께 더하면 r값이 얻어지는데 이 값이 최종 결과이다. 즉, r은 0001이므로 최종 값은 -1이 된다. m데이터는 4개의 FND에 보내지는 4비트 데이터이며 LPM_MUX2에 의해 빼지는 수, 빼는 수, None 그리고 뺄셈의 결과가 순차적으로 출력된다. com1이 0일 때 빼지는 수 9(1001), com2가 0일 때 빼는 수 A(1010), com3가 0일 때 1111, 그리고 com4가 0일 때 1(0010)이 FND드라이버에 공급된다. 세

번째 FND에는 -부호를 표시해야 하기 때문에 FND드라이버의 출력과 부호 데이터를 선택하는 멀티플렉서 LPM_MUX1을 사용하며 com3가 0일 때는 부호 데이터가, 1일 때는 숫자 데이터가 최종적으로 출력된다. 결과적으로 FND에는 9 A-1이 차례로 나타난다.

4.2.5 4비트 뺄셈기 응용회로 핀 연결

〈표 4-8〉은 Combo II 트레이닝 키트에 4비트 뺄셈기 응용회로를 모의실험하기 위해 연결 핀 정보를 나타낸 것이다.

〈표 4-8〉 4비트 뺄셈기 응용회로와 Combo II 트레이닝 키트 핀 연결

	신호명	Combo II 신호 명	핀번호	신호명	Combo II 신호 명	핀번호
Cyclone II EP2C35F672C8	clk_50k	CLK_MAIN[0]	N1	keyA	BUTTON_SW[0]	Y10
	row0	KEYPAD_ROW[0]	AD10	keyB	BUTTON_SW[1]	W10
	row1	KEYPAD_ROW[1]	AC10	keyC	BUTTON_SW[2]	AA9
	row2	KEYPAD_ROW[2]	V10	keyD	BUTTON_SW[3]	V9
	row3	KEYPAD_ROW[3]	AF9	keyE	BUTTON_SW[4]	AE9
	col[0]	KEYPAD_COLUMN[0]	V11	keyF	BUTTON_SW[5]	AC9
	col[1]	KEYPAD_COLUMN[1]	AB10	COM1	SEG_COM[0]	Y1
	col[2]	KEYPAD_COLUMN[2]	AA10	COM2	SEG_COM[1]	Y4
	seg_g	SEG_DATA[6]	AA6	COM3	SEG_COM[2]	Y3
	seg_f	SEG_DATA[5]	AA1	COM4	SEG_COM[3]	W1
	seg_e	SEG_DATA[4]	AA2	COM5	SEG_COM[4]	Y5
	seg_d	SEG_DATA[3]	AC6	COM6	SEG_COM[5]	W3
	seg_c	SEG_DATA[2]	AD6	COM7	SEG_COM[6]	W2
	seg_b	SEG_DATA[1]	AE5	COM8	SEG_COM[7]	V1
	seg_a	SEG_DATA[0]	AF5			

4.2.6 4비트 뺄셈기 응용회로 실장실험

〈표 4-8〉과 같이 핀 정보를 모두 입력한 다음 다시 컴파일을 해야한다. 컴파일을 한 후 [Tools]-[Programmer]를 클릭하여 실장실험을 한다.

트레이닝 키트의 키 9와 키 5를 〈표 4-9〉와 같이 설정한 후 실장실험을 실시한다. 실장실험 결과가 〈표 4-9〉의 FND상태와 동일하게 나타나는지 확인한다.

〈표 4-9〉 실장실험 1

입력	키 9	1	0	0	1
	키 5	0	1	0	1
FND 상태					

다음으로 키 D와 키 F를 〈표 4-10〉과 같이 설정한 후 실장실험을 실시한다. 〈표 4-10〉과 같이 FND 상태가 나타나는지 확인한다.

〈표 4-10〉 실장실험 2

입력	키 D	1	1	0	1
	키 F	1	1	1	1
FND 상태					

다음으로 키 3과 키 E를 〈표 4-11〉과 같이 설정한 후 실장실험을 실시한다. 〈표 4-11〉과 같이 FND 상태가 나타나는지 확인한다.

〈표 4-11〉 실장실험 3

입력	키 3	0	0	1	1
	키 E	1	1	1	0
FND 상태					

다음으로 키 F와 키 1을 〈표 4-12〉와 같이 설정한 후 실장실험을 실시한다. 〈표 4-12〉와 같이 FND 상태가 나타나는지 확인한다.

〈표 4-12〉 실장실험 4

입력	키 F	1	1	1	1
	키 1	0	0	0	1
FND 상태			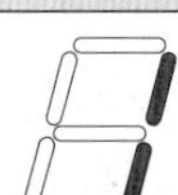		

4.3 주요 사항 검토

① 4비트 덧셈기와 4비트 뺄셈기의 차이점은 무엇인가?
② 4비트 뺄셈기에서 1의 보수와 2의 보수는 어떻게 취하는가?
③ 4비트 뺄셈기에서 빼지는 수에 NOT 게이트를 연결하는 것은 무엇을 위한 것인가?
④ 4비트 뺄셈기에서 adder5를 사용하는 이유는 무엇인가?
⑤ 4비트 뺄셈기에서 xor게이트를 사용하는 이유는 무엇인가?

4.4 연습문제

연습문제

① 4비트 뺄셈기를 이용하여 8비트 뺄셈기를 설계하시오.
② 설계한 8비트 뺄셈기를 이용하여 [121-139]를 [Binary]형태로 모의실험하고 결과 파형을 제시하시오.
④ 설계한 8비트 뺄셈기를 이용하여 [211-193]을 [Binary]형태로 모의실험하고 결과 파형을 제시하시오.

CHAPTER 05

4비트 BCD(Binary Coded Decimal) 덧셈기를 트레이닝 키트에서 동작시키기

CHAPTER 05

4비트 BCD(Binary Coded Decimal) 덧셈기를 트레이닝 키트에서 동작시키기

5.1 4비트 BCD 덧셈기 응용회로 설계 목표

① BCD 덧셈기의 입력 원으로 16개의 키 스위치를 사용한다.
② BCD 덧셈기의 출력을 확인하기 위해 2개의 FND를 사용한다.
③ 16개의 키 중 2개를 입력장치로 사용한다.
④ 9키와 5키를 누르면 1001 + 0101과 같으므로 결과는 0 1110이다. 그러나 0 1110중 1110은 BCD가 아니다. 그러므로 BCD로 바꾸어주기 위해 1110 + 0110을 한다. 그러면 캐리가 발생하고 결과는 1 0100이 된다. 이 값을 FND로 읽으면 14가 된다. 결과적으로 9+5를 14로 표현할 수 있다.

5.2 4비트 BCD 덧셈기 응용회로 구성하기

5.2.1 4비트 BCD 덧셈기 응용회로 블록도

Combo II 트레이닝 키트에서 4비트 BCD 덧셈기 응용회로는 매트릭스 방식을 사용하는 12개 키와 푸시 버튼 형식인 6개의 16진수 키, 10개 키를 매트릭스 방식으로 제어하는 key_matrix 블록, 16개의 키 입력 중 2개를 받아 4비트 2진수로 바꾼 다음 래치하는 keyin2 블록, 4비트 BCD 덧셈기 그리고 2개의 FND로 구성하며 [그림 5-1]에 블록도를 나타내었다.

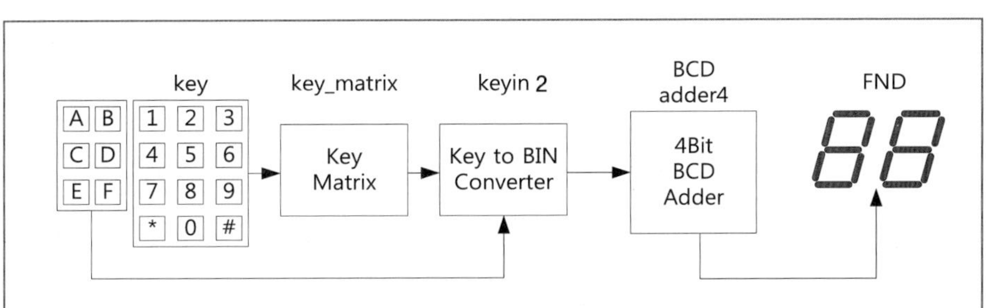

[그림 5-1] 4비트 BCD 덧셈기 회로의 블록도

① 키 입력을 제어하는 회로 key_matrix

key_matrix블록은 컬럼과 로우 방식의 매트릭스로 설계되어 있는 키를 제어하며 keyin회로에 키가 입력되었음을 알리는 신호를 공급한다.

② 키 데이터를 4비트 2진수로 바꾸고 래치하는 회로 keyin

keyin블록은 16개의 키 중 연속으로 2개의 키를 받아서 4비트 2진수로 바꾼 다음 래치시키는 기능을 한다.

③ 4비트 BCD 2개 그룹을 더하는 회로 BCD_ADDER4

4비트 BCD 2개 그룹을 더하고 그 결과를 2개의 FND에 내보내기 위한 회로이며 2개의 덧셈기, 비교기, 멀티플렉서 그리고 게이트의 조합으로 구성한다.

5.2.2 4비트 BCD 덧셈기 응용회로도

Combo II 트레이닝 키트에서 사용할 4비트 BCD 덧셈기 응용회로는 [그림 5-2]와 같이 키를 제어하는 key_matrix 블록, 키가 입력되면 키와 일치하는 4비트 2진수 값을 생성하고 그 값을 래치하는 keyin2 블록, 4비트 2진수를 더하는 2개의 adder4 블록, 4비트 2진수를 비교하는 비교기 7485, 2개의 4비트 그룹 중 하나를 선택하여 출력하는 2개의 멀티플렉서 74257, FND 드라이버 7448 그리고 몇 개의 논리소자로 구성한다.

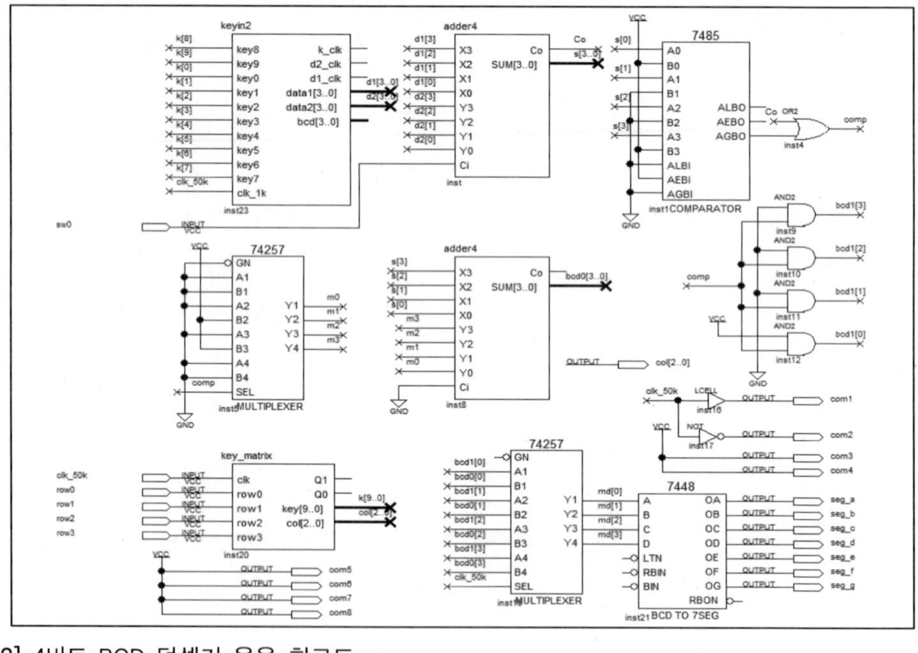

[그림 5-2] 4비트 BCD 덧셈기 응용 회로도

5.2.3 4비트 BCD 덧셈기 응용회로 동작원리

4비트 BCD 덧셈기 응용회로의 계산과정은 [그림 5-3]과 같다. BCD는 0에서 9까지의 숫자를 2진수 0000~1001로 표현한 것이다. 4비트 BCD 덧셈기 응용회로는 BCD 덧셈기 이므로 덧셈에 사용되는 4비트의 최대 크기는 1001이다. 그러므로 2개의 숫자 9를 더할 경우가 최대 크기이며 〈표 5-1〉에 단순 덧셈 과정과 결과를 나타내었다.

〈표 5-1〉 단순 덧셈 과정과 결과

				0
	1	0	0	1
+	1	0	0	1
1	0	0	1	0

〈표 5-2〉 6초과 덧셈 과정과 결과

				0
1	0	0	1	0
+	0	1	1	0
1	1	0	0	0

이 경우 얻을 수 있는 2진수 덧셈 결과는 1 0010이다. FND에 18이라는 숫자가 표시되기를 원하지만 2진수의 값을 그대로 FND에 보내면 12라는 숫자가 나타나게 된다. 이를 수정하기 위해 〈표 5-2〉와 같이 9와 9를 더한 결과에 6을 더하면 1 1000이므로 이 값을 FND에 출력하면 우리가 원하는 18이라는 숫자를 얻을 수 있다. [그림 5-3]의 BCD 덧셈 과정을 살펴보자. 먼저 2개의 4비트 2진수를 더한다. 자리올림수가 발생하거나 덧셈의 결과가 9보다 큰 경우 덧셈의 결과에 6(0110)을 더한다. 그 외에는 덧셈의 결과에 0을 더한다. 6을 더하거나 0을 더하는 것을 선택하는 방법은 멀티플렉서를 이용하며 멀티플렉서의 선택신호는 자리올림수 또는 9와 비교한 결과 9보다 큰 경우를 선택하여 논리적 OR 하면 얻을 수 있다. 자리올림수가 발생하거나 덧셈 결과가 9보다 크면 멀티플렉서는 4비트 adder에 6을 출력한다.

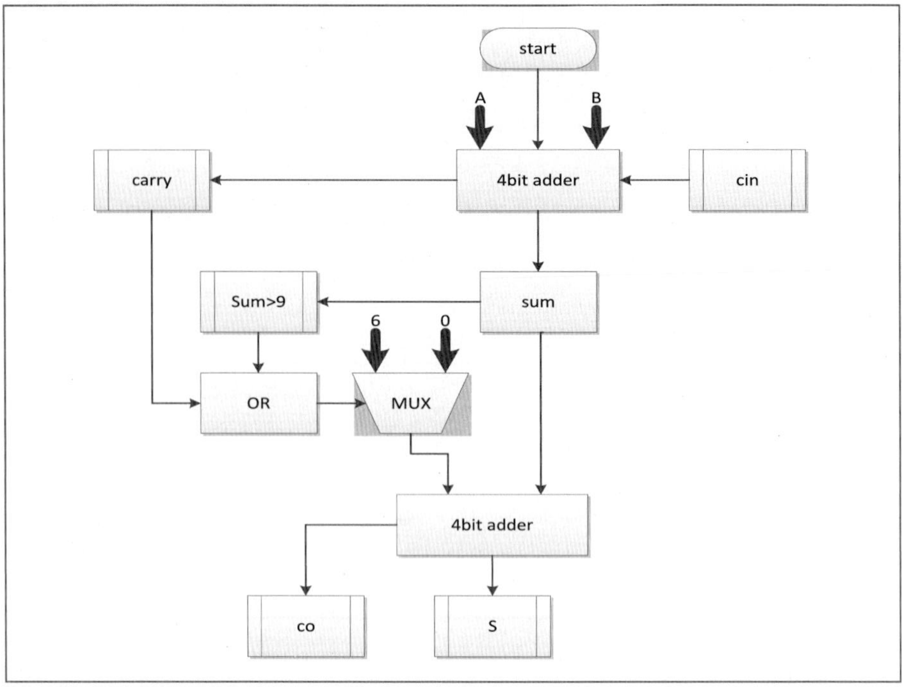

[그림 5-3] 4비트 BCD 덧셈기 흐름도

① key_matrix블록

〈표 5-3〉 3진 카운터의 출력으로 컬럼 신호를 구하기 위한 논리식

Q1	Q0	col[2]	col[1]	col[0]	논리식
0	0	0	0	1	$col[0] = \overline{Q1} \cdot \overline{Q0}$
0	1	0	1	0	$col[1] = \overline{Q1} \cdot Q0$
1	0	1	0	0	$col[2] = Q1 \cdot \overline{Q0}$
0	0	0	0	1	

[그림 5-4]는 Combo II 트레이닝 키트에 적용되는 key_matrix 블록 회로이다. Combo II 트레이닝 키트는 12개의 키 입력을 매트릭스 방식을 적용하여 제어한다. 4개의 행(row)과 3개의 열(column)이 있는 매트릭스 방식이기 때문에 트레이닝 키트의 키를 누를 경우 눌려진 키에 대한 상승펄스가 발생하도록 설계해야 한다. [그림 5-4]와 같이 컬럼 신호는 D-플립플롭 2개를 이용하여 동기식 3진 카운터를 설계하여 얻은 2비트 신호에 적절한 게이트 조합을 추가하여 3비트 2진수 신호가 출력되도록 설계한다. 3진 카운터의 출력 2비트의 게이트 조합에 의해 구한 컬럼 신호는 〈표 5-3〉과 같다.

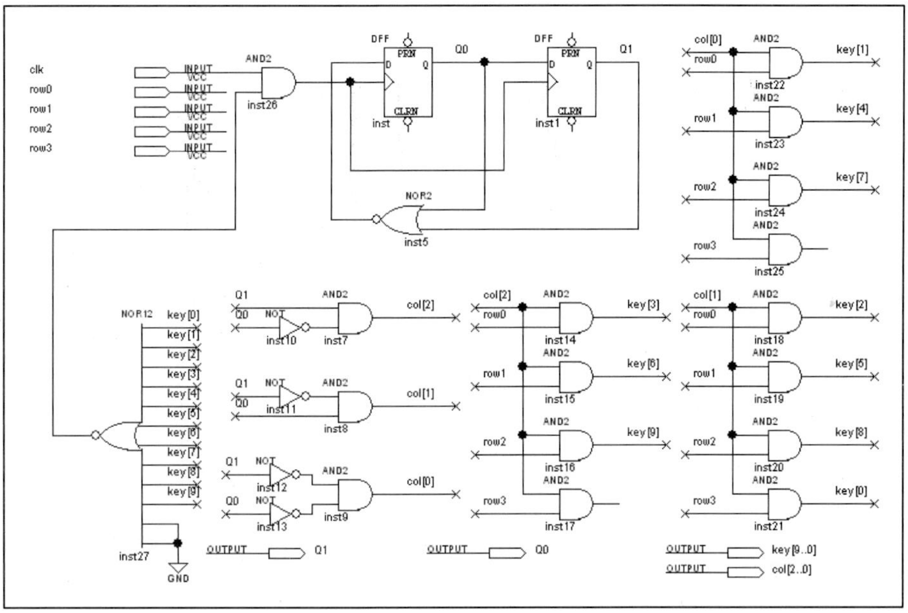

[그림 5-4] 4비트 BCD 덧셈기 응용회로의 key_matrix블록 회로도

〈표 5-4〉 키 메트릭스의 키, 컬럼 신호 그리고 로우 신호의 관계

키 번호	컬럼 신호			로우 신호				key신호
	col[2]	col[1]	col[0]	row[3]	row[2]	row[1]	row[0]	
1	0	0	1	0	0	0	1	key[1]
2	0	1	0	0	0	0	1	key[2]
3	1	0	0	0	0	0	1	key[3]
4	0	0	1	0	0	1	0	key[4]
5	0	1	0	0	0	1	0	key[5]
6	1	0	0	0	0	1	0	key[6]
7	0	0	1	0	1	0	0	key[7]
8	0	1	0	0	1	0	0	key[8]
9	1	0	0	0	1	0	0	key[9]
*	0	0	1	1	0	0	0	사용안함
0	0	1	0	1	0	0	0	key[0]
#	1	0	0	1	0	0	0	사용안함

〈표 5-3〉과 같이 3진 카운터가 동작하면 컬럼 신호가 일정한 주기로 변한다. 일정한 주기로 변하는 컬럼 신호의 논리 [1]이 매트릭스에 공급되는 순간 매트릭스에 연결된 키를 누르면 펄스가 발생하고 이 펄스는 키를 누른 것과 같은 동작을 하도록 설계한다. 〈표 5-4〉는 컬럼 신호와 로우신호 그리고 키 정보를 표

현한 것이다. [그림 5-5]는 Combo II 트레이닝 키트의 매트릭스 제어 방식의 기본구조를 나타낸 것이다. Combo II 트레이닝 키트 사용자는 컬럼 신호 제어 방식 및 로우 신호 제어 방식 중 하나를 선택해서 제어할 수 있다. 예를 들어 키 2를 누를 때 컬럼 신호가 010이면 로우 신호가 0001이 되고 key[2]신호에 상승펄스가 발생하여 마치 키 2를 누른 것과 같은 결과가 나오는데 이와 같은 방식을 컬럼 신호 제어방식이라고 한다.

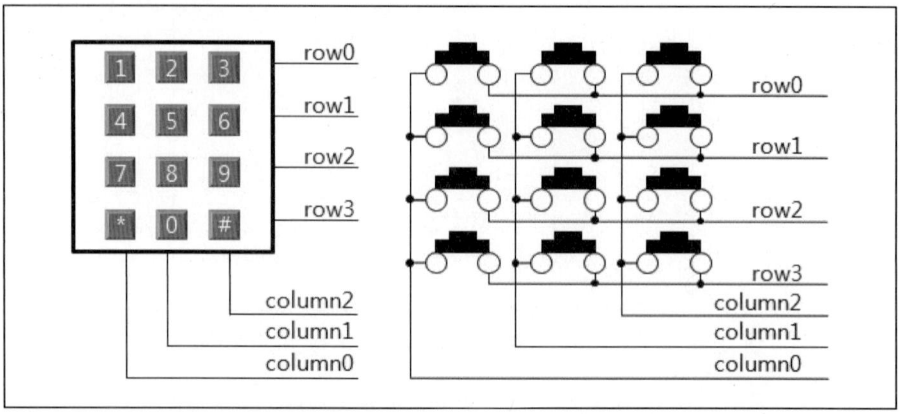

[그림 5-5] Combo II 트레이닝 키트의 매트릭스 제어 방식

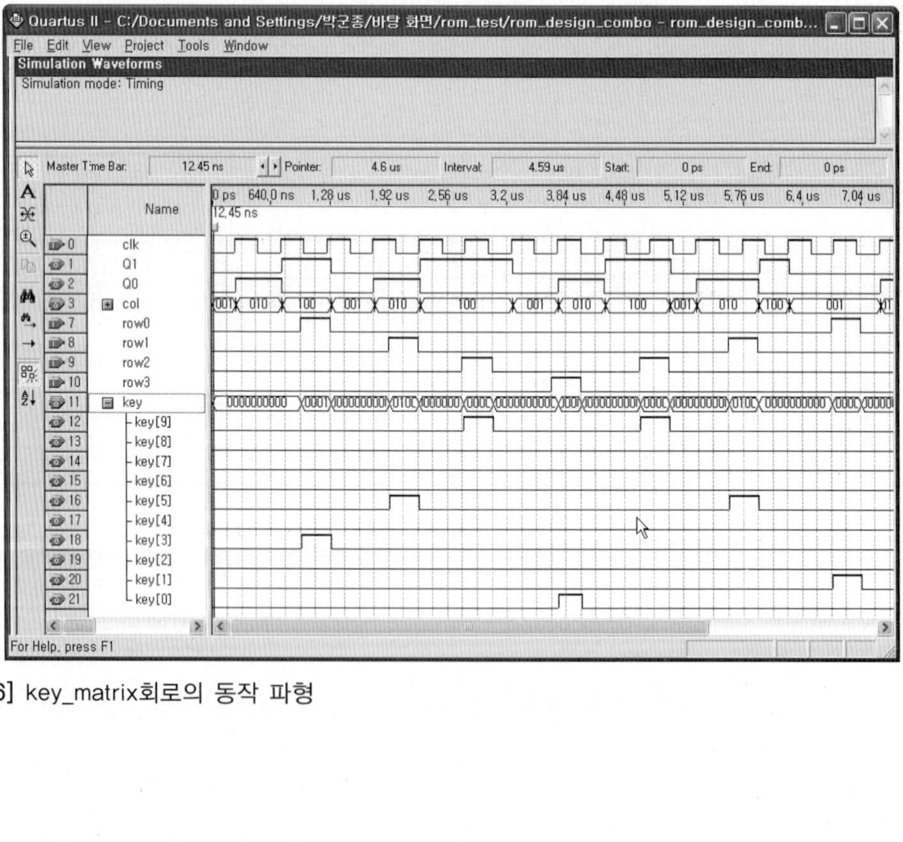

[그림 5-6] key_matrix회로의 동작 파형

이번 장에서는 컬럼 신호를 공급해서 키가 눌려진 것을 확인하는 컬럼 신호 제어 방식을 적용한다. [그림 5-6]은 key_matrix 블록 회로의 동작파형이다. clk 신호가 공급되면 3진 카운터에 의해 Q1과 Q0가 00, 01, 10, 00의 순으로 인코딩되어 나타난다. 이 신호는 컬럼 신호인 col[2..0]신호가 001, 010 그리고 100이 되도록 코딩하였으며 컬럼 신호가 100일 때 즉, col[2]가 논리 [1]일 때 첫 번째 행(row0)에 있는 키 중 3번 키가 눌려지면 key[3]신호에 펄스가 발생한다. 컬럼 신호가 010일 때 즉, col[1]이 논리 1일 때 두 번째 행(row1)에 있는 키 중 5번 키가 눌려지면 key[5]신호에 펄스가 발생한다. 컬럼 신호가 100일 때 즉, col[2]가 논리 [1]일 때 세 번째 행(row2)에 있는 키 중 9번 키가 눌려지면 key[9]신호에 펄스가 발생한다. 컬럼 신호가 010일 때 즉, col[1]이 논리 [1]일 때 네 번째 행(row3)에 있는 키 중 0번 키가 눌려지면 key[0]신호에 펄스가 발생한다. 컬럼 신호가 100일 때 즉, col[2]가 논리 [1]일 때 세 번째 행(row2)에 있는 키 중 9번 키가 눌려지면 key[9]신호에 펄스가 발생한다. 컬럼 신호가 010일 때 즉, col[1]이 논리 [1]일 때 두 번째 행(row1)에 있는 키 중 5번 키가 눌려지면 key[5]신호에 펄스가 발생한다. 컬럼 신호가 001일 때 즉, col[0]이 논리 [1]일 때 첫 번째 행(row0)에 있는 키 중 1키가 눌려지면 key[1]신호에 펄스가 발생한다.

② keyin2블록

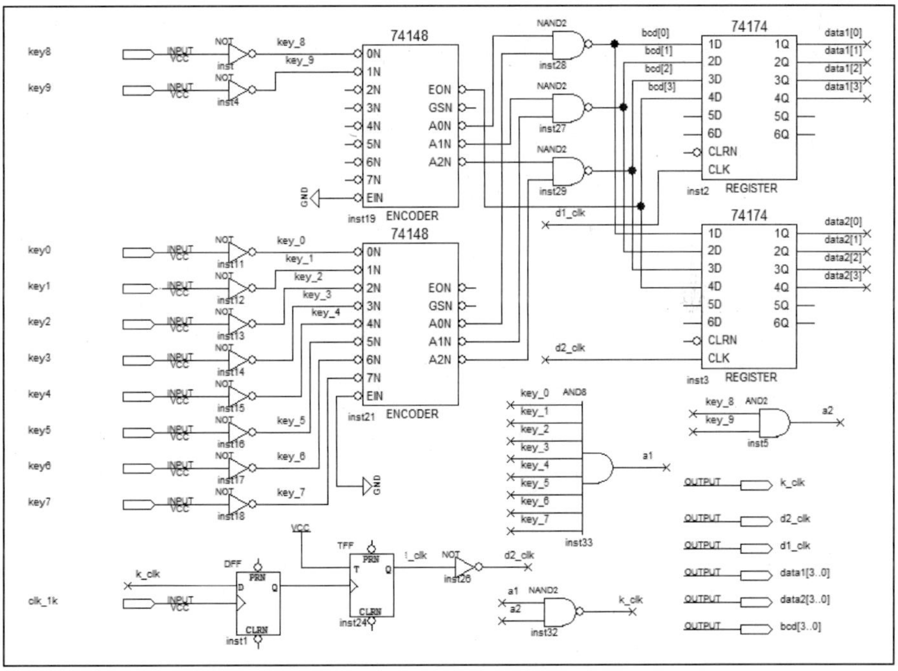

[그림 5-7] 4비트 BCD 덧셈기 응용회로의 keyin2 블록 회로도

[그림 5-7]은 keyin2 블록의 회로도이다. 이 회로는 두 개의 74148 인코더, 2개의 74174 래치, 그리고 플립플롭 및 몇 개의 게이트로 설계한 키 입력회로이다. Combo II 트레이닝 키트의 key_matrix로 부터 입력되는 신호는 2개의 74148 인코더를 거쳐서 4비트 2진수 데이터로 변경된다. 74148은 8입력 3출력의 인코더이므로 2개의 인코더를 이용해서 10개의 키 입력을 받아 4비트의 BCD 데이터를 출력하도록 설계한다. 위쪽의 인코더는 8키부터 9키까지의 입력신호를 처리하고, 아래쪽의 인코더는 0키부터 7키까지의 입력신호를 처리한다. 74148 입력신호가 부논리를 적용하기 때문에 모든 키 입력은 인코더 74148의 입력에 NOT 게이트를 통해 연결한다. 이렇게 각각의 인코더를 거쳐서 출력되는 정보는 3개의 NAND게이트를 통해 4비트 2진수 데이터가 되며 74174라는 2개의 래치에 순차적으로 저장된다. 각각의 래치는 d1_clk, d2_clk에 의해서 데이터를 저장하는데, d1_clk과 d2_clk은 키가 입력될 때 마다 발생하는 k_clk에 의해서 토글되어 발생하는 신호이다.

[그림 5-8]은 keyin2 블록 회로의 동작 파형이다. 이 그림에 key2와 key5 그리고 key3과 key7을 눌렀을 경우 해당키에 대한 4비트 2진수가 발생하는 것과 래치 결과를 나타내었다. 키를 누를 때 마다 k_clk신호가 clk_1k에 동기 되어 출력된다. 키를 누르면 해당키에 대한 4비트 2진수가 출력되는데 key2에 대한 0010과 5에 대한 0101이 출력되는 것을 확인할 수 있다. 첫 번째 데이터 0010이 bcd에 나타날 때 d1_clk의 상승에지가 있으며 이 상승에지에 의해 0010이 저장되어 첫 번째 74174 출력인 data1에 2로 나타난다. 두 번째 데이터 0101이 bcd에 나타날 때 d2_clk신호의 상승에지가 있으며 0101이 래치되고 두 번째 74174 출력인 data2에 5로 나타나는 것을 확인할 수 있다. 다음으로 세 번째 데이터 0011이 bcd에 나타날 때 d1_clk의 상승에지가 있으며 이 상승에지에 의해 0011이 저장되어 첫 번째 74174 출력인 data1에 3으로 나타난다. 네 번째 데이터 0111이 bcd에 나타날 때 d2_clk신호의 상승에지가 있으며 0111이 래치되고 두 번째 74174 출력인 data2에 7로 나타나는 것을 확인할 수 있다. d1_clk와 d2_clk는 clk_1k에 의해 동기된 k_clk를 토글플립플롭(TFF)으로 입력한 다음 나타나는 2분주 출력을 d1_clk로, 그리고 d1_clk에 NOT게이트를 연결하여 출력되는 신호를 d2_clk로 사용한다.

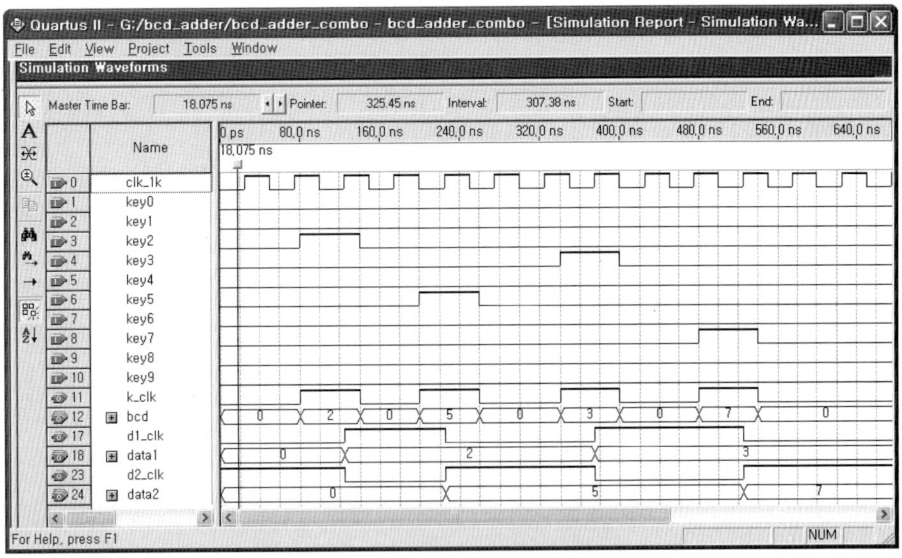

[그림 5-8] 4비트 BCD 덧셈기 응용회로 keyin2 블록 회로 동작파형

③ adder4 블록 회로

[그림 5-9]는 4비트 덧셈기 블록 회로도 adder4이다. 이 회로는 [그림 5-10]에 있는 2비트 덧셈기(bitadder) 4개를 직렬로 연결한 것이다. 2비트 덧셈기 심벌은 2개의 입력X, Y와 자리올림수 입력 Ci가 있으며 출력으로는 합의 결과인 S와 자리 올림수 Co가 있다. 첫 번째 bitadder에 덧셈에 사용할 4비트 중 최하위 비트(LSB : Least Significant Bit)인 x0, y0을 연결하고 자리 올림수 ci를 연결한다. 첫 번째 bitadder에서 출력되는 합의 결과 S는 sum[0] 출력으로 연결하고 자리 올림수 Co는 다음 단 bitadder의 자리 올림수 입력 Ci에 연결한다. 이와 같은 방법으로 4개의 bitadder를 동일하게 직렬로 연결한다. 4번째 bitadder의 출력인 Co는 2진수 덧셈의 최상위 비트 Co로 표현하였다.

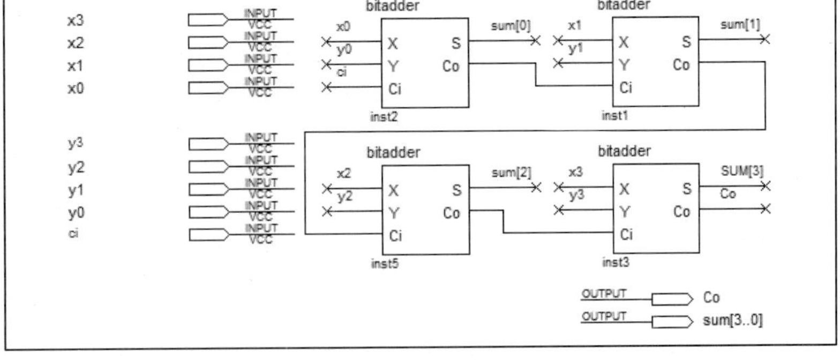

[그림 5-9] 4비트 BCD 덧셈기 응용회로의 adder4 블록 회로

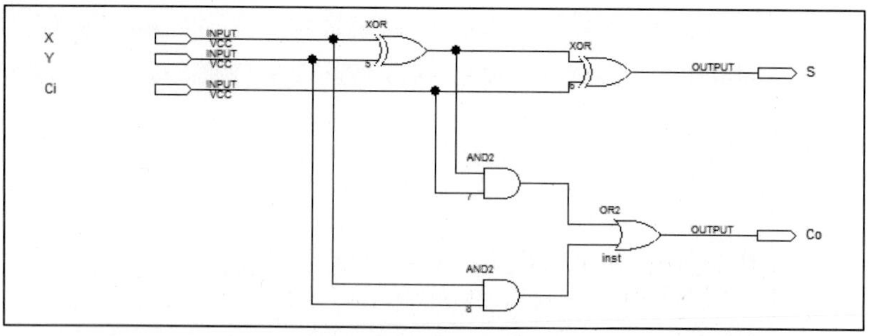

[그림 5-10] 4비트 BCD 덧셈기 응용회로의 2비트 덧셈기 bitadder 블록 회로

[그림 5-11]은 4비트 덧셈기 adder4의 모의실험 조건에 대한 동작 파형을 나타낸 것이다.

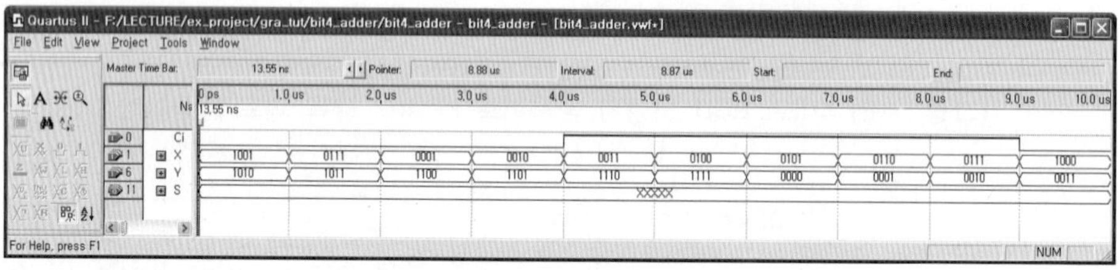

[그림 5-11] 4비트 BCD 덧셈기 응용회로의 adder4 모의 실험 조건

[그림 5-11]에서 Ci는 자리 올림수, X는 x3, x2, x1, x0을 그룹으로 모아놓은 것이다. Y는 y3, y2, y1, y0이며 S는 Co, sum[3], sum[2], sum[1], sum[0]을 그룹으로 모아놓은 것이다. Ci는 0㎲에서 4㎲까지는 논리 0, 4㎲에서 9㎲까지는 논리 1로 설정하였다. X와 Y는 1㎲단위로 서로 다른 값을 설정하였다.

[그림 5-11]과 같은 조건을 설정한 후 모의실험을 실행하면 [그림 5-12] 또는 [그림 5-13]과 같은 결과를 얻을 수 있다. [그림 5-12]는 모든 결과를 Binary형식으로 나타낸 것이고 [그림 5-13]은 각 그룹의 값을 Unsigned Decimal Number로 설정 변경하여 모의실험 결과를 나타낸 것이다.

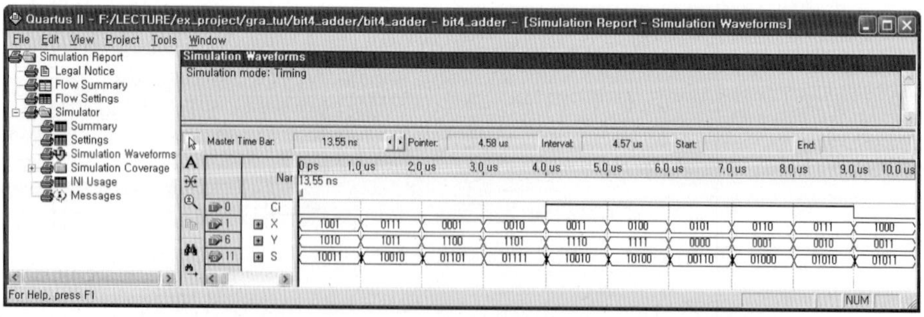

[그림 5-12] 4비트 BCD 덧셈기 응용회로의 adder4 모의실험 결과(Binary : 2진수)

[그림 5-12]에서 다음과 같은 결과를 얻을 수 있다.

0 + 1001 + 1010 = 1 0011, 0 + 0111 + 1011 = 1 0010, 0 + 0001 + 1100 = 0 1101

0 + 0010 + 1101 = 0 1111, 1 + 0011 + 1110 = 1 0010, 1 + 0100 + 1111 = 1 0100

1 + 0101 + 0000 = 0 0110, 1 + 0110 + 0001 = 0 1000, 1 + 0111 + 0010 = 0 1010

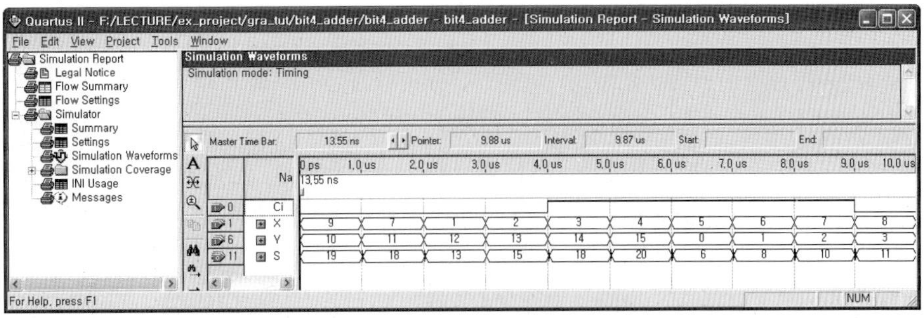

[그림 5-13] 4비트 BCD 덧셈기 응용회로의 adder4 모의실험 결과(Unsigned Decimal Number : 10진수)

[그림 5-13]에서 다음과 같은 결과를 얻을 수 있다.

0 + 9 + 10 = 19

0 + 1 + 12 = 13

1 + 3 + 14 = 18

1 + 5 + 0 = 6

1 + 7 + 2 = 10

[그림 5-14]는 각 신호의 그룹을 해제하여 개별파형으로 나타낸 것이다.

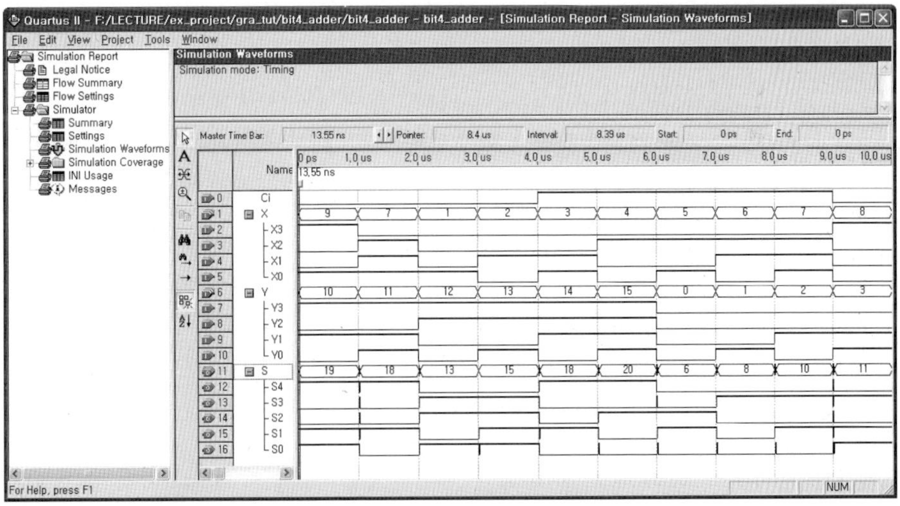

[그림 5-14] 4비트 BCD 덧셈기 응용회로의 adder4 모의실험 결과(개별 파형)

④ **비교기 7485**

비교기 7485는 adder4의 덧셈결과가 9보다 큰가를 비교하기 위한 것이다. 비교기의 입력은 덧셈결과인 4비트를 A그룹에 연결하고 B그룹은 9(1001)로 고정하였다. 출력은 A가 B보가 클 경우에만 논리 [1]을 출력한다. 이 신호는 adder4의 자리올림수 Co와 논리 OR한 다음 멀티플렉서 74257의 선택신호로 사용한다.

⑤ **멀티플렉서1 74257**

[그림 5-2]에서 첫 번째 멀티플렉서 74257은 비교기 7485 출력과 adder4의 자리올림수 Co를 논리적 OR한 신호를 이용하여 제어한다. 덧셈결과 자리올림수 Co가 발생하거나 덧셈 결과가 9보다 크면 멀티플렉서가 6을 선택하여 출력한다. 이 6은 다음 덧셈기 adder4의 입력이 된다. 반대로 자리올림수가 없고 덧셈 결과가 9보다 작으면 0을 출력한다.

⑥ **멀티플렉서2 74257**

[그림 5-2]에서 두 번째 멀티플렉서 74257은 keyin2에 의해 래치된 2개의 4비트 2진수를 2개의 FND에 순차적으로 표시하기 위해 사용하며 1㎑ 클럭신호인 clk_1k신호를 이용하여 bcd1과 bcd0중 한 그룹을 선택하여 출력한다.

5.2.4 4비트 BCD 덧셈기 응용회로 동작 파형

[그림 5-15]는 Combo II 트레이닝 키트를 위한 BCD 덧셈기 응용회로 동작 파형이다. [그림 5-15]에서 sw0은 4비트 덧셈기의 입력 자리올림수이며 초기에는 논리 [0]이다. 즉, 덧셈에 더해지는 자리 올림수는 없다는 의미이다. 첫 번째 덧셈에서 row2와 col[1]이 논리 [1]인 010이 일치하므로 8(1000)이 d1에 래치되어 출력된다. 다음으로 row2와 col[2]가 논리 [1]인 100이 일치하므로 9(1001)가 d2에 래치되어 나타난다. adder4가 8과 9를 더하면(1000 + 1001 = 1 0001) 자리올림수 Co가 논리 [1]이 되고 이 신호는 OR게이트에 연결되어 OR게이트의 출력 comp신호를 논리 [1]로 만든다. comp신호가 논리 [1]이 되면 멀티플렉서가 0110을 출력하고 이 출력 0110과 첫 번째 adder4의 출력 0001이 두 번째 adder4에서 덧셈 0001+0110을 실행하므로 bcd1은 1(0001), bcd0는 7(0111)을 출력한다. 그러므로 FND에는 17이 나타난다. 다음으로 row1과 col[0]이 논리 [1]인 001이 일치하므로 4(0100)가 d1에 래치되어 출력된다. 이어서 row0 와 col[1]인 논리 [1]인 010이 일치하므로 2(1001)가 d2에 래치되

어 나타난다. 4와 2를 더하면(0100 + 0010 = 0 0110) 자리올림수가 발생하지 않으면서 9보다 작으므로 comp신호는 [0]이 된다. comp신호가 [0]이 되면 첫 번째 멀티플렉서가 0000을 출력하고 첫 번째 adder4의 합의 결과 가 0110이므로 두 번째 adder4에서 덧셈 0110+0000이 실행되어 bcd1은 0(0000), bcd0은 6(0110)을 출력한다. 그러므로 FND에는 06이 나타난다.

이번에는 sw0을 논리 [1]로 만들어 덧셈에 더해지는 자리 올림수가 있는 상태를 검토해보자. 첫 번째 덧셈에서 row1과 col의 4(100)가 일치하므로 6(0110)이 d1에 래치되어 출력된다. 다음으로 row2와 col의 1(001)이 일치하므로 7(0111)이 d2에 래치되어 나타난다. 6과 7의 덧셈에 자리올림수를 더하면(0110 + 0111 + 1 = 0 1110) 자리올림수 Co는 발생하지 않지만 덧셈의 결과가 9보다 크므로 비교기 7485의 AGBO가 논리 [1]이 되어 comp신호가 논리 [1]이 된다. comp신호가 논리 [1]이 되면 멀티플렉서가 6(0110)을 출력하고 첫 번째 adder4의 합의 결과가 1110이므로 두 번째 adder4가 덧셈 1110+0110을 실행하므로 bcd1은 1(0001), bcd0는 4(0100)를 출력한다. 그러므로 FND에는 14가 나타난다.

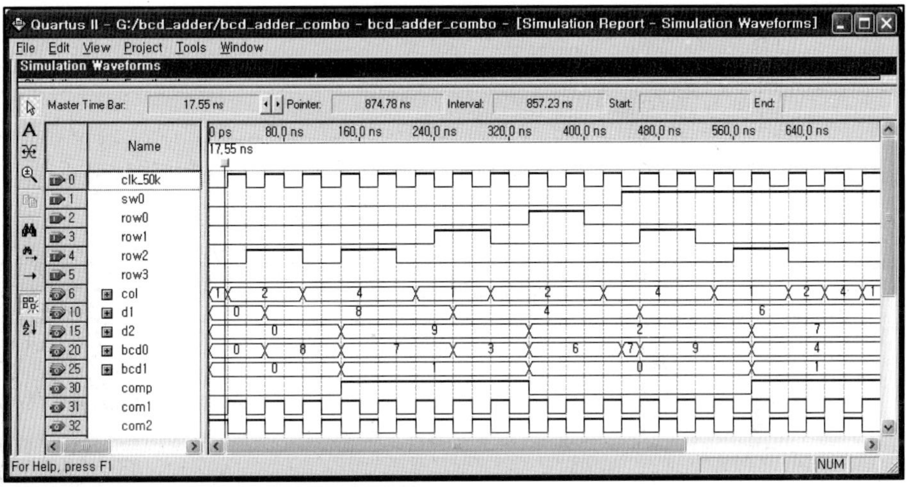

[그림 5-15] 4비트 BCD 덧셈기 응용회로 동작파형

5.2.5 4비트 BCD 덧셈기 응용회로 핀 연결

〈표 5-5〉는 Combo II 트레이닝 키트에 4비트 BCD 덧셈기 응용회로를 모의 실험하기 위해 연결할 핀 정보를 나타낸 것이다.

〈표 5-5〉 4비트 BCD 덧셈기 응용회로와 Combo II 트레이닝 키트 핀 연결

	신호명	Combo II 신호 명	핀번호	신호명	Combo II 신호 명	핀번호
Cyclone II EP2C35F672C8	clk_50k	CLK_MAIN[0]	N1	COM1	SEG_COM[0]	Y1
	row0	KEYPAD_ROW[0]	AD10	COM2	SEG_COM[1]	Y4
	row1	KEYPAD_ROW[1]	AC10	COM3	SEG_COM[2]	Y3
	row2	KEYPAD_ROW[2]	V10	COM4	SEG_COM[3]	W1
	row3	KEYPAD_ROW[3]	AF9	COM5	SEG_COM[4]	Y5
	sw0	DIP_D[0]	Y12	COM6	SEG_COM[5]	W3
	col[0]	KEYPAD_COLUMN[0]	V11	COM7	SEG_COM[6]	W2
	col[1]	KEYPAD_COLUMN[1]	AB10	COM8	SEG_COM[7]	V1
	col[2]	KEYPAD_COLUMN[2]	AA10	seg_d	SEG_DATA[3]	AC6
	seg_g	SEG_DATA[6]	AA6	seg_c	SEG_DATA[2]	AD6
	seg_f	SEG_DATA[5]	AA1	seg_b	SEG_DATA[1]	AE5
	seg_e	SEG_DATA[4]	AA2	seg_a	SEG_DATA[0]	AF5

5.2.6 4비트 BCD 덧셈기 응용회로 실장실험

〈표 5-5〉와 같이 핀 정보를 모두 입력한 다음 컴파일을 다시 해야 한다. 컴파일을 한 후 [Tools]-[Programmer]를 클릭하여 실장실험을 한다.

트레이닝 키트의 키 9와 키 5를 〈표 5-6〉과 같이 설정한 후 실장실험을 실시한다. 실장실험 결과가 〈표 5-6〉의 FND상태와 동일하게 나타나는지 확인한다.

〈표 5-6〉 트레이닝 키트 실장실험 1

입력	key9		1	0	0	1
	key5		0	1	0	1
sw0	OFF					0
4비트 덧셈기 연산 결과		0	1	1	1	0
+			0	1	1	0
4비트 BCD 덧셈기 연산 결과		1	0	1	0	0
FND 상태						

트레이닝 키트의 키 3과 키 4를 〈표 5-7〉과 같이 설정한 후 실장실험을 실시한다. 실장실험 결과가 〈표 5-7〉의 FND상태와 동일하게 나타나는지 확인한다.

〈표 5-7〉 트레이닝 키트 실장실험 2

입력	key3		0	0	1	1
	key4		0	1	0	0
sw0	OFF					0
4비트 덧셈기 연산 결과		0	0	1	1	1
+			0	0	0	0
4비트 BCD 덧셈기 연산 결과		0	0	1	1	1
FND 상태						

다음으로 sw0을 [ON]상태로 바꾸어 보자. 그리고 키 9와 키 9를 〈표 5-8〉과 같이 설정한 후 실장실험을 실시한다. 〈표 5-8〉과 같이 FND 상태가 나타나는지 확인한다.

〈표 5-8〉 트레이닝 키트 실장실험 3

입력	key9		1	0	0	1
	key9		1	0	0	1
sw0	ON					1
4비트 덧셈기 연산 결과		1	0	0	1	1
+			0	1	1	0
4비트 BCD 덧셈기 연산 결과		1	1	0	0	1
FND 상태						

키 7과 키 8을 〈표 5-9〉와 같이 설정한 후 실장실험을 실시한다. 〈표 5-9〉와 같이 FND상태가 나타나는지 확인한다.

〈표 5-9〉 트레이닝 키트 실장실험 4

입력	key7		0	1	1	1
	key8		1	0	0	0
sw0	ON					1
4비트 덧셈기 연산 결과		1	0	0	0	0
+			0	1	1	0
4비트 BCD 덧셈기 연산 결과		1	0	1	1	0
FND 상태		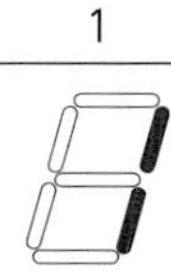				

5.3 주요 사항 검토

① BCD는 무엇의 약어인가?

② 4비트 BCD 덧셈기를 사용하는 이유는 무엇인가?

③ 7485 비교기의 제어신호 중 AEBI신호를 논리 [1]에 연결한 이유는 무엇인가?

④ [그림 5-2]에서 comp 신호의 역할은 무엇인가?

⑤ 4비트 BCD 덧셈기에서 자리올림수 또는 덧셈 결과가 9보다 큰 경우 무엇을 덧셈 결과에 더하는가?

⑥ ⑤의 답을 찾았다면 그 이유는 무엇인가?

5.4 연습문제

연습문제

① 2자릿수(39+97) BCD 덧셈기를 설계하시오.

② 4비트 BCD 덧셈기 응용회로에 키 A, B, C, D, E, F를 입력 원으로 사용해야 한다면 이들 키는 어떻게 처리해야 4비트 BCD 덧셈기 응용회로가 정상적으로 동작할 것인지 방법을 찾으시오.

CHAPTER 06

디코더 응용회로 설계하기

CHAPTER

06 디코더 응용회로 설계하기

6.1 디코더 응용회로 설계하기 목표

① 트레이닝 키트에 있는 버스 스위치(DIP switch)를 입력으로 사용한다.
② 버튼 스위치를 통하여 설정된 버스 스위치 값을 레지스터에 입력한다.
③ 레지스터에 저장된 4개의 값을 동적표시 방법으로 7-세그먼트 배열에 표시한다.
④ 기본 소자를 사용하여 각종 디코더 응용회로를 설계한다.

6.2 디코더 응용회로 구성하기

6.2.1 디코더 응용회로 블록도

[그림 6-1]과 같은 구성으로 디코더 응용회로를 실습한다. 트레이닝 키트에 있는 버스 스위치 4개로 2진수 값을 입력한다. 트레이닝 키트에 있는 버스 스위치(DIP SW)는 ON의 위치에서 논리 [1], OFF의 위치에서 논리 [0]을 출력한다. load 신호는 버튼 스위치로 구현하며, 설정된 버스 스위치 값을 내부 레지스터로 입력한다. clk 신호 역시 버튼 스위치로 구현하며, 트레이닝 키트에 있는 7-세그먼트 배열 중 4개의 세그먼트를 순차적으로 제어한다. 현재 표시할 7-세그먼트의 위치를 지정하기 위하여 디코더를 사용한다.

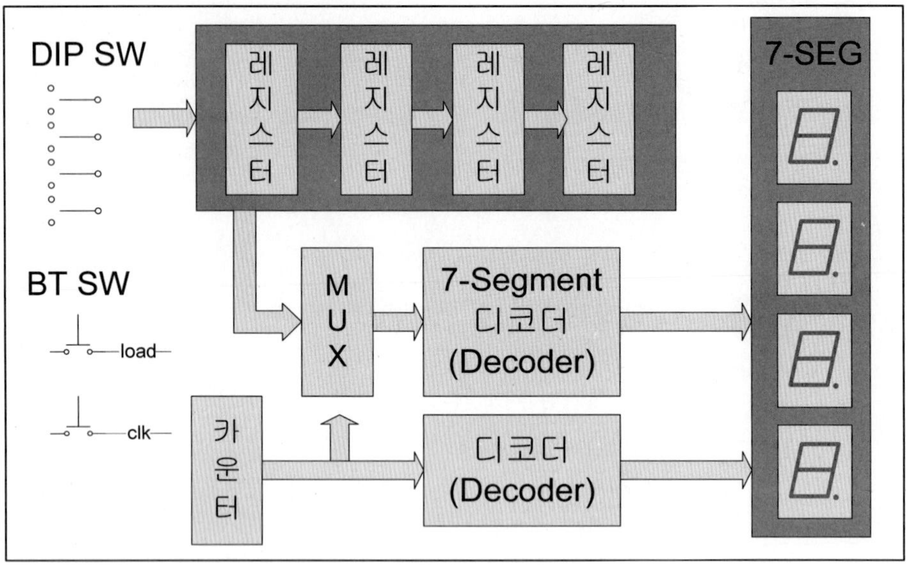

[그림 6-1] 디코더 응용회로의 블록도

6.2.2. 디코더 응용회로도

[그림 6-2]는 디코더 응용회로를 나타낸 것이다. 버스 스위치(DIP SW)로 입력된 2진수 값을 4개의 레지스터(74174)에 차례로 저장한다. 버스 스위치에서 입력되는 4비트의 값을 저장하거나, 다음 레지스터로 이동시키기 위한 load 신호는 버튼 스위치로 구현한다.

버스 스위치에서 입력된 값은 4개의 레지스터에 저장한다. load신호는 4개의 저장 공간을 제어하여, 차례대로 저장 할 수 있도록 한다. 또한 저장된 4개의 숫자를 7-세그먼트 배열에 표시하기 위하여 동적 출력 방식(Dynamic Display)을 사용한다.

출력을 제어하는 방법은 버튼 스위치로 구현된 clk이 한번 발생할 때마다, 7-세그먼트 배열의 표시 위치를 차례로 바꾸어 해당 위치에 숫자가 표시되도록 제어한다. T-플립플롭(TFF) 2개로 4진 카운터를 구현하고, 카운터 동작을 위한 클럭 신호는 버튼 스위치로 구현한다. 4진 카운터를 이용하여 구한 카운터 값은 디코더를 통하여 7-세그먼트 배열에서 사용할 공통 제어선을 생성한다. 카운터 값에 따라 디코더에 의해 현재 사용할 7-세그먼트를 결정한다.

동적 출력 방식으로 출력을 제어할 경우, 저장된 4개의 레지스터 값들 중, 현재 출력할 값을 선택하기 위하여 카운터 값을 선택 신호로 사용하여 멀티플렉서를 제어한다. 이와 같이 선택된 각 레지스터의 출력 값은 7448을 거쳐 최종적으로 7-세그먼트에 출력된다.

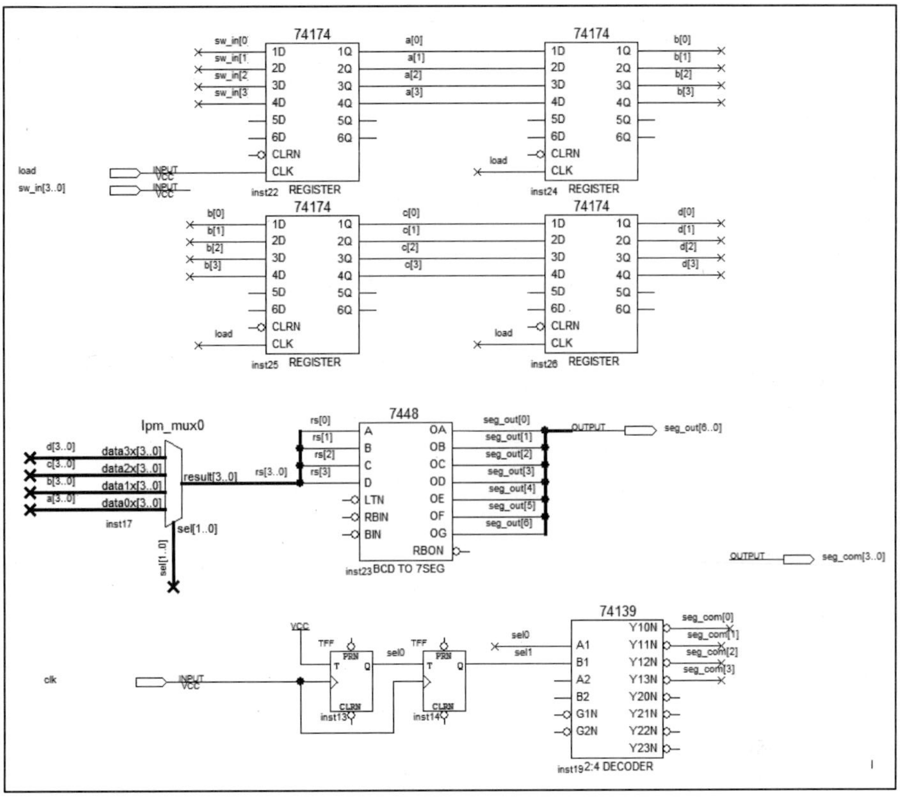

[그림 6-2] 디코더 응용회로도

6.2.3. 디코더 응용회로 동작원리

ComboⅡ 트레이닝 키트는 버스 스위치(DIP SW)를 ON으로 설정하면 논리 [1], OFF로 설정하면 논리 [0]을 출력한다. 버튼 스위치는 눌렀을 경우 논리 [1]을 출력하고, 버튼 스위치를 누르지 않을 경우 논리 [0]을 출력한다. 따라서 버스 스위치(DIP SW) 4개를 이용하여 4비트의 2진수를 표현한다. 버튼 스위치로 구현한 load 신호를 통하여 버스 스위치(DIP SW)에 설정된 값을 레지스터에 저장한다. 이미 저장되어 있던 값들은 각각 오른쪽 레지스터로 이동(a → b → c → d)한다.

〈표 6-1〉 74138의 진리표

INPUTS						OUTPUTS							
E1N	E2N	E	A	B	C	Q_0N	Q_1N	Q_2N	Q_3N	Q_4N	Q_5N	Q_6N	Q_7N
1	X	X	X	X	X	1	1	1	1	1	1	1	1
X	1	X	X	X	X	1	1	1	1	1	1	1	1
X	X	0	X	X	X	1	1	1	1	1	1	1	1
0	0	1	0	0	0	0	1	1	1	1	1	1	1
0	0	1	1	0	0	1	0	1	1	1	1	1	1
0	0	1	0	1	0	1	1	0	1	1	1	1	1
0	0	1	1	1	0	1	1	1	0	1	1	1	1
0	0	1	0	0	1	1	1	1	1	0	1	1	1
0	0	1	1	0	1	1	1	1	1	1	0	1	1
0	0	1	0	1	1	1	1	1	1	1	1	0	1
0	0	1	1	1	1	1	1	1	1	1	1	1	0

〈표 6-2〉 7448의 진리표

BCD FNC	INPUTS						OUTPUTS							
	$\overline{LTN}$	$\overline{RBIN}$	D	C	B	A	$\overline{RBON}$	a	b	c	d	e	f	g
0	1	1	0	0	0	0	1	1	1	1	1	1	1	0
1	1	X	0	0	0	1	1	0	1	1	0	0	0	0
2	1	X	0	0	1	0	1	1	1	0	1	1	0	1
3	1	X	0	0	1	1	1	1	1	1	1	0	0	1
4	1	X	0	1	0	0	1	0	1	1	0	0	1	1
5	1	X	0	1	0	1	1	1	0	1	1	0	1	1
6	1	X	0	1	1	0	1	0	0	1	1	1	1	1
7	1	X	0	1	1	1	1	1	1	1	0	0	0	0
8	1	X	1	0	0	0	1	1	1	1	1	1	1	1
9	1	X	1	0	0	1	1	1	1	1	0	0	1	1
10	1	X	1	0	1	0	1	0	0	0	1	1	0	1
11	1	X	1	0	1	1	1	0	0	1	1	0	0	1
12	1	X	1	1	0	0	1	0	1	0	0	0	1	1
13	1	X	1	1	0	1	1	1	0	0	1	0	1	1
14	1	X	1	1	1	0	1	0	0	0	1	1	1	1
15	1	X	1	1	1	1	1	0	0	0	0	0	0	0
$\overline{BIN}$	X	X	X	X	X	X	0	0	0	0	0	0	0	0
$\overline{RBIN}$	1	0	0	0	0	0	0	0	0	0	0	0	0	0
$\overline{LTN}$	0	X	X	X	X	X	1	1	1	1	1	1	1	1

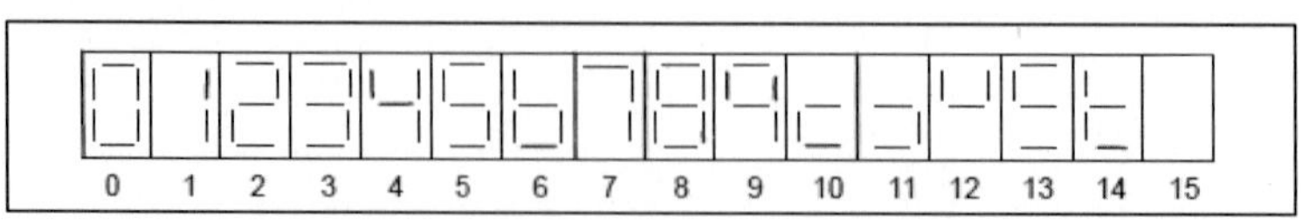

[그림 6-3] 7448의 출력 패턴

〈표 6-1〉은 디코더 회로에서 사용한 74138의 진리표를 나타낸 것이다. 〈표 6-1〉에서 알 수 있는 것처럼 74138은 액티브 로우(active low) 형식으로 출력된다. 따라서 입력 값에 해당하는 출력신호만 논리 [0]을 갖고, 나머지 신호는 모두 논리 [1]을 갖는다. 이 소자의 동작을 응용하여 원하는 위치의 7-세그먼트를 지정할 수 있다.

〈표 6-2〉는 7448 진리표를 나타낸 것이며 입력된 2진수 값을 7-세그먼트에 출력하기 위해 사용한다. [그림 6-3]은 입력된 숫자에 따라 7-세그먼트에 표시되는 출력 패턴을 나타낸 것이다. 트레이닝 키트에서 사용한 7-세그먼트는 공통 캐소드(common cathode) 형식이다. 〈표 6-2〉에서 확인할 수 있는 것과 같이 7448은 액티브 하이(active low) 형식으로 출력된다. 따라서 'a', 'b', 'c', 'd', 'e', 'f', 'g', 'h' 세그먼트 중에서 불이 들어오게 할 세그먼트에는 논리 [1]을 공급하고, 불이 꺼지게 할 세그먼트에는 논리 [0]을 공급하는 부품이다.

일반적인 방법으로 8개의 7-세그먼트를 사용할 경우, 하나의 7-세그먼트마다 'a'~'h'의 8개 출력 단자가 필요하므로 총 64개의 출력 단자가 필요하게 된다. 이런 경우 세그먼트에 너무 많은 입출력 단자가 할당되므로 입출력 단자의 수를 줄이기 위하여, 7-세그먼트의 데이터는 공통으로 연결하고, 출력할 위치의 7-세그먼트를 지정하고, 해당 세그먼트를 활성화 시키는 com0~com7의 값을 제어하여, 원하는 숫자나 문자를 표시하는 방법을 사용한다. 이렇게 하면 16개의 입출력 단자를 가지고 8개의 7-세그먼트를 제어할 수 있다. 따라서 8개의 7-세그먼트 중에 표시하려는 7-세그먼트 공통(common) 핀을 선택하고, 동시에 해당 세그먼트에 표시될 데이터를 출력하는 형태로 7-세그먼트를 제어한다.

〈표 6-3〉 7-세그먼트 배열의 동적 표시 방법

		com (2진수)	패턴 (16진수)
1	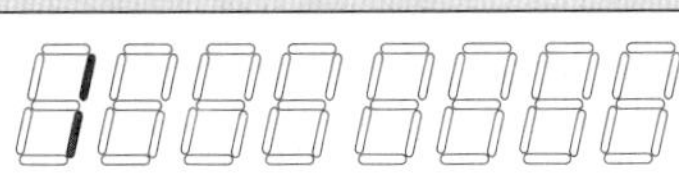	01111111	06
2	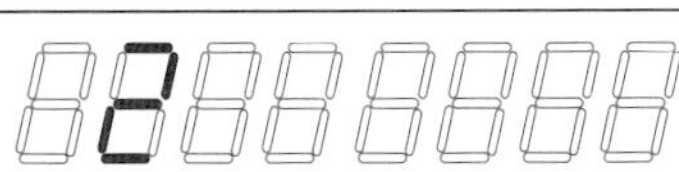	10111111	5B
3	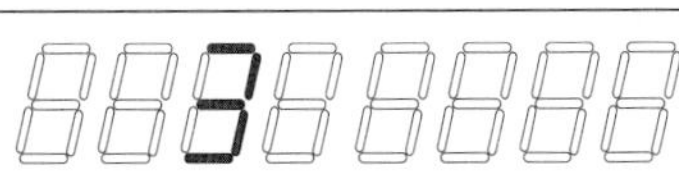	11011111	4F
4	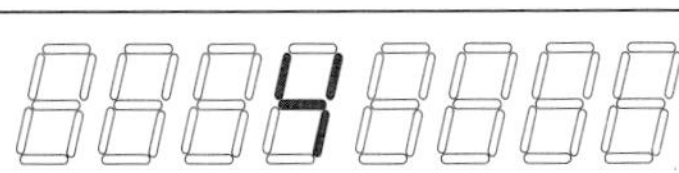	11101111	66

		com (2진수)	패턴 (16진수)
5	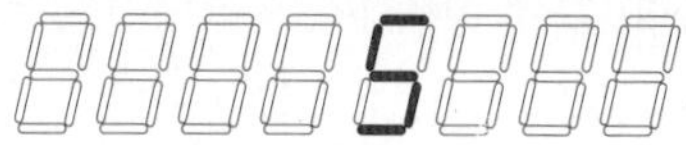	11110111	6D
6	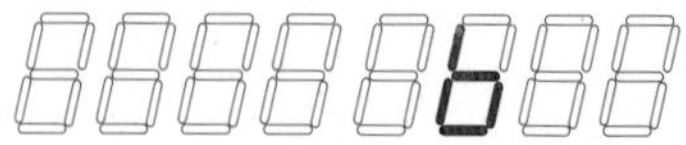	11111011	7C
7	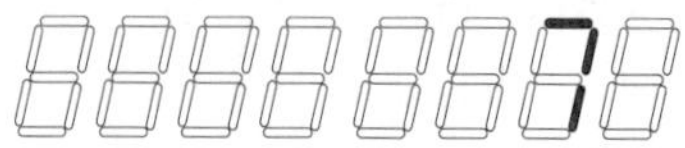	11111101	07
8	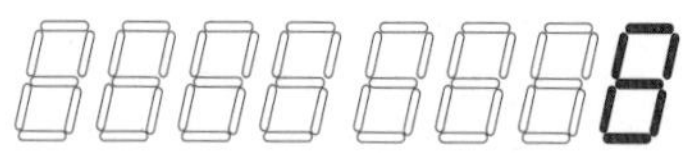	11111110	7F

〈표 6-3〉에 7-세그먼트 배열의 동적 표시 방법을 나타내었다. 숫자 1을 표시하기 위하여 7-세그먼트 데이터 값으로 숫자 1을 위한 패턴, 16진수 06h을 출력하고, com0에 논리 [0]을 그리고 나머지 com1~com7은 논리 [1]의 값을 출력하면 첫째 7-세그먼트에 숫자 1이 표시된다. 다음으로 숫자 2를 위한 패턴, 16진수 5Bh를 출력하고, com1에 논리 [0]과 com0, com2~com7에 논리 [1]을 출력하면 둘째 7-세그먼트에 2가 표시된다. 이런 순서로 8개의 숫자를 표시하고 다시 처음으로 돌아가 앞의 과정을 반복한다. 이를 약 1ms 이하의 주기로 반복하면 잔상효과에 의해 전체 숫자가 모두 켜져 있는 것처럼 보인다. 이러한 형태로 8개의 com 단자를 이용하여 7-세그먼트를 선택하고, 해당되는 데이터를 출력함으로써 각각의 7-세그먼트의 제어가 가능하다.

6.2.4. 디코더 응용회로 동작 파형

[그림 6-4]와 [그림 6-5]는 디코더 응용회로실습의 동작을 확인하기 위한 파형을 나타낸 것이다. 모의실험의 조건은 다음과 같다.

모의실험 조건

[Vector Waveform Editor] 창에서 [Edit]-[End Time]을 2μs로 설정한다.

[Vector Waveform Editor] 창에서 [Edit]-[Grid Size]을 100ns로 설정한다.

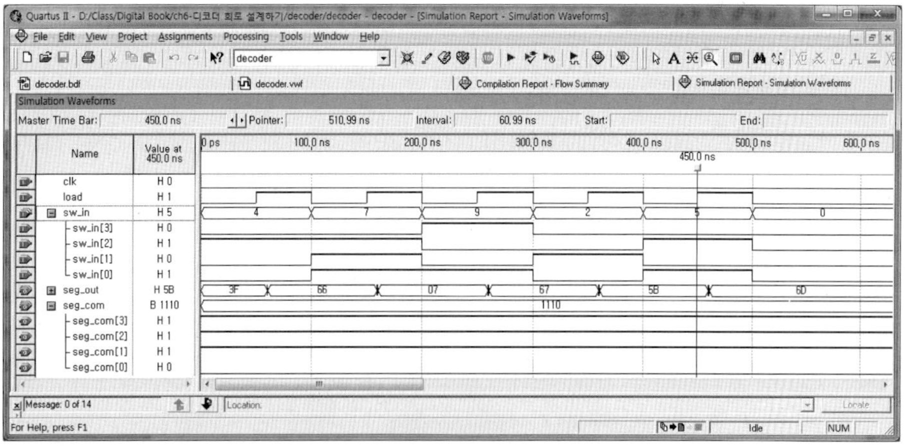

[그림 6-4] 디코더 응용회로에서 load신호에 의한 모의실험 결과

[그림 6-4]에서 sw_in은 버스 스위치(DIP SW)로 입력되는 4비트(sw_in[3], sw_in[2], sw_in[1], sw_in[0])를 그룹으로 모아 놓은 신호이며, 여기서 sw_in[3]이 상위 비트이다. seg_out은 7448의 출력 seg_out[6]~seg_out[0]를 그룹으로 모아 놓은 신호이며, seg_out[6]을 상위 비트로 설정하였다. seg_com은 seg_com[3]~seg_com[0]을 그룹으로 모아 놓은 신호이며, seg_com[3]이 상위 비트이다. 버스 스위치(DIP SW)로 입력된 값을 7-세그먼트 배열의 왼쪽 4개 세그먼트만 사용할 수 있도록 한다.

우선 load 신호에 의해 버스 스위치 값이 입력되는 것을 확인해보자. 50ns 부근의 첫 번째 load 신호 상승에지에서 sw_in 값 4가 입력되어 이 값에 해당하는 7-세그먼트 패턴 값 16진수 66h이 seg_out로 출력된다. 150ns 부근의 load 신호 상승에지에서 sw_in 값 7이 입력되어 이 값에 해당하는 7-세그먼트 패턴 값 16진수 07h이 seg_out로 출력된다. 250ns 부근의 load 신호 상승에지에서 sw_in 값 9가 입력되어 이 값에 해당하는 7-세그먼트 패턴 값 16진수 67h이 seg_out로 출력된다. 350ns 부근의 load 신호 상승에지에서 sw_in 값 2가 입력되어 이 값에 해당하는 7-세그먼트 패턴 값 16진수 5Bh가 seg_out로 출력된다. 다시 450ns 부근의 load 신호 상승에지에서 sw_in 값 5가 입력되어 이 값에 해당하는 7-세그먼트 패턴 값 16진수 6Dh가 seg_out로 출력된다. 따라서 현재 레지스터에는 숫자 5, 2, 9, 그리고 7이 차례대로 저장되어 있다. 만약 7-세그먼트의 출력을 위한 clk 신호를 인가하면 현재 저장되어있는 순서대로 7-세그먼트에 표시된다.

[그림 6-5]과 같이 버튼 스위치로 구현된 clk 신호를 인가하여 이에 따른 7-세그먼트의 제어를 확인한다. clk이 한번 인가될 때마다 카운터를 동작시켜 0→1→2→3→0→1…의 순서로 제어신호 sel1과 sel0을 생성한다. 이 신호를 멀티플렉서의 선택신호에 연결하여 7-세그먼트에 표시할 데이터를 선택한다. 또한 이

신호를 디코더에 연결하여 현재 표시할 7-세그먼트를 선택하도록 한다. 750ns 이전에는 카운터의 값이 0이므로 가장 마지막에 입력한 숫자가 표시된다. 즉 숫자 5를 나타내는 16진수 6Dh가 출력된다. 750ns 부근 clk 신호의 상승에지에서 카운터의 값은 1이 되고, 입력 순서에 의해 숫자 2를 나타내는 16진수 5Bh가 출력된다. 850ns 부근 clk 신호의 상승에지에서 카운터의 값은 2가 되고, 입력 순서에 의해 숫자 9를 나타내는 16진수 67h이 출력된다. 950ns 부근 clk 신호의 상승에지에서 카운터의 값은 3이 되고, 입력 순서에 의해 숫자 7을 나타내는 16진수 07h이 출력된다. 계속된 clk 상승에지에 의해 같은 순서로 반복하여 숫자가 7-세그먼트에 표시된다.

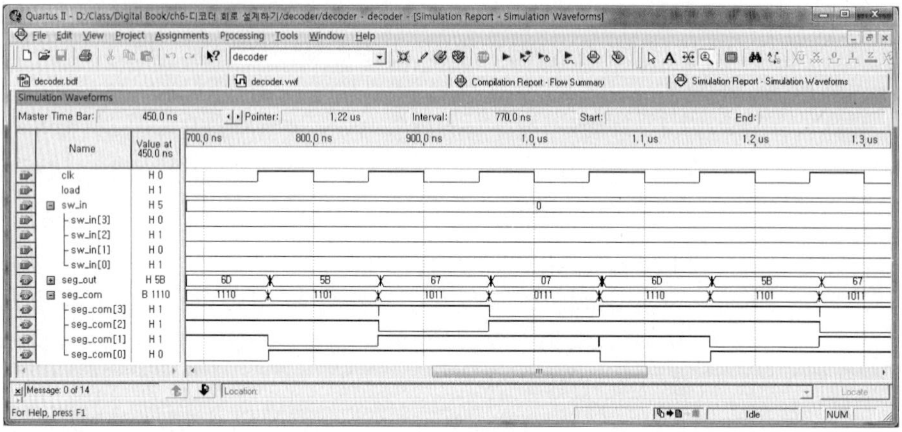

[그림 6-5] 디코더 응용회로에서 clk신호에 의한 모의실험 결과

6.2.5. 디코더 응용회로 핀 연결

〈표 6-4〉는 디코더 응용회로 실장실험을 위한 핀 연결 정보를 나타낸 것이다.

〈표 6-4〉 Combo II 트레이닝 키트에 디코더 응용회로 실장실험을 위한 핀 연결 정보

	신호명	Combo II 신호명	핀번호	신호명	Combo II 신호명	핀번호
Cyclone II EP2C35F672C8	load	BUTTON_SW[0]	Y10	seg_out[3]	SEG_DATA[3]	AC6
	clk	BUTTON_SW[1]	W10	seg_out[4]	SEG_DATA[4]	AA2
	sw_in[3]	DIP_D[4]	AD12	seg_out[5]	SEG_DATA[5]	AA1
	sw_in[2]	DIP_D[5]	AA12	seg_out[6]	SEG_DATA[6]	AA6
	sw_in[1]	DIP_D[6]	AB12	seg_com[0]	SEG_COM[0]	Y1
	sw_in[0]	DIP_D[7]	Y13	seg_com[1]	SEG_COM[1]	Y4
	seg_out[0]	SEG_DATA[0]	AF5	seg_com[2]	SEG_COM[2]	Y3
	seg_out[1]	SEG_DATA[1]	AE5	seg_com[3]	SEG_COM[3]	W1
	seg_out[2]	SEG_DATA[2]	AD6			

6.2.6. 디코더 응용회로 실장실험

〈표 6-4〉와 같은 핀 정보를 모두 입력한 다음 다시 컴파일 해야 한다. 컴파일 후 [Tools]- [Programmer]를 클릭하여 설계결과를 트레이닝 키트에 다운로드한다.

트레이닝 키트의 버스 스위치(DIP SW) 하위 4비트를 〈표 6-5〉와 같이 설정한다. 버튼 스위치 load(키 A)를 눌러 내부 레지스터에 버스 스위치 값 7이 입력되는 것을 확인한다. 현재 clk 신호를 인가하지 않았기 때문에 무조건 왼쪽 7-세그먼트에 버스 스위치 입력 값(OFF ON ON ON : 0111)이 표시된다.

〈표 6-5〉 디코더 응용회로에서 버스 스위치로 숫자 7을 입력한 결과

	Combo II
버스 스위치	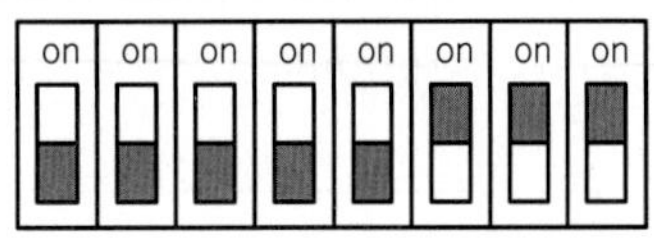
버튼 스위치	키 A
7-세그먼트	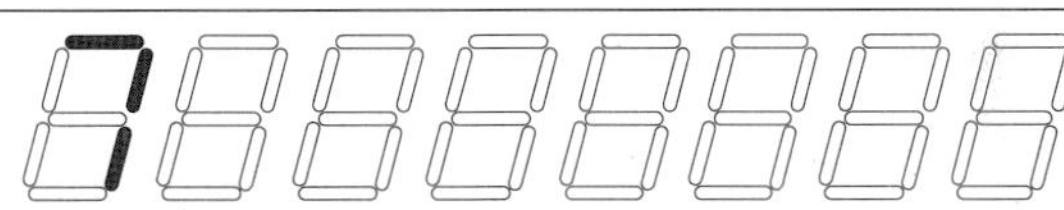

트레이닝 키트의 버스 스위치(DIP SW) 하위 4비트를 〈표 6-6〉과 같이 설정한다. 버튼 스위치 load(키 A)를 눌러 내부 레지스터에 버스 스위치 값 9가 입력되는 것을 확인한다. 현재 clk 신호를 인가하지 않았기 때문에 무조건 왼쪽 7-세그먼트에 버스 스위치 입력 값(ON OFF OFF ON : 1001)이 표시된다.

〈표 6-6〉 디코더 응용회로에서 버스 스위치로 숫자 9를 입력한 결과

	Combo II
버스 스위치	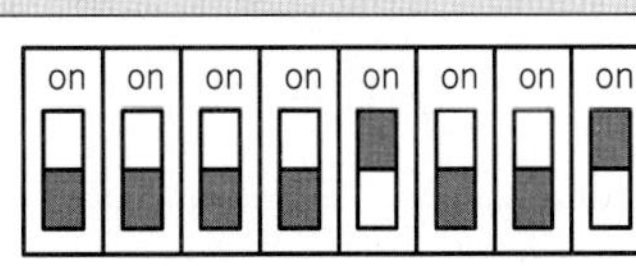
버튼 스위치	키 A
7-세그먼트	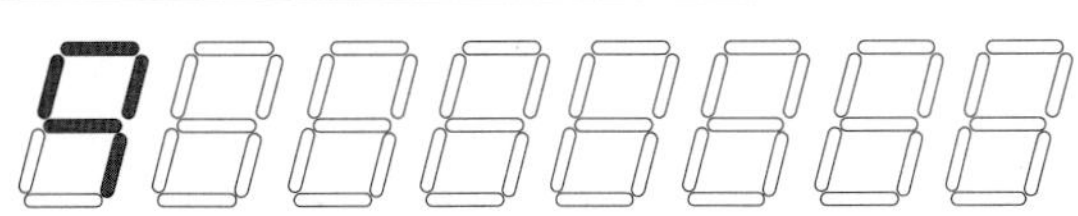

트레이닝 키트의 버스 스위치(DIP SW) 하위 4비트를 〈표 6-7〉과 같이 설정한다. 버튼 스위치 load(키 A)를 눌러 내부 레지스터에 버스 스위치 값 2가 입력되는 것을 확인한다. 현재 clk 신호를 인가하지 않았기 때문에 무조건 왼쪽 7-세그먼트에 버스 스위치 입력 값(OFF OFF ON ON : 0010)이 표시된다.

〈표 6-7〉 디코더 응용회로에서 버스 스위치로 숫자 2를 입력한 결과

	Combo II
버스 스위치	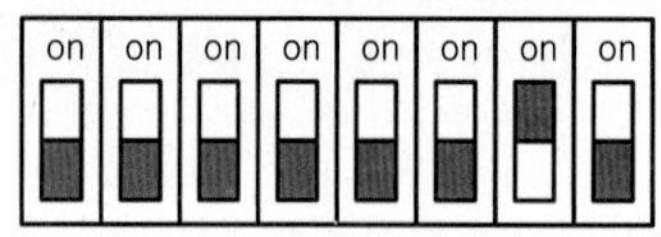
버튼 스위치	키 A
7-세그먼트	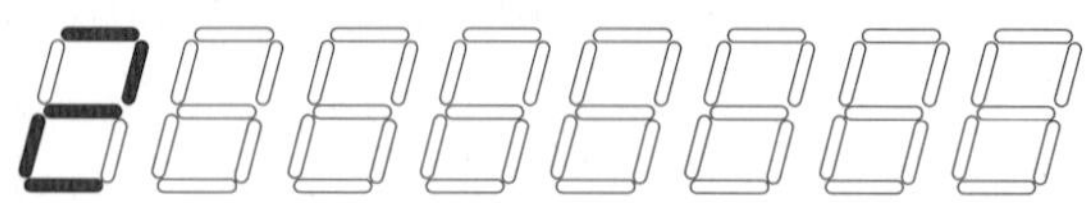

트레이닝 키트의 버스 스위치(DIP SW) 하위 4비트를 〈표 6-8〉과 같이 설정한다. 버튼 스위치 load(키 A)를 눌러 내부 레지스터에 버스 스위치 값 5가 입력되는 것을 확인한다. 현재 clk 신호를 인가하지 않았기 때문에 무조건 왼쪽 7-세그먼트에 버스 스위치 입력 값(OFF ON OFF ON : 0101)이 표시된다.

〈표 6-8〉 디코더 응용회로에서 버스 스위치로 숫자 5를 입력한 결과

	Combo II
버스 스위치	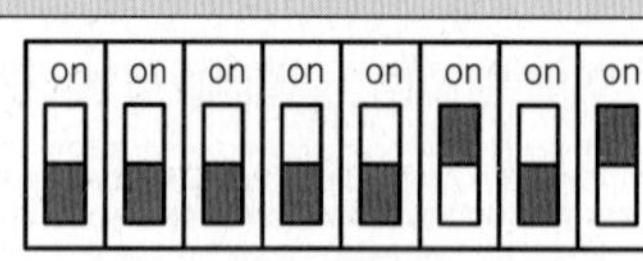
버튼 스위치	키 A
7-세그먼트	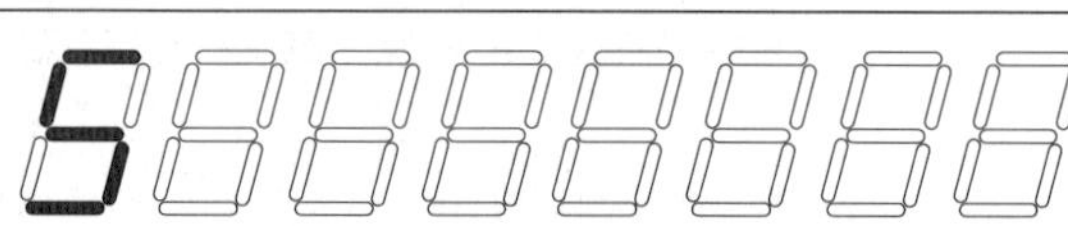

버튼 스위치로 구현한 clk 신호(키 B)를 발생시켜 내부 레지스터 4개에 저장된 값을 왼쪽의 7-세그먼트부터 표시한다. 다시 clk 신호(키 B)를 발생시켜 차례로 레지스터에 저장된 값을 주어진 위치의 7-세그먼트에 표시한다. 이 과정을 〈표 6-9〉에 나타내었다.

〈표 6-9〉 디코더 응용회로에서 clk 신호(키 B)를 통한 7-세그먼트 표시 과정

	Combo II
버튼 스위치	키 B
7-세그먼트	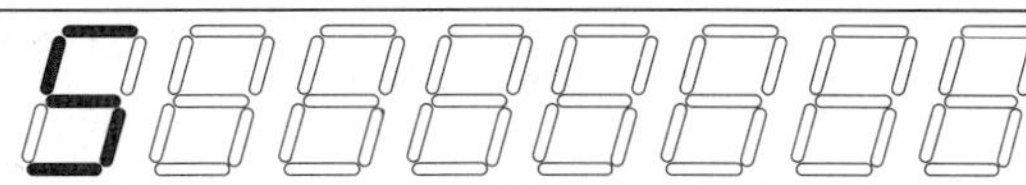
버튼 스위치	키 B
	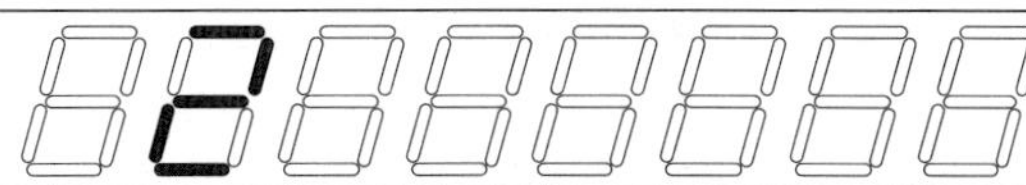
버튼 스위치	키 B
7-세그먼트	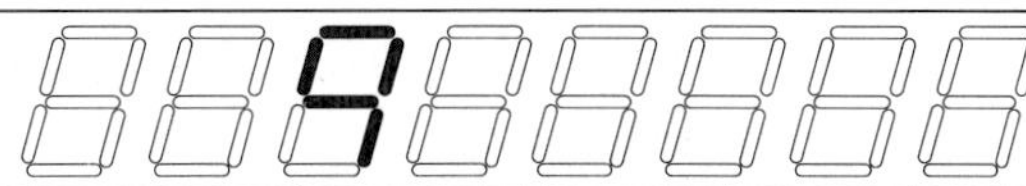
버튼 스위치	키 B
7-세그먼트	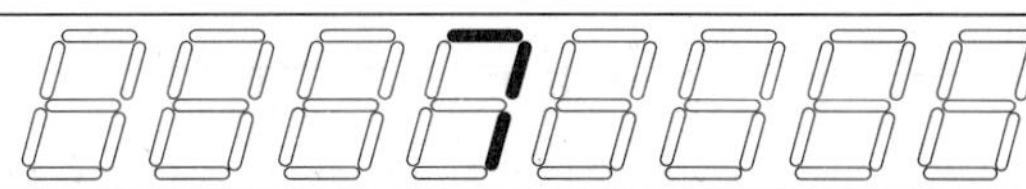
버튼 스위치	키 B
7-세그먼트	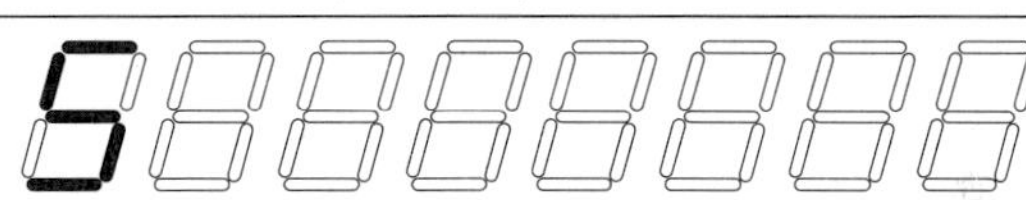

6.3 주요 사항 검토

① 7448에서 2진수 1010~1111의 값이 입력되면 7-세그먼트에는 어떤 기호가 표시되는가?

② 7-세그먼트는 크게 공통 캐소드(common cathode)와 공통 애노드(common anode)의 두 가지 종류로 구분된다. 어떤 차이점이 있는가?

③ 현재 사용하고 있는 트레이닝 키트에 적용된 7-세그먼트 배열은 공통 캐소드와 공통 애노드 중에서 어느 형식에 해당하는가?

④ 현재 사용하고 있는 트레이닝 키트에서는 7-세그먼트 배열을 제어하기 위하여 단지 8비트의 7-세그먼트 데이터와 8비트의 세그먼트 선택신호, 즉 16비트만 사용된다. 이런 방식의 장점은 무엇인가? 또한 단점은 무엇인가?

⑤ 7448에서 LT 단자는 어떤 역할을 하는 단자인가?

⑥ 7448에서 RBI와 BI/RBO 단지는 어떤 용도로 사용되는 단자인가?

⑦ 트레이닝 키트의 LED와 같이 출력신호가 논리 [1]일 때 켜지고, 논리 [0]

일 때 꺼지도록 LED를 연결하고자 한다. 저항을 포함한 구체적인 회로를 작성하라.

⑧ 금번 실습에서는 왼쪽의 7-세그먼트부터 숫자를 표시하였다. 그 숫자를 오른쪽 7-세그먼트부터 표시할 수 있도록 변경하라.

6.4 연습문제

연습문제

① 트레이닝 키트에서 7-세그먼트 배열을 이용하여 계산기의 숫자를 표시하고자 한다. "00000034"의 숫자가 표시되는 대신에 7448을 이용하여 "34"처럼 불필요한 0을 표시하지 않는 방법을 구현하라.

② 7448은 BCD 입력에 해당하는 7-세그먼트 패턴을 출력하는 소자이다. 16진수 값을 출력할 수 있는 7-세그먼트 디코터를 설계하라. 단 16진수에 대한 숫자 패턴은 다음과 같다.

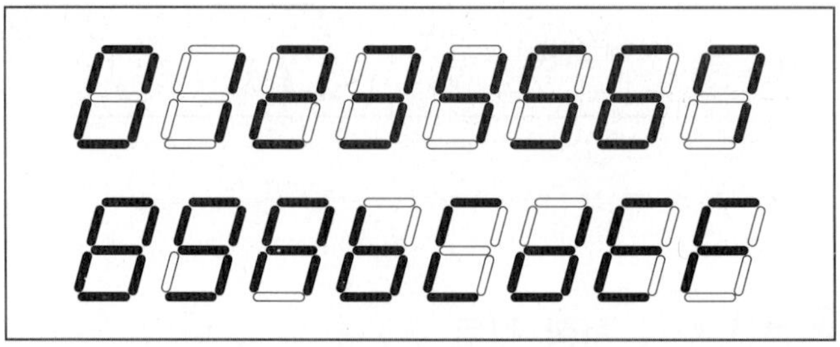

[그림 6-6] 16진수의 숫자 패턴

③ 7448은 단지 7개의 세그먼트만 사용할 수 있도록 설계된 소자이다. 트레이닝 키트에서 사용된 7-세그먼트에는 소숫점까지 표현할 수 있도록 되어 있다. 연습문제 ②에서 설계한 디코더를 수정하여 소숫점도 사용할 수 있는 7-세그먼트 디코더를 설계하라.

④ 디코더의 용도를 3가지 이상 나열하라.

CHAPTER

07

인코더 응용회로 설계하기

CHAPTER

07 인코더 응용회로 설계하기

7.1 인코더 응용회로 설계하기 목표

① 트레이닝 키트에 있는 버스 스위치(DIP switch)를 입력으로 사용한다.
② 버스 스위치 입력은 인코더 회로를 통하여 부호화한다.
③ 버튼 스위치를 통하여 인코더를 거친 부호화 값을 레지스터에 입력한다.
④ 레지스터에 저장된 4개의 부호화 값을 동적표시 방법으로 7-세그먼트 배열에 표시한다.
⑤ 기본 소자를 사용하여 각종 인코더 응용회로를 설계한다.

7.2 인코더 응용회로 구성하기

7.2.1 인코더 응용회로 블록도

[그림 7-1]과 같은 구성으로 인코더 응용회로를 실습한다. 트레이닝 키트에 있는 버스 스위치(DIP SW) 8개를 통하여 위치 값을 입력한다. 트레이닝 키트에 위치한 버스 스위치(DIP SW)는 ON의 위치에서 논리 [1], OFF의 위치에서 논리 [0]을 출력한다. 인코더에 의해 부호화된 결과 값은 버튼 스위치 load를 통하여 내장된 4개의 레지스터에 저장된다. 또 다른 버튼 스위치 clk를 통하여 저장된 4개의 코드 값이 트레이닝 키트에 있는 7-세그먼트 배열에 순차적으로 표시된다.

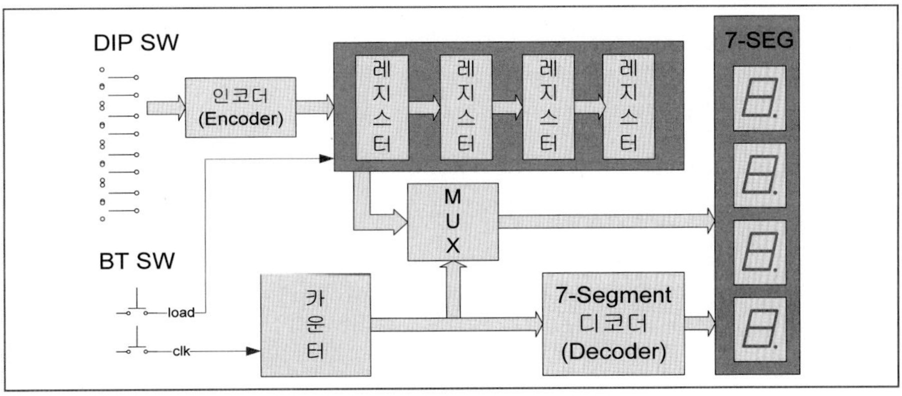

[그림 7-1] 인코더 응용회로의 블록도

7.2.2. 인코더 응용회로도

[그림 7-2]는 인코더 응용회로를 나타낸 것이다. 버스 스위치(DIP SW)로 입력된 위치 값은 74148 인코더를 통하여 4비트 2진수로 부호화된다. 이렇게 부호화된 4비트 2진수 값은 레지스터에 차례로 4개까지 저장된다. 부호화된 값을 저장하고, 다음 레지스터로 이동시키기 위한 load 신호를 발생시키기 위하여 버튼 스위치를 이용한다.

버튼 스위치로 구현된 clk이 한번 발생할 때마다, 7-세그먼트 배열의 표시 위치를 차례로 바꾸어 해당 위치에 숫자를 나타낼 수 있도록 제어한다. 버튼 스위치 신호를 클럭 신호로 인가하므로서 2개의 토글플립플롭을 이용한 4진 카운터를 구현한다. 구해진 카운터 값은 디코더 74139를 통하여 7-세그먼트 배열에서 사용할 공통 제어선을 생성한다. 또한 이 카운터 값을 토대로 7-세그먼트에 표시할 출력 패턴을 선택한다.

저장된 부호 값을 7-세그먼트에 표시하기 위하여 7448을 사용한다. 트레이닝 키트에서 7-세그먼트 배열은 여러 개의 묶음으로 구성되어 있다. 따라서 여러 개의 묶음 중에서 어느 한 개의 7-세그먼트만을 사용하기 위해서는 해당 7-세그먼트의 선택 값을 논리[0]으로 출력해야한다. 예를 들어 8개의 7-세그먼트 중에서 왼쪽 7-세그먼트에 어떤 값을 표시하고자 한다면, seg_com 신호의 출력 값을 11111110으로 설정하면 된다. 만약 오른쪽 7-세그먼트에 어떤 값을 표시하고자 한다면, seg_com 신호의 출력 값을 01111111로 설정하면 된다.

74148은 8개의 입력에 대한 부호화 기능을 수행하여, 3비트의 2진수를 출력하는 소자이다. 8개의 버스 스위치(DIP SW)를 입력받아 3비트의 2진수로 부호화하기 위하여 1개의 74148을 사용한다.

74148에 의해 3비트 2진수로 부호화된 값은 버튼 스위치에 의해 출력되는 load 신호를 이용하여 4개의 저장 공간에 차례대로 저장 할 수 있도록 한다. 또한 저장된 4개의 숫자를 7-세그먼트 배열에 표시하기 위하여 동적 출력 방식(Dynamic Display)을 사용한다. 동적 출력 방식으로 출력을 제어할 경우, 저장된 4개의 레지스터 값들 중, 현재 출력할 값을 선택하기 위하여 카운터 값을 멀티플렉서의 선택신호로 공급하여 멀티플렉서를 제어한다. 멀티플렉서의 출력은 7448을 거쳐 최종적으로 7-세그먼트에 출력된다.

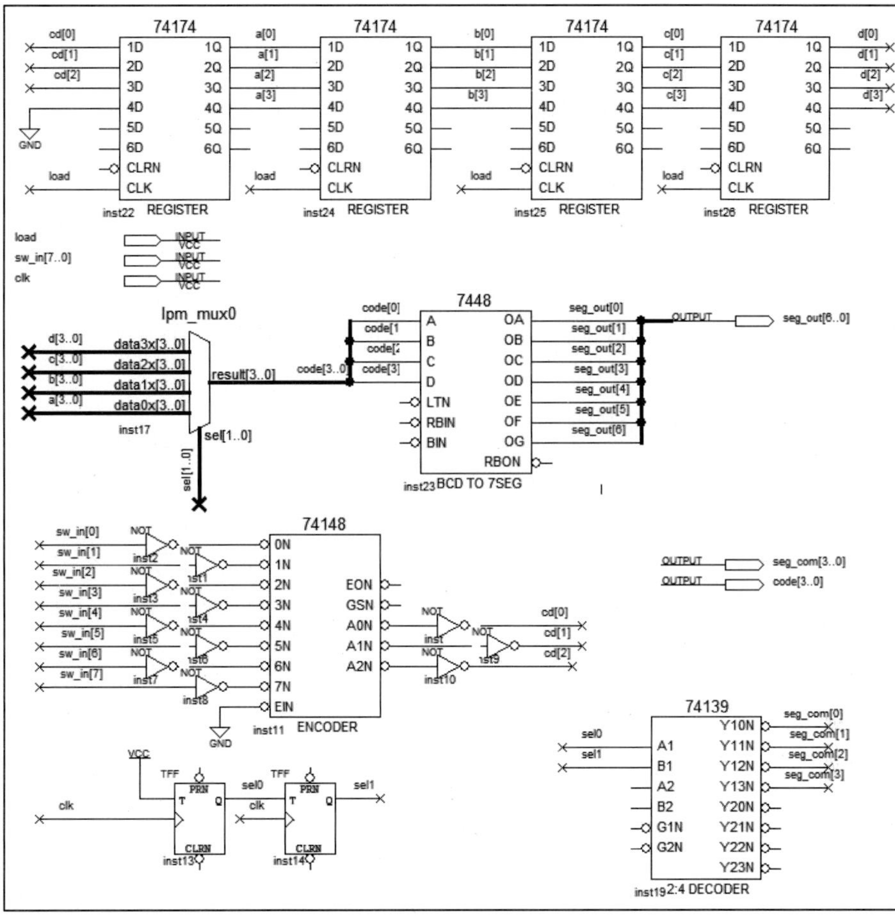

[그림 7-2] 인코더 응용회로도

7.2.3. 인코더 응용회로 동작원리

ComboⅡ 트레이닝 키트는 버스 스위치(DIP SW)를 ON으로 설정하면 논리 [1], OFF로 설정하면 논리 [0]을 출력한다. LED를 켜기 위하여 논리 [1], 끄기 위해서는 논리 [0]을 출력하면 된다. 또한 트레이닝 키트에서 사용된 7-세그먼트는 공통 캐소드(common cathode) 형식이다. 따라서 7-세그먼트에서 각 'a', 'b', 'c', 'd', 'e', 'f', 'g', 'h' 세그먼트를 켜기 위해서 논리 [1], 끄기 위해서 논리 [0]을 공급하면 된다.

인코더 회로에서 사용된 74148의 진리표를 〈표 7-1〉에 나타내었다. 〈표 7-1〉에서 알 수 있는 것과 같이 74148은 액티브 로우(active low) 형식으로 출력된다. 트레이닝 키트의 LED는 액티브 하이(active high) 형식이므로 NOT 게이트를 거쳐 출력해야 한다. 버스 스위치(DIP SW)를 통해 입력되는 값은 8개의 신호이고 이에 대한 부호화 결과는 3비트이므로 1개의 인코더 74148을 사용한다.

〈표 7-1〉의 진리표에 나타난 74148의 동작을 통해 확인할 수 있는 것처럼, 이 소자는 인코딩 동작에서 우선순위를 부여하고 있다. 따라서 동시에 두 개 이상의 입력신호가 인가되는 경우에도 오직 하나의 신호에 대하여 인코더 동작을 수행한다. 예를 들어 1N 단자와 6N 단자에 모두 입력신호가 인가된 경우 6N 단자에만 신호가 입력된 것처럼 동작하여 출력신호는 2진수 001이 된다. 이 출력신호는 액티브 로우 상태이므로 우리들이 흔히 알고 있는 액티브 하이 상태로 환원한다면 2진수 110 즉 10진수 6을 의미한다.

〈표 7-1〉 74148의 진리표

INPUTS									OUTPUTS				
EN	0N	1N	2N	3N	4N	5N	6N	7N	A2N	A1N	A0N	GSN	EON
1	X	X	X	X	X	X	X	X	1	1	1	1	1
0	1	1	1	1	1	1	1	1	1	1	1	1	0
0	X	X	X	X	X	X	X	0	0	0	0	0	1
0	X	X	X	X	X	X	0	1	0	0	1	0	1
0	X	X	X	X	X	0	1	1	0	1	0	0	1
0	X	X	X	X	0	1	1	1	0	1	1	0	1
0	X	X	X	0	1	1	1	1	1	0	0	0	1
0	X	X	0	1	1	1	1	1	1	0	1	0	1
0	X	0	1	1	1	1	1	1	1	1	0	0	1
0	0	1	1	1	1	1	1	1	1	1	1	0	1

저장된 부호 값을 7-세그먼트에 출력하기 위해 사용된 7448의 진리표를 〈표 7-2〉에 나타내었고, 이 표에서 확인하는 것과 같이 7448은 액티브 하이(active high) 형식으로 출력된다. 따라서 'a', 'b', 'c', 'd', 'e', 'f', 'g', 'h' 세그먼트 중에서 불을 켜야할 세그먼트에는 논리 [1]을 공급하고, 불을 꺼야할 세그먼트에는 논리 [0]을 공급하는 소자이다.

〈표 7-2〉 7448의 진리표

BCD	INPUTS						OUTPUTS							
	$\overline{LTN}$	$\overline{RBIN}$	D	C	B	A	$\overline{RBON}$	a	b	c	d	e	f	g
0	1	1	0	0	0	0	1	1	1	1	1	1	1	0
1	1	X	0	0	0	1	1	0	1	1	0	0	0	0
2	1	X	0	0	1	0	1	1	1	0	1	1	0	1
3	1	X	0	0	1	1	1	1	1	1	1	0	0	1
4	1	X	0	1	0	0	1	0	1	1	0	0	1	1
5	1	X	0	1	0	1	1	1	0	1	1	0	1	1
6	1	X	0	1	1	0	1	0	0	1	1	1	1	1
7	1	X	0	1	1	1	1	1	1	1	0	0	0	0
8	1	X	1	0	0	0	1	1	1	1	1	1	1	1
9	1	X	1	0	0	1	1	1	1	1	0	0	1	1
10	1	X	1	0	1	0	1	0	0	0	1	1	0	1
11	1	X	1	0	1	1	1	0	0	1	1	0	0	1
12	1	X	1	1	0	0	1	0	1	0	0	0	1	1
13	1	X	1	1	0	1	1	1	0	0	1	0	1	1
14	1	X	1	1	1	0	1	0	0	0	1	1	1	1
15	1	X	1	1	1	1	1	0	0	0	0	0	0	0
$\overline{BIN}$	X	X	X	X	X	X	0	0	0	0	0	0	0	0
$\overline{RBIN}$	1	0	0	0	0	0	0	0	0	0	0	0	0	0
$\overline{LTN}$	0	X	X	X	X	X	1	1	1	1	1	1	1	1

7.2.4. 인코더 응용회로 동작 파형

[그림 7-3]은 인코더 응용회로 동작파형을 나타낸 것이다. 모의실험의 조건은 다음과 같다.

모의실험 조건
[Vector Waveform Editor] 창에서 [Edit]-[End Time]을 3μs로 설정한다.
[Vector Waveform Editor] 창에서 [Edit]-[Grid Size]을 100ns로 설정한다.

[그림 7-3]에서 버스 스위치(DIP SW)로 입력되는 8개의 신호 sw_in은 sw_in[7], sw_in[6], sw_in[5], sw_in[4], sw_in[3], sw_in[2], sw_in[1], sw_in[0]의 묶음으로 설정하였고, sw_in[7]이 상위 비트이고, sw_in[0]이 하위 비트이다. code는 code[2], code[1], code[0]을 그룹으로 모아 놓은 신호이며, code[2]가 상위 비트이다. seg_out은 7448의 출력 seg_out[6]~seg_out[0]을 그룹으로 모아 놓은 신호이며, seg_out[6]이 상위 비트이다. seg_com은 seg_com[3]~seg_com[0]을 그룹으로 모아 놓은 신호이며, seg_com[3]이 상위 비트이다. 인코더 응용회

로는 버스 스위치(DIP SW)로 입력된 값을 부호화하여 레지스터에 저장하고, 그 값들을 7-세그먼트 배열에 표시할 수 있도록 제어한다.

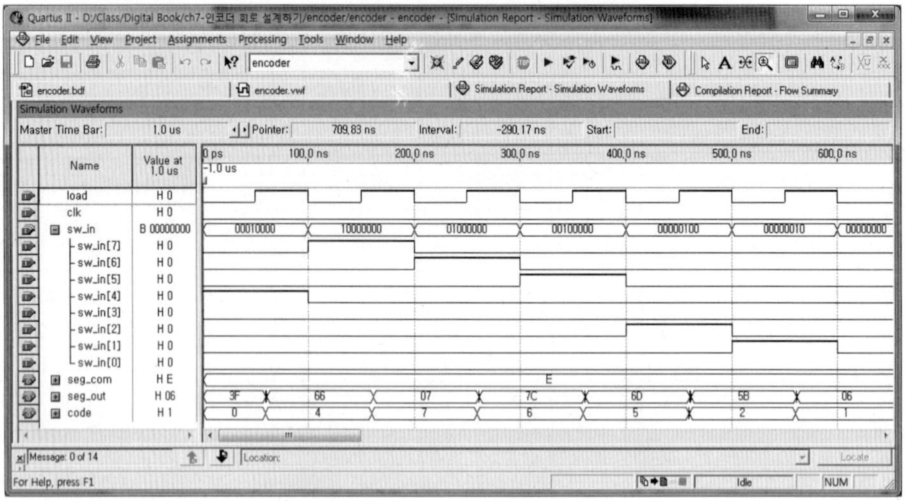

[그림 7-3] 인코더 응용회로의 load 동작에 대한 모의실험 결과

50ns 부근의 load 신호 상승에지에서, sw_in의 값이 2진수 00010000 즉 4를 의미하는 위치의 값이 입력되었다. 부호화 결과 code는 숫자 4 값을 갖는다. 이때 7-세그먼트에는 숫자 4를 표시하기 위한 패턴으로 16진수 66h이 출력된다. 150ns 부근의 load 신호 상승에지에서, sw_in의 값이 2진수 10000000, 즉 7을 의미하는 위치의 값이 입력되었다. 부호화 결과 code는 숫자 7 값을 갖는다. 이때 7-세그먼트에는 숫자 7을 표시하기 위한 패턴으로 16진수 07이 출력된다. 250ns 부근의 load 신호 상승에지에서, sw_in의 값이 2진수 01000000, 즉 6을 의미하는 위치의 값이 입력되었다. 부호화 결과 code는 숫자 6 값을 갖는다. 이때 7-세그먼트에는 숫자 6을 표시하기 위한 패턴으로 16진수 7Ch가 출력된다. 350ns 부근의 load 신호 상승에지에서, sw_in의 값이 2진수 00100000, 즉 5를 의미하는 위치의 값이 입력되었다. 부호화 결과 code는 숫자 5 값을 갖는다. 이때 7-세그먼트에는 숫자 5를 표시하기 위한 패턴으로 16진수 6Dh가 출력된다. 450ns 부근의 load 신호 상승에지에서, sw_in의 값이 2진수 00000100, 즉 2를 의미하는 위치의 값이 입력되었다. 부호화 결과 code는 숫자 2 값을 갖는다. 이때 7-세그먼트에는 숫자 2를 표시하기 위한 패턴으로 16진수 5Bh가 출력된다. 마지막으로 550ns 부근의 load 신호 상승에지에서, sw_in의 값이 2진수 00000010, 즉 1을 의미하는 위치의 값이 입력되었다. 부호화 결과 code는 숫자 1 값을 갖는다. 이때 7-세그먼트에는 숫자 1을 표시하기 위한 패턴으로 16진수

06h이 출력된다.

sw_in의 입력으로 동시에 두 개 이상의 신호가 인가되는 경우의 부호화 결과를 [그림 7-4]에 나타내었다. 2.3㎲ 부근의 입력과 같이 sw_in의 값이 2진수 00010100인 경우(4와 2가 동시에 입력)에는 앞서 제시한 74148의 진리표를 근거로한 부호화 결과 code 값이 4가 되는 것을 알 수 있다. 또 다른 예를 살펴본다면, 2.5㎲ 부근의 입력처럼 sw_in의 값이 2진수 01001010인 경우(6와 1이 동시에 입력)에도 모의실험 결과, code 값은 6으로 출력되는 것을 알 수 있다. 이를 통해 74148은 우선권이 있는 인코더라는 것을 알 수 있다.

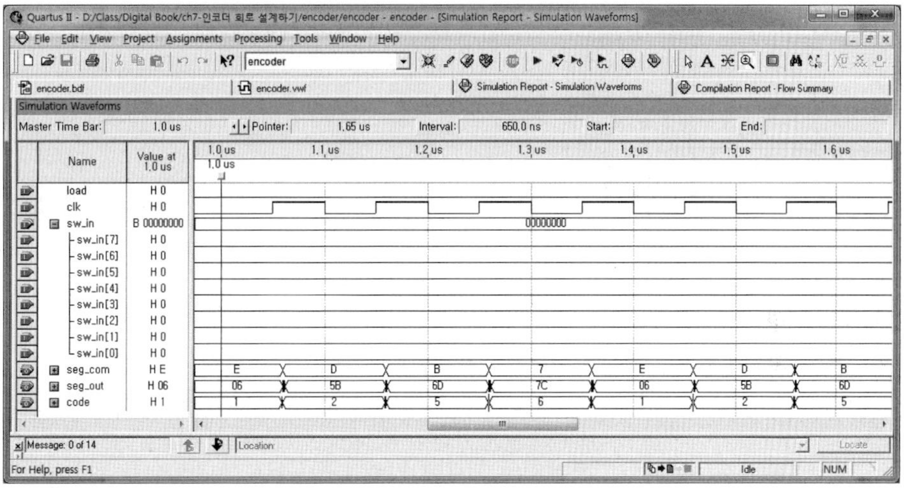

[그림 7-4] 인코더 응용회로의 clk 동작에 대한 모의실험 결과

[그림 7-5]에서는 버튼 스위치로 구현한 clk 신호를 인가하여 이에 따른 7-세그먼트의 제어를 확인한다. clk가 한번 인가될 때마다 카운터를 동작시켜 0→1→2→3→0→1…의 순서로 제어신호를 생성한다. 이 신호를 멀티플렉서의 선택 신호에 연결하여 7-세그먼트에 표시할 데이터를 선택하도록 한다. 또한 이 신호를 디코더에 연결하여 현재 사용할 7-세그먼트를 선택하도록 한다. 1.05㎲ 이전에는 카운터의 값이 0이므로 가장 마지막에 저장된 숫자가 표시된다. 즉 숫자 1을 나타내는 7-세그먼트 출력패턴 16진수 06h이 출력된다. 1.05us 부근의 clk 상승에지에서 카운터의 값이 1이 되고, 입력 순서에 의해 숫자 2를 나타내는 7-세그먼트 출력패턴 16진수 5Bh가 출력된다. 1.15㎲ 부근의 clk 상승에지에서 카운터의 값이 2가 되고, 입력 순서에 의해 숫자 5를 나타내는 7-세그먼트 출력패턴 16진수 6Dh가 출력된다. 1.25㎲ 부근의 clk 상승에지에서 카운터의 값은 3이 되고, 입력 순서에 의해 숫자 6를 나타내는 7-세그먼트 출력패턴 16진

수 7Ch가 출력된다. 계속된 clk 상승에지에 의해 같은 순서로 반복하여 입력한 버스 스위치의 위치에 해당하는 숫자가 7-세그먼트에 표시된다.

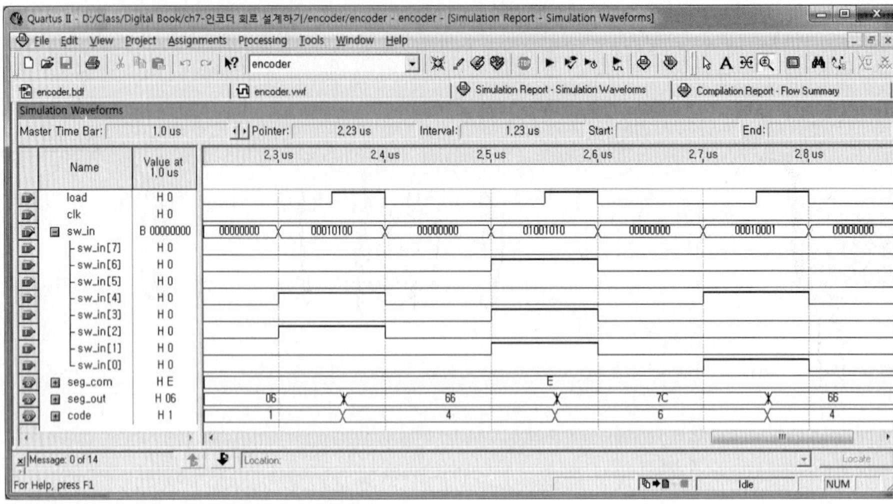

[그림 7-5] 입력이 2개 이상인 경우 모의실험 결과

7.2.5. 인코더 응용회로 핀 연결

〈표 7-3〉은 인코더 응용회로 실장실험을 위한 핀 연결 정보를 나타낸 것이다.

〈표 7-3〉 Combo II 트레이닝 키트에 인코더 응용회로 실장실험을 위한 핀 연결 정보

	신호명	Combo II 신호명	핀번호	신호명	Combo II 신호명	핀번호
Cyclone II EP2C35F672C8	load	BUTTON_SW[0]	Y10	seg_out[5]	SEG_DATA[5]	AA1
	clk	BUTTON_SW[1]	W10	seg_out[6]	SEG_DATA[6]	AA6
	seg_com[0]	SEG_COM[0]	Y1	sw_in[7]	DIP_D[0]	Y12
	seg_com[1]	SEG_COM[1]	Y4	sw_in[6]	DIP_D[1]	AE11
	seg_com[2]	SEG_COM[2]	Y3	sw_in[5]	DIP_D[2]	U12
	seg_com[3]	SEG_COM[3]	W1	sw_in[4]	DIP_D[3]	AC12
	seg_out[0]	SEG_DATA[0]	AF5	sw_in[3]	DIP_D[4]	AD12
	seg_out[1]	SEG_DATA[1]	AE5	sw_in[2]	DIP_D[5]	AA12
	seg_out[2]	SEG_DATA[2]	AD6	sw_in[1]	DIP_D[6]	AB12
	seg_out[3]	SEG_DATA[3]	AC6	sw_in[0]	DIP_D[7]	Y13
	seg_out[4]	SEG_DATA[4]	AA2			

7.2.6. 인코더 응용회로 실장실험

〈표 7-3〉과 같은 핀 정보를 모두 입력한 다음 다시 컴파일 해야 한다. 컴파일 후 [Tools]- [Programmer]를 클릭하여 설계결과를 트레이닝 키트에 다운로드한다.

트레이닝 키트의 버스 스위치(DIP SW) 8비트를 〈표 7-4〉와 같이 설정한다. 여기에서는 2개 이상의 위치 값이 2진수 00010100로 주어진 경우(4와 2가 동시에 입력)이다. 버튼 스위치 키 A를 눌러 부호화된 값 4가 저장되는 것을 확인한다. 주어진 입력에 대하여 74148의 우선순위 기능이 적용되어, 7-세그먼트에는 4라는 값이 표시된 것이다. 현재 clk 신호를 인가하지 않았기 때문에 무조건 왼쪽 7-세그먼트에 입력 값이 표시된다. 현재 내부 레지스터에는 숫자 4만 저장되어 있다.

〈표 7-4〉 인코더 응용회로에서 2진수 00010100 입력에 대한 실장실험 결과

	Combo II
버스 스위치	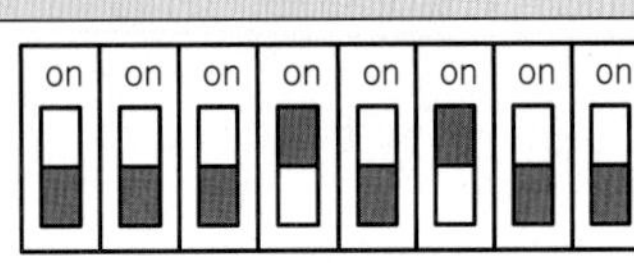
버튼 스위치	키 A
7-세그먼트	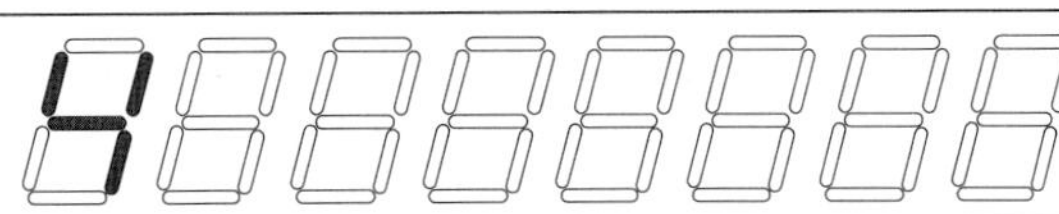

〈표 7-5〉는 8비트 버스 스위치(DIP SW)의 2진수 10000000 입력에 따른 결과를 나타낸 것이다. 버튼 스위치 키 A를 눌러 부호화된 값 7이 저장되는 것을 확인한다. 현재 clk 신호를 인가하지 않았기 때문에 무조건 왼쪽 7-세그먼트에 입력 값이 표시된다. 현재 내부 레지스터에는 숫자 7과 4가 저장되어 있지만, 7만 표시되고 있다.

〈표 7-5〉 인코더 응용회로에서 2진수 10000000 입력에 대한 실장실험 결과

	Combo II
버스 스위치	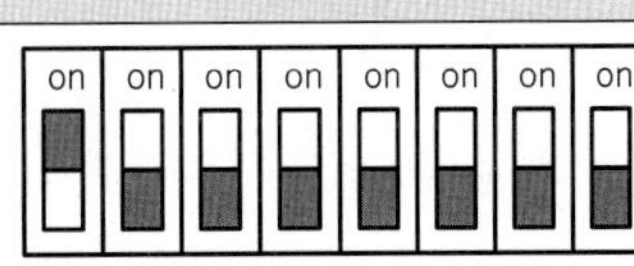
버튼 스위치	키 A
7-세그먼트	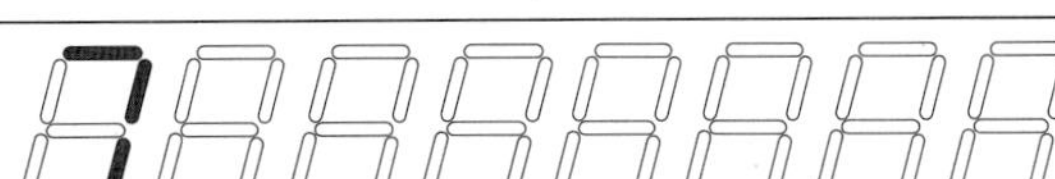

〈표 7-6〉은 8비트 버스 스위치(DIP SW)의 2진수 01000000 입력에 따른 결과를 나타낸 것이다. 버튼 스위치 키 A를 눌러 부호화된 값 6이 저장되는 것을 확인한다. 현재 clk 신호를 인가하지 않았기 때문에 무조건 왼쪽 7-세그먼트에 입력 값이 표시된다. 현재 내부 레지스터에는 숫자 6, 7과 4가 저장되어 있지만, 6만 표시되고 있다.

〈표 7-6〉 인코더 응용회로에서 2진수 01000000 입력에 대한 실장실험 결과

	Combo II
버스 스위치	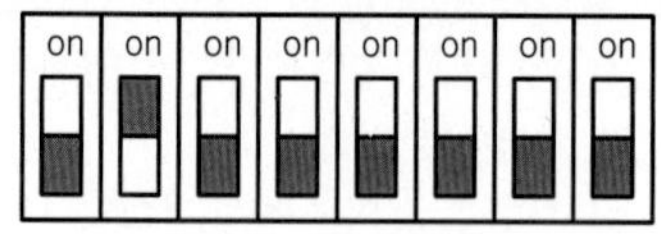
버튼 스위치	키 A
7-세그먼트	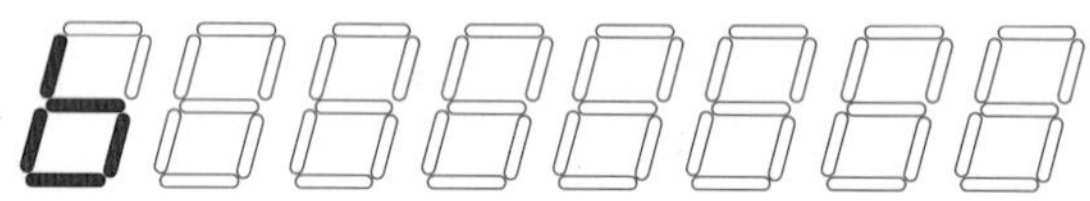

〈표 7-7〉은 8비트 버스 스위치(DIP SW)의 2진수 00100000 입력에 따른 결과를 나타낸 것이다. 버튼 스위치 키 A를 눌러 부호화된 값 5가 저장되는 것을 확인한다. 현재 clk 신호를 인가하지 않았기 때문에 무조건 왼쪽 7-세그먼트에 입력 값이 표시된다. 현재 내부 레지스터에는 숫자 5, 6, 7과 4가 저장되어 있지만, 5만 표시되고 있다.

〈표 7-7〉 인코더 응용회로에서 2진수 00100000 입력에 대한 실장실험 결과

	Combo II
버스 스위치	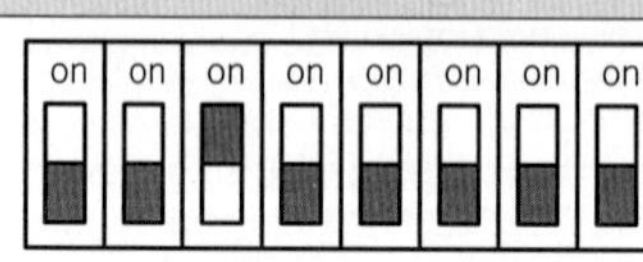
버튼 스위치	키 A
7-세그먼트	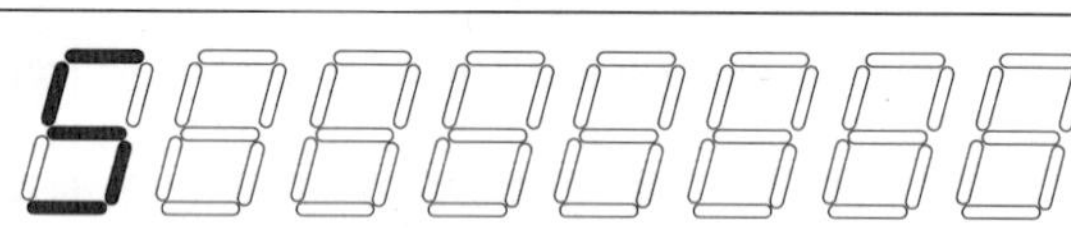

〈표 7-8〉은 8비트 버스 스위치(DIP SW)의 2진수 00000100 입력에 따른 결과를 나타낸 것이다. 버튼 스위치 키 A를 눌러 부호화된 값 2가 저장되는 것을 확인

한다. 현재 clk 신호를 인가하지 않았기 때문에 무조건 왼쪽 7-세그먼트에 입력값이 표시된다. 현재 내부 레지스터에는 숫자 2, 5, 6과 7이 저장되어 있지만, 2만 표시되고 있다. 가장 먼저 입력되어 저장되었던 4는 소멸된다.

〈표 7-8〉 인코더 응용회로에서 2진수 00000100 입력에 대한 실장실험 결과

	Combo II
버스 스위치	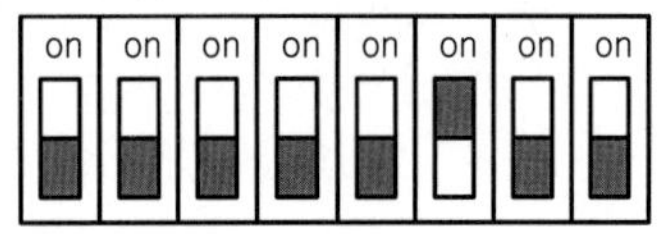
버튼 스위치	키 A
7-세그먼트	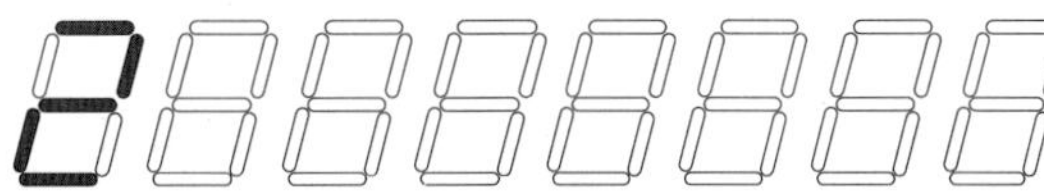

〈표 7-9〉는 8비트 버스 스위치(DIP SW)의 2진수 00000010 입력에 따른 결과를 나타낸 것이다. 버튼 스위치 키 A를 눌러 부호화된 값 1이 저장되는 것을 확인한다. 현재 clk 신호를 인가하지 않았기 때문에 무조건 왼쪽 7-세그먼트에 입력값이 표시된다. 현재 내부 레지스터에는 숫자 1, 2, 5와 6이 저장되어 있지만, 1만 표시되고 있다. 먼저 입력되어 저장되었던 7은 소멸된다.

버튼 스위치로 구현된 clk 신호(키 B)를 발생시켜 내부 레지스터에 저장된 값을 왼쪽의 7-세그먼트부터 표시한다. 다시 clk 신호(키 B)를 발생시켜 차례로 레지스터에 저장된 값을 주어진 위치의 7-세그먼트에 표시한다. 이 과정을 〈표 7-10〉에 나타내었다. 현재 저장되어 있는 1, 2, 5와 6이 순서대로 표시된다.

〈표 7-9〉 인코더 응용회로에서 2진수 00000010 입력에 대한 실장실험 결과

	Combo II
버스 스위치	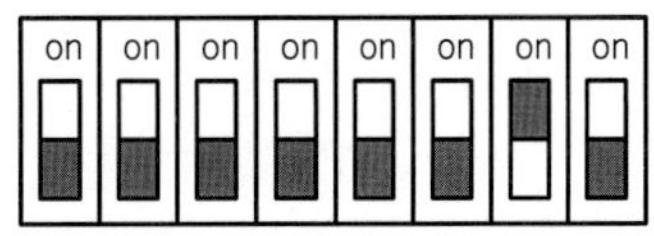
버튼 스위치	키 A
7-세그먼트	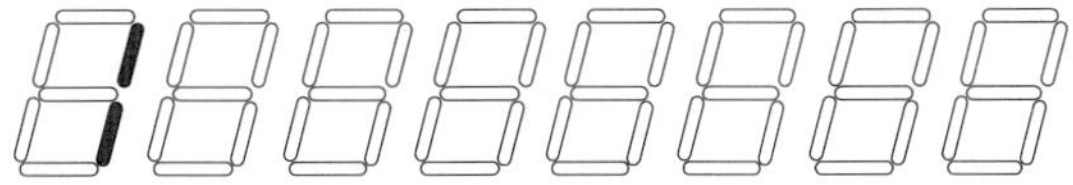

〈표 7-10〉 인코더 응용회로에서 clk 신호(키 B)를 통하여 7-세그먼트 표시 과정

	Combo II
	키 B
7-세그먼트	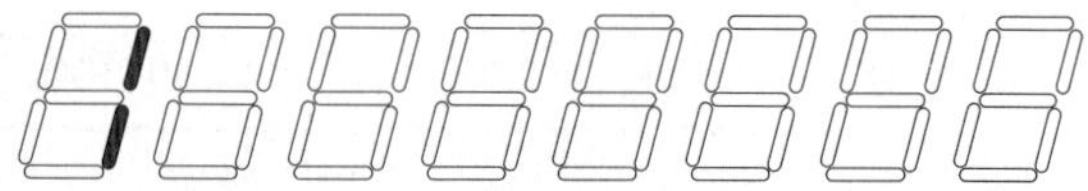
버튼 스위치	키 B
	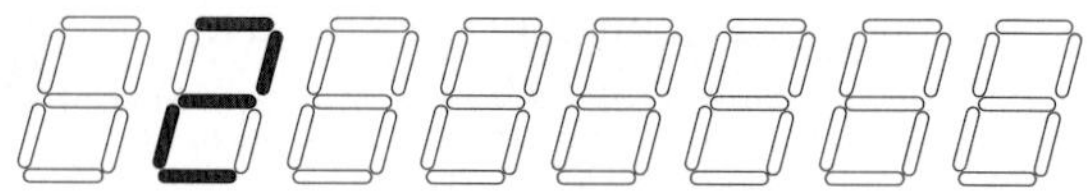
버튼 스위치	키 B
7-세그먼트	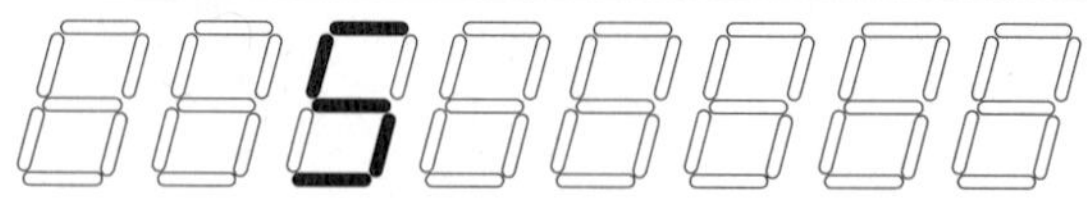
버튼 스위치	키 B
7-세그먼트	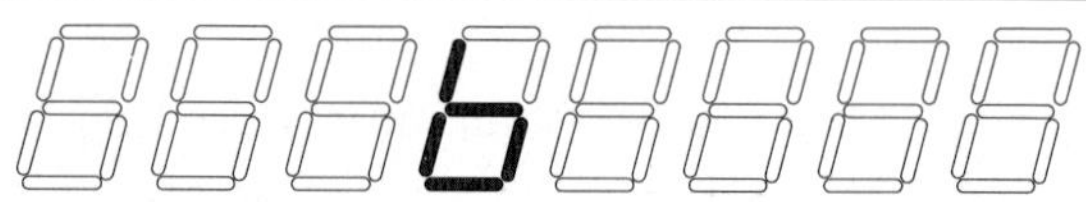
버튼 스위치	키 B
7-세그먼트	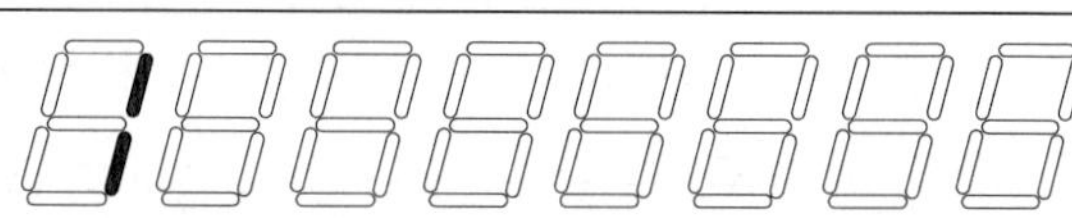

7.3)) 주요 사항 검토

① 전화기에서 사용하는 4×3 keypad의 12개 입력을 받아 4비트 코드를 출력하는 장치를 설계하라.

② [그림 7-2] 회로도에서 최초 입력된 스위치 신호가 NOT 게이트를 거쳐 74148에 입력하도록 설계되었다. 그 이유를 설명하라.

③ [그림 7-2] 회로도에서 출력신호 code 신호는 74148의 A0N 신호에 NOT 게이트를 거쳐 만들어진다. 그 이유를 설명하라.

④ 74148과 같은 소자는 우선순위 인코더의 기능을 포함하고 있다. 〈표 7-1〉의 진리표를 토대로 우선순위 인코더가 어떤 기능인지 설명하라.

⑤ [그림 7-2]와 같은 회로도를 이용하여 인코더를 설계하였을 경우, 입력 값

이 10000100으로 주어졌을 때 출력되는 부호화 결과는 어떻게 될까?

⑥ [그림 7-2]와 같은 회로도를 이용하여 인코더를 설계하였을 경우, 입력 값이 00000000으로 주어졌을 때 출력되는 부호화 결과는 어떻게 될까?

7.4 연습문제

연습문제

① 74148를 이용하여 32비트의 입력을 5비트로 부호화하는 인코더를 설계하고자 한다. 이 경우 몇 개의 74148가 필요한가?

② 앞의 예제를 직접 구현하기 위한 회로도를 작성하라.

③ 인코더가 사용되는 경우를 3가지 이상 나열하라.

CHAPTER 08

멀티플렉서 응용회로 설계하기

CHAPTER

08 멀티플렉서 응용회로 설계하기

8.1 멀티플렉서 응용회로 설계 목표

① 기본 게이트를 이용하여 2×1 멀티플렉서를 설계한다.
② 기본 게이트를 이용하여 4×1 멀티플렉서를 설계한다.
③ 2×1 멀티플렉서 4개를 이용하여 FND 선택회로를 설계한다.
④ FND에 표시할 키 입력회로를 설계한다.
⑤ FND를 이용하여 결과를 확인할 때 키패드의 숫자를 누르면 그 숫자가 FND에 표시되도록 구성한다.

8.2 멀티플렉서 응용회로 구성하기

8.2.1 멀티플렉서 응용회로 블록도

멀티플렉서(Multiplexer : 이하 MUX로 표기)는 여러 개의 입력신호선 중에서 하나를 선택하여 출력선(1개)과 연결하여 주는 조합논리회로로 일종의 스위치라고 생각하면 된다. SELECT 신호에 따라 입력을 선택하여 출력과 연결한다.

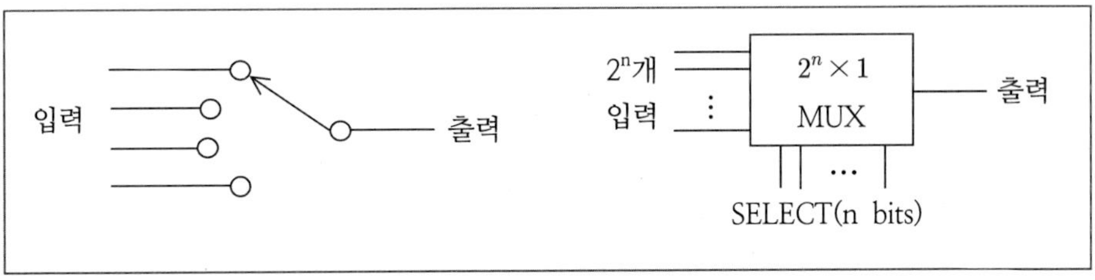

[그림 8-1] MUX의 개념도

MUX는 비교적 개념이 간단하기 때문에 이해하는데 큰 어려움은 없다. 또한 회로의 곳곳에서 많이 사용하고 있기 때문에 이 장에서는 기본적인 개념과 간단한 응용회로를 통해서 MUX의 동작을 살펴보기로 한다.

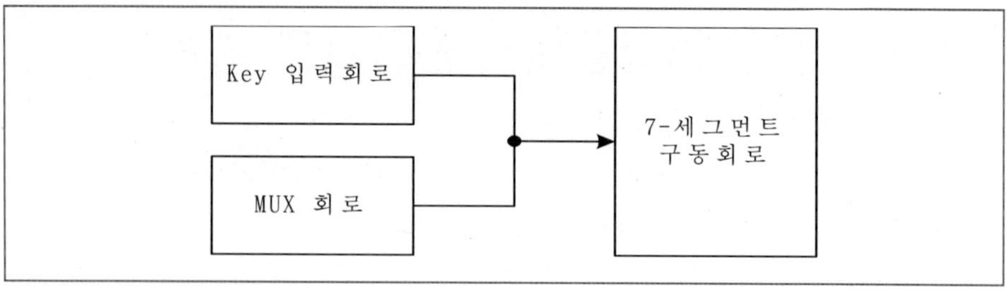

[그림 8-2] MUX 회로 블록도

[그림 8-2]는 이 장에서 살펴볼 MUX 회로의 블록도를 나타낸 것이며 크게 키 입력회로와 MUX 회로 그리고 결과를 나타내는 7-세그먼트 구동회로로 구성된다. 키 입력회로는 트레이닝 키트에 있는 숫자 키들의 입력을 받아서 처리하는 부분으로 MUX회로의 동작에 대한 이해를 돕기 위한 예로써 사용될 회로이다. 7-세그먼트 구동회로는 MUX의 동작을 살펴 볼 수 있도록 FND를 구동하는 회로이다. 여기서 사용하는 MUX는 입력이 2개, 출력이 1개인 2 × 1 MUX이다.

8.2.2 멀티플렉서 응용회로의 전체 회로도

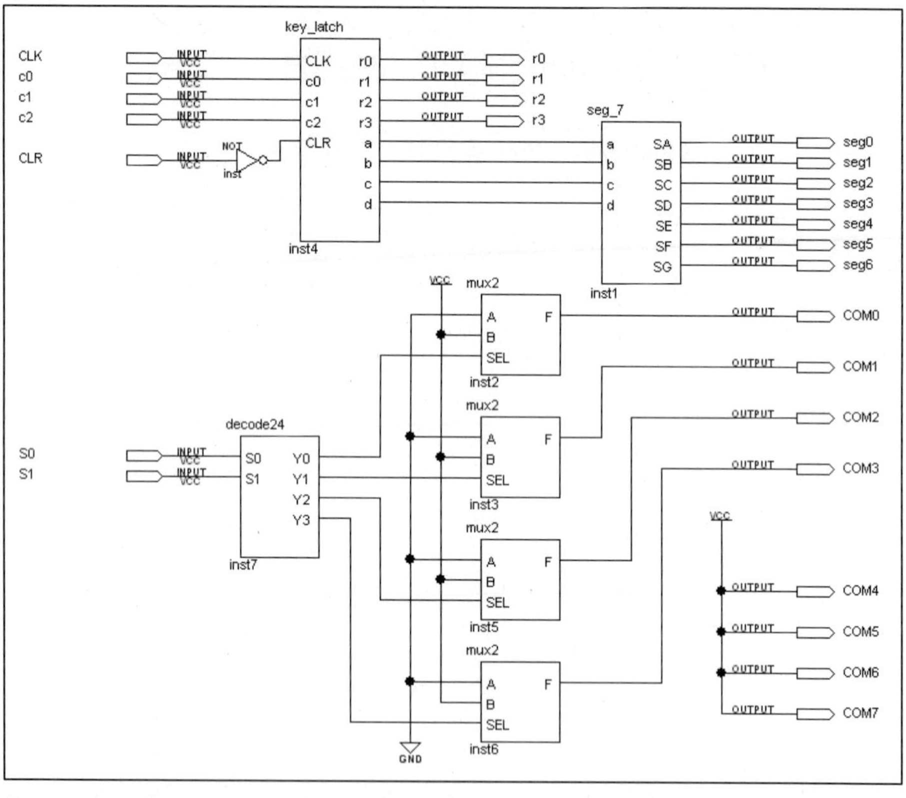

[그림 8-3] 멀티플렉서 응용회로의 전체 회로도

[그림 8-3]은 Combo II 트레이닝 키트에 적용할 수 있는 MUX 회로의 전체 회로도를 나타낸 것이다.

Combo II 트레이닝 키트에 적용할 키 래치(key_latch)회로는 row 스캔방식으로 감지한 키를 BCD로 전환한 다음 래치하여 seg_7 회로로 입력하고 FND에 해당 키의 숫자를 표시하게 한다.

입력된 키의 숫자를 8개의 FND 중 하나에 표시하기 위해서는 표시하고자 하는 FND의 공통단자를 논리 [0]으로 만들어 주어야 불이 들어올 수 있는데 여러 개의 FND에서 원하는 FND에만 불이 들어오도록 하기 위해 2 × 1 MUX를 사용하여 실현하고 있다. 여기서는 8개의 FND 중 4개의 FND에만 불이 들어오도록 설계하였고 나머지 4개의 FND는 com 단자를 논리 [1]로 묶어 불이 들어오지 않게 하였다. 표시하고자 하는 4개의 FND 중 선택신호 S1, S0에 따라 2 × 4 디코더를 통해 한 개의 MUX에만 SEL신호를 논리 [1]로 만들어 선택하고 불을 켤 해당 FND의 com 신호를 GND에 연결하도록 한다. 그러면 선택된 FND만 해당 키의 숫자를 표시하게 된다. 이때 나머지 FND는 SEL신호가 논리 [0]이 되어 B입력이 출력 F에 연결되므로 나머지 FND의 com 신호가 Vcc에 연결되어서 불이 들어오지 않게 된다.

[그림 8-3]의 회로에 있는 2 × 4 디코더(decode24 회로)는 S1, S0이 00이면 Y0이 1, 01이면 Y1이 1, 10이면 Y2가 1, 11이면 Y3이 1이 되고 그때 나머지 출력들은 모두 0이 된다.

CLR 신호는 MUX 응용회로의 리셋신호로 임의의 숫자가 특정 FND에 표시될 때 CLR 신호가 들어오면 해당 FND에 0을 표시하게 한다.

8.2.3 멀티플렉서 회로

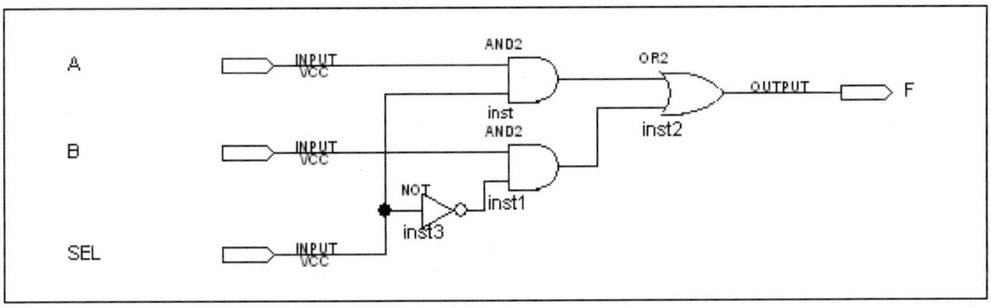

[그림 8-4] 2×1 MUX

[그림 8-4]는 이번 실험에서 사용할 가장 간단한 형태인 2 × 1 MUX의 회로도를 나타낸 것이다. SEL 신호가 논리 [1]일 때는 위에 있는 AND 게이트의 한

쪽 입력이 논리 [1]이 되어, A입력이 OR 게이트를 거쳐 출력 F로 나가게 되고 논리 [0]일 때는 아래에 있는 AND 게이트의 한쪽 입력이 논리 [1]이 되어 B입력이 출력 F로 나가게 된다.

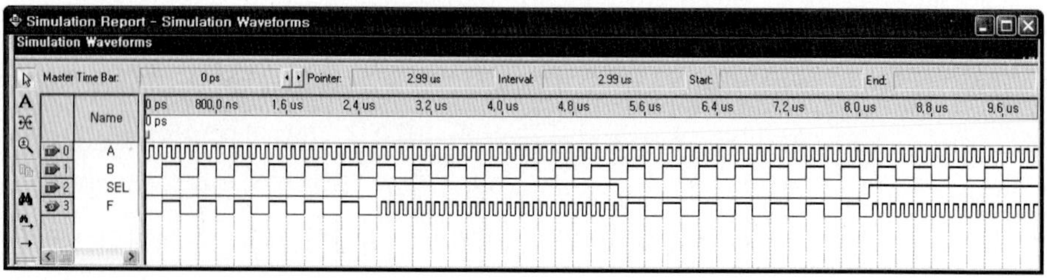

[그림 8-5] 2×1 MUX의 모의실험 결과

[그림 8-5]는 2×1 MUX의 모의실험 결과인데 결과 파형을 보면 SEL 신호가 1일 때는 A파형이 출력 F에 나타나고 0일 때는 B파형이 출력 F에 나타나는 것을 볼 수 있다.

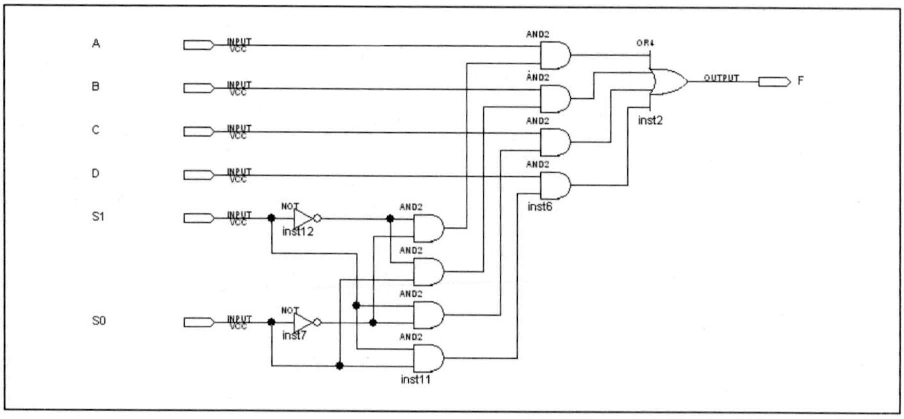

[그림 8-6] 4×1 MUX

[그림 8-6]은 입력이 4개이고 출력이 1개인 4×1 MUX를 나타낸 것이다. 4개의 입력을 선택하기 위해서는 회로에서 보는 것처럼 S1, S0의 2개의 SELECT 신호가 필요하게 된다. S1, S0의 이진수 값이 00이면 A입력이 출력으로 나가고 01이면 B입력, 10이면 C입력, 11이면 D입력이 출력으로 나가게 된다. S1, S0부터 아래쪽에 있는 AND 게이트 4개까지의 회로는 2×4 디코더 회로이다. 이와 같이 MUX회로에는 원하는 입력을 선택하여 출력과 연결하기 위해 반드시 디코더 회로가 사용되게 된다. 8×1 MUX에는 3×8 디코더가 사용된다.

8.2.4 Key 입력회로

키 입력회로는 MUX 회로 자체와는 관련이 없지만 MUX 회로의 동작에 대한 이해를 돕기 위한 부분으로 FND에 표시할 숫자를 입력하기 위해 필요한 회로이다. 트레이닝 키트로 실험을 하면 MUX 회로의 SELECT 신호인 S1, S0 신호에 따라 해당되는 FND에 입력된 키의 숫자가 표시되게 된다. 이때 키패드의 숫자를 받아들여서 FND에 표시하도록 하는 회로가 키 입력회로이다.

① 키 입력회로 : key_latch

[그림 8-7]은 Combo II 트레이닝 키트의 키 입력회로(key_latch 회로)이다. keypad3 × 4 회로는 가로 3개, 세로 4개가 매트릭스 형식으로 배열된 12개의 키가 눌려진 것을 감지하는 회로이고 keyin1은 누름이 감지된 키를 그에 해당하는 2진 코드로 변환하여 출력에 래치하는 회로이다.

[그림 8-8]은 keypad3 × 4의 내부 회로를 나타낸 것인데 매트릭스 방식으로 3개의 column신호와 4개의 row신호를 동시에 스캔해서 키가 눌려진 것을 감지한다. 즉, 순차적으로 column신호를 1로 하고 키를 눌렀을 때 그에 해당되는 row신호가 1이 되면 column과 row가 교차하는 부분의 키가 눌려진 것으로 판단하여 눌린 키의 출력이 1이 된다. 또는 반대로 row신호를 순차적으로 스캔하고 키를 눌렀을 때 해당되는 column신호와의 교차점을 감지하는 방식으로 사용할 수도 있다. 트레이닝 키트에 있는 Scan Dir 스위치를 이용하여 column 방식으로 스캔할 것인지 row방식으로 스캔할 것인지를 설계자가 결정할 수 있다. 여기에서는 row 스캔방식을 사용하였다.

[그림 8-8]의 회로도를 보면 입력 클럭을 74161 16진 카운터를 통해 00, 01, 10, 11신호를 만들어서 2 × 4 디코더인 74139의 선택 단자로 입력한다. 디코더에서는 선택단자의 입력에 따라 4개의 출력 중 하나를 차례로 선택하여 row 신호를 만들어낸다. 이렇게 해서 규칙적으로 row 신호를 1로 만들고(0001, 0010, 0100, 1000) 키가 눌려지면 해당 column 신호가 1이 되어 두 신호의 교차점에 해당되는 키가 출력되게 된다. 이 회로를 사용하기 위해서는 트레이닝 키트에 있는 Scan Dir 스위치가 R_Scan 쪽에 위치하도록 해야 한다.

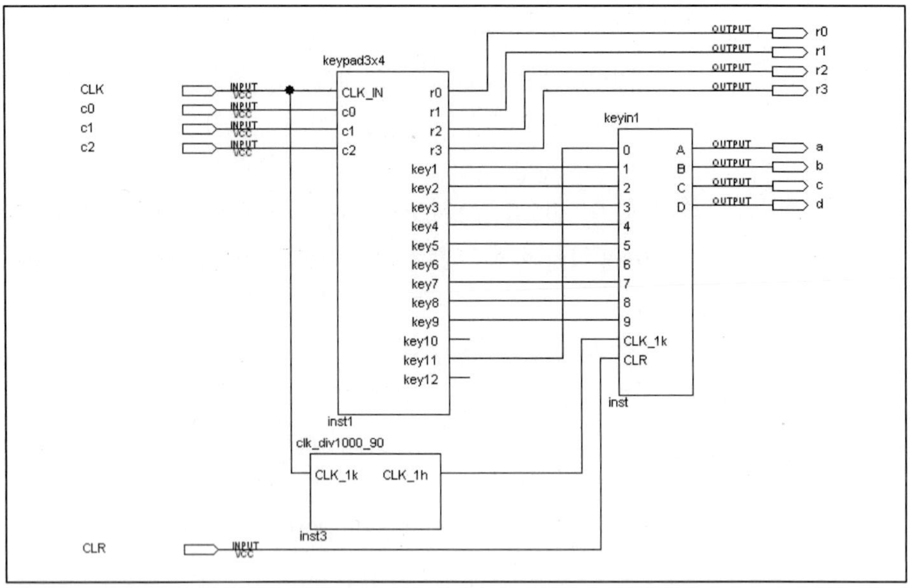

[그림 8-7] Combo II 트레이닝 키트의 키 입력회로(key_latch 회로)

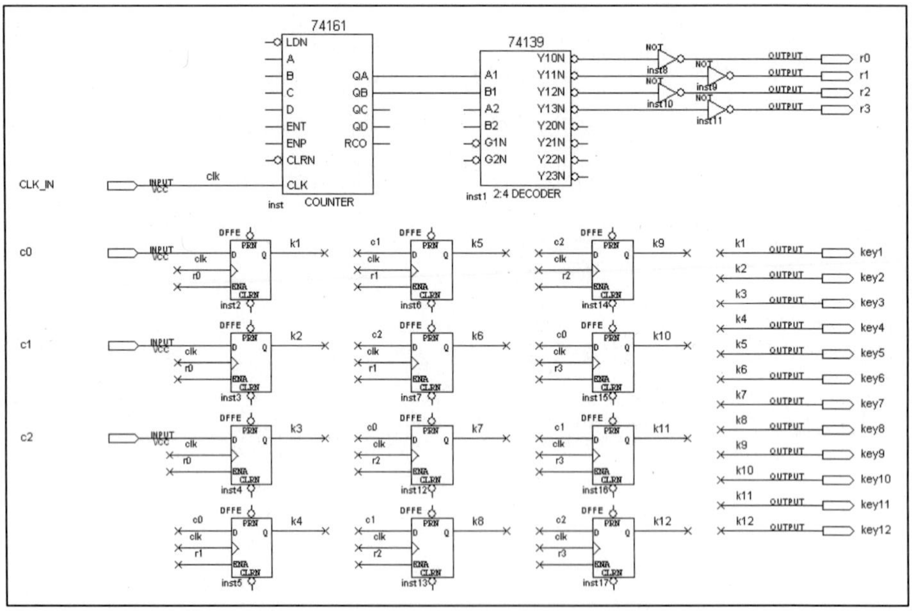

[그림 8-8] Combo II 트레이닝 키트의 keypad3×4 회로

[그림 8-9]의 clk_div1000_90회로는 keypad3 × 4 회로에서 키를 감지하는 회로를 구동하는 클럭을 1000분주하여 감지된 키를 래치하는 keyin1회로에 공급한다.

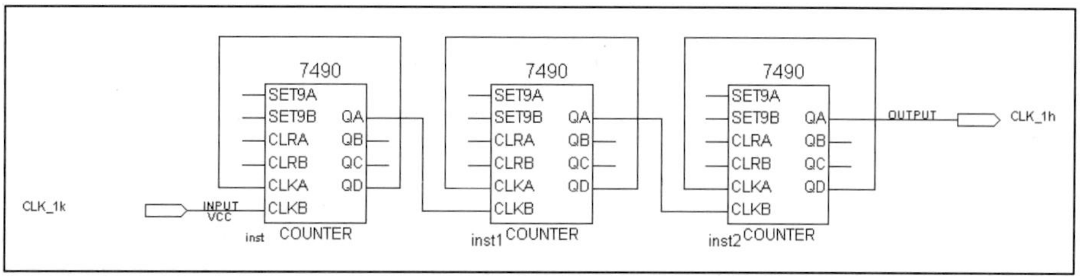

[그림 8-9] Combo II 트레이닝 키트의 클럭 분주회로 (clk_div1000_90 회로)

② 키 입력회로 : keyin1 회로

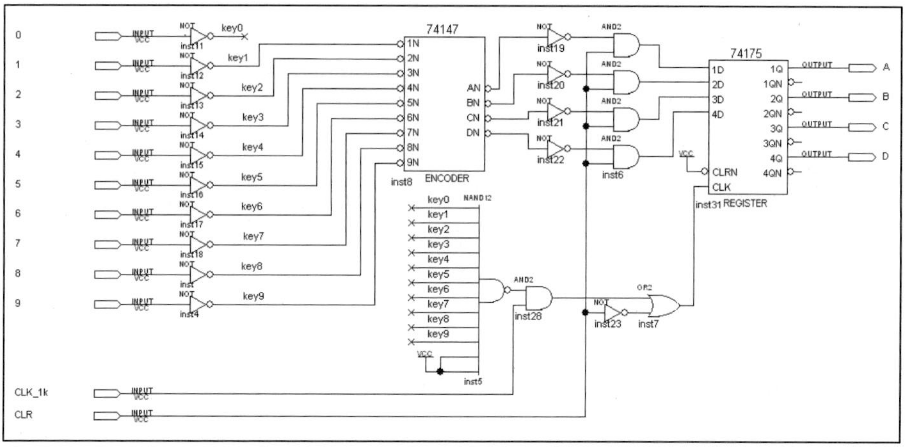

[그림 8-10] 키 입력회로 : keyin1 회로

[그림 8-10]은 [그림 8-7]에 있는 keyin1의 내부 회로를 나타낸 것이다. [그림 8-10]의 회로는 [그림 8-8]에서 출력한 키 신호를 받아서 그 키에 해당하는 2진 코드를 출력하여 래치하는 회로를 나타낸 것이다. 키 신호를 74147 엔코더의 입력에 연결하면 키를 눌렀을 때 해당 키의 입력상태가 변하므로 74147은 이에 해당하는 2진 코드를 출력하게 된다. 이 2진 코드는 눌렀던 키를 떼면 바로 다시 리셋 되므로 다음 키가 눌려질 때까지 그 값을 유지하기 위해 74175의 D 래치로 입력되어, 임의의 키를 누를 때마다 발생하는 키 클릭 신호와 클럭 신호를 AND한 신호에 동기되어 74175의 출력에 래치하게 된다. 이렇게 하면 키를 누르고 난 후 다음 키를 누를 때까지 앞서 누른 키의 값이 그대로 유지된다.

8.2.5 7-세그먼트(FND) 구동회로

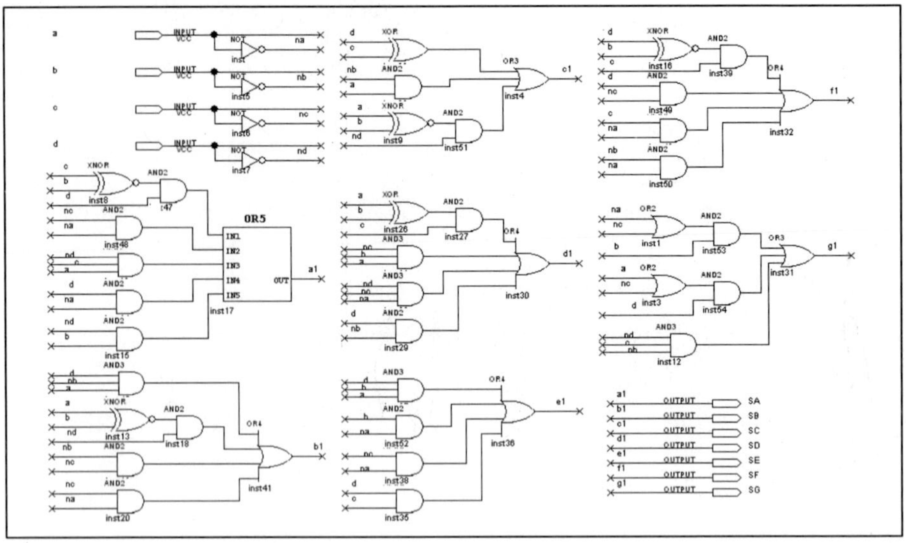

[그림 8-11] 7-세그먼트(FND) 구동회로

〈표 8-1〉 FND 구동회로의 진리표

No.	2진 입력				FND Decode Data						
	d	c	b	a	SA	SB	SC	SD	SE	SF	SG
0	0	0	0	0	1	1	1	1	1	1	0
1	0	0	0	1	0	1	1	0	0	0	0
2	0	0	1	0	1	1	0	1	1	0	1
3	0	0	1	1	1	1	1	1	0	0	1
4	0	1	0	0	0	1	1	0	0	1	1
5	0	1	0	1	1	0	1	1	0	1	1
6	0	1	1	0	1	0	1	1	1	1	1
7	0	1	1	1	1	1	1	0	0	0	0
8	1	0	0	0	1	1	1	1	1	1	1
9	1	0	0	1	1	1	1	1	0	1	1
10	1	0	1	0	1	1	1	0	1	1	1
11	1	0	1	1	0	0	1	1	1	1	1
12	1	1	0	0	1	0	0	1	1	1	0
13	1	1	0	1	0	1	1	1	1	0	1
14	1	1	1	0	1	0	0	1	1	1	1
15	1	1	1	1	1	0	0	0	1	1	1

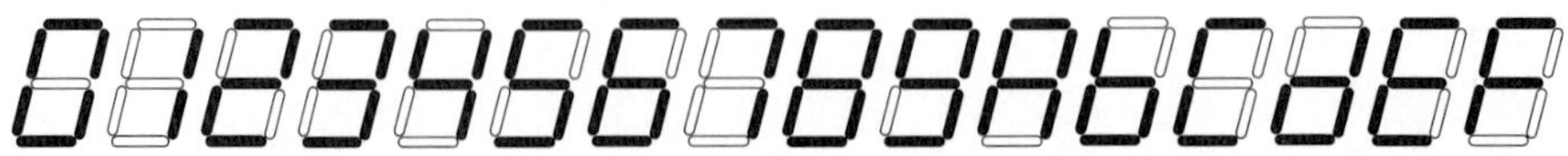

트레이닝 키트의 FND를 구동하는 회로인 seg_7의 내부회로를 [그림 8-11]에 나타내었다. 이 회로는 a, b, c, d 입력으로 들어오는 2진수의 조합을 공통 접지형 FND에 0부터 9까지의 10개 숫자와 A에서 F까지의 6가지 문자를 표시할 수 있게 해주는 공통 접지형 7-세그먼트 디코더 회로이다.

[그림 8-11]의 seg_7 내부회로를 구성하기 위한 공통 접지형 FND 구동회로의 진리표는 〈표 8-1〉과 같다.

〈표 8-1〉 진리표의 출력에 대한 논리식을 정리하면 다음과 같다.

$$SA = \overline{A}\,\overline{C} + \overline{A}\,D + B\overline{D} + A\,C\overline{D} + D \cdot (\overline{B \oplus C})$$

$$SB = \overline{A}\,\overline{C} + \overline{B}\,\overline{C} + A\,\overline{B}\,D + \overline{D} \cdot (\overline{A \oplus B})$$

$$SC = A\,\overline{B} + (C \oplus D) + \overline{D} \cdot (\overline{A \oplus B})$$

$$SD = \overline{B}\,D + \overline{A}\,\overline{C}\,\overline{D} + A\,B\overline{C} + C \cdot (A \oplus B)$$

$$SE = \overline{A}\,\overline{C} + \overline{A}\,B + CD + A\,B\,D$$

$$SF = \overline{C}D + BD + \overline{A}\,C + \overline{A}\,\overline{B} + \overline{B}\,C\overline{D}$$

$$SG = \overline{A}\,B + B\overline{C} + \overline{C}\,D + A\,D + \overline{B}\,C\overline{D}$$

8.2.6 멀티플렉서 응용회로 핀 연결

〈표 8-2〉 멀티플렉서 응용회로와 Combo II 트레이닝 키트 핀 연결

	신호명	Combo II 신호명	핀번호	신호명	Combo II 신호명	핀번호
Cyclone II EP2C35F672C8	c0	KEYPAD_COLUMN[0]	V11	r0	KEYPAD_ROW[0]	AD10
	c1	KEYPAD_COLUMN[1]	AB10	r1	KEYPAD_ROW[1]	AC10
	c2	KEYPAD_COLUMN[2]	AA10	r2	KEYPAD_ROW[2]	V10
	CLK	CLK_MAIN[0]	N1	r3	KEYPAD_ROW[3]	AF9
	CLR	BUTTON_SW[0]	Y10	S0	DIP_D[9]	AE10
	COM0	SEG_COM[0]	Y1	S1	DIP_D[8]	W11
	COM1	SEG_COM[1]	Y4	seg_0	SEG_DATA[0]	AF5
	COM2	SEG_COM[2]	Y3	seg_1	SEG_DATA[1]	AE5
	COM3	SEG_COM[3]	W1	seg_2	SEG_DATA[2]	AD6
	COM4	SEG_COM[4]	Y5	seg_3	SEG_DATA[3]	AC6
	COM5	SEG_COM[5]	W3	seg_4	SEG_DATA[4]	AA2
	COM6	SEG_COM[6]	W2	seg_5	SEG_DATA[5]	AA1
	COM7	SEG_COM[7]	V1	seg_6	SEG_DATA[6]	AA6

Combo Ⅱ 트레이닝 키트에 공급하는 클럭은 트레이닝 키트의 Clock Select 다이얼을 C로 맞추어 1MHz를 공급하면 키 입력을 정확하게 받을 수 있다. 클럭 주파수를 1kHz정도로 공급할 때는 키를 입력할 때 1초 이상 누르고 있으면 정확하게 키를 입력할 수 있다. 트레이닝 키트 표면의 A 버튼을 누르면 CLR 신호가 회로로 입력되어 선택된 FND에 0이 표시된다. DIP 스위치인 Bus SW2의 1번 2번 스위치에 할당된 S1, S0는 MUX의 SELECT 신호로 00이면 SEGI, 01이면 SEG2, 10이면 SEG3, 11이면 SEG4의 FND에 키 입력에 따른 숫자가 표시되도록 한다.

8.2.7 멀티플렉서 응용회로 실장실험

〈표 8-2〉와 같이 핀 정보를 모두 입력한 다음 다시 컴파일을 한다. 컴파일을 한 후 [Tools]-[Programmer]를 클릭하여 실장실험을 한다.

Clock Select를 C로 세팅해서 1MHz를 공급하고 DIP 스위치인 Bus SW2의 1번, 2번 스위치를 모두 아래로 내린 후 키 A를 눌러 〈표 8-3〉과 같이 트레이닝 키트의 SEG1에만 0이 표시되는지 확인한다.

〈표 8-3〉 Combo Ⅱ 실장실험 1

키 A를 한번 누른 상태	
버스 스위치2	FND 출력
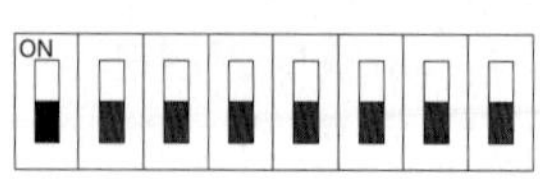	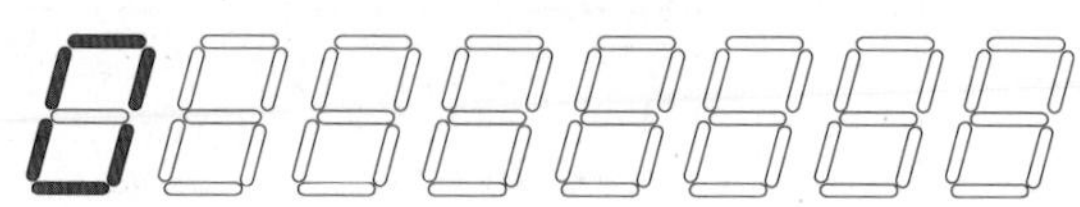

1번부터 0번까지 10개의 키를 눌러본다. 해당 키를 누를 때 SEG1의 FND에 그 키의 숫자가 표시되는지 확인한다. 9를 눌렀을 때 FND가 〈표 8-4〉와 같은 상태를 보이는지 확인한다.

〈표 8-4〉 Combo Ⅱ 실장실험 2

키 9를 한번 누른 상태	
버스 스위치2	FND 출력
	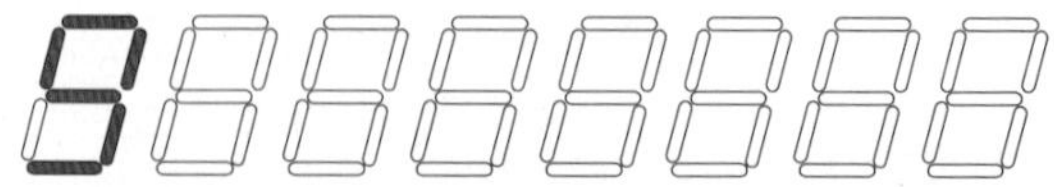

이제 DIP 스위치인 Bus SW2의 2번 스위치를 위로 올려 S1, S0의 이진수 값이 01이 되게 한 다음 다시 숫자 키를 눌러 SEG2에 숫자가 표시되는지 살펴본다. 계속해서 Bus SW2의 1번 스위치를 위로 올리고 2번 스위치를 내려 S1, S0의 이진수 값을 10으로 맞추고 다시 숫자 키를 눌러 SEG3에 숫자가 표시되는지 확인한다. 그런 다음 Bus SW2의 1번, 2번 스위치를 모두 위로 올려 S1, S0의 이진수 값을 11로 하고 키 5를 눌러 SEG4에 〈표 8-5〉와 같이 숫자 5가 표시되는지 확인한다. 실험하는 중간 중간 키 A를 눌러 선택한 FND에 0이 표시되는지 확인해 본다.

〈표 8-5〉 Combo II 실장실험 3

키 5를 한번 누른 상태	
버스 스위치2	FND 출력
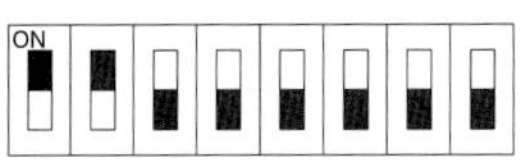	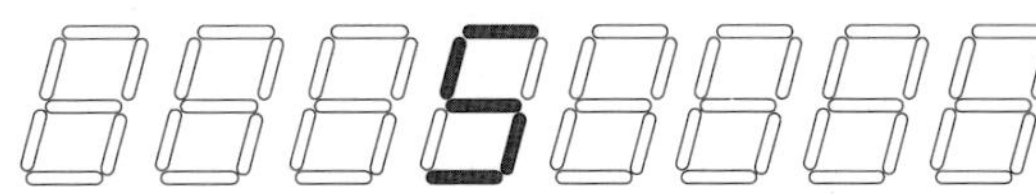

8.3)) 주요 사항 검토

① keyin1 회로에서 CLR신호를 둔 이유는 무엇인가?

② [그림 8-3]에서 디코더와 MUX를 사용하지 않고 com 단자를 GND에 연결하면 어떤 결과를 가져오겠는가?

③ 숫자 키를 동시에 여러 개 누르면 어떤 결과가 나오는가?

8.4)) 연습문제

연습문제

① Combo II 트레이닝 키트의 키 입력회로에서 column 스캔 방식으로 3×4 키패드 입력을 설계하여 트레이닝 키트에 적용해보라.

② Quartus II에서 제공하는 lpm_mux와 lpm_decode를 사용하여 설계한 후 트레이닝 키트에 적용해보라.

③ [그림 8-3]에서 seg_7 회로 대신 7448을 이용해서 설계해 보고 결과를 관찰하라. 변화가 있는가? 변화가 없다면 〈표 8-1〉을 보고 그 이유를 설명해보라.

CHAPTER 09

비동기식 카운터 응용회로 설계하기

CHAPTER

09 비동기식 카운터 응용회로 설계하기

9.1 비동기식 카운터 응용회로 설계 목표

① D 플립플롭을 사용하여 비동기식 16진 UP 카운터를 설계한다.
② D 플립플롭을 사용하여 비동기식 16진 DOWN 카운터를 설계한다.
③ D 플립플롭과 멀티플렉서(MUX)로 비동기식 16진 UP/DOWN 카운터를 설계한다.
④ 멀티플렉서를 이용하여 FND를 구동하는 회로를 설계한다.

9.2 비동기식 카운터 응용회로 구성하기

9.2.1 비동기식 UP 카운터 회로

비동기식 카운터는 직렬카운터로도 불리며 플립플롭을 직렬로 연결한 구조를 가진다. 앞단의 플립플롭 출력을 뒷단 플립플롭의 클럭에 연결하여 구성하며 결과적으로 각 플립플롭의 시간지연이 누적되어 고속의 계수에는 부적합하지만 구성이 동기식에 비해 간단한 장점이 있다. 이 장에서는 D 플립플롭을 사용하여 비동기식 UP 카운터와 DOWN 카운터를 구성해보고 멀티플렉서(이하 MUX로 표기)를 이용해서 선택버튼에 따라 UP(수가 하나씩 증가) 계수와 DOWN (수가 하나씩 감소) 계수를 할 수 있는 카운터를 설계해본다.

[그림 9-1]은 비동기식 16진 UP 카운터를 나타낸다. 회로도에서 보는 것처럼 모든 플립플롭이 하나의 클럭에 모두 동기되어 동작하는 것이 아니라 앞단 플립플롭의 출력 $\overline{Q}$ (NQ)가 다음 단 플립플롭의 클럭으로 연결되어 다음 단 플립플롭을 동작시키는 구조로 되어 있다. D 플립플롭의 출력 $\overline{Q}$ (NQ)를 입력 D로 피드백하여 연결시킨 것은 D 플립플롭을 T 플립플롭으로 동작시키기 위한 것이다. 즉, 각 플립플롭은 입력 클럭을 2분주하게 된다. 4개의 플립플롭이 직렬로 연결되어 있어 16진 카운터로 동작한다.

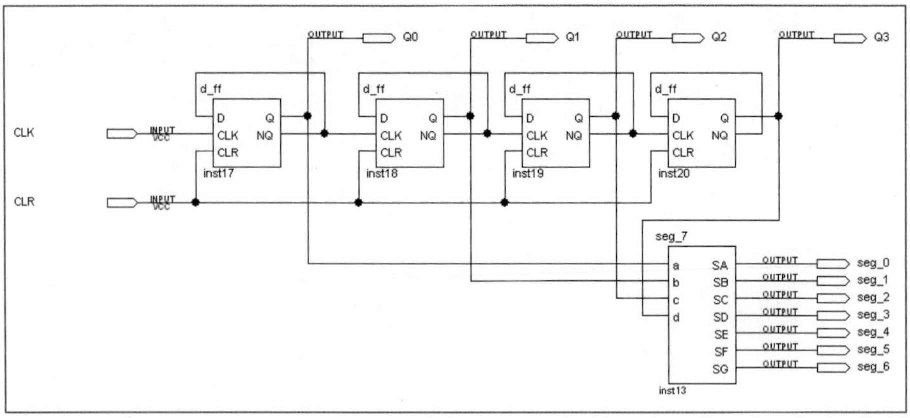

[그림 9-1] 비동기식 16진 UP 카운터

[그림 9-2]는 이 장에서 사용한 모든 회로도에서 d_ff으로 표시된 D 플립플롭의 내부 구성도를 나타낸 것이다.

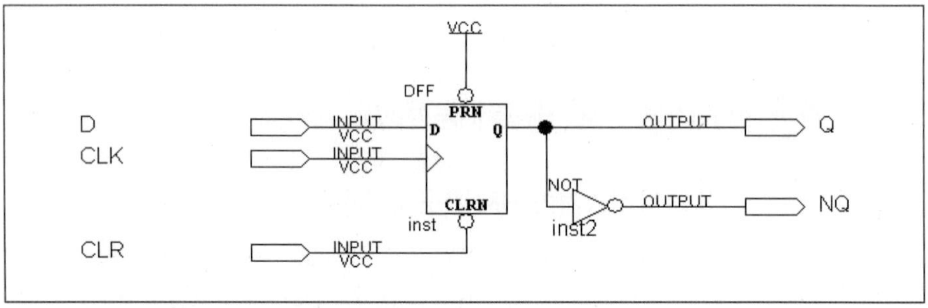

[그림 9-2] 회로도에 d_ff으로 표시된 D 플립플롭의 구성도

[그림 9-3]은 [그림 9-1] 비동기식 16진 UP 카운터회로의 모의실험 결과이다. 모의실험 결과를 보면 CLR신호가 논리 [1]이 된 후 클럭의 상승에지(rising edge)에서 계수가 시작되어 클럭이 인가될 때마다 출력이 0부터 F까지 하나씩 증가하는 것을 볼 수 있다.

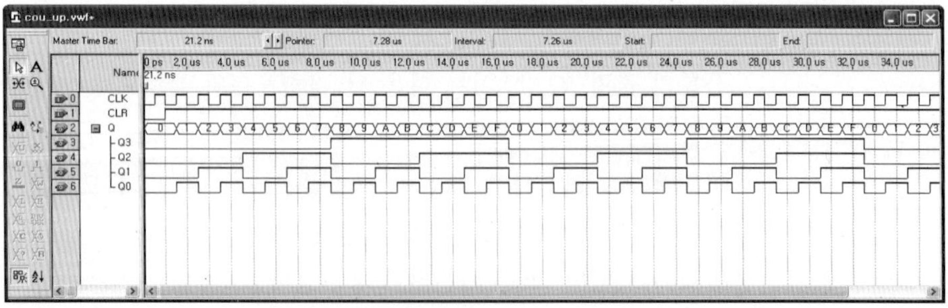

[그림 9-3] 비동기식 16진 UP 카운터의 모의실험 결과

9.2.2 비동기식 DOWN 카운터 회로

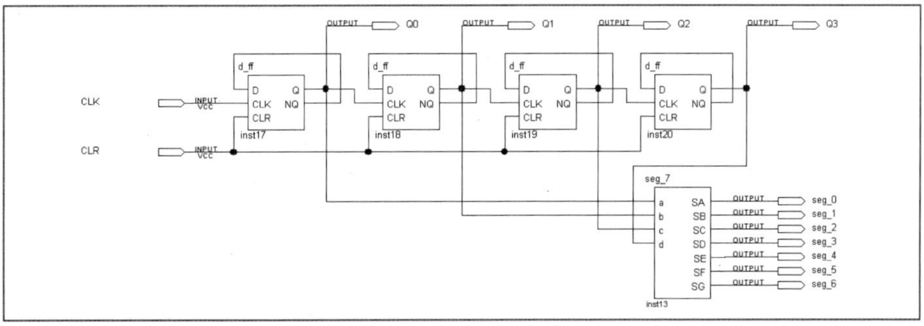

[그림 9-4] 비동기식 16진 DOWN 카운터

[그림 9-4]는 비동기식 16진 DOWN 카운터의 회로도이다. 그림에서 보는 것처럼 비동기식 UP 카운터와는 달리 비동기식 DOWN 카운터는 앞단 플립플롭의 출력 Q가 다음 단 플립플롭의 클럭으로 연결되어 다음 단 플립플롭을 동작시키는 구조로 되어 있다. 회로도를 살펴보면 비동기식 UP 카운터와 클럭의 연결 방법만 다른 것을 볼 수 있다. 다음 단 클럭에 앞단의 출력 $\overline{Q}$ (NQ)가 연결되면 UP 카운터로 동작하고, 출력 Q가 연결되면 DOWN 카운터로 동작하게 된다.

[그림 9-5]는 [그림 9-4] 비동기식 16진 DOWN 카운터 회로를 모의실험한 결과이다. 모의실험 결과를 보면 CLR신호가 논리 [1]이 된 후 클럭의 상승에지에서 계수가 시작되어 클럭이 인가될 때마다 출력이 F부터 0까지 하나씩 감소하는 것을 볼 수 있다.

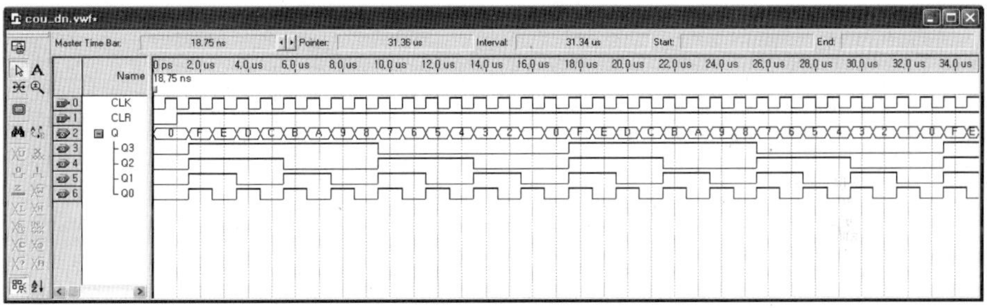

[그림 9-5] 비동기식 16진 DOWN 카운터의 모의실험 결과

9.2.3 비동기식 UP/DOWN 카운터 회로

앞에서 설명한 것처럼 [그림 9-1]과 [그림 9-4]를 비교해보면 다음 단의 클럭에 앞단의 출력 $\overline{Q}$ (NQ)를 연결하면 UP 카운터, 출력 Q를 연결하면 DOWN 카운터가 되는 것을 볼 수 있다. 다른 부분은 동일하고 클럭과 연결되는 앞단의 출력만 다르다는 것을 이용하여 UP/DOWN 카운터를 구성해보자.

[그림 9-6]에 비동기식 16진 UP/DOWN 카운터 회로를 나타내었다.

[그림 9-6]의 회로를 보면 UP/DOWN 카운터를 구성하기 위해 2×1 MUX를 앞단의 출력과 뒷단의 클럭 입력 사이에 삽입하여 MUX의 sel 신호가 0이면 $\overline{Q}$가 클럭에 연결되어 UP 카운터로 동작하고, 1이면 Q가 클럭에 연결되어 DOWN 카운터로 동작하는 것을 알 수 있다. MUX의 sel신호는 UP/DN 신호를 받아서 JK 플립플롭으로 구성한 T 플립플롭의 출력을 사용한다. UP/DN 신호를 한번 누를 때마다 sel 신호가 토글되도록 하였다.

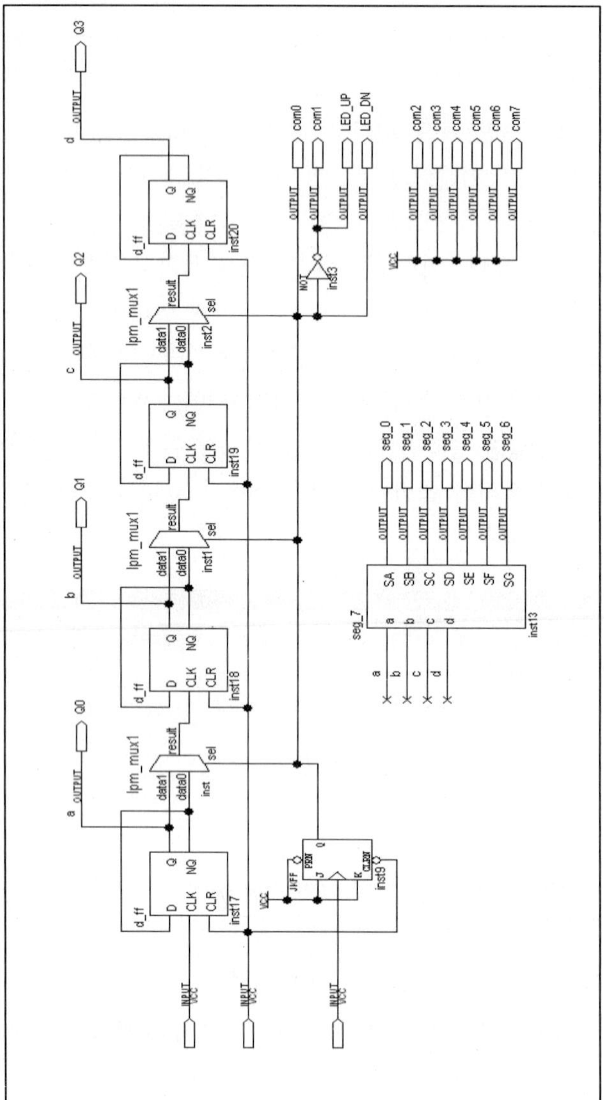

[그림 9-6] 비동기식 16진 UP/DOWN 카운터

[그림 9-7]은 비동기식 16진 UP/DOWN 카운터의 모의실험 결과이다. [그림 9-7]의 모의실험 조건은 다음과 같다.

모의실험 조건
[Vector Waveform Editor]창에서 [Edit]-[End Time]을 40[㎲]로 설정한다.
[Vector Waveform Editor]창에서 [Edit]-[Grid Size]를 1[㎲]로 설정한다.
CLK의 주파수는 1MHz로 설정한다.

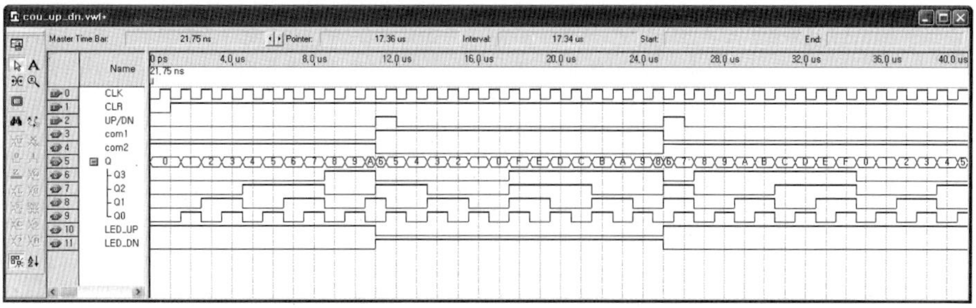

[그림 9-7] 비동기식 16진 UP/DOWN 카운터의 모의실험 결과

[그림 9-7]에서 Q는 카운터의 출력 Q3, Q2, Q1, Q0을 그룹으로 묶어 놓은 것이다. 모의실험에서 사용한 클럭은 1MHz로 주기는 1㎲이고 리셋신호 CLR은 1㎲까지 논리[0]을 주어 카운터를 리셋시키고 11㎲와 25㎲에서 UP/DN 신호에 논리 [1]을 가해 MUX의 sel 신호(com1 신호와 동일)를 변화시키면서 카운터 출력의 변화를 관찰하였다.

모의실험 결과를 보면 리셋 후 sel 신호(com1 신호)가 논리 [0]일 때 카운터가 정상적으로 UP 카운터로 동작하다가 11㎲에서 UP/DN 신호에 논리 [1]이 가해지면 sel 신호(com1 신호)가 논리 [1]이 되어 DOWN 카운터로 동작하는 것을 볼 수 있다. 25㎲에서 UP/DN 신호에 논리 [1]을 가하면 sel 신호(com1 신호)가 다시 논리 [0]이 되어 카운터는 UP 카운터로 동작한다.

com1과 com2는 FND와 연관된 신호로 com1, com2 신호가 논리 [0]이면 FND에 불이 들어오고, 논리 [1]이면 FND에 불이 꺼진다. 결과 파형을 보면 UP 카운터로 동작할 때는 FND1과 LED1(LED_UP)에 불이 들어오고(LED는 논리 [1]일 때 불이 들어옴) DOWN 카운터로 동작할 때는 FND2와 LED2(LED_DN)에 불이 들어오도록 되어 있는 것을 알 수 있다.

9.2.4 7-세그먼트(FND) 표시부

[그림 9-6]에 있는 FND 구동회로인 seg_7의 내부회로를 [그림 9-8]에 나타내었다. 이 회로는 a, b, c, d 입력으로 들어오는 2진수의 조합을 공통 접지형

FND에 0부터 9까지의 10개 숫자와 A에서 F까지의 6가지 문자를 표시할 수 있게 해주는 공통 접지형 7-세그먼트 디코더 회로이다.

[그림 9-8]의 seg_7 내부회로를 구성하기 위한 공통 접지형 FND 구동회로의 진리표는 〈표 9-1〉과 같다.

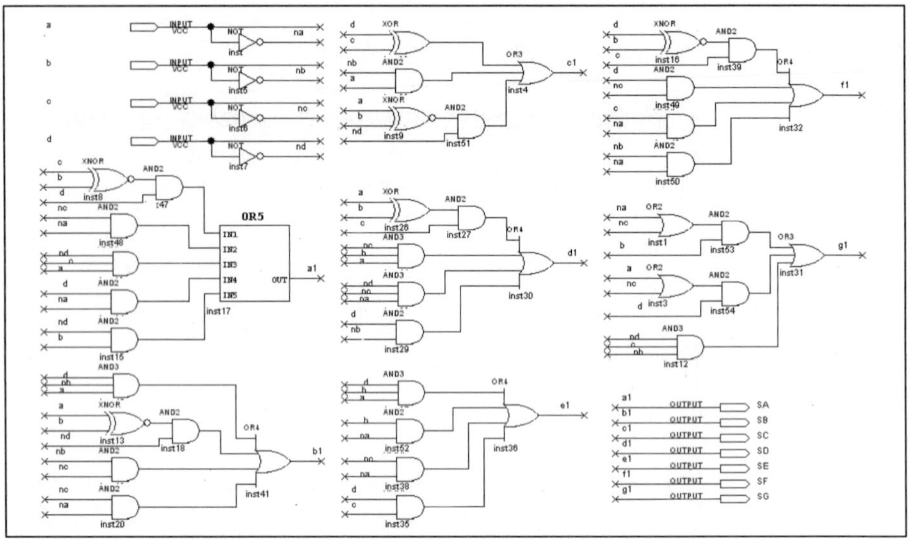

[그림 9-8] 7-세그먼트(FND) 구동회로 : seg_7

〈표 9-1〉 FND 구동회로의 진리표

No.	2진 입력				FND Decode Data						
	d	c	b	a	SA	SB	SC	SD	SE	SF	SG
0	0	0	0	0	1	1	1	1	1	1	0
1	0	0	0	1	0	1	1	0	0	0	0
2	0	0	1	0	1	1	0	1	1	0	1
3	0	0	1	1	1	1	1	1	0	0	1
4	0	1	0	0	0	1	1	0	0	1	1
5	0	1	0	1	1	0	1	1	0	1	1
6	0	1	1	0	1	0	1	1	1	1	1
7	0	1	1	1	1	1	1	0	0	0	0
8	1	0	0	0	1	1	1	1	1	1	1
9	1	0	0	1	1	1	1	1	0	1	1
10	1	0	1	0	1	1	1	0	1	1	1
11	1	0	1	1	0	0	1	1	1	1	1
12	1	1	0	0	1	0	0	1	1	1	0
13	1	1	0	1	0	1	1	1	1	0	1
14	1	1	1	0	1	0	0	1	1	1	1
15	1	1	1	1	1	0	0	0	1	1	1

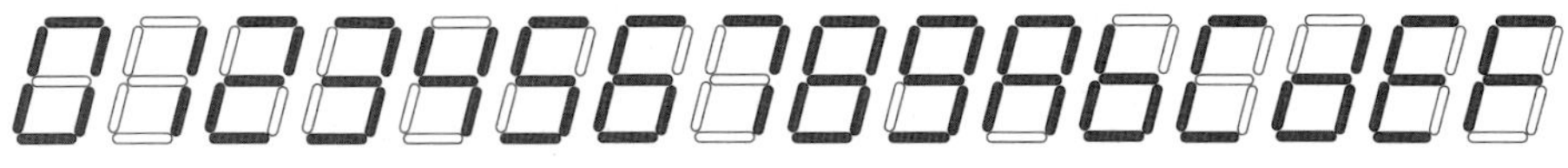

〈표 9-1〉 진리표의 출력에 대한 논리식을 정리하면 다음과 같다.

$$SA = \overline{A}\,\overline{C} + \overline{A}\,D + B\overline{D} + A\,C\overline{D} + D\cdot(\overline{B\oplus C})$$

$$SB = \overline{A}\,\overline{C} + \overline{B}\,\overline{C} + A\,\overline{B}\,D + \overline{D}\cdot(\overline{A\oplus B})$$

$$SC = A\,\overline{B} + (C\oplus D) + \overline{D}\cdot(\overline{A\oplus B})$$

$$SD = \overline{B}\,D + \overline{A}\,\overline{C}\,\overline{D} + A\,B\overline{C} + C\cdot(A\oplus B)$$

$$SE = \overline{A}\,\overline{C} + \overline{A}\,B + CD + A\,B\,D$$

$$SF = \overline{C}D + BD + \overline{A}\,C + \overline{A}\,\overline{B} + \overline{B}\,C\overline{D}$$

$$SG = \overline{A}\,B + B\overline{C} + \overline{C}\,D + A\,D + \overline{B}\,C\overline{D}$$

원하는 FND를 구동하기 위해서는 FND의 각 세그먼트에 공통으로 연결된 각각의 com 신호에 대한 제어가 필요하다. FND를 켜기 위해서는 com 신호에 논리 [0]을 가하고 FND에 불이 들어오지 않게 하려면 com 신호에 논리 [1]을 가하면 된다.

9.2.5 비동기식 UP/DOWN 카운터 회로 핀 연결

〈표 9-2〉는 [그림 9-6]의 비동기식 16진 UP/DOWN 카운터를 트레이닝 키트 Combo II에 연결하기 위한 핀 정보이다.

〈표 9-2〉 비동기식 16진 UP/DOWN 카운터와 Combo II 트레이닝 키트 핀 연결

	신호명	Combo II 신호명	핀번호	신호명	Combo II 신호명	핀번호
Cyclone II EP2C35F672C8	CLK	CLK_MAIN[0]	N1	Q0	LED_D[7]	AC7
	CLR	DIP_D[8]	W11	Q1	LED_D[6]	AD7
	com0	SEG_COM[0]	Y1	Q2	LED_D[5]	AE6
	com1	SEG_COM[1]	Y4	Q3	LED_D[4]	AF6
	com2	SEG_COM[2]	Y3	seg_0	SEG_DATA[0]	AF5
	com3	SEG_COM[3]	W1	seg_1	SEG_DATA[1]	AE5
	com4	SEG_COM[4]	Y5	seg_2	SEG_DATA[2]	AD6
	com5	SEG_COM[5]	W3	seg_3	SEG_DATA[3]	AC6
	com6	SEG_COM[6]	W2	seg_4	SEG_DATA[4]	AA2
	com7	SEG_COM[7]	V1	seg_5	SEG_DATA[5]	AA1
	LED_DN	LED_D[1]	AE7	seg_6	SEG_DATA[6]	AA6
	LED_UP	LED_D[0]	AF7	UP/DN	BUTTON_SW[0]	Y10

Combo II 트레이닝 키트에 공급하는 클럭은 Clock Select 다이얼을 1로 위치하여 1Hz를 공급하고 회로전체의 리셋은 트레이닝 키트 표면에 Bus SW2로 표기된 DIP 스위치의 1번 스위치가 역할을 하도록 할당하였다. 스위치를 아래로 내리면 회로가 리셋되고 위쪽으로 올리면 회로가 정상적으로 동작한다. 카운터 회로이기 때문에 입력은 CLK, CLR, UP/DN 버튼뿐이고 나머지는 출력을 위해 할당된 핀들이다. 카운터 회로가 UP 카운터나 DOWN 카운터로 동작하도록 하는 핀은 UP/DN 핀인데 트레이닝 키트의 키 A에 할당하여 누를 때마다 UP 카운트 동작과 DOWN 카운트 동작이 바뀌도록 하였다. 회로가 UP 카운터로 동작하면 SEG1에 카운트되는 숫자가 표시되며 LED1에 불이 들어와 회로가 현재 UP 카운트 상태임을 알린다. DOWN 카운터로 동작할 때는 SEG2에 카운트되는 숫자가 표시되며 LED2에 불이 들어와 회로가 현재 DOWN 카운트 상태임을 알리도록 구성되어 있다. 그리고 LED 4개에 카운트 결과를 이진수로 표시하게 하였다. 나머지 FND들은 불이 들어오지 않도록 com 신호를 논리 [1]에 연결하였다.

9.2.6 비동기식 UP/DOWN 카운터 회로 실장실험

〈표 9-2〉와 같이 핀 정보를 모두 입력한 다음 다시 컴파일을 한다. 컴파일을 한 후 [Tools]-[Programmer]를 클릭하여 실장실험을 한다.

Clock Select를 1로 선택하여 1Hz를 공급하고 DIP 스위치인 Bus SW2의 1번을 아래로 내려 〈표 9-3〉과 같이 트레이닝 키트의 SEG1에 0이 표시되고 나머지 SEG2, SEG3, SEG4, SEG5, SEG6, SEG7, SEG8이 꺼져 있는지, 또 LED1만 불이 켜지고 나머지 LED는 불이 꺼져 있는지 확인한다.(회로가 리셋 상태)

〈표 9-3〉 Combo II 실장실험 1

Bus SW2의 1번을 아래로 내린 상태	
버스 스위치2	FND 출력
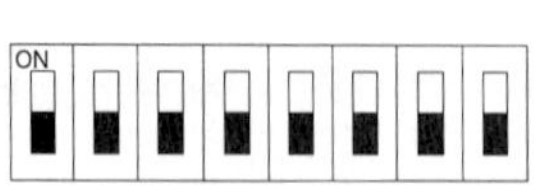	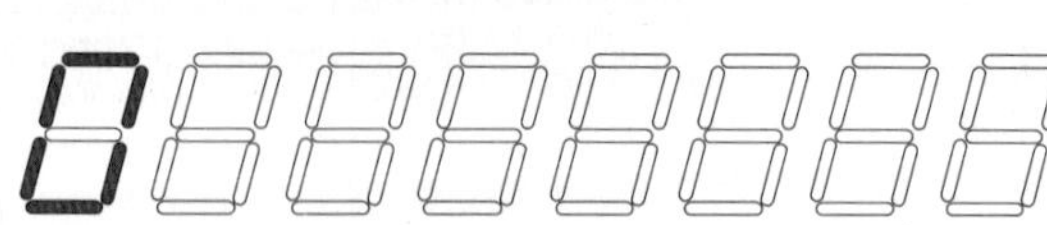
	LED 출력 (1000 0000)
	●○○○ ○○○○

그런 다음 〈표 9-4〉와 같이 트레이닝 키트에 있는 Bus SW2의 1번을 위로 올려 리셋을 풀고 SEG1의 숫자가 하나씩 증가하는지 살펴본다. SEG1에 0부터 F까지 16진수에 해당하는 숫자와 문자가 차례로 표시될 것이다. 〈표 9-4〉는 트레이닝 키트에 7의 숫자가 표시될 때 FND와 LED의 상태를 나타낸 것이다. LED1에 불이 켜져 있어 UP 카운터로 동작하고 있는 것을 알 수 있다.

〈표 9-4〉 Combo II 실장실험 2

<table>
<tr><th colspan="2">Bus SW2의 1번을 위로 올린 상태</th></tr>
<tr><th>버스 스위치2</th><th>FND 출력</th></tr>
<tr><td rowspan="3">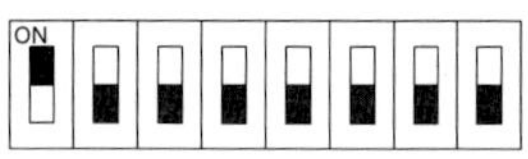</td><td>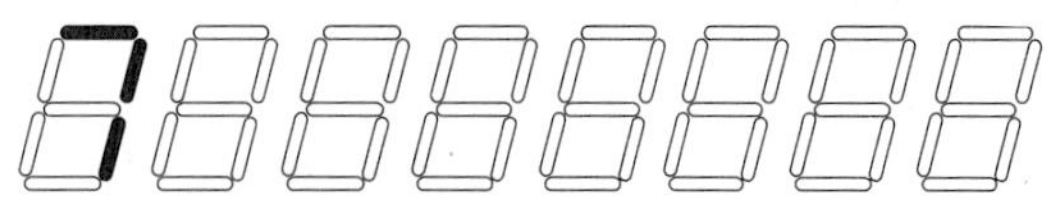</td></tr>
<tr><td>LED 출력 (1000 0111)</td></tr>
<tr><td>●○○○ ○●●●</td></tr>
</table>

정상적으로 동작하는지 확인하였으면 이제 키 A를 눌러본다. 그러면 〈표 9-5〉와 같이 SEG1이 꺼지면서 SEG2에 숫자가 표시되며 LED1이 꺼지고 LED2에 불이 들어와 DOWN 카운터로 동작함을 알려준다. SEG1에 숫자 7이 들어와 있는 상태에서 키 A를 눌러 SEG2와 LED들의 상태가 〈표 9-5〉와 같은지 확인하고 카운터가 DOWN 카운터로 동작하는지 확인한다.

〈표 9-5〉 Combo II 실장실험 3

<table>
<tr><th colspan="2">키 A를 한번 누른 상태</th></tr>
<tr><th>버스 스위치2</th><th>FND 출력</th></tr>
<tr><td rowspan="3">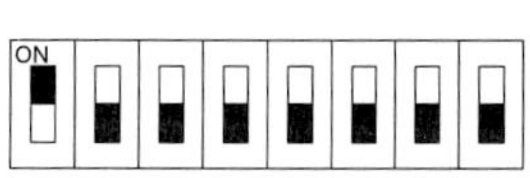</td><td>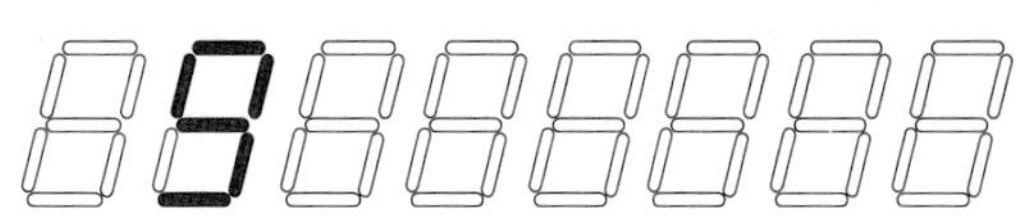</td></tr>
<tr><td>LED 출력 (0100 1001)</td></tr>
<tr><td>○●○○ ●○○●</td></tr>
</table>

9.3 주요 사항 검토

① [그림 9-6]의 비동기 카운터 회로에서 MUX 역할은 무엇인가?

② [그림 9-6]에서 UP/DN 신호에 연결된 플립플롭을 제거하면 토글기능이 사라진다. 이때 UP/DN 신호를 트레이닝 키트의 어느 곳에 연결하면 동일한 기능을 할 수 있겠는가?

③ LED1, LED2의 역할은 무엇인가?

9.4 연습문제

연습문제

① HOLD 신호를 두어 HOLD 신호에 따라 회로가 계수를 잠시 멈출 수 있도록 설계하고 트레이닝 키트에 적용해보라. HOLD 신호에 버튼 스위치를 할당하고 토글이 되도록 설계하라.

② JK 플립플롭을 사용하여 비동기식 16진 UP/DOWN 카운터를 설계하고 적용해보라.

③ [그림 9-6]에서 seg_7 회로 대신 7448을 이용해서 설계해 보고 결과를 관찰하라. seg_7 회로를 적용했을 때와의 차이점을 설명하라.

④ 왼쪽에서 세 번째, 네 번째 FND에 불이 들어오도록 설계를 변경하고 제대로 동작하는지 살펴보라.

CHAPTER

10

동기식 카운터 응용회로 설계하기

CHAPTER

10 동기식 카운터 응용회로 설계하기

10.1 동기식 카운터 응용회로 설계 목표

① JK 플립플롭을 사용하여 동기식 10진 UP 카운터를 설계한다.
② 트레이닝 키트에 있는 숫자 키 입력회로를 설계한다.
③ 키패드 숫자의 이진수 값을 래치하고 10진 카운터의 계수를 정지시켰을 때, 카운터의 출력과 비교하는 회로를 설계한다.
④ 멀티플렉서를 이용하여 FND를 구동하는 회로를 설계한다.
⑤ 7490 IC 카운터를 사용하여 클럭을 분주하는 회로를 설계한다.

10.2 동기식 카운터 응용회로 구성하기

10.2.1 동기식 카운터 응용회로 블록도

동기식 카운터는 병렬카운터이며 카운터를 구성하는 모든 플립플롭의 출력이 클럭에 동기되어 동작한다. 따라서 비동기식 카운터에서 발생하는 각 플립플롭마다 시간지연이 누적되는 현상이 없어 고속의 계수동작에 적합한 카운터이다. 비동기식 카운터 회로와 비교해 볼 때 회로 구성과 설계과정이 다소 복잡하지만 카운터를 플립플롭으로 설계하기보다는 IC로 설계된 카운터가 여러 개 있기 때문에 IC로 된 카운터를 사용하면 광범위하게 다양한 응용을 할 수 있다. IC를 활용한 카운터의 설계는 12장에서 다루므로 여기서는 플립플롭으로 동기식 10진 카운터를 설계하고 이를 이용한 간단한 응용 회로를 살펴보기로 한다.

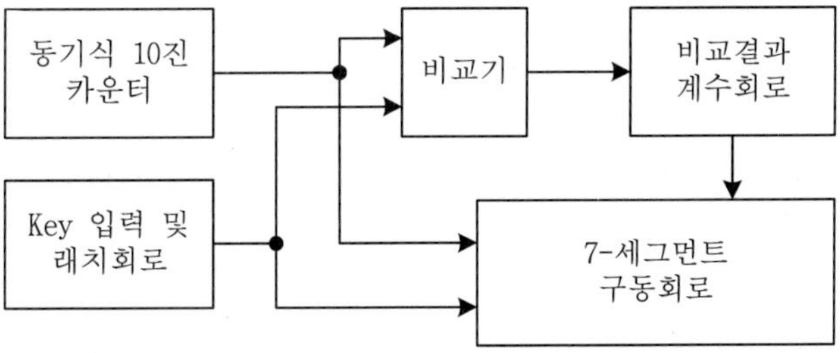

[그림 10-1] 동기식 카운터 응용회로 블록도

[그림 10-1]에 이 장에서 다루게 될 동기식 카운터 응용회로의 블록도를 나타내었다. 블록도는 동기식 10진 카운터 회로와 키 입력 및 래치 회로, 10진 카운터 회로와 키 입력회로에서 나오는 두 이진수를 비교하는 비교기와 그 결과를 계수하는 회로, 그리고 이 모든 결과를 7-세그먼트를 통해 볼 수 있게 해주는 7-세그먼트 구동회로로 구성된다. 여기표(excitation table)와 계수표를 이용하여 플립플롭으로 설계하는 동기식 카운터는 디지털 공학 이론에서 이미 배웠을 것으로 알고 여기서는 동기식 10진 카운터를 활용하여 정해진 숫자를 맞추는 회로를 설계해보기로 한다.

10.2.2 동기식 카운터 응용회로의 전체 회로도

[그림 10-2]는 Combo II 트레이닝 키트에 적용할 수 있는 동기식 카운터 응용회로의 전체 회로도를 나타낸 것이다.

이 회로는 임의의 숫자 키를 눌러 해당 키의 숫자를 래치하고 동시에 카운터가 고속으로 계수를 하고 있을 때 HOLD 키를 눌러 계수를 멈추도록 해서 먼저 래치된 수와 맞는지를 알아보는 회로로 이를 응용하면 조금 더 복잡한 숫자 맞추기 게임으로 확장할 수 있다.

Combo II 트레이닝 키트에 적용할 키 래치회로는 row 스캔방식으로 감지한 키를 래치하여 비교기로 입력한다. JK 플립플롭으로 구성한 동기식 10진 카운터에서는 0부터 9까지 계수를 하는데 여기서는 [그림 10-3]과 같은 별도의 클럭 분주회로를 사용하여 필요에 따라 다양한 클럭으로 카운터를 동작 시킬 수 있도록 구성해서 계수하는 속도를 변경시켜 가면서 결과를 관찰할 수 있도록 했다. 이 클럭 분주회로에서는 입력 클럭을 각각 10분주, 50분주, 100분주, 500분주를 하기 때문에, 입력 클럭이 1kHz라면 각각 100Hz, 20Hz, 10Hz, 2Hz를 출력한다.

먼저 숫자 키패드에서 임의의 숫자를 누른다. 여기서는 5를 누른다고 가정한다. 그러면 키 입력회로에서 숫자 5를 받아들여서 5에 해당하는 이진수 0101을 c[3], c[2], c[1], c[0]로 래치하여 출력하고 이 신호는 7485의 B입력으로 공급한다. 이제 HOLD 키([키 A])를 누르면 동기식 10진 카운터가 계수를 시작한다. 이때 계수 속도는 SEL1, SEL0 신호를 사용하여 [그림 10-3]의 분주 클럭 중 하나를 선택하여 계수 속도를 조절할 수도 있다. 다시 HOLD 키를 누르면 카운터가 계수를 멈추게 되고 이때의 숫자가, 이진수 값으로 7485 비교기의 A입력으로 들어가 B입력에 미리 공급된 값과 비교를 해서 서로 같을 때 7485의 AEBO출력에 논리 [1]을 출력하게 된다. 이 신호로 LED를 구동하여 래치된 두 수가 서로 같을 때 8개의 LED에 불이 들어오게 하고 또 다른 10진 카운터의 클럭으로 들어가, HOLD를 눌러 나오는 숫자가 미리 래치된 숫자와 같게 되는 횟수를 그 카운터에서 계수하도록 한다. 30초 정도의 시간을 정해 그 시간 안에 몇 번 맞추는지 한번 해보기 바란다.

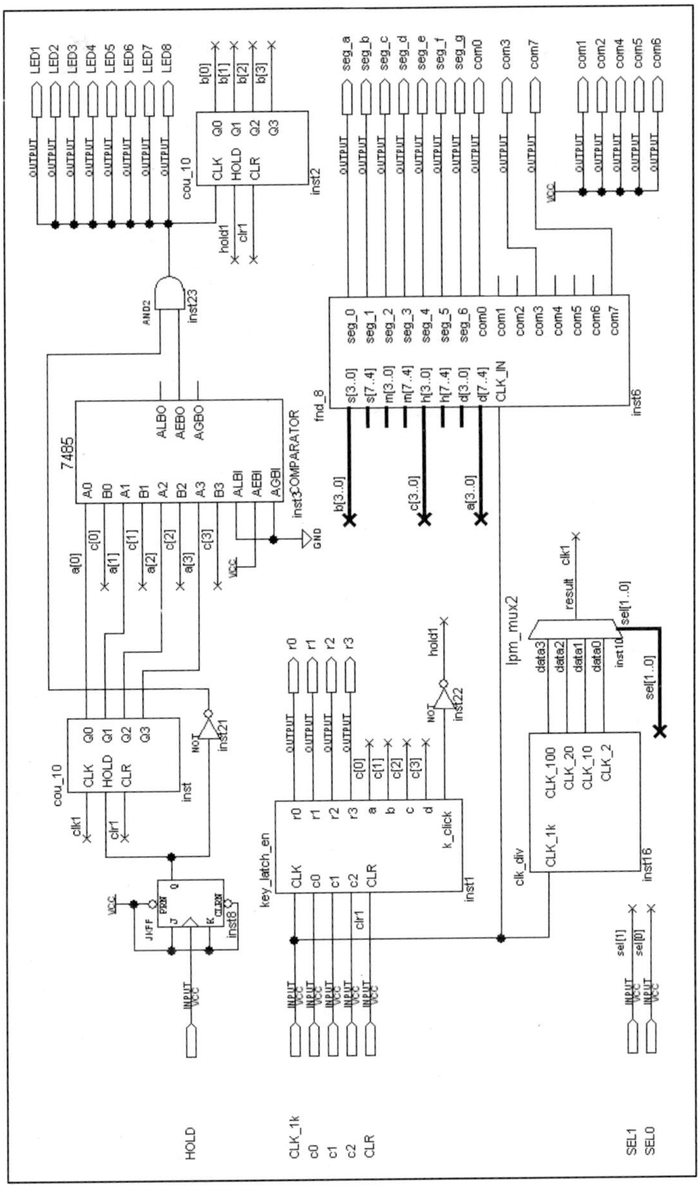

[그림 10-2] 동기식 카운터 응용회로의 전체 회로도

비교기의 AEBO출력에 연결한 AND 게이트는 HOLD 키를 눌렀을 때의 10진 카운터 출력이 미리 래치한 키 숫자와 같은 경우에만 LED에 불을 켜고 뒷단의 카운터를 하나 증가시킬 수 있게 하기 위한 것이다. 만약 이 AND 게이트가 없

으면 앞단의 10진 카운터가 빠른 속도로 계수하면서 미리 래치한 키 숫자와 일치하는 숫자를 출력할 때마다 LED에 불이 켜지고 뒷단의 카운터가 증가하게 된다. 즉 HOLD 입력에 상관없이 동작하게 된다.

처음에 회로를 리셋시키면 JK 플립플롭으로 구성한 T 플립플롭이 논리 [0]인 상태로 있어 10진 카운터(cou_10)는 계수를 멈춘 상태로 있게 된다. 이때 키를 누르면 해당 숫자가 7485 비교기의 B입력에 래치되는데 여기서는 3을 래치했다고 가정하자. 그리고 나서 HOLD 키를 누르면 T 플립플롭이 논리 [1]로 바뀌게 되어 10진 카운터가 빠르게 계수를 시작하게 된다. 이때 카운터의 출력이 3이 될 때마다 비교기 뒷단의 또 다른 10진 카운터 출력이 하나씩 증가하게 된다. 이런 현상을 막기 위해 T 플립플롭의 출력을 반전시킨 후에, 래치한 수와 앞단의 카운터 출력이 같을 때 나오는 비교기 출력 AEBO와 AND를 하여 뒷단의 10진 카운터를 구동하게 하였다. 이렇게 구성하면 HOLD 키를 눌러 T 플립플롭이 논리 [1]이 되었을 때, 즉 10진 카운터가 계수를 하면서 카운터의 출력이 계속되어 미리 래치한 값과 같아지더라도 AND 게이트의 한쪽 입력이 논리 [0]이 되어 의도하지 않게 뒷단의 카운터 출력이 증가하는 것을 막을 수 있게 된다.

key_latch_en에서 나오는 k_click 신호를 반전시켜 비교기 뒷단의 10진 카운터 HOLD 신호역할을 하도록 했는데 이는 키를 누를 때 카운터의 출력이 증가할 지도 모를 오동작을 막기 위한 것이다. 이렇게 회로를 구성하면 키를 눌러 7485에 숫자를 래치할 때 k_click 신호가 논리 [1]이 되어 이를 반전시킨 논리 [0]의 신호(hold1 신호)가 카운터의 HOLD 단자로 들어가 뒷단의 10진 카운터의 동작을 정지시키게 된다. 즉, 키를 누를 때는 뒷단의 카운터 동작이 멈춘 상태로 되고 키를 누르지 않는 상태일 때만 뒷단 카운터가 동작하게 된다.

CLR 신호는 동기식 카운터 회로의 리셋신호로 모든 출력을 0으로 만든다. 출력이 0일 때는 키 입력과 카운터의 출력이 같다는 의미가 되므로 8개의 LED에 불이 들어오도록 되어 있다.

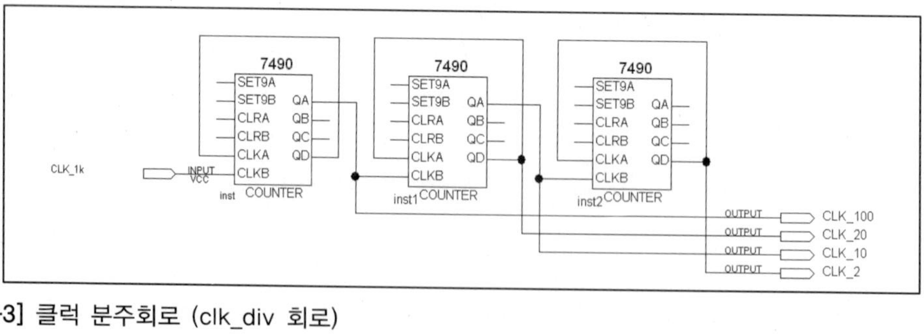

[그림 10-3] 클럭 분주회로 (clk_div 회로)

10.2.3 동기식 카운터 회로

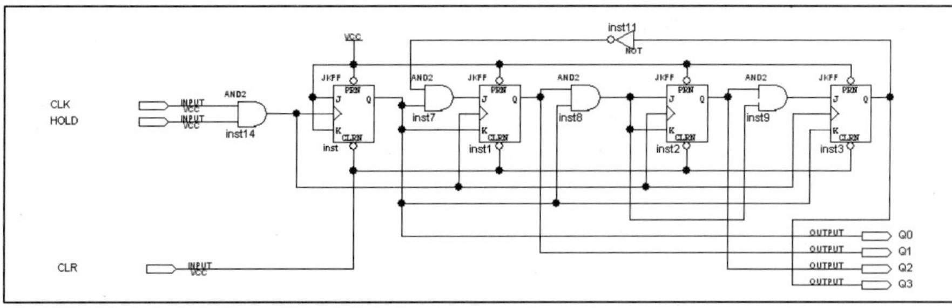

[그림 10-4] 동기식 10진 카운터 회로 : cou_10

[그림 10-4]는 JK 플립플롭을 사용하여 동기식 10진 UP 카운터를 설계한 것이다. 여기표와 상태천이도를 이용하여 계수표를 만들고 카르노 맵을 통해 얻은 결과를 그린 것인데 자세한 과정은 이미 배운 것으로 알고 여기에는 나타내지 않았다. 혹 설계과정을 잊었다면 디지털공학의 동기식 카운터 설계부분을 다시 살펴보기 바란다. 결과식만 적어보면 다음과 같다.

$$J_0 = 1\,, \qquad K_0 = 1$$
$$J_1 = \overline{Q_3} \cdot Q_0\,, \qquad K_1 = Q_0$$
$$J_2 = Q_1 \cdot Q_0\,, \qquad K_2 = Q_1 \cdot Q_0$$
$$J_3 = Q_2 \cdot Q_1 \cdot Q_0\,, \qquad K_3 = Q_0$$

동기식 카운터이기 때문에 클럭이 모든 플립플롭에 동시에 인가되는데 여기서는 외부에서 들어오는 클럭과 HOLD 신호를 AND하여 플립플롭의 클럭으로 사용하였다. 이렇게 구성하면 계수를 잠시 멈추고 싶을 때 HOLD 신호에 논리 [0]을 인가해서 카운터의 동작을 잠시 멈출 수가 있다. JK 플립플롭의 프리셋 단자는 모두 논리 [1]로 묶어서 플립플롭의 동작에 영향을 주지 못하도록 해 놓았고 리셋 단자는 CLR 신호로 같이 묶어서 필요할 때 카운터의 출력을 리셋시키도록 구성하였다.

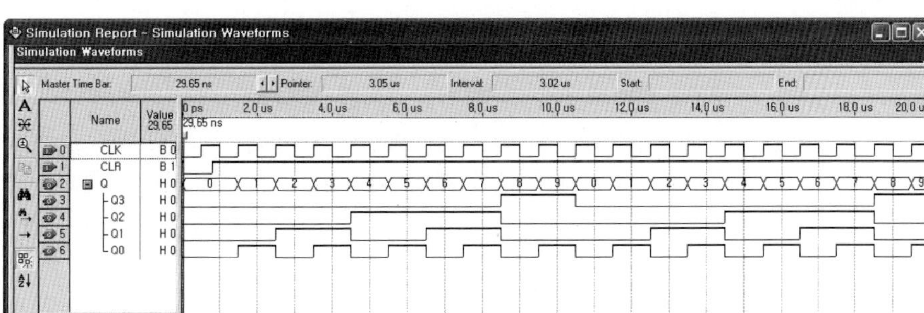

[그림 10-5] 동기식 10진 카운터 회로의 모의실험 결과

[그림 10-5]는 동기식 10진 카운터 회로의 모의실험 결과인데 0부터 시작하여 9까지 하나씩 숫자가 증가하는 10진 UP 카운터의 결과를 보여주고 있다. 이것과는 다르게 출력이 1010이 되었을 때를 디코딩해서 리셋단자에 넣어 줌으로 10진 카운터를 구성할 수도 있지만 이렇게 하면 출력에 글리치가 생기게 되어 보통은 [그림 10-4]와 같이 설계를 한다.

10.2.4 Key 입력회로

키 입력회로는 동기식 카운터를 응용하기 위해 숫자 키를 입력해서 래치를 하는데 필요한 회로이다.

① 키 입력회로 : key_latch_en

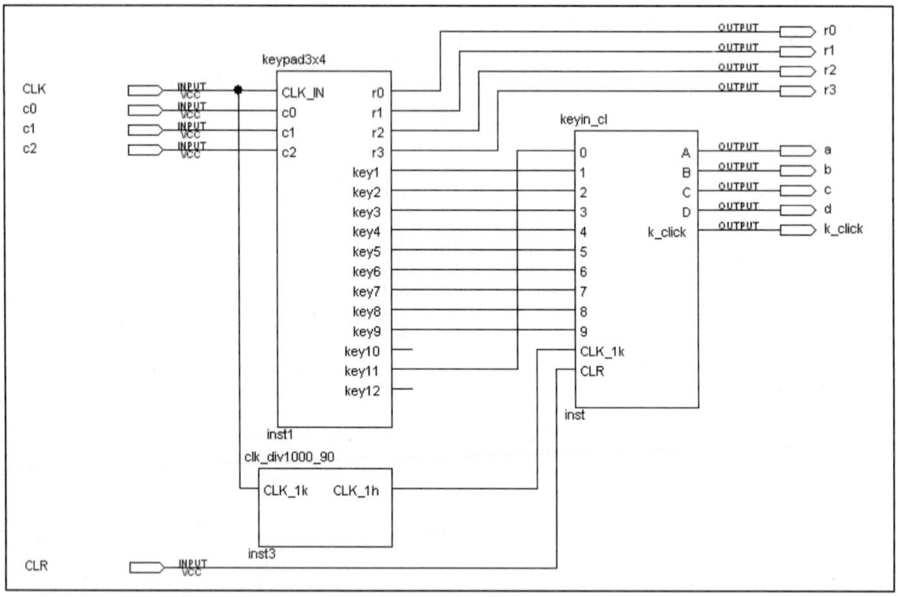

[그림 10-6] Combo II 트레이닝 키트의 키 입력회로(key_latch_en 회로)

Combo II 트레이닝 키트의 키 입력회로(key_latch_en회로)는 [그림 10-6]에 보인 것처럼 keypad3×4 회로와 클럭분주 회로(clk_div1000_90 회로), keyin_cl 회로로 구성되어 있다. [그림 10-7]의 클럭 분주회로는 7490 카운터 3개를 사용하여 키 입력회로를 구동하는 클럭 CLK를 1000분주하여 keyin_cl 회로에 공급하는 역할을 한다. keypad3×4 회로는 가로 3개, 세로 4개가 매트릭스 형식으로 배열된 12개의 키가 눌려진 것을 감지하는 회로이고 keyin_cl 블럭은 누름이 감지된 키를 그에 해당하는 2진 코드로 변환하여 출력에 래치하는 회로이다.

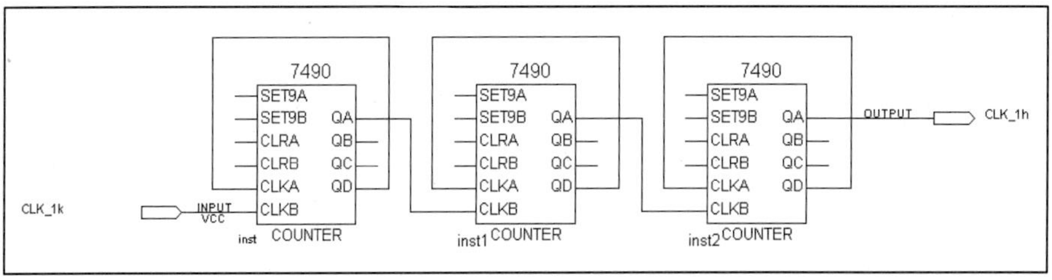

[그림 10-7] Combo II 트레이닝 키트의 클럭 분주회로 (clk_div1000_90 회로)

[그림 10-8]은 keypad3×4의 내부 회로를 나타낸 것이며 매트릭스 방식으로 3개의 column신호와 4개의 row신호를 동시에 스캔해서 키가 눌려진 것을 감지한다. 즉, 순차적으로 column신호를 1로 하고 키를 눌렀을 때 그에 해당되는 row신호가 1이 되면 column과 row가 교차하는 부분의 키가 눌려진 것으로 판단하여 눌린 키의 출력이 1이 된다. 또는 반대로 row신호를 순차적으로 스캔하고 키가 눌려졌을 때 해당되는 column신호와의 교차점을 감지하는 방식으로 사용할 수도 있다. 트레이닝 키트에 있는 Scan Dir 스위치를 이용하여 column 방식으로 스캔할 것인지 row방식으로 스캔할 것인지를 설계자가 결정할 수 있다. 여기에서는 row 스캔방식을 사용하였다.

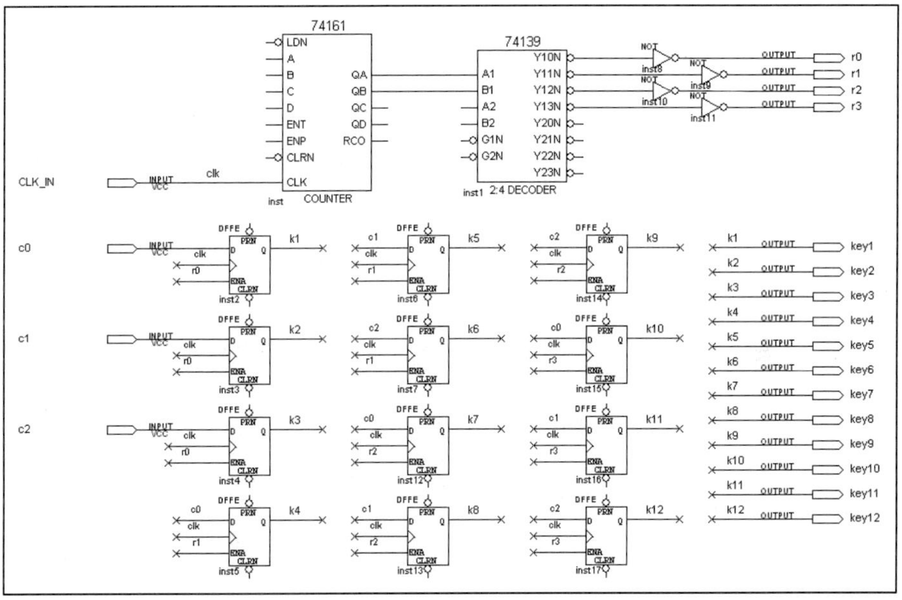

[그림 10-8] Combo II 트레이닝 키트의 keypad3×4 회로

[그림 10-8]의 회로도를 보면 74161 16진 카운터를 이용하여 입력 클럭을 계수한 다음 00, 01, 10, 11신호를 연속적으로 만들어 2×4 디코더인 74139의 선

택 단자에 입력한다. 디코더에서는 선택단자의 입력에 따라 4개의 출력 중 하나를 차례로 선택하여 row 신호를 만들어낸다. 이렇게 해서 규칙적으로 row 신호를 1로 만들고(0001, 0010, 0100, 1000) 키가 눌려지면 해당 column 신호가 1이 되어 두 신호가 동시에 1이 되었을 때 해당되는 키(key1~key12)가 출력되게 된다. 이 회로를 사용하기 위해서는 트레이닝 키트에 있는 Scan Dir 스위치가 R_Scan 쪽에 위치하도록 해야 한다.

② 키 입력회로 : keyin_cl

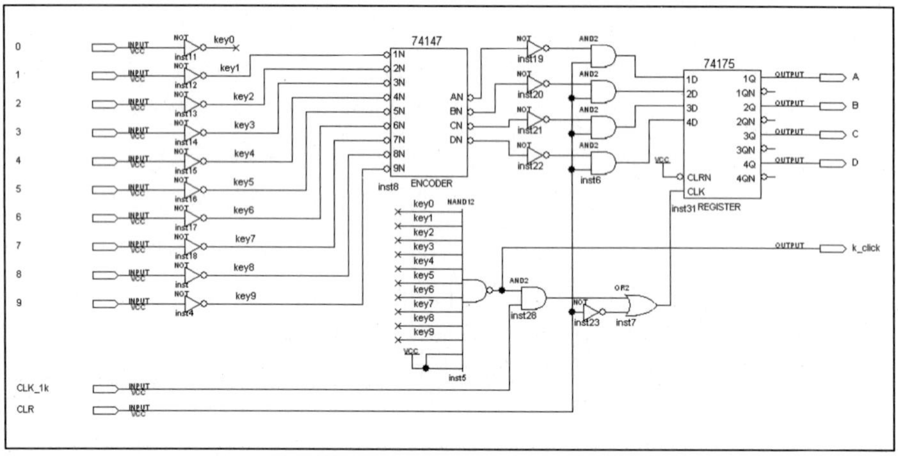

[그림 10-9] 키 입력회로(keyin_cl 회로 : 공통)

[그림 10-9]는 [그림 10-6]에 있는 keyin_cl의 내부 회로를 나타낸 것이다. [그림 10-9]의 회로는 이런 키 신호를 받아서 그 키에 해당하는 2진 코드를 출력하여 래치하는 회로이다. 키 신호를 NOT 게이트를 거쳐 74147 엔코더의 입력에 연결하면 키가 눌려졌을 때 해당 키의 입력상태가 변하므로 74147은 이에 해당하는 2진 코드를 출력하게 된다. 이 2진 코드는 눌렀던 키를 떼면 바로 다시 리셋 되므로 다음 키가 눌려질 때까지 그 값을 유지하기 위해 74175의 D 래치로 입력되어, 임의의 키를 누를 때마다 발생하는 키 클릭 신호(k_click)와 클럭 신호를 AND한 신호에 의해 74175의 출력에 래치하게 된다. 이렇게 하면 키를 누르고 난 후 다음 키를 누를 때까지 앞서 누른 키의 값이 그대로 유지된다.

k_click 신호는 키가 눌려졌을 때 논리 [1]이 되는 신호로, 키가 눌려졌는지 눌려지지 않았는지를 나타내는 신호다. 이 신호는 앞의 전체 회로에 나타낸 것처럼 비교기 뒷단의 10진 카운터 HOLD신호에 연결되어서 키를 눌렀을 때 채터링에 의해 카운터의 값이 증가하는 경우가 있는데 이렇게 예상치 못하게 발생되는 회로의 오동작을 막아주는 역할을 한다.

10.2.5 7-세그먼트(FND) 구동회로

[그림 10-10]은 Combo II 트레이닝 키트에 적용되는 7-세그먼트 구동회로(fnd_8)이다. Combo II 트레이닝 키트에 있는 동적구동방식의 FND를 구동하기 위해서는 기본적으로 MUX가 필요하다. MUX를 통해 FND 구동에 필요한 신호와 회로들을 공통적으로 사용하여 FND를 구동하도록 되어 있다. 여기서 사용한 MUX는 4bits를 동시에 스위칭할 수 있는 MUX로 Quartus Ⅱ의 lpm_mux를 이용한다. QuartusⅡ의 Symbol Tool을 누르면 [그림 10-11]의 화면이 나오는데 [Name:]란에 lpm_mux를 입력하고 [OK]버튼을 눌러 나오는 화면에서 [next] 버튼을 선택하면 [그림 10-12]와 같은 화면을 볼 수 있다. 여기서는 MUX에 공급하는 입력의 개수와 입력 bit수를 선택하도록 되어 있는데 Combo II 트레이닝 키트의 경우 입력의 개수는 8, 입력의 bit수는 4를 선택한 후 [next] 버튼을 누르고 이어 [finish] 버튼을 눌러 MUX 구성을 마친다. 각 FND의 구동은 입력 클럭을 가지고 만든 디코더(74138)의 SELECT 신호(sel[2..0])에 따라 해당 FND의 com 신호에 논리 [0]을 공급하여 불이 들어오게 한다.

[그림 10-10] 회로에 있는 seg_7의 내부회로를 [그림 10-13]에 나타내었다. 이 회로는 a, b, c, d 입력으로 들어오는 2진수의 조합을 공통 접지형 FND에 0부터 9까지의 10개 숫자와 A에서 F까지의 6가지 문자를 표시할 수 있게 해주는 공통 접지형 7-세그먼트 디코더 회로이다.

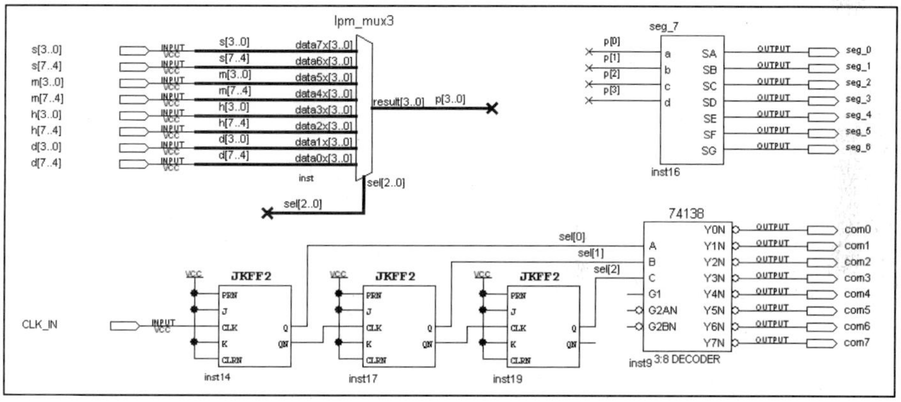

[그림 10-10] 7-세그먼트 구동회로(fnd_8)

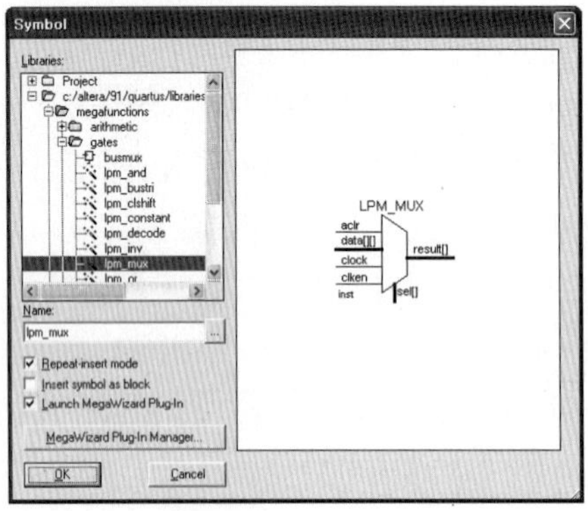

[그림 10-11] 심볼명 입력화면

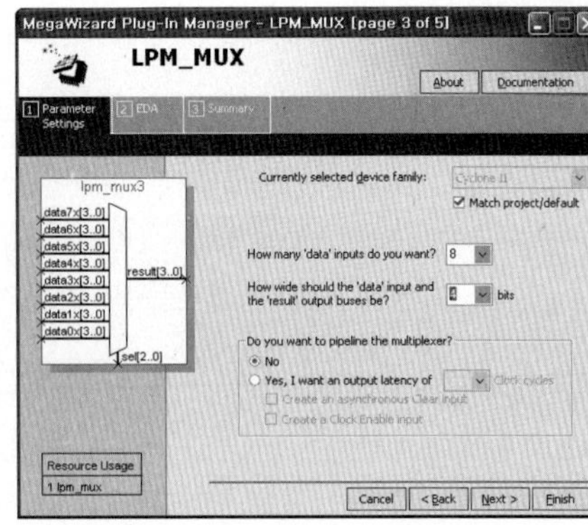

[그림 10-12] 입력 수 및 bit수 입력화면

[그림 10-13]의 seg_7 내부회로를 구성하기 위한 공통 접지형 FND 구동회로의 진리표는 〈표 10-1〉과 같다.

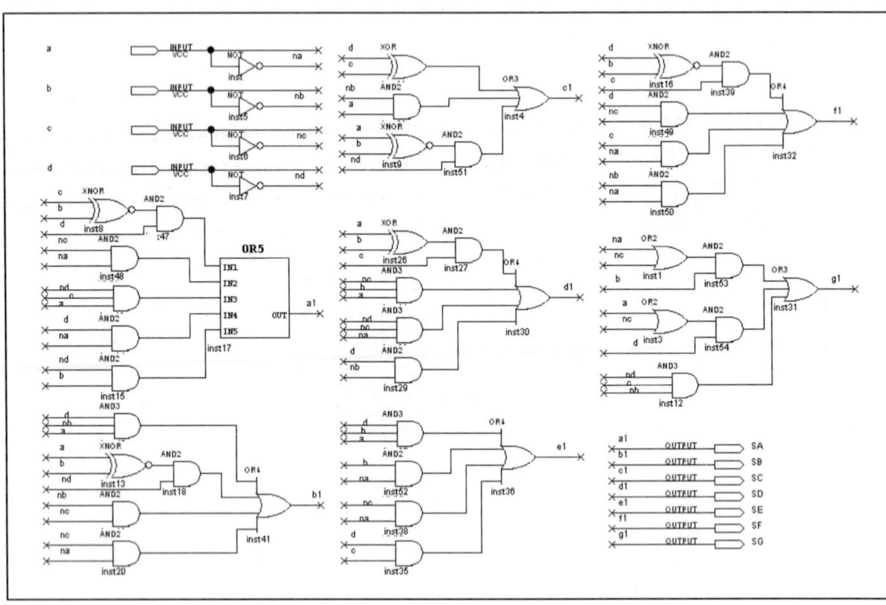

[그림 10-13] 7-세그먼트(FND) 구동회로

〈표 10-1〉 FND 구동회로의 진리표

No.	2진 입력				FND Decode Data						
	d	c	b	a	SA	SB	SC	SD	SE	SF	SG
0	0	0	0	0	1	1	1	1	1	1	0
1	0	0	0	1	0	1	1	0	0	0	0
2	0	0	1	0	1	1	0	1	1	0	1
3	0	0	1	1	1	1	1	1	0	0	1
4	0	1	0	0	0	1	1	0	0	1	1
5	0	1	0	1	1	0	1	1	0	1	1
6	0	1	1	0	1	0	1	1	1	1	1
7	0	1	1	1	1	1	1	0	0	0	0
8	1	0	0	0	1	1	1	1	1	1	1
9	1	0	0	1	1	1	1	1	0	1	1
10	1	0	1	0	1	1	1	0	1	1	1
11	1	0	1	1	0	0	1	1	1	1	1
12	1	1	0	0	1	0	0	1	1	1	0
13	1	1	0	1	0	1	1	1	1	0	1
14	1	1	1	0	1	0	0	1	1	1	1
15	1	1	1	1	1	0	0	0	1	1	1

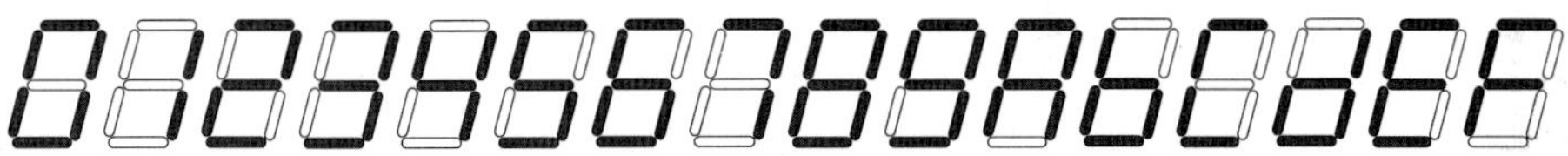

〈표 10-1〉 진리표의 출력에 대한 논리식을 정리하면 다음과 같다.

$$SA = \overline{A}\,\overline{C} + \overline{A}\,D + B\overline{D} + A\,C\overline{D} + D \cdot (\overline{B \oplus C})$$

$$SB = \overline{A}\,\overline{C} + \overline{B}\,\overline{C} + A\,\overline{B}\,D + \overline{D} \cdot (\overline{A \oplus B})$$

$$SC = A\,\overline{B} + (C \oplus D) + \overline{D} \cdot (\overline{A \oplus B})$$

$$SD = \overline{B}\,D + \overline{A}\,\overline{C}\,\overline{D} + A\,B\overline{C} + C \cdot (A \oplus B)$$

$$SE = \overline{A}\,\overline{C} + \overline{A}\,B + CD + A\,BD$$

$$SF = \overline{C}D + BD + \overline{A}\,C + \overline{A}\,\overline{B} + \overline{B}\,C\overline{D}$$

$$SG = \overline{A}\,B + B\overline{C} + \overline{C}\,D + A\,D + \overline{B}\,C\overline{D}$$

10.2.6 동기식 카운터 응용회로 핀 연결

〈표 10-2〉는 [그림 10-2]의 동기식 카운터 응용회로를 트레이닝 키트 Combo II에 연결하기 위한 핀 정보를 나타낸 것이다.

〈표 10-2〉 동기식 카운터 회로와 Combo II 트레이닝 키트의 핀 연결

	신호명	Combo II 신호명	핀번호	신호명	Combo II 신호명	핀번호
Cyclone II EP2C35F672C8	c0	KEYPAD_COLUMN[0]	V11	LED5	LED_D[4]	AF6
	c1	KEYPAD_COLUMN[1]	AB10	LED6	LED_D[5]	AE6
	c2	KEYPAD_COLUMN[2]	AA10	LED7	LED_D[6]	AD7
	CLK_1k	CLK_MAIN[0]	N1	LED8	LED_D[7]	AC7
	CLR	DIP_D[8]	W11	r0	KEYPAD_ROW[0]	AD10
	com0	SEG_COM[0]	Y1	r1	KEYPAD_ROW[1]	AC10
	com1	SEG_COM[1]	Y4	r2	KEYPAD_ROW[2]	V10
	com2	SEG_COM[2]	Y3	r3	KEYPAD_ROW[3]	AF9
	com3	SEG_COM[3]	W1	seg_a	SEG_DATA[0]	AF5
	com4	SEG_COM[4]	Y5	seg_b	SEG_DATA[1]	AE5
	com5	SEG_COM[5]	W3	seg_c	SEG_DATA[2]	AD6
	com6	SEG_COM[6]	W2	seg_d	SEG_DATA[3]	AC6
	com7	SEG_COM[7]	V1	seg_e	SEG_DATA[4]	AA2
	HOLD	BUTTON_SW[0]	Y10	seg_f	SEG_DATA[5]	AA1
	LED1	LED_D[0]	AF7	seg_g	SEG_DATA[6]	AA6
	LED2	LED_D[1]	AE7	SEL0	DIP_D[1]	AE11
	LED3	LED_D[2]	AB8	SEL1	DIP_D[0]	Y12
	LED4	LED_D[3]	W8			

Combo II 트레이닝 키트에 공급하는 클럭은 트레이닝 키트의 Clock Select 다이얼을 조정하여 다양한 주파수의 클럭을 공급할 수 있는데 여기서는 1kHz의 클럭을 공급하고 필요에 따라 주파수를 높인다. 클럭 주파수가 1kHz정도 일 때는 키를 입력할 때 1초 이상 누르고 있으면 정확하게 키를 입력할 수 있다. 트레이닝 키트에 있는 Bus SW2의 1번 스위치는 회로전체의 리셋신호인 CLR 신호에 할당되어 아래로 내리면 리셋신호가 들어가서 회로를 리셋시키고 위로 올리면 회로가 정상적으로 동작하게 된다. 리셋이 되면 SEG1, SEG4, SEG8에 0이 표시되고 나머지 FND들은 꺼진 상태가 된다. 또 LED 8개는 모두 불이 들어온다. SEG1에는 카운터의 숫자가 표시되고 SEG4에는 키패드를 눌렀을 때 해당 키의 숫자가 표시되며 SEG8에는 SEG1과 SEG4가 서로 같을 때 같은 횟수만큼의 숫자가 표시된다. 즉 HOLD 키를 눌렀을 때 SEG1에 표시된 숫자가 미리 래치한 SEG4의 숫자와 일치할 때마다 SEG8의 숫자가 하나씩 증가하게 된다.

입력의 DIP 스위치인 Bus SW1의 1번 2번 스위치는 SEL1, SEL0 신호에 할당되어 10진 카운터의 계수속도를 조절하는데 사용된다. HOLD 신호는 키 A가

그 역할을 하여 한 번 누르면 카운터가 동작하고 또 한 번 누르면 멈추도록 토글형식으로 구성한다.

10.2.7 동기식 카운터 응용회로 실장실험

〈표 10-2〉와 같이 핀 정보를 모두 입력한 다음 다시 컴파일을 한다. 컴파일을 한 후 [Tools]-[Programmer]를 클릭하여 실장실험을 한다.

Clock Select를 6으로 선택하여 1kHz를 공급하고 DIP 스위치인 Bus SW2의 1번 스위치를 아래로 내린 후 〈표 10-3〉과 같이 트레이닝 키트의 SEG1, SEG4, SEG8에 0이 표시되는지 확인한다. 또 모든 LED에 불이 들어오는지 확인한다.

〈표 10-3〉 Combo II 실장실험 1

Bus SW2의 1번을 아래로 내린 상태	
버스 스위치2	FND 출력
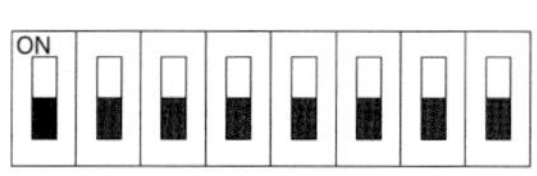	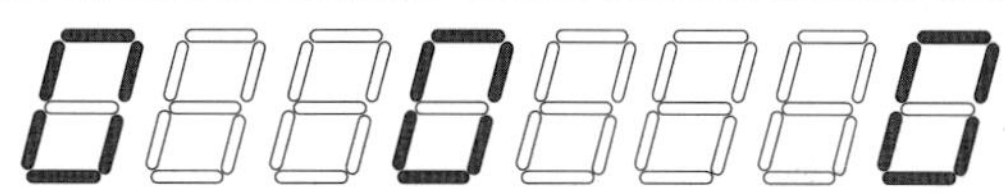
	LED 출력 (1111 1111)
	●●●● ●●●●

Bus SW2의 1번 스위치를 위로 올리고 1번부터 9번에 이어 0번까지 10개의 키를 눌러본다. 키를 누르면 해당 숫자가 SEG4에 표시되고 LED의 불이 꺼진다. 1부터 9까지 숫자 키를 누르면 그 숫자가 SEG4에 표시되는데 그 때 다시 키 0을 누르면 모든 LED에 불이 들어오면서 〈표 10-4〉와 같은 상태가 된다. SEG8에 숫자 1이 표시되는 이유는 래치된 두 숫자가 0으로 같은 상태이기 때문이다.

〈표 10-4〉 Combo II 실장실험 2

키 0을 누른 상태	
버스 스위치2	FND 출력
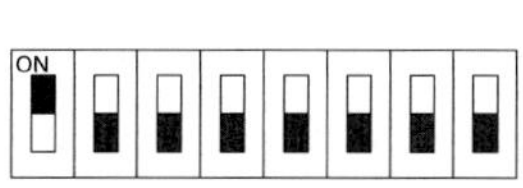	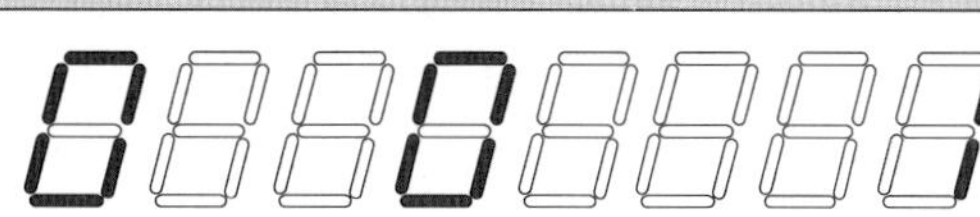
	LED 출력 (1111 1111)
	●●●● ●●●●

Bus SW2의 1번 스위치를 아래로 내려 〈표 10-3〉과 같은 상태로 회로를 리셋시킨 다음 Bus SW2의 1번 스위치를 다시 위로 올린다. 이번에는 키 3을 눌러서 FND와 LED가 〈표 10-5〉와 같은 상태가 되는지 확인한다.

〈표 10-5〉 Combo II 실장실험 3

키 3을 누른 상태	
버스 스위치2	FND 출력
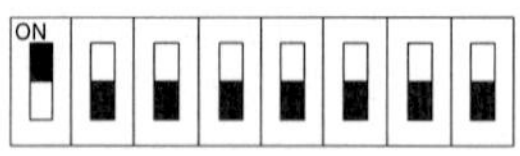	
	LED 출력 (0000 0000)
	○○○○ ○○○○

이 상태에서 키 A를 한번 누르면 카운터가 동작되어 SEG1에 빠르게 숫자가 표시되면서 지나가고 다시 키 A를 누르면 카운터가 계수를 멈추고 임의의 숫자가 SEG1에 표시된다. 키를 여러 번 눌러 SEG1에 3이 나올 때 FND와 LED가 〈표 10-6〉과 같은 상태가 되는지 확인한다.

〈표 10-6〉 Combo II 실장실험 4

키 A를 눌렀을 때 SEG1에 3이 나온 상태	
버스 스위치2	FND 출력
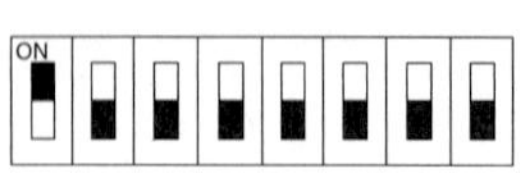	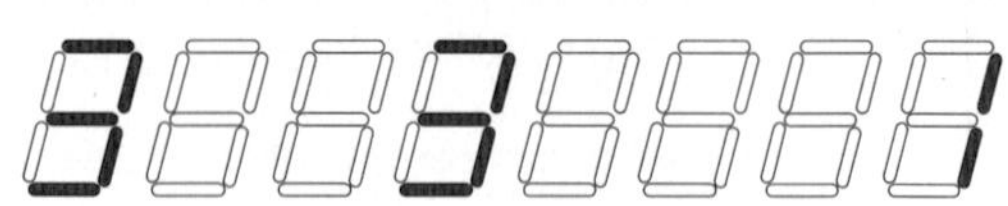
	LED 출력 (1111 1111)
	●●●● ●●●●

Bus SW1의 1번 2번 스위치를 이용하여 클럭분주 회로를 가동해본다. 1번 2번 스위치에 할당된 SEL1, SEL0 신호의 조합에 따라 카운터가 계수하는 속도가 달라지는 것을 볼 수 있다. 또는 Clock Select다이얼을 조절해도 카운터의 계수 속도를 조절할 수 있다.

10.3 주요 사항 검토

① 7485 비교기의 동작을 설명하라.

② [그림 10-2]에 있는 7485비교기의 AEBO 출력신호에 연결된 AND 게이트의 역할은 무엇인가?

③ [그림 10-2]에 있는 SEL1, SEL0의 역할은 무엇인가? DIP 스위치의 상태를 변경해 가면서 상태를 관찰해보라.

10.4 연습문제

연습문제

① D 플립플롭을 사용하여 동기식 10진 카운터를 설계하고 트레이닝 키트에 적용해보라.

② 74160을 이용하여 [그림 10-7]과 같은 클럭 분주회로를 설계하고 적용해보라

CHAPTER

11

링 존슨 카운터 회로 설계하기

CHAPTER

11 링 존슨 카운터 회로 설계하기

11.1 링 존슨 카운터 회로 설계 목표

① JK 플립플롭을 이용하여 링 카운터를 설계한다.
② JK 플립플롭을 이용하여 존슨 카운터를 설계한다.
③ JK 플립플롭과 MUX를 이용하여 링 존슨 카운터를 설계한다.
④ 링 존슨 카운터의 선택을 위한 SEL신호를 토글 형식으로 구성한다.
⑤ FND와 LED로 결과를 확인한다.
⑥ FND를 이용하여 결과를 확인할 때 키패드의 숫자를 누르면 그 숫자가 이동하도록 구성한다.

11.2 링 존슨 카운터 회로 구성하기

11.2.1 링 존슨 카운터 회로 블록도

링 카운터는 시프트 레지스터를 응용한 카운터로 시프트 레지스터 최종단의 출력을 입력으로 피드백시켜 동작시키는 순환 시프트 레지스터이다. 링 카운터는 수를 세는 목적보다는 순차적인 동작을 제어할 때 사용되는 카운터로 처음에 첫 번째 플립플롭의 출력을 논리 [1]이 되도록 하고 나머지 출력은 논리 [0]이 되도록 프리셋과 리셋을 걸어준다. 보통 첫 번째 플립플롭의 프리셋을 나머지 플립플롭의 리셋신호와 묶어 리셋신호를 인가할 때 첫 번째 플립플롭의 출력만 논리 [1]이 되도록 한다. 존슨 카운터는 트위스티드(twisted) 링 카운터라고도 하며 마지막단의 플립플롭 출력을 서로 교차하여 입력으로 연결하는 것이 링 카운터와의 차이점이다. 존슨 카운터의 출력은 duty cycle이 항상 50%이고 존슨 카운터로 수를 표시하려면 별도의 디코더가 필요하다. 이 장에서는 멀티플렉서를 이용하여 SEL 신호에 따라 링 카운터와 존슨 카운터로 동작할 수 있는 회로를 설계하고 출력을 FND와 LED에 연결하여 각각의 동작 특성을 살펴보도록 하겠다. 전체적인 블록도를 [그림 11-1]에 나타내었다. 블록도는 크게 기준 클럭 발생회로와 키 입력회로, 링 존슨 카운터회로, 7-세그먼트/LED 구동회로로 구성된다.

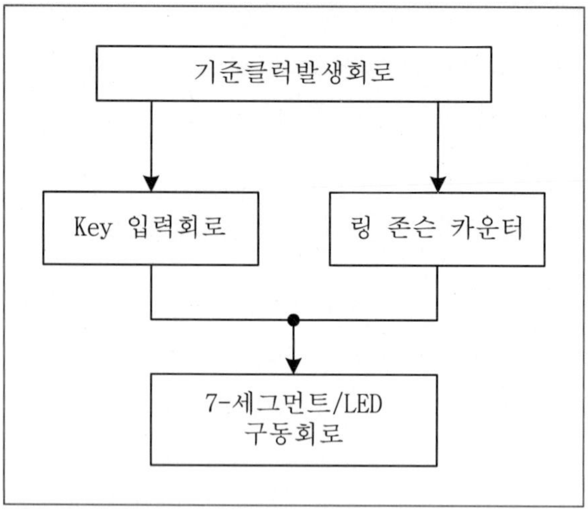

[그림 11-1] 링 존슨 카운터 회로 블록도

기준 클럭 발생회로는 카운터를 구동시키는 클럭과 FND 및 Key 입력의 구동에 사용되는 클럭을 분주하는 회로이고 키 입력회로는 트레이닝 키트에 있는 숫자 키들의 입력을 받아서 처리하는 부분으로 링 존슨 카운터 설계와 직접적인 연관은 없지만 링 존슨 카운터의 동작을 이해하는데 예로써 사용될 회로이다. 7-세그먼트/LED 구동회로는 카운터의 동작을 볼 수 있도록 FND와 LED를 구동하는 회로이다.

11.2.2 링 존슨 카운터의 전체 회로도

[그림 11-2]는 Combo II 트레이닝 키트에 적용할 수 있는 링 존슨 카운터의 전체 회로도를 나타낸 것이다.

Combo II 트레이닝 키트에서는 입력 클럭이 1개이므로 키 입력회로에 사용되는 클럭과 링 존슨 카운터에 사용되는 클럭을 모두 만들어야 한다. 카운터에 입력되는 클럭은 〈그림 11-10〉과 같이 키 입력회로에 사용되는 클럭을 1000분주하여 공급한다. 클럭을 1000분주하는 회로는 7490 카운터 3개를 사용하여 회로를 구성한다.

키 래치회로(key_latch)는 row 스캔방식으로 감지한 키를 래치하여 seg_7 회로로 입력하고 FND에 해당 키의 숫자를 표시하게 한다.

ring_john8 회로는 링 카운터와 존슨 카운터의 동작을 하는 회로로 SEL_R_J

신호가 0일 때는 링 카운터로 동작하고 1일 때는 존슨 카운터로 동작하도록 설계한 회로이다. 여기서는 2개의 회로를 사용하는데 하나는 LED로 링 존슨 카운터의 동작을 확인하기 위한 것이고 다른 하나는 링 카운터나 존슨 카운터의 출력을 FND의 com 신호에 사용하여 카운터의 출력에 따라 FND에 순차적으로 불이 켜지고 꺼지도록 구성한 회로이다.

START 신호는 링 존슨 카운터의 리셋신호인데 링 카운터에서 첫 번째 플립플롭의 출력을 논리 [1]로 만들어준다. 이 신호는 또한 key_latch 회로에서 래치되는 출력신호를 0으로 리셋시키는 역할도 하게 된다. 따라서 이 신호가 논리 [1]이 되면 첫 번째 FND인 SEG1에 0이 켜지며 LED1에 불이 들어오게 된다. 이후 링 카운터나 존슨 카운터의 출력에 따라 FND와 LED가 순차적으로 불이 켜지고 꺼지게 되는데 이때 숫자 키가 입력되면 입력된 키의 숫자가 FND에 표시되어 이동하게 된다.

링 카운터로 동작하다가 SEL_R_J 신호를 이용하여 존슨 카운터로 동작시킬 때나 또는 반대로 동작시킬 때, 회로의 동작이 정상적이지 않을 경우에는 START 신호를 발생시키는 버튼을 눌러 카운터를 초기화해서 정상적인 동작을 하도록 한다.

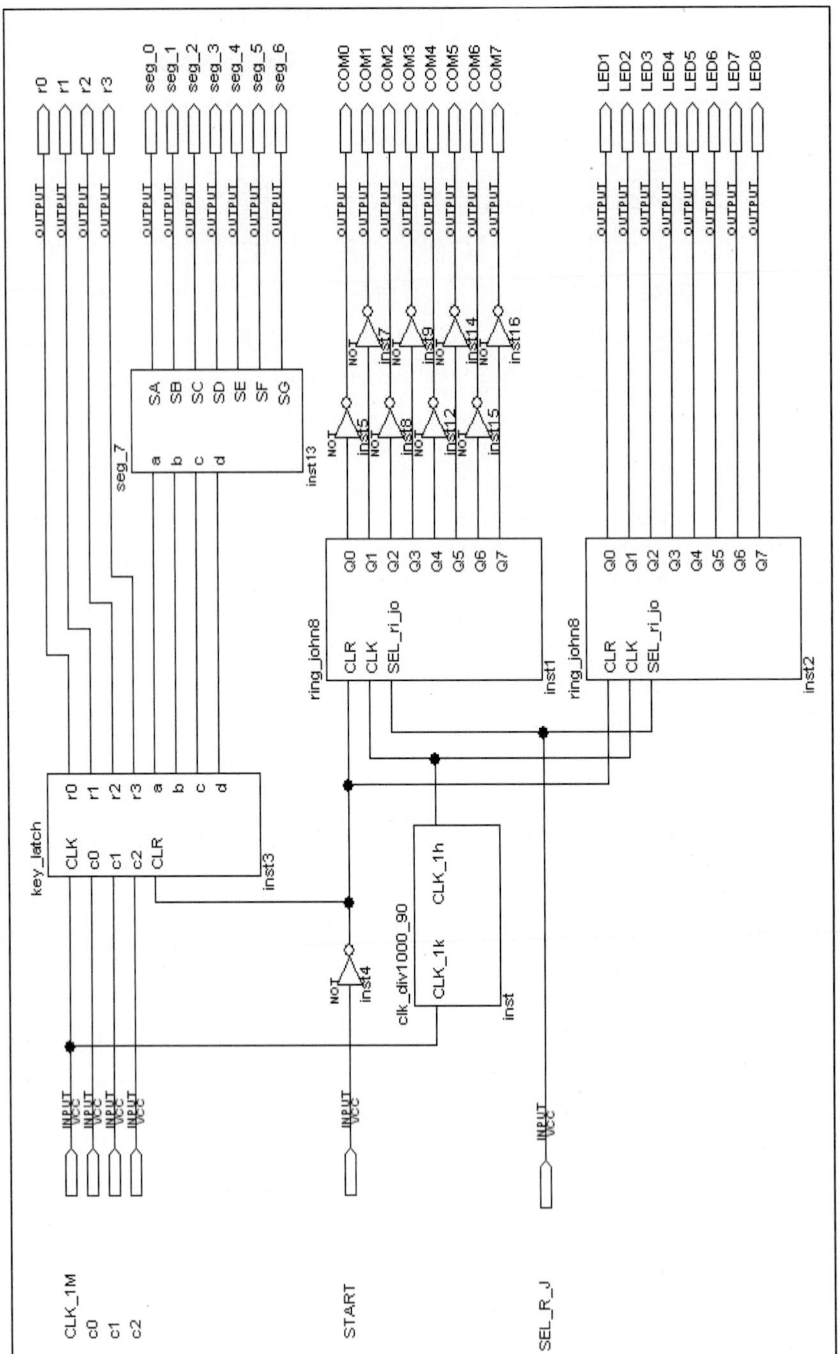

[그림 11-2] 링 존슨 카운터의 전체 회로도

11.2.3 링 카운터

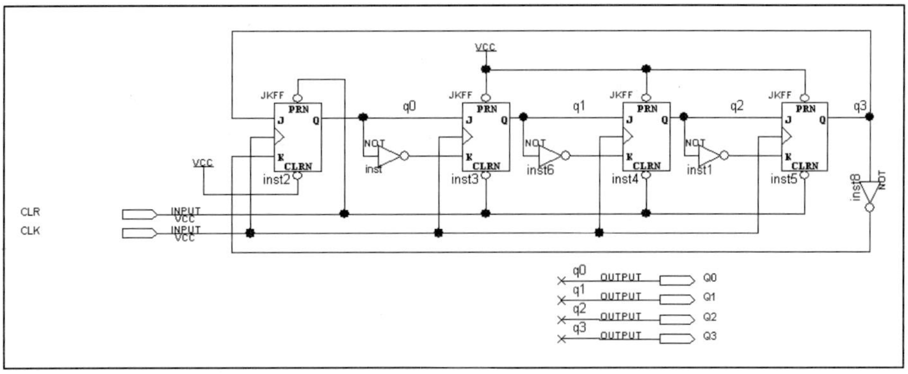

[그림 11-3] JK 플립플롭으로 구성한 링 카운터 회로

[그림 11-3]은 JK 플립플롭으로 구성한 링 카운터 회로로 마지막 단의 출력 q3이 맨 앞단의 J입력으로 연결되고 $\overline{q3}$ 가 K입력으로 연결된다. 링 카운터의 출력 중 한 개는 반드시 논리 [1]이 되어야 하므로 첫 단 플립플롭의 프리셋을 나머지 플립플롭의 리셋단자에 묶어 리셋신호가 들어올 때 첫 단 플립플롭만 논리 [1]로 세팅 되도록 한다.

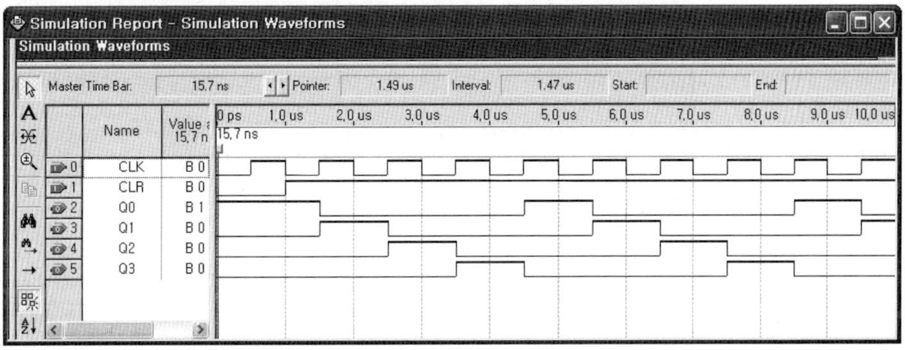

[그림 11-4] 링 카운터의 모의실험 결과

[그림 11-4]는 [그림 11-3]의 링 카운터에 대한 모의실험 결과이다. 파형을 보면 처음에 CLR신호에 0이 들어가면 Q1, Q2, Q3은 리셋이 되고 Q0만 1이 된다. 그 후 클럭에 따라 1이 계속 시프트되는 것을 볼 수 있다.

11.2.4 존슨 카운터

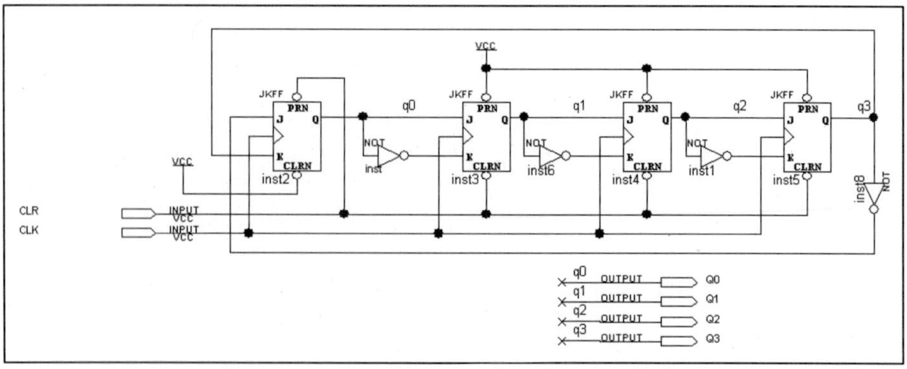

[그림 11-5] JK 플립플롭으로 구성한 존슨 카운터 회로

존슨 카운터는 트위스티드 링 카운터로 불리며 [그림 11-5]에 나타낸 것처럼 q3의 출력이 맨 앞 단의 K입력으로 연결되고 $\overline{q3}$가 J입력으로 연결된다. 이렇게 입력을 서로 엇갈리게 연결하기 때문에 [그림 11-6]의 모의실험 결과에 나타낸 것처럼 출력 파형이 항상 50%의 duty cycle을 가진다. 존슨 카운터는 동일한 수의 플립플롭으로 구성했을 때 출력의 주기가 링 카운터의 2배가 된다.

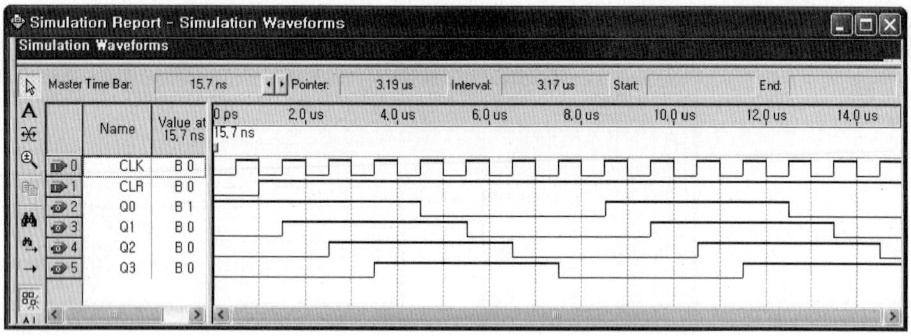

[그림 11-6] 존슨 카운터의 모의실험 결과

출력파형의 상태를 보면 Q3, Q2, Q1, Q0의 순서에 따라 0000, 0001, 0011, 0111, 1111. 1110, 1100, 1000의 상태를 반복한다. 즉, 0000부터 1111까지는 1이 1자리씩 증가하다가 1111부터 0000까지는 1이 1자리씩 감소한다.

11.2.5 링 존슨 카운터

[그림 11-3]과 [그림 11-5]의 차이점은 출력 q3이 링 카운터일 때는 J입력에 연결되고 존슨 카운터일 때는 K입력에 연결된다는 것이다. 2×1 MUX를 사용

하여 출력 q3을 조건에 따라 J입력과 K입력에 연결하도록 한다면 쉽게 링 카운터와 존슨 카운터를 한 회로에서 구현할 수 있다. [그림 11-7]에 MUX를 이용한 8bits 링 존슨 카운터(ring_john8 회로)를 나타내었다.

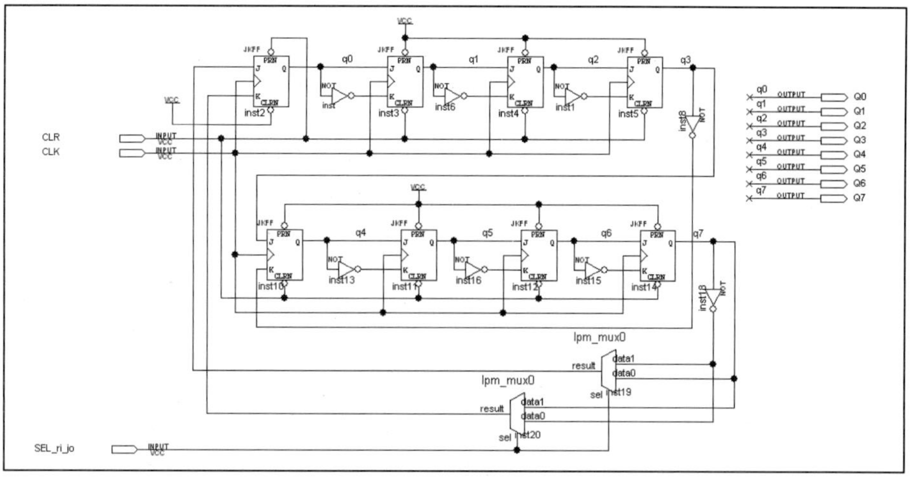

[그림 11-7] JK 플립플롭으로 구성한 8bits 링 존슨 카운터 회로 : ring_john8 회로

SEL_ri_jo 신호가 0일 때는 lpm_mux0의 data0이 선택되어 result로 출력되므로 q7이 맨 앞단 플립플롭의 J입력으로 연결되고 $\overline{q7}$는 K입력으로 연결되어 링 카운터로 동작하고, SEL_ri_jo 신호가 1일 때는 lpm_mux0의 data1이 선택되어 result로 출력되므로 q7이 맨 앞단 플립플롭의 K입력으로 연결되고 $\overline{q7}$는 J입력으로 연결되어 존슨 카운터로 동작하게 된다. [그림 11-8]은 [그림 11-7] 회로의 모의실험 결과인데 설명한 바와 같이 SEL_ri_jo 신호가 0일 때는 링 카운터로 동작하고 1일 때는 존슨 카운터로 동작하는 것을 볼 수 있다. 다만 SEL_ri_jo 신호에 따라 무조건 출력이 제대로 동작하는 것은 아니고 링 카운터나 존슨 카운터의 동작을 선택한 후 초기에 리셋을 한 번 해주어야 이후 정상적인 동작을 하게 된다.

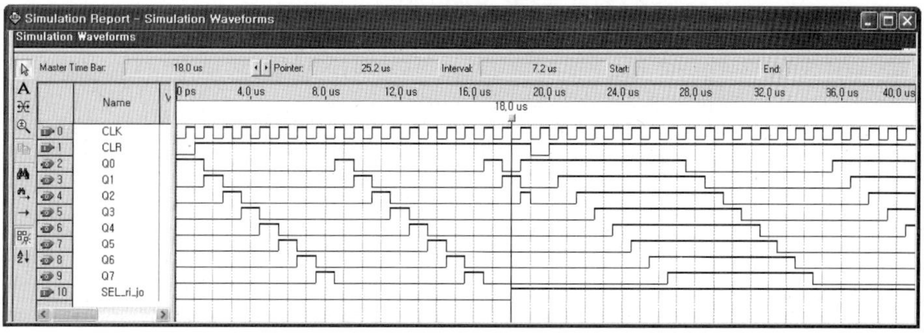

[그림 11-8] JK 플립플롭으로 구성한 8bits 링 존슨 카운터 회로의 모의실험 결과

[그림 11-8]의 파형을 보면 16.5㎲에서 Q0의 출력이 Q7에서 다시 시프트되어 1이 되고 이것이 Q1로 시프트되는 중간인 18㎲에서 SEL_ri_jo 신호가 0에서 1로 변경되었다. 그때 회로는 존슨 카운터로 동작하게 되어 파형에서 보는 것처럼 18.5㎲에서 Q0은 존슨 카운터의 파형을 나타내기 시작한다. 만약 회로를 리셋하지 않는다면 순환 시프트 레지스터의 특성상 링 카운터 모드일 때의 출력과 존슨 카운터일 때의 출력이 같이 계속 시프트되어 정상적인 존슨 카운터의 출력이 나오지 않을 것이다. 그래서 모드 변환을 한 후에 반드시 리셋을 해주어서 정상적인 동작을 하도록 해주어야 한다. 그림에서 19㎲에서 리셋을 한번 한 후엔 정상적인 존슨 카운터의 동작을 하는 것을 볼 수 있다.

[그림 11-9]는 4bits 링 존슨 카운터(ring_john4 회로)이다. [그림 11-7]의 8bits 링 존슨 카운터(ring_john8 회로)와 비교해볼 때 플립플롭의 개수가 8개에서 4개로 변경되어 출력이 Q0에서 Q3까지 4개인 것을 제외하고는 8bits 링 존슨 카운터와 동일하게 동작한다.

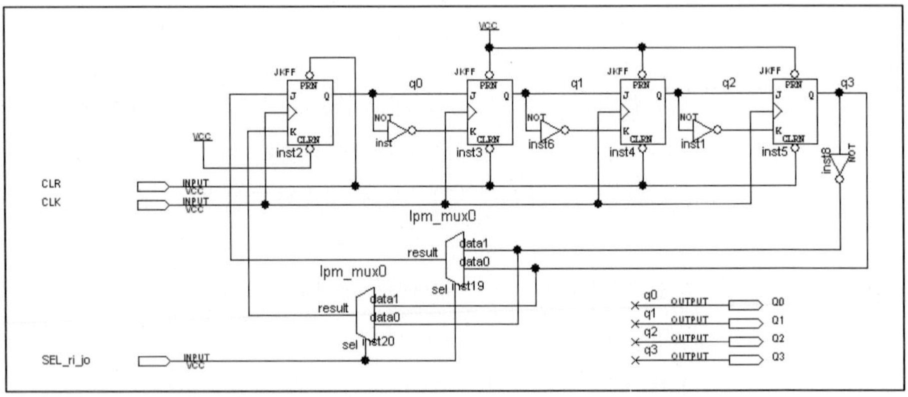

[그림 11-9] JK 플립플롭으로 구성한 4bits 링 존슨 카운터 회로(ring_john4 회로)

11.2.6 기준 클럭 발생회로

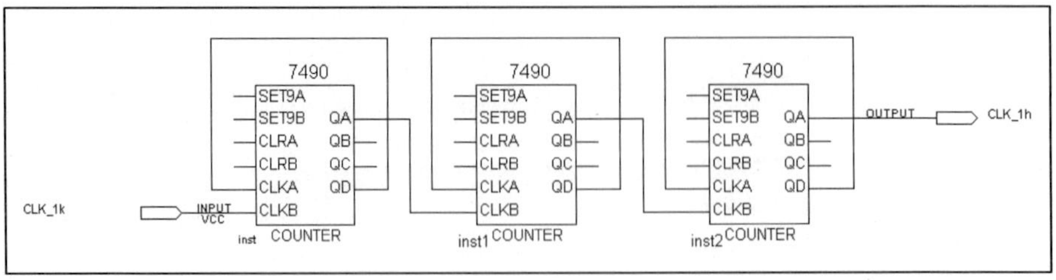

[그림 11-10] Combo II 트레이닝 키트의 기준 클럭 발생회로(clk_div1000_90 회로)

기준 클럭 발생회로는 키 입력을 구동하는 클럭과 카운터를 구동하는 클럭이 서로 다르기 때문에 카운터를 구동하는 클럭을 분주하는 회로이다. [그림 11-10]은 Combo II 트레이닝 키트에 적용할 기준 클럭 발생 회로이다.

Combo II 트레이닝 키트의 클럭은 키트에 있는 Clock Select 다이얼을 돌려서 클럭을 공급하도록 되어 있어서 회로에 필요한 클럭은 분주를 해서 사용해야 한다. 링 존슨 카운터에 공급되는 클럭은 키 입력을 구동하는 클럭을 [그림 11-10]과 같이 1000분주해서 사용한다. 만약 링 존슨 카운터의 동작속도를 조절하고 싶다면 Clock Select 다이얼을 원하는 값으로 돌려서 조절하면 된다.

11.2.7 Key 입력회로

키 입력회로는 링 존슨 카운터 회로 자체와는 관련이 없지만 링 존슨 카운터의 동작을 나타내는 FND에 표시할 숫자를 입력하기 위해 필요한 회로이다. 트레이닝 키트로 실험을 하면 링 존슨 카운터의 동작으로 인해 FND와 LED가 순차적으로 켜지고 꺼지는 것을 반복하게 된다. 이 때 키패드의 숫자를 받아들여서 FND에 표시하도록 하는 회로가 키 입력회로이다.

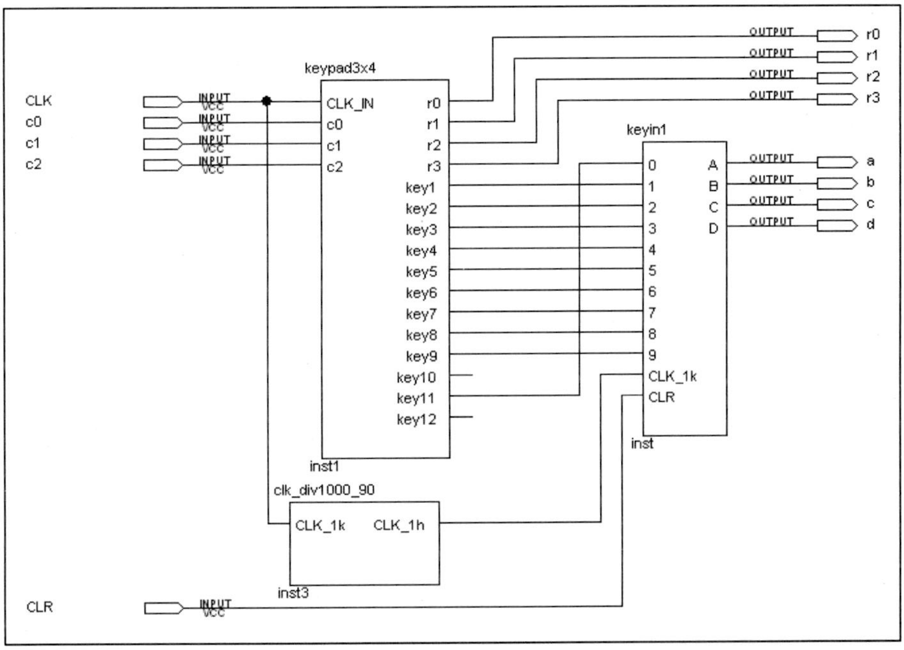

[그림 11-11] Combo II 트레이닝 키트의 키 입력회로(key_latch 회로)

[그림 11-11]은 Combo II 트레이닝 키트의 키 입력회로(key_latch 회로)이다. keypad3×4 회로는 가로 3개, 세로 4개가 매트릭스 형식으로 배열된 12개의 키가 눌려진 것을 감지하는 회로이고 keyin1은 누름이 감지된 키를 그에 해당하는 2진 코드로 변환하여 출력에 래치하는 회로이다. clk_div1000_90회로는 [그림 11-10]과 동일한 회로이며 keypad3×4 회로에서 키를 감지하는 회로를 구동하는 클럭을 1000분주하여 감지된 키를 래치하는 keyin1회로에 공급한다.

[그림 11-12]는 keypad3 × 4의 내부 회로를 나타내는데 매트릭스 방식으로 3개의 column신호와 4개의 row신호를 동시에 스캔해서 키가 눌려진 것을 감지한다. 즉, 순차적으로 column신호를 1로 하고 키를 눌렀을 때 그에 해당되는 row신호가 1이 되면 column과 row가 교차하는 부분의 키가 눌려진 것으로 판단하여 눌린 키의 출력이 1이 된다. 또는 반대로 row신호를 순차적으로 스캔하고 키를 눌렀을 때 해당되는 column신호와의 교차점을 감지하는 방식으로 사용할 수도 있다. 트레이닝 키트에 있는 Scan Dir 스위치를 이용하여 column 방식으로 스캔할 것인지 row방식으로 스캔할 것인지를 설계자가 결정할 수 있다. 여기에서는 row 스캔방식을 사용한다.

[그림 11-12]의 회로도를 보면 입력 클럭을 74161 16진 카운터를 통해 00, 01, 10, 11신호를 만들어서 2×4 디코더인 74139의 선택 단자로 입력한다. 디코더에서는 선택단자의 입력에 따라 4개의 출력 중 하나를 차례로 선택하여 row 신호를 만들어낸다. 이렇게 해서 규칙적으로 row 신호를 1로 만들고 키를 누르면 해당 column 신호가 1이 되어 두 신호의 교차점에 해당되는 키가 출력되게 된다. 이 회로를 사용하기 위해서는 트레이닝 키트에 있는 Scan Dir 스위치가 R_Scan 쪽에 위치하도록 해야 한다.

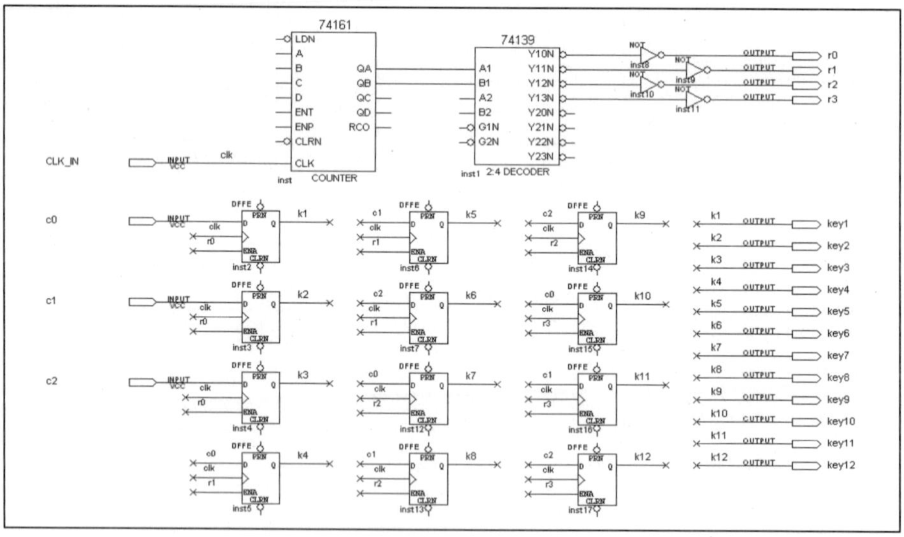

[그림 11-12] Combo II 트레이닝 키트의 keypad3×4 회로

11.2.8 7-세그먼트(FND) 구동회로

트레이닝 키트의 FND를 구동하는 회로인 seg_7의 내부회로를 [그림 11-13]에 나타내었다. 이 회로는 a, b, c, d 입력으로 들어오는 2진수의 조합을 공통 접지형 FND에 0부터 9까지의 10개 숫자와 A에서 F까지의 6가지 문자를 표시할 수 있게 해주는 공통 접지형 7-세그먼트 디코더 회로이다.

[그림 11-13]의 seg_7 내부회로를 구성하기 위한 공통 접지형 FND 구동회로의 진리표는 〈표 11-1〉과 같다.

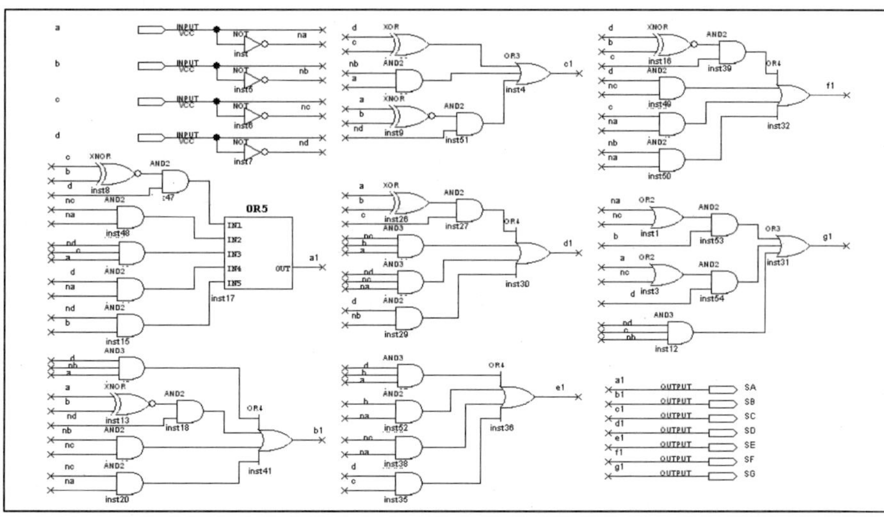

[그림 11-13] 7-세그먼트(FND) 구동회로

〈표 11-1〉 FND 구동회로의 진리표

No.	2진 입력				FND Decode Data						
	d	c	b	a	SA	SB	SC	SD	SE	SF	SG
0	0	0	0	0	1	1	1	1	1	1	0
1	0	0	0	1	0	1	1	0	0	0	0
2	0	0	1	0	1	1	0	1	1	0	1
3	0	0	1	1	1	1	1	1	0	0	1
4	0	1	0	0	0	1	1	0	0	1	1
5	0	1	0	1	1	0	1	1	0	1	1
6	0	1	1	0	1	0	1	1	1	1	1
7	0	1	1	1	1	1	1	0	0	0	0
8	1	0	0	0	1	1	1	1	1	1	1
9	1	0	0	1	1	1	1	1	0	1	1
10	1	0	1	0	1	1	1	0	1	1	1
11	1	0	1	1	0	0	1	1	1	1	1
12	1	1	0	0	1	0	0	1	1	1	0
13	1	1	0	1	0	1	1	1	1	0	1
14	1	1	1	0	1	0	0	1	1	1	1
15	1	1	1	1	1	0	0	0	1	1	1

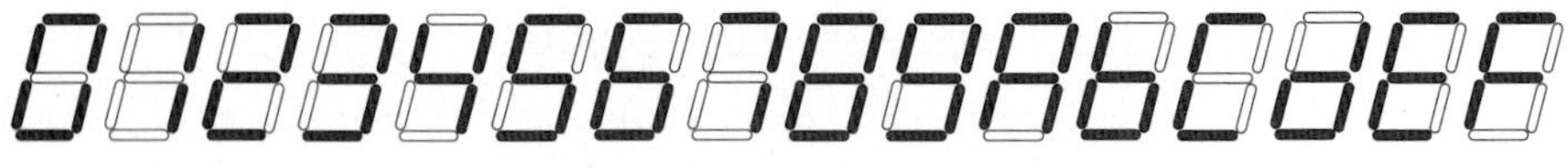

〈표 11-1〉 진리표의 출력에 대한 논리식을 정리하면 다음과 같다.

$$SA = \overline{A}\,\overline{C} + \overline{A}\,D + B\overline{D} + AC\overline{D} + D \cdot (\overline{B \oplus C})$$

$$SB = \overline{A}\,\overline{C} + \overline{B}\,\overline{C} + A\overline{B}D + \overline{D} \cdot (\overline{A \oplus B})$$

$$SC = A\overline{B} + (C \oplus D) + \overline{D} \cdot (\overline{A \oplus B})$$

$$SD = \overline{B}D + \overline{A}\,\overline{C}\,\overline{D} + AB\overline{C} + C \cdot (A \oplus B)$$

$$SE = \overline{A}\,\overline{C} + \overline{A}B + CD + ABD$$

$$SF = \overline{C}D + BD + \overline{A}C + \overline{A}\,\overline{B} + \overline{B}C\overline{D}$$

$$SG = \overline{A}B + B\overline{C} + \overline{C}D + AD + \overline{B}C\overline{D}$$

11.2.9 링 존슨 카운터 회로 핀 연결

〈표 11-2〉는 [그림 11-2]의 링 존슨 카운터 회로를 트레이닝 키트 Combo II에 연결하기 위한 핀 정보이다.

〈표 11-2〉 링 존슨 카운터회로와 Combo II 트레이닝 키트 핀 연결

	신호명	Combo II 신호명	핀번호	신호명	Combo II 신호명	핀번호
Cyclone II EP2C35F672C8	c0	KEYPAD_COLUMN[0]	V11	LED6	LED_D[5]	AE6
	c1	KEYPAD_COLUMN[1]	AB10	LED7	LED_D[6]	AD7
	c2	KEYPAD_COLUMN[2]	AA10	LED8	LED_D[7]	AC7
	CLK_1M	CLK_MAIN[0]	N1	r0	KEYPAD_ROW[0]	AD10
	COM0	SEG_COM[0]	Y1	r1	KEYPAD_ROW[1]	AC10
	COM1	SEG_COM[1]	Y4	r2	KEYPAD_ROW[2]	V10
	COM2	SEG_COM[2]	Y3	r3	KEYPAD_ROW[3]	AF9
	COM3	SEG_COM[3]	W1	seg_0	SEG_DATA[0]	AF5
	COM4	SEG_COM[4]	Y5	seg_1	SEG_DATA[1]	AE5
	COM5	SEG_COM[5]	W3	seg_2	SEG_DATA[2]	AD6
	COM6	SEG_COM[6]	W2	seg_3	SEG_DATA[3]	AC6
	COM7	SEG_COM[7]	V1	seg_4	SEG_DATA[4]	AA2
	LED1	LED_D[0]	AF7	seg_5	SEG_DATA[5]	AA1
	LED2	LED_D[1]	AE7	seg_6	SEG_DATA[6]	AA6
	LED3	LED_D[2]	AB8	SEL_R_J	DIP_D[8]	W11
	LED4	LED_D[3]	W8	START	BUTTON_SW[0]	Y10
	LED5	LED_D[4]	AF6			

Combo II 트레이닝 키트에 공급하는 클럭은 트레이닝 키트의 Clock Select 다이얼을 6으로 맞추어 1kHz를 공급하는데 회로의 동작을 확인하기 위해 적절히 조정해도 된다. 회로를 처음 구동할 때나 링 카운터나 존슨 카운터로 변환할 경우 반드시 트레이닝 키트 표면의 키 A를 눌러 START 신호를 회로에 입력하고 초기상태로 리셋시켜 준다. 회로를 링 카운터나 존슨 카운터로 변환시키는 것은 Bus SW2로 표기된 DIP 스위치의 1번 스위치가 역할을 하도록 하였다. 스위치를 아래로 내리면 회로가 링 카운터로 동작하고 위쪽으로 올리면 회로가 존슨 카운터로 동작한다.

11.2.10 링 존슨 카운터 회로 실장실험

〈표 11-2〉와 같이 핀 정보를 모두 입력한 다음 다시 컴파일을 한다. 컴파일을 한 후 [Tools]-[Programmer]를 클릭하여 실장실험을 한다.

Clock Select를 6으로 세팅해서 1kHz를 공급하고 DIP 스위치인 Bus SW2의 1번을 아래로 내린 후 키 A를 눌러 트레이닝 키트의 〈표 11-3〉과 같이 SEG1을 제외한 SEG2, SEG3, SEG4, SEG5, SEG6, SEG7, SEG8이 모두 꺼지는지 확인하고 LED1을 제외한 모든 LED가 꺼지는지 확인한다.

〈표 11-3〉 Combo II 실장실험 1

키 A를 누르고 있는 상태	
버스 스위치2	FND 출력
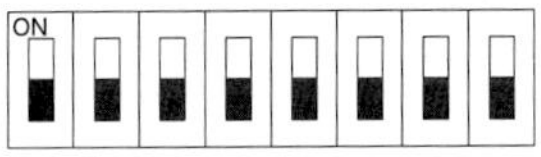	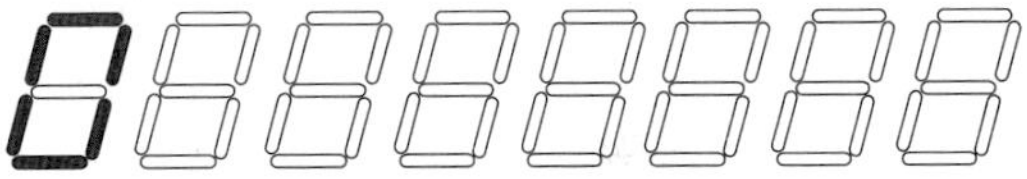
	LED 출력 (1000 0000)
	●○○○ ○○○○

키 A를 떼면 SEG1의 0과 LED1에 켜진 불이 오른쪽으로 한자리씩 이동하는 것을 볼 수 있다. 이 결과를 통하여 현재의 회로가 링 카운터로 동작하고 있음을 알 수 있다. 정상적으로 동작하는지 확인하였으면 키 5를 눌러본다. 누르는 시점에 따라 8개의 FND와 LED 중 어느 한 곳의 FND에 5가 표시되고 동일한 위치의 LED에 불이 들어오는 것을 볼 수 있다. 이후 숫자 키를 0부터 9까지 눌러서 FND에 제대로 표시되는지 확인한다. 키 5를 눌렀을 때 〈표 11-4〉와 같은 위치에도 FND와 LED에 불이 들어오는지 확인한다.

〈표 11-4〉 Combo II 실장실험 2

키 A를 떼고 키 5를 한번 누른 상태	
버스 스위치2	FND 출력
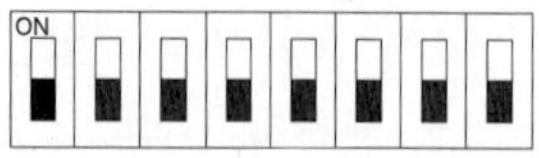	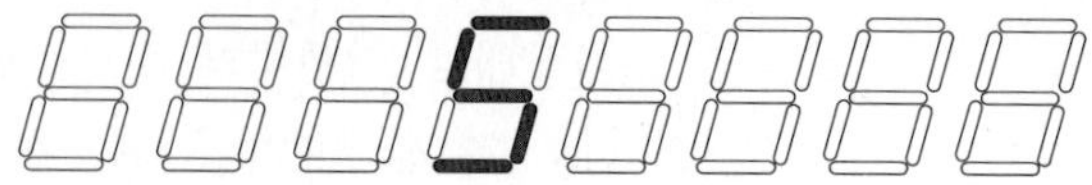
	LED 출력 (0001 0000)
	○○○● ○○○○

이제 DIP 스위치인 Bus SW2의 1번을 위로 올려 회로를 존슨 카운터로 동작시켜보자. 아마 정상적으로 동작하지 않을 것이다. 키 A를 눌러 〈표 11-3〉과 같은 상태를 확인하고 키 A를 떼어본다. 이번에는 8개의 FND와 LED가 모두 켜질 때 까지 오른쪽으로 이동하는 것을 볼 수 있다. 그런 다음 왼쪽 FND와 LED부터 꺼지기 시작하여 모두 꺼질 때까지 역시 오른쪽으로 이동한다. 이번에는 키 7을 눌러 FND와 LED가 〈표 11-5〉와 같은 상태를 보이는지 확인한다. Clock Select의 다이얼을 돌려서 시프트 속도를 조절해가며 관찰해본다.

〈표 11-5〉 Combo II 실장실험 3

키 7을 한번 누른 상태	
버스 스위치2	FND 출력
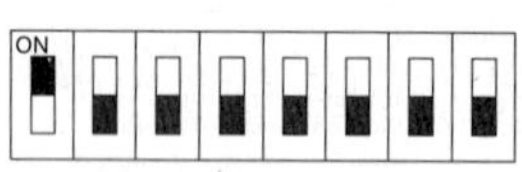	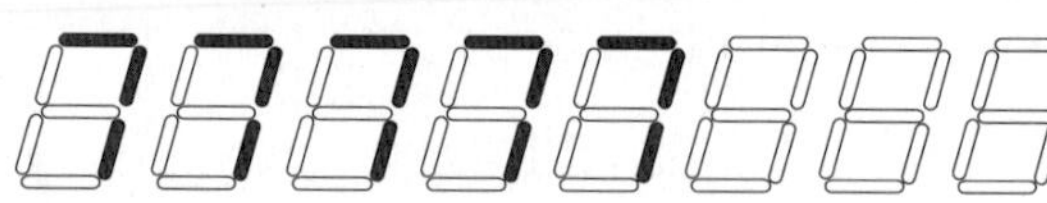
	LED 출력 (1111 1000)
	●●●● ●○○○

11.3)) 주요 사항 검토

① keyin1 회로에서 CLR신호의 역할은 무엇인가?

② ring_john8 회로에서 MUX의 역할을 설명하라.

11.4 연습문제

연습문제

① Combo II 트레이닝 키트의 키 입력회로에서 column 스캔 방식으로 3×4 키패드 입력을 설계하여 트레이닝 키트에 적용해보라.

② 링 존슨 카운터를 D 플립플롭을 사용하여 설계한 후 트레이닝 키트에 적용해보라.

③ 오른쪽에서 왼쪽으로 FND와 LED가 켜지도록 설계하고 적용해보라.

CHAPTER 12

IC를 활용한 카운터 응용회로 설계하기

CHAPTER

12 IC를 활용한 카운터 응용회로 설계하기

12.1 IC를 활용한 카운터 응용회로 설계 목표

① 74160 동기식 10진 카운터를 이용하여 시계회로를 설계한다.
② 초, 분을 구성할 60진 카운터를 설계한다.
③ 시를 구성할 24진 카운터를 설계한다.
④ LED와 FND를 사용하여 출력을 확인한다.
⑤ 초, 분, 시의 시각입력이 잘 되는지 확인한다.
⑥ 클럭의 주파수를 다르게 구성하여 정상적으로 동작을 하는지 확인한다.

12.2 IC를 활용한 카운터 응용회로 구성하기

12.2.1 IC를 활용한 카운터 응용회로 블록도

IC를 활용한 카운터 응용회로의 예로 동기식 디지털 시계를 구성해보자. 여기서 살펴볼 디지털 시계는 단순히 클럭에 따라 시간만 표시하는 것이 아니라 시간 세팅도 마음대로 할 수 있는 시계 회로이다. 전체적인 블록도를 [그림 12-1]에 나타내었다. 블록도는 기준 클럭 발생 회로와 시간 조정회로, 초 계수회로, 분 계수회로, 시 계수회로 및 7-세그먼트 표시부로 구성된다. 초 계수회로는 클럭을 60개 세어 초를 나타내며 분 계수회로는 초 계수회로가 60개의 클럭을 셀 때마다 내보내는 신호를 모두 60개를 세서 분을 나타낸다. 결과적으로 분 계수회로는 3600개의 클럭을 셀 때마다 시 계수회로로 신호를 내보낸다. 시 계수회로는 분 계수회로에서 신호가 올 때마다 계수하고 모두 24개의 신호를 세도록 해서 시를 나타낸다.

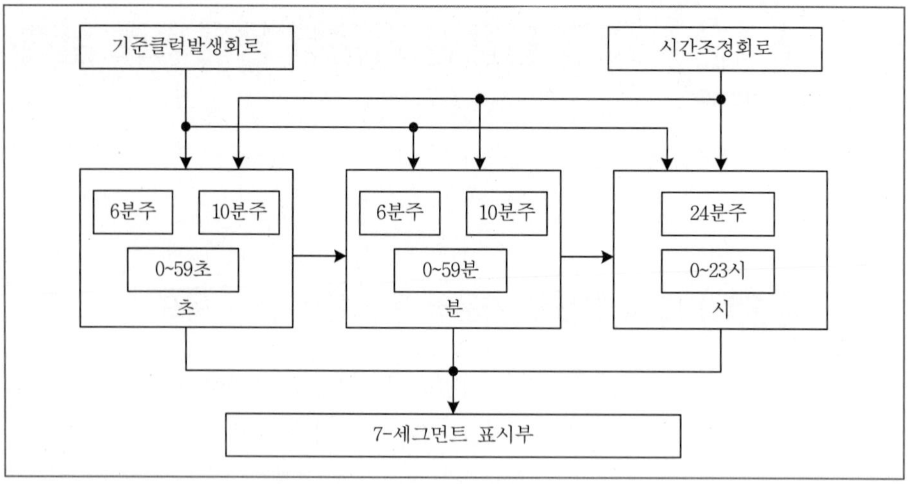

[그림 12-1] IC를 활용한 카운터 회로(디지털 시계) 블록도

기준 클럭 발생회로는 Combo II 트레이닝 키트에서는 1kHz의 클럭을 받아서 시계회로에 공급하는 1Hz의 클럭을 만들어내는 회로이다.

7-세그먼트 표시부는 공통 접지형 7-세그먼트를 구동하는 회로로, 시계회로의 출력결과를 7-세그먼트와 LED를 통해 나타낼 수 있도록 하는 회로이다.

12.2.2 IC를 활용한 카운터 응용 회로도

[그림 12-2]는 Combo II 트레이닝 키트에 적용할 수 있는 디지털 시계의 전체 회로도이다. Combo II 트레이닝 키트에서는 입력 클럭이 1개이므로 FND에 사용되는 클럭과 카운터에 사용되는 클럭을 모두 만들어야 한다. 카운터에 입력되는 클럭은 [그림 12-7]과 같이 FND의 구동에 사용되는 1kHz의 클럭을 1000분주하여 1Hz를 만들어 공급한다. 클럭을 1000분주하는 회로는 7490 카운터 3개를 사용하여 회로를 구성한다. 이렇게 만들어진 1Hz의 클럭으로 초, 분, 시 계수회로에서 각각 클럭을 계수하게 된다.

HOLD 신호는 클럭의 계수를 잠깐 멈추고자 할 때 버튼을 누르는 동안만 동작한다. CLR 신호는 시계회로 전체를 리셋시킬 수 있는 신호이고 CLK_s, CLK_m, CLK_h 신호는 SEL_ADJ 신호에 따라 각각 초, 분, 시를 원하는 시각으로 조정할 수 있도록 한다.

FND는 1kHz로 구동되며 6개의 FND를 사용하여 초, 분, 시를 나타내는데 각각 2개씩 사용된다. 트레이닝 키트에 있는 총 8개의 FND 중 시계 표시에 사용되지 않는 2개의 FND에 불이 들어오지 않도록 com6, com7 신호를 Vcc에 연결한다.

시간 조정회로는 플립플롭과 MUX로 구성하며 디지털 시계를 원하는 시각으로 세팅하기 위한 회로로 SEL_ADJ 신호가 시각을 조정할 수 있도록, 시각을 조정하는 동안 각 계수회로에 입력되는 1Hz의 클럭을 끊어서 시계 회로가 클럭의 계수를 멈추도록 한다. SEL_ADJ 신호는 플립플롭을 사용하여 토글되게 만들어서 한번 누르면 시간을 조정할 수 있게 하고 다시 누르면 시간이 갈 수 있도록 구성한다.

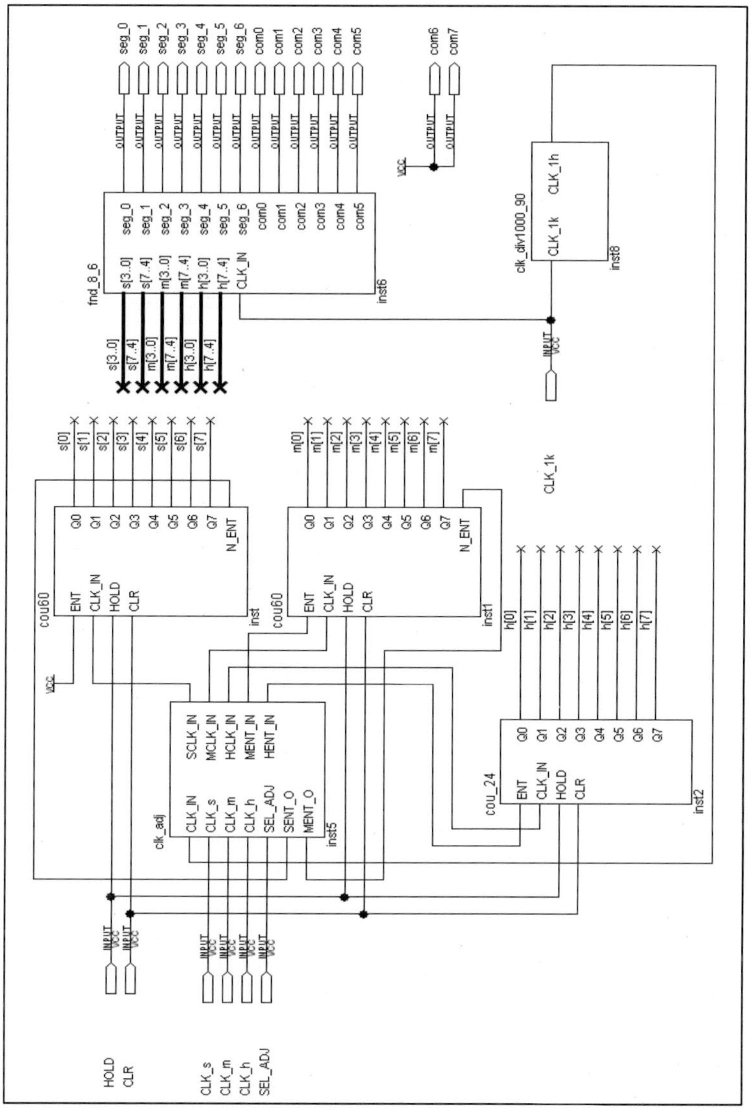

[그림 12-2] IC를 활용한 디지털 시계 회로도

12.2.3 초, 분 계수 회로(60진 카운터 : cou60)

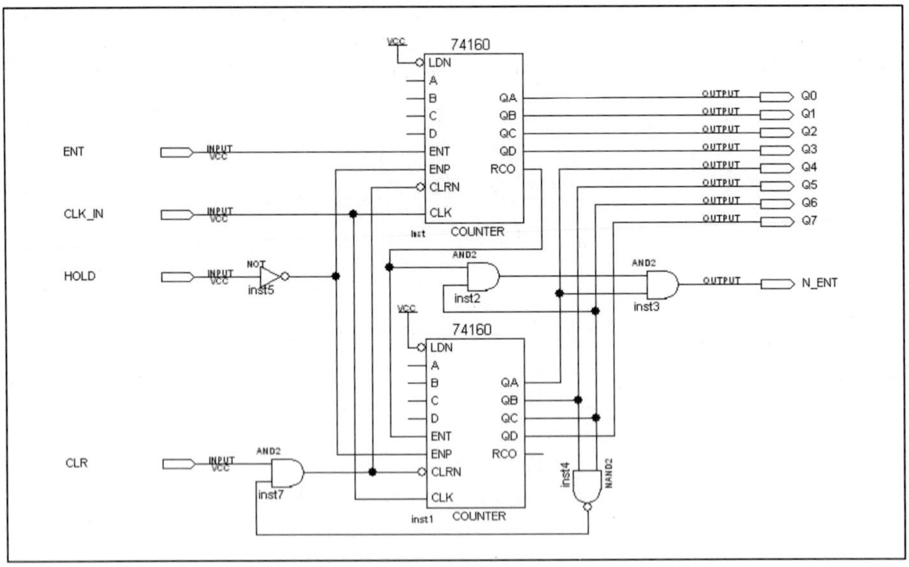

[그림 12-3] 초, 분 계수회로(60진 카운터 : cou60)

주파수를 60분주하는 초, 분 계수회로는 [그림 12-3]과 같다. 74160은 동기식 10진 카운터로 74160 2개를 사용하여 60분주 회로를 구성한다. 이 회로는 시계회로이므로 0부터 59까지 세도록 구성한다. 카운터가 59를 세고 60이 될 때를 감지할 수 있는 신호를 NAND 게이트에 연결하고 NAND 게이트의 출력을 카운터의 클리어(CLRN)에 연결하여 카운터의 출력을 모두 0으로 리셋시킨다.

74160은 출력이 9(1001)가 될 때마다 논리 [1]의 RCO신호를 출력하는데 이 신호는 74160을 직렬로 연결해서 카운터의 계수 범위를 확장하기 위한 신호이며 다음 74160의 ENT에 연결하여 이 신호가 논리 [1]이 될 때마다 클럭에 동기되어 다음 단의 74160 출력이 하나씩 증가하게 된다. 즉, 앞단의 74160이 10개의 클럭을 셀 때마다 뒷단의 74160 출력이 하나씩 증가한다. 이렇게 해서 출력 Q7, Q6, Q5, Q4는 0101(=510), Q3, Q2, Q1, Q0는 1001(=910)이 될 때, 다시 말하면 출력이 59(0101 1001)가 될 때를 디코딩하여 논리 [1]의 N_ENT 신호를 다음 계수회로로 연결한다.

초 계수회로의 N_ENT 신호를 분 계수회로의 ENT단자에 연결하면 분 계수회로는 초 계수회로가 60개의 클럭을 셀 때마다 출력이 하나씩 증가하게 된다. N_ENT신호가 논리 [0]일 때는 분 계수회로는 클럭이 들어와도 출력이 증가하지 않는다. 오직 N_ENT가 논리 [1]일 때만 증가하게 된다.

[그림 12-4]는 초, 분 계수회로의 모의실험 결과이다. [그림 12-4]의 모의실험 조건은 다음과 같다.

모의실험 조건

[Vector Waveform Editor]창에서 [Edit]-[End Time]을 65[s]로 설정한다.

[Vector Waveform Editor]창에서 [Edit]-[Grid Size]를 1[s]로 설정한다.

CLK_IN의 주파수는 1Hz로 설정한다.

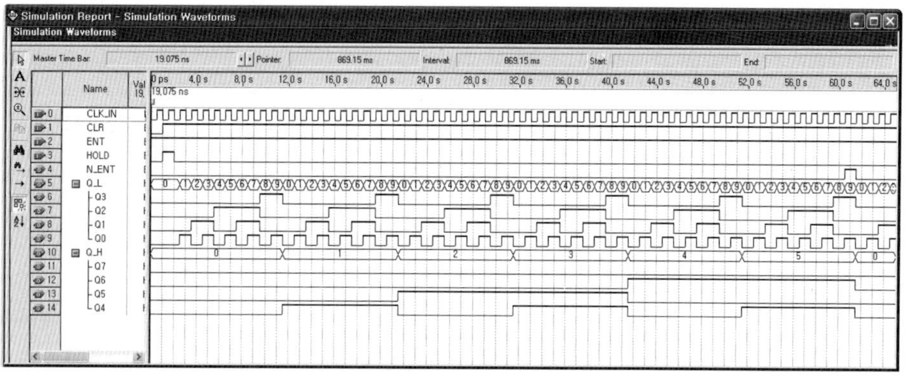

[그림 12-4] 초, 분 계수회로(60진 카운터) 모의실험 결과

[그림 12-4]에서 Q_L은 1의 자리에 해당하는 카운터의 출력 Q3, Q2, Q1, Q0을 그룹으로 묶은 결과이고 Q_H는 10의 자리에 해당하는 카운터의 출력 Q7, Q6, Q5, Q4를 그룹으로 묶어 놓은 것이다. 모의실험에서 사용한 클럭은 1Hz로 주기는 1sec이고 리셋신호 CLR은 1sec까지 논리[0]을 주어 카운터를 리셋시키고 1sec에서 2sec까지는 HOLD 신호에 논리 [1]을 가해 카운터가 클럭을 세는 것을 멈추게 하였다. HOLD 신호가 논리 [0]으로 된 이후부터 카운터가 클럭을 세기 시작하여 59까지 센 후에 다시 00이 되고 이후 같은 결과를 반복한다.

모의실험 결과를 보면 출력이 59일 때 N_ENT가 논리 [1]이 되는 것을 볼 수 있다. 이 신호가 다음 분 계수회로나 시 계수회로의 ENT에 연결되면 이 값이 논리 [1]이 될 때마다 해당 계수회로의 출력이 하나씩 증가하게 된다.

12.2.4 시 계수 회로(24진 카운터 : cou_24)

주파수를 24분주하는 시 계수회로는 [그림 12-5]와 같다. 60분주 회로와 마찬가지로 74160 2개를 사용하여 24분주 회로를 구성한다. 이 회로는 시 부분을 나타내므로 0부터 23까지 24시간을 세게 된다. 앞의 초, 분 계수회로와 회로구성이 비슷하지만 마지막 단이므로 다음 단으로 연결하기 위한 N_ENT 신호가 필요 없게 된다. 24진 카운터를 구성하기 위해 출력의 상위 4bits의 이진수 값이 0010이고 하위 4bits의 이진수 값이 0100, 즉 24일 때를 감지하여 NAND게이트를 통해 모든 카운터의 출력을 모두 0으로 리셋시킨다. 여기에서는 출력 8개를 모두 디코딩할 필요가 없이, 출력이 24일 때는 오직 Q5와 Q2만 논리 [1]이므로 Q5와 Q2의 출력만 NAND 게이트로 묶어서 리셋단자에 연결하면 된다.

시 계수회로의 ENT 입력단자에는 분 계수회로에서 보내온 N_ENT 신호가 연결된다. 이 신호가 논리 [1]이 될 때마다 시 계수회로는 하나씩 출력이 증가하게 된다.

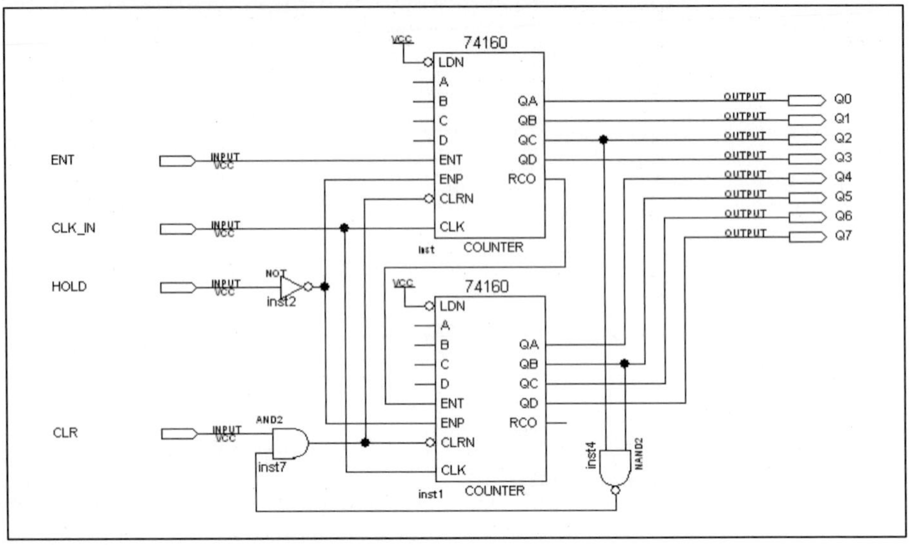

[그림 12-5] 시 계수회로(24진 카운터 : cou_24)

[그림 12-6]은 시 계수회로의 모의실험 결과이다. [그림 12-6]의 모의실험 조건은 다음과 같다.

모의실험 조건

[Vector Waveform Editor]창에서 [Edit]-[End Time]을 55[s]로 설정한다.

[Vector Waveform Editor]창에서 [Edit]-[Grid Size]를 1[s]로 설정한다.

CLK_IN의 주파수는 1Hz로 설정한다.

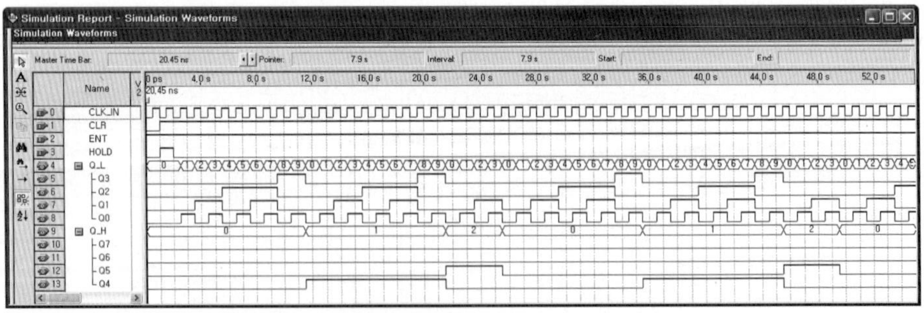

[그림 12-6] 시 계수회로(24진 카운터) 모의실험 결과

앞의 초, 분 계수회로와 마찬가지로 모의실험에서 사용한 클럭은 1Hz로 주기는 1sec이고 리셋신호 CLR은 1sec까지 논리 [0]을 주어 카운터를 리셋시키고 1sec에서 2sec까지는 HOLD 신호에 논리 [1]을 가해 카운터가 클럭 세는 것을 멈추게 한 후 다시 논리 [0]을 가해 카운터가 클럭을 세기 시작하도록 하였다.

모의실험 결과를 보면 출력이 23이 되고 난 후 다시 00이 되는 것을 볼 수 있으며 이후 같은 동작을 반복하게 된다.

12.2.5 기준 클럭 발생회로

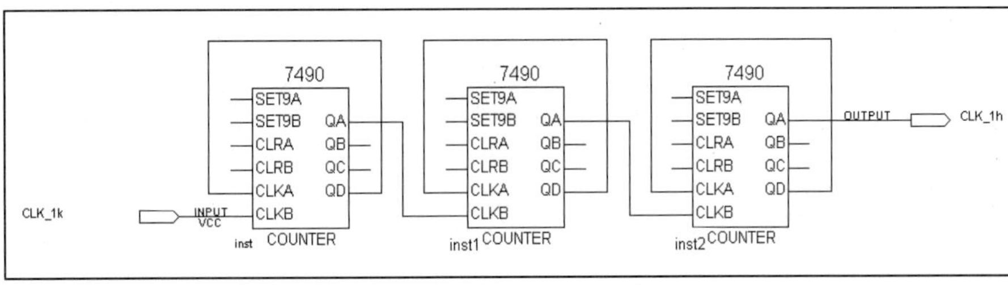

[그림 12-7] 기준 클럭 발생회로 : clk_div1000_90 회로 (Combo II)

기준 클럭 발생회로는 1kHz의 입력주파수를 받아서 시계회로에서 사용할 1Hz의 클럭을 출력하는 회로이다.
Combo Ⅱ 트레이닝 키트의 클럭은 키트에 있는 Clock Select 다이얼을 돌려서 클럭을 공급하도록 되어 있어서 회로에 필요한 클럭은 분주를 해서 사용해야 한다. 디지털 시계에는 1Hz 클럭이 필요하므로 Clock Select 다이얼을 6으로 맞출 때 나오는 1kHz의 클럭을 [그림 12-7]과 같이 1000분주 하여 1Hz의 클럭을 만들어 공급하게 된다.

12.2.6 시간 조정회로

시간 조정회로는 시계회로를 원하는 시각으로 세팅할 수 있도록 하는 회로로 [그림 12-8]에 회로도를 나타내었다. 이 회로는 시계를 조정하기 위한 신호를 래치하는 플립플롭과 5개의 lpm_mux(2 × 1 MUX)로 구성된다. CLK_IN신호는 시계를 동작시키는데 필요한 1Hz의 신호이고 CLK_s는 초를 세팅하는 신호이다. CLK_m은 분을 세팅하는 신호이고 CLK_h는 시를 세팅하는 신호로 버튼을 누를 때 마다 해당되는 시, 분, 초가 하나씩 증가하여 원하는 시각을 세팅할 수 있도록 구성하였다.

시각을 세팅하려면 먼저 SEL_ADJ를 눌러 시계회로를 동작시키는 1Hz의 클럭을 차단하고 시각을 입력할 수 있는 상태로 전환시킨 다음 CLK_s, CLK_m, CLK_h 버튼을 눌러 원하는 시각의 초, 분, 시가 되도록 하고 다시 SEL_ADJ를 눌러 정상적으로 시계가 동작되도록 한다. SEL_ADJ를 한번 누르면 시각을 조정할 수 있는 상태로 되고 다시 누르면 정상적인 시계동작이 되도록 구성하였다.

SENT_O신호는 초 계수회로에서 나오는 N_ENT신호에 연결하여, 시간을 조정할 때 MUX로 분 계수회로의 ENT입력과의 연결을 분리시켜 분 계수회로의 시간이 증가되지 않도록 하며 시간 조정이 끝나면 다시 분 계수회로의 ENT와 연결하여 정상적인 동작을 하도록 한다. MENT_O신호도 분 계수회로의 N_ENT신호와 연결하여 MUX 동작에 따라 Vcc나 시 계수회로의 ENT와 연결한다는 것만 다를 뿐 SENT_O신호와 동일하게 동작한다.

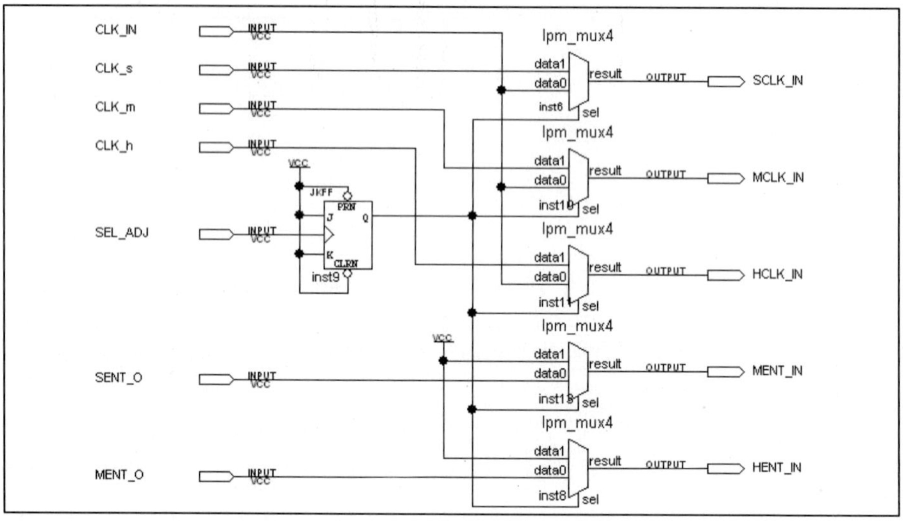

[그림 12-8] 시간 조정회로

12.2.7 7-세그먼트(FND) 표시부

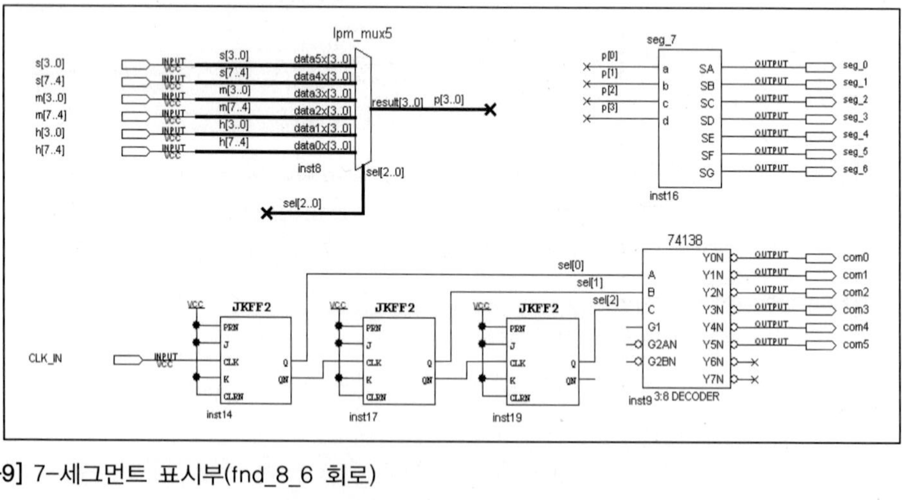

[그림 12-9] 7-세그먼트 표시부(fnd_8_6 회로)

[그림 12-9]에 보인 7-세그먼트(이하 FND로 표시) 표시부는 카운터의 출력을 트레이닝 키트의 FND를 이용하여 직접 16진수를 나타내는 0부터 9까지의 10개의 숫자와 A, B, C, D, E, F의 6개의 문자를 나타낼 수 있게 변환해주는 회로로 크게 FND 구동회로(seg_7)와 6자리의 FND에 카운터 출력을 나타내기 위한 4 bits용 6×1 MUX(멀티플렉서)로 구성한다.

FND 구동 클럭(CLK_IN)을 받아서 8진 카운터를 구성하여 8개의 서로 다른 상태를 만들어 내고 4 bits용 6×1 MUX의 sel 단자와 74138 디코더에 연결한다. 74138 디코더는 Combo II 트레이닝 키트에 있는 8개의 FND 중 6개의 FND를 구동할 수 있도록 com 신호를 디코딩하며 MUX와 연동되어 MUX로 들어오는 데이터를 FND에 표시할 수 있도록 해당되는 FND의 com 신호를 발생시킨다.

[그림 12-9]에 있는 FND 구동회로인 seg_7의 내부회로를 [그림 12-10]에 나타내었다. 이 회로는 a, b, c, d 입력으로 들어오는 2진수의 조합을 공통 접지형 FND에 0부터 9까지의 10개 숫자와 A에서 F까지의 6가지 문자를 표시할 수 있게 해주는 공통 접지형 7-세그먼트 디코더 회로이다.

[그림 12-10]의 seg_7 내부회로를 구성하기 위한 공통 접지형 FND 구동회로의 진리표는 〈표 12-1〉과 같다.

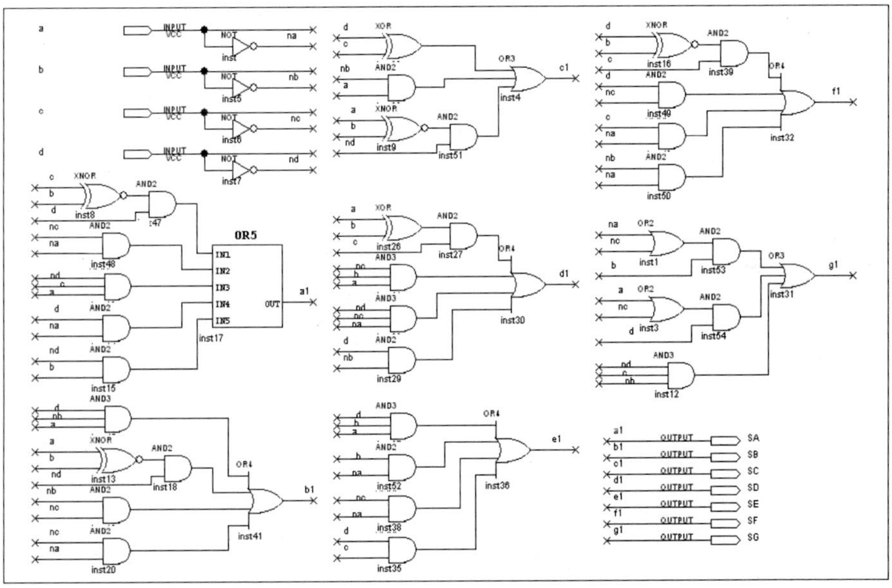

[그림 12-10] 7-세그먼트(FND) 구동회로

〈표 12-1〉 FND 구동회로의 진리표

No.	2진 입력				FND Decode Data						
	d	c	b	a	SA	SB	SC	SD	SE	SF	SG
0	0	0	0	0	1	1	1	1	1	1	0
1	0	0	0	1	0	1	1	0	0	0	0
2	0	0	1	0	1	1	0	1	1	0	1
3	0	0	1	1	1	1	1	1	0	0	1
4	0	1	0	0	0	1	1	0	0	1	1
5	0	1	0	1	1	0	1	1	0	1	1
6	0	1	1	0	1	0	1	1	1	1	1
7	0	1	1	1	1	1	1	0	0	0	0
8	1	0	0	0	1	1	1	1	1	1	1
9	1	0	0	1	1	1	1	1	0	1	1
10	1	0	1	0	1	1	1	0	1	1	1
11	1	0	1	1	0	0	1	1	1	1	1
12	1	1	0	0	1	0	0	1	1	1	0
13	1	1	0	1	0	1	1	1	1	0	1
14	1	1	1	0	1	0	0	1	1	1	1
15	1	1	1	1	1	0	0	0	1	1	1

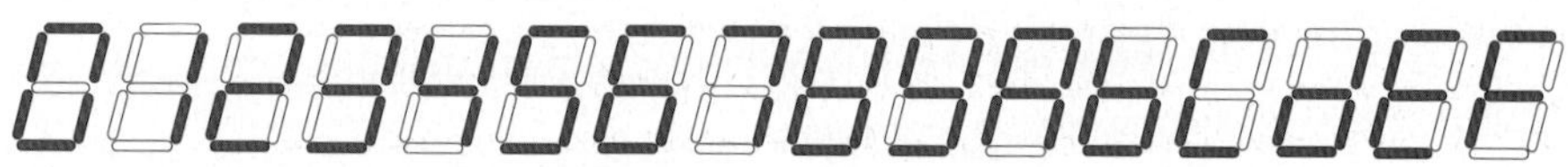

〈표 12-1〉 진리표의 출력에 대한 논리식을 정리하면 다음과 같다.

$$SA = \overline{A}\,\overline{C} + \overline{A}\,D + B\overline{D} + A\,C\overline{D} + D\cdot(\overline{B \oplus C})$$
$$SB = \overline{A}\,\overline{C} + \overline{B}\,\overline{C} + A\,\overline{B}\,D + \overline{D}\cdot(\overline{A \oplus B})$$
$$SC = A\,\overline{B} + (C \oplus D) + \overline{D}\cdot(\overline{A \oplus B})$$
$$SD = \overline{B}\,D + \overline{A}\,\overline{C}\,\overline{D} + A\,B\,\overline{C} + C\cdot(A \oplus B)$$
$$SE = \overline{A}\,\overline{C} + \overline{A}\,B + CD + A\,B\,D$$
$$SF = \overline{C}\,D + BD + \overline{A}\,C + \overline{A}\,\overline{B} + \overline{B}\,C\overline{D}$$
$$SG = \overline{A}\,B + B\overline{C} + \overline{C}\,D + A\,D + \overline{B}\,C\overline{D}$$

FND 구동회로는 1개의 FND만 구동하기 때문에 트레이닝 키트에 있는 2개 이상의 FND를 구동하기 위해서는 MUX가 필요하다. Combo II 트레이닝 키트에서는 6개의 FND를 동작시키므로 4 bits용 6×1 MUX가 사용된다. 설계에 사용한 MUX는 6개의 4 bits 입력 중 하나를 1개의 4 bits 출력으로 연결하는 MUX이다. QuartusⅡ의 Symbol Tool을 누르면 [그림 12-11]의 화면이 나오는데 [Name:]란에 lpm_mux를 입력하고 [OK]버튼을 눌러 나오는 화면에서 [next] 버튼을 선택하면 [그림 12-12]와 같은 화면을 볼 수 있다. 여기서는 입력의 개수와 입력 bit수를 선택하도록 되어 있는데 6×1 MUX를 사용하려면 입력의 개수를 6, 입력의 bit수는 4를 선택한 후 [next]버튼을 누르고, 4×1 MUX를 사용하려면 입력의 개수를 4, 입력의 bit수는 4를 선택한 후 [next]버튼을 누르고 이어 [finish] 버튼을 눌러 MUX를 입력한다. 여기서는 입력의 개수가 4이고 bit수가 4인 MUX를 선택하는 것을 보였다.

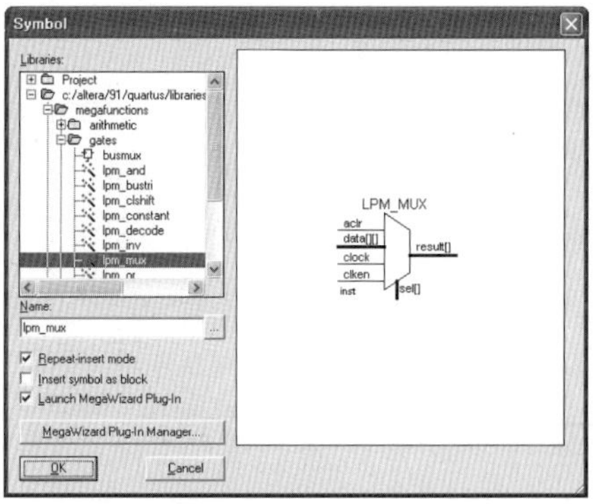

[그림 12-11] 심볼명 입력화면

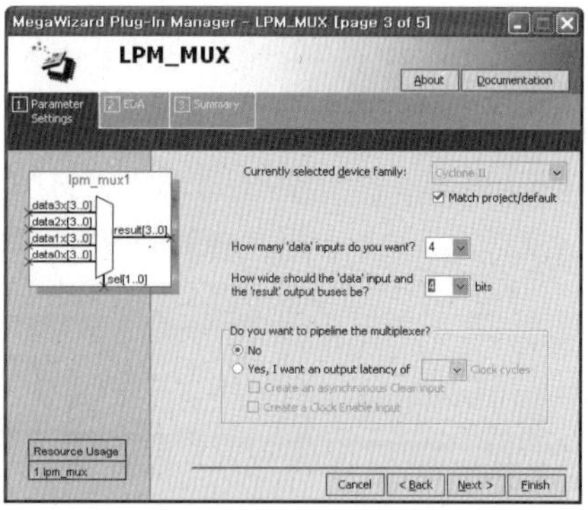

[그림 12-12] 입력 개수 및 bit수 입력화면

12.2.8 IC를 활용한 카운터 응용회로 핀 연결

〈표 12-2〉는 [그림 12-2]의 디지털 시계회로를 트레이닝 키트 Combo II에 연결하기 위한 핀 정보이다.

〈표 12-2〉 디지털 시계회로와 Combo II 트레이닝 키트 핀 연결

	신호명	Combo II 신호명	핀번호	신호명	Combo II 신호명	핀번호
Cyclone II EP2C35F672C8	CLK_1k	CLK_MAIN[0]	N1	com6	SEG_COM[6]	W2
	ADJ_h	BUTTON_SW[0]	Y10	com7	SEG_COM[7]	V1
	ADJ_m	BUTTON_SW[2]	AA9	HOLD	BUTTON_SW[1]	W10
	ADJ_s	BUTTON_SW[4]	AE9	seg_0	SEG_DATA[0]	AF5
	CLR	DIP_D[8]	W11	seg_1	SEG_DATA[1]	AE5
	com0	SEG_COM[0]	Y1	seg_2	SEG_DATA[2]	AD6
	com1	SEG_COM[1]	Y4	seg_3	SEG_DATA[3]	AC6
	com2	SEG_COM[2]	Y3	seg_4	SEG_DATA[4]	AA2
	com3	SEG_COM[3]	W1	seg_5	SEG_DATA[5]	AA1
	com4	SEG_COM[4]	Y5	seg_6	SEG_DATA[6]	AA6
	com5	SEG_COM[5]	W3	SEL_ADJ	BUTTON_SW[5]	AC9

Combo II 트레이닝 키트에 공급하는 클럭은 1kHz로 하고 회로전체의 리셋은 트레이닝 키트 표면에 Bus SW2로 표기된 DIP 스위치의 1번 스위치가 역할을 하도록 할당하였다. 스위치가 아래로 위치하면 회로가 리셋되고 위쪽으로 위치하면 회로가 정상적으로 동작한다. 시간조정을 위해 초, 분, 시를 각각 조정할 수 있도록 별도의 버튼을 할당하였다. 시의 조정에는 트레이닝 키트의 키 A를 누르면 되고 분의 조정에는 키 C, 초의 조정에는 키 E를 눌러 조정하도록 했다. 앞에서 설명한 바와 같이 시간조정을 위해서는 SEL_ADJ로 할당한 키 F를 눌러 시간조정모드로 변환시킨 다음에 조정을 해야 한다. SEL_ADJ는 토글형식으로 한번 누르면 시간조정을 하고 또 한 번 누르면 계수를 하도록 구성이 되어 있다. HOLD신호는 키 B에 할당하여 누르고 있는 동안만 시계계수를 멈추도록 하였다. 플립플롭을 이용하면 토글형식으로 변경할 수도 있다. FND는 com0부터 com5까지 6개를 이용하여 시, 분, 초를 표시하도록 하며 com6, com7은 논리 [1]로 묶어서 FND에 불이 들어오지 않게 하였다.

12.2.9 IC를 활용한 카운터 응용회로 실장실험

〈표 12-2〉와 같이 핀 정보를 모두 입력한 다음 다시 컴파일을 한다. 컴파일을 한 후 [Tools]-[Programmer]를 클릭하여 실장실험을 한다.

Clock Select를 6으로 세팅해서 1kHz를 공급하고 DIP 스위치인 Bus SW2의 1번을 아래로 내려 〈표 12-3〉과 같이 트레이닝 키트의 SEG1, SEG2, SEG3, SEG4, SEG5, SEG6에 0이 표시되는지 확인하고 모든 LED가 꺼지는지 확인한다.

〈표 12-3〉 Combo II 실장실험 1

키 B를 누르고 RESET을 논리 [1]로 한 상태	
버스 스위치2	FND 출력
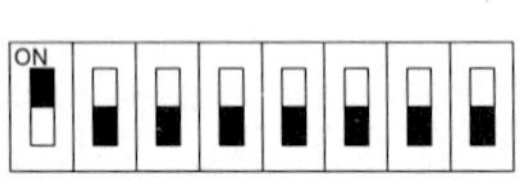	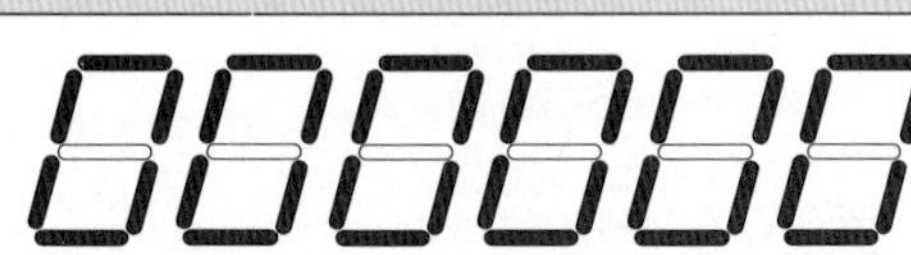

그런 다음 트레이닝 키트에 있는 6개의 키 중, 키 B를 누른 상태에서 Bus SW2의 1번을 위로 올려 트레이닝 키트에 〈표 12-3〉과 같은 결과가 나타나는지 확인한다. 그런 다음 키 B를 떼면 시계가 1초씩 증가하는 것을 볼 수 있다.

정상적으로 동작하는 지 확인하였으면 이제 23시 59분 58초를 세팅해본다. 키 F를 누르면 시계의 동작이 멈추고 시간 조정모드가 된다. 키 A를 한 번씩 누르면 SEG1, SEG2의 표시되는 숫자가 하나씩 증가하는 것을 볼 수 있다. 23이 될 때까지 키 A를 한 번씩 반복해서 누르고 23이 되면 멈춘다. 이제 분을 세팅한다.

키 C를 누르면 분이 하나씩 증가하는데 SEG3, SEG4에 59가 표시될 때까지 키 C를 눌러 분을 세팅한 후 키 E를 누르면 초가 하나씩 증가하는데 SEG5, SEG6에 58이 표시되도록 누른다. 이렇게 하면 23시 59분 58초를 세팅할 수 있다. 설정한 결과 FND의 상태가 〈표 12-4〉와 같은지 확인한다.

〈표 12-4〉 Combo II 실장실험 2

키 C를 누르고 시간세팅을 마친 상태	
버스 스위치2	FND 출력
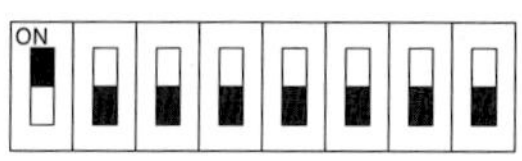	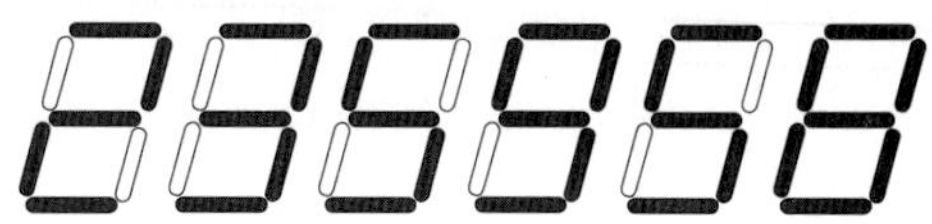

이제 키 C를 다시 눌러 2초 후에 모든 시간이 〈표 12-3〉처럼 000000이 되는지 확인한다.

12.3)) 주요 사항 검토

① 전체 시계회로도에서 HOLD신호의 역할은 무엇인가? 또 그렇게 동작할 수 있는 이유를 설명하라.
② 초 분 계수 회로에서 N_ENT신호의 역할은 무엇인가? 또 그 동작을 설명하라.
③ 7-세그먼트회로에서 com신호의 역할은 무엇인가?

12.4)) 연습문제

연습문제

① HOLD 신호가 토글 상태로 회로에 입력되도록 설계하여 트레이닝 키트에 적용해 보라.

CHAPTER 13

IC를 활용한 주파수 분주 회로(24분주) 설계하기

CHAPTER 13

IC를 활용한 주파수 분주 회로(24분주) 설계하기

13.1 IC를 활용한 주파수 분주(24분주)회로 설계 목표

① 74160 동기식 10진 카운터 IC 2개를 병렬 연결하여 24진 카운터를 구성한다.
② 클럭분주회로를 설계한다.
③ LED와 FND를 사용하여 출력을 확인한다.
④ LOAD 신호 입력에 따라 정해진 숫자(76)를 카운터에 로드하고 클럭에 동기되어 99까지 24개의 클럭을 세는지 확인한다.

13.2 IC를 활용한 주파수 분주(24분주)회로 구성하기

13.2.1 IC를 활용한 주파수 분주(24분주)회로 블록도

74160 IC를 활용하여 24분주 회로를 구성한 블록도를 그림 13-1에 나타내었다. 블록도는 24진 카운터 회로와 7-세그먼트 표시부, LED 표시부의 세부분으로 구성된다. 24진 카운터 회로는 동기식 10진 카운터인 74160 IC 2개를 사용하여 구성하며 7-세그먼트 표시부는 공통 접지형 7-세그먼트를 구동하는 회로로서 24진 카운터의 출력결과를 7-세그먼트 2개로 나타낼 수 있도록 하는 회로이다. LED 표시부는 7-세그먼트로 표시되는 카운터의 출력을 동시에 LED로도 보여주는 역할을 한다.

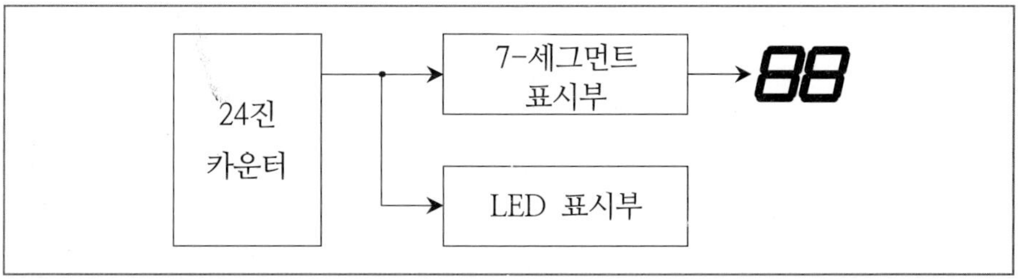

[그림 13-1] IC를 활용한 주파수 분주(24분주)회로 블록도

13.2.2 IC를 활용한 주파수 분주(24분주)회로의 전체 회로도

[그림 13-2]는 Combo II 트레이닝 키트에 적용할 수 있는 IC를 활용한 주파수 분주(24분주) 회로의 전체 회로도를 나타낸 것이다.

Combo II 트레이닝 키트에서는 입력 클럭이 1개이므로 FND에 사용되는 클럭과 카운터에 사용되는 클럭을 모두 만들어야 한다. 카운터에 입력되는 클럭은 [그림 13-3]과 같이 FND의 구동에 사용되는 1kHz의 클럭을 1000분주하여 1Hz를 만들어 공급한다.

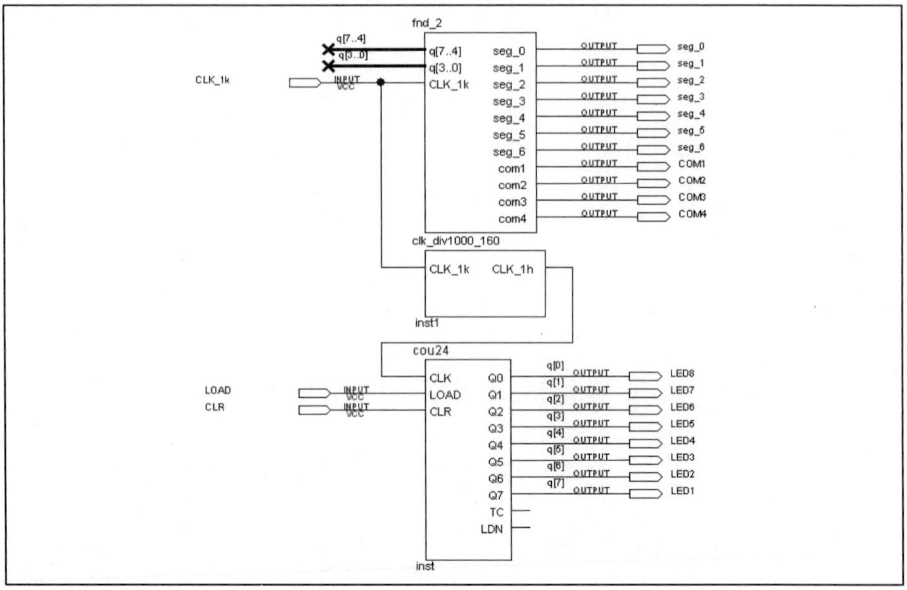

[그림 13-2] IC를 활용한 주파수 분주(24분주) 회로

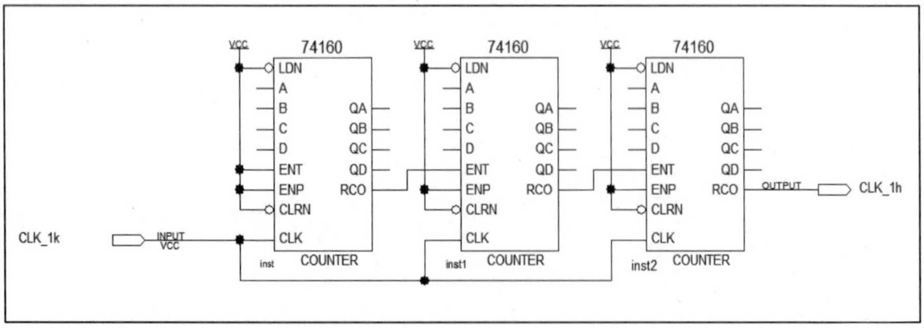

[그림 13-3] 입력 클럭을 1000분주 하는 회로 (clk_div1000_160 회로)

13.2.3 24분주 회로(24진 카운터 : cou_24)

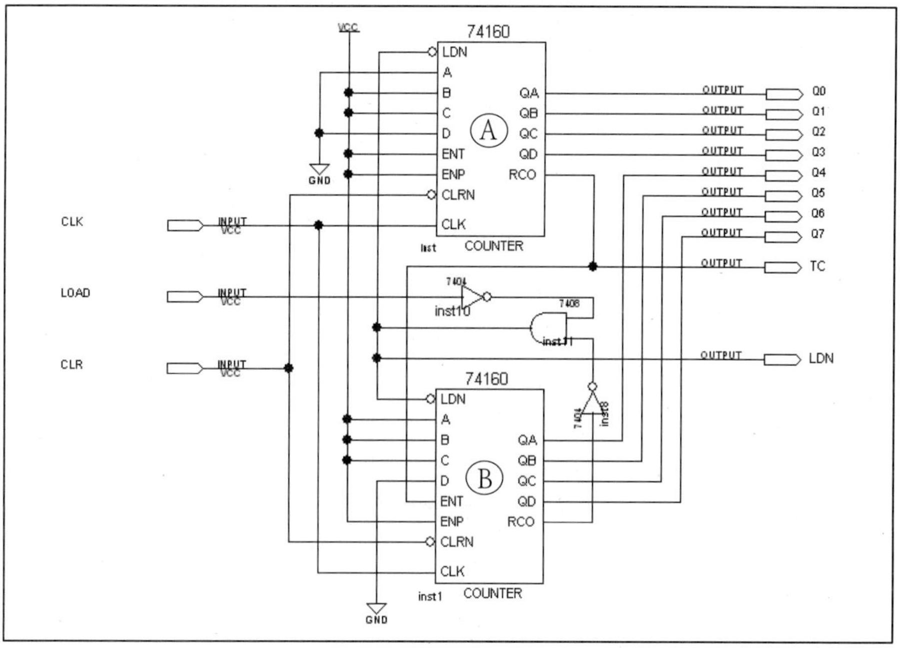

[그림 13-4] 24 분주회로 : cou_24

주파수를 24분주하는 회로는 [그림 13-4]와 같다. 74160은 동기식 10진 카운터로 74160 2개를 사용하면 최대 100분주 회로를 구성할 수 있다.

주파수를 24분주 한다는 것은 입력 클럭을 24개씩 세서 출력하는 것으로 카운터를 사용한다고 해서 꼭 0부터 23까지 하나씩 순서대로 셀 필요는 없다. 물론 그렇게도 회로를 구성할 수 있지만 필요한 클럭 수만 세는 데는 그리 효율적인 방법이 아니다. 여기서 소개하는 방법은 74160의 RCO 단자가 카운터의 출력이 1001, 즉 9일 때마다 논리 [1]을 출력한다는 것을 이용한 방법이다.

2개의 74160 중에서 Ⓐ는 1의 자리, Ⓑ는 10의 자리를 나타낸다. 설계 방법은 다음과 같다.

1) 카운터 2개가 최대로 셀 수 있는 숫자는 10 × 10=100이므로 100에서 분주할 숫자를 뺀다. 그 결과로 나오는 숫자를 두 카운터의 입력으로 설정한다. 여기선 100-24=76이 카운터의 입력으로 사용된다.
2) 76에서 6은 1의 자리에 해당되므로 카운터 Ⓐ의 초기 값으로 연결하고, 7은 10의 자리이므로 카운터 Ⓑ의 초기 값으로 연결한다. 즉, Ⓐ의 입력 핀(DCBA)에 6의 이진수 값인 0110을 연결하고 Ⓑ의 입력 핀(DCBA)에 7의 이진수 값인 0111을 연결한다.

3) 이 값들을 카운터의 초기 값으로 load하기 위해 카운터 Ⓑ의 RCO(리플 캐리 출력)출력을 인버터를 통해 각 카운터에서 초기 입력 값을 load하기 위한 단자인 LDN단자에 연결한다. 보통은 이렇게 연결하는데 여기서는 별도의 LOAD 입력단자를 사용하여 처음에 강제로 76을 load하기 위해, LOAD 입력단자의 신호를 인버터를 통해 AND게이트에 연결하고 카운터 Ⓑ의 RCO출력을 반전하여 AND게이트의 다른 입력에 연결한 후 AND 게이트의 출력을 두 카운터의 load단자(LDN 단자)에 연결한다.
4) 카운터 Ⓐ의 캐리 출력 신호(RCO)를 카운터 Ⓑ의 인에이블 신호(ENT)에 연결한다. 그냥 연결해도 무방하나 NOT 게이트 2개를 통해서 연결하기도 한다. 이렇게 하면 RCO신호가 약간 지연되어 카운터 Ⓑ의 구동에 여유를 가질 수 있다.
5) 클럭(CLK)과 리셋신호(CLR)는 각각 연결하여 별도의 신호선으로 입력하고, 카운터 Ⓐ의 인에이블 신호 ENT와 ENP, 카운터 Ⓑ의 ENP는 Vcc에 연결하여 논리 [1]로 만든다.

이 회로에서 LOAD 신호의 역할은 초기값 76을 카운터에 강제로 load하는 역할을 한다. 그렇게 하지 않으면 CLR신호로 카운터의 출력을 모두 리셋시킨 후 클럭이 공급되었을 때 카운터는 반드시 처음에 0부터 99까지를 계수한 다음, 76부터 99까지 24개의 클럭을 계수하게 된다. 즉 리셋 후엔 꼭 100개의 클럭을 계수한 후에 24개의 클럭을 계수해서 출력하게 되므로 별도의 LOAD 입력으로 초기 값을 load하고 처음부터 24개의 클럭을 계수하도록 한다.

13.2.4 24분주 회로 동작 파형

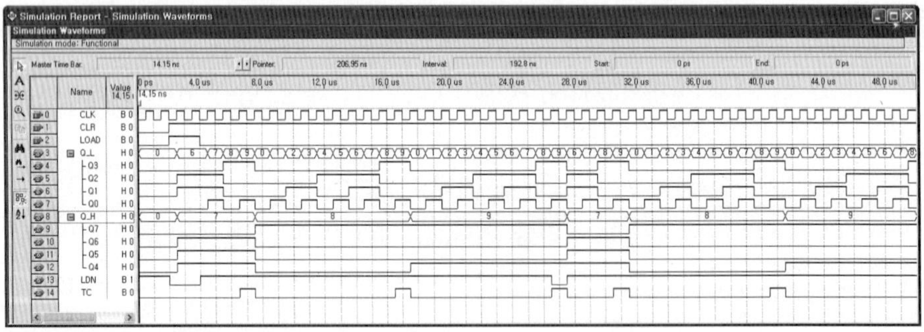

[그림 13-5] 24분주 회로 모의실험 결과

[그림 13-5]는 24분주 회로의 모의실험 결과이다. [그림 13-5]의 모의실험 조건은 다음과 같다.

모의실험 조건

[Vector Waveform Editor]창에서 [Edit]-[End Time]을 50[μs]로 설정한다.

[Vector Waveform Editor]창에서 [Edit]-[Grid Size]를 1[μs]로 설정한다.

CLK의 주파수는 1MHz로 설정한다.

[그림 13-5]에서 Q_L은 카운터 Ⓐ의 출력 Q3, Q2, Q1, Q0을 그룹으로 묶은 결과이고 Q_H는 카운터 Ⓑ의 출력 Q7, Q6, Q5, Q4를 그룹으로 묶어 놓은 것이다. 모의실험에서 사용한 클럭은 1MHz로 주기는 1μs이고 리셋신호 CLR은 2μs까지 논리 [0]을 주어 카운터를 리셋시키고 2μs에서 4μs까지는 LOAD 신호에 논리 [1]을 가해 76의 초기 값이 카운터로 load되게 하였다.

모의실험 결과에서 TC는 카운터 Ⓐ의 출력이 9(1001)가 될 때 논리 [1]이 되는 RCO출력으로 카운터 Ⓑ의 ENT에 연결하면 카운터 Ⓐ가 10개의 클럭을 센 후에 카운터 Ⓑ가 1씩 증가하게 된다. LDN은 두 카운터의 load 신호로 LDN이 논리 [0]인 동안 클럭의 상승에지(rising edge)에서 76이 카운터로 load 된다. 76이 load 된 후 클럭이 인가됨에 따라 출력이 1씩 증가하다가 99가 되면 LDN이 논리 [0]이 되고 76이 다시 load 되어 이후 계속 같은 동작을 반복하게 된다.

13.2.5 7-세그먼트(FND) 표시부

[그림 13-6]에 보인 7-세그먼트(이하 FND로 표기) 표시부는 카운터의 출력을 트레이닝 키트의 FND를 이용하여 직접 10진수의 숫자로 나타낼 수 있게 변환해주는 회로로 크게 FND 구동회로와 2자리의 FND에 카운터 출력을 나타내기 위한 4bits 2×1 MUX(멀티플렉서)로 구성한다.

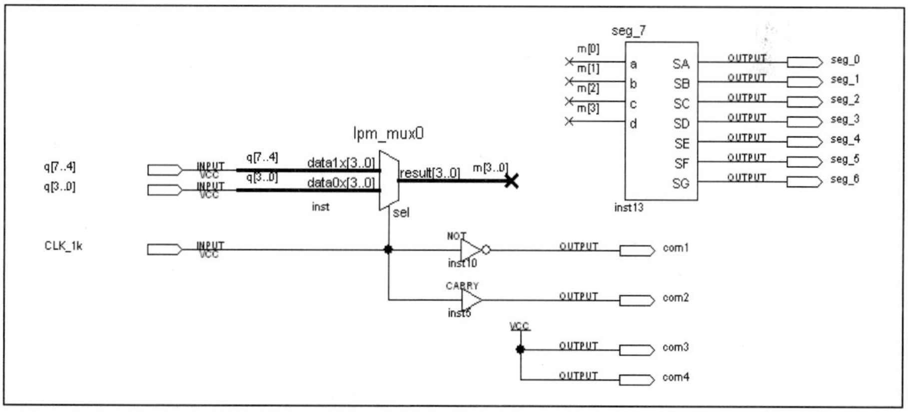

[그림 13-6] 7-세그먼트 표시부

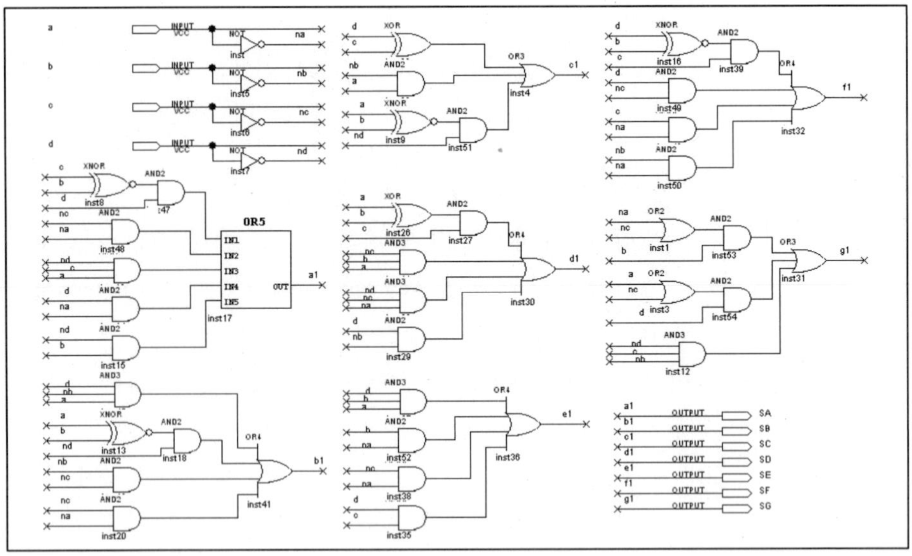

[그림 13-7] 7-세그먼트(FND) 구동회로

[그림 13-6]에 있는 FND 구동회로인 seg_7의 내부회로를 [그림 13-7]에 나타내었다. 이 회로는 a, b, c, d 입력으로 들어오는 2진수의 조합을 공통 접지형 FND에 0부터 9까지의 10개 숫자와 A에서 F까지의 6가지 문자를 표시할 수 있게 해주는 공통 접지형 7-세그먼트 디코더 회로이다. FND 구동회로의 진리표는 〈표 13-1〉과 같다.

〈표 13-1〉 FND 구동회로의 진리표

No.	2진 입력				FND Decode Data						
	d	c	b	a	SA	SB	SC	SD	SE	SF	SG
0	0	0	0	0	1	1	1	1	1	1	0
1	0	0	0	1	0	1	1	0	0	0	0
2	0	0	1	0	1	1	0	1	1	0	1
3	0	0	1	1	1	1	1	1	0	0	1
4	0	1	0	0	0	1	1	0	0	1	1
5	0	1	0	1	1	0	1	1	0	1	1
6	0	1	1	0	1	0	1	1	1	1	1
7	0	1	1	1	1	1	1	0	0	0	0
8	1	0	0	0	1	1	1	1	1	1	1
9	1	0	0	1	1	1	1	1	0	1	1
10	1	0	1	0	1	1	1	0	1	1	1
11	1	0	1	1	0	0	1	1	1	1	1
12	1	1	0	0	1	0	0	1	1	1	0
13	1	1	0	1	0	1	1	1	1	0	1
14	1	1	1	0	1	0	0	1	1	1	1
15	1	1	1	1	1	0	0	0	1	1	1

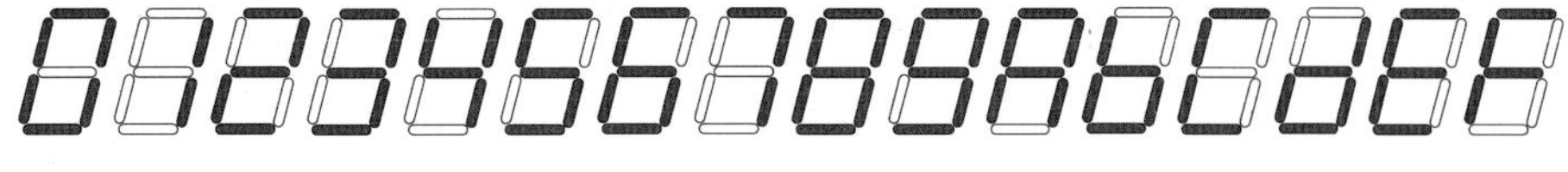

〈표 13-1〉 진리표의 출력에 대한 논리식을 정리하면 다음과 같다.

$$SA = \overline{A}\,\overline{C} + \overline{A}\,D + B\overline{D} + AC\overline{D} + D \cdot (\overline{B \oplus C})$$

$$SB = \overline{A}\,\overline{C} + \overline{B}\,\overline{C} + A\overline{B}D + \overline{D} \cdot (\overline{A \oplus B})$$

$$SC = A\overline{B} + (C \oplus D) + \overline{D} \cdot (\overline{A \oplus B})$$

$$SD = \overline{B}D + \overline{A}\,\overline{C}\,\overline{D} + AB\overline{C} + C \cdot (A \oplus B)$$

$$SE = \overline{A}\,\overline{C} + \overline{A}B + CD + ABD$$

$$SF = \overline{C}D + BD + \overline{A}C + \overline{A}\,\overline{B} + \overline{B}C\overline{D}$$

$$SG = \overline{A}B + B\overline{C} + \overline{C}D + AD + \overline{B}C\overline{D}$$

FND 구동회로는 1개의 FND만 구동하기 때문에 2개 이상의 FND를 구동하기 위해서는 MUX가 필요하다. 여기서는 2개의 FND를 동작시키므로 4 bits용 2×1 MUX를 사용하였다. 설계에 사용한 MUX는 2개의 4 bits(d, c, b, a) 입력 중 하나를 4 bits의 출력으로 연결하는 MUX이다. QuartusⅡ의 Symbol Tool을 누르면 [그림 13-8]의 화면이 나오는데 [Name:]란에 lpm_mux를 입력하고 [OK]버튼을 눌러 나오는 화면에서 [next] 버튼을 선택하면 [그림 13-9]와 같은 화면을 볼 수 있다. 여기서는 입력의 개수와 입력 bit수를 선택하도록 되어 있는데 입력의 개수는 2, 입력의 bit수는 4를 선택한 후 [next]버튼을 누르고 이어 [finish] 버튼을 눌러 MUX를 입력한다.

여기서 사용한 2×1 MUX는 4bits를 동시에 스위칭해주는 것으로 SEL신호에 0이 들어오면 카운터 Ⓐ의 출력이 FND2에 표시되고 SEL신호에 1이 들어오면 카운터 Ⓑ의 출력이 FND1에 표시된다. SEL신호로는 1kHz의 주파수를 사용하여 두 FND가 계속 켜진 것처럼 보이게 하는데 실제로는 FND가 번갈아가며 켜짐과 꺼짐을 반복하고 있다.

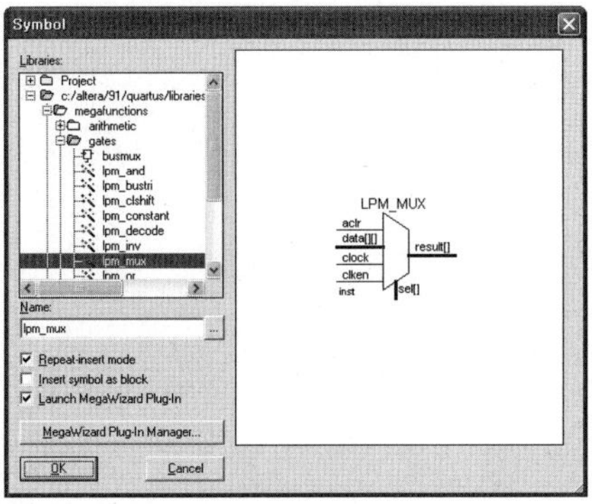

[그림 13-8] 심볼명 입력화면

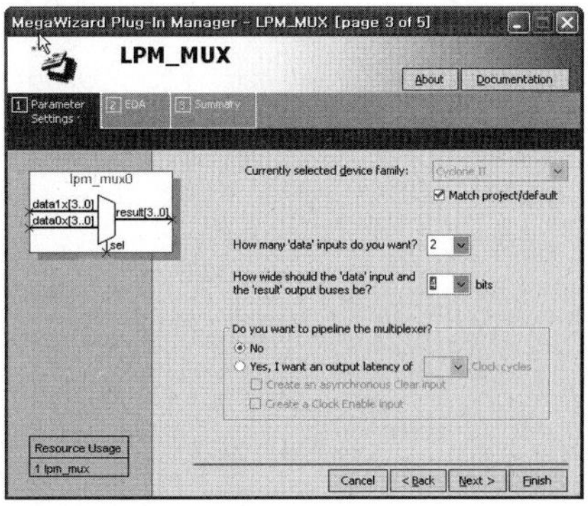

[그림 13-9] 입력개수 및 bit수 입력화면

13.2.6 IC를 활용한 주파수 분주(24분주)회로 핀 연결

〈표 13-2〉는 [그림 13-2]의 IC를 활용한 주파수 분주(24분주)회로를 트레이닝 키트 Combo II에 연결하기 위한 핀 정보이다.

〈표 13-2〉 IC를 활용한 주파수 분주(24분주)회로와 Combo II 트레이닝 키트 핀 연결

	신호명	Combo II 신호명	핀번호	신호명	Combo II 신호명	핀번호
Cyclone II EP2C35F672C8	CLK_1k	CLK_MAIN[0]	N1	LED6	LED_D[5]	AE6
	CLR	DIP_D[8]	W11	LED7	LED_D[6]	AD7
	COM1	SEG_COM[0]	Y1	LED8	LED_D[7]	AC7
	COM2	SEG_COM[1]	Y4	LOAD	BUTTON_SW[0]	Y10
	COM3	SEG_COM[2]	Y3	seg_0	SEG_DATA[0]	AF5
	COM4	SEG_COM[3]	W1	seg_1	SEG_DATA[1]	AE5
	LED1	LED_D[0]	AF7	seg_2	SEG_DATA[2]	AD6
	LED2	LED_D[1]	AE7	seg_3	SEG_DATA[3]	AC6
	LED3	LED_D[2]	AB8	seg_4	SEG_DATA[4]	AA2
	LED4	LED_D[3]	W8	seg_5	SEG_DATA[5]	AA1
	LED5	LED_D[4]	AF6	seg_6	SEG_DATA[6]	AA6

Combo II 트레이닝 키트에 공급하는 클럭은 1kHz로 하고 회로전체의 리셋은 Bus SW2의 1번 스위치가 역할을 하도록 할당하였다. 스위치를 아래로 내리면 회로가 리셋되고 위쪽으로 올리면 회로가 정상적으로 동작한다. BUTTON_SW[0], 즉 키 A를 1초 이상 누르면 카운터로 초기 값 76이 load되고 그 결과를 FND에서 볼 수 있다. 출력은 FND 2개와 LED 8개를 사용하여 보여주는데 SEG1, SEG2의 FND에 24분주 회로의 결과가 숫자로 표시되며 LED 8개는 24분주 회로의 결과를 이진 bit로 보여준다.

13.2.7 IC를 활용한 주파수 분주(24분주)회로 실장실험

〈표 13-2〉와 같이 핀 정보를 모두 입력한 다음 다시 컴파일을 한다. 컴파일을 한 후 [Tools]-[Programmer]를 클릭하여 실장실험을 한다.

Clock Select를 6으로 세팅해서 1kHz를 공급하고 DIP 스위치인 Bus SW2의 1번을 아래로 내려 트레이닝 키트의 SEG1, SEG2에 0이 표시되는지 확인하고 모든 LED가 꺼지는지 확인한다. 그런 다음 Bus SW2의 1번을 위로 올려 회로가 정상동작을 하도록 한다. 키 A를 1초 이상 누른 상태에서 트레이닝 키트에 〈표 13-3〉과 같은 결과가 나타나는지 확인한다.

〈표 13-3〉 Combo II 실장실험 1

키 A를 누른 상태	
버스 스위치2	FND 출력
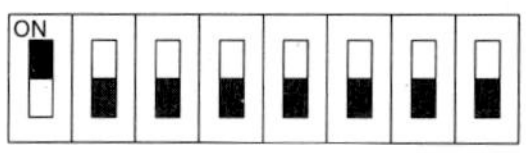	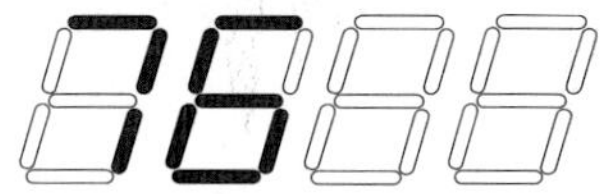
	LED 출력 (0111 0110)
	○●●● ○●●○

키 A를 1초 이상 누르면 76이 카운터로 load되어 FND에 76이 표시되고 LED1부터 LED8까지에 숫자 76에 해당되는 이진 수 0111 0110을 표시하는 불이 들어오게 된다.

이후로 키 A를 떼는 순간부터 FND의 표시 숫자가 하나씩 증가하여 99를 표시한 후 다시 76을 표시하게 된다.

카운터가 89, 99를 셀 때 FND의 상태가 〈표 13-4〉, 〈표 13-5〉와 같은지 확인한다.

〈표 13-4〉 Combo II 실장실험 2

카운터가 89를 셀 때	
버스 스위치2	FND 출력
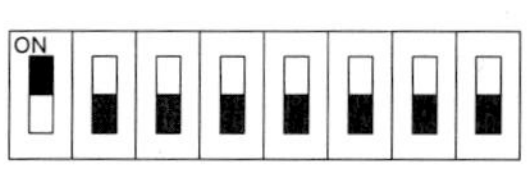	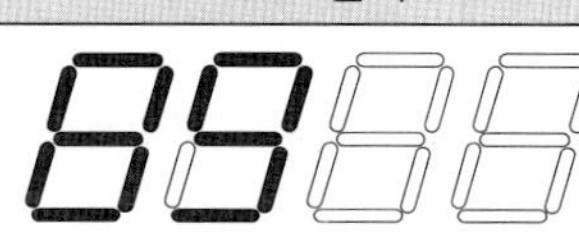
	LED 출력 (1000 1001)
	●○○○ ●○○●

〈표 13-5〉 Combo II 실장실험 3

카운터가 99를 셀 때	
버스 스위치2	FND 출력
	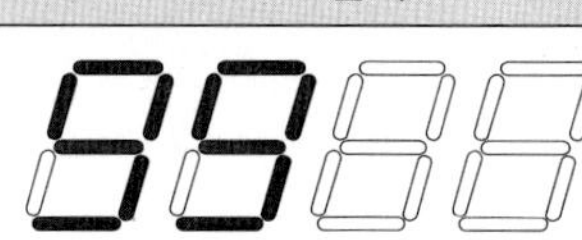
	LED 출력 (1001 1001)
	●○○● ●○○●

13.3 주요 사항 검토

① 74160에서 load 신호(LDN)의 역할은 무엇인가?

② 74160에서 RCO 출력의 동작을 설명하라. 또 이 신호의 역할은 무엇인가?

③ [그림 13-4]의 24분주 회로에서 LOAD 신호에 논리 [0]을 가한 후 CLR을 사용하여 카운터를 리셋시켰다고 가정한다. 그 후 카운터의 출력은 어떻게 동작하겠는가?

④ [그림 13-6]에서 com3과 com4를 Vcc에 묶은 이유는 무엇인가?

13.4 연습문제

연습문제

① <표 13-1>의 진리표를 보고 출력의 논리식을 유도하라.

② 74160 2개를 사용하여 50분주 회로를 설계하라.

③ 설계한 50분주 회로를 모의실험하고 결과 파형을 나타내어라.

CHAPTER 14

IC를 활용한 주파수 분주 회로 (144분주) 설계하기

CHAPTER

14 IC를 활용한 주파수 분주 회로 (144분주) 설계하기

14.1 IC를 활용한 주파수 분주(144분주)회로 설계 목표

① 74161 동기식 16진 카운터 IC 2개를 병렬 연결하여 144진 카운터를 구성한다.

② 카운터 변환회로를 설계한다.

③ LED와 FND를 사용하여 출력을 확인한다.

④ 키 1을 LOAD 신호 입력으로 할당하여 DIP스위치를 통해 숫자(112=70h)를 카운터에 로드하고 클럭에 따라 FFh까지 144개의 클럭을 세는지 확인한다.

⑤ 카운터의 초기 값을 입력하는 DIP스위치를 다르게 세팅하여 원하는 분주회로를 설계해본다.

14.2 IC를 활용한 주파수 분주(144분주)회로 구성하기

14.2.1 IC를 활용한 주파수 분주(144분주)회로 블록도

74161 IC를 활용하여 144분주 회로를 구성한 블록도를 [그림 14-1]에 나타내었다. 블록도는 144분주(144진 카운터) 회로와 카운터 변환회로, 7-세그먼트 표시부, LED 표시부의 4부분으로 구성한다. 144분주 회로는 동기식 16진 카운터인 74161 IC 2개를 사용하여 구성하며 70h부터 FFh까지 144개의 클럭을 세서 7-세그먼트에 표시하는데, 카운터 변환회로는 이를 0부터 8Fh까지 순서대로 별도의 7-세그먼트에 표시할 수 있도록 하는 변환회로이다. 7-세그먼트 표시부는 공통 접지형 7-세그먼트를 구동하는 회로로, 144진 카운터의 출력결과를 7-세그먼트 2개로 나타낼 수 있도록 하는 회로이다. LED 표시부는 7-세그먼트로 표시되는 카운터의 출력을 동시에 LED로도 보여주는 역할을 한다.

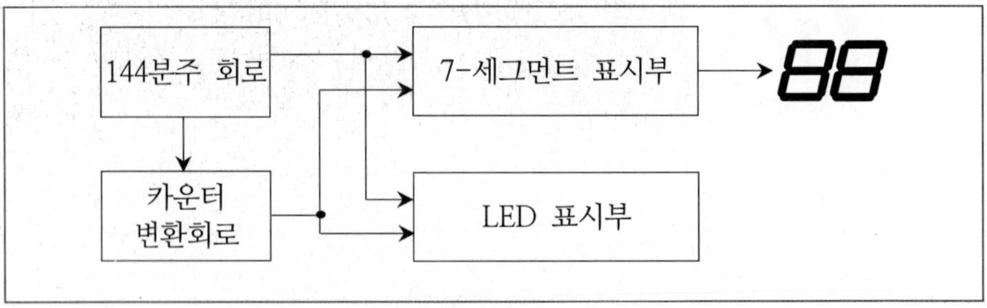

[그림 14-1] IC를 활용한 주파수 분주(144분주)회로 블록도

14.2.2 IC를 활용한 주파수 분주(144분주)회로의 전체 회로도

[그림 14-2]는 Combo II 트레이닝 키트에 적용할 수 있는 IC를 활용한 주파수 분주(144분주) 회로의 전체 회로도를 나타낸 것이다.

Combo II 트레이닝 키트에서는 입력 클럭이 1개이므로 FND에 사용되는 클럭과 카운터에 사용되는 클럭을 모두 만들어야 한다. 카운터에 입력되는 클럭은 [그림 14-3]과 같이 FND의 구동에 사용되는 1kHz의 클럭을 1000분주하여 1Hz를 만들어 공급한다.

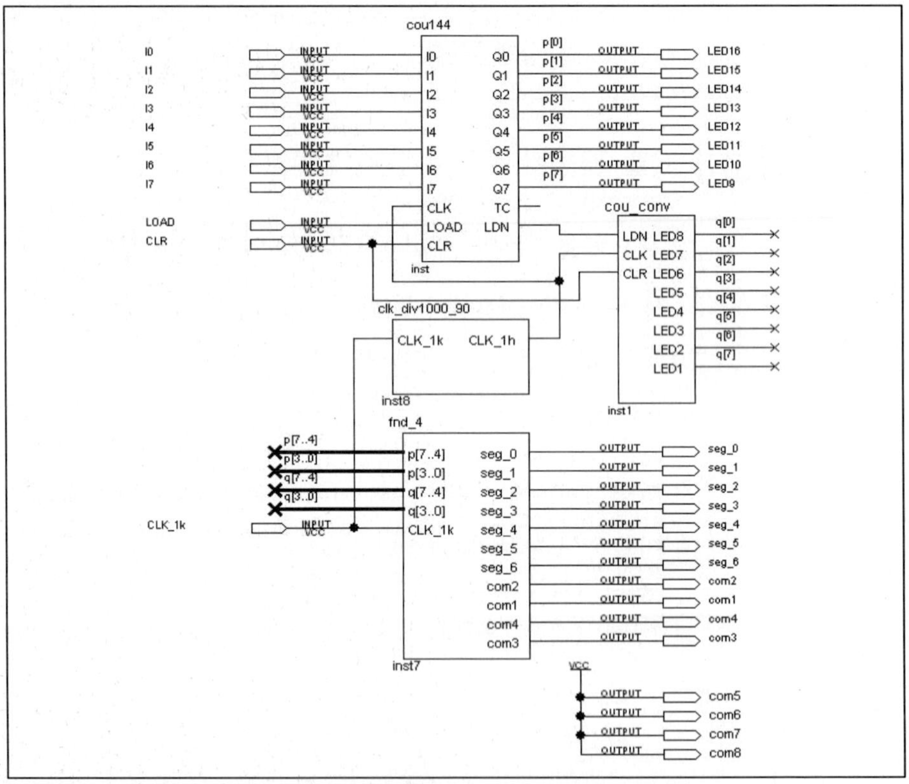

[그림 14-2] IC를 활용한 주파수 분주(144분주)회로

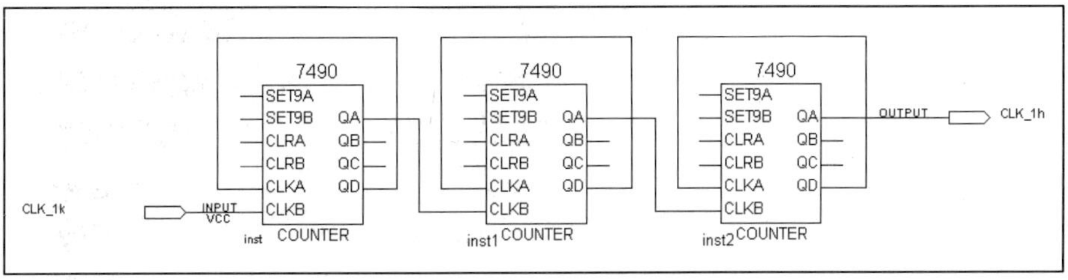

[그림 14-3] 입력클럭을 1000분주 하는 회로(clk_div1000_90 회로)

14.2.3 144분주 회로(144진 카운터)

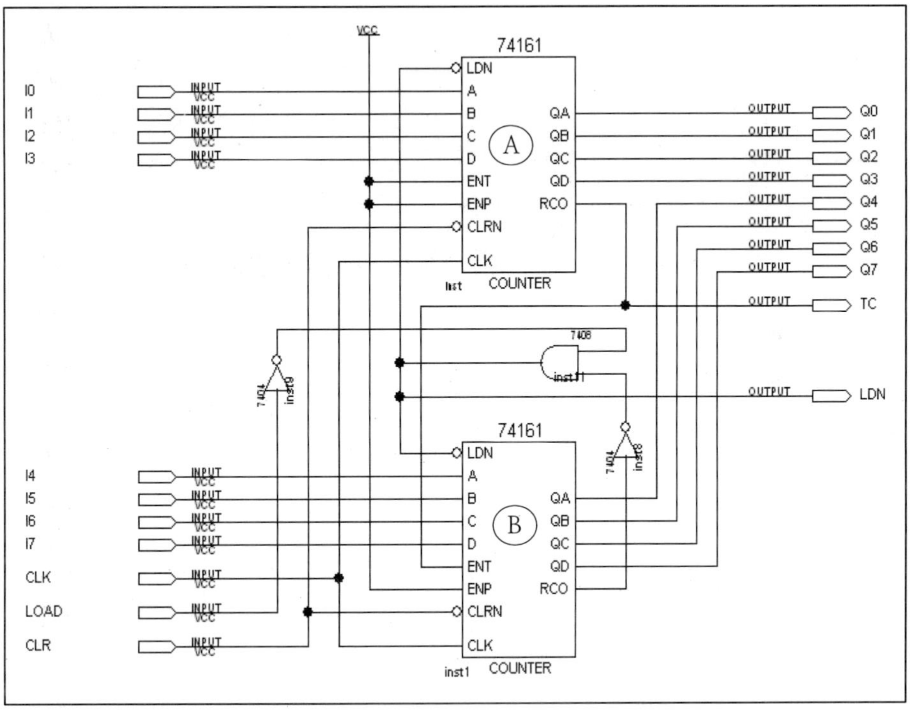

[그림 14-4] 144분주 회로(cou144 회로)

주파수를 144분주하는 회로는 [그림 14-4]와 같다. 74161은 동기식 16진 카운터로 74161 2개를 사용하면 최대 256분주 회로를 구성할 수 있다.

주파수를 144분주 한다는 것은 입력 클럭을 144개씩 셀 때마다 하나의 펄스를 출력하는 것으로 13장의 24분주회로와 마찬가지로 필요한 입력을 load하고 그 숫자부터 74161 2개가 셀 수 있는 최고의 수, 즉 FFh까지 세서 출력을 한다. 앞 장에서와 마찬가지로 74161의 RCO 단자가 카운터의 출력이 1111이 될 때마다 논리 [1]이 출력된다는 것을 이용하여 설계한다.

2개의 74161 중에서 카운터 Ⓐ는 0부터 Fh까지, 카운터 Ⓑ는 그 다음 상위 자리의 0부터 Fh까지 숫자를 세게 된다. 설계 방법은 다음과 같다.

1) 카운터 2개가 최대로 셀 수 있는 숫자는 16×16 = 256이므로 256에서 분주할 숫자를 뺀다. 그 결과로 나오는 숫자를 두 카운터의 입력으로 설정한다. 여기선 256-144=112가 카운터의 입력으로 사용된다.
2) 112를 16진수로 변환하면 70h가 된다. 여기서 0h를 카운터 Ⓐ의 초기 설정값으로 입력단자에 연결하고, 7h를 카운터 Ⓑ의 초기 설정값으로 입력단자에 연결한다. 즉, 카운터 Ⓐ의 입력 핀(DCBA)에 0h의 이진수 값인 0000을 연결하고 카운터 Ⓑ의 입력 핀(DCBA)에 7h의 이진수 값인 0111을 연결한다. 이 회로에서는 트레이닝 키트에 있는 DIP 스위치를 이용하여 입력 I7~I4에 0111을, I3~I0 입력에 0000을 입력한다.
3) 2)항에서 세팅한 입력 값들을 카운터의 초기 값으로 load하기 위해 카운터 Ⓑ의 RCO(리플 캐리 출력)출력을 인버터를 통해 각 카운터에서 초기 입력 값을 load하기 위한 단자인 LDN단자에 연결한다. 보통은 이렇게 연결하는데 여기서는 별도의 LOAD 입력단자를 사용하여 처음에 강제로 초기 값을 load하기 위해, LOAD 입력단자의 신호를 인버터를 통해 AND게이트에 연결하고 카운터 Ⓑ의 RCO출력을 반전하여 AND게이트의 다른 입력에 연결한 후 AND 게이트의 출력을 두 카운터의 load단자(LDN 단자)에 연결한다.
4) 카운터 Ⓐ의 캐리 출력 신호(RCO)를 카운터 Ⓑ의 카운터 인에이블 신호(ENT)에 연결한다. [그림 14-5]와 같이 그냥 연결해도 무방하나 NOT 게이트 2개를 통해서 연결하기도 한다. 이렇게 하면 RCO신호가 약간 지연되어 카운터 Ⓑ의 구동에 여유를 가질 수 있다.
5) 클럭(CLK)과 리셋신호(CLR)는 각각 연결하여 별도의 신호선으로 입력하고, 카운터 Ⓐ의 인에이블 신호 ENT와 ENP, 카운터 Ⓑ의 ENP는 Vcc에 연결하여 논리 [1]로 만든다.

이 회로에서 LOAD 신호의 역할은 초기 값 70h를 카운터에 강제로 load하는 역할을 한다. 그렇게 하지 않으면 CLR신호로 카운터의 출력을 모두 리셋시킨 후 클럭이 공급되었을 때 카운터는 처음에 0부터 FFh까지 256개의 클럭을 센 다음 70h부터 FFh까지 144개의 클럭을 센다. 즉 리셋 후엔 꼭 256개의 클럭을 센 후에 144개의 클럭을 세어서 출력하게 되므로 별도의 LOAD 입력으로 초기 값을 load하고 처음부터 144개의 클럭을 세도록 한다.

14.2.4 144분주 회로 동작 파형

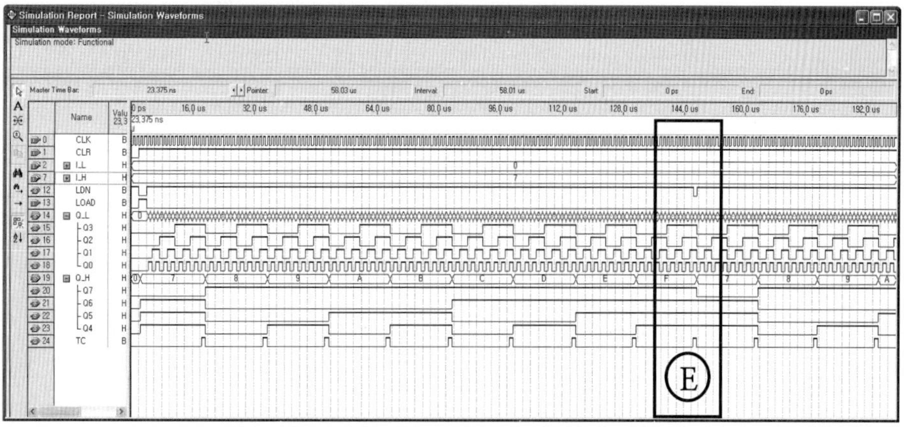

[그림 14-5] 144분주 회로 모의실험 결과

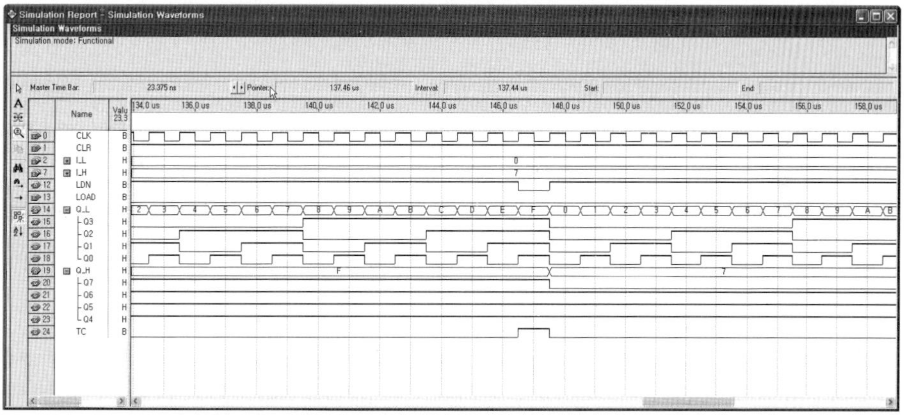

[그림 14-6] 그림 14-6의 ⓔ부분을 확대

[그림 14-5]는 144분주 회로의 모의실험 결과이다. [그림 14-5]의 모의실험 조건은 다음과 같다.

모의실험 조건

[Vector Waveform Editor]창에서 [Edit]-[End Time]을 200[㎲]로 설정한다.
[Vector Waveform Editor]창에서 [Edit]-[Grid Size]를 1[㎲]로 설정한다.
CLK의 주파수는 1MHz로 설정한다.

[그림 14-5]에서 Q_L은 카운터 Ⓐ의 출력 Q3, Q2, Q1, Q0을 그룹으로 묶은 결과이고 Q_H는 카운터 Ⓑ의 출력 Q7, Q6, Q5, Q4를 그룹으로 묶어 놓은

것이다. 모의실험에서 사용한 클럭은 1MHz로 주기는 1㎲이고 리셋신호 CLR은 2㎲까지 논리[0]을 주어 카운터를 리셋시키고 2㎲에서 4㎲까지는 LOAD 신호에 논리 [1]을 가해 70h의 초기 값이 카운터로 load되게 하였다. 모의실험 결과에서 TC는 카운터 Ⓐ의 출력이 Fh(1111)가 될 때 논리 [1]이 되는 RCO출력으로 카운터 Ⓑ의 ENT로 연결하면 카운터 Ⓐ가 16개의 클럭을 센 후에 카운터 Ⓑ가 1씩 증가하게 된다. LDN은 두 카운터의 load 신호로 LDN이 논리 [0]인 동안 클럭의 상승에지(rising edge)에서 70h이 카운터로 load 된다. 70h이 load 된 후 클럭이 인가됨에 따라 출력이 1씩 증가하다가 FFh가 되면 LDN이 논리 [0]이 되고 70h이 다시 load 되어 이후 계속 같은 동작을 반복하게 된다.

I3, I2, I1, I0은 카운터 Ⓐ의 입력이고 I7, I6, I5, I4는 카운터 Ⓑ의 입력으로 트레이닝 키트에서는 DIP 스위치를 이용하여 입력을 하도록 한다. 이렇게 하면 144분주 이외에 원하는 분주 회로를 실험할 수 있다.

[그림 14-6]은 [그림 14-5]의 모의실험 결과에서 147㎲ 근처의 파형을 확대한 것이다. 결과를 보면 출력 Q가 FFh가 된 후 다시 70h가 load되어 이후 클럭의 상승에지에서 출력이 하나씩 증가한다. LDN 신호가 논리 [0]으로 될 때 그 사이의 클럭 수가 144개로 이 회로가 클럭을 144분주 한다는 것을 보여 준다.

14.2.5 카운터 변환회로

카운터 변환회로도 역시 74161 2개를 사용한 카운터 회로이다. [그림 14-7]에 카운터 변환회로를 나타내었다. 144분주 회로가 load한 값부터 74161 2개가 셀 수 있는 가장 큰 수인 FFh까지 클럭 수를 세는 것에 비해 이 회로는 00부터 8Fh(=143_{10})까지 144개의 클럭을 세는 회로이다. 카운터 변환회로는 00부터 8Fh까지 센 후, 144분주 회로(cou144 회로)에서 초기에 load 버튼을 누르거나 카운터의 출력이 FFh가 될 때 나오는 LDN신호를 이용하여 초기 값을 00으로 load해서 항상 00부터 8F까지 144개의 숫자를 세서 FND에 00부터 8Fh까지 순서대로 보여주기 위해 구성한 회로이다. 이 회로는 144분주 회로의 결과가 초기 load값부터 FND에 보여주기 때문에 카운터가 얼마만큼의 수를 세는지 쉽게 알 수 없기 때문에 0부터 FND에 표시하도록 하여 카운터의 상태를 쉽게 알 수 있게 해준다.

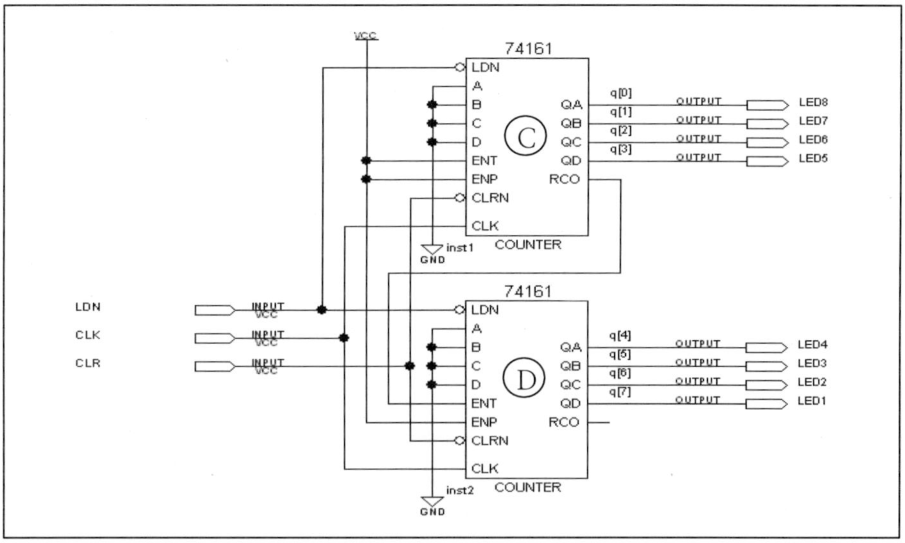

[그림 14-7] 카운터 변환 회로(cou_conv 회로)

14.2.6 카운터 변환회로 동작 파형

[그림 14-8]은 카운터 변환회로의 모의실험 결과이다. [그림 14-8]의 모의실험 조건은 다음과 같다.

모의실험 조건

[Vector Waveform Editor]창에서 [Edit]-[End Time]을 200[㎲]로 설정한다.

[Vector Waveform Editor]창에서 [Edit]-[Grid Size]를 1[㎲]로 설정한다.

CLK의 주파수는 1MHz로 설정한다.

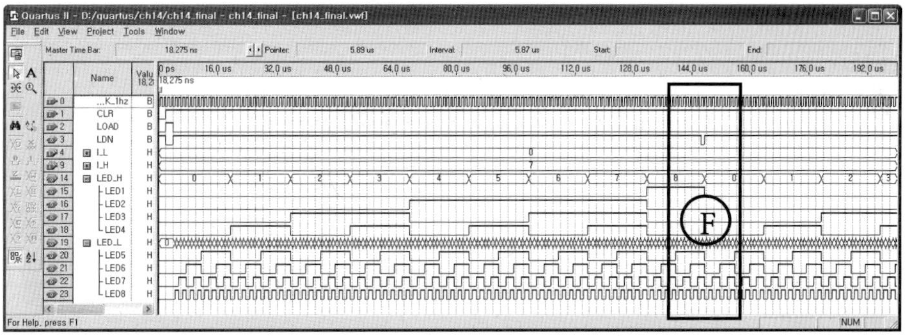

[그림 14-8] 카운터 변환회로 모의실험 결과

[그림 14-8]에서 LED_H는 [그림 14-7]의 위쪽에 있는 74161 카운터 ©의 출력 LED5, LED6, LED7, LED8을 그룹으로 묶은 결과이고 LED_L은 아래쪽

카운터 Ⓓ의 출력 LED1, LED2, LED3, LED4를 그룹으로 묶어 놓은 것이다. 모의실험에서 사용한 클럭은 1MHz로 주기는 1㎲이고 리셋신호 CLR은 2㎲까지 논리[0]을 주어 카운터를 리셋시키고 2㎲에서 4㎲까지는 LOAD 신호에 논리[1]을 가해 00h의 초기 값이 카운터로 load되게 하였다. 카운터 변환회로에 없는 입력 LOAD와 I0~I7이 모의실험 입력에 있는 것은 이 변환회로가 144분주회로에 연동되어서 동작되기 때문이다. 이 변환회로 자체로도 클럭을 세어 가지만 144분주 회로에서 출력이 FFh가 될 때마다 나오는 LDN 신호를 입력으로 받아야 정확히 00h부터 8Fh까지 144개의 클럭을 셀 수 있다. [그림 14-9]의 모의실험 결과를 확대한 그림을 보면 LDN이 논리 [0]이 될 때 00h가 입력으로 load되어 LED_H와 LED_L의 결과가 8Fh에서 00h로 변하는 것을 볼 수 있다. 이후로는 계속 00h에서 8Fh까지 144개의 클럭을 반복해서 세게 된다.

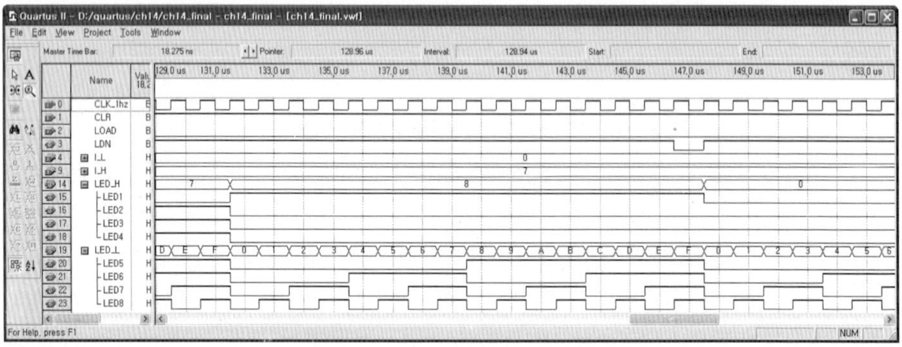

[그림 14-9] [그림 14-8]의 Ⓕ부분을 확대

14.2.7 7-세그먼트(FND) 표시부

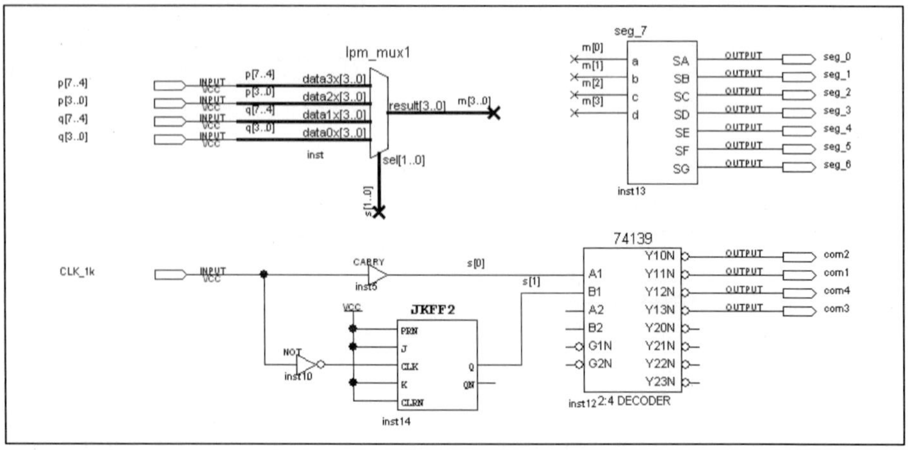

[그림 14-10] 7-세그먼트 표시부 : fnd_4

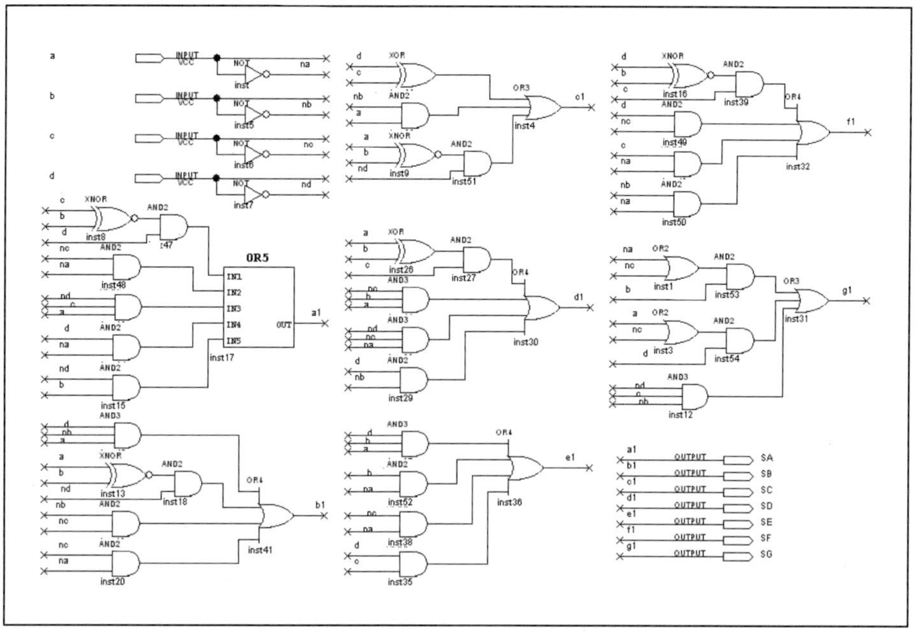

[그림 14-11] 7-세그먼트(FND) 구동회로 : seg_7

[그림 14-10]에 보인 7-세그먼트(이하 FND로 표시) 표시부는 카운터의 출력을 트레이닝 키트의 FND에 16진수를 나타내는 0부터 9까지의 10개 숫자와 A, B, C, D, E, F의 6개 문자를 나타낼 수 있게 변환해주는 회로이며 크게 FND 구동회로와 4자리의 FND에 카운터 출력을 나타내기 위한 4 bits용 4×1 MUX(멀티플렉서)로 구성한다.

[그림 14-10]에 있는 FND 구동회로인 seg_7의 내부회로를 [그림 14-11]에 나타내었다. 이 회로는 a, b, c, d 입력으로 들어오는 2진수의 조합을 공통 접지형 FND에 0부터 9까지의 10개 숫자와 A에서 F까지의 6개 문자를 표시할 수 있게 해주는 공통 접지형 7-세그먼트 디코더 회로이다.

[그림 14-11]의 seg_7의 내부회로를 구성하기 위한 공통 접지형 FND 구동회로의 진리표는 〈표 14-1〉과 같다.

〈표 14-1〉 FND 구동회로의 진리표

No.	2진 입력				FND Decode Data						
	d	c	b	a	SA	SB	SC	SD	SE	SF	SG
0	0	0	0	0	1	1	1	1	1	1	0
1	0	0	0	1	0	1	1	0	0	0	0
2	0	0	1	0	1	1	0	1	1	0	1
3	0	0	1	1	1	1	1	1	0	0	1
4	0	1	0	0	0	1	1	0	0	1	1
5	0	1	0	1	1	0	1	1	0	1	1
6	0	1	1	0	1	0	1	1	1	1	1
7	0	1	1	1	1	1	1	0	0	0	0
8	1	0	0	0	1	1	1	1	1	1	1
9	1	0	0	1	1	1	1	1	0	1	1
10	1	0	1	0	1	1	1	0	1	1	1
11	1	0	1	1	0	0	1	1	1	1	1
12	1	1	0	0	1	0	0	1	1	1	0
13	1	1	0	1	0	1	1	1	1	0	1
14	1	1	1	0	1	0	0	1	1	1	1
15	1	1	1	1	1	0	0	0	1	1	1

〈표 14-1〉 진리표의 출력에 대한 논리식을 정리하면 다음과 같다.

$$SA = \overline{A}\,\overline{C} + \overline{A}\,D + B\overline{D} + AC\overline{D} + D\cdot(\overline{B \oplus C})$$

$$SB = \overline{A}\,\overline{C} + \overline{B}\,\overline{C} + A\overline{B}D + \overline{D}\cdot(\overline{A \oplus B})$$

$$SC = A\overline{B} + (C \oplus D) + \overline{D}\cdot(\overline{A \oplus B})$$

$$SD = \overline{B}D + \overline{A}\,\overline{C}\,\overline{D} + AB\overline{C} + C\cdot(A \oplus B)$$

$$SE = \overline{A}\,\overline{C} + \overline{A}B + CD + ABD$$

$$SF = \overline{C}D + BD + \overline{A}C + \overline{A}\,\overline{B} + \overline{B}C\overline{D}$$

$$SG = \overline{A}B + B\overline{C} + \overline{C}D + AD + \overline{B}C\overline{D}$$

FND 구동회로는 1개의 FND만 구동하기 때문에 2개 이상의 FND를 구동하기 위해서는 MUX가 필요하다. 여기서는 4개의 FND를 동작시키므로 4 bits용 4 × 1 MUX를 사용하였다. 설계에 사용한 MUX는 4개의 4 bits(d, c, b, a) 입력 중 하나를 1개의 4 bits 출력으로 연결하는 MUX이다. QuartusⅡ의 Symbol Tool을 누르면 [그림 14-12]의 화면이 나오는데 [Name:]란에 lpm_mux를 입력하고 [OK]버튼을 눌러 나오는 화면에서 [next] 버튼을 선택하면 [그림 14-13]과 같은 화면을 볼 수 있다. 여기서는 입력의 개수와 입력 bit수를 선택하도록 되어 있는데 입력의 개수는 4, 입력의 bit수는 4를 선택한 후 [next]버튼을 누르고 이어 [finish] 버튼을 눌러 MUX를 입력한다.

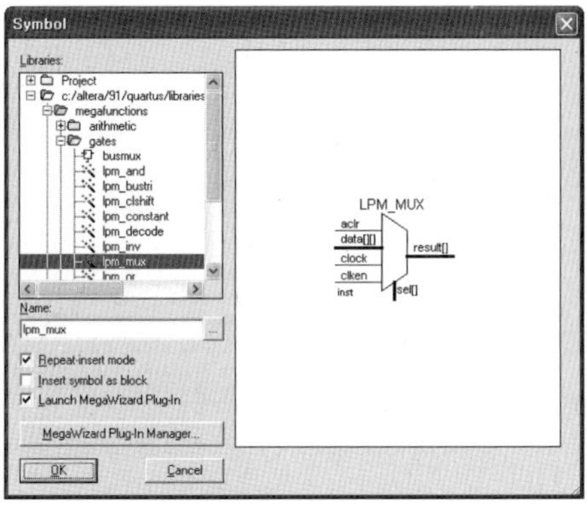

[그림 14-12] 심볼명 입력화면

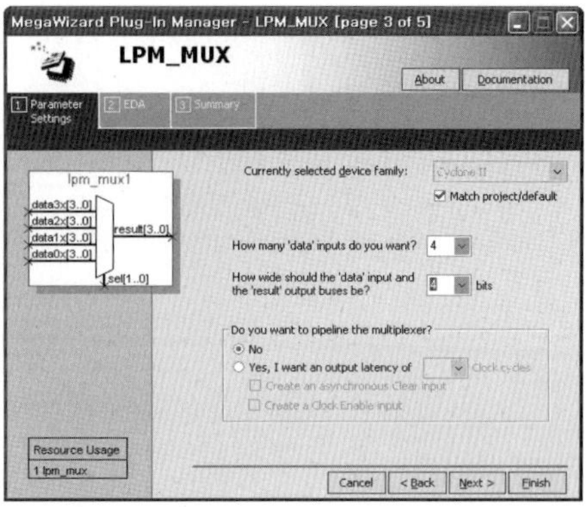

[그림 14-13] 입력수 및 bit수 입력화면

[그림 14-10]에서 사용한 4 × 1 MUX는 4bits를 동시에 스위칭해주는 것으로 선택신호 S1과 S0이 00이면 74139 디코더의 출력 com2가 선택되어 [그림 14-7]에 있는 카운터 ⓒ의 출력이 FND2에 표시되고 01이면 74139 디코더의 출력 com1이 선택되어 카운터 ⓓ의 출력이 FND1에 표시된다. S1과 S0이 10이면 74139 디코더의 출력 com4가 선택되어 [그림 14-4]에 있는 카운터 ⓐ의 출력이 FND4에 표시되고 11이면 74139 디코더의 출력 com3이 선택되어 카운터 ⓑ의 출력이 FND3에 표시된다. 즉 FND1, FND2에는 카운터 변환회로(cou_conv)의 출력이 표시되어 00h부터 8Fh까지를 나타내고 FND3, FND4에는 144분주회로(cou144)의 출력이 표시되어 70h부터 FFh까지를 나타내도록 되어 있다.

14.2.8 IC를 활용한 주파수 분주(144분주)회로 핀 연결

〈표 14-2〉는 [그림 14-2]의 144분주 회로를 트레이닝 키트 Combo II에 연결하기 위한 핀 정보이다.

〈표 14-2〉 144분주 회로와 Combo II 트레이닝 키트 핀 연결

	신호명	Combo II 신호명	핀번호	신호명	Combo II 신호명	핀번호
Cyclone II EP2C35F672C8	CLK_1k	CLK_MAIN[0]	N1	I7	DIP_D[0]	Y12
	CLR	DIP_D[8]	W11	LED9	LED_D[0]	AF7
	com1	SEG_COM[0]	Y1	LED10	LED_D[1]	AE7
	com2	SEG_COM[1]	Y4	LED11	LED_D[2]	AB8
	com3	SEG_COM[2]	Y3	LED12	LED_D[3]	W8
	com4	SEG_COM[3]	W1	LED13	LED_D[4]	AF6
	com5	SEG_COM[4]	Y5	LED14	LED_D[5]	AE6
	com6	SEG_COM[5]	W3	LED15	LED_D[6]	AD7
	com7	SEG_COM[6]	W2	LED16	LED_D[7]	AC7
	com8	SEG_COM[7]	V1	LOAD	BUTTON_SW[0]	Y10
	I0	DIP_D[7]	Y13	seg_0	SEG_DATA[0]	AF5
	I1	DIP_D[6]	AB12	seg_1	SEG_DATA[1]	AE5
	I2	DIP_D[5]	AA12	seg_2	SEG_DATA[2]	AD6
	I3	DIP_D[4]	AD12	seg_3	SEG_DATA[3]	AC6
	I4	DIP_D[3]	AC12	seg_4	SEG_DATA[4]	AA2
	I5	DIP_D[2]	U12	seg_5	SEG_DATA[5]	AA1
	I6	DIP_D[1]	AE11	seg_6	SEG_DATA[6]	AA6

Combo II 트레이닝 키트에 공급하는 클럭은 1kHz로 하고 회로전체의 리셋은 Bus SW2의 1번 스위치가 역할을 하도록 할당하였다. 스위치를 아래로 내리면 회로가 리셋되고 위로 올리면 회로가 정상적으로 동작한다. 이 회로는 카운터에 초기값을 자유로이 입력해서 여기서 설명하는 144분주뿐만 아니라 원하는 분주회로를 만들 수 있도록 Bus SW1의 8개 DIP 스위치를 사용하여 입력 값을 세팅할 수 있도록 구성하였다. 이렇게 세팅한 입력값은 BUTTON_SW[0], 즉 키 A를 1초 이상 누르면 카운터로 load되고 그 결과가 FND에 나타난다. 출력은 FND 4개와 LED 8개를 사용하여 보여주는데 SEG1, SEG2의 FND에는 카운터 변환회로의 출력이 16진수를 나타내는 숫자와 문자로 표시되고 SEG3, SEG4의 FND에는 144분주 회로의 결과가 16진수를 나타내는 숫자와 문자로 표시된다. LED 8개는 144분주 회로의 결과를 이진 bit로 보여준다.

14.2.9 IC를 활용한 주파수 분주(144분주)회로 실장실험

〈표 14-2〉와 같이 핀 정보를 모두 입력한 다음 다시 컴파일을 한다. 컴파일을 한 후 [Tools]-[Programmer]를 클릭하여 실장실험을 한다.

먼저 〈표 14-3〉과 같이 Bus SW1의 DIP 스위치 상태를 0111 0000으로 세팅한다. Clock Select를 6으로 세팅해서 1kHz를 공급하고 DIP 스위치인 Bus SW2의 1번을 아래로 내려 트레이닝 키트의 SEG1, SEG2, SEG3, SEG4에 0이 표시되는지 확인하고 모든 LED가 꺼지는지 확인한다. 그런 다음 Bus SW2의 1번을 위로 올려 회로가 정상동작을 하도록 한다. 키 A를 1초 이상 누른 상태에서 트레이닝 키트에 〈표 14-3〉과 같은 다음과 같은 결과가 나타나는지 확인한다.

〈표 14-3〉 Combo II 실장실험 1

<table>
<tr><th colspan="2">키 A를 누른 상태</th></tr>
<tr><th>버스 스위치</th><th>FND 출력</th></tr>
<tr><td rowspan="3">Bus SW1
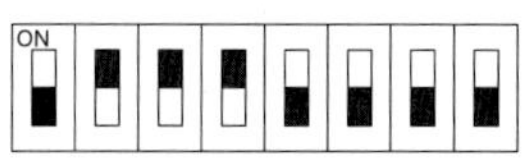
Bus SW2
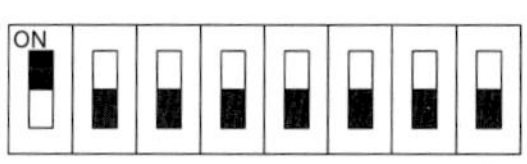</td><td>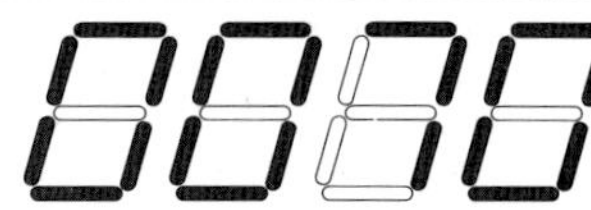</td></tr>
<tr><td>LED 출력 (0111 0000)</td></tr>
<tr><td>○●●● ○○○○</td></tr>
</table>

키 A를 1초 이상 누르면 카운터 변환회로에는 00이 load되고 144분주 회로에는 70h가 load되어 FND에 0070이 표시되고 LED1부터 LED8까지에는 16진 숫자 70에 해당되는 이진 수 0111 0000을 표시하는 불이 들어오게 된다.

이후로 키 A를 떼는 순간부터 FND의 표시 숫자가 하나씩 증가하게 되며 FND1, FND2는 00부터 1개씩 증가하는 숫자를 보여주고 FND3, FND4는 70부터 1개씩 증가하는 숫자를 보여준다.

144분주 회로의 카운터가 클럭을 144개 세게 되면 FFh를 출력하게 된다. 이때 카운터 변환회로는 8Fh를 출력하는데 이때 FND와 LED의 상태가 〈표 14-4〉와 같은지 확인한다.

〈표 14-4〉 Combo II 실장실험 2

<table>
<tr><th colspan="2">카운터가 144를 셀 때</th></tr>
<tr><th>버스 스위치</th><th>FND 출력</th></tr>
<tr><td rowspan="3">Bus SW1
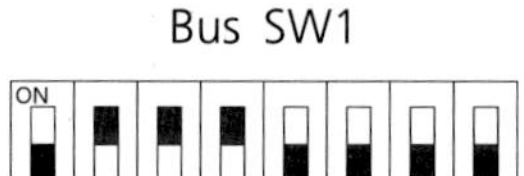
Bus SW2
</td><td></td></tr>
<tr><td>LED 출력 (1111 1111)</td></tr>
<tr><td>●●●● ●●●●</td></tr>
</table>

14.3 주요 사항 검토

① 74161에서 load 신호(LDN)의 역할은 무엇인가?

② 74161에서 RCO 출력의 동작을 설명하라. 또 이 신호의 역할은 무엇인가?

③ [그림 14-4]의 144분주 회로에서 CLR을 사용하여 카운터를 리셋시켰다고 가정한다. 그 후 카운터의 출력은 어떻게 동작하겠는가?

④ [그림 14-10]에서 4×1 MUX의 SEL단자에 10을 가하면 어떤 출력이 몇 번째 FND에 표시되겠는가?

14.3 연습문제

연습문제

① 〈표 14-1〉의 진리표를 보고 출력의 논리식을 유도하라.

② 74161 2개를 사용하여 50분주 회로를 설계하라.

③ 설계한 50분주 회로를 모의실험하고 결과 파형을 나타내어라.

CHAPTER 15

직렬-직렬 레지스터 응용회로 설계하기

CHAPTER

15 직렬-직렬 레지스터 응용회로 설계하기

15.1 직렬-직렬 레지스터 응용회로 설계하기 목표

① 버스 스위치(DIP switch)를 이용하여 직렬-직렬 레지스터의 제어신호를 입력한다.

② 버튼 스위치를 이용하여 직렬-직렬 레지스터 회로의 load 신호를 입력한다.

③ 제어신호와 클럭신호를 통해 직렬-직렬 레지스터의 동작을 이해한다.

④ 입력 신호와 1비트 지연된 신호를 LED에 표시한다.

⑤ 입력 신호와 지연 신호를 통해 검출한 에지(edge)를 7-세그먼트에 표시한다.

15.2 직렬-직렬 레지스터 응용회로 구성하기

15.2.1. 직렬-직렬 레지스터 응용회로 블록도

[그림 15-1]은 직렬입력, 직렬출력의 레지스터를 이용하여 입력신호의 에지를 검출하는 기능에 대한 블록도이다. 입력되는 신호의 에지를 검출하기 위하여 원래의 신호와 1비트 지연된 신호를 각각 직렬-직렬 레지스터에 저장하고, 두 신호를 각 비트 단위로 XOR 취하여 에지를 검출한다.

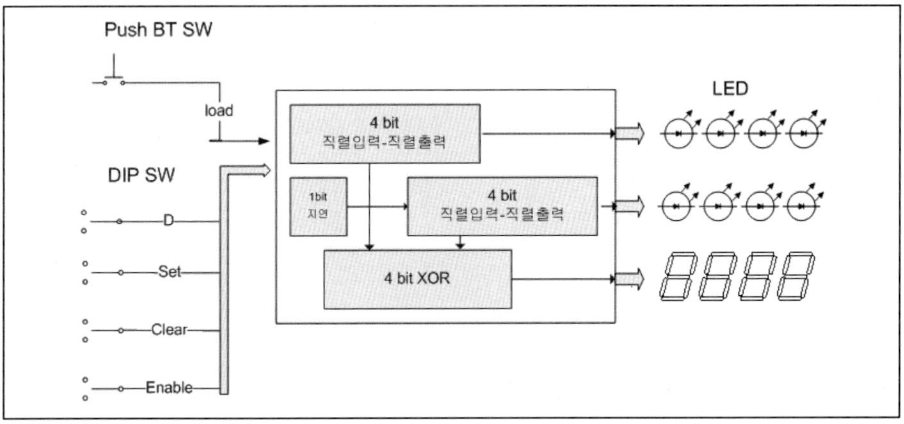

[그림 15-1] 직렬-직렬 레지스터 응용회로의 블록도

원래의 신호와 1비트 지연된 신호를 LED에 표시한다. 그리고 검출된 에지 신호는 7-세그먼트의 'g' 세그먼트에 표시한다. 트레이닝 키트에서 LED를 켜기 위해서는 논리 [1], 끄기 위해서는 논리 [0]을 공급하면 된다. 버튼 스위치를 회로의 load 신호에 연결하여 직렬-직렬 레지스터를 동작시킨다. 버튼 스위치는 별개의 I/O로 직접 연결되어 있으므로 제어가 간단하다. 버튼 스위치가 눌릴 때 발생하는 채터링 현상을 방지하기 위한 회로가 트레이닝 키트에 내장되어 있기 때문에 정확한 입력이 가능하다. 버튼 스위치를 누르지 않으면 논리 [0]을 출력하고 버튼 스위치를 누르면 논리 [1]을 출력한다.

레지스터의 제어신호는 버스 스위치(DIP switch)를 이용하여 입력한다. 여기서 사용되는 신호는 데이터 D 신호, 레지스터 동작의 활성화 여부를 제어하는 Enable 신호, 레지스터 내부의 값 전체를 논리 [0]으로 설정하는 Clear 신호, 레지스터 내부의 값 전체를 논리 [1]로 설정하는 Set 신호 등 4개가 있다. 트레이닝 키트에 위치한 버스 스위치(DIP SW)를 ON하면 논리 [1]을 출력하고, OFF하면 논리 [0]을 출력한다.

15.2.2. 직렬-직렬 레지스터 응용회로도

[그림 15-2]는 직렬입력, 직렬출력 레지스터 응용회로를 나타낸 것이다. 회로에서는 4비트를 저장하는 직렬-직렬 레지스터가 모두 2개 있다. 하나는 원래의 신호를 저장하는 레지스터이고, 다른 하나는 지연된 신호를 저장하는 레지스터이다. 이 두 개의 레지스터를 통하여 입력신호의 변화 지점을 확인한다.

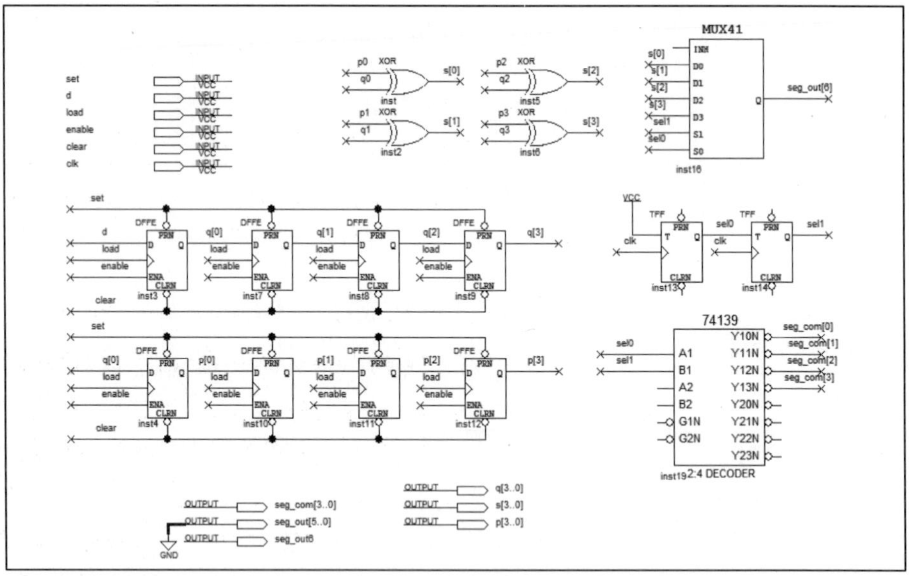

[그림 15-2] 에지를 검출하고 표시하는 직렬-직렬 레지스터 응용회로도

원래의 신호를 저장하는 4비트 직렬-직렬 레지스터는 4개의 D-플립플롭으로 구성하며, 데이터 신호 D를 입력으로 한다. 1 비트 지연된 신호를 저장하는 4비트 직렬-직렬 레지스터는 4개의 D-플립플롭으로 구성되며, 원래신호를 저장하는 레지스터의 출력 q[0]을 입력신호로 사용한다.

가장 단순한 에지 검출기는 인접한 신호와 비교하여 차이가 있을 때 논리 [1], 같은 신호일 때 논리 [0]을 생성하는 장치이다. 이를 회로로 구현하기 위하여 현재 입력되는 신호 q와 1비트 지연된 신호 p를 비교하는데, 이러한 과정에서 XOR 게이트를 사용한다. 따라서 신호 q와 신호 p가 해당 비트에서 같은 값을 갖고 있으면 논리 [0], 다른 값을 갖고 있으면 논리 [1]을 출력하게 된다. 이 과정을 다른 방법으로 해석하면, 인접 비트를 비교하여 같은 값이면 논리 [0], 다른 값이면 논리 [1]을 출력하게 된다. 즉, 인접 비트를 비교하여 같으면 에지가 없다는 의미로 논리 [0], 다르면 현재 위치를 에지로 판단하여 논리 [1]을 출력한다.

일반적인 레지스터 동작인 clear와 set 기능을 구현한다. 레지스터 내부의 값을 초기화 하는 목적으로 사용되는 레지스터 기능이다. 일반적으로 set은 내부소자의 값을 논리 [1]로 설정함을 의미하고, clear는 내부 소자의 값을 논리 [0]으로 설정함을 의미한다. 따라서 레지스터 내부의 모든 값을 논리 [0]으로 설정하고자 할 때, 버스 스위치를 통하여 clear 신호의 상태를 논리 [1]→[0]→[1]로 조작하면 된다. 또한 레지스터 내부의 모든 값을 논리 [1]로 설정하고자 할 때, 버스 스위치를 통하여 set 신호의 상태를 논리 [1]→[0]→[1]로 조작하면 된다.

제어신호 enable의 경우, 이 신호에 따라 내부의 모든 D-플립플롭이 활성화 되기도 하고, 비활성화 되기도 한다. enable 신호의 값이 논리 [1]인 경우 레지스터는 정상적으로 동작하는 것이고, 논리 [0]일 경우에는 비활성화된다.

4비트의 원래신호 q는 4개의 LED를 이용하여 표시하고, 1비트 지연된 신호 p 역시 4개의 LED를 통하여 표시한다. 최종적으로 얻어진 에지 검출신호 s는 7-세그먼트의 'g' 세그먼트에 표시한다. 따라서 에지검출 신호 s를 7-세그먼트에 표시하기 위하여 일반적인 동적표시 기법을 적용하지만, 오직 'g' 세그먼트만 사용하므로 출력할 'g' 세그먼트는 MUX41을 통하여 4 비트의 에지 검출 결과 중에서 선택한다.

clk 신호를 받아서 2비트 카운터를 구현하는데 카운터의 계수 값은 74139를 거쳐 7-세그먼트 배열에서 사용할 공통제어선을 생성하며, MUX41의 선택신호로 사용하기도 한다.

15.2.3. 직렬-직렬 레지스터 응용회로 동작원리

입력 장치로 사용되는 버튼 스위치의 최종 동작은 액티브 하이(active high) 형식을 취하고 있다. 스위치를 눌렀을 때는 논리 [1]을 나타내며, 평상시, 즉 스위치를 누르지 않았을 경우에는 논리 [0]을 출력한다. 또한 트레이닝 키트에 위치한 버스 스위치(DIP SW) 역시 ON의 위치에서 논리 [1], OFF의 위치에서 논리 [0]을 출력한다. 출력 장치로 사용하고 있는 LED 또한 액티브 하이(active high) 형식으로 동작하기 때문에 LED를 켜기 위해서는 논리 [1], 끄기 위해서는 논리 [0]을 공급하면 된다.

〈표 15-1〉 D 플립플롭(D flip-flop)의 진리표

입력					출력
CLRN	PRN	ENA	D	CLK	Q
0	1	X	X	X	0
1	0	X	X	X	1
0	0	X	X	X	Illegal
1	1	0	X	X	Qo
1	1	1	0	↑	0
1	1	1	1	↑	1
1	1	X	X	0	Qo

〈표 15-1〉의 D-플립플롭(flip-flop) 진리표에 나타낸 것과 같이, CLRN과 PRN은 다른 입력신호와 상관없이 출력 값을 각각 논리 [0]과 논리 [1]로 설정하기 위해 사용된다. ENA는 플립플롭 동작을 활성화 시킬 것인지 비활성화 시킬 것인지를 선택하는 신호이다. 만일 이 신호에 논리 [0]을 공급하면 데이터 입력(D), 클럭신호(CLK)와 무관하게 현재의 출력 값을 유지한다. 데이터 입력 D의 값이 플립플롭에 저장되어 출력되는 조건은 ENA 신호를 활성화한 상태에서 클럭신호 CLK에 상승에지가 공급될 때이다. CLRN 신호와 PRN 신호를 레지스터 내부의 모든 D-플립플롭에 연결하였기 때문에, 하나의 CLRN 신호가 주어지면 레지스터 전체의 출력이 논리 [0]으로 설정되며, PRN 신호가 주어진 경우에는 레지스터 전체의 출력이 논리 [1]로 설정된다.

〈표 15-2〉 직렬-직렬 레지스터 응용회로의 에지 검출기 동작원리

	도식적 표현
원래신호	●●●●●●●●●●○○○○○○○○
1비트 지연신호	●●●●●●●●●○○○○○○○○○
에지 검출기(=원래신호 XOR 지연신호)	○○○○○○○○○●○○○○○○○○

에지 검출기의 동작과정은 1차 미분의 동작과정과 같다. 〈표 15-2〉는 관련된 신호를 도식적으로 나타낸 것이다. 인접신호와 그 값을 비교하여 같은 값이면 에지가 아니라고 판단하는 것이고, 그 값이 다르면 에지로 판단하는 것이다. 여기서 인접신호란 원래의 신호와 1비트 지연하여 얻은 신호를 의미한다. 원래신호를 직렬-직렬 레지스터에 저장한다. 원래신호를 1비트 지연시킨 신호 역시 직렬-직렬 레지스터에 저장한다. 원래의 신호와 1비트 지연된 신호를 같은 비트 위치에서 XOR 연산을 수행한 결과가 에지 검출의 결과가 된다. 따라서 〈표 15-2〉에 제시한 에지 검출기의 결과는 에지, 즉 신호의 변화위치를 나타낸다.

15.2.4. 직렬-직렬 레지스터 응용회로 동작 파형

[그림 15-3]은 직렬-직렬 레지스터 응용회로의 동작파형을 나타낸 것이다. 모의실험 조건은 다음과 같다.

모의실험 조건

[Vector Waveform Editor] 창에서 [Edit]-[End Time]을 1㎲로 설정한다.

[Vector Waveform Editor] 창에서 [Edit]-[Grid Size]을 100ns로 설정한다.

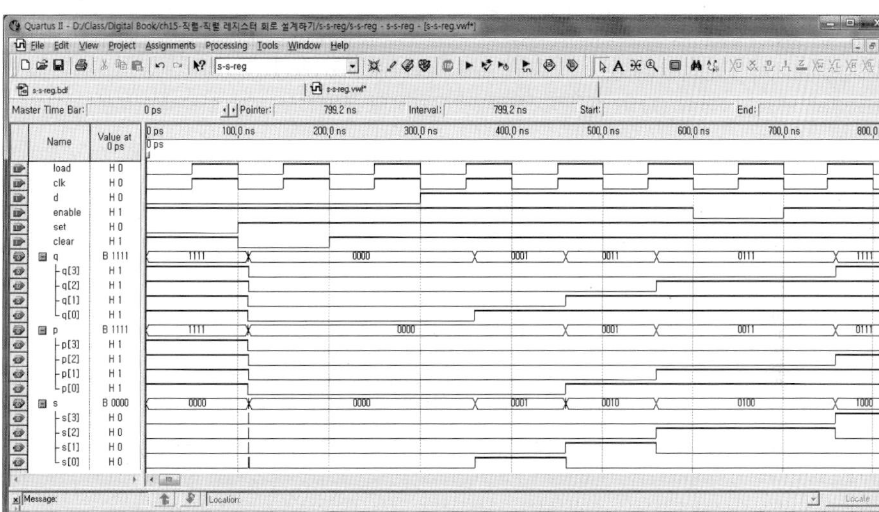

[그림 15-3] 직렬-직렬 레지스터 응용회로 에지 검출기의 동작파형

모의실험에서 우선 clear 신호와 set 신호에 대한 동작을 확인한다. 0ns 부근에서 발생한 set 신호에 따라 출력과 내부 레지스터의 상태가 모두 논리 [1]로 설정된다. 따라서 입력신호를 저장하는 레지스터 q와, 1비트 지연신호를 저장하

는 레지스터 p는 모두 2진수 1111이 되고, 이에 따른 에지 검출신호 s는 2진수 0000이 된다. 100ns 부분에서 clear 신호의 동작을 확인한다. 발생한 clear 신호에 따라 출력과 내부 레지스터의 상태가 모두 논리 [0]으로 설정된다. 입력신호를 저장하는 레지스터 q와, 1비트 지연신호를 저장하는 레지스터 p는 모두 2진수 0000이 되고, 이에 따른 에지 검출신호 s는 2진수 0000이 된다.

250ns 부근의 load 신호 상승에지에서 enable 신호가 활성화된 논리 [1]의 값을 갖고, 데이터 d의 입력이 논리 [0]이므로 레지스터에 저장된 입력신호 q는 2진수 0000이 되고, 1비트 지연된 신호 p는 2진수 0000이 되며, 에지 검출신호 s는 2진수 0000이 된다. 350ns 부근의 load 신호 상승에지에서 enable 신호가 활성화된 논리 [1]의 값을 갖고, 데이터 d의 입력이 논리 [1]이므로 레지스터에 저장된 입력신호 q는 2진수 0001이 되고, 1비트 지연된 신호 p는 2진수 0000이 되며, 에지 검출신호 s는 2진수 0001이 된다. 450ns 부근의 load 신호 상승에지에서는 데이터 d의 입력이 논리 [1]이므로 레지스터에 저장된 입력신호 q는 2진수 0011이 되고, 1비트 지연된 신호 p는 2진수 0001이 되며, 에지 검출신호 s는 2진수 0010이 된다. 550ns 부근의 load 신호 상승에지에서는 데이터 d의 입력이 논리 [1]이므로 레지스터에 저장된 입력신호 q는 2진수 0111이 되고, 1비트 지연된 신호 p는 2진수 0011이 되며, 에지 검출신호 s는 2진수 0100이 된다. 650ns 부근의 load 신호 상승에지에서는 데이터 d의 입력이 논리 [1]이지만 enable 신호가 논리 [0]의 상태이므로 레지스터 내부의 모든 D-플립플롭이 비활성화 상태이다. 따라서 레지스터에 저장된 입력신호 q는 2진수 0111, p는 2진수 0011을 유지하고, 에지 검출신호 s 역시 2진수 0100을 유지한다. 750ns 부근의 load 신호 상승에지에서는 데이터 d의 입력이 논리 [1]이므로 레지스터에 저장된 입력신호 q는 2진수 1111이 되고, 1비트 지연된 신호 p는 2진수 0111이 되며, 에지 검출신호 s는 2진수 1000이 된다. 지금까지 소개한 에지를 판단하는 결과신호 s는 XOR게이트에 원래의 신호 q와 지연신호 p를 입력하고 논리연산을 하여 얻어진 결과이다.

15.2.5. 직렬-직렬 레지스터 응용회로 핀 연결

〈표 15-3〉은 ComboⅡ 트레이닝 키트에 직렬-직렬 레지스터 회로의 실장실험을 위한 핀 연결 정보를 나타낸 것이다.

〈표 15-3〉 Combo II 트레이닝 키트에 직렬-직렬 레지스터 응용회로 실장실험을 위한 핀 연결 정보

	신호명	Combo II 신호명	핀번호	신호명	Combo II 신호명	핀번호
Cyclone II EP2C35F672C8 ClockSelect : 6 (1㎑)	load	BUTTON_SW[0]	Y10	seg_com[3]	SEG_COM[4]	Y5
	clk	CLK_MAIN[0]	N1	seg_com[2]	SEG_COM[5]	W3
	d	DIP_D[0]	Y12	seg_com[1]	SEG_COM[6]	W2
	enable	DIP_D[5]	AA12	seg_com[0]	SEG_COM[7]	V1
	clear	DIP_D[6]	AB12	seg_out[0]	SEG_DATA[0]	AF5
	set	DIP_D[7]	Y13	seg_out[1]	SEG_DATA[1]	AE5
	q[3]	LED_D[0]	AF7	seg_out[2]	SEG_DATA[2]	AD6
	q[2]	LED_D[1]	AE7	seg_out[3]	SEG_DATA[3]	AC6
	q[1]	LED_D[2]	AB8	seg_out[4]	SEG_DATA[4]	AA2
	q[0]	LED_D[3]	W8	seg_out[5]	SEG_DATA[5]	AA1
	p[3]	LED_D[4]	AF6	seg_out[6]	SEG_DATA[6]	AA6
	p[2]	LED_D[5]	AE6			
	p[1]	LED_D[6]	AD7			
	p[0]	LED_D[7]	AC7			

15.2.6. 직렬-직렬 레지스터 응용회로 실장실험

〈표 15-3〉과 같이 핀 정보를 모두 입력한 다음 다시 컴파일 해야 한다. 컴파일 후 [Tools]- [Programmer]를 클릭하여 설계결과를 트레이닝 키트에 다운로드한다.

〈표 15-4〉에서 클럭신호와 무관한 DIP_D[7](set) 신호의 동작을 먼저 확인한다. DIP_D [6](clear) 신호를 ON 위치에 고정한 상태에서, DIP_D[7](set) 신호가 논리 [1]→[0 →[1]의 값을 갖도록 DIP_D[7](set)을 OFF 위치로 이동했다가 다시 ON 위치로 이동시킨다. 이때 DIP_D[7](set)을 내려서 OFF 시키는 순간, 직렬-직렬 레지스터 내부의 모든 D-플립플롭에 논리 [1]의 값이 저장되고 출력되므로 그 값을 표시하는 p, q 각각 4개의 LED가 모두 켜지게 된다.

〈표 15-4〉 set 신호 인가에 따른 q=1111, p=1111, 그리고 에지 검출기 결과 s=0000

	Combo II	
버스 스위치	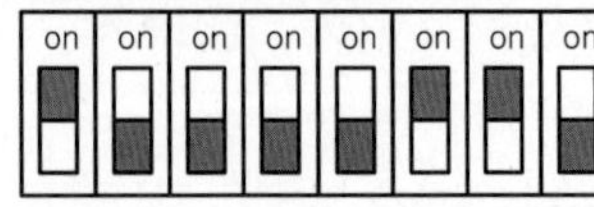	
버튼 스위치		
LED	q	p
	●●●●	●●●●
7-세그먼트	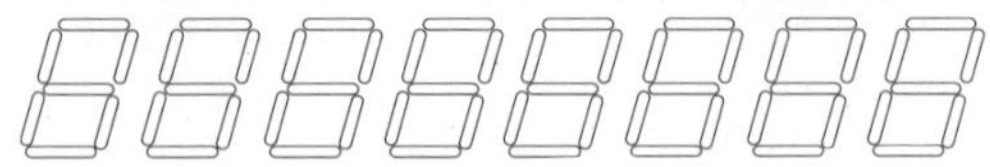	

〈표 15-5〉에는 클럭신호와 무관한 DIP_D[6](clear) 신호의 동작을 확인한다. DIP_D[7](set) 신호를 ON 위치에 고정한 상태에서, DIP_D[6](clear) 신호가 논리 [1]→[0]→[1]의 값을 갖도록 DIP_D[6](clear)을 OFF 위치로 이동했다가 다시 ON 위치로 이동시킨다. 이때 DIP_D[6](clear)을 내려서 OFF 시키는 순간, 직렬-직렬 레지스터의 모든 D-플립플롭에 논리 [0]의 값이 저장되고 출력되므로 그 값을 표시하는 p, q 각각 4개의 LED가 모두 꺼지게 된다.

〈표 15-5〉 clear 신호 인가에 따른 q=0000, p=0000, 그리고 에지 검출기 결과 s=0000

	Combo II	
버스 스위치	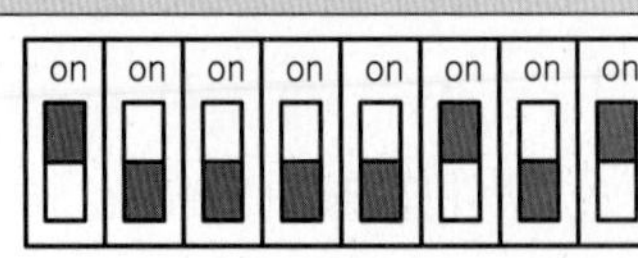	
버튼 스위치		
LED	q	p
	○○○○	○○○○
7-세그먼트		

〈표 15-6〉에 표시한 모든 버스 스위치와 같이 DIP_D[5](enable) 신호에 논리 [1], DIP_D[6] (clear) 신호에 논리 [1], 그리고 DIP_D[7](set) 신호에 논리 [1]을 설정한 상태에서, load 신호에 상승에지를 제공하기 위하여, 키 A를 눌렀다 떼면, DIP_D[5](enable) 신호가 논리 [1]로 활성화된 상태이고, 데이터 d의

입력이 논리 [1]이므로 레지스터 q는 2진수 0001이 되고, 1비트 지연된 신호 p는 2진수 0000이 된다. 결과적으로 7-세그먼트에 표시한 검출신호 s는 2진수 0001이 되고 첫 번째 7-세그먼트의 'g'에 불이 켜진다.

〈표 15-6〉 논리 [1] 입력에 따른 q=0001, p=0000, 그리고 에지 검출기 결과 s=0001

	Combo II	
버스 스위치	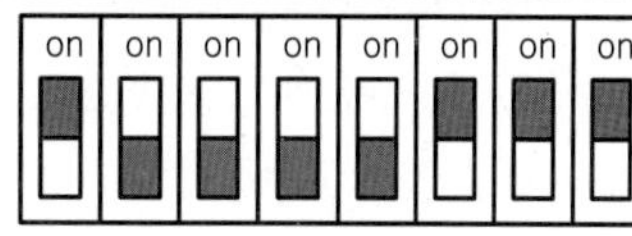	
버튼 스위치	키 A	
LED	q	p
	○○○●	○○○○
7-세그먼트	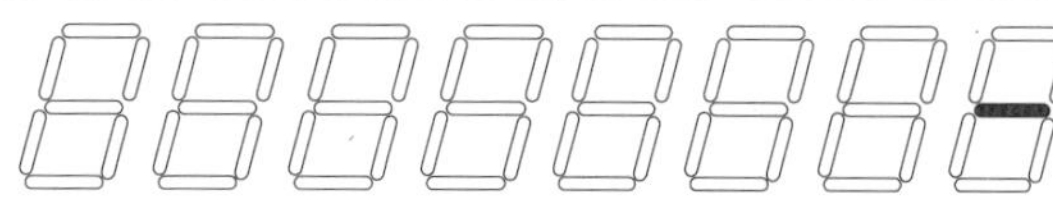	

〈표 15-7〉에 표시한 모든 버스 스위치와 같이 DIP_D[5](enable) 신호에 논리 [1], DIP_D[6] (clear) 신호에 논리 [1], 그리고 DIP_D[7](set) 신호에 논리 [1]을 설정한 상태에서, load 신호에 상승에지를 제공하기 위하여, 키 A를 눌렀다 떼면, DIP_D[5](enable) 신호가 논리 [1]로 활성화된 상태이고, 데이터 d의 입력이 논리 [1]이므로 레지스터 q는 2진수 0011이 되고, 1비트 지연된 신호 p는 2진수 0001이 된다. 결과적으로 7-세그먼트에 표시한 검출신호 s는 2진수 0010이 되고 두 번째 7-세그먼트의 'g'에 불이 켜진다.

〈표 15-7〉 논리 [1] 입력에 따른 q=0011, p=0001, 그리고 에지 검출기 결과 s=0010

	Combo II	
버스 스위치		
버튼 스위치	키 A	
LED	q	p
	○○●●	○○○●
7-세그먼트		

〈표 15-8〉에 표시한 모든 버스 스위치와 같이 DIP_D[5](enable) 신호에 논리 [1], DIP_D[6] (clear) 신호에 논리 [1], 그리고 DIP_D[7](set) 신호에 논리 [1]을 설정한 상태에서, load 신호에 상승에지를 제공하기 위하여, 키 A를 눌렀다 떼면, DIP_D[5](enable) 신호가 논리 [1]로 활성화된 상태이고, 데이터 d의 입력이 논리 [1]이므로 레지스터 q는 2진수 0111이 되고, 1비트 지연된 신호 p는 2진수 0011이 된다. 결과적으로 7-세그먼트에 표시한 검출신호 s는 2진수 0100이 되고 세 번째 7-세그먼트의 'g'에 불이 켜진다.

〈표 15-9〉에 표시한 모든 버스 스위치와 같이 DIP_D[5](enable) 신호에 논리 [0], DIP_D[6] (clear) 신호에 논리 [1], 그리고 DIP_D[7](set) 신호에 논리 [1]을 설정한 상태에서, load 신호에 상승에지를 제공하기 위하여, 키 A를 눌렀다 뗀다 하더라도, DIP_D[5](enable) 신호가 논리 [0]으로 비활성화된 상태이므로 레지스터 q는 2진수 0111, 지연된 신호 p는 2진수 0011을 그대로 유지한다. 결과적으로 7-세그먼트에 표시한 검출신호 s도 역시 2진수 0100를 유지하고 세 번째 7-세그먼트가 켜진 상태를 유지한다.

〈표 15-8〉 논리 [1] 입력에 따른 q=0111, p=0011, 그리고 에지 검출기 결과 s=0100

	Combo II	
버스 스위치	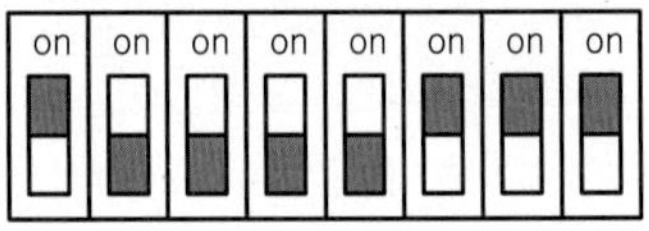	
버튼 스위치	키 A	
LED	q	p
	○●●●	○○●●
7-세그먼트	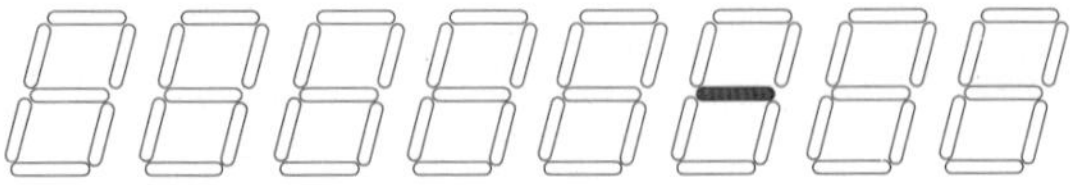	

〈표 15-10〉에 표시한 모든 스위치와 같이 DIP_D[5](enable) 신호에 논리 [1], DIP_D[6](clear) 신호에 논리 [1], 그리고 DIP_D[7](set) 신호에 논리 [1]을 설정한 상태에서, load 신호에 상승에지를 제공하기 위하여, 키 A를 눌렀다 떼면, DIP_D[5](enable) 신호가 논리 [1]로써 활성화된 상태이고, 데이터 d의 입력이 논리 [1]이므로 레지스터 q는 2진수 1111이 되고, 1비트 지연된 신호 p는 2진수 0111이 된다. 결과적으로 7-세그먼트에 표시한 검출신호 s는 2진수 1000이 되고 네 번째 7-세그먼트의 'g'에 불이 켜진다.

〈표 15-9〉 enable 신호가 비활성화 상태이므로 기존 상태 q=0111, p=0011, 그리고 에지 검출기 결과 s=0100를 그대로 유지

	Combo II	
버스 스위치	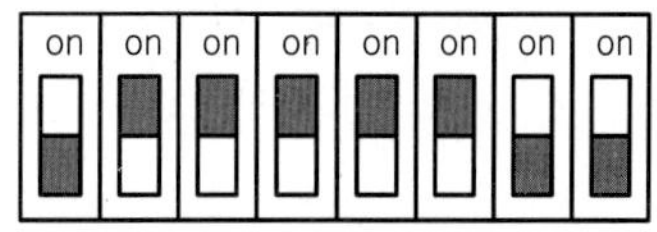	
버튼 스위치	키 A	
LED	q	p
	○●●●	○○●●
7-세그먼트	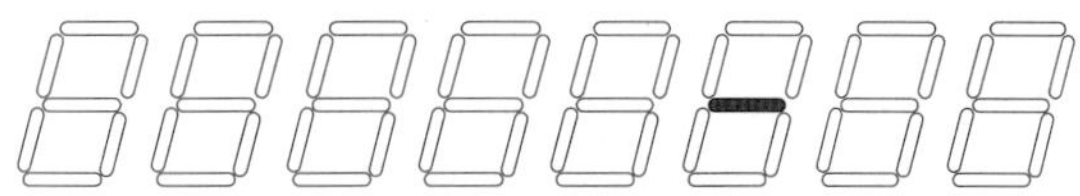	

〈표 15-10〉 논리 [1] 입력에 따른 q=1111, p=0111, 그리고 에지 검출기 결과 s=1000

	Combo II	
버스 스위치	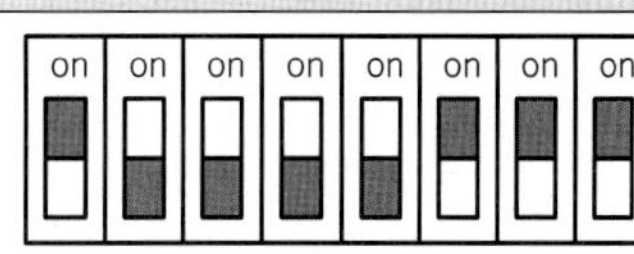	
버튼 스위치	키 A	
LED	q	p
	●●●●	○●●●
7-세그먼트	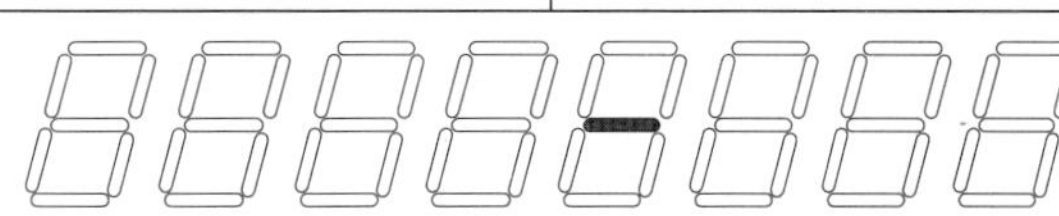	

15.3 주요 사항 검토

① 〈표 15-6〉과 같이 버스 스위치를 설정하고, 키 A를 눌렀다 떼는 과정을 2번 반복한다면 LED에 어떤 변화가 있는가? 왜 그런 결과가 나타나는가?

② ①의 상태에서 enable 신호 즉 DIP_D[5] 스위치를 OFF로 설정하라. 이 상태에서 키 A를 눌렀다 떼는 과정을 2번 반복한다면 LED에 어떤 변화가 있는가? 왜 그런 결과가 나타나는가?

③ 〈표 15-6〉과 같이 버스 스위치를 설정하고, 키 A를 눌렀다 떼지 않고 계속

누르고 있다면 LED에는 어떤 변화가 있는가? 왜 이런 현상이 발생하는가?

④ 만약 동시에 set 신호와 clear 신호가 입력되었다면 어떤 결과가 발생할까?

⑤ [그림 15-2]와 같은 회로에서, 키 A를 눌렀을 때 상태가 바뀌는가? 아니면 뗄 때 상태가 바뀌는가? 그 이유는 무엇인가?

⑥ 앞의 ⑤에서 얻은 결과와 반대의 경우, 상태가 바뀌도록 회로를 변경한다면 무엇을 어떻게 변경해야하는가?

15.4)) 연습문제

연습문제

① [그림 15-2]와 같은 직렬-직렬 레지스터를 이용하여 2진수에 대한 2차 미분회로를 구성하라.

② 버튼 스위치가 평상시에 논리 [1]을 출력하고, 스위치를 눌렀을 때 논리 [0]의 값이 출력되도록 저항을 사용하여 올바른 스위치 회로를 구성하라.

③ 직렬-직렬 레지스터를 어떤 용도로 사용할 수 있는지 3가지 이상 나열하시오.

CHAPTER 16

직렬-병렬 레지스터 응용회로 설계하기

CHAPTER

16 직렬-병렬 레지스터 응용회로 설계하기

16.1 직렬-병렬 레지스터 응용회로 설계하기 목표

① 버스 스위치(DIP switch)를 이용하여 직렬-병렬 레지스터의 제어신호를 입력한다.
② 버튼 스위치를 이용하여 직렬-병렬 레지스터 회로의 클럭 신호를 입력한다.
③ 직렬-병렬 레지스터의 내용을 LED에 표시한다.
④ 레지스터에 저장된 값을 BCD로 변환하여 7-세그먼트에 숫자로 표시한다.
⑤ 제어신호와 클럭신호를 통해 직렬-병렬 레지스터의 동작을 이해한다.

16.2 직렬-병렬 레지스터 응용회로 구성하기

16.2.1. 직렬-병렬 레지스터 응용 블록도

[그림 16-1]은 직렬입력, 병렬출력 레지스터 응용회로의 블록도를 나타낸 것이다. 직렬-병렬 레지스터 응용회로의 내부 동작 상태는 LED를 통하여 확인할 수 있도록 한다. 레지스터에 저장된 2진수 값은 BIN-BCD 변환기를 통하여 BCD로 변환하여 7-세그먼트에 표시한다. 트레이닝 키트에서 LED를 켜기 위해서는 논리 [1]을 공급하고, 끄기 위해서는 논리 [0]을 공급한다.

로드(load) 신호를 버튼 스위치로 구현하여 직렬-병렬 레지스터 응용회로의 클럭신호로 사용한다. 버튼 스위치를 눌렀다가 떼면 레지스터에 한 개의 상승에지가 공급된다. 이때 스위치의 값은 논리 [0]→[1]→[0]의 과정을 거치게 된다. 버튼 스위치는 별개의 I/O로 직접 연결이 되어 있으며, 키를 누를 때 발생하는 채터링 현상을 방지하기 위한 회로가 내장되어 정확한 입력이 가능하도록 구성되어 있다. 스위치를 누르지 않으면 논리 [0]의 값을 출력하고 반대로 스위치를 누르면 논리 [1]의 값을 출력한다.

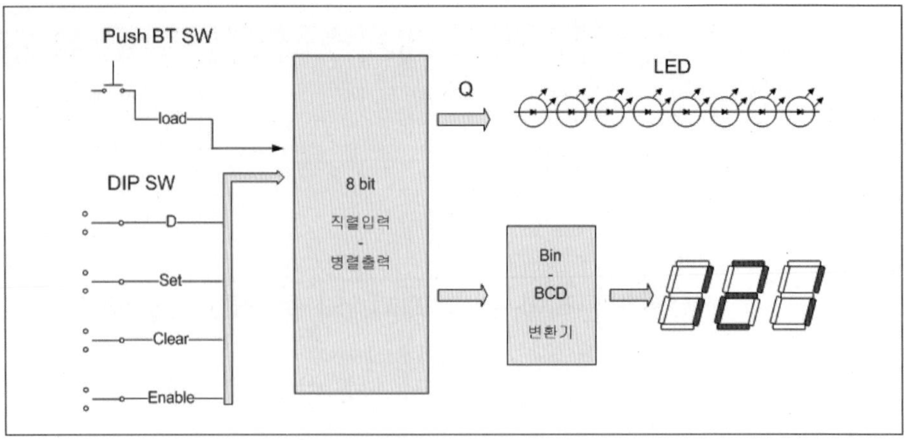

[그림 16-1] 직렬-병렬 레지스터 응용회로의 블록도

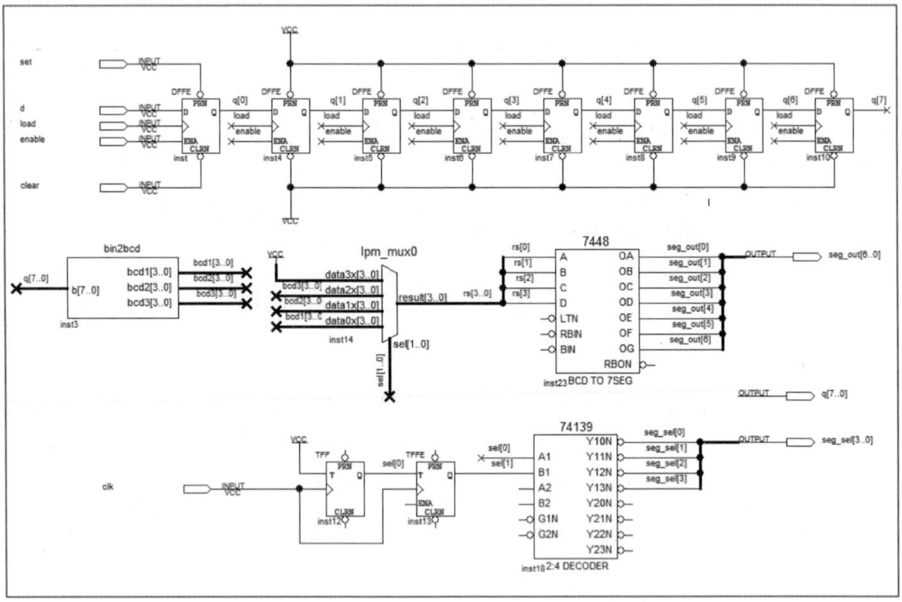

[그림 16-2] 직렬-병렬 레지스터 응용회로도

레지스터의 제어신호는 버스 스위치(DIP switch)를 이용하여 입력한다. 여기서 사용한 신호는 데이터 D 신호, 레지스터 동작의 활성화 여부를 제어하는 Enable 신호, 레지스터 내부의 첫 번째 비트 값을 논리 [0]으로 설정하는 clear 신호, 논리 [1]로 설정하는 set 신호이다. 트레이닝 키트에 있는 버스 스위치(DIP SW)는 ON의 위치에서 논리 [1]을 출력하고, OFF의 위치에서 논리 [0]을 출력한다.

16.2.2. 직렬-병렬 레지스터 응용회로도

[그림 16-2]는 직렬입력, 병렬출력 레지스터 응용회로도를 나타낸 것이다. [그림 16-2] 회로는 8비트 레지스터를 구현한 부분과 레지스터에 저장된 2진수 값을 BCD로 변환하는 부분 등 크게 두 부분으로 구분한다.

레지스터 부분에서 첫 번째 비트는 일반적인 레지스터의 동작인 clear와 set 기능까지 구현한다. 이는 첫 번째 비트 값을 초기화 하는 목적으로 사용하는 레지스터 기능이다. 일반적으로 set은 해당 비트 값을 논리 [1]로 설정함을 의미하고, clear는 해당 비트 값을 논리 [0]으로 설정함을 의미한다. 따라서 클럭 동작과 무관하게 첫 번째 비트의 값을 논리 [0]으로 설정하고자 할 때, 버스 스위치를 통하여 clear 신호의 상태를 [1]→[0]→[1]로 조작하면 된다. 또한 첫 번째 비트의 값을 논리 [1]로 설정하고자 할 때, 버스 스위치를 통하여 set 신호의 상태를 논리 [1]→[0]→[1]로 조작하면 된다. 레지스터의 나머지 부분은 단순한 시프트 기능만 갖도록 설계한다. [그림 16-2] 회로도와 같이 첫 번째 D 플립플롭을 제외한 모든 D 플립플롭의 clear와 set 기능을 제거하기 위하여 PRN과 CLRN 단자를 논리 [1]로 고정하였다. 따라서 나머지 비트는 임의로 값을 설정하는 기능이 제거된 상태이다.

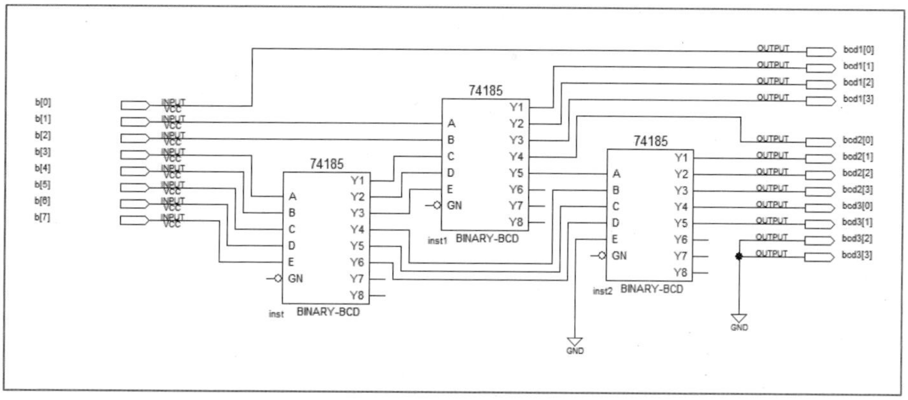

[그림 16-3] bin2bcd의 회로도

제어신호 enable에 의해 모든 내부의 D-FF 소자가 활성화되기도 하고, 비활성화 되기도 한다. enable 신호의 값이 논리 [1]인 경우 레지스터는 정상적으로 동작하는 것이고, 논리 [0]일 경우에는 비활성화 되는 것이다. 만약 enable 신호가 비활성화된 경우에는 첫 번째 비트의 데이터 입력과 나머지 비트의 시프트 동작이 모두 작용하지 않는다.

[그림 16-3]은 레지스터에 저장된 2진수 값을 3자리의 BCD로 변화하기 위한

bin2bcd의 회로도를 나타낸 것이다. bin2bcd는 내부에 74185 3개를 연결하여 8비트의 2진수를 3개의 BCD 숫자로 변환한다. 기본적으로 74185는 6비트 2진수를 받아 2자리의 BCD 숫자로 변환하는 소자이다.

16.2.3. 직렬-병렬 레지스터 응용회로 동작원리

입력 장치로 사용되는 버튼 스위치의 최종 동작은 액티브 하이(active high) 형식을 취하고 있다. 스위치를 눌렀을 때는 논리 [1]을 출력하고, 평상시, 즉 스위치를 누르지 않았을 경우에는 논리 [0]을 출력한다. 또한 트레이닝 키트에 위치한 버스 스위치(DIP SW) 역시 ON의 위치에서 논리 [1], OFF의 위치에서 논리 [0]을 출력한다. 출력 장치로 사용하고 있는 LED 역시 액티브 하이(active high) 형식으로 동작하기 때문에 LED를 켜기 위해서는 논리 [1], 끄기 위해서는 논리 [0]을 공급하면 된다.

〈표 16-1〉 D-FF의 진리표

입력					출력
CLRN	PRN	ENA	D	CLK	Q
0	1	X	X	X	0
1	0	X	X	X	1
0	0	X	X	X	Illegal
1	1	0	X	X	Qo
1	1	1	0	↑	0
1	1	1	1	↑	1
1	1	X	X	0	Qo

〈표 16-1〉의 D 플립플롭(flip-flop) 진리표에 나타낸 것과 같이, CLRN과 PRN은 다른 입력신호와 상관없이 출력 값을 각각 논리 [0]과 논리 [1]로 설정하기 위해 사용한다. ENA는 플립플롭 동작을 활성화 또는 비활성화를 선택하는 신호이다. 만일 ENA 신호를 논리 [0]으로 비활성화하면 데이터와 클럭신호에 무관하게 출력 값을 유지한다. 데이터 입력 D의 값이 플립플롭에 저장되고 출력하는 조건은 클럭신호 CLK에 상승에지가 공급될 때이다.

〈표 16-2〉 74185의 진리표

진수범위	입력						출력							
	E	D	C	B	A	$\overline{G}$	Y8	Y7	Y6	Y5	Y4	Y3	Y2	Y1
0~1	L	L	L	L	L	L	H	H	L	L	L	L	L	L
2~3	L	L	L	L	H	L	H	H	L	L	L	L	L	H
4~5	L	L	L	H	L	L	H	H	L	L	L	L	H	L
6~7	L	L	L	H	H	L	H	H	L	L	L	L	H	H
8~9	L	L	H	L	L	L	H	H	L	L	L	H	L	L
10~11	L	L	H	L	H	L	H	H	L	L	H	L	L	L
12~13	L	L	H	H	L	L	H	H	L	L	H	L	L	H
14~15	L	L	H	H	H	L	H	H	L	L	H	L	H	L
16~17	L	H	L	L	L	L	H	H	L	L	H	L	H	H
18~19	L	H	L	L	H	L	H	H	L	L	H	H	L	L
20~21	L	H	L	H	L	L	H	H	L	H	L	L	L	L
22~23	L	H	L	H	H	L	H	H	L	H	L	L	L	H
24~25	L	H	H	L	L	L	H	H	L	H	L	L	H	L
26~27	L	H	H	L	H	L	H	H	L	H	L	L	H	H
28~29	L	H	H	H	L	L	H	H	L	H	L	H	L	L
30~31	L	H	H	H	H	L	H	H	L	H	H	L	L	L
32~33	H	L	L	L	L	L	H	H	L	H	H	L	L	H
34~35	H	L	L	L	H	L	H	H	L	H	H	L	H	L
36~37	H	L	L	H	L	L	H	H	L	H	H	L	H	H
38~39	H	L	L	H	H	L	H	H	L	H	H	H	L	L
40~41	H	L	H	L	L	L	H	H	H	L	L	L	L	L
42~43	H	L	H	L	H	L	H	H	H	L	L	L	L	H
44~45	H	L	H	H	L	L	H	H	H	L	L	L	H	L
46~47	H	L	H	H	H	L	H	H	H	L	L	L	H	H
48~49	H	H	L	L	L	L	H	H	H	L	L	H	L	L
50~51	H	H	L	L	H	L	H	H	H	L	H	L	L	L
52~53	H	H	L	H	L	L	H	H	H	L	H	L	L	H
54~55	H	H	L	H	H	L	H	H	H	L	H	L	H	L
56~57	H	H	H	L	L	L	H	H	H	L	H	L	H	H
58~59	H	H	H	L	H	L	H	H	H	L	H	H	L	L
60~61	H	H	H	H	L	L	H	H	H	H	L	L	L	L
62~63	H	H	H	H	H	L	H	H	H	H	L	L	L	H
	X	X	X	X	X	H	H	H	H	H	H	H	H	H

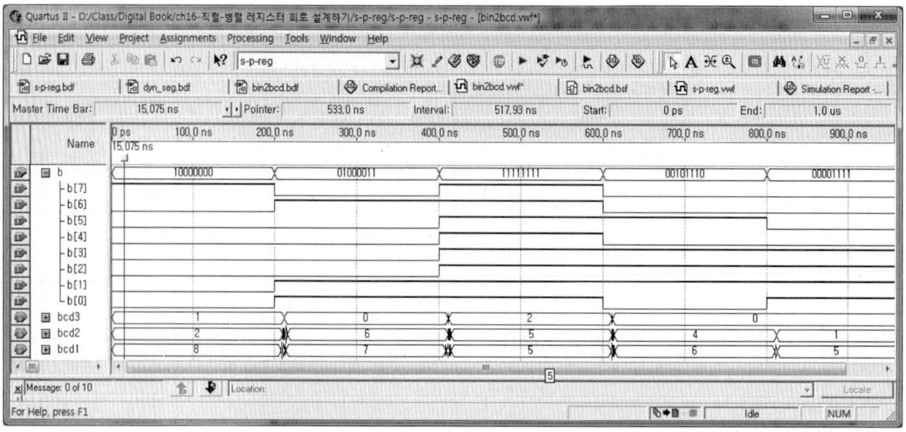

[그림 16-4] bin2bcd 회로의 동작 파형

clear 신호와 set 신호를 레지스터 첫 번째 비트의 D-FF에 연결하였으므로, clear 신호를 논리 [0]으로 공급하면 레지스터 첫 번째 비트의 값이 논리 [0]을 출력하며, set 신호를 논리 [0]으로 공급하면 레지스터 첫 번째 비트의 값이 논리 [1]을 출력한다. 나머지 비트의 경우에는 clear 신호와 set 신호를 사용하지 못하도록 설계하였기 때문에 현재 값을 그대로 유지한다.

2진수로 표현된 숫자 값을 BCD 코드로 변환하기 위하여 74185를 사용한다. 〈표 16-2〉에 나타낸 진리표와 같이 6bit(b[5], b[4], b[3], b[2], b[1], b[0]) 2진수의 입력을 2개의 BCD 코드로 변화하는 소자이다. 입력 단자 E, D, C, B, A는 각각 b[5], b[4], b[3], b[2], b[1]과 연결하며, b[0]은 [그림 16-3]과 같이 직접 출력 bcd1[0]에 연결한다.

bin2bcd에 의해 생성된 3자리의 BCD 코드는 동적표시(Dynamic Display) 기법으로 7-세그먼트 배열에 표시한다. 4 × 1 멀티플렉서를 사용하여 7-세그먼트에 표시할 패턴을 선택하고, 카운터에 의해 현재 표시할 7-세그먼트의 위치를 선택한다. BCD 3자리 숫자만 표시하기 위하여 4 × 1 멀티플렉서의 나머지 입력 하나는 논리 [1]로 고정하여 해당 7-세그먼트에 아무것도 표시되지 않도록 하였다.

bin2bcd는 8비트 레지스터에 저장된 8비트 2진수 값을 3개의 BCD 숫자로 변환하는 기능을 담당한다. 8비트로 표현할 수 있는 숫자의 범위가 0~255이므로, 최대 3자리의 BCD 코드를 생성한다. [그림 16-4]에 bin2bcd의 동작을 확인하기 위한 동작파형을 나타내었다. 8비트 2진수의 값이 10000000일 때 3개의 BCD로 출력되는 값은 10진수 128, 그리고 2진수 11111111이 입력되었을 때 출력으로 10진수 255가 되는 것을 확인할 수 있다.

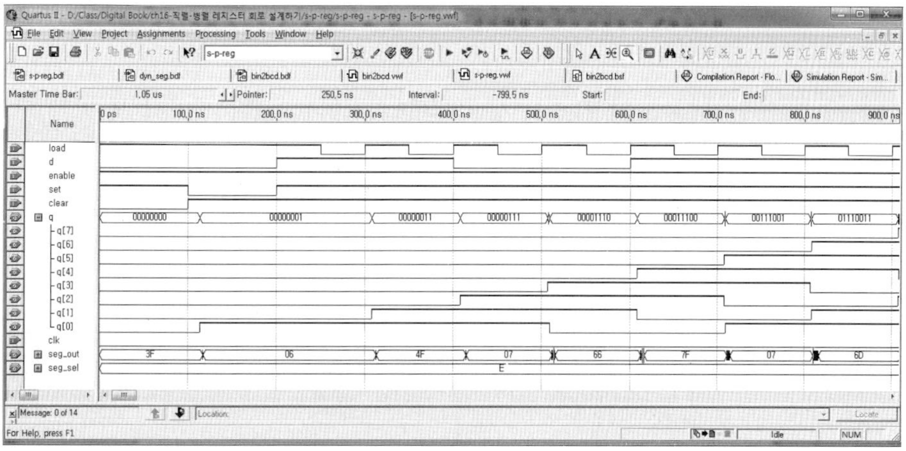

[그림 16-5] 직렬-병렬 레지스터 응용회로의 동작파형

16.2.4. 직렬-병렬 레지스터 응용회로 동작 파형

[그림 16-5]는 직렬-병렬 레지스터 응용회로 동작파형을 나타낸 것이다. 모의실험 조건은 다음과 같다.

모의실험 조건

[Vector Waveform Editor] 창에서 [Edit]-[End Time]을 2μs로 설정한다.

[Vector Waveform Editor] 창에서 [Edit]-[Grid Size]을 100ns로 설정한다.

모의실험에서 우선 clear 신호와 set 신호에 대한 동작을 확인한다. [그림 16-5]에서 가장 먼저 clear 신호와 set 신호를 발생하여 레지스터 내부의 첫 번째 비트가 논리 [0] 또는 논리 [1]로 출력되는 것을 알 수 있다. set 신호를 논리 [0]으로 공급하였기 때문에 200ns 부근에서 레지스터의 값 q는 00000001이 된다.

300ns 부근 load 신호의 상승에지에서 enable 신호에 논리 [1]을 공급하고, 데이터 d의 입력이 논리 [1]이므로 내부 각 레지스터의 값 q는 00000011이 된다. 400ns 부근 load 신호의 상승에지에서도 데이터 d의 입력이 논리 [1]이므로 내부 각 레지스터의 값 q는 00000111이 된다. 500ns 부근 load 신호의 상승에지에서는 데이터 d의 입력이 논리 [0]이므로 내부 각 레지스터의 값 q는 00001110이 된다. 600ns 부근 load 신호의 상승에지에서 데이터 d의 입력이 논리 [0]이므로 내부 각 레지스터의 값 q는 00011100이 된다. 700ns 부근 load 신호의 상승에지에서 데이터 d의 입력이 논리 [1]이므로 내부 각 레지스터의 값

q는 00111001이 된다. 800ns 부근 load 신호의 상승에지에서 데이터 d의 입력이 논리 [1]이므로 내부의 각 레지스터의 값 q는 01110011이 된다. 900ns 부근 load 신호의 상승에지에서 데이터 d의 입력이 논리 [0]이지만 enable 신호가 논리 [0]의 상태이므로 레지스터 내부의 모든 D-플립플롭이 비활성화 상태가 되고 각 플립플롭의 출력 값은 과거의 값을 그대로 유지하게 된다. 따라서 내부 각 레지스터의 값 q는 01110011의 값을 유지한다.

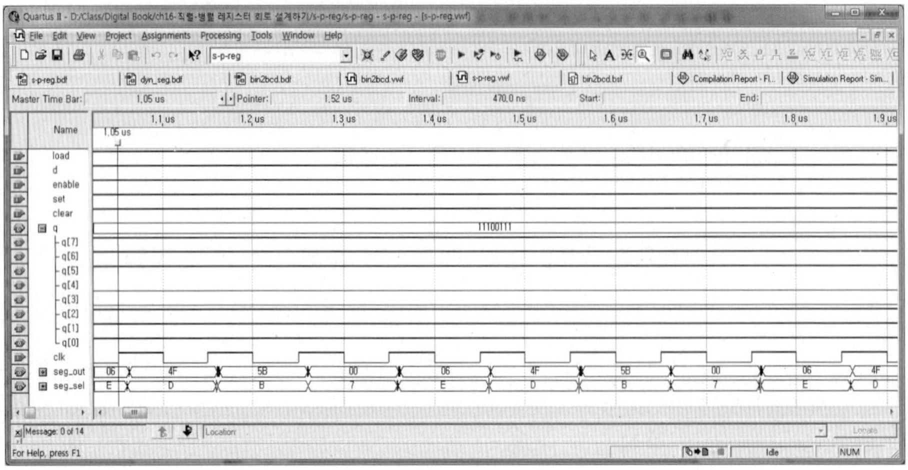

[그림 16-6] 저장된 2진수를 BCD로 변환하는 기능의 동작파형

[그림 16-6]은 직렬-병렬 레지스터 응용회로에서 레지스터에 저장된 8비트 2진수 값을 3개의 BCD 숫자로 변환하는 동작파형을 나타낸 것이다. 현재 레지스터에는 2진수 01110011이 저장되어 있고, 이 값을 10진수로 변환하면 115에 해당한다. 따라서 제일 하위 자리인 1의 자리를 나타내는 seg_sel 신호 16진수 Eh(1110)와, 그 자리에 5를 표시하기 위한 7-세그먼트 패턴 seg_out 신호 16진수 6Dh가 출력된다. 10의 자리를 나타내는 seg_sel 신호 16진수 Dh(1101)와, 그 자리에 1을 표시하기 위한 7-세그먼트 패턴 seg_out 신호 16진수 06h이 출력된다. 100의 자리를 나타내는 seg_sel 신호 16진수 Bh(1011)와, 그 자리에 1을 표시하기 위한 7-세그먼트 패턴 seg_out 신호 16진수 06h이 출력된다. 마지막 자리를 나타내는 seg_sel 신호 16진수 7h(0111)과, 그 자리에 아무것도 표시하지 않도록 하였기 때문에 7-세그먼트 패턴 seg_out 신호 16진수 00h이 출력되는 것을 확인할 수 있다.

16.2.5. 직렬-병렬 레지스터 응용회로 핀 연결

〈표 16-3〉은 ComboⅡ 트레이닝 키트에 직렬-병렬 레지스터 회로의 실장실험을 위한 핀 연결 정보를 나타낸 것이다.

〈표 16-3〉 ComboII 트레이닝 키트에 직렬-병렬 레지스터 응용회로 실장실험을 위한 핀 연결 정보

	신호명	Combo II 신호명	핀번호	신호명	Combo II 신호명	핀번호
Cyclone II EP2C35F672C8 ClockSelect : 6 (1㎑)	load	BUTTON_SW[0]	Y10	seg_sel[3]	SEG_COM[4]	Y5
	clk	CLK_MAIN[0]	N1	seg_sel[2]	SEG_COM[5]	W3
	d	DIP_D[0]	Y12	seg_sel[1]	SEG_COM[6]	W2
	enable	DIP_D[5]	AA12	seg_sel[0]	SEG_COM[7]	V1
	clear	DIP_D[6]	AB12	seg_out[0]	SEG_DATA[0]	AF5
	set	DIP_D[7]	Y13	seg_out[1]	SEG_DATA[1]	AE5
	q[7]	LED_D[0]	AF7	seg_out[2]	SEG_DATA[2]	AD6
	q[6]	LED_D[1]	AE7	seg_out[3]	SEG_DATA[3]	AC6
	q[5]	LED_D[2]	AB8	seg_out[4]	SEG_DATA[4]	AA2
	q[4]	LED_D[3]	W8	seg_out[5]	SEG_DATA[5]	AA1
	q[3]	LED_D[4]	AF6	seg_out[6]	SEG_DATA[6]	AA6
	q[2]	LED_D[5]	AE6			
	q[1]	LED_D[6]	AD7			
	q[0]	LED_D[7]	AC7			

16.2.6. 직렬-병렬 레지스터 응용회로 실장실험

〈표 16-3〉과 같이 핀 정보를 모두 입력한 다음 다시 컴파일 해야 한다. 컴파일 후 [Tools]- [Programmer]를 클릭하여 설계결과를 트레이닝 키트에 다운로드한다.

〈표 16-4〉와 같이 클럭신호와 무관한 DIP_D[6](clear) 신호의 동작을 먼저 확인한다. DIP_D[7] (set) 신호를 ON위치에 고정한 상태에서, DIP_D[6](clear) 신호가 논리 [1]→[0]→[1]의 값을 갖도록 DIP_D[6]을 OFF 위치로 이동했다가 다시 ON 위치로 이동시킨다. 이때 DIP_D[6]을 내려서 OFF 시키는 순간, 직렬-병렬 레지스터의 첫 번째 비트에 논리 [0]의 값이 저장되고 출력되므로 그 값을 표시하는 첫 번째 LED가 꺼지게 된다.

〈표 16-4〉 clear 신호 인가에 따른 q의 결과 00000000

	Combo II
버스 스위치	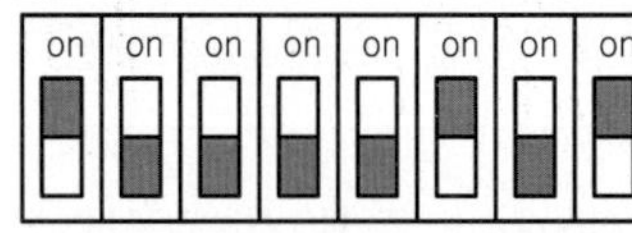
버튼 스위치	
LED	○○○○○○○○
7-세그먼트	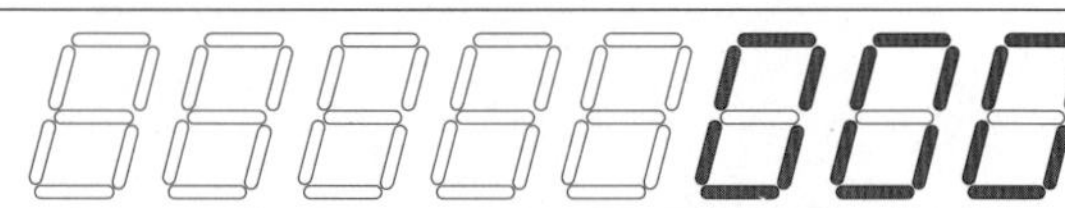

〈표 16-5〉 set 신호 인가에 따른 q의 결과 00000001

	Combo II
버스 스위치	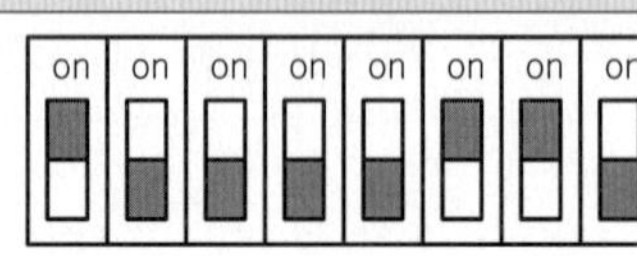
버튼 스위치	
LED	○○○○○○○●
7-세그먼트	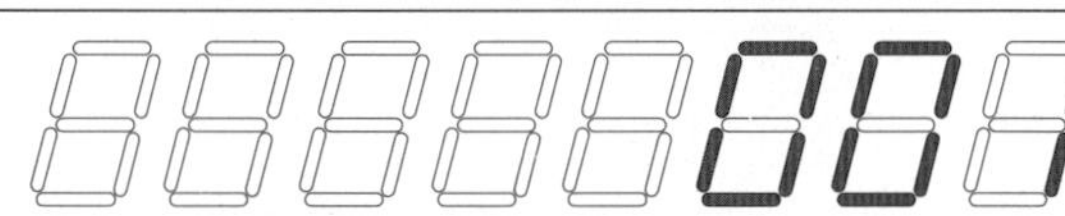

이번에는 〈표 16-5〉와 같이 DIP_D[7](set) 신호의 동작을 확인한다. DIP_D[6](clear) 신호를 ON위치에 고정한 상태에서, DIP_D[7](set) 신호가 논리 [1]→[0]→[1]의 값을 갖도록 DIP_D[7]을 OFF 위치로 이동했다가 다시 ON 위치로 이동시킨다. 이때 DIP_D[7]을 내려서 OFF 시키는 순간, 직렬-병렬 레지스터의 첫 번째 비트에 논리 [1]의 값이 저장되고 출력되므로 그 값을 표시하는 첫 번째 LED가 켜지게 된다. 따라서 레지스터의 값 q는 00000001이 된다.

〈표 16-6〉에 표시한 버스 스위치처럼 DIP_D[5](enable) 신호에 논리 [1], DIP_D[6](clear) 신호에 논리 [1], 그리고 DIP_D[7](set) 신호에 논리 [1]을 설정한 상태에서, load 신호에 상승에지를 제공하기 위하여, 키 A를 눌렀다 떼면, DIP_D[5](enable) 신호가 논리 [1]로 활성화된 상태이고, 데이터 d의 입력이 논리 [1]이므로 레지스터의 값 q는 00000011이 된다. 따라서 LED가 〈표 16-6〉과 같이 켜지고, 7-세그먼트에는 10진수 003이 출력된다.

〈표 16-6〉 직렬-병렬 레지스터 응용회로의 논리 [1] 입력에 따른 q의 결과 00000011

	Combo II
버스 스위치	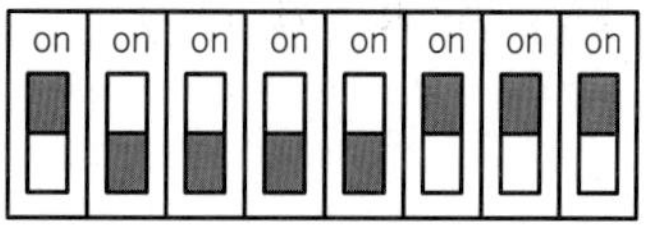
버튼 스위치	키 A
LED	○○○○○○●●
7-세그먼트	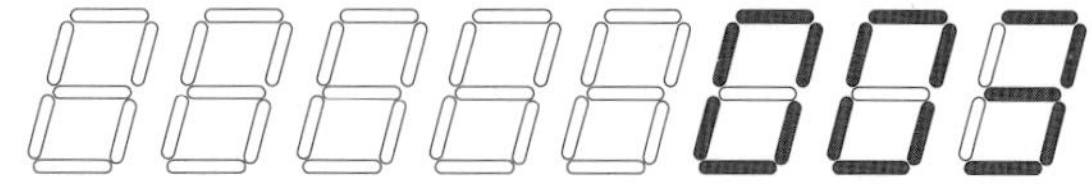

〈표 16-7〉에 표시한 버스 스위치처럼 DIP_D[5](enable) 신호에 논리 [1], DIP_D[6](clear) 신호에 논리 [1], 그리고 DIP_D[7](set) 신호에 논리 [1]을 설정한 상태에서, load 신호에 상승에지를 제공하기 위하여, 키 A를 눌렀다 떼면, DIP_D[5](enable) 신호가 논리 [1]로 활성화된 상태이고, 데이터 d의 입력이 논리 [1]이므로 레지스터의 값 q는 00000111이 된다. 따라서 LED가 〈표 16-7〉과 같이 켜지고, 7-세그먼트에는 10진수 007이 출력된다.

〈표 16-7〉 직렬-병렬 레지스터 응용회로의 논리 [1] 입력에 따른 q의 결과 00000111

	Combo II
버스 스위치	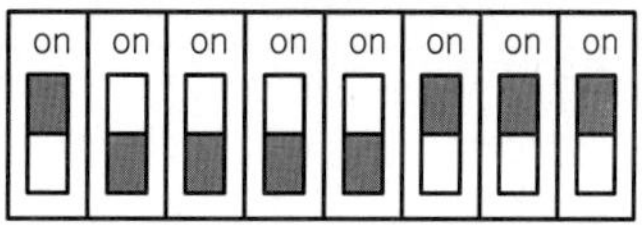
버튼 스위치	키 A
LED	○○○○○●●●
7-세그먼트	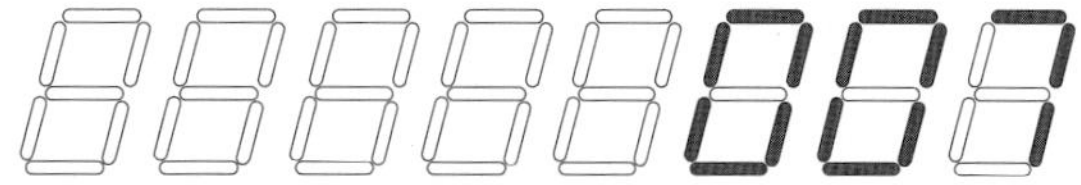

〈표 16-8〉에 표시한 버스 스위치처럼 DIP_D[5](enable) 신호에 논리 [1], DIP_D[6](clear) 신호에 논리 [1], 그리고 DIP_D[7](set) 신호에 논리 [1]을 설정한 상태에서, load 신호에 상승에지를 제공하기 위하여, 키 A를 눌렀다 떼면, DIP_D[5](enable) 신호가 논리 [1]로 활성화된 상태이고, 데이터 d의 입력이 논리

[0]이므로 레지스터의 값 q는 00001110이 된다. 따라서 LED가 〈표 16-8〉과 같이 켜지고, 7-세그먼트에는 10진수 014가 출력된다.

〈표 16-8〉 직렬-병렬 레지스터 응용회로의 논리 [1] 입력에 따른 q의 결과 00001110

	Combo II
버스 스위치	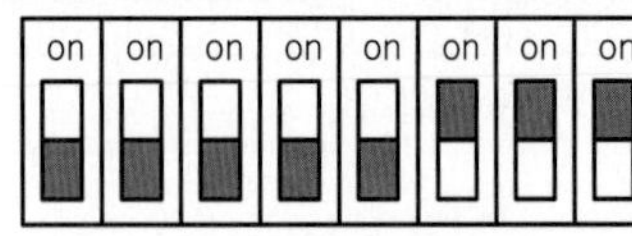
버튼 스위치	키 A
LED	○○○○●●●○
7-세그먼트	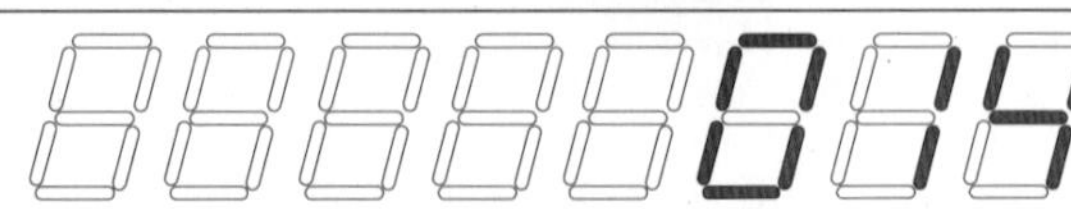

〈표 16-9〉에 표시한 버스 스위치처럼 DIP_D[5](enable) 신호에 논리 [1], DIP_D[6](clear) 신호에 논리 [1], 그리고 DIP_D[7](set) 신호에 논리 [1]을 설정한 상태에서, load 신호에 상승에지를 제공하기 위하여, 키 A를 눌렀다 떼면, DIP_D[5](enable) 신호가 논리 [1]로 활성화된 상태이고, 데이터 d의 입력이 논리 [0]이므로 레지스터의 값 q는 00011100이 된다. 따라서 LED가 〈표 16-9〉와 같이 켜지고, 7-세그먼트에는 10진수 028이 출력된다.

〈표 16-9〉 직렬-병렬 레지스터 응용회로의 논리 [0] 입력에 따른 q의 결과 00011100

	Combo II
버스 스위치	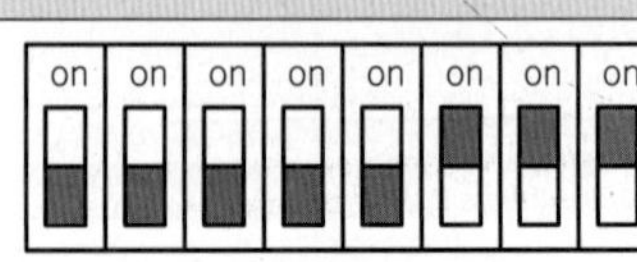
버튼 스위치	키 A
LED	○○○●●●○○
7-세그먼트	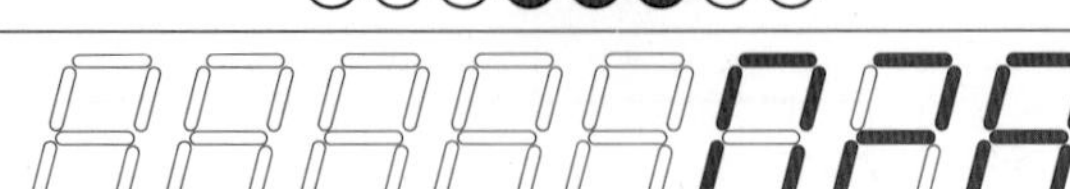

〈표 16-10〉에 표시한 버스 스위치처럼 DIP_D[5](enable) 신호에 논리 [1], DIP_D[6](clear) 신호에 논리 [1], 그리고 DIP_D[7](set) 신호에 논리 [1]을 설정한 상태에서, load 신호에 상승에지를 제공하기 위하여, 키 A를 눌렀다 떼면,

DIP_D[5](enable) 신호가 논리 [1]로 활성화된 상태이고, 데이터 d의 입력이 논리 [1]이므로 레지스터의 값 q는 00111001이 된다. 따라서 LED가 〈표 16-10〉과 같이 켜지고, 7-세그먼트에는 10진수 057이 출력된다.

〈표 16-10〉 직렬-병렬 레지스터 응용회로의 논리 [1] 입력에 따른 q의 결과 00111001

	Combo II
버스 스위치	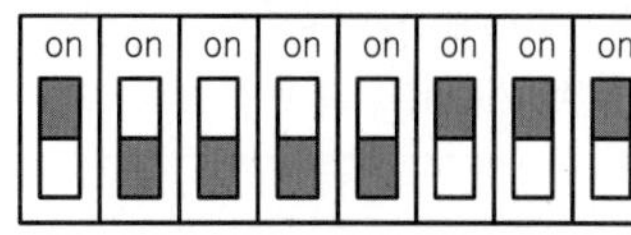
버튼 스위치	키 A
LED	○○●●●○○●
7-세그먼트	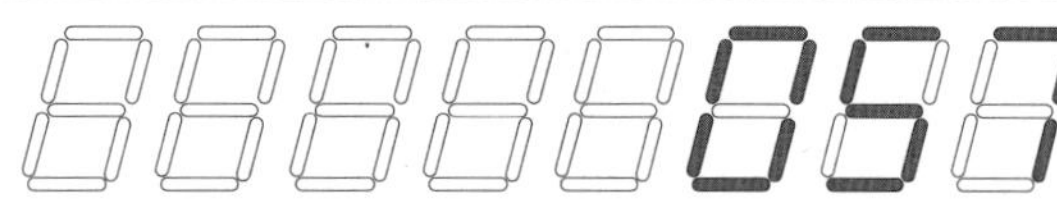

〈표 16-11〉에 표시한 버스 스위치처럼 DIP_D[5](enable) 신호에 논리 [1], DIP_D[6](clear) 신호에 논리 [1], 그리고 DIP_D[7](set) 신호에 논리 [1]을 설정한 상태에서, load 신호에 상승에지를 제공하기 위하여, 키 A를 눌렀다 떼면, DIP_D[5](enable) 신호가 논리 [1]로 활성화된 상태이고, 데이터 d의 입력이 논리 [1]이므로 레지스터의 값 q는 01110011이 된다. 따라서 LED가 〈표 16-11〉과 같이 켜지고, 7-세그먼트에는 10진수 115가 출력된다.

〈표 16-11〉 직렬-병렬 레지스터 응용회로의 논리 [1] 입력에 따른 q의 결과 01110011

	Combo II
버스 스위치	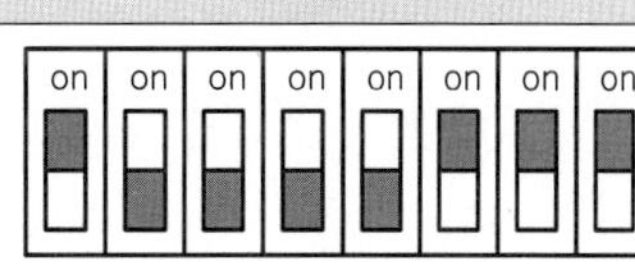
버튼 스위치	키 A
LED	○●●●○○●●
7-세그먼트	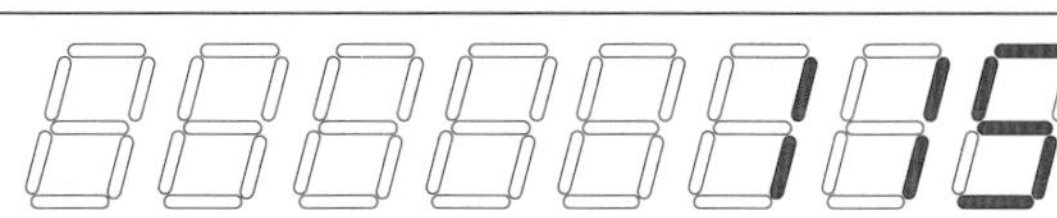

〈표 16-12〉에 표시한 버스 스위치처럼 DIP_D[5](enable) 신호가 논리 [0]이므로 레지스터 내부의 모든 D-플립플롭이 비활성화 상태가 되고 모든 플립플롭은 과거의 값을 그대로 유지하게 된다. 따라서 내부 각 레지스터의 값 q는 01110011의 값이 유지되며, LED와 7-세그먼트 역시 변화 없이 〈표 16-11〉과 동일한 상태를 출력한다.

〈표 16-12〉 enable 신호가 논리 [0]으로 비활성화이므로, 상태의 변화없이 q 값은 01110011을 유지한다.

	Combo II
버스 스위치	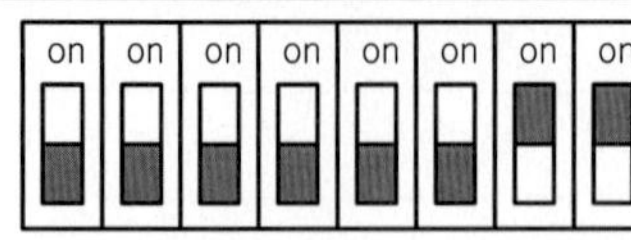
버튼 스위치	키 A
LED	○●●●○○●●
7-세그먼트	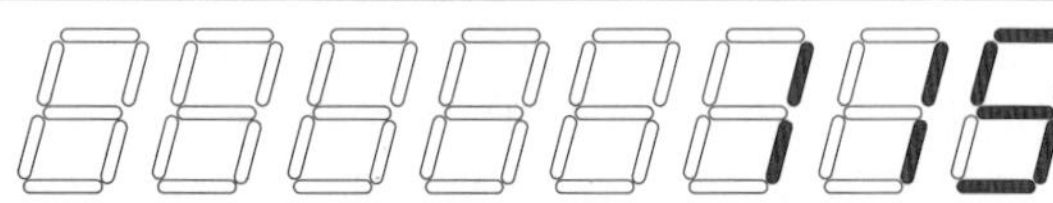

16.3 주요 사항 검토

① 〈표 16-5〉와 같이 버스 스위치를 설정하고 load 신호를 인가하기 위하여, 키 A를 눌렀다 떼는 과정을 2번 반복한다면 LED에 어떤 변화가 있는가? 왜 그런 결과가 나타나는가?

② ④의 상태에서 enable 신호 즉 DIP_D[5] 스위치를 OFF로 설정하라. 이 상태에서 키 A를 눌렀다 떼는 과정을 2번 반복한다면 LED에 어떤 변화가 있는가? 왜 그런 결과가 나타나는가?

③ 〈표 16-5〉와 같이 버스 스위치를 설정하고, 키 A를 눌렀다 떼지 않고 계속 누르고 있다면 LED에는 어떤 변화가 있는가? 왜 이런 현상이 발생하는가?

④ 레지스터 내부에 11110000을 저장시키려면 어떤 과정을 거쳐야하는가?

⑤ 만약 동시에 set 신호와 clear 신호가 입력되었다면 어떤 결과가 발생할까?

⑥ [그림 16-2]와 같은 회로에서, 키 A를 눌렀을 때 상태가 바뀌는가? 아니

면 뗄 때 상태가 바뀌는가? 그 이유는 무엇인가?

⑦ ⑥에서 얻은 결과와 반대의 경우 상태가 바뀌도록 회로를 변경한다면 무엇을 어떻게 변경해야하는가?

16.4 연습문제

연습문제

① BCD 코드가 비트단위로 나뉘어 전송되고 있다. 수신된 BCD 코드를 출력하는 소자를 설계하라.

② RS-232 통신방식은 8비트 또는 7비트의 데이터를 직렬로 전송하는 방식이다. 수신기에서는 수신된 비트를 원래의 데이터 형식으로 바꾸어 출력한다. RS-232 수신기에서 8비트 수신이 완료된 경우, 데이터와 그 수신여부를 알려주는 소자를 설계하라.

③ [그림 16-2]와 같은 회로를 응용하여 병렬입력-직렬출력 레지스터를 설계하라.

④ 현재는 오른쪽 7-세그먼트에 상위자리 숫자가 표시되고 있다. 이것을 왼쪽 7-세그먼트에 상위 숫자가 표시 되도록 변경하라.

④ 직렬-병렬 레지스터를 어떤 용도로 사용할 수 있는지 3가지 이상 나열하시오.

CHAPTER 17

병렬-병렬 레지스터 응용회로 설계하기

CHAPTER

17 병렬-병렬 레지스터 응용회로 설계하기

17.1 병렬-병렬 레지스터 응용회로 설계하기 목표

① 버스 스위치(DIP switch)를 이용하여 병렬-병렬 레지스터의 제어신호를 입력한다.
② 버튼 스위치를 이용하여 병렬-병렬 레지스터 회로의 클럭(clock) 신호를 입력한다.
③ 병렬-병렬 레지스터의 출력내용을 LED에 표시한다.
④ 입력 값과 레지스터에 저장된 값을 7-세그먼트로 표시한다.
⑤ 제어신호와 클럭신호를 통해 병렬-병렬 레지스터의 동작을 이해한다..

17.2 병렬-병렬 레지스터 응용회로 구성하기

17.2.1. 병렬-병렬 레지스터 응용회로 블록도

[그림 17-1]은 병렬입력, 병렬출력 레지스터 응용 회로의 블록도를 나타낸 것이다. 병렬-병렬 레지스터의 최종 출력은 LED를 통하여 확인할 수 있도록 한다. 레지스터에 저장된 값은 7-세그먼트에 표시한다. 트레이닝 키트에서 LED를 켜기 위해서는 논리 [1], 끄기 위해서는 논리 [0]을 공급한다.

버튼 스위치를 회로의 클럭에 연결하여 병렬-병렬 레지스터의 클럭동작을 이해 할 수 있도록 한다. 버튼 스위치를 눌렀다가 떼면 레지스터에 한 번의 클럭이 공급된다. 이때 스위치의 값은 논리 [0]→[1]→[0]의 과정을 거치게 된다. 버튼 스위치는 별개의 I/O로 직접 연결이 되어 있으며, 키가 눌릴 때 발생하는 채터링 현상을 방지하기 위한 회로가 내장되어 있어 정확한 입력이 가능하도록 구성되어 있다. 버튼 스위치를 누르지 않으면 논리 [0]의 값을 출력하고 반대로 버튼 스위치를 누르면 논리 [1]의 값을 출력한다.

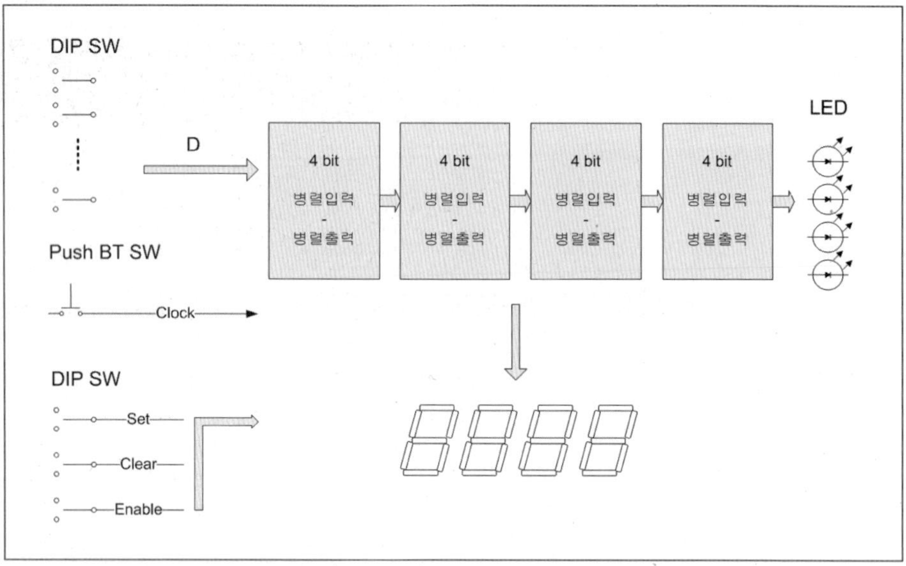

[그림 17-1] 병렬-병렬 레지스터 응용회로 블록도

제어 신호와 데이터 D 값은 트레이닝 키트에 위치한 버스 스위치(DIP SW)를 이용하여 입력한다. 사용하는 제어신호는 레지스터 동작의 활성화 여부를 제어하는 Enable 신호, 레지스터 내부의 모든 비트 값을 논리 [0]으로 설정하는 Clear 신호, 내부의 모든 비트 값을 논리 [1]로 설정하는 Set 신호이다. 트레이닝 키트에 위치한 버스 스위치(DIP SW)는 ON의 위치에서 논리 [1], OFF의 위치에서 논리 [0]을 출력한다.

17.2.2. 병렬-병렬 레지스터 응용회로도

[그림 17-2]는 병렬입력, 병렬출력 레지스터 응용회로를 나타낸 것이다. [그림 17-2]의 회로는 4비트의 데이터를 입력 받아 저장하는 병렬-병렬 구조의 레지스터를 이용한다. 회로에는 모두 4개의 레지스터(quad_dff)를 구현한다.

일반적인 레지스터의 동작으로 clear와 set 기능을 구현한다. 레지스터 내부의 값을 초기화하는 기능이다. 일반적으로 set은 내부 값을 논리 [1]로 설정함을 의미하고, clear는 내부 값을 논리 [0]으로 설정함을 의미한다. 따라서 레지스터의 모든 값을 논리 [0]으로 설정하고자 할 때, 버스 스위치를 통하여 clear 신호의 상태를 논리 [1]→[0]→[1]로 조작하면 된다. 또한 레지스터의 모든 값을 논리 [1]로 설정하고자 할 때, 버스 스위치를 통하여 set 신호의 상태를 논리 [1]→[0]→[1]로 조작하면 된다. 이와 같은 초기화 동작은 입력 데이터, 클럭, 그리고 enable 신호와 무관하게 동작한다.

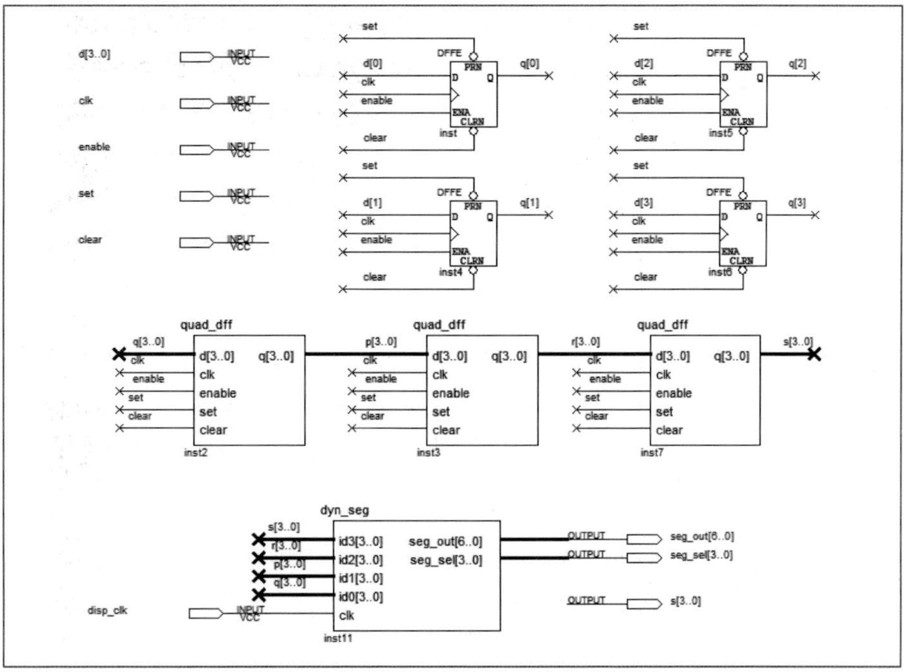

[그림 17-2] 병렬-병렬 레지스터 응용회로도

제어신호 enable의 경우, 이 신호에 따라 내부의 모든 D-플립플롭이 활성화 되기도 하고, 비활성화 되기도 한다. enable 신호의 값이 논리 [1]인 경우 레지스터는 정상적으로 동작하고, 논리 [0]일 경우에는 비활성화 된다. enable 신호를 통하여 레지스터가 비활성화되면, 클럭과 데이터 값에 상관없이 레지스터의 내부 상태는 변화가 없으며 과거의 상태를 유지한다.

dyn_seg에서는 레지스터에 저장된 4개 값을 7-세그먼트에 표시할 때 필요한 신호를 생성한다. 시스템 클럭을 입력받아, 하나의 클럭 주기마다 7-세그먼트를 순차적으로 제어한다. 출력할 7-세그먼트의 위치에 대한 신호 seg_sel을 출력하고, 또한 그 위치에 해당하는 값을 선택하고, 선택된 숫자를 표시하기 위한 패턴 신호 seg_out을 생성한다.

17.2.3. 병렬-병렬 레지스터 응용회로 동작원리

입력 장치로 사용되는 버튼 스위치의 최종 동작은 액티브 하이(active high) 형식을 취하고 있다. 스위치를 눌렀을 때는 논리 [1]의 값을 출력하고, 평상시 즉 스위치를 누르지 않았을 경우에는 논리 [0]의 값을 출력한다. 또한 트레이닝 키트에 위치한 버스 스위치(DIP SW) 역시 ON의 위치에서는 논리 [1]을 출력하고, OFF의 위치에서는 논리 [0]을 출력한다. 출력 장치로 사용하고 있는 LED

또한 액티브 하이(active high) 형식으로 동작하기 때문에, LED를 켜기 위해서는 논리 [1]을 공급하고, 끄기 위해서는 논리 [0]을 공급한다.

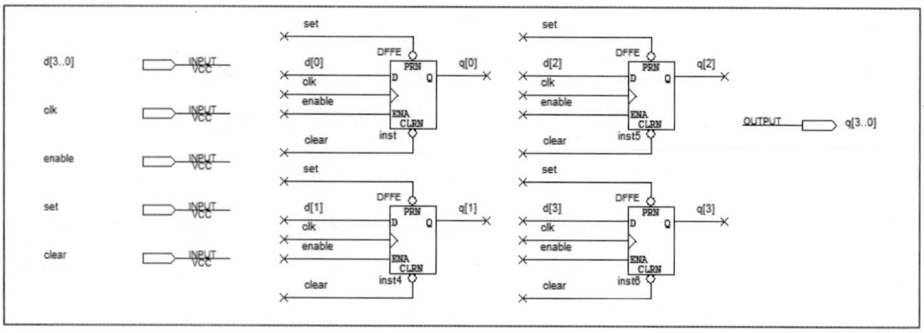

[그림 17-3] quad_dff의 회로도

〈표 17-1〉은 회로에서 사용된 quad_dff의 동작을 진리표로 나타낸 것이고 [그림 17-3]은 quad_dff블록에 대한 회로도를 나타낸 것이다.

〈표 17-1〉 병렬-병렬 레지스터(quad_dff) 진리표

입력					출력
clear	set	enable	d[3..0]	clk	q[3..0]
0	1	X	X	X	0
1	0	X	X	X	F
0	0	X	X	X	Illegal
1	1	0	X	X	Qo
1	1	1	D	↑	D
1	1	X	X	0	Qo

clear와 set은 다른 제어신호와 상관없이 레지스터의 값을 16진수 0과 F로 각각 설정하기 위해 사용한다. enable은 플립플롭 동작의 활성화 또는 비활성화를 결정하는 신호이다. 만일 논리 [0]을 공급하여 비활성화되면 데이터, 클럭신호와 무관하게 출력 값을 유지한다. 데이터 입력 d의 값이 레지스터에 저장되며 출력되는 조건은 활성화 상태에서 클럭신호 clk에 상승에지가 공급될 때이다. clear 신호와 set 신호를 통하여 레지스터 값을 16진수 0 또는 F로 초기화할 수 있도록 회로를 구성한다.

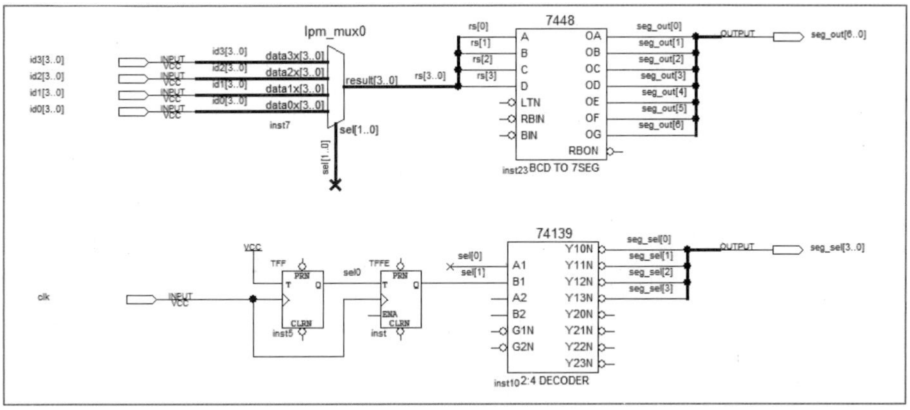

[그림 17-4] dyn_seg의 회로도

[그림 17-4]는 dyn_seg의 회로도를 나타낸 것이다. 레지스터에 저장된 4개의 숫자 값을 7-세그먼트에 표시하기 위해 사용하는 회로이다. 이 회로는 매 클럭마다 표시할 7-세그먼트의 위치 신호를 발생하고, 그 위치에 표시할 숫자 패턴을 결정하여 출력하는 기능을 수행한다. dyn_seg는 크게 두 부분으로 구분하여 동작한다. 한 부분은 표시할 7-세그먼트의 위치를 순차적으로 지정하는 기능이다. 즉 0부터 3까지를 반복적으로 출력할 수 있는 4진 계수기(counter)와 이 계수기 값에 따라 출력위치를 지정하는 74139 디코더로 구성한다. 또 다른 한 부분은 4개의 값을 선택적으로 출력하는 멀티플렉서이다. 계수기의 값이 현재 표시할 7-세그먼트의 위치를 나타내므로, 이 계수 값을 근거로 4개의 값 중에서 표시할 값을 선택한다. 이렇게 선택된 값은 7448 7-세그먼트 디코터를 통하여 표시할 숫자 패턴으로 출력된다. 예를 들어 계수기의 값이 0인 경우 첫 번째 단자로 입력된 숫자의 패턴, 1인 경우에는 두 번째 단자로 입력된 숫자의 패턴, 2인 경우에는 세 번째 단자로 입력된 숫자의 패턴, 그리고 3인 경우에는 네 번째 단자로 입력된 숫자의 패턴이 출력된다.

본 실습에서는 4개의 입력 숫자를 표시할 수 있도록, 4개의 7-세그먼트를 사용한다. dyn_seg에서 4개의 7-세그먼트를 순차적으로 선택하고, 그 선택된 위치에 해당하는 숫자 패턴을 출력하는 기능을 수행한다.

[그림 17-5]는 dyn_seg 블록 회로의 동작 파형을 나타낸 것이다. 첫 번째부터 네 번째 7-세그먼트에 출력할 숫자가 각각 9, 7, 5, 3라고 할 때, 7-세그먼트에 동적 표시 기법으로 숫자를 표시하는 과정을 살펴보자. seg_sel[3..0]의 값이 2진수 1110이라면 제일 끝에 위치한 7-세그먼트를 의미하고, 2진수 1101은 두 번째, 2진수 1011은 세 번째, 2진수 0111은 네 번째를 각각 의미한다. 따라서 seg_sel[3..0]에 2진수 1110이 출력될 때 seg_out에는 숫자 3의 표시 패턴인 16

진수 4Fh가 출력된다. 같은 방법으로 네 번째 7-세그먼트에 숫자 9를 출력하기 위한 조합으로 seg_sel[3..0]은 2진수 0111이 출력되고, seg_out에는 숫자 9를 의미하는 패턴인 16진수 67h이 출력되는 것을 확인할 수 있다.

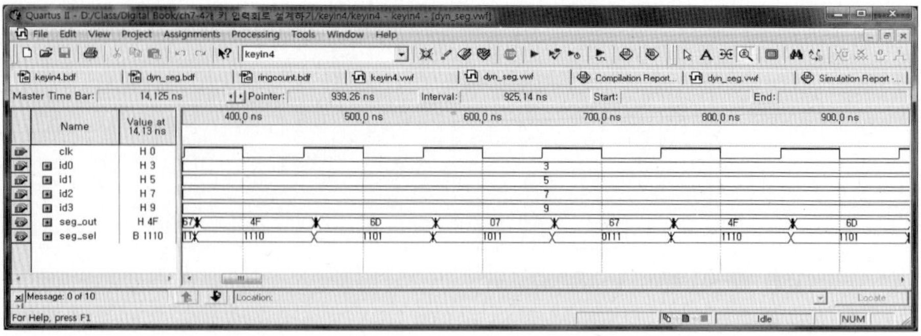

[그림 17-5] dyn_seg의 동작 파형

17.2.4. 병렬-병렬 레지스터 응용회로 동작 파형

[그림 17-6]은 병렬-병렬 레지스터 응용회로의 동작 파형을 나타낸 것이다. 모의실험의 조건은 다음과 같다.

모의실험 조건
[Vector Waveform Editor] 창에서 [Edit]-[End Time]을 2㎲로 설정한다.
[Vector Waveform Editor] 창에서 [Edit]-[Grid Size]을 100ns로 설정한다.

모의실험에서 우선 clear 신호와 set 신호에 대한 동작을 확인한다. [그림 17-6]에서 가장 먼저 clear 신호와 set 신호를 발생하여 레지스터의 값이 16진수 0 또는 F로 출력되는 것을 알 수 있다. 따라서 100ns 부근에서 출력신호 s는 0이 되고, 200ns 부근에서 출력신호 s는 16진수 F가 된다.

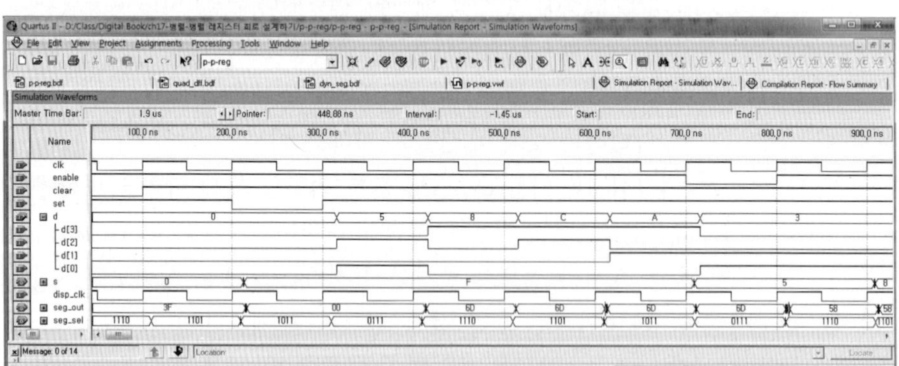

[그림 17-6] 병렬-병렬 레지스터 응용회로의 모의실험 결과

400ns 부근 clk 신호의 상승에지에서 enable 신호가 활성화된 논리 [1]의 값을 갖고, 데이터 d의 입력이 16진수 5이므로 레지스터에는 16진수 5가 저장되고, 내부 레지스터에는 16진수 5, F, F, F가 저장되어 있어 출력신호 s는 16진수 F가 된다. 500ns 부근 clk 신호의 상승에지에서 데이터 d의 입력이 16진수 8이므로 레지스터에는 16진수 8이 저장되고, 내부 레지스터에는 16진수 8, 5, F, F가 저장되어 있어 출력신호 s는 여전히 16진수 F가 된다. 600ns 부근 clk 신호의 상승에지에서 데이터 d의 입력이 16진수 C이므로 레지스터에는 16진수 C가 저장되고, 내부 레지스터에는 16진수 C, 8, 5, F가 저장되어 있어 출력신호 s는 여전히 16진수 F가 된다. 700ns 부근 clk 신호의 상승에지에서 데이터 d의 입력이 16진수 A이므로 레지스터에는 16진수 A가 저장되고, 내부 레지스터에는 16진수 A, C, 8, 5가 저장되어 있어 4번째 clk의 상승에지 이후에 처음으로 입력된 16진수 5가 s에 나타난다. 800ns 부근 clk 신호의 상승에지에서 데이터 d의 입력이 16진수 3이지만 enable 신호가 논리 [0]이므로 레지스터가 비활성화 상태이고 내부 상태의 변화가 없으므로 과거의 값을 그대로 유지하게 된다.

따라서 출력신호 s는 16진수 5를 그대로 유지한다. 900ns 부근 clk 신호의 상승에지에서 데이터 d의 입력이 16진수 3이므로 레지스터에는 16진수 3이 저장되고, 내부 레지스터에는 16진수 3, A, C, 8이 저장되어 있어 출력신호 s는 16진수 8이 된다.

[그림 17-7]은 병렬-병렬 레지스터 응용회로에서 레지스터에 저장된 4개의 값을 7-세그먼트 배열에 표시하는 동작파형을 나타낸 것이다.

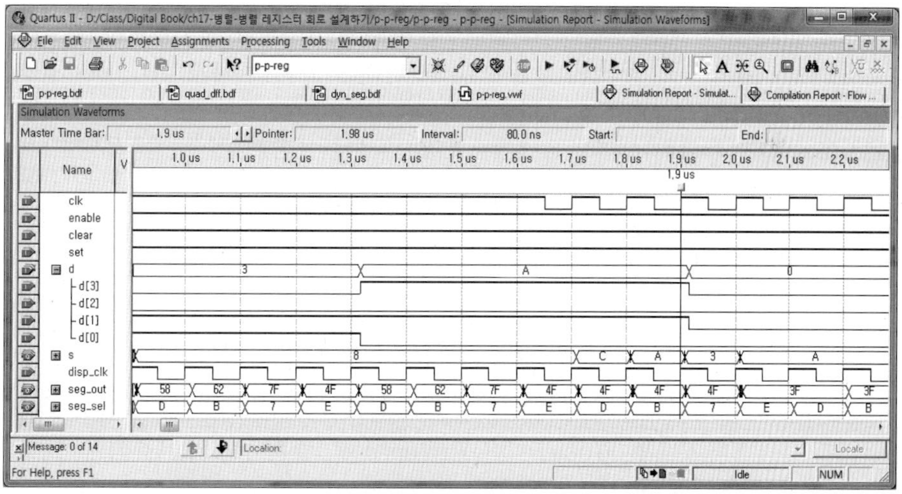

[그림 17-7] 병렬-병렬 레지스터 내용을 7-세그먼트에 표시하는 모의실험 결과

현재 내부 레지스터에는 마지막에 입력된 16진수 3, A, C, 8이 저장되어 있다. 따라서 마지막 자리를 나타내는 seg_sel 신호 16진수 Eh(1110)와, 그 자리에 3를 표시하기 위한 7-세그먼트 패턴 seg_out 신호 16진수 4Fh가 출력된다. 그 다음 위치를 나타내는 seg_sel 신호 16진수 Dh(1101)와, 그 자리에 A을 표시하기 위한 7-세그먼트 패턴 seg_out 신호 16진수 58h이 출력된다. 그 다음 위치를 나타내는 seg_sel 신호 16진수 Bh(1011)와, 그 자리에 C을 표시하기 위한 7-세그먼트 패턴 seg_out 신호 16진수 62h가 출력된다. 마지막 자리를 나타내는 seg_sel 신호 16진수 F7h(0111)과, 그 자리에 8을 표시하기 위한 7-세그먼트 패턴 seg_out 신호 16진수 7Fh가 출력되는 것을 확인할 수 있다.

17.2.5 병렬-병렬 레지스터 응용회로 핀 연결

<표 17-2>는 ComboⅡ 트레이닝 키트에 병렬-병렬 레지스터 응용회로의 실장실험을 위한 핀 연결 정보를 나타낸 것이다.

<표 17-2> Combo II 트레이닝 키트에 병렬-병렬 레지스터 응용회로 실장실험을 위한 핀 연결 정보

	신호명	Combo II 신호명	핀번호	신호명	Combo II 신호명	핀번호
Cyclone II EP2C35F672C8 ClockSelect : 6 (1㎑)	clk	BUTTON_SW[0]	Y10	seg_sel[0]	SEG_COM[0]	Y1
	disp_clk	CLK_MAIN[0]	N1	seg_sel[1]	SEG_COM[1]	Y4
	d[3]	DIP_D[0]	Y12	seg_sel[2]	SEG_COM[2]	Y3
	d[2]	DIP_D[1]	AE11	seg_sel[3]	SEG_COM[3]	W1
	d[1]	DIP_D[2]	U12	seg_out0	SEG_DATA[0]	AF5
	d[0]	DIP_D[3]	AC12	seg_out1	SEG_DATA[1]	AE5
	enable	DIP_D[5]	AA12	seg_out2	SEG_DATA[2]	AD6
	clear	DIP_D[6]	AB12	seg_out3	SEG_DATA[3]	AC6
	set	DIP_D[7]	Y13	seg_out4	SEG_DATA[4]	AA2
	s[3]	LED_D[0]	AF7	seg_out5	SEG_DATA[5]	AA1
	s[2]	LED_D[1]	AE7	seg_out6	SEG_DATA[6]	AA6
	s[1]	LED_D[2]	AB8			
	s[0]	LED_D[3]	W8			

17.2.6 병렬-병렬 레지스터 응용회로 실장실험

<표 17-2>와 같은 핀 정보를 모두 입력한 다음 다시 컴파일 해야 한다. 컴파일 후 [Tools]- [Programmer]를 클릭하여 설계결과를 트레이닝 키트에 다운로드한다.

〈표 17-3〉과 같이 clk 신호와 무관한 DIP_D[6](clear) 신호의 동작을 먼저 확인한다. DIP_D[7] (set) 신호를 ON 위치에 고정한 상태에서, DIP_D[6](clear) 신호가 논리 [1]→[0]→[1]의 값을 갖도록 DIP_D[6]을 OFF 위치로 이동했다가 다시 ON 위치로 이동시킨다. 이때 DIP_D[6]을 내려서 OFF 시키는 순간, 병렬-병렬 레지스터의 값이 16진수 0이 되므로 그 값을 표시하는 LED가 모두 꺼지게 된다.

〈표 17-3〉 clear 신호 인가에 따른 s의 결과 0000

	Combo II
버스 스위치	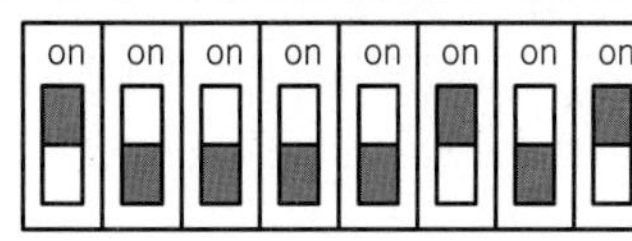
버튼 스위치	
LED	○○○○○○○○
7-세그먼트	

이번에는 〈표 17-4〉와 같이 DIP_D[7](set) 신호의 동작을 확인한다. DIP_D[6](clear) 신호를 ON위치에 고정한 상태에서, DIP_D[7](set) 신호가 논리 [1]→[0]→[1]의 값을 갖도록 DIP_D[7]을 OFF 위치로 이동했다가 다시 ON 위치로 이동시킨다. 이때 DIP_D[7]을 내려서 OFF 시키는 순간, 병렬-병렬 레지스터의 값이 16진수 F가 되므로 그 값을 표시하는 LED가 모두 켜지게 된다.

〈표 17-4〉 set 신호 인가에 따른 s의 결과 1111

	Combo II
버스 스위치	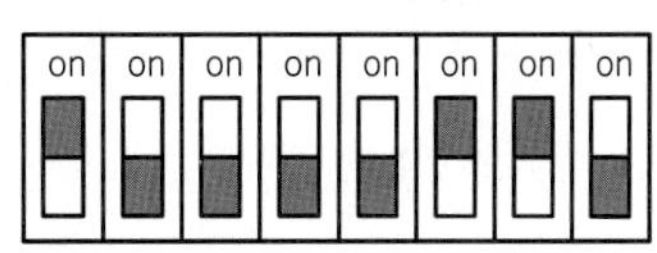
버튼 스위치	
LED	●●●●○○○○
7-세그먼트	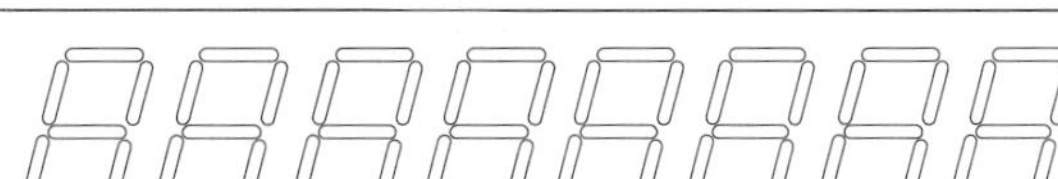

이제 〈표 17-5〉에 표시한 버스 스위치와 같이, 데이터 d는 16진수 5(버스 스위치 왼쪽 4개 : 0101), DIP_D[5](enable) 신호에 논리 [1], DIP_D[6](clear) 신호에 논리 [1], 그리고 DIP_D[7](set) 신호에 논리 [1]을 설정한 상태에서, clk 신호에 상승에지를 제공하기 위하여, 키 A를 눌렀다 떼면, DIP_D[5](enable) 신호가 논리 [1]로 활성화된 상태이므로 데이터 d의 입력 값 16진수 5가 레지스터에 저장되고, 출력신호 s는 2진수 1111이 된다. 따라서 〈표 17-5〉와 같이 LED가 모두 켜지고 7-세그먼트에는 5가 표시된다. 내부 레지스터에는 16진수 5, F, F, F가 저장되어 있다.

〈표 17-5〉 병렬-병렬 레지스터 응용회로에 데이터 16진수 5를 입력한 s의 결과 1111

	Combo II
버스 스위치	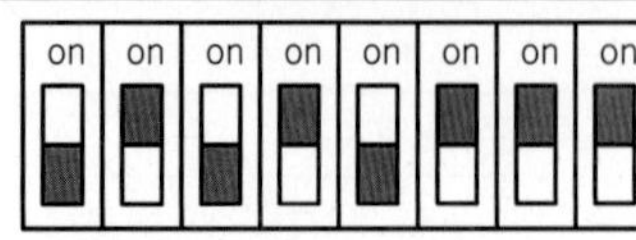
버튼 스위치	키 A
LED	●●●●○○○○
7-세그먼트	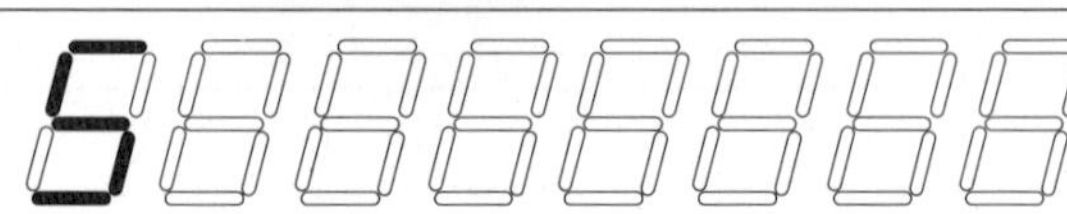

〈표 17-6〉 병렬-병렬 레지스터 응용회로에 데이터 16진수 8를 입력한 s의 결과 1111

	Combo II
버스 스위치	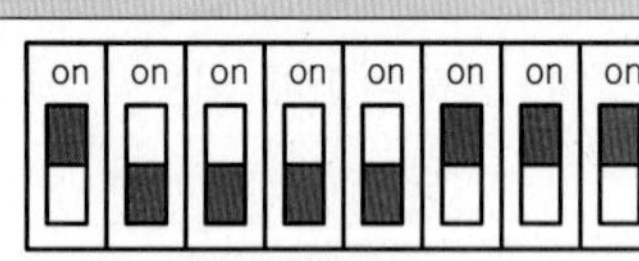
버튼 스위치	키 A
LED	●●●●○○○○
7-세그먼트	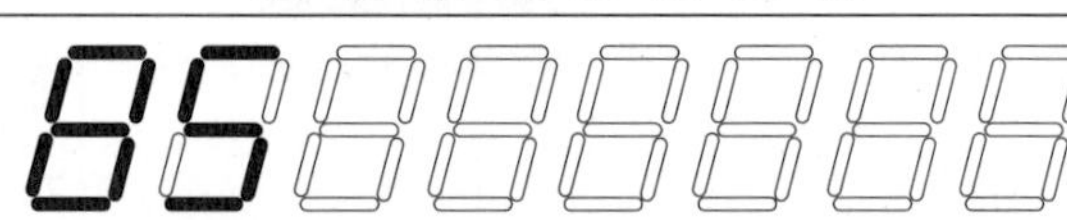

〈표 17-6〉에 표시한 버스 스위치와 같이, 데이터 d는 16진수 8(버스 스위치 왼쪽 4개 : 1000), DIP_D[5](enable) 신호에 논리 [1], DIP_D[6](clear) 신호에 논리 [1], 그리고 DIP_D[7](set) 신호에 논리 [1]을 설정한 상태에서, clk 신호에 상승에지를 제공하기 위하여, 키 A를 눌렀다 떼면, DIP_D[5](enable) 신호가 논리 [1]로 활성화된 상태이므로, 데이터

d의 입력 값 16진수 8이 레지스터에 저장되고, 출력신호 s는 2진수 1111이 된다. 따라서 <표 17-6>과 같이 LED가 모두 켜지고 7-세그먼트에는 8과 5가 표시된다. 내부 레지스터에는 16진수 8, 5, F, F가 저장되어 있다.

<표 17-7>에 표시한 버스 스위치와 같이, 데이터 d는 16진수 C(버스 스위치 왼쪽 4개 : 1100), DIP_D[5](enable) 신호에 논리 [1], DIP_D[6](clear) 신호에 논리 [1], 그리고 DIP_D[7](set) 신호에 논리 [1]을 설정한 상태에서, clk 신호에 상승에지를 제공하기 위하여, 키 A를 눌렀다 떼면, DIP_D[5](enable) 신호가 논리 [1]로 활성화된 상태이므로, 데이터 d의 입력 값 16진수 C가 레지스터에 저장되고, 출력신호 s는 2진수 1111이 된다. 따라서 <표 17-7>과 같이 LED가 모두 켜지고 7-세그먼트에 알 수 없는 문자 1개와 숫자 8, 5가 표시된다. 내부 레지스터에는 16진수 C, 8, 5, F가 저장되어 있다.

<표 17-7> 병렬-병렬 레지스터 응용회로에 데이터 16진수 C를 입력한 s의 결과 1111

	Combo II
버스 스위치	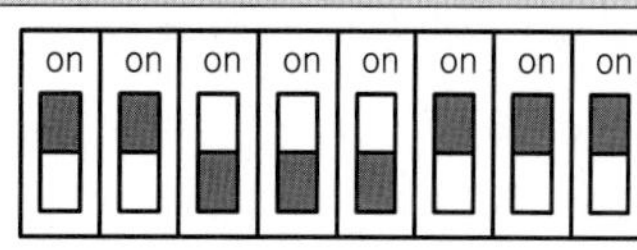
버튼 스위치	키 A
LED	●●●●○○○○
7-세그먼트	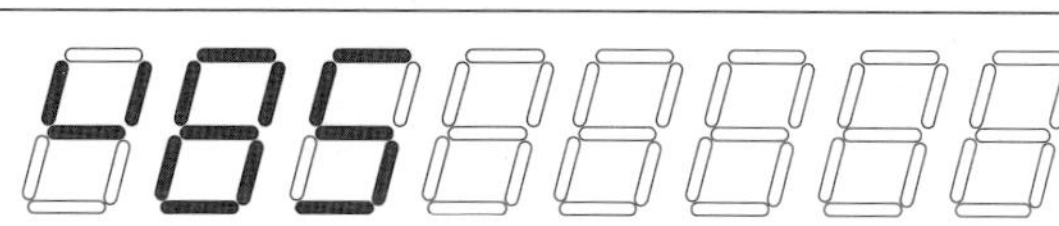

<표 17-8>에 표시한 버스 스위치와 같이, 데이터 d는 16진수 A(버스 스위치 왼쪽 4개 : 1010), DIP_D[5](enable) 신호에 논리 [1], DIP_D[6](clear) 신호에 논리 [1], 그리고 DIP_D[7](set) 신호에 논리 [1]을 설정한 상태에서, clk 신호에 상승에지를 제공하기 위하여, 키 A를 눌렀다 떼면, DIP_D[5](enable) 신호가 논리 [1]로 활성화된 상태이므로, 데이터 d의 입력 값 16진수 A가 레지스터에 저장되고, 출력신호 s는 2진수 0101이 된다. 따라서 <표 17-8>과 같이 LED가 켜지고 7-세그먼트에는 알 수 없는 문자 2개와 숫자 8, 5가 표시된다. 내부 레지스터에는 16진수 A, C, 8, 5가 저장되어 있다.

〈표 17-8〉 병렬-병렬 레지스터 응용회로에 데이터 16진수 A를 입력한 s의 결과 0101

	Combo II
버스 스위치	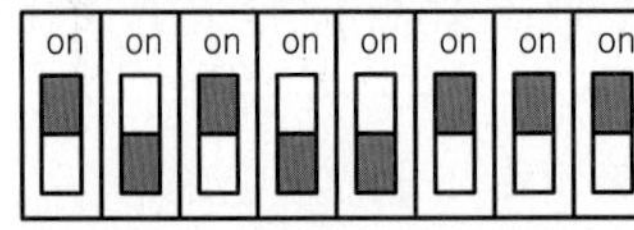
버튼 스위치	키 A
LED	
7-세그먼트	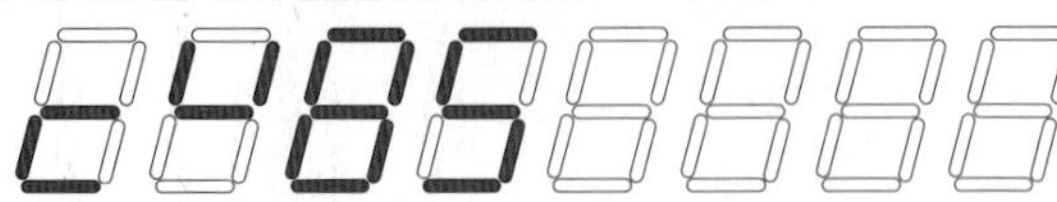

〈표 17-9〉에 표시한 버스 스위치와 같이, 데이터 d는 16진수 3(버스 스위치 왼쪽 4개 : 0011), DIP_D[5](enable) 신호에 논리 [0], DIP_D[6](clear) 신호에 논리 [1], 그리고 DIP_D[7](set) 신호에 논리 [1]을 설정한 상태에서, clk 신호에 상승에지를 제공하기 위하여, 키 A를 눌렀다 떼면, DIP_D[5](enable) 신호가 논리 [0]으로 비활성화된 상태이므로, 설정된 데이터 d의 입력 값과 무관하게 레지스터에 저장된 값은 그대로 유지된다. 따라서 〈표 17-9〉와 같이 LED에 변화가 없고 7-세그먼트도 같은 값을 유지한다.

〈표 17-9〉 병렬-병렬 레지스터 응용회로에 enable에 논리 0을 적용한 s의 결과 0101

	Combo II
버스 스위치	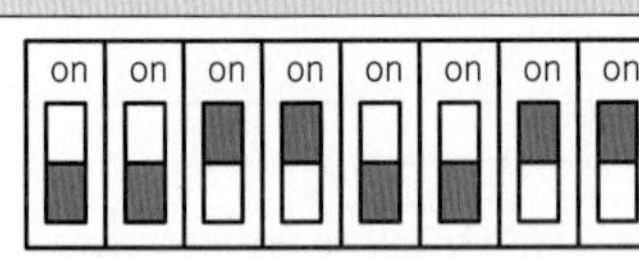
버튼 스위치	키 A
LED	
7-세그먼트	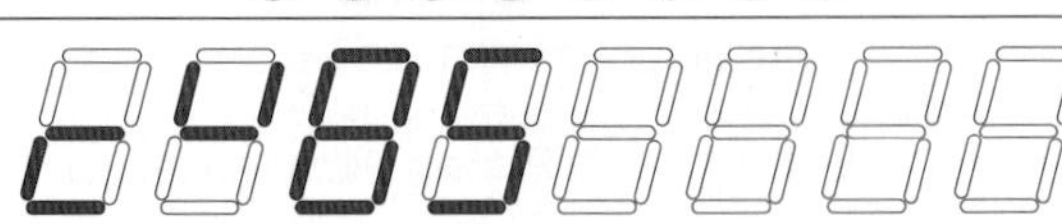

〈표 17-10〉에 표시한 버스 스위치와 같이, 데이터 d는 16진수 3(버스 스위치 왼쪽 4개 : 0011), DIP_D[5](enable) 신호에 논리 [1], DIP_D[6](clear) 신호에 논리 [1], 그리고 DIP_D[7](set) 신호에 논리 [1]을 설정한 상태에서, clk 신호에 상승에지를 제공하기 위하여, 키 A를 눌렀다 떼면, DIP_D[5](enable) 신호가 논리 [1]로

활성화된 상태이므로, 데이터 d의 입력 값 16진수 3이 레지스터에 저장되고, 출력 신호 s는 2진수 1000이 된다. 따라서 〈표 17-10〉과 같이 LED가 켜지고 7-세그먼트에 3이 출력된다. 내부 레지스터에는 16진수 3, A, C, 8이 저장되어 있다.

〈표 17-10〉 병렬-병렬 레지스터 응용회로에 데이터 16진수 3를 입력한 s의 결과 1000

	Combo II
버스 스위치	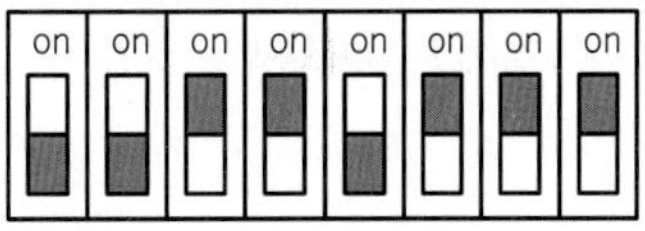
버튼 스위치	키 A
LED	●○○○○○○○
7-세그먼트	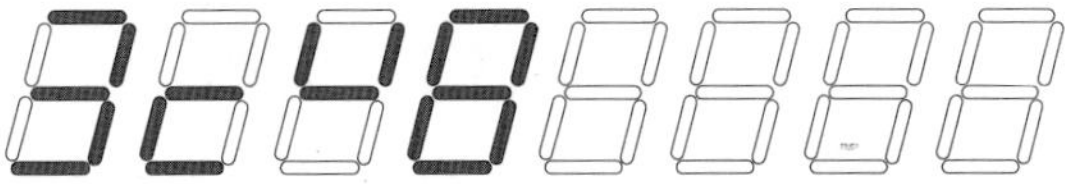

17.3 주요 사항 검토

① 〈표 17-5〉와 같이 버스 스위치를 설정하여, 적절한 데이터 값과, 제어신호를 설정한 상태이지만 키 A를 누르지 않았다면, 병렬-병렬 레지스터에 어떤 데이터 값이 저장될 수 있는가?

② 〈표 17-6〉과 같이 버스 스위치를 설정한다. 키 A를 눌렀다 떼지 않고 계속 누르고 있는 상태에서, 데이터 입력을 임의로 변경한다. LED에는 어떤 변화가 있는가? 왜 이런 현상이 발생하는가?

③ 임의의 상태에서 〈표 17-6〉과 같이 버스 스위치를 설정하고, 키 A를 눌렀다 떼었을 때, 그림과 같이 LED가 켜지는가? 왜 이런 현상이 발생하는가?

④ 만약 동시에 set 신호와 clear 신호가 입력되었다면 어떤 결과가 발생할까 ?

⑤ [그림 17-2]와 같은 회로를 구성한 경우, 키 A를 눌렀을 때 입력 데이터가 저장되는가? 아니면 뗄 때 저장되는가? 그 이유는 무엇인가?

⑥ ⑤에서 얻은 결과와 반대의 경우에 상태가 바뀌도록 회로를 변경한다면 무엇을 어떻게 변경해야하는가?

17.3 연습문제

연습문제

① [그림 17-2] 회로와 같은 병렬-병렬 레지스터를 이용하여 4비트 데이터에 대한 1차 미분회로를 구성하라.

② [그림 17-2] 회로와 같은 병렬-병렬 레지스터를 이용하여 4비트 데이터에 대한 에지검출기를 설계하라.

③ JK-플립플롭을 사용하여 입력 데이터의 값을 원래의 값 또는 1의 보수 값을 선택적으로 저장할 수 있는 병렬-병렬 레지스터를 설계하라.

④ [그림 17-2] 회로와 같은 병렬-병렬 레지스터 응용회로는 4비트 데이터를 처리할 수 있도록 설계한 것이다. 이 회로를 8비트 데이터를 처리할 수 있도록 확장하라.

⑤ 병렬-병렬 레지스터를 어떤 용도로 사용할 수 있는지 3가지 이상 나열하시오.

CHAPTER

18

비밀번호 입력시스템 회로 설계하기

CHAPTER

18 비밀번호 입력시스템 회로 설계하기

18.1 비밀번호 입력시스템 회로 설계 목표

① 이 회로의 입력은 트레이닝 키트에 있는 10개의 키와 스위치 그리고 클럭을 사용한다.
② 이 회로의 출력은 4개의 FND와 8개의 LED를 사용한다.
③ 스위치 sw0이 OFF이면 비밀번호 설정모드, 스위치 sw0이 ON이면 비밀번호 동작모드이다.
④ 스위치 sw0을 OFF한 다음 10개의 키 중 4개를 이용하여 비밀번호를 입력하면 4개의 래치에 저장된다. 설정된 비밀번호는 sw0이 OFF일 경우에만 새롭게 설정할 수 있다. 설정한 비밀번호는 FND에 나타내지 않는다.
⑤ 스위치 sw0을 ON하면 비밀번호 동작모드이다. 이 모드에서 10개의 키 중 4개를 이용하여 비밀번호를 입력하면 다른 4개의 래치에 저장된다. 입력된 비밀번호는 4개의 래치에 저장되고 4개의 FND에 표시되며 비교기는 설정한 비밀번호와 입력한 비밀번호의 각 자릿수를 비교한다.
⑥ 비교기에 의해 비교된 비밀번호가 일치할 경우 존슨 카운터(Johnson Counter)가 동작하고 8개의 LED가 순차적으로 점등과 소등을 되풀이한다.
⑦ 키 C를 누르면 존슨 카운터 동작이 멈추고 새로운 비밀번호를 입력할 수 있는 비밀번호 동작모드에 들어간다.

18.2 비밀번호 입력시스템 회로 구성하기

18.2.1 비밀번호 입력 시스템 회로 블록도

Combo II 트레이닝 키트를 이용하여 비밀번호 입력 시스템 회로를 설계해 보자. 비밀번호 입력 시스템 회로는 비밀번호를 입력하는 키를 제어하는 key_matrix 블록, 4개의 비밀번호 설정키 또는 4개의 비밀번호 동작키가 입력되면 4비트 2진수로 바꾸고 이것을 래치하는 latch4 블록, 4비트 2진수 비밀번호 설정키 값과 비밀번호 동작키 값을 차례로 비교하는 비교기 블록 comp4, 비밀번호 설정키 값과 비밀번호 입력키 값이 서로 일치할 경우에만 동작하는 존슨 카운터 블록, LPM_MUX0를 제어하는 2비트 2분주회로, FND에 4개의 비밀번호 동작키 값을 하나씩 출력하기 위한 LPM_MUX0, FND의 인에이블 신호를 제어하는 디코더 74139, FND에 0부터 F까지의 숫자를 표시하기 위한 fnd0_F 블록 등으로 구성한다.

〈표 18-1〉에 각각의 블록이름, 기능 및 용도를 나타내었다.

〈표 18-1〉 비밀번호 입력 시스템 회로 블록별 기능 및 용도

블록명 및 회로 명	기능 및 용도
key 블록	10개의 키와 제어키
key_matrix	컬럼 스캔 및 로우 스캔 방식
latch4	4개의 비밀번호 설정키 값과 4개의 비밀번호 동작키 값을 4비트 2진수로 바꾸고 래치
comp4	비밀번호 설정키 값과 비밀번호 동작키 값을 비교
2비트 2분주	LPM_MUX0와 디코더 74139를 제어
74139디코더	4개의 FND 인에이블 신호를 제어
johnson	8비트 존슨 카운터
LPM_MUX0	4개의 FND에 표시할 데이터를 순차적으로 출력
fnd0_F	FND에 0부터 F까지의 숫자를 표시

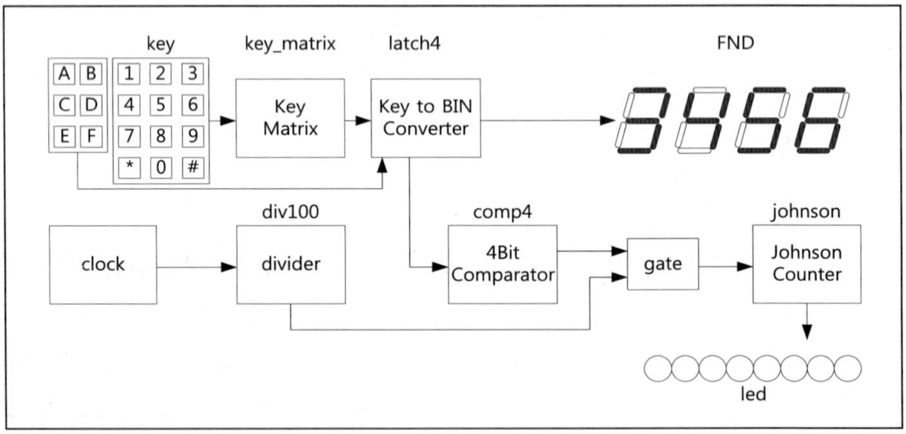

[그림 18-1] 비밀번호 입력시스템 회로 블록도

① 키 입력을 제어하는 회로 key_matrix

key_matrix블록은 매트릭스 제어방식으로 설계되어 있으며 0에서 9 그리고 # 과 *에 해당하는 키를 제어한다. 컬럼 스캔 방식과 로우 스캔 방식이 제공되며 본 장에서는 컬럼 스캔 방식을 적용한다. Combo II 트레이닝 키트에서 키가 눌려지면 key_matrix는 latch4 회로에 키에 대응하는 상승펄스를 공급한다.

② 최대 4개의 키를 4비트 2진수로 바꾸고 래치하는 회로 latch4

latch4 블록은 키가 입력되면 그 키에 대한 4비트 2진수 값을 생성하고 래치하기 위한 회로이며 비밀번호 설정키 값과 비밀번호 동작키 값을 래치하는 회로이다. 비밀번호 설정키 갑과 비밀번호 동작키 값의 래치 위치는 sw0의 상태에 따라 결정된다.

③ 비밀번호 설정키 값과 비밀번호 동작키 값 비교기 회로 comp4

latch4 블록에서 출력되는 비밀번호 설정키 값과 비밀번호 동작키 값을 순차적으로 비교하여 마지막 숫자까지 일치할 경우 논리 [1]을 출력하여 존슨 카운터의 클럭 입력을 제어한다.

④ 2비트 2분주 회로

원래의 클럭 신호는 버퍼를 거쳐 s[0]로 설정하고, 클럭 신호의 하강에지에서 동작하도록 설계한 JK플립플롭의 토글 출력은 s[1]으로 설정하여 LPM_MUX0의 선택 신호를 제어한다. 또한 FND 인에이블 신호를 공급하는 디코더 74139를 제어한다.

⑤ 멀티플렉서 LPM_MUX0

4개의 FND에 비밀번호 동작키 값을 표시하기 위해 4비트 2진수로 된 4개의 키 값을 s[1], s[0]의 제어신호 순서(00, 01, 10, 11)에 따라 순차적으로 출력하여 fnd0_F에 공급한다.

⑥ 디코더 74139

4개의 FND는 순차적으로 액티브 되어야 하는데 s[0]와 s[1]신호의 동작순서에 따라 FND제어신호가 하나씩 액티브 되어 FND가 숫자를 표시한다.

⑦ FND 드라이버 fnd0_F

fnd0_F 회로는 FND에 0부터 F까지 표시할 수 있다.

⑧ 존슨 카운터 johnson

비밀번호 설정키 값과 비밀번호 동작키 값이 일치할 경우 comp4에서 출력되는 논리 [1]은 10㎐ 클럭 신호가 johnson 카운터의 클럭 신호에 공급되게 만든다. 이 10㎐ 클럭 신호는 존슨 카운터를 구동하여 led가 점등과 소등을 되풀이하게 한다.

⑨ 100분주 회로 7490 2개

10진 카운터 7490 2개를 직렬로 연결하여 1㎑ 클럭 신호를 100분주한 10㎐ 클럭 신호를 만든다.

18.2.2 비밀번호 입력 시스템 회로도

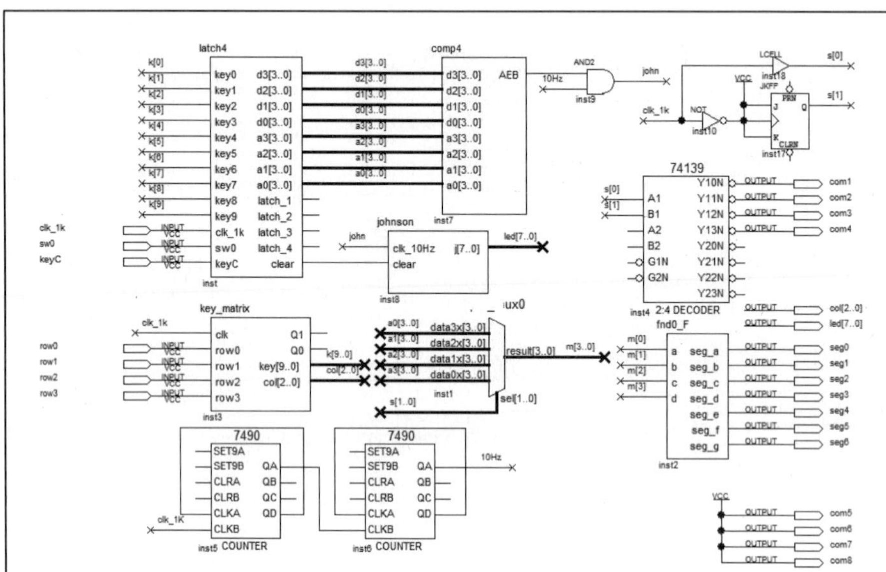

[그림 18-2] 비밀번호 입력시스템 회로도

[그림 18-2]에서 key_matrix 블록은 0에서 9 그리고 #과 *에 해당하는 키를 매트릭스 방식으로 제어하기 위한 회로이며 4개의 행과 3개의 열을 제어하는 신호를 사용한다. key_matrix제어방식에는 컬럼 제어 방식과 로우 제어 방식이 있는데 본장에서는 컬럼 제어방식을 적용한다.

[그림 18-2]에 나타낸 것처럼 비밀번호 입력시스템 회로는 4개의 키 입력을 받아 비밀번호 설정키 값과 비밀번호 동작키 값을 4비트 2진수로 바꾸어 래치하는 latch4블록, 비밀번호 설정키 값과 비밀번호 동작키 값을 차례로 비교하는 비교기 블록 comp4, 비밀번호가 일치할 경우 동작하는 존슨 카운터 블록 johnson, LPM_MUX0을 제어하는 2비트 2분주회로, FND에 4개의 비밀번호 동작키 값을 하나씩 출력하기 위한 LPM_MUX0, FND의 인에이블 신호를 제어하는 디코더 74139, FND에 0부터 F까지의 숫자를 표시하기 위한 fnd0_F 블록 그리고 1㎑ 클럭신호를 10㎐ 클럭신호로 분주하는 7490 카운터 2개로 구성한다.

18.2.3 비밀번호 입력 시스템 회로 동작원리

[그림 18-2]와 [그림 18-6]의 Latch4 블록도를 참조하면서 비밀번호 입력 시스템 회로의 동작원리를 살펴보자.

비밀번호 설정모드

sw0을 [0]으로 설정하는 것은 비밀번호 설정 모드를 선택하는 것이다. 3456이라는 비밀번호를 설정해보자. sw0이 논리 [0]이면 set신호가 논리 [1]이 되고 비밀번호 설정키 값을 저장하는 74174 래치의 래치신호가 활성화된다. 비밀번호 설정 모드에서 키 3을 입력하면 latch_1 신호에 상승에지가 발생하고 이 상승에지는 sw0을 NOT 게이트한 set신호에 의해 AND 게이트 출력으로 나오며 첫 번째 74174에 키 3에 대한 4비트 2진수 0011을 래치한다(d3[3..0]). 다음으로 키 4를 입력하면 latch_2 신호에 상승에지가 발생하고 이 상승에지는 sw0을 NOT 게이트한 set신호에 의해 AND 게이트 출력으로 나오며 두 번째 74174에 키 4에 대한 4비트 2진수 0100을 래치한다(d2[3..0]). 키 5를 입력하면 latch_3 신호에 상승에지가 발생하고 이 상승에지는 sw0을 NOT 게이트한 set신호에 의해 AND 게이트 출력으로 나오며 세 번째 74174에 키 5에 대한 4비트 2진수 0101을 래치한다(d1[3..0]). 마지막으로 키 6을 입력하면 latch_4 신호에 상승에지가 발생하고 이 상승에지는 sw0을 NOT 게이트한 set신호에 의해 AND 게이트 출력으로 나오며 네 번째 DFF4에 키 6에 대한 4비트 2진수 0110을 래치한다(d0[3..0]).

비밀번호 동작모드(비밀번호가 틀린 경우)

다음으로 sw0을 논리 [1]로 만들어 설정한 비밀번호 3456과 일치하는 비밀번호가 입력되면 존슨 카운터가 동작하는지 확인해 보자. sw0이 논리 [1]이면 act

신호가 논리 [1]이 되고 비밀번호 동작키 값을 저장하는 74174 래치의 래치신호가 활성화된다. 이제부터 틀린 비밀번호 3465를 입력해 보자. 비밀번호 동작 모드에서 key3을 입력하면 latch_1 신호에 상승에지가 발생하고 이 상승에지는 sw0을 버퍼링한 act신호에 의해 AND 게이트 출력으로 나오며 첫 번째 74174에 key3에 대한 4비트 2진수 0011을 래치한다(a3[3..0]). 다음으로 key4를 입력하면 latch_2 신호에 상승에지가 발생하고 이 상승에지는 sw0을 버퍼링한 act신호에 의해 AND 게이트 출력으로 나오며 두 번째 74174에 key4에 대한 4비트 2진수 0100을 래치한다(a2[3..0]). key6을 입력하면 latch_3 신호에 상승에지가 발생하고 이 상승에지는 sw0을 버퍼링한 act신호에 의해 AND 게이트 출력으로 나오며 세 번째 74174에 key6에 대한 4비트 2진수 0110을 래치한다(a1[3..0]). 마지막으로 key5를 입력하면 latch_4 신호에 상승에지가 발생하고 이 상승에지는 sw0을 버퍼링한 act신호에 의해 AND 게이트 출력으로 나오며 네 번째 74174에 key5에 대한 4비트 2진수 0101을 래치한다(a0[3..0]). 이와 동시에 그림 18-12 comp4블록에 있는 첫 번째 비교기의 경우 AEBI는 논리 [1]로 고정한 상태에서 3과 3을 비교하면 일치하므로 AEBO신호가 논리 [1]을 출력한다. 이 신호는 다음 비교기 제어신호 AEBI로 입력된다. 두 번째 비교기의 경우 AEBI가 논리 [1]인 상태에서 4와 4를 비교하면 일치하기 때문에 AEBO신호를 논리 [1]로 출력한다. 세 번째 비교기의 경우 AEBI는 논리 [1]이지만 5와 6이 일치하지 않으므로 AEBO신호를 논리 [0]으로 출력한다. 이 신호는 마지막 비교기 제어신호 AEBI로 입력된다. 마지막 비교기의 경우 AEBI가 논리 [0]이므로 나머지 비교 숫자가 같더라도 비교기 결과는 논리 [0]을 출력한다. 마지막 비교기가 논리 [0]을 출력하면 clk_10Hz신호와 AND게이트 한 출력신호는 논리 [0]이 되어 클럭이 공급되지 않으므로 존슨 카운터는 동작하지 않는다.

비밀번호 동작모드(비밀번호가 일치할 경우)

자, 지금 입력한 비밀번호는 원래 설정한 비밀번호와 일치하지 않기 때문에 비밀번호를 다시 입력해야 한다. keyC를 눌러 틀린 번호 3465를 클리어 해보자. 그리고 설정한 비밀번호와 일치하는 비밀번호 3456을 입력하여 어떤 동작이 일어나는지 확인해 보자. comp4블록(그림 18-10)에 있는 첫 번째 비교기에서 AEBI는 논리 [1]로 고정한 상태에서 3과 3을 비교하면 일치하므로 AEBO신호를 논리 [1]로 출력한다. 이 신호는 다음 비교기 제어신호 AEBI로 입력된다. 두 번째 비교기에서 AEBI가 논리 [1]인 상태에서 4와 4를 비교하면 일치하기 때문에 AEBO신호를 논리 [1]로 출력한다. 세 번째 비교기에서 AEBI가 논리 [1]이고 5와 5가 일치하므로 AEBO신호를 논리 [1]로 출력한다. 이 신호는 마지막 비교기 제어신호 AEBI로 입력된다. 마지막 비교기에서 AEBI가 논리 [1]인 상태에서 6과 6이 일치하므로 비교기 결과는 논리 [1]을 출력한다. 마지막 비교기가 논리 [1]을 출력하면 clk_10Hz신호와 AND게이트 한 출력신호는 10Hz의 클럭을 발생하므로 존슨 카운터가 정상적으로 동작하고 존슨 카운터의 출력에 연결된 LED가 점등 및 소등을 반복한다.

① key_matrix블록

[그림 18-3]은 Combo II 트레이닝 키트에 적용되는 key_matrix 블록 회로이다. Combo II 트레이닝 키트는 12개의 키 입력을 매트릭스 방식을 적용하여 제어한다. 3개의 컬럼과 4개의 로우가 있는 매트릭스 방식이기 때문에 트레이닝 키트의 키를 누를 경우 눌려진 키에 대한 상승펄스가 발생하도록 설계한다.

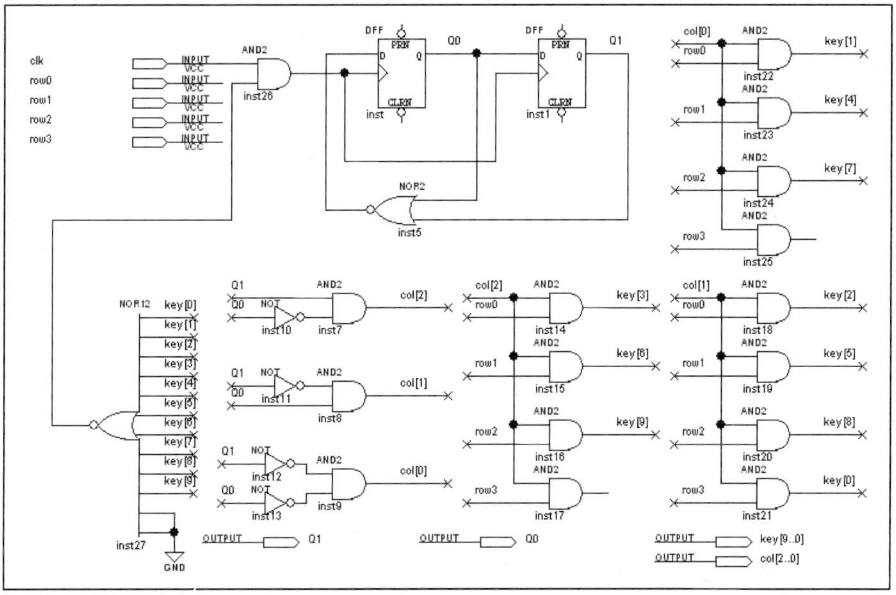

[그림 18-3] 비밀번호 입력시스템 회로의 key_matrix블록 회로도

[그림 18-3]에서 컬럼 신호는 D-플립플롭 2개를 이용하여 동기식 3진 카운터를 설계하여 얻은 2비트 신호에 적절한 게이트 조합을 추가하여 3비트 2진수 신호가 출력되도록 설계한다. 3진 카운터의 출력 2비트의 게이트 조합에 의해 구한 컬럼 신호는 〈표 18-2〉와 같다.

〈표 18-2〉 3진 카운터의 출력으로 3비트 컬럼 신호를 구하기 위한 논리식

Q1	Q0	col[2]	col[1]	col[0]	논리식
0	0	0	0	1	$col[0] = \overline{Q1} \cdot \overline{Q0}$
0	1	0	1	0	$col[1] = \overline{Q1} \cdot Q0$
1	0	1	0	0	$col[2] = Q1 \cdot \overline{Q0}$
0	0	0	0	1	

〈표 18-2〉와 같이 3진 카운터가 동작하면 컬럼 신호가 일정한 주기로 변한다. 일정한 주기로 변하는 컬럼 신호의 논리 [1]이 매트릭스에 공급되는 순간 매트릭스에 연결된 키를 누르면 펄스가 발생하고 이 펄스는 키를 누른 것과 같은 동작을 하도록 설계한다. 〈표 18-3〉은 컬럼 신호와 로우신호 그리고 키 정보를 표현한 것이다. [그림 18-4]는 Combo II 트레이닝 키트의 매트릭스 제어 방식의 기본구조를 나타낸 것이다. Combo II 트레이닝 키트 사용자는 컬럼신호 제어방식 및 로우 신호 제어 방식 중 하나를 선택해서 제어할 수 있다. 예를 들어 키 2를 누를 때 컬럼 신호가 010이면 로우 신호가 0001이 되어 key[2]신호에 상승펄스가 발생하여 마치 2키를 누른 것과 같게 된다.

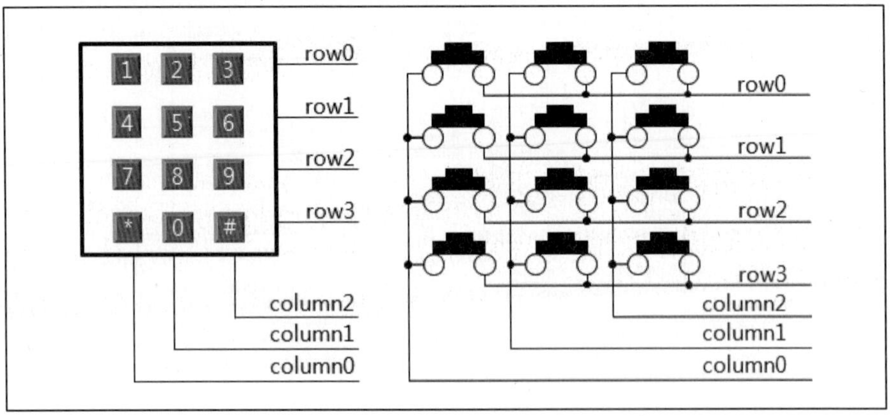

[그림 18-4] Combo II 트레이닝 키트의 매트릭스 제어 방식

이번 장에서는 컬럼 신호를 공급해서 키가 눌려진 것을 확인하는 컬럼 제어 방식을 적용한다. [그림 18-5]는 key_matrix 블록 회로의 동작파형이다. clk신호가 공급되면 3진 카운터에 의해 Q1과 Q0가 00, 01, 10, 00의 순으로 인코딩되어 나타난다. 이 신호는 컬럼 신호인 col[2..0]신호가 001, 010 그리고 100이 되도록 코딩하였으며 컬럼 신호가 100일 때 즉, col[2]가 논리 [1]일 때 첫 번째

〈표 18-3〉 매트릭스 회로의 키, 컬럼 신호 그리고 로우 신호의 관계

키 번호	컬럼 신호			로우 신호				key신호
	col[2]	col[1]	col[0]	row[3]	row[2]	row[1]	row[0]	
1	0	0	1	0	0	0	1	key[1]
2	0	1	0	0	0	0	1	key[2]
3	1	0	0	0	0	0	1	key[3]
4	0	0	1	0	0	1	0	key[4]
5	0	1	0	0	0	1	0	key[5]
6	1	0	0	0	0	1	0	key[6]
7	0	0	1	0	1	0	0	key[7]
8	0	1	0	0	1	0	0	key[8]
9	1	0	0	0	1	0	0	key[9]
*	0	0	1	1	0	0	0	사용안함
0	0	1	0	1	0	0	0	key[0]
#	1	0	0	1	0	0	0	사용안함

행(row0)에 있는 키 중 3번 키가 눌려지면 key[3]신호에 펄스가 발생한다. 컬럼 신호가 010일 때 즉, col[1]이 논리 [1]일 때 두 번째 행(row1)에 있는 키 중 5번 키가 눌려지면 key[5]신호에 펄스가 발생한다. 컬럼 신호가 001일 때 즉, col[0]이 논리 1일 때 세 번째 행(row2)에 있는 키 중 9번 키가 눌려지면 key[9]신호에 펄스가 발생한다. 컬럼 신호가 010일 때 즉, col[1]이 논리 [1]일 때 네 번째 행(row3)에 있는 키 중 0번 키가 눌려지면 key[0]신호에 펄스가 발생한다. 컬럼 신호가 100일 때 즉, col[2]가 논리 [1]일 때 세 번째 행(row2)에 있는 키 중 9번 키가 눌려지면 key[9]신호에 펄스가 발생한다. 컬럼 신호가 010일 때 즉, col[1]이 논리 [1]일 때 두 번째 행(row1)에 있는 키 중 5번 키가 눌려지면 key[5]신호에 펄스가 발생한다. 컬럼 신호가 001일 때 즉, col[0]이 논리 [1]일 때 첫 번째 행(row0)에 있는 키 중 1키가 눌려지면 key[1]신호에 펄스가 발생한다.

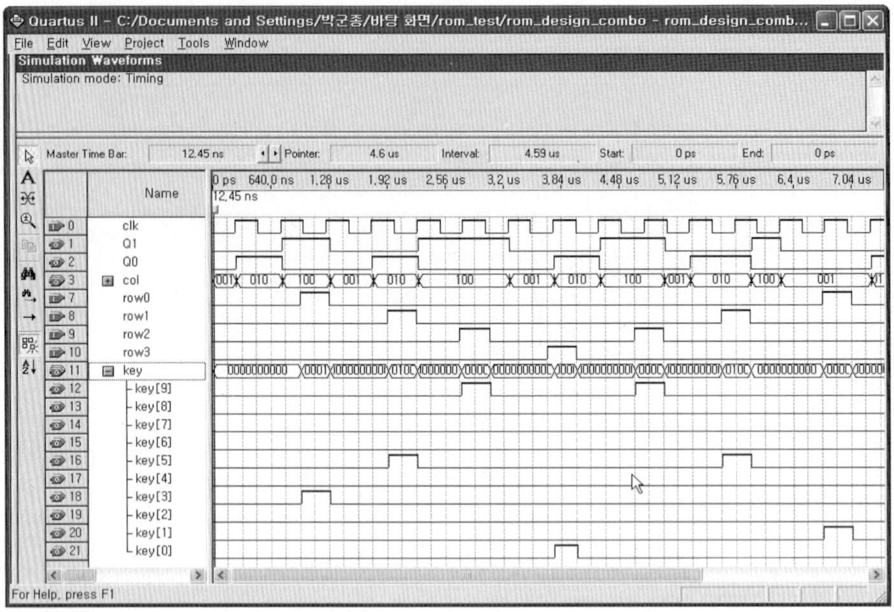

[그림 18-5] key_matrix회로의 동작 파형

② latch4 블록

[그림 18-6]은 latch4 블록의 회로도이다. [그림 18-6]은 두 개의 74148 인코더, 8개의 74174 래치, 그리고 ringcount 블록, 플립플롭 및 몇 개의 게이트로 설계한 회로이며 키가 입력되면 4비트 2진수로 바꾸고 그 결과를 저장하는 회로이다. Combo II 트레이닝 키트의 key_matrix 블록에서 출력되는 10개의 신호는 2개의 74148 인코더를 거쳐서 4비트 2진수 데이터로 변경된다. 74148은 8입력 3출력의 인코더이므로 2개의 인코더를 이용해서 16개의 키 입력을 받아 4비트 2진수 데이터를 출력하도록 설계한다. 위쪽의 인코더는 키 0부터 키 7까지의 입력신호를 처리하고, 아래쪽의 인코더는 키 8부터 키 9까지의 입력신호를 처리한다. 74148 입력신호가 부논리를 적용하기 때문에 인코더 74148의 입력에 NOT 게이트를 연결하여 설계한다. 이렇게 각각의 인코더를 거쳐서 출력되는 정보는 3개의 NAND게이트를 통해 4비트 2진수 데이터가 되며 앞에 있는 4개의 74174래치에 순차적으로 저장된다. sw0가 논리 [0]이면 set신호가 논리 [1]이 되어 비밀번호 설정모드가 되며 74174의 래치신호 4개가 활성화되어 키를 누를 때마다 래치신호가 하나씩 발생하고 이 신호의 상승에지에서 비밀번호 설정키 값이 74174에 래치된다. sw0가 논리 [1]이면 act신호가 논리 [1]이 되어 비밀번호 동작모드가 되며 74174의 래치신호 4개가 활성화되어 키를 누를 때마다 래치신호가 하나씩 발생하고 이 신호의 상승에지에서 비밀번호 동작키 값이 뒤에 있는 4개의 74174에 래치된다. 4개의 래치신호는 ringcount 블록에서 출력되는 신호를 사용한다. ringcount 블록에 들어가는 클럭

신호는 k_clk신호이며 이 신호는 2개의 8입력 AND게이트와 NAND게이트를 이용하여 만들며 키를 누를 때마다 상승펄스를 출력한다.

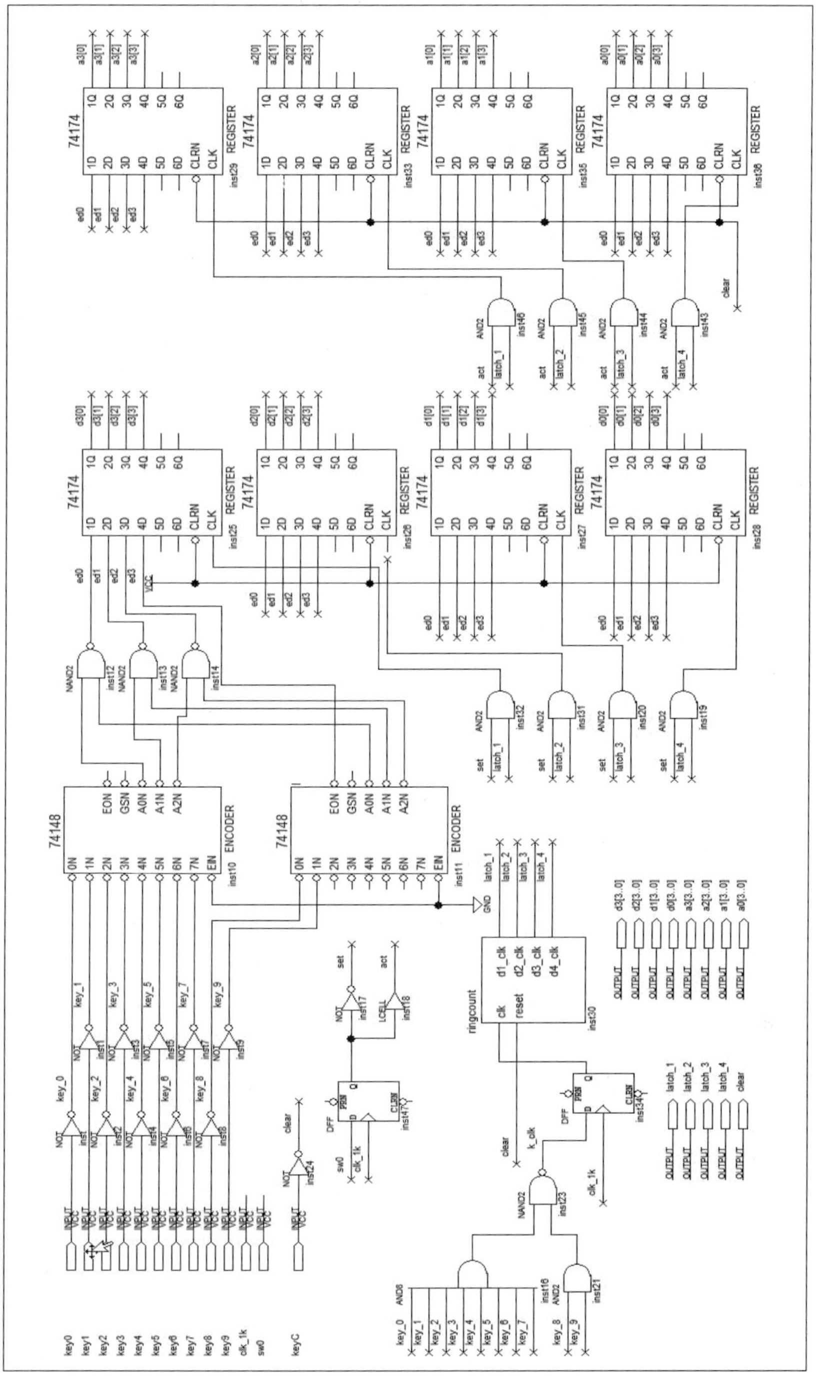

[그림 18-6] latch4 블록 회로도

[그림 18-7]은 latch4 블록 회로의 동작파형이다. 클럭이 공급되고 sw0이 논리 [0]일 경우 비밀번호 설정모드가 되고 keyC가 논리 [1]이면 비밀번호 동작키값 a3, a2, a1 그리고 a0가 클리어 된다. 자, 이제 4개의 비밀번호 3456을 설정해보자. 비밀번호 설정을 위해 keyC를 논리 [0]으로 만들고 key3을 누르면 latch_1에 상승에지가 발생하여 d3에 3(0011)이 래치되고 key4를 누르면 latch_2에 상승에지가 발생하여 d2에 4(0100)가 래치되고 key5를 누르면 latch_3에 상승에지가 발생하여 d1에 5(0101)가 래치되며 마지막으로 key6을 누르면 latch_4에 상승에지가 발생하여 d0에 6(0110)이 래치된다.

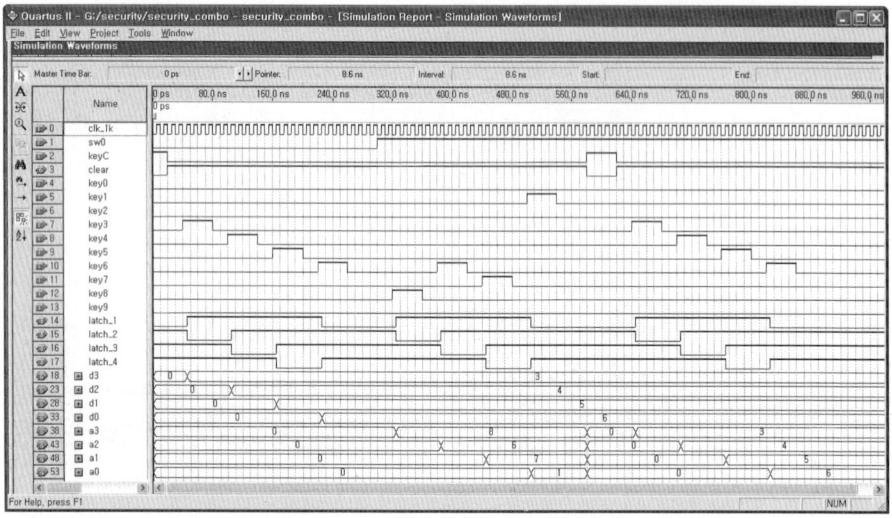

[그림 18-7] latch4 블록 회로 동작파형

비밀번호 동작모드를 설정하기 위해 sw0를 논리 [1]로 만든 다음 비밀번호 8671을 입력해보자. 비밀번호 동작을 위해 key8을 누르면 latch_1에 상승에지가 발생하여 a3에 8(1000)이 래치되고 key6을 누르면 latch_2에 상승에지가 발생하여 a2에 6(0110)가 래치되고 key7를 누르면 latch_3에 상승에지가 발생하여 a1에 7(0111)이 래치되며 마지막으로 key1을 누르면 latch_4에 상승에지가 발생하여 a0에 1(0001)이 래치된다. 입력한 비밀번호가 틀렸으므로 새로운 비밀번호를 입력해보자. keyC를 누르면 a3, a2, a1 그리고 a0가 모두 클리어 된다. 새로운 비밀번호 3456을 입력해보자. key3을 누르면 latch_1에 상승에지가 발생하여 a3에 3(0011)이 래치되고 key4를 누르면 latch_2에 상승에지가 발생하여 a2에 4(0100)가 래치되고 key5를 누르면 latch_3에 상승에지가 발생하여 a1에 5(0101)이 래치되며 마지막으로 key6을 누르면 latch_4에 상승에지가 발생하여 a0에 6(0110)이 래치된다.

③ ringcount 블록 회로

[그림 18-8]은 latch4 블록의 74174 래치 4개를 제어하기 위한 ringcount회로이다. 이 회로는 JK플립플롭 4개로 구성한 링 카운터이며 keyC신호를 NOT 게이트한 reset신호에 하강펄스를 공급하여 링 카운터를 초기화 한다. 초기화한 이후 클럭을 하나씩 공급하면 공급한 클럭 한 주기 동안 각각의 플립플롭이 논리 [0]을 유지하는 4개 링 카운터로 동작하며 비밀번호 설정키 값 4개와 비밀번호 동작키 값 4개를 래치한다.

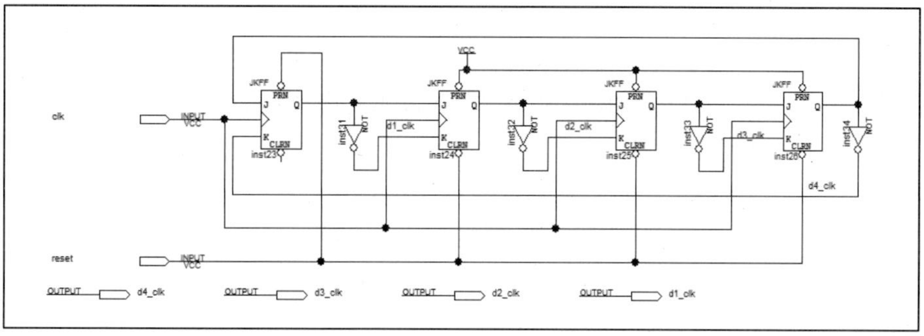

[그림 18-8] ringcount블록 회로도

[그림 18-9]는 ringcount 블록 회로의 동작 파형이다. reset에 하강펄스를 공급하면 d1_clk는 논리 [0]을 출력하고 나머지 d2_clk부터 d4_clk는 모두 논리 [1]을 출력한다. reset신호를 논리 [1]로 설정한 다음 clk신호를 공급하면 d1_clk부터 d4_clk까지 한 주기 동안 논리 [0]을 유지하는 펄스가 발생하며 이와 같이 동작하는 회로를 4 링 카운터라 부른다. 이 펄스의 상승에지에서 키 데이터를 래치한다.

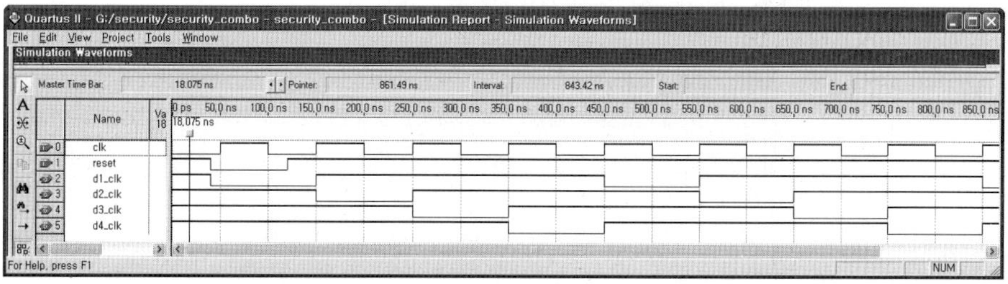

[그림 18-9] ringcount 블록 회로 동작파형

④ 비밀번호 비교 블록 회로 comp4

[그림 18-10]은 4개의 비밀번호를 비교하는 회로이다.

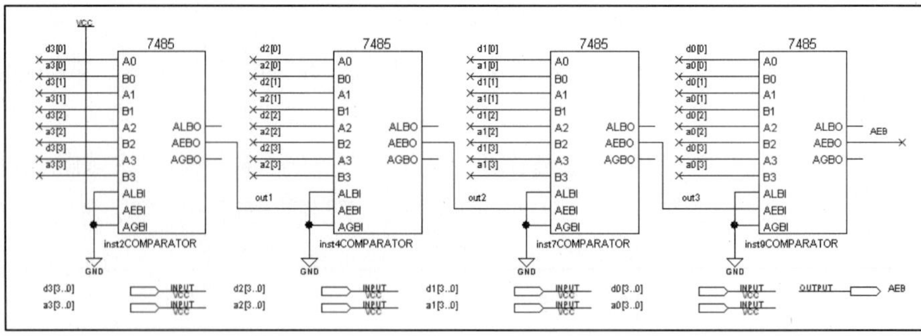

[그림 18-10] 비교기 회로 Comp4

이 회로는 4비트 비교기 4개로 구성하였으며 첫 번째 비교기는 첫 번째 비밀번호 2개를 비교한다. 비교기 입력 AEBI는 논리 [1]에 연결하였으므로 초기상태는 "일치함"으로 시작한다.

2개의 숫자가 같으면 AEBO가 논리 [1]이 되지만 다를 경우 [0]을 유지한다. 두 번째 비교기는 두 번째 비밀번호 2개를 비교한다. 첫 번째 비교기의 출력 AEBO를 비교기 입력 AEBI에 연결하였으므로 2개의 숫자가 일치하더라도 AEBI가 논리 [0]이면 AEBO는 논리 [0]을 유지한다. 세 번째 비교기는 세 번째 비밀번호 2개를 비교한다. 두 번째 비교기 출력 AEBO를 비교기 입력 AEBI에 연결하였으므로 2개의 숫자가 일치하더라도 AEBI가 논리 [0]이면 AEBO는 논리 [0]을 유지한다. 네 번째 비교기는 네 번째 비밀번호 2개를 비교한다. 세 번째 비교기의 출력 AEBO를 비교기 입력 AEBI에 연결하였으므로 2개의 숫자가 일치하더라도 AEBI가 논리 [0]이면 AEBO는 논리 [0]을 유지한다. 즉, 3456이 비밀번호일 경우 비밀번호 동작키 값 3457을 입력하면 최종 비교기 출력 AEBO가 논리 [0]이 되고 비밀번호 동작키 값 3456을 입력하면 최종 비교기 출력 AEBO가 논리 [1]이 된다. 이 신호는 10Hz 클럭 신호와 AND게이트하여 존슨 카운터의 클럭 입력으로 공급한다.

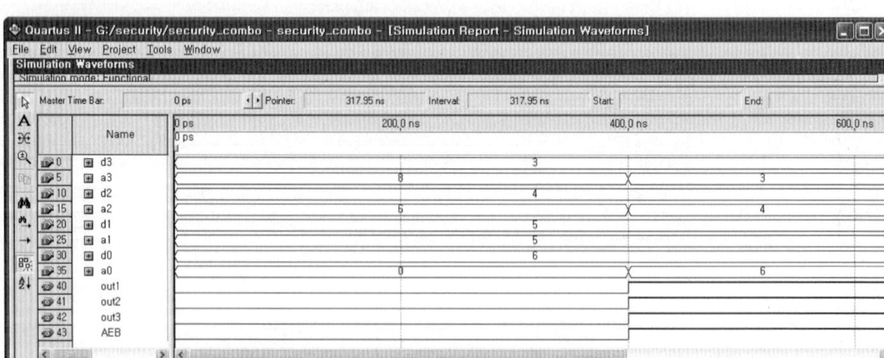

[그림 18-11] comp4 블록 회로 동작파형

[그림 18-11]은 comp4 블록 회로의 동작파형이다. out1은 첫 번째 비교기의 출력, out2는 두 번째 비교기의 출력, out3은 세 번째 비교기의 출력 그리고 AEB는 네 번째 비교기의 출력이다. d3이 3이고 a3이 8이면 서로 다르므로 out1이 논리 [0]이다. d2가 4이고 a2가 6이면 서로 다르므로 out2가 논리 [0]이다. 물론 out1이 논리 [0]이므로 d2와 a2가 서로 같다 해도 out2는 논리 [0]이 출력된다. d1과 a1은 서로 같지만 out2가 논리 [0]이므로 out3이 논리 [0]이 된다. out3이 논리 [0]이므로 d0과 a0의 일치 유무에 상관없이 출력 AEB는 논리 [0]이 된다. 그림 18-13에서 400ns이후 d3=a3이므로 out1이 논리 [1]이 되고 d2=a2이면서 out1이 논리 [1]이므로 out2 또한 논리 [1]이 되며 d1=a1이고 out2가 논리 [1]이므로 out3가 논리 [1]이 된다. 그리고 d0=a0이고 out3이 논리 [1]이므로 최종 출력 AEB는 논리 [1]이 된다.

⑤ 존슨 카운터 johnson

[그림 18-12]는 비밀번호가 일치할 경우 LED를 점등하는 존슨 카운터 회로이다. 8개의 JK플립플롭을 직렬로 연결하지만 최종 단에 있는 JK플립플롭의 출력 Q와 $\overline{Q}$가 첫 번째 JK플립플롭으로 피드백 한다. 물론 링 카운터와는 다르게 Q는 K에, $\overline{Q}$는 J에 피드백 한다. [그림 18-13]은 존슨 카운터의 동작파형이다. clear를 논리 [0]으로 만들면 모든 JK플립플롭은 모두 클리어 상태이므로 Q는 논리 [0], /Q는 논리 [1]을 출력한다. 마지막 플립플롭의 Q와 /Q 신호는 첫 번째 플립플롭의 J와 K로 피드백하기 때문에 J에는 논리 [1], K에는 논리 [0]이 입력된다. 이것은 플립플롭의 set모드이다. clear를 논리 [1]로 설정한 다음 클럭 clk_10Hz의 첫 번째 상승에지를 공급하면 첫 번째 플립플롭의 출력 j[0]은 논리 [1]을 출력한다. 다음 클럭의 상승에지가 들어오면 두 번째 플립플롭의 출력 j[1]이 논리 [1]이 된다. 첫 번째 플립플롭의 출력 j[0]은 여전히 set모드이므로 논리 [1]을 출력한다. 세 번째 클럭의 상승에지가 들어오면 세 번째 플립플롭의 출력 j[2]가 논리 [1]을 출력한다. 첫 번째와 두 번째 플립플롭의 출력 j[0]과 j[1]은 set모드이므로 계속 논리 [1]을 출력한다. 이렇게 8개의 플립플롭 출력 j[7..0]이 모두 논리 [1]을 출력한 다음 9번째 클럭의 상승에지가 들어오면 첫 번째 플립플롭은 J에는 논리 [0], K에는 논리 [1]이 입력되므로 reset모드가 되어 출력 j[0]는 논리 [0]이 된다. 이와 같이 클럭이 계속 들어오면 논리 [0]이 계속 출력되어 16번째 클럭이 들어올 경우 모든 플립플롭이 논리 [0]을 출력한다. 이 과정이 계속 반복되는 것이 존슨 카운터이다.

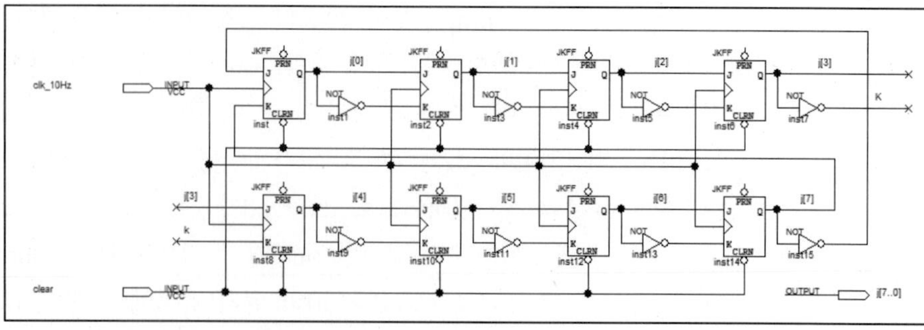

[그림 18-12] 비밀번호 입력 시스템의 존슨 카운터 블록 회로

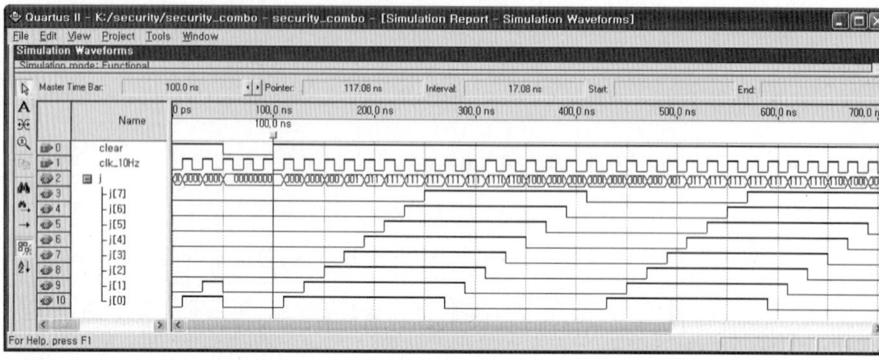

[그림 18-13] 비밀번호 입력 시스템의 존슨 카운터 동작파형

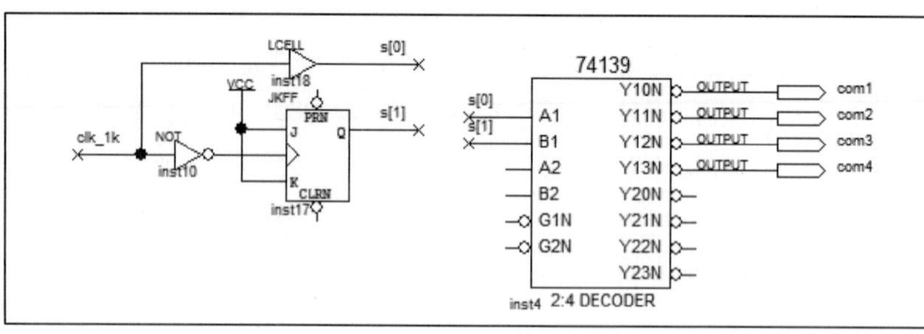

[그림 18-14] s[1], s[0], com1, com2, com3, com4 신호원

⑥ LPM_MUX0 선택신호, FND 인에이블 신호 회로(s[1], s[0], com1, com2, com3, com4)

[그림 18-14]는 LPM_MUX0 선택신호 및 FND 인에이블 신호를 발생하는 회로이다. clk_1k신호와 이 신호를 2분주한 신호는 '00', '01', '10', '11'의 신호가 되며 이 신호에 따라 LPM_MUX0이 동작하게 된다. 또한 이 디코딩 신호는 74139에 입력되어 FND 4개중 하나를 인에이블 시키는데 사용한다. 이 회로의 동작은 〈표 18-4〉와 같다. [그림 18-15]는 [그림 18-14]의 동작파형이다.

〈표 18-4〉 LPM_MUX4 선택신호 및 FND 인에이블 신호 발생회로의 진리표

클럭 수	s[1]	s[0]	com1	com2	com3	com4
1	0	0	1	1	1	0
2	0	1	1	1	0	1
3	1	0	1	0	1	1
4	1	1	0	1	1	1

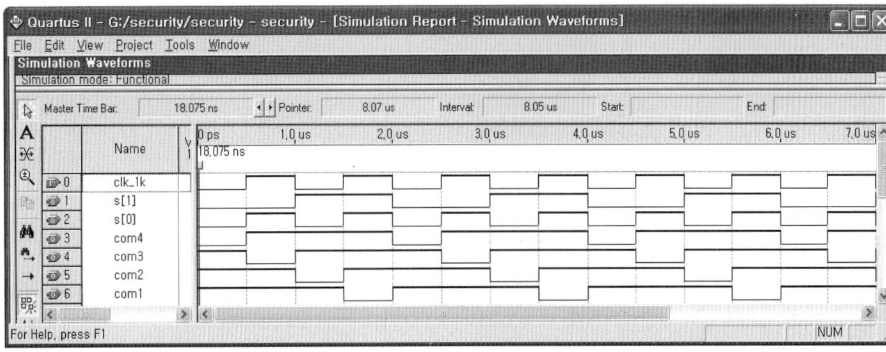

[그림 18-15] LPM_MUX0 선택신호 및 FND 인에이블 신호 발생회로의 동작파형

[그림 18-15]는 LPM_MUX0 선택신호 및 FND 인에이블 신호 발생회로의 동작파형이며, clk_1k의 상승에지가 있으면 s[1]과 s[0]가 00, 01, 10, 11의 변화를 반복한다. 00일 때는 com1, 01일 때는 com2, 10일 때는 com3 그리고 11일 때는 com4가 액티브 되는 것을 확인할 수 있다. com1은 트레이닝 키트의 첫 번째 FND, com2는 두 번째 FND, com3은 세 번째 FND 그리고 com4는 네 번째 FND를 제어한다.

⑦ LPM_MUX0

멀티플렉서 LPM_MUX0은 4개의 비밀번호 동작키 값을 선택하여 FND 드라이버에 공급하기 위해 사용한다. 멀티플렉서 선택신호는 2비트 2분주 회로의 s[1], s[0]을 이용하며 선택신호에 따른 멀티플렉서의 동작은 〈표 18-5〉와 같다.

〈표 18-5〉 LPM_MUX0의 동작원리

입력	선택신호 s[1], s[0]	출력
a3[3..0] a2[3..0] a1[3..0] a0[3..0]	00	a3[3..0]
	01	a2[3..0]
	10	a1[3..0]
	11	a0[3..0]

⑧ FND 드라이버 fnd0_F

[그림 18-16]은 트레이닝 키트의 FND에 0부터 F까지 표시할 수 있도록 설계한 회로이다.

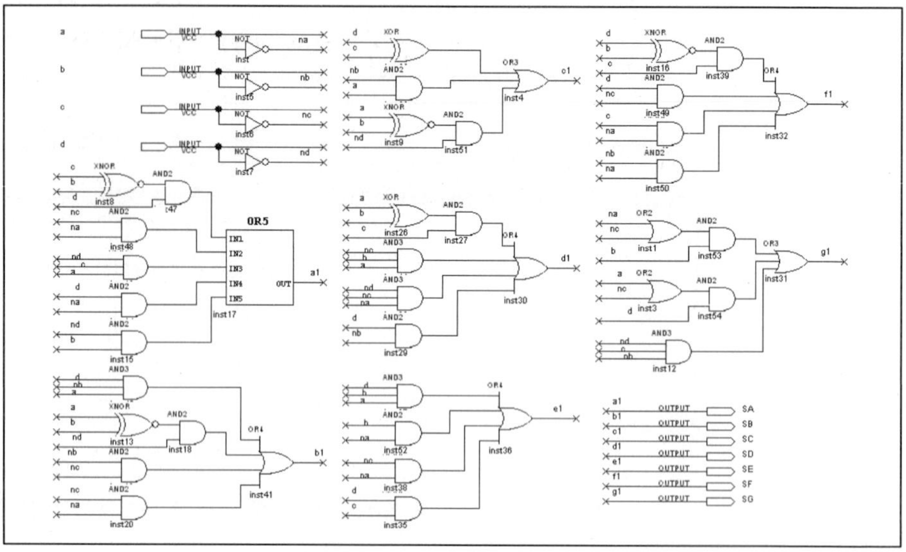

[그림 18-16] FND에 0부터 F까지 표시하기 위한 FND 드라이버 회로

[그림 18-16] 회로는 〈표 18-6〉을 참고하여 설계한 것이다.

〈표 18-6〉 FND 드라이버 입·출력 진리표

숫자	입력 신호				FND 구동신호						
	d	c	b	a	SG	SF	SE	SD	SC	SB	SA
0	0	0	0	0	0	1	1	1	1	1	1
1	0	0	0	1	0	0	0	0	1	1	0
2	0	0	1	0	1	0	1	1	0	1	1
3	0	0	1	1	1	0	0	1	1	1	1
4	0	1	0	0	1	1	0	0	1	1	0
5	0	1	0	1	1	1	0	1	1	0	1
6	0	1	1	0	1	1	1	1	1	0	1
7	0	1	1	1	0	0	0	0	1	1	1
8	1	0	0	0	1	1	1	1	1	1	1
9	1	0	0	1	1	1	0	0	1	1	1
A	1	0	1	0	1	1	1	0	1	1	1
B	1	0	1	1	1	1	1	1	1	0	0
C	1	1	0	0	0	1	1	1	0	0	1
D	1	1	0	1	1	0	1	1	1	1	0
E	1	1	1	0	1	1	1	1	0	0	1
F	1	1	1	1	1	1	1	0	0	0	1

18.2.4 비밀번호 입력 시스템 회로 동작 파형

[그림 18-17]은 Combo II 트레이닝 키트의 비밀번호 입력 시스템 회로의 동작파형이다. 이 동작파형에는 비밀번호를 설정하는 모드와 비밀번호 동작모드를 나타내었다. 클럭을 공급한 다음 ringcount의 초기화와 비밀번호 동작키 값을 클리어하기 위해 keyC를 눌러 상승펄스를 공급한다. 다음으로 sw0을 논리 [0]으로 설정하여 비밀번호 설정모드를 만든다. sw0이 논리 [0]이므로 set신호가 논리 [1]이 되어 비밀번호 설정키 값만 래치한다. 비밀번호 1590을 설정하기 위해 4개의 키를 누른다. 1키를 누르면 row0이 선택되고 col값이 001이므로 k[1]에 상승펄스가 발생한다. 5키를 누르면 row1이 선택되고 col값이 010이므로 k[5]에 상승펄스가 발생한다. 9키를 누르면 row2가 선택되고 col값이 100이므로 k[9]에 상승펄스가 발생한다. 0키를 누르면 row1이 선택되고 col값이 010이므로 k[0]에 상승펄스가 발생한다. d3은 1, d2는 5, d1은 9 그리고 d0은 0이라는 것을 확인할 수 있다. a3, a2, a1, a0은 모두 0이다. 이제 비밀번호 1590을 설정하였으므로 sw0을 논리 [1]로 만들어 비밀번호 동작 모드로 전환해보자. sw0이 논리 [1]이므로 act신호가 논리 [1]이 되어 비밀번호 동작키 값만 래치한다. 설정한 비밀번호 1590과는 다른 숫자 2670을 눌러보자. 2키를 누르면 row2가 선택되고 col값이 010이므로 k[2]에 상승펄스가 발생한다. 6키를 누르면 row2가 선택되고 col값이 100이므로 k[6]에 상승펄스가 발생한다. 7키를 누르면 row0이 선택되고 col값이 001이므로 k[7]에 상승펄스가 발생한다. 0키를 누르면 row1이 선택되고 col값이 010이므로 k[0]에 상승펄스가 발생한다. d3은 1, d2는 5, d1은 9 그리고 d0는 0이고 a3는 2, a2는 6, a1은 9 그리고 a0는 0인 것을 확인할 수 있다. 비밀번호 동작키 2670이 눌려졌지만 회로는 아무런 동작을 하지 않는다. comp4의 출력이 논리 [0]이므로 존슨 카운터에 클럭을 공급하지 않아 아무런 동작이 발생하지 않은 것이다. 이제 설정한 비밀번호와 일치하는 1590을 눌러보자. 4개의 비밀번호와 일치하는 비밀번호를 누르면 비교기 블록 comp4에서 논리 [1]신호를 출력하고 이 신호는 10㎐와 AND게이트되어 존슨 카운터에 10㎐ 클럭을 공급한다. 10㎐가 입력되면 존슨 카운터 출력이 led를 구동하여 led그룹 출력 값이 01, 03, 07로 변하면서 led가 점등과 소등을 반복한다.

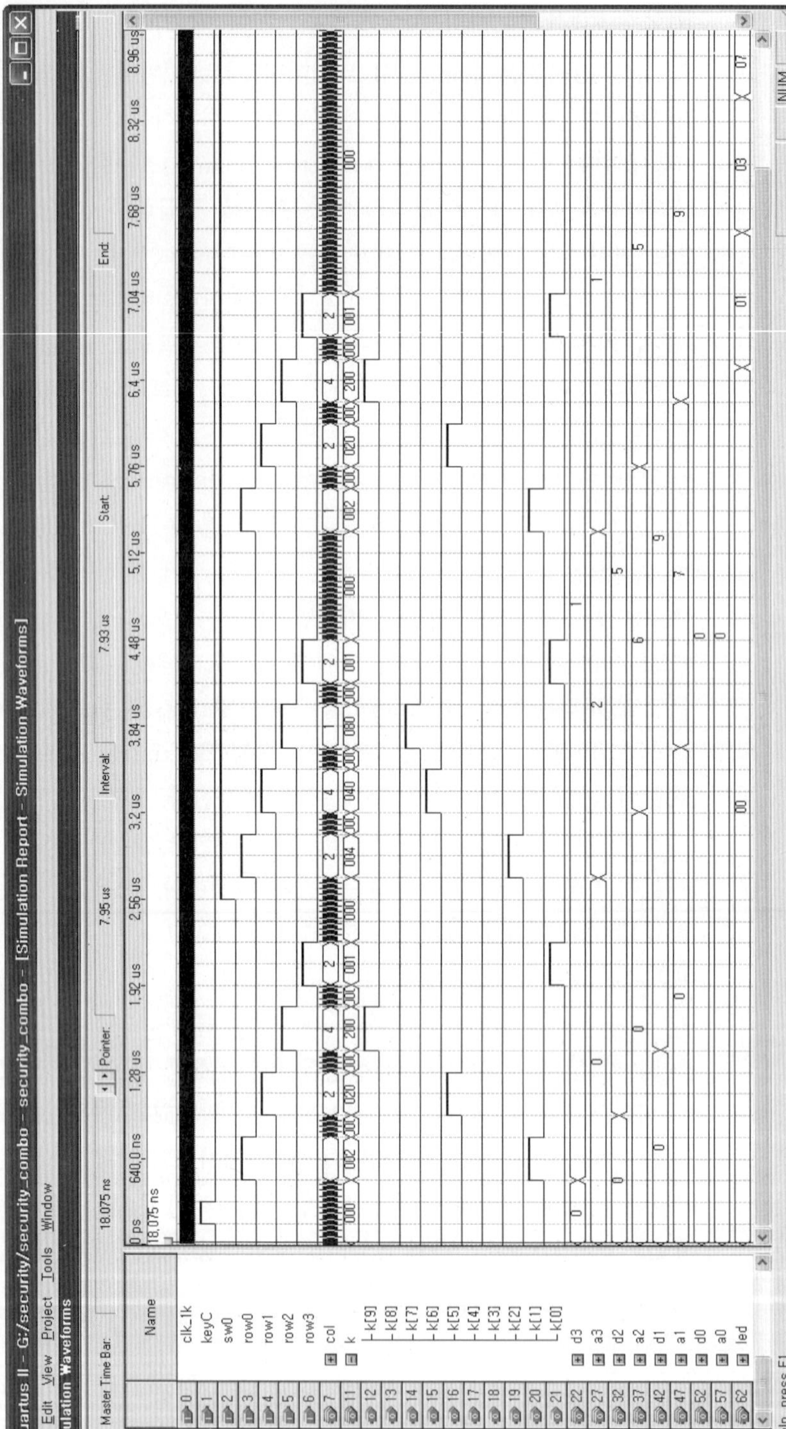

[그림 18-17] Combo II 트레이닝 키트의 비밀번호 입력시스템 회로 동작파형

18.2.5 비밀번호 입력 시스템 회로 핀 연결

<표 18-7>은 Combo II 트레이닝 키트에 비밀번호 입력 시스템 회로 실장 실험을 하기 위한 핀 연결 정보이다.

<표 18-7> Combo II 트레이닝 키트에 비밀번호 입력시스템 회로 실장실험 핀 연결

	신호명	Combo II 신호 명	핀번호	신호 명	Combo II 신호 명	핀번호
Cyclone II EP2C35F672C8 (Clock SW : 9로 설정) C_Scan 방식 (Scan Dir)	clk_1k	CLK_MAIN[0]	N1	seg6	SEG_DATA[6]	AA6
	sw0	DIP_D[0]	Y12	seg5	SEG_DATA[5]	AA1
	row0	KEYPAD_ROW[0]	AD10	seg4	SEG_DATA[4]	AA2
	row1	KEYPAD_ROW[1]	AC10	seg3	SEG_DATA[3]	AC6
	row2	KEYPAD_ROW[2]	V10	seg2	SEG_DATA[2]	AD6
	row3	KEYPAD_ROW[3]	AF9	seg1	SEG_DATA[1]	AE5
	col[0]	KEYPAD_COLUMN[0]	V11	seg0	SEG_DATA[0]	AF5
	col[1]	KEYPAD_COLUMN[1]	AB10	COM1	SEG_COM[0]	Y1
	col[2]	KEYPAD_COLUMN[2]	AA10	COM2	SEG_COM[1]	Y4
	keyC	BUTTON_SW[2]	AA9	COM3	SEG_COM[2]	Y3
	led[0]	LED_D(0)	AF7	COM4	SEG_COM[3]	W1
	led[1]	LED_D(1)	AE7	COM5	SEG_COM[4]	Y5
	led[2]	LED_D(2)	AB8	COM6	SEG_COM[5]	W3
	led[3]	LED_D(3)	W8	COM7	SEG_COM[6]	W2
	led[4]	LED_D(4)	AF6	COM8	SEG_COM[7]	V1
	led[5]	LED_D(5)	AE6			
	led[6]	LED_D(6)	AD7			
	led[7]	LED_D(7)	AC7			

18.2.6 비밀번호 입력 시스템 회로 실장실험

<표 18-7>과 같이 핀 정보를 모두 입력한 다음 컴파일을 다시 해야한다. 컴파일을 한 후 [Tools]-[Programmer]를 클릭하여 실장실험을 한다. 먼저 Combo II 트레이닝 키트의 실장실험 예는 다음과 같다.

설계한 회로를 트레이닝 키트에 다운로드 한다. <표 18-8>을 참조하여 먼저 비밀번호를 설정해보자. 클럭 입력은 1㎑에 맞춘 다음 sw0을 논리 [0]으로 만들고 키 C를 한번 누른다. 그리고 비밀번호 4개를 입력한다.

〈표 18-8〉 Combo II 비밀번호 입력시스템 비밀번호 설정 실장실험

트레이닝 키트 설정	입력	FND 출력	LED출력
	비밀번호 / 키 C		
스위치 클럭 선택 1㎑(6) Scan_Dir (C_Scan)	키 C	0000	○○○○○○○○
	3456		

다음으로 비밀번호 동작 모드를 실행해보자. 〈표 18-9〉와 같이 sw0을 논리 [1]로 만든다. 비밀번호 동작 모드에서 먼저 틀린 번호를 입력해 보자. 〈표 18-9〉처럼 틀린 비밀번호를 입력하면 FND에는 틀린 비밀번호가 표시되고 LED는 모두 꺼져있다. 새로운 비밀번호를 입력하기 위해 키 C를 다시 누른다. FND는 모두 0을 표시하고 LED는 역시 꺼져있다.

〈표 18-9〉 Combo II 틀린 비밀번호 동작키 값 입력 실장실험

트레이닝 키트 설정	입력	FND 출력	LED출력
	비밀번호 / 키 C		
스위치 클럭 선택 1㎑(6) Scan_Dir (C_Scan)	2358	2358	○○○○○○○○
	키 C	0000	○○○○○○○○

다음으로 설정한 비밀번호와 일치하는 비밀번호를 입력해 보자. 〈표 18-10〉과 같이 FND에는 입력한 비밀번호가 표시되고 LED에는 존슨 카운터 출력이 나타난다.

〈표 18-10〉 Combo II 비밀번호 설정키 값과 일치하는 비밀번호 입력 실장실험

트레이닝 키트 설정	입력	FND 출력	LED출력
	비밀번호 / 키 C		
스위치 클럭 선택 1㎑(6) Scan_Dir (C_Scan)	3456	3456	●●●●○○○○
	키 C	0000	○○○○○○○○

18.3 주요 사항 검토

① 비밀번호 입력 시스템의 latch4블록에서 set신호와 act신호의 역할은 무엇인가?
② 비밀번호 입력 시스템의 comp4블록에서 첫 번째 비교기의 입력 AEBI를 논리 [1]에 연결한 이유는 무엇인가?
③ 존슨 카운터를 초기화한 다음 클럭 하나가 입력되었을 때 8개의 출력 논리 상태는 무엇인가?
④ 7490 카운터의 출력은 듀티 싸이클이 몇 퍼센트인가?
⑤ LPM_MUX0의 용도는 무엇인가?
⑥ 디코더 74139의 역할은 무엇인가?

18.4 연습문제

연습문제

① 비밀번호가 일치할 경우 존슨 카운터가 아닌 FND의 세그먼트가 하나씩 켜지는 회로로 바꾸어 설계하시오.

CHAPTER 19

4비트 계산기 회로 설계하기

CHAPTER

19 4비트 계산기 회로 설계하기

19.1 4비트 계산기 회로 설계하기 목표

① 사칙연산 기능을 수행하는 4비트 계산기를 구현한다.
② 연산에 필요한 숫자는 키패드 또는 버튼 스위치를 통하여 입력한다.
③ 연산자는 버튼 스위치를 통하여 입력한다.
④ 입력된 숫자는 7-세그먼트 배열에 표시한다.
⑤ 계산 결과는 2진수 형태로 LED에 표시한다.

19.2 4비트 계산기 회로 구성하기

19.2.1. 4비트 계산기 회로 블록도

[그림 19-1]은 Combo II 트레이닝 키트에 적용할 수 있는 4비트 계산기 회로의 구성을 나타낸 것이다. 4비트 계산기에서 숫자는 키패드로 입력하고, 덧셈(키 A), 뺄셈(키 B), 곱셈(키 C), 나눗셈(키 D)과 같은 사칙연산, 계산 결과를 요청하는 enter(키 F), 그리고 초기화를 수행하는 clear(키 E)는 버튼 스위치를 이용하여 입력한다. 계산 결과는 LED를 통하여 확인할 수 있도록 한다.

4×3 키패드(keypad)를 이용하여 숫자를 입력하는 경우, 키패드를 누르면 키에 대한 신호가 발생하고 인코더는 이 신호를 BCD 코드로 부호화한다. 4비트 2진수로 부호화된 신호는 2개의 Latch에 저장되고 저장된 입력 숫자는 7-세그먼트에 표시된다. 4×3 키패드는 서로 다른 12개의 숫자를 입력으로 사용할 수 있도록 구성되어 있다. 이와 같은 키패드는 스캔 방식으로 눌려진 스위치를 판단한다. 행과 열을 동시에 제어하여 입력을 받을 수 있도록 구성한다. 트레이닝 키트에서는 키패드의 행과 열을 선택적으로 스캔할 수 있도록 구성되어 있다. 따라서 4개의 행을 스캔 형식으로 1의 값을 시프트 시키면서 해당되는 열에 입력되는 값을 읽어 키패드에 어떠한 값이 입력되었는지 판단한다. 키패드의 입력과 출력방향은 스캔방향을 결정하는 헤더 핀을 이용하여 바꿀 수 있다. 따라서 열 방향으로 스캔할지, 행 방향으로 스캔할지는 점퍼 캡을 이용하여 제어한다. 모든

키에 풀다운 저항을 연결하였기 때문에, 평상시에는 기본적으로 논리 [0]의 값을 출력한다. 키를 누르면 논리 [1]의 값을 출력한다.

버튼 스위치는 눌렀을 때 논리 [1]의 값을 출력하고, 안 눌렀을 때 논리 [0]을 출력한다. 또한 LED의 경우, 해당 LED를 켜기 위해서는 논리 [1]을 공급해야하고, 끄기 위해서는 논리 [0]을 공급해야 한다. 저장된 2개의 숫자를 7-세그먼트 배열(7-Segment Array)에 표시하기 위하여 동적 출력 방식(Dynamic Display)을 사용한다.

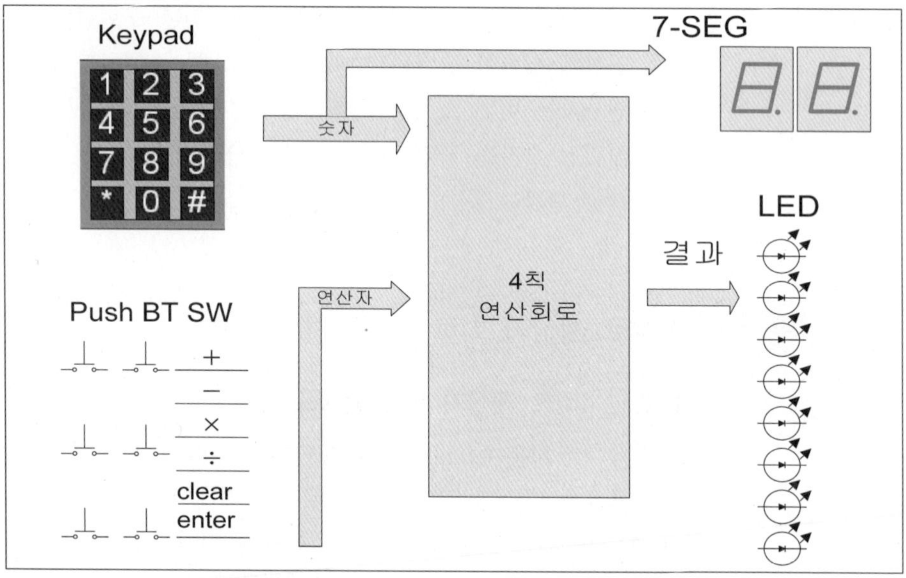

[그림 19-1] 4비트 계산기 회로의 블록도

19.2.2. 4비트 계산기 회로도

[그림 19-2]는 Combo II 트레이닝 키트에 적용할 수 있는 4비트 계산기의 회로도를 나타낸 것이다. 4×3 키패드(keypad4×3)를 통하여 연산을 위한 숫자를 입력받을 수 있도록 구현한다. 입력 받은 2개의 숫자는 get2key를 통해 BCD 코드로 변환하여 저장되며, 그 값은 disp_sel을 통하여 7-세그먼트에 출력한다. LPM_ADD_SUB, LPM_MULT, LPM_DIVIDE를 이용하여 덧셈, 뺄셈, 곱셈과 나눗셈을 구현한다. 사칙연산과 계산결과를 요청하는 enter(키 F), 그리고 초기화 과정을 요청하는 clear(키 E)의 처리는 func_sel을 통해 수행한다.

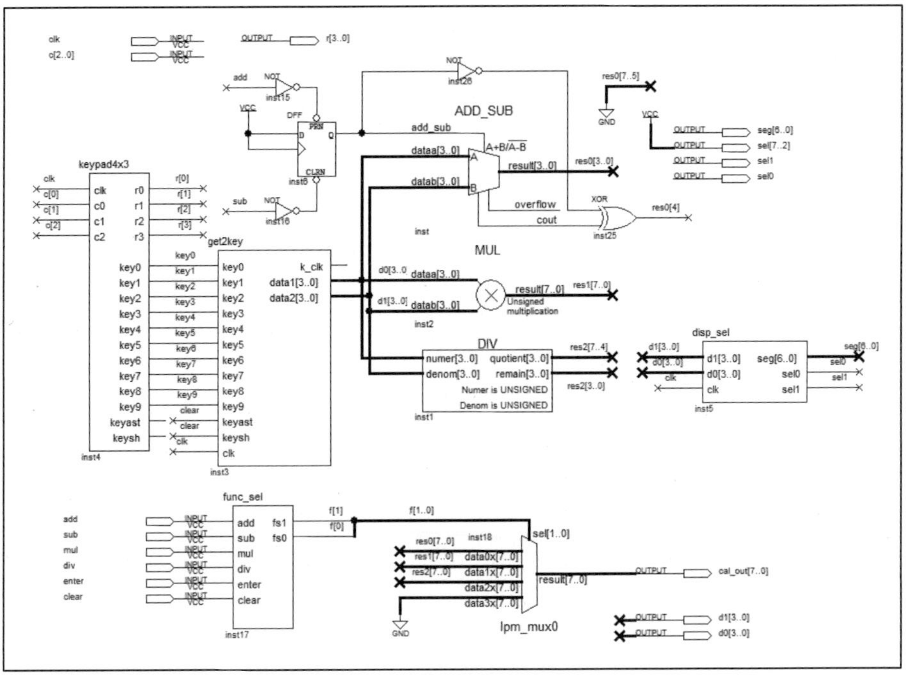

[그림 19-2] 4비트 계산기 회로도

19.2.3. 4비트 계산기 회로 동작원리

① keypad4 × 3 블록

트레이닝 키트에 내장된 4×3 키패드는 확인하고자 하는 행에 출력신호를 내보내고, 입력신호를 읽어 어떤 열의 스위치가 눌렸는지 확인하는 방식이다. [그림 19-3]은 keypad4×3 블록의 회로도를 나타낸 것이다. 눌려진 스위치의 행과 열을 판단하여 실제 눌린 키의 값을 D-플립플롭을 통하여 저장하고 해당 키 값을 논리 [1]로 출력한다. 이때 다른 모든 키 값은 논리 [0]을 출력한다

4×3 키패드 제어회로인 keypad4×3은 74161 카운터와 74139 디코더를 통하여, [r3 r2 r1 r0]의 단자에 2진수 0001, 0010, 0100, 1000을 반복하여 출력한다. D-플립플롭들은 ENA 단자를 이용하여, 현재 스캔하고 있는 행만 활성화된다. 키패드가 눌려지면 c0, c1, c2 신호 중에서 실제 눌려진 열의 신호만 논리 [1]이 된다. 따라서 논리 [1]이 출력된 행과 논리 [1]이 입력된 열의 키가 눌려신 것으로 확인할 수 있다. 예를 들어 r0 단자에서 논리 [1]이 출력되고, c1 단자에서 논리 [1]이 입력되면 숫자 키 2가 눌린 것으로 판단한다. 만일 r3 단자에서 논리 [1]이 출력되고, c1 단자에서 논리 [1]이 입력되면 숫자 키 0이 눌린 것으로 판단한다.

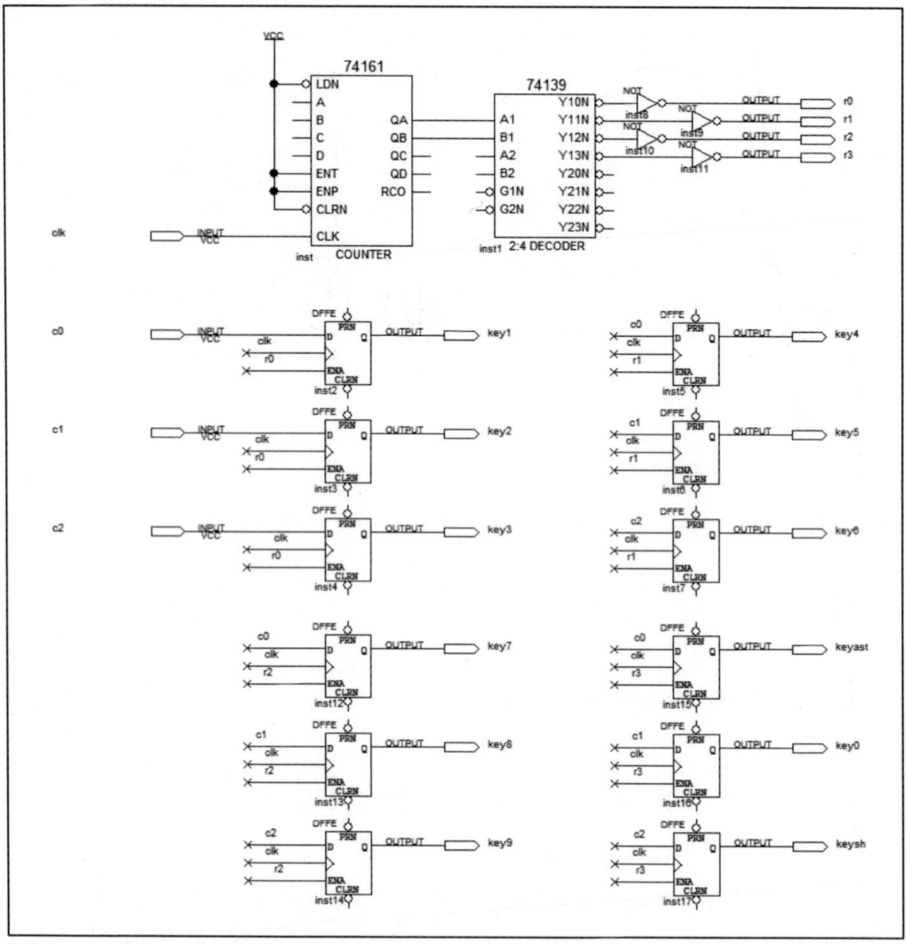

[그림 19-3] 4×3 키패드 제어를 위한 keypad4×3 블록 회로도

[그림 19-4]는 4×3 키패드의 첫 번째 열에 위치하는 스위치가 눌린 경우에 대한 회로의 동작 파형을 나타낸 것이다. 이 그림에서 출력신호 r은 [r3, r2, r1, r0] 신호의 묶음이며 r3 신호가 상위 비트이다. r의 출력 값이 2진수 0001일 때 즉 r0이 논리 [1]로 출력되고, c0의 입력이 논리 [1]이라면, 키패드 첫 번째 행, 첫 번째 열 스위치가 눌린 것이다. 현재 사용하고 있는 키패드의 경우, 이 위치의 키 값은 1이다. 따라서 동작파형을 보면 key1 신호가 논리 [1]로 출력된다.

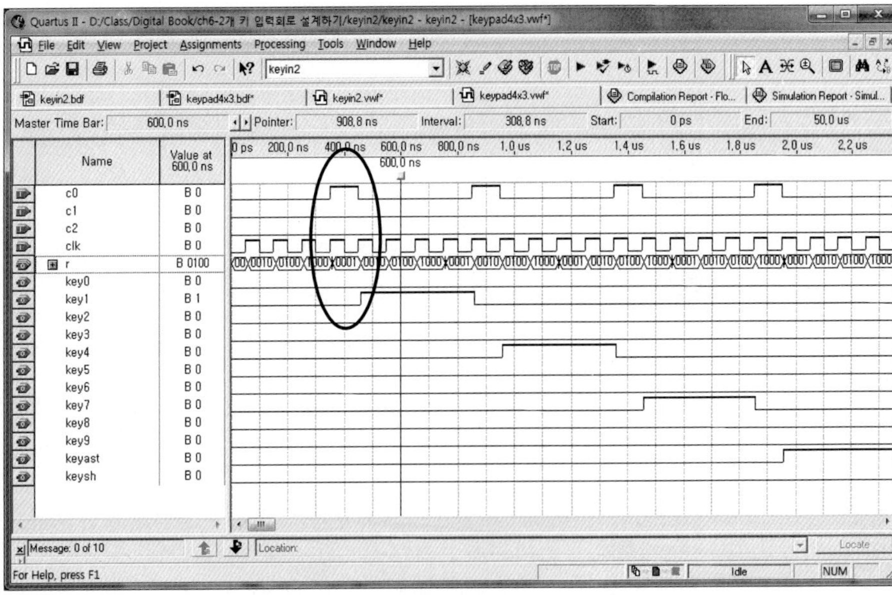

[그림 19-4] 4x3 키패드 회로의 첫 번째 열(c0) 모의실험 결과

[그림 19-5]는 4×3 키패드의 두 번째 열에 위치하는 스위치가 눌린 경우에 대한 회로의 동작 파형을 나타낸 것이다. 이 그림에서 출력신호 r은 [r3, r2, r1, r0] 신호의 묶음이며 r3 신호가 상위 비트이다. r의 출력 값이 2진수 0100일 때 즉 r2가 논리 [1]로 출력되고, c1의 입력이 논리 [1]이면, 키패드 세 번째 행, 두 번째 열 스위치가 눌린 것이다. 현재 사용하고 있는 키패드의 경우, 이 위치의 키 값은 8이다. 따라서 동작파형을 보면 key8 신호가 논리 [1]로 출력된다.

[그림 19-6]은 4×3 키패드의 세 번째 열에 위치하는 스위치가 눌린 경우에 대한 회로의 동작 파형을 나타낸 것이다. 이 그림에서 출력신호 r은 [r3, r2, r1, r0] 신호의 묶음이며 r3 신호가 상위 비트이다. r의 출력 값이 2진수 1000일 때 즉 r3이 논리 [1]로 출력되고, c2의 입력이 논리 [1]이면, 키패드 네 번째 행, 세 번째 열 스위치가 눌린 것이다. 현재 사용하고 있는 키패드의 경우, 이 위치의 키 값은 #이다. 따라서 동작파형을 보면 keysh 신호가 논리 [1]로 출력된다.

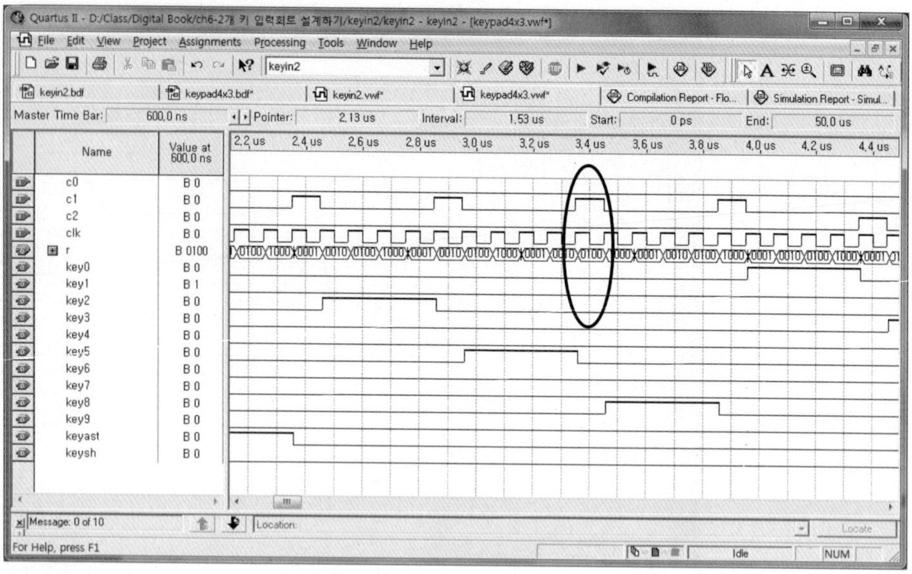

[그림 19-5] 4x3 키패드 회로의 두 번째 열(c1) 모의실험 결과

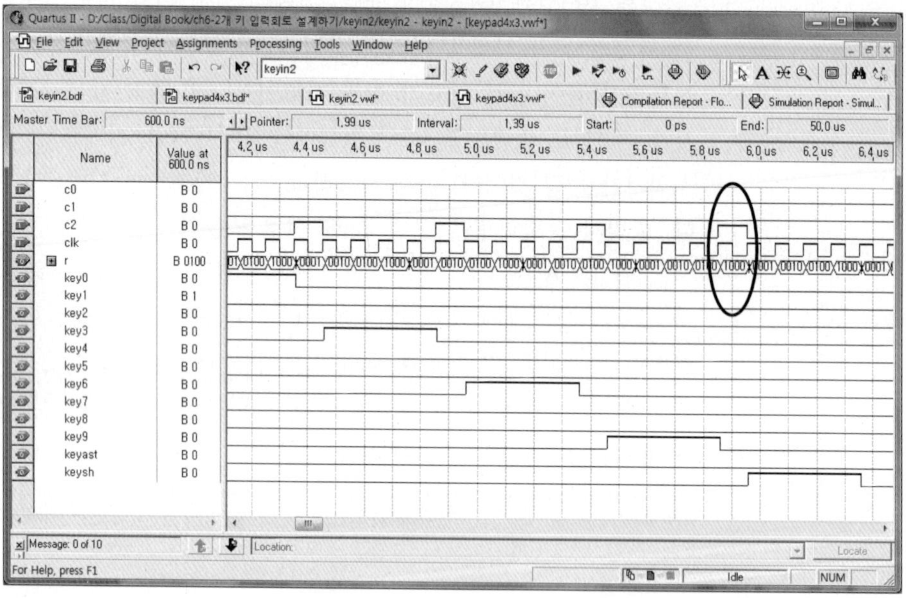

[그림 19-6] 4x3 키패드 회로의 세 번째 열(c2) 모의실험 결과

② get2key 블록

[그림 19-7]은 2개 키 입력을 위한 get2key의 회로도를 나타낸 것이다. 입력되는 숫자 키의 값은 1개의 74147로 구성된 인코더 회로를 거쳐 BCD 코드로 부호화된다. 여기서 사용한 74147인코더는 우선순위를 적용한 부품이므로 동시에 두 개 이상의 입력이 발생하여도 정해진 우선순위에 의해 오직 한 개의 BCD 부호를 발생한다. 2개의 74174는 새로 입력된 BCD 코드를 교대로 저장한다. 임의의 키가 눌린 것을 감지하기 위하여 k_clk 신호를 이용한다.

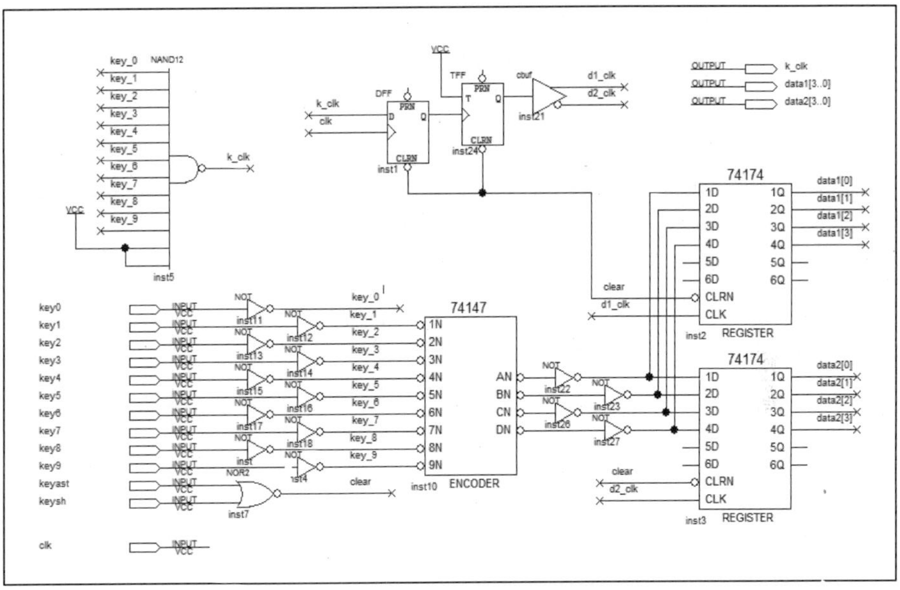

[그림 19-7] get2key 블록 회로도

입력된 숫자를 BCD 코드로 부호화하기 위해 74147 인코더를 사용한다. 〈표 19-1〉에 제시한 것과 같이 74147은 액티브 로우(active low) 형식의 부품이기 때문에 원하는 결과를 얻기 위하여 입력신호와 출력신호 모두 NOT 게이트를 통과시킨다. 〈표 19-2〉는 BCD로 부호화된 숫자를 저장하는 74174의 진리표를 나타낸 것이다.

〈표 19-1〉 74147의 진리표

INPUTS									OUTPUTS			
1N	2N	3N	4N	5N	6N	7N	8N	9N	DN	CN	BN	AN
1	1	1	1	1	1	1	1	1	1	1	1	1
X	X	X	X	X	X	X	X	0	0	1	1	0
X	X	X	X	X	X	X	0	1	0	1	1	1
X	X	X	X	X	X	0	1	1	1	0	0	0
X	X	X	X	X	0	1	1	1	1	0	0	1
X	X	X	X	0	1	1	1	1	1	0	1	0
X	X	X	0	1	1	1	1	1	1	0	1	1
X	X	0	1	1	1	1	1	1	1	1	0	0
X	0	1	1	1	1	1	1	1	1	1	0	1
0	1	1	1	1	1	1	1	1	1	1	1	0

〈표 19-2〉 74174의 진리표

INPUTS			OUTPUTS
CLRN	CLK	D	Q
0	X	X	0
1	↑	1	1
1	↑	0	0
1	0/1	X	Q0

③ func_sel 블록

[그림 19-8]에 나타낸 func_sel은 사칙연산과 계산결과를 요청하는 enter(키 F), 그리고 초기화를 수행하는 clear(키 E)에 대한 처리를 담당한다. 사칙연산 키를 입력받아 부호화하고, 평상시에는 2진수 11을 출력하지만, 사칙 연산키를 입력한 다음 계산결과를 요청하는 enter(키 F)가 입력되면 사칙연산 중 하나에 해당되는 선택신호를 출력한다. 이 선택신호를 토대로 멀티플렉서에 입력되는 4개의 데이터 그룹 중 출력할 계산 결과를 선택한다. [그림 19-9]는 func_sel의 동작에 대한 파형을 나타낸 것이다. add 또는 sub신호에 논리 [1]을 공급하고 enter신호를 논리 [1]로 입력하면 fs는 00을 출력한다. mul신호에 논리 [1]을 공급하고 enter신호를 논리 [1]로 공급하면 fs는 01을 출력한다. 마지막으로 div 신호에 논리 [1]을 공급하고 enter신호를 논리 [1]로 입력하면 fs는 10을 출력한다.

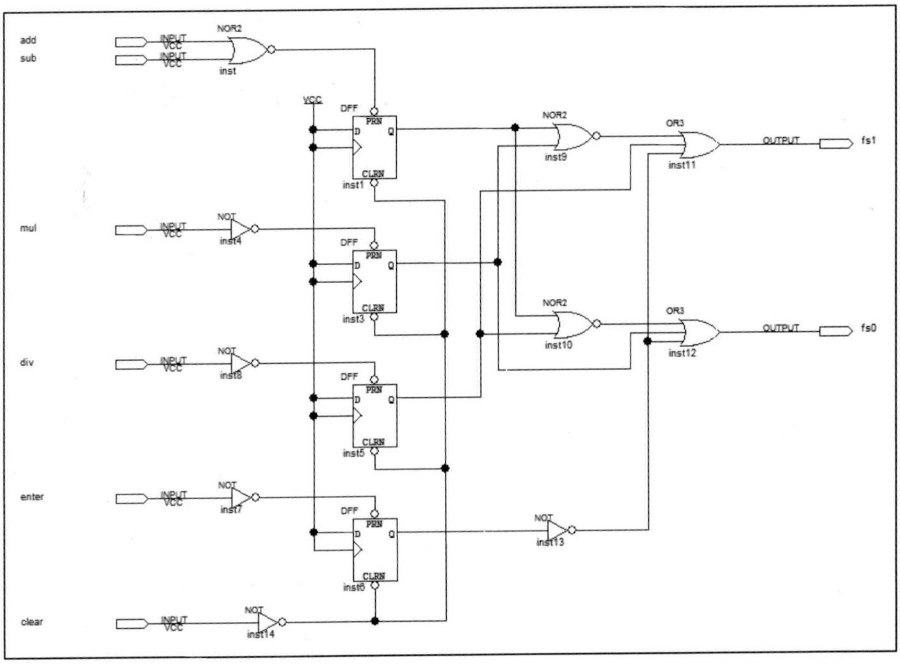

[그림 19-8] func_sel 회로도

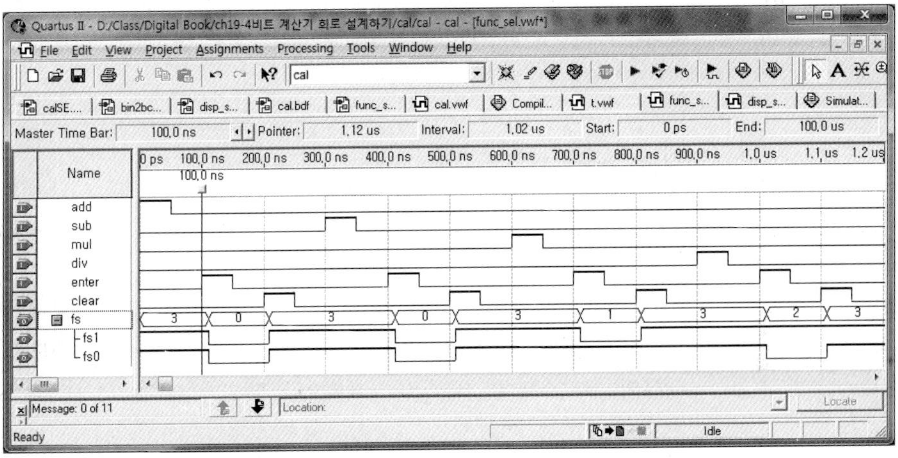

[그림 19-9] func_sel의 동작파형

④ disp_sel 블록

[그림 19-10]은 disp_sel의 회로도를 나타낸 것이다. 이 블록은 입력된 2개의 숫자 값을 7-세그먼트에 출력시키기 위한 숫자 패턴과 이에 따른 7-세그먼트 선택신호를 발생하는 기능을 담당한다. [그림 19-11]은 disp_sel의 동작에 대한 파형을 나타낸 것이다.

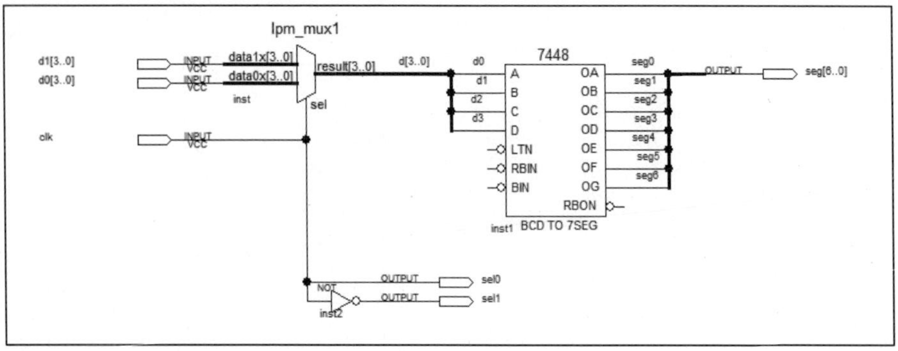

[그림 19-10] disp_sel 회로도

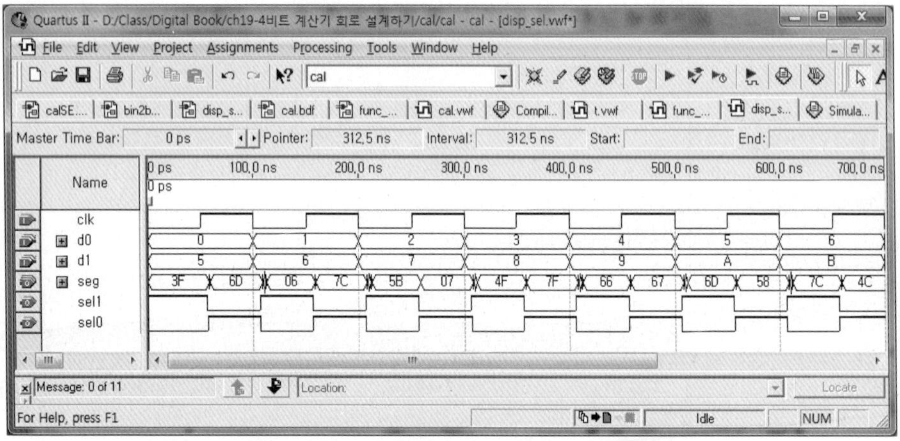

[그림 19-11] disp_sel의 동작 파형

⑤ 연산과정

[그림 19-2]를 참조하여 덧셈과정부터 살펴보자. 일반적인 계산 과정과 같이 먼저 첫 번째 숫자를 입력한다. 입력된 숫자는 get2key를 통하여 BCD 코드로 부호화되고, 내부의 레지스터에 저장된다. 다음으로 덧셈기능을 수행하도록 add(키 A)를 누른다. 눌려진 add(키 A)는 func_sel에서 계산을 요구하는 enter(키 F)가 입력된 후 fs 신호로 2진수 00을 출력한다. 또한 LPM_ADD_SUB의 add_sub 단자에 논리 [1]을 공급한다. 따라서 이번 연산이 덧셈임을 알리게 된다. 이어서 두 번째 숫자가 입력되면 get2key를 통하여 BCD 코드로 부호화되고, 내부의 레지스터에 저장된다. 이와 같이 두 개의 덧셈자료가 모두 주어진 경우에 덧셈 결과가 res0 신호에 출력된다. 이때 다른 사칙연산 소자들도 주어진 2개의 숫자에 대하여 각각 고유의 결과를 생성한다. 이렇게 얻어진 여러 결과 중에서 어떤 결과 값을 출력할 것인가는 fs 신호를 선택신호로 사용하는 lpm_mux0에 의해 결정된다. fs 신호가 2진수 00이면 덧셈/뺄셈의 결과

를, fs 신호가 2진수 01이면 곱셈의 결과를, fs 신호가 2진수 10이면 나눗셈의 결과를, 그리고 fs 신호가 2진수 11이면 enter(키 F)의 입력을 대기하는 의미로 16진수 00을 출력한다.

뺄셈의 경우 근본적으로 덧셈의 과정과 같다. 첫 번째 입력된 숫자는 get2key를 통하여 BCD 코드로 부호화되고, 내부의 레지스터에 저장된다. 다음으로 뺄셈을 수행하도록 sub(키 B)를 누른다. 눌려진 sub(키 B)는 func_sel에서 계산을 요구하는 enter(키 F)가 입력된 후 fs 신호로 2진수 00을 출력한다. 또한 LPM_ADD_SUB의 add_sub 단자에 논리 [0]을 공급한다. 따라서 이번 연산이 뺄셈임을 알리게 된다. 이어서 두 번째 숫자가 입력되면 get2key를 통하여 BCD 코드로 부호화되고, 내부의 레지스터에 저장된다. 이렇게 두 개의 뺄셈 자료가 모두 주어진 경우에 뺄셈 결과가 res0 신호에 출력된다. 이때 다른 사칙연산 소자들도 주어진 2개의 숫자에 대하여 각각 고유의 결과를 생성한다. 뺄셈의 경우 그 결과가 양수이면 캐리(cout)는 논리 [1]을 출력하고, 음수이면 캐리는 논리 [0]을 출력한다. 따라서 정확한 표현을 위해 NOT 게이트를 통과시켜야하는데 이를 위해 add_sub신호와 함께 XOR 게이트를 사용한다.

곱셈의 경우 첫 번째 입력된 숫자는 get2key를 통하여 BCD 코드로 부호화되고, 내부의 레지스터에 저장된다. 다음으로 곱셈기능을 수행하도록 mul(키 C)을 누른다. 눌려진 mul(키 C)은 func_sel에서 계산을 요구하는 enter(키 F)가 입력된 후 fs 신호로 2진수 01을 출력한다. 이어서 두 번째 숫자가 입력되면 get2key를 통하여 BCD 코드로 부호화되고, 내부의 레지스터에 저장된다. 이렇게 두 개의 곱셈자료가 모두 주어진 경우에 곱셈 결과가 res1 신호에 출력된다. 이때 다른 사칙연산 소자들도 주어진 2개의 숫자에 대하여 각각 고유의 결과를 생성한다.

나눗셈의 경우 첫 번째 입력된 숫자는 get2key를 통하여 BCD 코드로 부호화되고, 내부의 레지스터에 저장된다. 다음으로 나눗셈 기능을 수행하도록 div(키 D)를 누른다. 눌려진 div(키 D)는 func_sel에서 계산을 요구하는 enter(키 F)가 입력된 후 fs 신호로 2진수 10을 출력한다. 이어서 두 번째 숫자가 입력되면 get2key를 통하여 BCD 코드로 부호화되고, 내부의 레지스터에 저장된다. 이렇게 두 개의 나눗셈 자료가 모두 주어신 경우에 나눗셈 결과가 res2 신호에 출력된다. 나눗셈의 결과는 몫과 나머지로 구분되어 출력된다. 몫은 상위 4비트에, 나머지는 하위 4비트에 출력되도록 구현한다. 이때 다른 사칙연산 소자들도 주어진 2개의 숫자에 대하여 각각 고유의 결과를 생성한다.

19.2.4. 4비트 계산기 회로 동작 파형

[그림 19-12]에서 부터 [그림 19-15]까지는 4비트 계산기 회로의 덧셈, 뺄셈, 곱셈 그리고 나눗셈에 대한 동작파형을 나타낸 것이다. 모의실험의 조건은 다음과 같다.

모의실험 조건
[Vector Waveform Editor] 창에서 [Edit]-[End Time]을 6μs로 설정한다.
[Vector Waveform Editor] 창에서 [Edit]-[Grid Size]을 100ns로 설정한다.

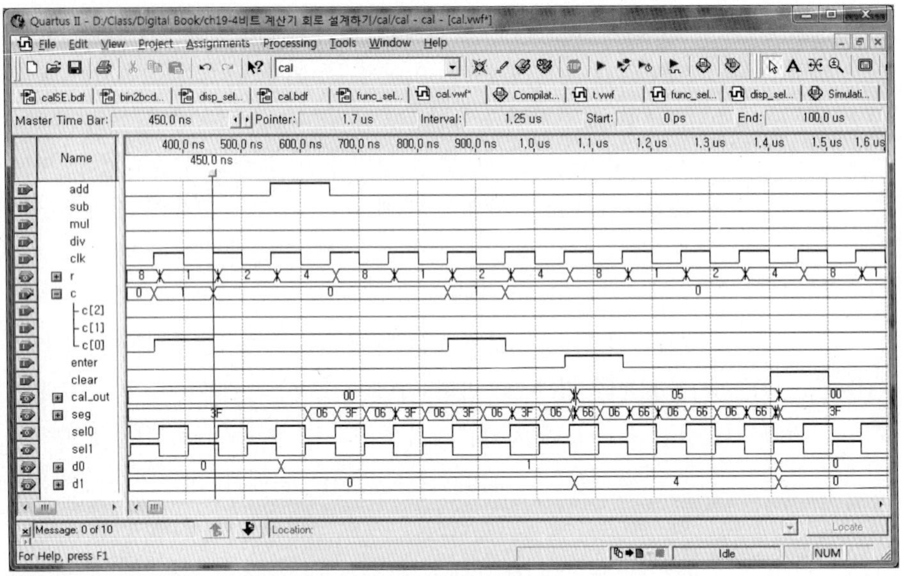

[그림 19-12] 4비트 계산기 회로의 덧셈에 대한 모의실험 결과

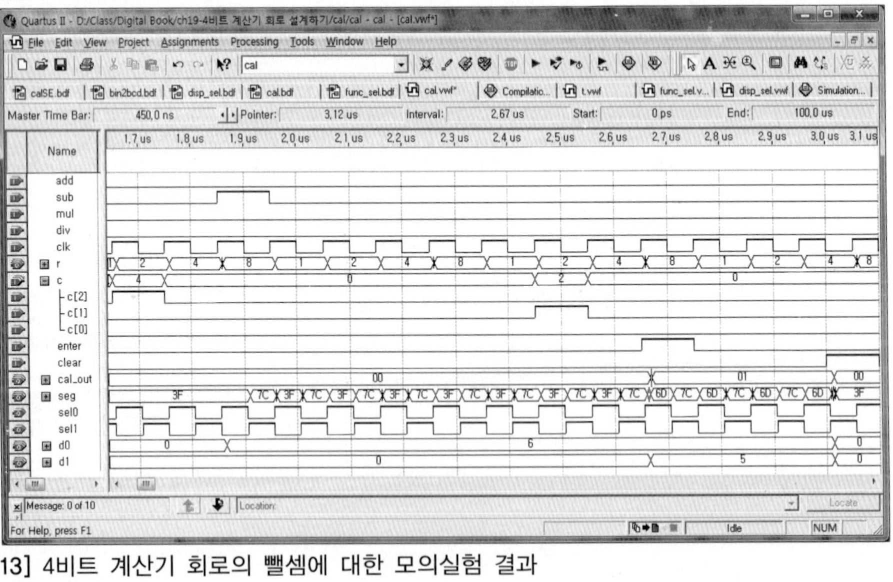

[그림 19-13] 4비트 계산기 회로의 뺄셈에 대한 모의실험 결과

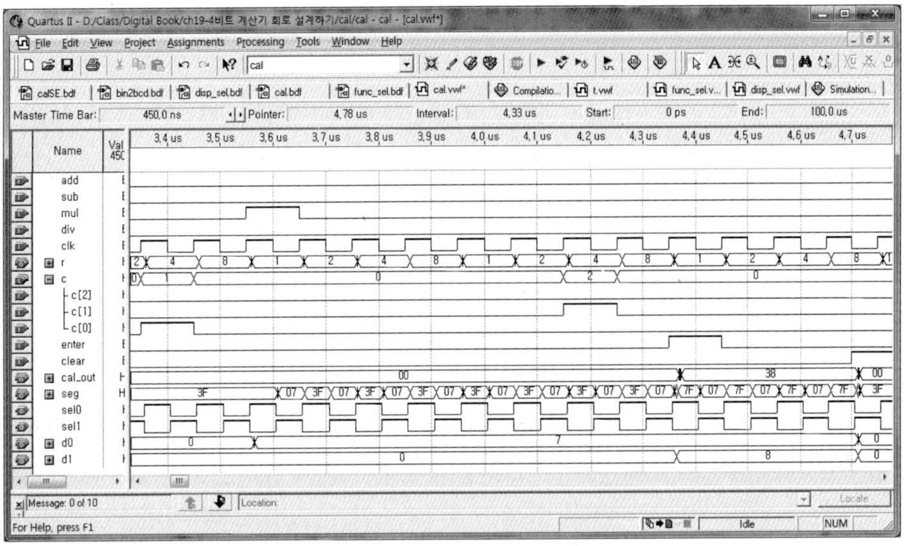

[그림 19-14] 4비트 계산기 회로의 곱셈에 대한 모의실험 결과

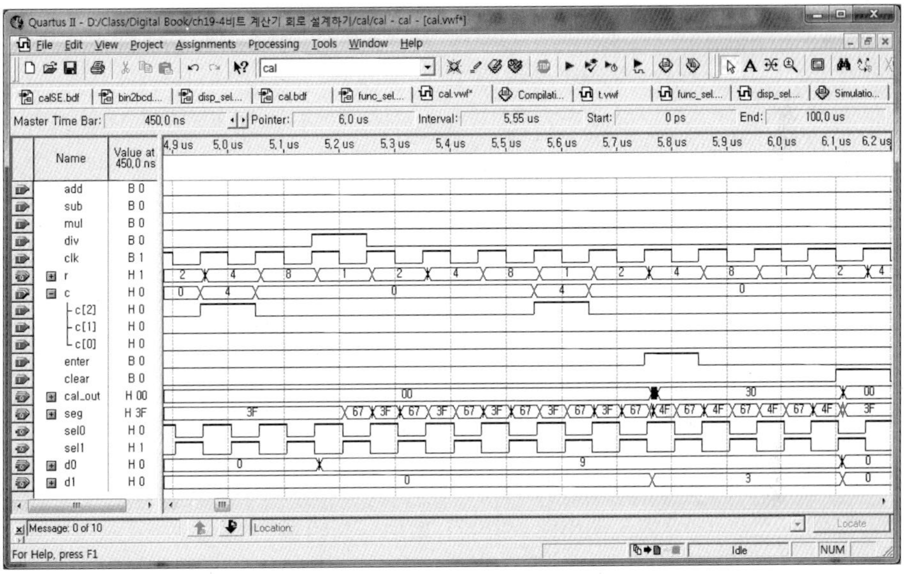

[그림 19-15] 4비트 계산기 회로의 나눗셈에 대한 모의실험 결과

[그림 19-12]는 4비트 계산기 회로의 덧셈에 대한 모의실험 결과를 나타낸 것이다. 먼저 키 1이 입력되어 seg[6..0]에 16진수 06이 출력되는 것을 확인할 수 있다. 이어서 덧셈을 수행하도록 add(키 A)를 입력한다. 다음 숫자로 키 4를 입력하면, 이에 따라 seg[6..0]에 16진수 66이 출력된다. 계산 결과를 확인하기 위해 enter(키 F)를 입력하면, 덧셈 결과값 16진수 05가 LED에 표시된다. 다음

계산을 위해 clear(키 E)를 입력하면 7-세그먼트에 숫자 0이 출력되고, LED 출력이 모두 꺼지는 것을 확인할 수 있다.

[그림 19-13]은 4비트 계산기 회로의 뺄셈에 대한 모의실험 결과를 나타낸 것이다. 먼저 키 6이 입력되어 seg[6..0]에 16진수 7C가 출력되는 것을 확인할 수 있다. 이어서 뺄셈을 수행하도록 sub(키 B)를 입력한다. 다음 숫자로 키 5를 입력하면, 이에 따라 seg[6..0]에 16진수 6D가 출력된다. 계산 결과를 확인하기 위해 enter(키 F)를 입력하면, 뺄셈 결과값 16진수 01이 LED에 표시된다. 다음 계산을 위해 clear(키 E)를 입력하면 7-세그먼트에 숫자 0이 출력되고, LED 출력이 모두 꺼지는 것을 확인할 수 있다.

[그림 19-14]는 4비트 계산기 회로의 곱셈에 대한 모의실험 결과를 나타낸 것이다. 먼저 키 7이 입력되어 seg[6..0]에 16진수 07이 출력되는 것을 확인할 수 있다. 이어서 곱셈을 수행하도록 mul(키 C)를 입력한다. 다음 숫자로 키 8을 입력하면, 이에 따라 seg[6..0]에 16진수 7F이 출력된다. 계산 결과를 확인하기 위해 enter(키 F)를 입력하면, 곱셈 결과값 16진수 38이 LED에 표시된다. 다음 계산을 위해 clear(키 E)를 입력하면 7-세그먼트에 숫자 0이 출력되고, LED 출력이 모두 꺼지는 것을 확인할 수 있다.

[그림 19-15]는 4비트 계산기 회로의 나눗셈에 대한 모의실험 결과를 나타낸 것이다. 먼저 키 9가 입력되어 seg[6..0]에 16진수 67이 출력되는 것을 확인할 수 있다. 이어서 나눗셈을 수행하도록 div(키 D)를 입력한다. 다음 숫자로 키 3을 입력하면, 이에 따라 seg[6..0]에 16진수 47이 출력된다. 계산 결과를 확인하기 위해 enter(키 F)를 입력하면, 나눗셈 결과값 16진수 30이 LED에 표시된다. 결과값 16진수 30은 몫이 3이고 나머지가 0을 의미한다. 다음 계산을 위해 clear(키 E)를 입력하면 7-세그먼트에 숫자 0이 출력되고, LED 출력이 모두 꺼지는 것을 확인할 수 있다.

19.2.5. 4비트 계산기 회로 핀 연결

〈표 19-3〉은 ComboⅡ 트레이닝 키트에서 4비트 계산기 실장실험을 위한 핀 연결 정보를 나타낸 것이다.

〈표 19-3〉 ComboⅡ 트레이닝 키트에 4비트 계산기 회로 실장실험을 위한 핀 연결 정보

	신호명	Combo II 신호명	핀번호	신호명	Combo II 신호명	핀번호
Cyclone II EP2C35F672C8 ClockSelect : 6 (1㎑) ScanDir : r_scan	clk	CLK_MAIN[0]	N1	seg[5]	SEG_DATA[5]	AA1
	add	BUTTON_SW[0]	Y10	seg[6]	SEG_DATA[6]	AA6
	sub	BUTTON_SW[1]	W10	sel[0]	SEG_COM[0]	Y1
	mul	BUTTON_SW[2]	AA9	sel[1]	SEG_COM[1]	Y4
	div	BUTTON_SW[3]	V9	sel[2]	SEG_COM[2]	Y3
	clear	BUTTON_SW[4]	AE9	sel[3]	SEG_COM[3]	W1
	enter	BUTTON_SW[5]	AC9	sel[4]	SEG_COM[4]	Y5
	c[0]	KEYPAD_COLUMN[0]	V11	sel[5]	SEG_COM[5]	W3
	c[1]	KEYPAD_COLUMN[1]	AB10	sel[6]	SEG_COM[6]	W2
	c[2]	KEYPAD_COLUMN[2]	AA10	sel[7]	SEG_COM[7]	V1
	r[0]	KEYPAD_ROW[0]	AD10	cal_out[7]	LED_D(0)	AF7
	r[1]	KEYPAD_ROW[1]	AC10	cal_out[6]	LED_D(1)	AE7
	r[2]	KEYPAD_ROW[2	V10	cal_out[5]	LED_D(2)	AB8
	r[3]	KEYPAD_ROW[3]	AF9	cal_out[4]	LED_D(3)	W8
	seg[0]	SEG_DATA[0]	AF5	cal_out[3]	LED_D(4)	AF6
	seg[1]	SEG_DATA[1]	AE5	cal_out[2]	LED_D(5)	AE6
	seg[2]	SEG_DATA[2]	AD6	cal_out[1]	LED_D(6)	AD7
	seg[3]	SEG_DATA[3]	AC6	cal_out[0]	LED_D(7)	AC7
	seg[4]	SEG_DATA[4]	AA2			

19.2.6. 4비트 계산기 회로 실장실험

❖ 덧셈 과정

먼저 키 1을 입력하고 7-세그먼트에 숫자 1이 출력되는 것을 확인한다. 이어서 add(키 A)를 누른다. 다시 키 4를 입력하고 7-세그먼트에 숫자 4가 출력되는 것을 확인한다. 계산 결과를 확인하기 위해 enter(키 F)를 입력한다. 〈표 19-4〉와 같이 덧셈 결과 16진수 05가 LED에 표시된다. 다음 계산을 위해 clear(키 E)를 입력하여 7-세그먼트에 숫자 0이 출력되고, LED 출력이 모두 꺼지는 것을 확인한다.

〈표 19-4〉 4비트 계산기에서 덧셈에 대한 실장실험 결과

	Combo II
입력	키 1
	키 A
	키 4
7-세그먼트	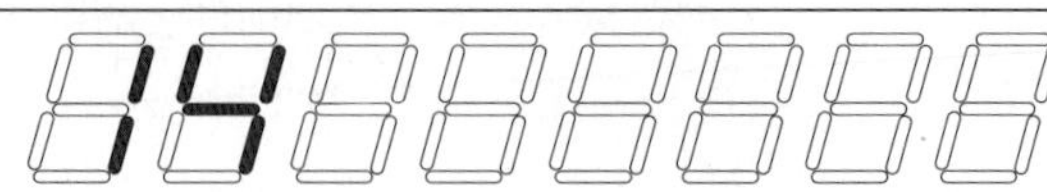
입력	키 F
LED	○○○○○●○●

❖ 뺄셈 과정

먼저 키 6을 입력하고 7-세그먼트에 숫자 6이 출력되는 것을 확인한다. 이어서 sub(키 B)를 누른다. 다시 키 5를 입력하고 7-세그먼트에 숫자 5가 출력되는 것을 확인한다. 계산 결과를 확인하기 위해 enter(키 F)를 입력한다. 〈표 19-5〉과 같이 뺄셈 결과 16진수 01이 LED에 표시된다. 다음 계산을 위해 clear(키 E)를 입력하여 7-세그먼트에 숫자 0이 출력되고, LED 출력이 모두 꺼지는 것을 확인한다.

〈표 19-5〉 4비트 계산기에서 뺄셈에 대한 실장실험 결과

	Combo II
입력	키 6
	키 B
	키 5
7-세그먼트	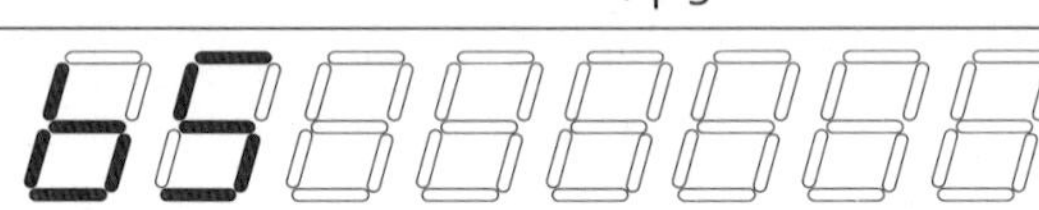
입력	키 F
LED	○○○○○○○●

❖ 곱셈 과정

먼저 키 7을 입력하고 7-세그먼트에 숫자 7이 출력되는 것을 확인한다. 이어서 mul(키 C)을 누른다. 다시 키 8을 입력하고 7-세그먼트에 숫자 8이 출력되는 것을 확인한다. 계산 결과를 확인하기 위해 enter(키 F)를 입력한다. 〈표

19-6〉과 같이 곱셈 결과 16진수 38h(0011 1000)이 LED에 표시된다(7x8 = 56 → 38h). 다음 계산을 위해 clear(키 E)를 입력하여 7-세그먼트에 숫자 0이 출력되고, LED 출력이 모두 꺼지는 것을 확인한다.

〈표 19-6〉 4비트 계산기에서 곱셈에 대한 실장실험 결과

	Combo II
입력	키 7
	키 C
	키 8
7-세그먼트	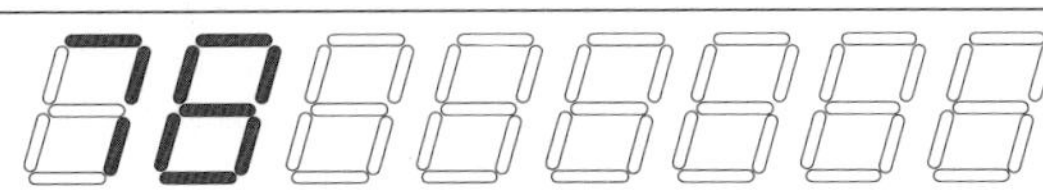
입력	키 F
LED	○○●●●○○○

❖ 나눗셈 과정

먼저 키 9를 입력하고 7-세그먼트에 숫자 9가 출력되는 것을 확인한다. 이어서 div(키 D)를 누른다. 다시 키 3을 입력하고 7-세그먼트에 숫자 3이 출력되는 것을 확인한다. 계산 결과를 확인하기 위해 enter(키 F)를 입력한다. 〈표 19-7〉과 같이 나눗셈 결과 16진수 30이 LED에 표시된다. 즉 나눗셈 결과 몫이 3이고, 나머지가 0이라는 것을 의미한다. 다음 계산을 위해 clear(키 E)를 입력하여 7-세그먼트에 숫자 0이 출력되고, LED 출력이 모두 꺼지는 것을 확인한다.

〈표 19-7〉 4비트 계산기에서 나눗셈에 대한 실장실험 결과

	Combo II
입력	키 9
	키 D
	키 3
7-세그먼트	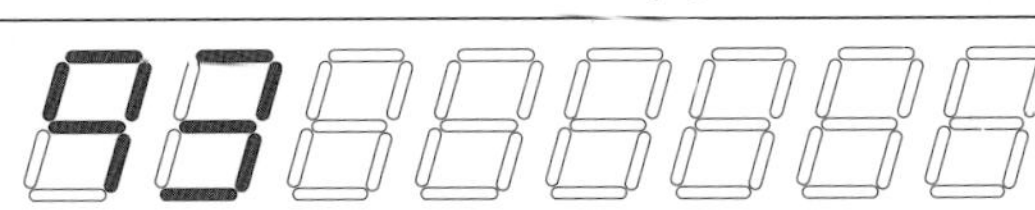
입력	키 F
LED	○○●●○○○○

19.3 주요 사항 검토

① 5-6의 계산결과는 어떤 값인가?

② 9÷4의 계산결과는 16진수 21h로 주어진다. 이 값은 어떤 의미인가?

③ func_sel 소자에서 출력 f[1..0]의 값이 [00], [01], [10], [11]은 각각 무엇을 의미하는가?

④ 덧셈/뺄셈 연산의 출력에서 overflow와 carry는 각각 무엇을 의미하는 출력인가? 어떤 경우에 발생하는 신호인가?

⑤ 일반적으로 덧셈과 뺄셈은 동일한 소자를 통하여 연산한다. 같은 소자를 사용하기 위하여 어떤 처리가 필요한가?

⑥ [그림 19-2]의 회로에서 XOR 게이트를 통과시켜 res0[4] 신호를 얻었다. 이 XOR 게이트는 어떤 역할을 하는가?

19.4 연습문제

연습문제

① 4비트 계산기의 연산 결과가 8비트로 주어진다고 가정한다면, 그 결과를 2개의 7-세그먼트에 표시할 수 있는 회로를 설계하라.

② ①에서 설계한 회로를 이용하여, 계산 결과를 LED 뿐만 아니라 7-세그먼트에 출력할 수 있도록 [그림 19-2]의 회로를 변경하라.

③ 'g' 세그먼트를 활용하여, 4가지의 연산자, clear(키 E), 그리고 enter(키 F)가 눌렸음을 표시할 수 있도록 [그림 19-2]의 회로를 변경하라. 예를 들어 연산자가 눌려진 경우 좌측 'g' 세그먼트를 ON, 그리고 enter(키 F)가 눌린 경우에는 우측 'g' 세그먼트를 ON 시킨다.

CHAPTER 20

LPM_ROM 응용회로 설계하기

CHAPTER

20 LPM_ROM 응용회로 설계하기

20.1 LPM_ROM 응용회로 설계 목표

① 이 회로의 입력은 트레이닝 키트에 있는 10개의 10진수 키와 스위치 그리고 클럭을 사용한다.

② 이 회로의 출력은 트레이닝 키트에 있는 2개의 FND와 piezo를 사용한다.

③ 스위치 sw0을 ON하면 10진수 키로 입력한 성적이 성적등급 형식으로 FND에 표시되도록 한다. 예를 들어 95를 입력하면 FND에 A+가 표시되도록 한다.

④ 스위치 sw1을 ON하면 piezo에 음악이 출력되도록 한다.

⑤ 성적등급 및 음악을 출력하기 위해 FPGA 내부 메모리인 LPM_ROM을 사용하며 LPM_ROM의 사용법을 배운다.

20.2 LPM_ROM 응용회로 구성하기

20.2.1 LPM_ROM 응용회로 블록도

LPM_ROM은 FPGA칩 안에 구성할 수 있는 메모리이다. [그림 20-1]의 LPM_ROM 응용회로는 Combo II 트레이닝 키트에 적용할 수 있는 회로이며 키 블록, 키 입력을 신호로 만들어주는 key_matrix 블록, 키 입력을 4비트 2진수로 바꾼 다음 저장하는 keyin2 블록, 성적등급 데이터가 들어있는 LPM_ROM0와 LPM_ROM1, 멀티플렉서(LPM_MUX0), 성적등급을 표시하는 FND, 1㎒클럭을 1㎑로 만들기 위한 div1000 블록, 1㎑ 클럭을 5㎐로 만들기 위한 div200 블록, 음악 데이터가 들어있는 LPM_ROM2의 주소를 공급하는 64신 카운터 cnt_64, 음악 데이터를 저장하고 있는 LPM_ROM2, 디코더인 74138, 1㎒ 클럭을 분주하여 만든 5개 음계 블록(do, re, mi, sol, la) 그리고 소리를 발생하는 piezo로 구성한다.

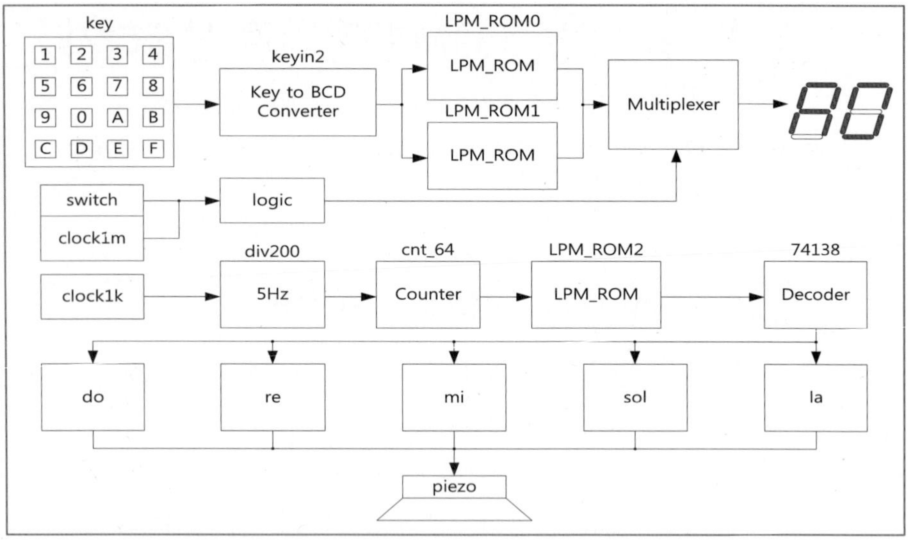

[그림 20-1] LPM_ROM 응용회로 블록도

① 키 입력을 제어하는 회로 key_matrix

key_matrix블록은 Combo II 트레이닝 키트에 적용되는 회로이며 매트릭스로 설계되어 있는 키를 제어하여 keyin2 회로에 키 입력을 알린다.

② 키를 래치하는 회로 keyin2

keyin2 블록은 10개의 10진수 키 중 연속으로 입력되는 2개의 키를 이용하여 성적 0점부터 99점까지 입력할 수 있도록 설계한다. 키가 입력되면 키와 일치하는 4비트 2진수로 바꾸고 이 값을 래치한다.

③ LPM_ROM0

LPM_ROM0에는 〈표 20-1〉과 동일한 데이터가 저장되어 있으며 파일명은 grade1.mif, 데이터 라인은 4비트, 메모리 크기는 16개, 어드레스 및 데이터 형식은 16진수를 사용한다. 키를 입력하였을 때 keyin2 회로에서 출력되는 첫 번째 4비트 2진수 데이터가 LPM_ROM0의 주소가 되도록 설계한다. 즉, 어드레스는 keyin2 회로에서 출력되는 4비트 2진수 데이터이고 LPM_ROM0에서 출력되는 데이터는 8비트이며 FND를 직접 구동하는 데이터이다.

④ LPM_ROM1

LPM_ROM1에는 〈표 20-2〉와 동일한 데이터가 저장되어 있으며 파일명은 grade2.mif, 데이터 라인은 4비트, 메모리 크기는 16개, 어드레스 및 데이터 형식은 16진수를 사용한다. 키를 입력하였을 때 keyin2 회로에서 출력되는 두 번째 4비트 2진수 데이터가 LPM_ROM1의 주소가 되도록 설계한다. 즉, 어드레스는 keyin2 회로에서 출력되는 4비트 2진수 데이터이고 LPM_ROM1에서 출력되는 데이터는 8비트이며 FND를 직접 구동하는 데이터이다.

〈표 20-1〉 LPM_ROM0의 데이터 파일(grade1.mif)

파일명 : grade1.mif, width = 4, depth = 16 address_radix = hex; data_radix = hex;			
어드레스	데이터	어드레스	데이터
0	0111 0001b(71h)	8	0111 1100b(7Ch)
1	0111 0001b(71h)	9	0111 0111b(77h)
2	0111 0001b(71h)	10	1111 1111b(FFh)
3	0111 0001b(71h)	11	1111 1111b(FFh)
4	0111 0001b(71h)	12	1111 1111b(FFh)
5	0111 0001b(71h)	13	1111 1111b(FFh)
6	0101 1110b(5Eh)	14	1111 1111b(FFh)
7	0011 1001b(39h)	15	1111 1111b(FFh)

〈표 20-2〉 LPM_ROM1의 데이터 파일(grade2.mif)

파일명 : grade1.mif, width = 4, depth = 16 address_radix = hex; data_radix = hex;			
어드레스	데이터	어드레스	데이터
0	0011 1111b(3Fh)	8	0100 0110b(46h)
1	0011 1111b(3Fh)	9	0100 0110b(46h)
2	0011 1111b(3Fh)	10	1111 1111b(FFh)
3	0011 1111b(3Fh)	11	1111 1111b(FFh)
4	0011 1111b(3Fh)	12	1111 1111b(FFh)
5	0011 1111b(3Fh)	13	1111 1111b(FFh)
6	0100 0110b(46h)	14	1111 1111b(FFh)
7	0100 0110b(46h)	15	1111 1111b(FFh)

⑤ div200 회로

div200회로는 10진 카운터 74160 3개를 이용하여 1㎑를 5㎐로 만드는 200분주 회로이다.

⑥ div1000 회로

div1000회로는 10진 카운터 74160 3개를 이용하여 1㎒를 1㎑로 만드는 1000분주 회로이다.

⑦ cnt_64 회로

cnt_64회로는 LPM_ROM2의 어드레스를 공급하기 위해 설계한 64진 카운터이다. 이 회로의 출력은 6비트이다.

⑧ do 회로

do회로는 도 음계를 출력하기 위해 10진 카운터 74160 4개를 이용하여 1㎒를 분주한 것이며 약 261㎐를 출력한다.

⑨ re 회로

re회로는 레 음계를 출력하기 위해 10진 카운터 74160 4개를 이용하여 1㎒를 분주한 것이며 약 293㎐를 출력한다.

⑩ mi 회로

mi회로는 미 음계를 출력하기 위해 10진 카운터 74160 4개를 이용하여 1㎒를 분주한 것이며 약 330㎐를 출력한다.

⑪ sol 회로

sol회로는 솔 음계를 출력하기 위해 10진 카운터 74160 4개를 이용하여 1㎒를 분주한 것이며 약 392㎐를 출력한다.

⑫ la 회로

la회로는 라 음계를 출력하기 위해 10진 카운터 74160 4개를 이용하여 1㎒를 분주한 것이며 약 440㎐를 출력한다.

⑬ LPM_ROM2

LPM_ROM2에는 〈표 20-3〉과 동일한 데이터가 저장되어 있으며 cnt_64에서 출력되는 6비트 신호가 LPM_ROM2의 주소가 되도록 설계한다. LPM_ROM2에서 출력되는 데이터는 5개의 음계 중 하나를 선택하는 코드이다.

〈표 20-3〉 LPM_ROM2의 데이터 파일(music.mif)

파일명 : music.mif, width = 4, depth = 64 address_radix = hex; data_radix = hex;							
어드레스	데이터	어드레스	데이터	어드레스	데이터	어드레스	데이터
0	4(솔)	16	0(무음)	32	5(라)	48	0(무음)
1	0(무음)	17	4(솔)	33	0(무음)	49	1(도)
2	4(솔)	18	0(무음)	34	4(솔)	50	1(도)
3	0(무음)	19	3(미)	35	0(무음)	51	0(무음)
4	5(라)	20	0(무음)	36	4(솔)	52	0(무음)
5	0(무음)	21	3(미)	37	0(무음)	53	0(무음)
6	5(라)	22	0(무음)	38	3(미)	54	0(무음)
7	0(무음)	23	2(레)	39	3(미)	55	0(무음)
8	4(솔)	24	2(레)	40	0(무음)	56	0(무음)
9	0(무음)	25	0(무음)	41	4(솔)	57	0(무음)
10	4(솔)	26	4(솔)	42	0(무음)	58	0(무음)
11	0(무음)	27	0(무음)	43	3(미)	59	0(무음)
12	3(미)	28	4(솔)	44	0(무음)	60	0(무음)
13	3(미)	29	0(무음)	45	2(레)	61	0(무음)
14	0(무음)	30	5(라)	46	0(무음)	62	0(무음)
15	4(솔)	31	0(무음)	47	3(미)	63	0(무음)

20.2.2 LPM_ROM 응용회로도

LPM_ROM 응용회로는 [그림 20-2]와 같이 2개의 키 입력을 4비트 2진수로 변환하고 그 값을 저장하는 keyin2, 학점 등급 데이터를 제공하는 LPM_ROM0, 학점의 + 또는 0 데이터를 제공하는 LPM_ROM1, 멀티플렉서인 LPM_MUX0, 1㎑ 클럭을 200분주하는 div_200, 0에서 63까지 계수하는 cnt_64, 음악 데이터를 제공하는 LPM_ROM2, 도, 레, 미, 솔, 라 음 중 하나를 선택하는 디코더 74138, "도"음 261㎐를 출력하는 do블록, "레"음 293㎐를 출력하는 re블록, "미"음 330㎐를 출력하는 mi블록, "솔"음 392㎐를 출력하는 sol블록 그리고 "라"음 440㎐를 출력하는 la블록으로 구성한다. [그림 20-2]의 mode0 스위치를 ON한 다음 트레이닝 키트의 키로 성적을 입력하면 2개의 FND에 성적등급이 나타나도록 설계한다. mode0 스위치를 OFF한 다음 mode1

스위치를 ON하면 트레이닝 키트에 있는 부저에서 “학교종이 땡땡땡” 음악이 출력되도록 설계한다.

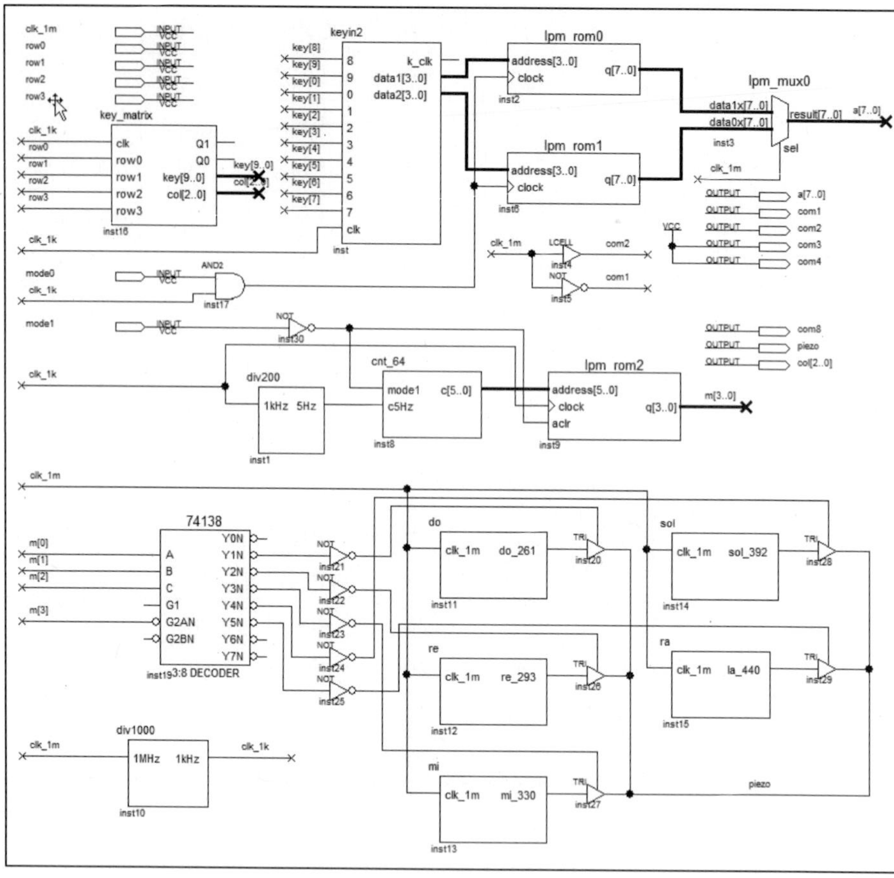

[그림 20-2] LPM_ROM 응용회로 블록도

20.2.3 LPM_ROM 응용회로 동작원리

[그림 20-2]의 mode0 스위치를 ON한 다음 트레이닝 키트의 키로 93점을 입력하기 위해 9와 3키를 입력하면 첫 번째 키 9에 대한 4비트 2진수 1001이 래치되어 data1[3..0]으로 출력된 데이터가 LPM_ROM0의 주소가 되고 두 번째 키 3에 대한 4비트 2진수 0011이 래치되어 data2[3..0]으로 출력된 데이터가 LPM_ROM1의 주소가 된다. 해당 주소가 각각의 LPM_ROM에 공급되면 LPM_ROM0에서는 A가, LPM_ROM1에서는 0이 출력되어 성적등급 A0가 FND에 표시된다.

다음으로 mode0 스위치를 OFF한 다음 mode1스위치를 ON하면 cnt_64회로가 동작된다. cnt_64회로의 출력은 LPM_ROM2의 어드레스로 동작하고 해당 어드레스에 있는 음계 선택 데이터가 출력되어 "도", "레", "미", "솔", "라"중 하나가 출력된다. LPM_ROM2에 있는 총 64개의 메모리에 있는 데이터가 순서대로 출력되면 트레이닝 키트에 있는 부저에서 "학교종이 땡땡땡" 음악이 출력된다.

① key_matrix블록

[그림 20-3]은 Combo II 트레이닝 키트에 적용되는 key_matrix 블록 회로이다.

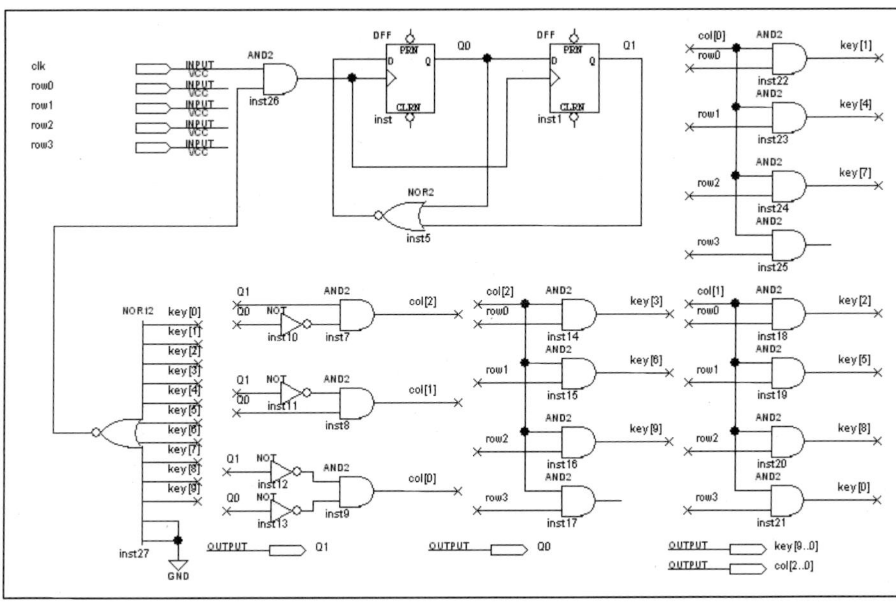

[그림 20-3] LPM_ROM 응용회로의 key_matrix블록 회로도

〈표 20-4〉 3진 카운터의 출력으로 컬럼 신호를 구하기 위한 논리식

Q1	Q0	col[2]	col[1]	col[0]	논리식
0	0	0	0	1	$col[0] = \overline{Q1} \cdot \overline{Q0}$
0	1	0	1	0	$col[1] = \overline{Q1} \cdot Q0$
1	0	1	0	0	$col[2] = Q1 \cdot \overline{Q0}$
0	0	0	0	1	

〈표 20-5〉 매트릭스 회로의 키, 컬럼 신호 그리고 로우 신호의 관계

키 번호	컬럼 신호			로우 신호				key신호
	col[2]	col[1]	col[0]	row[3]	row[2]	row[1]	row[0]	
1	0	0	1	0	0	0	1	key[1]
2	0	1	0	0	0	0	1	key[2]
3	1	0	0	0	0	0	1	key[3]
4	0	0	1	0	0	1	0	key[4]
5	0	1	0	0	0	1	0	key[5]
6	1	0	0	0	0	1	0	key[6]
7	0	0	1	0	1	0	0	key[7]
8	0	1	0	0	1	0	0	key[8]
9	1	0	0	0	1	0	0	key9]
*	0	0	1	1	0	0	0	사용안함
0	0	1	0	1	0	0	0	key[0]
#	1	0	0	1	0	0	0	사용안함

Combo II 트레이닝 키트는 12개의 키 입력을 매트릭스 방식을 적용하여 제어한다. 4개의 행(row)과 3개의 열(column)이 있는 매트릭스 방식이기 때문에 트레이닝 키트의 키를 누를 경우 눌려진 키에 대한 상승펄스가 발생하도록 설계한다. [그림 20-3]에서 컬럼 신호는 D-플립플롭 2개를 이용하여 동기식 3진 카운터를 설계하여 얻은 2비트 신호에 적절한 게이트 조합을 추가하여 3비트 2진수 신호가 출력되도록 설계한다. 3진 카운터의 출력 2비트의 게이트 조합에 의해 구한 컬럼 신호는 〈표 20-4〉와 같다.

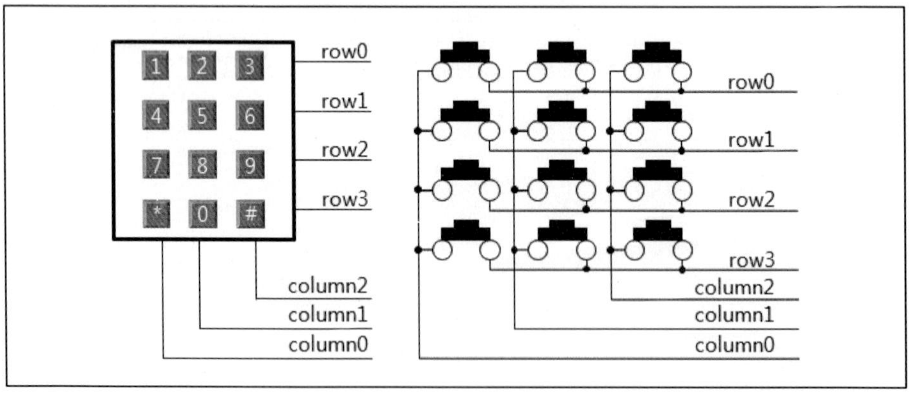

[그림 20-4] Combo II 트레이닝 키트의 매트릭스 제어 방식

〈표 20-4〉와 같이 3진 카운터가 동작하면 컬럼 신호가 일정한 주기로 변한다. 일정한 주기로 변하는 컬럼 신호의 논리 [1]이 매트릭스에 공급되는 순간 매트릭스에 연결된 키를 누르면 펄스가 발생하고 이 펄스는 키를 누른 것과 같은 동작을 하도록 설계한다. 〈표 20-5〉는 매트릭스 회로의 컬럼 신호와 로우신호 그리고 키 정보를 표현한 것이다. [그림 20-4]는 Combo II 트레이닝 키트의 매트릭스 제어 방식의 기본구조를 나타낸 것이다. Combo II 트레이닝 키트 사용자는 컬럼 신호 제어방식 및 로우 신호 제어 방식 중 하나를 선택해서 제어할 수 있다. 예를 들어 키 2를 누를 때 컬럼 신호가 010이면 로우 신호가 0001이 되고 key[2]신호에 상승펄스가 발생하여 마치 2키를 누른 것과 같게 된다.

이번 장에서는 컬럼 신호를 공급해서 키가 눌려진 것을 확인하는 컬럼제어 방식을 적용한다. [그림 20-5]는 key_matrix 블록 회로의 동작파형이다. clk신호가 공급되면 3진 카운터에 의해 Q1과 Q0가 00, 01, 10, 00의 순으로 인코딩되어 나타난다. 이 신호에 적절한 게이트를 추가하여 컬럼 신호인 col[2..0]신호가 001, 010 그리고 100이 되도록 하였으며 컬럼 신호가 100일 때 즉, col[2]가 논리 [1]일 때 첫 번째 행(row0)에 있는 키 중 3번 키가 눌려지면 key[3]신호에 펄스가 발생한다. 컬럼 신호가 010일 때 즉, col[1]이 논리 [1]일 때 두 번째 행(row1)에 있는 키 중 5번 키가 눌려지면 key[5]신호에 펄스가 발생한다. 컬럼 신호가 001일 때 즉, col[0]이 논리 1일 때 세 번째 행(row2)에 있는 키 중 9번 키가 눌려지면 key[9]신호에 펄스가 발생한다. 컬럼 신호가 010일 때 즉, col[1]이 논리 [1]일 때 네 번째 행(row3)에 있는 키 중 0번 키가 눌려지면 key[0]신호에 펄스가 발생한다. 컬럼 신호가 100일 때 즉, col[2]가 논리 [1]일 때 세 번째 행(row2)에 있는 키 중 9번 키가 눌려지면 key[9]신호에 펄스가 발생한다. 컬럼 신호가 010일 때 즉, col[1]이 논리 [1]일 때 두 번째 행(row1)에 있는 키 중 5번 키가 눌려지면 key[5]신호에 펄스가 발생한다. 컬럼 신호가 001일 때 즉, col[0]이 논리 [1]일 때 첫 번째 행(row0)에 있는 키 중 1키가 눌려지면 key[1]신호에 펄스가 발생한다.

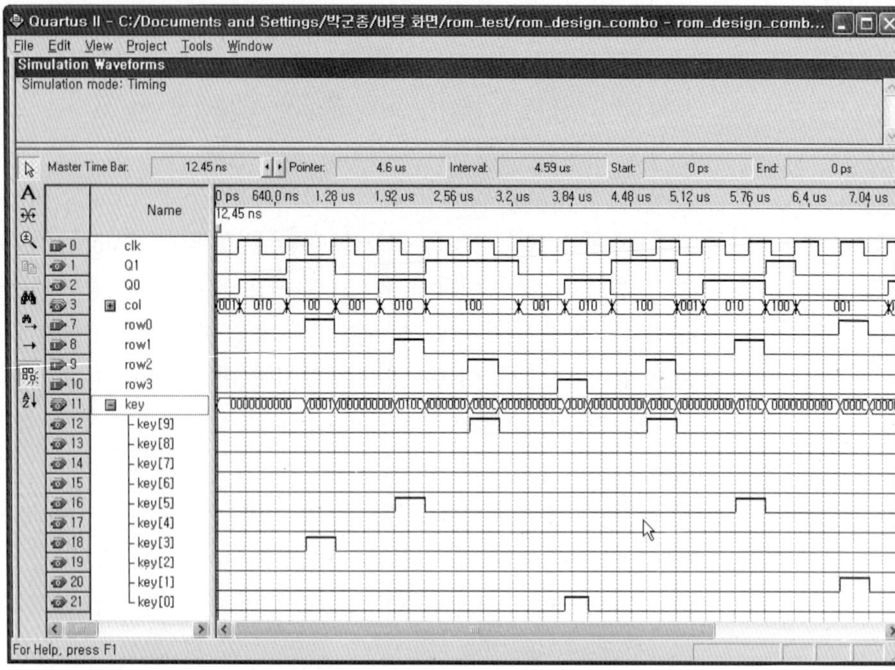

[그림 20-5] key_matrix회로의 동작 파형

② keyin2블록

[그림 20-6]은 keyin2 블록의 회로도이다. [그림 20-6]은 두 개의 74148 인코더, 2개의 74174 래치, 그리고 플립플롭 및 몇 개의 게이트로 설계한 키 입력 회로이다. 트레이닝 키트에 있는 10개의 키로 부터 입력되는 신호를 2개의 74148 인코에 통과시키면 4비트 2진수 BCD데이터가 출력된다. 74148은 8입력 3출력의 인코더이므로 2개의 인코더를 이용해서 10개의 키 입력을 받아 4비트 2진수 BCD데이터를 출력하도록 설계한다. 위쪽의 인코더는 키 8부터 키 9까지의 입력신호를 처리하고, 아래쪽의 인코더는 키 0부터 키 7까지의 입력신호를 처리한다. 74148 입력신호가 부논리를 적용하기 때문에 인코더 74148의 입력에 NOT 게이트를 연결하여 설계한다. 이렇게 각각의 인코더를 거쳐서 출력되는 정보는 3개의 NAND게이트를 통해 4비트 2진수 데이터가 되며 74174라는 2개의 래치에 순차적으로 저장된다. 각각의 래치는 d1_clk, d2_clk의 상승에지에 의해 데이터를 저장하는데, d1_clk과 d2_clk은 키가 입력될 때 마다 발생하는 k_clk에 의해서 발생하는 신호이다.

[그림 20-7]은 keyin2 블록의 동작 파형이다. [그림 20-7]은 성적 97점을 입력하기 위해 키 9를 누른 다음 키 7을 누르는 모의실험 과정을 나타낸 것이다. 키를 누를 때 마다 k_clk신호가 clk에 동기 되어 출력된다. 키를 누르면 해당키

에 대한 bcd데이터가 출력되는데 9에 대한 1001과 7에 대한 0111이 출력되는 것을 확인할 수 있다. 첫 번째 데이터 1001이 나타날 때 k_clk의 상승펄스가 만들어지고 이 펄스는 d1_clk의 상승에지를 생성한다. 이 상승에지에 의해 1001이 저장되어 첫 번째 74174에 최종 출력 data1로 나타난다. 두 번째 데이터 0111이 출력될 때 k_clk의 상승펄스가 만들어지고 이 펄스는 d2_clk신호의 상승에지를 생성한다. 이 상승에지에 의해 0111이 래치되고 두 번째 74174에 최종 출력 data2로 나타나는 것을 확인할 수 있다. d1_clk와 d2_clk는 clk에 의해 동기된 k_clk를 토글플립플롭으로 입력한 다음 나타나는 출력을 d1_clk로, 그리고 d1_clk에 NOT게이트를 연결하여 출력되는 신호를 d2_clk로 사용한다.

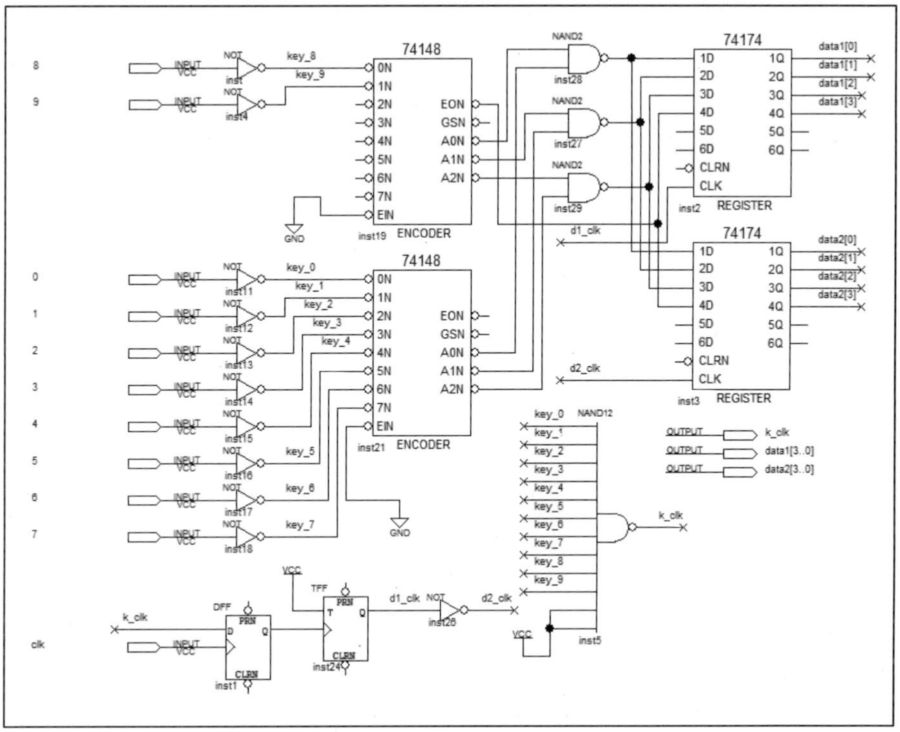

[그림 20-6] keyin2블록 회로도

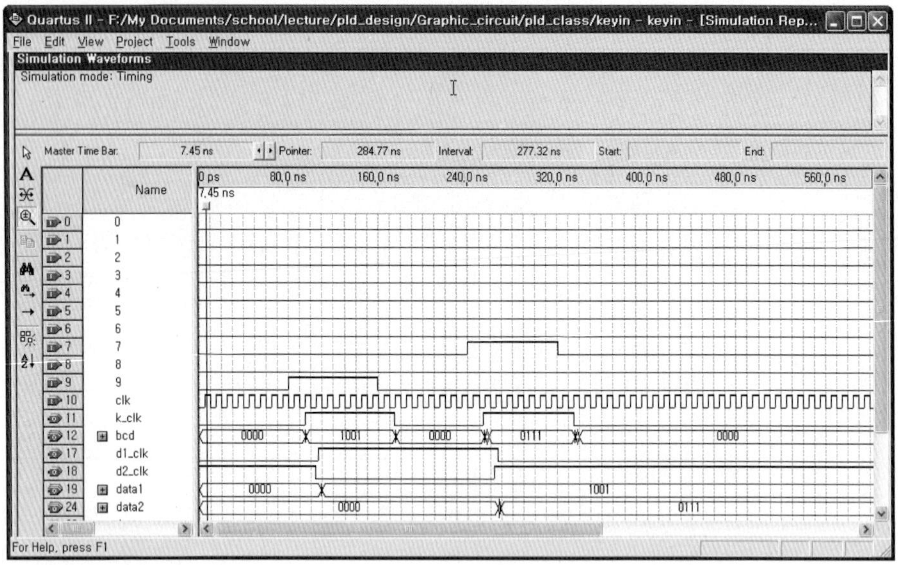

[그림 20-7] keyin2블록의 동작파형

③ 성적등급표시회로 LPM_ROM0, LPM_ROM1 그리고 LPM_MUX0

[그림 20-8]과 같이 keyin2블록에서 출력되는 신호 data1[3..0]과 data2[3..0]는 LPM_ROM0와 LPM_ROM1의 어드레스가 된다. 성적 97점을 입력하였다면 LPM_ROM0의 주소에는 1001이, 그리고 LPM_ROM1의 주소에는 0111이 공급된다. 만약 mode0신호가 논리 [0]이라면 AND게이트의 출력이 논리 [0]이 되어 LPM_ROM1과 LPM_ROM0에는 클럭이 공급되지 않아 데이터가 출력되지 않지만 mode0신호가 [1]이라면 각각의 LPM_ROM에는 1㎑의 클럭이 공급되고 있으므로 어드레스만 공급되면 해당 메모리의 메모리 데이터가 출력된다.

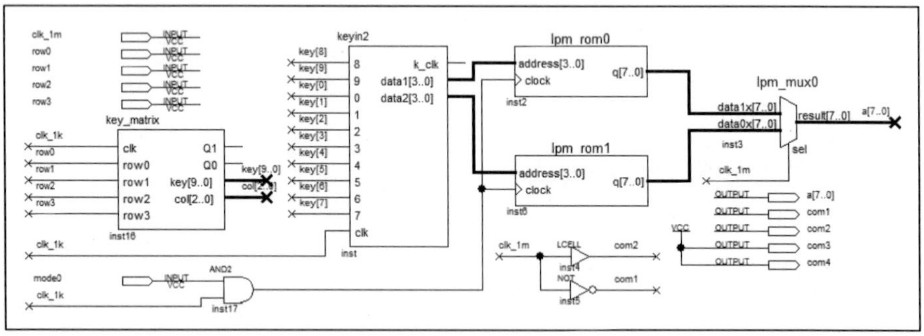

[그림 20-8] 성적 표시 회로

〈표 20-1〉을 참조하면 LPM_ROM0의 어드레스 1001에는 데이터 0111 0111이 저장되어 있으며 이 데이터가 FND에 공급되면 A가 표시된다. 〈표

20-2>를 참조하면 LPM_ROM1의 어드레스 0111에는 데이터 0100 0110이 저장되어 있으며 이 데이터가 FND에 공급되면 ㅏ가 표시되어 +와 유사한 문자를 표시하게 된다. 트레이닝 키트의 FND는 동적방식으로 설계되어 FND의 모든 그리드가 공통으로 연결되어 있다. 그래서 어떤 데이터를 공급하면 모든 FND가 동일한 숫자 또는 문자를 표시하게 된다. 이를 해결하기 위해 멀티플렉서 LPM_MUX0를 사용하였으며 멀티플렉서의 선택신호는 1㎒ 클럭 신호를 사용하여 이 신호가 논리 [1]일 때는 LPM_ROM0의 데이터가, 논리 [0]일 때는 LPM_ROM1의 데이터가 멀티플렉서 출력으로 나오게 한다. 각각의 FND에는 인에이블 신호가 있어 첫 번째 FND는 1㎒ 클럭 신호를 NOT게이트에 연결한 com1을, 두 번째 FND는 1㎒ 클럭 신호를 버퍼를 통해 연결한 com2를, 세 번째 및 네 번째 FND는 회로에서 사용하지 않으므로 com3과 com4를 VCC에 연결하여 공급한다. Combo II 트레이닝 키트의 경우 8개의 FND가 있지만 2개만 사용하므로 com3, com4, com5, com6, com7, com8은 모두 VCC에 연결한다.

④ LPM_ROM0 만들기

LPM_ROM0은 16개의 메모리 공간을 가지고 있으며 각 메모리 공간의 크기는 8비트로 설계한다. Quartus II 프로그램에서 LPM_ROM0파일을 만들기 위한 과정은 다음과 같다.

첫째, [File]-[New]를 누르면 [그림 20-9]의 창이 나타난다.

둘째, [그림 20-9]에서 Memory Initialization File을 선택하면 [그림 20-10]의 창이 나타난다.

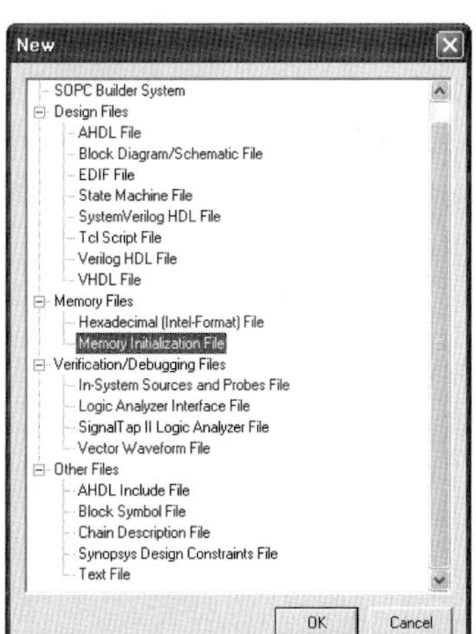

[그림 20-9] LPM_ROM0파일 만들기

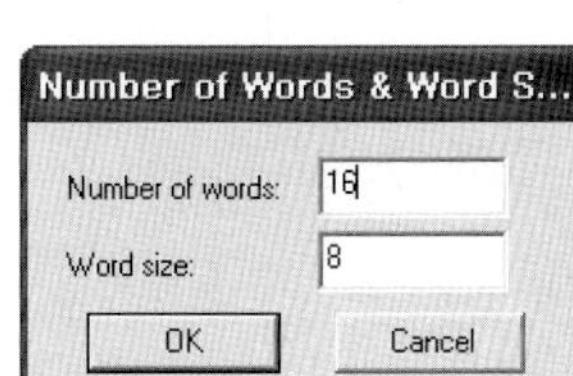

[그림 20-10] 메모리 사이즈

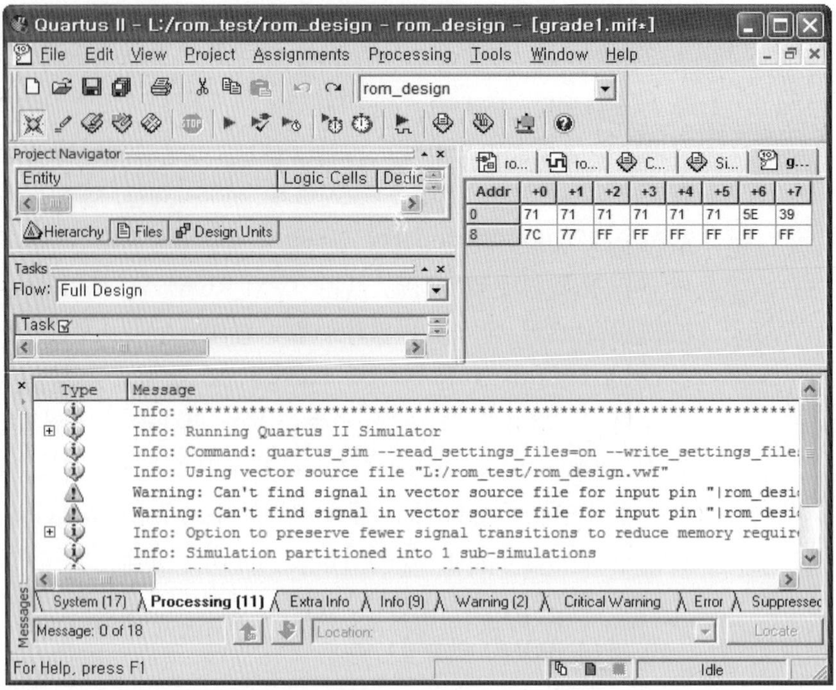

[그림 20-11] LPM_ROM0의 메모리 파일 만들기 위한 창

[그림 20-10]에서 Number of words는 메모리 크기, Word size는 각 메모리의 데이터 크기를 나타내는 것이며 16개의 메모리 공간과 8비트 크기를 갖는 메모리가 만들어진다.

셋째, [그림 20-10]에서 OK버튼을 클릭하면 [그림 20-11]과 같은 메모리 편집 창이 활성화된다. 각 셀에 〈표 20-1〉을 참조하여 값을 입력한다. 현재 [그림 20-11]은 16진수로 값을 입력하게 설정되어 있다. 만약에 10진수로 입력하기를 원하면 [그림 20-11]의 Addr라인에 마우스 커서를 배치한 다음 우측 버튼을 클릭하면 [그림 20-12]가 나타나고 Memory Radix를 선택하여 Unsigned Decimal을 선택하면 10진수로 입력할 수 있다.

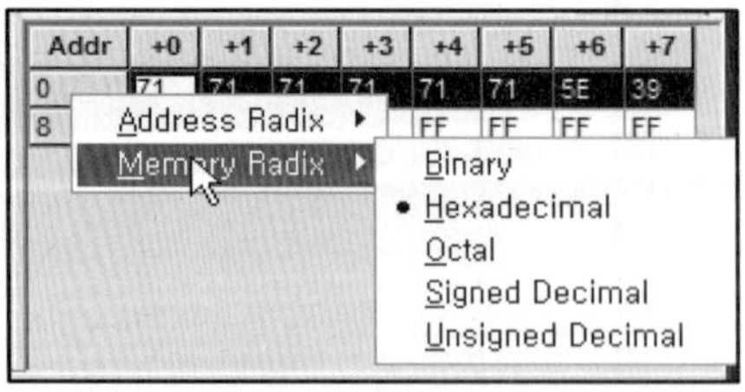

[그림 20-12] 메모리 데이터 편집 방식 선택 창

넷째, 메모리에 저장할 데이터를 입력한 후 [File]-[Save As]를 클릭하면 [그림 20-13]이 나타나는데 확장자명이 mif인 파일을 생성할 수 있다.

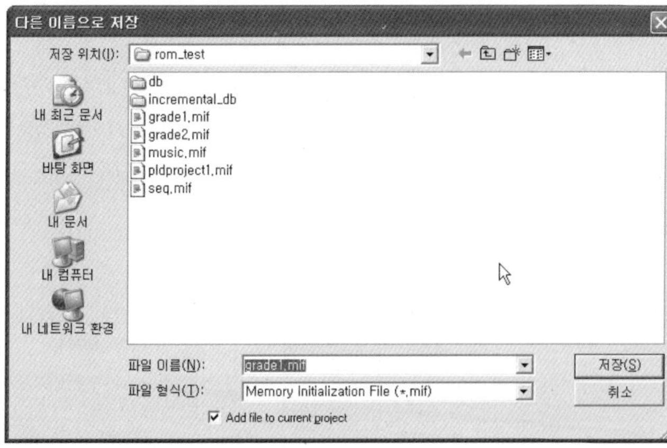

[그림 20-13] LPM_ROM0의 메모리 파일 저장하기

다섯째, 회로 그리기 화면에서 [Symbol Tool]을 클릭하면 [그림 20-14] 창이 나타나며 [Name]항에 같이 LPM_ROM을 입력하면 우측과 같은 심벌이 나타난다. [OK]버튼을 누르면 [그림 20-15]와 같은 창이 나타난다. 회로에 LPM_ROM을 나타내려면 LPM_ROM 만들기 과정 1~7([그림 20-14]~[그림 20-20])을 활용하면 된다.

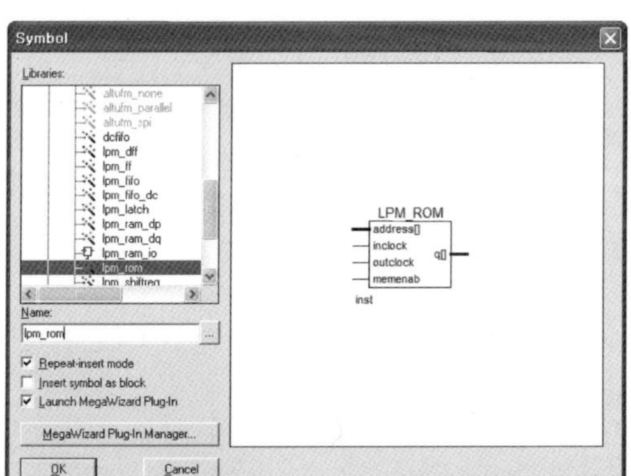

[그림 20-14] LPM_ROM0 만들기 1

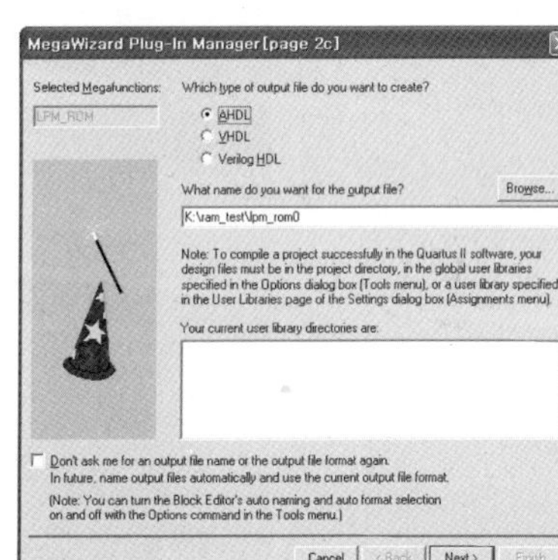

[그림 20-15] LPM_ROM0 만들기 2

[그림 20-15]에서 AHDL을 선택하고 [Next]버튼을 클릭하면 [그림 20-16] 창이 나타난다. [그림 20-16] 창에서 [How wide should the 'q' output bus be ?]항에 숫자 8을 입력하면 좌측 심벌의 q 출력에 q[7..0]이 나타난다. 이것은 출

력 데이터 라인을 8비트로 결정하였음을 의미한다. 다음으로 [How many 8bits word of memory ?]항에 숫자 16을 입력하면 좌측 심벌의 address 입력에 address[3..0]이 나타난다. 이것은 8비트 크기의 메모리 공간이 16개 있음을 의미하는 것이며 16개의 메모리 공간 중 하나를 선택하기 위해 4개의 어드레스 라인이 필요하다는 것을 의미한다. [그림 20-16]에서 [Next]버튼을 클릭하면 [그림 20-17]이 나타난다. 대부분의 메모리는 출력이 플립플롭에 의해 래치되어 출력되는 것이 일반적이므로 [그림 20-17]처럼 [Which port should be registered ?]의 질문에 'q' output port에 체크 표시를 한다.

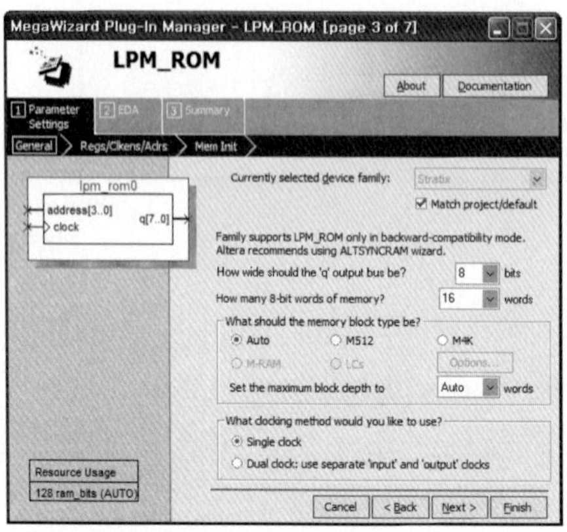

[그림 20-16] LPM_ROM0 만들기 3

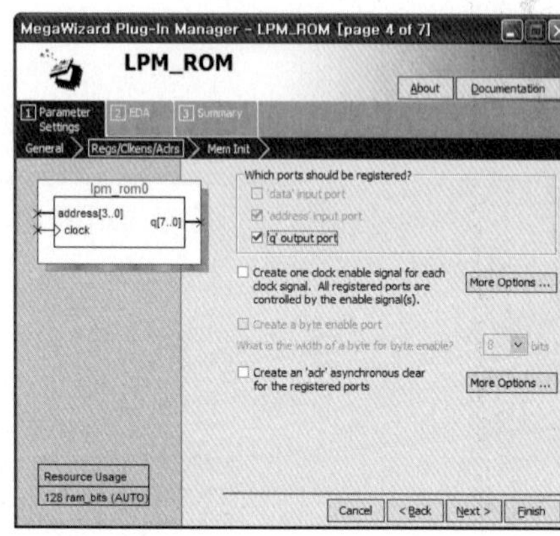

[그림 20-17] LPM_ROM0 만들기 4

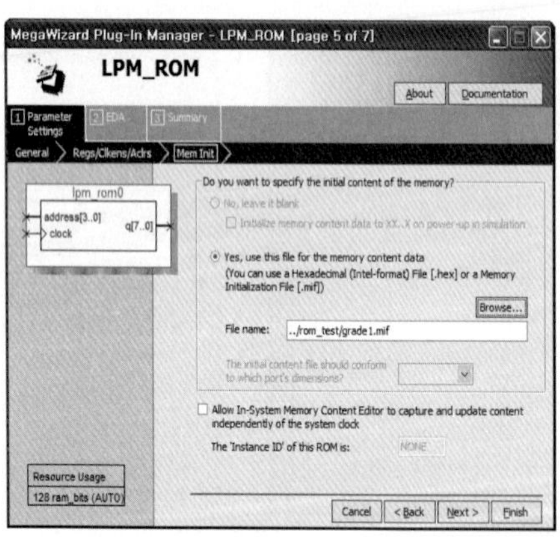

[그림 20-18] LPM_ROM0 만들기 5

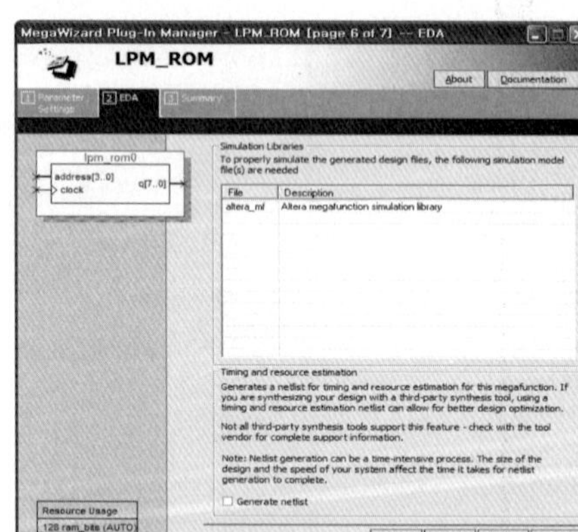

[그림 20-19] LPM_ROM0 만들기 6

[그림 20-18]의 [File Name]항에 확장자명이 mif인 메모리 데이터 파일을 지정한 다음 [Next]버튼을 클릭하면 [그림 20-19] 창이 나타나고 [Next] 버튼을 클릭하면 최종적으로 [그림 20-20] 창이 나타난다. 이 창은 LPM_ROM을 요약한 것이다.

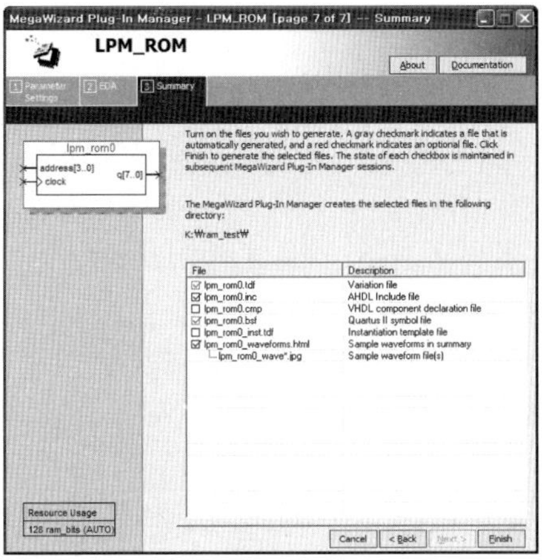

[그림 20-20] LPM_ROM0 만들기 7

⑤ LPM_ROM1 만들기

LPM_ROM1은 [그림 20-21]과 같이 16개의 메모리 공간을 가지고 있으며 각 메모리의 크기는 8비트로 설계한다. Quartus II 프로그램에서 LPM_ROM1 파일을 만들기 위한 과정은 LPM_ROM0 만들기 과정과 동일하다.

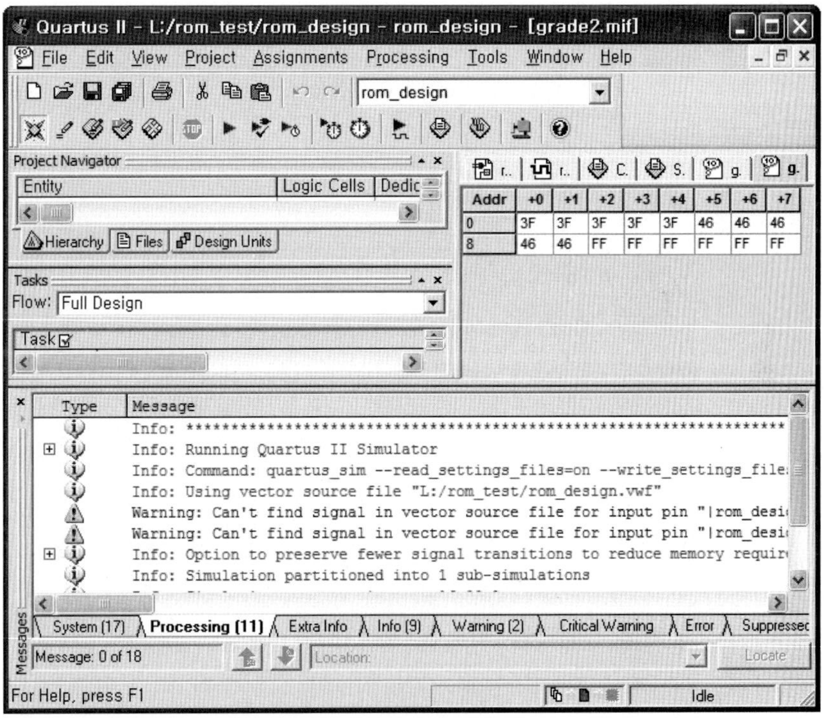

[그림 20-21] LPM_ROM1의 메모리 파일 만들기 위한 창

⑥ div200 회로

[그림 20-22]는 1㎑클럭 신호를 200분주하여 5㎐를 얻어내기 위한 회로이다. 각 카운터는 그림에 놓인 순서대로 1의 자리, 10의 자리 그리고 100의 자리를 카운트 한다. 각 카운터의 캐리 출력 신호 RCO는 다음 카운터의 ENT신호에 연결하여 자리 올림수가 발생할 때만 카운터 값이 하나씩 증가하도록 설계하였고 100의 자리에 있는 RCO신호는 NOT게이트를 통해 각 카운터의 병렬 로드 신호인 LDN에 연결하여 카운터가 999가 되었을 때 초기 값이 로드되도록 설계하였다. 각 카운터의 초기 값은 0, 0, 9로 설정하였기 때문에 [그림 20-22] 회로는 900부터 999까지 계수한다. 결과적으로 3개의 74160 카운터를 직렬로 연결하므로서 1㎑ 클럭을 100분주한 10㎐신호를 만들 수 있다. 이 신호를 토글플립플롭으로 2분주하면 듀티 싸이클은 50%, 주파수는 5㎐인 신호를 얻을 수 있다. 이 신호는 0에서 63까지 카운트하는 64진 카운터 클럭으로 사용한다.

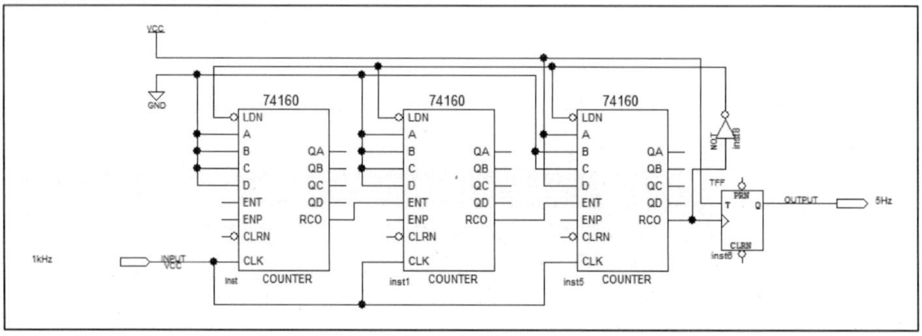

[그림 20-22] 1㎑ 클럭을 200분주하는 회로

⑦ cnt_64 회로

[그림 20-23]은 5㎐ 클럭 신호를 카운트 클럭으로 사용하는 64진 카운터 회로이다. 이 회로는 16진 카운터 74161 2개를 사용하였으며 출력은 000000부터 111111까지 나온다.

출력이 1000000이 되는 순간 카운터의 출력이 000000이 되도록 카운터의 클리어 신호 CLRN에 10의 자리 카운터 출력인 QC를 OR게이트와 NOT게이트를 통하여 연결한다. 즉, QC가 논리 [1]이 되는 순간 카운터의 모든 출력 c[5]~c[0]가 000000이 되도록 설계하였기 때문에 이 회로는 64진 카운터로 동작한다. 트레이닝 키트의 스위치(sw2)에 연결한 mode1신호는 카운터를 클리어 시키기 위한 목적으로 사용하며 이 신호가 논리 '1'이 되면 카운터가 클리어 되도록 설계한다. [그림 20-24]는 cnt_64 회로의 동작파형이며 c5Hz신호의 상승에지에 따라 카운터 출력이 111101, 111110 그리고 111111이 되는 것을 확인할 수 있으며 QC신호가 논리 [1]이 되면 카운터 출력이 000000이 되는 것을 확인할 수 있다. 또한, mode1신호가 논리 [1]이 되면 카운터는 다시 000000으로 클리어 되는 것을 확인할 수 있다.

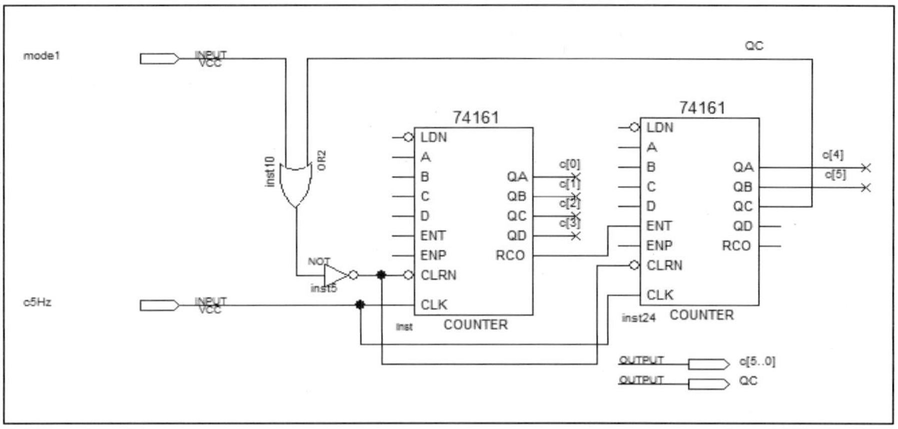

[그림 20-23] 64진 카운터

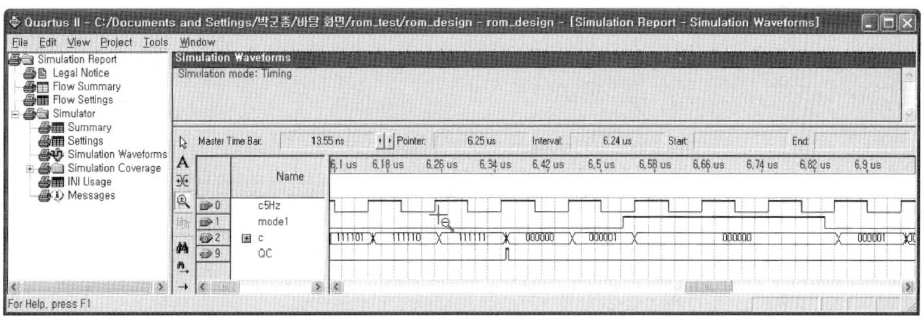

[그림 20-24] cnt_64 회로의 동작파형

⑧ LPM_ROM2 만들기

LPM_ROM2는 [그림 20-25]와 같이 64개의 메모리를 가지고 있으며 각 메모리의 크기는 4비트로 설계한다. LPM_ROM2의 어드레스는 cnt_64 카운터에서 제공되는 6비트 출력이다. Quartus II 프로그램에서 LPM_ROM2파일을 만들기 위한 과정은 LPM_ROM0만들기 과정을 참조한다. [그림 20-25]에서 메모리 각 셀 값의 의미는 〈표 20-3〉을 참조하도록 한다.

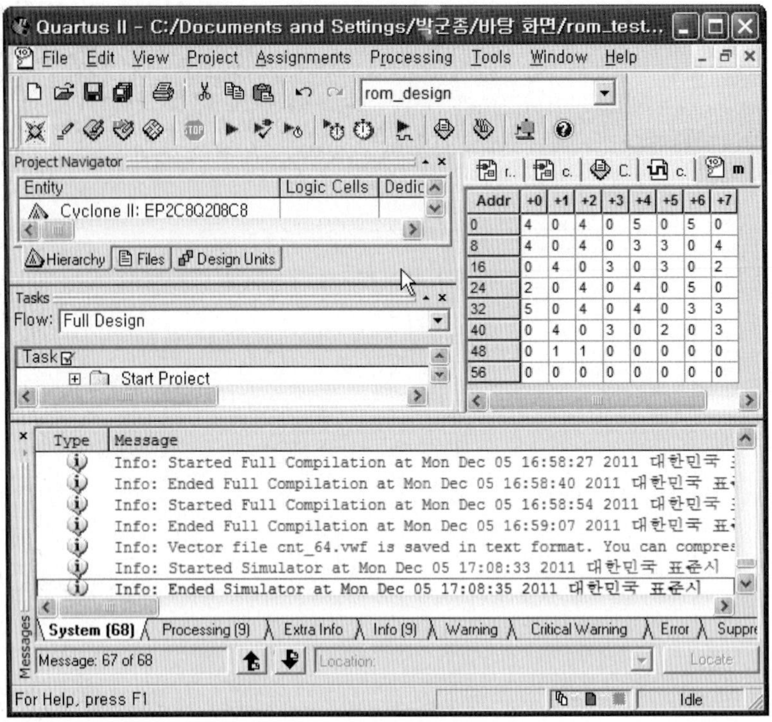

[그림 20-25] LPM_ROM2의 메모리 파일 만들기 위한 창

⑨ do 회로

[그림 20-26]은 1㎒클럭 신호를 3822분주하여 261㎐를 얻어내기 위한 회로이다. 각 카운터는 그림에 놓인 순서대로 1의 자리, 10의 자리, 100의 자리 그리고 1000의 자리를 카운트 한다. 각 카운터의 캐리 출력 신호 RCO는 다음 카운터의 ENT신호에 연결하여 자리 올림수가 발생할 때만 카운터 값이 하나씩 증가하도록 설계하고 1000의 자리에 있는 RCO신호는 NOT게이트를 통해 각 카운터의 병렬 로드신호인 LDN에 연결하여 카운터 출력이 9999가 된 다음에 초기 값이 로드되도록 설계한다.

각 카운터의 초기 값은 1000의 자리 8, 100의 자리 0, 10의 자리 8 그리고 1의 자리 9로 설정하기 때문에 [그림 20-26] 회로는 8089부터 9999까지 계수한다. 결과적으로 4개의 74160 카운터를 직렬로 연결하므로서 1㎒ 클럭을 1911분주한 523㎐신호를 만들 수 있다. 이 신호를 토글플립플롭으로 2분주하면 듀티싸이클은 50%, 주파수는 261㎐인 4옥타브 "도"음 주파수 신호를 얻을 수 있다. 아래에 주어진 식은 "도"음 주파수 계산 방식이다.

$$"도"음주파수 = \frac{입력주파수}{(계수범위 - 초기값) \times 2} = \frac{1\text{MHz}}{(10000 - 8089) \times 2} = 261[\text{Hz}]$$

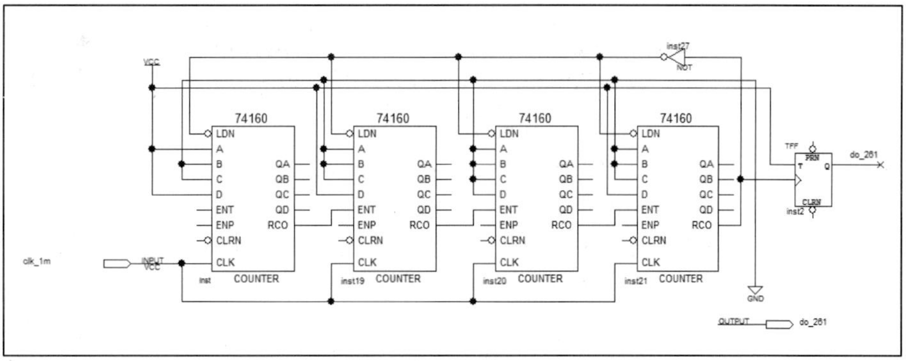

[그림 20-26] 4옥타브 “도” 음 주파수를 만들기 위한 회로

⑩ re 회로

[그림 20-27]은 1㎒클럭 신호를 분주하여 293㎐를 얻어내기 위한 회로이다. 각 카운터는 그림에 놓인 순서대로 1의 자리, 10의 자리, 100의 자리 그리고 1000의 자리를 카운트 한다. 각 카운터의 캐리 출력 신호 RCO는 다음 카운터의 ENT신호에 연결하여 자리 올림수가 발생할 때만 카운터 값이 하나씩 증가하도록 설계하고 1000의 자리에 있는 RCO신호는 NOT게이트를 통해 각 카운터의 병렬 로드신호인 LDN에 연결하여 카운터 출력이 9999가 된 다음에 초기값이 로드되도록 설계한다.

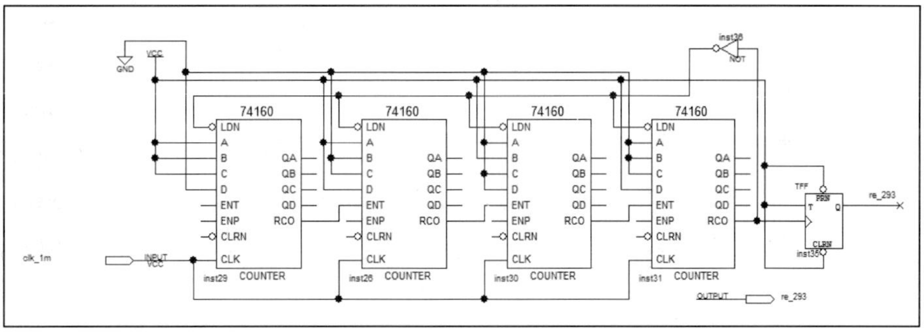

[그림 20-27] 4옥타브 “레” 음 주파수를 만들기 위한 회로

각 카운터의 초기 값은 1000의 자리 8, 100의 자리 2, 10의 자리 9 그리고 1의 자리 7로 설정하기 때문에 [그림 20-27] 회로는 8297부터 9999까지 계수한다. 결과적으로 4개의 74160 카운터를 직렬로 연결하므로서 1㎒ 클럭을 1703분

주한 587㎐신호를 만들 수 있다. 이 신호를 토글플립플롭으로 2분주하면 듀티 싸이클은 50%, 주파수는 293㎐인 4옥타브 "레"음 주파수 신호를 얻을 수 있다. 아래에 주어진 식은 "레"음 주파수 계산 방식이다.

$$''\text{레}''\text{음 주파수} = \frac{\text{입력주파수}}{(\text{계수범위} - \text{초기값}) \times 2} = \frac{1\text{MHz}}{(10000 - 8297) \times 2} = 293[\text{Hz}]$$

⑪ mi 회로

[그림 20-28]은 1㎒클럭 신호를 분주하여 330㎐를 얻어내기 위한 회로이다. 각 카운터는 그림에 놓인 순서대로 1의 자리, 10의 자리, 100의 자리 그리고 1000의 자리를 카운트 한다. 각 카운터의 캐리 출력 신호 RCO는 다음 카운터의 ENT신호에 연결하여 자리 올림수가 발생할 때만 카운터 값이 하나씩 증가하도록 설계하고 1000의 자리에 있는 RCO신호는 NOT게이트를 통해 각 카운터의 병렬 로드신호인 LDN에 연결하여 카운터 출력이 9999가 된 다음에 초기 값이 로드되도록 설계한다.

각 카운터의 초기 값은 1000의 자리 8, 100의 자리 4, 10의 자리 8 그리고 1의 자리 5로 설정하였기 때문에 [그림 20-28] 회로는 8485부터 9999까지 계수한다. 결과적으로 4개의 74160 카운터를 직렬로 연결하므로서 1㎒ 클럭을 1515 분주한 660㎐신호를 만들 수 있다. 이 신호를 토글플립플롭으로 2분주하면 듀티 싸이클은 50%, 주파수는 330㎐인 4옥타브 "미"음 주파수 신호를 얻을 수 있다. 아래에 주어진 식은 "미"음 주파수 계산 방식이다.

$$''\text{미}''\text{음 주파수} = \frac{\text{입력주파수}}{(\text{계수범위} - \text{초기값}) \times 2} = \frac{1\text{MHz}}{(10000 - 8485) \times 2} = 330[\text{Hz}]$$

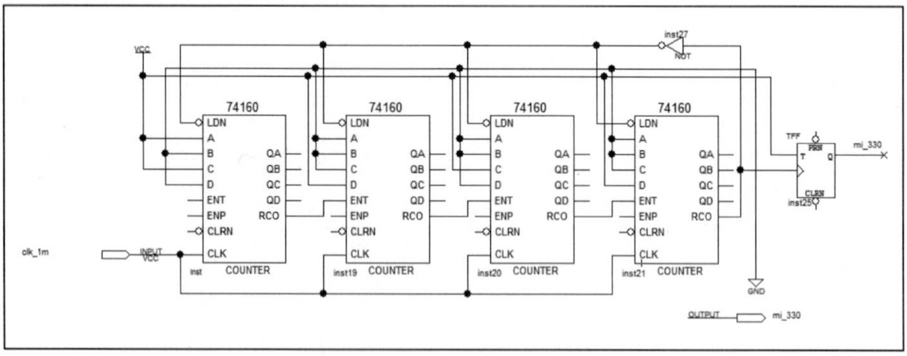

[그림 20-28] 4옥타브 "미" 음 주파수를 만들기 위한 회로

⑫ sol 회로

[그림 20-29]는 1㎒클럭 신호를 분주하여 392㎐를 얻어내기 위한 회로이다.

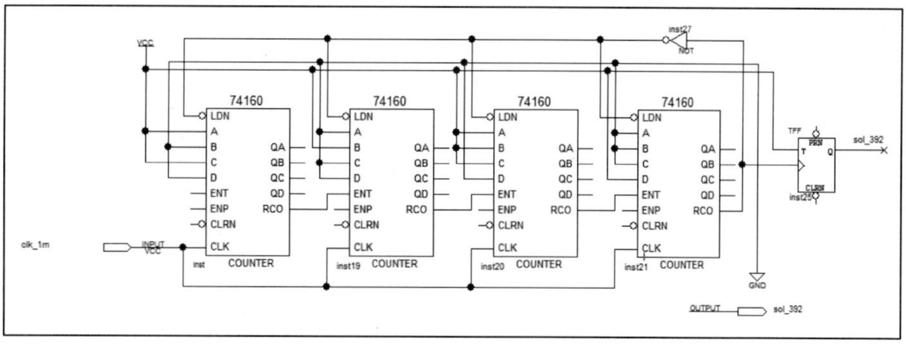

[그림 20-29] 4옥타브 “솔” 음 주파수를 만들기 위한 회로

각 카운터는 그림에 놓인 순서대로 1의 자리, 10의 자리, 100의 자리 그리고 1000의 자리를 카운트 한다. 각 카운터의 캐리 출력 신호 RCO는 다음 카운터의 ENT신호에 연결하여 자리 올림수가 발생할 때만 카운터 값이 하나씩 증가하도록 설계하고 1000의 자리에 있는 RCO신호는 NOT게이트를 통해 각 카운터의 병렬 로드신호인 LDN에 연결하여 카운터 출력이 9999가 된 다음에 초기 값이 로드되도록 설계한다.

각 카운터의 초기 값은 1000의 자리 8, 100의 자리 7, 10의 자리 2, 1의 자리 5로 설정하기 때문에 [그림 20-29] 회로는 8725부터 9999까지 계수한다. 결과적으로 4개의 74160 카운터를 직렬로 연결하므로서 1㎒ 클럭을 1275분주한 784㎐신호를 만들 수 있다. 이 신호를 토글플립플롭으로 2분주하면 듀티 싸이클은 50%, 주파수는 392㎐인 4옥타브 “솔”음 주파수 신호를 얻을 수 있다. 아래에 주어진 식은 “솔”음 주파수 계산 방식이다.

$$\text{"솔"음 주파수} = \frac{\text{입력주파수}}{(\text{계수범위} - \text{초기값}) \times 2} = \frac{1\text{MHz}}{(10000 - 8725) \times 2} = 392[\text{Hz}]$$

⑬ la 회로

[그림 20-30]은 1㎒클럭 신호를 분주하여 440㎐를 얻어내기 위한 회로이다. 각 카운터는 그림에 놓인 순서대로 1의 자리, 10의 자리, 100의 자리 그리고 1000의 자리를 카운트 한다. 각 카운터의 캐리 출력 신호 RCO는 다음 카운터의 ENT신호에 연결하여 자리 올림수가 발생할 때만 카운터 값이 하나씩 증가하도록 설계하고 1000의 자리에 있는 RCO신호는 NOT게이트를 통해 각 카운

터의 병렬 로드신호인 LDN에 연결하여 카운터 출력이 9999가 된 다음에 초기 값이 로드되도록 설계한다.

각 카운터의 초기 값은 1000의 자리 8, 100의 자리 8, 10의 자리 6 그리고 1의 자리 3으로 설정하기 때문에 [그림 20-30] 회로는 8863부터 9999까지 계수한다. 결과적으로 4개의 74160 카운터를 직렬로 연결하므로서 1㎒ 클럭을 1137 분주한 879㎐신호를 만들 수 있다. 이 신호를 토글플립플롭으로 2분주하면 듀티 싸이클은 50%, 주파수는 440㎐인 4옥타브 "라"음 주파수 신호를 얻을 수 있다. 아래에 주어진 식은 "라"음 주파수 계산 방식이다.

$$\text{"라"음 주파수} = \frac{\text{입력주파수}}{(\text{계수범위} - \text{초기값}) \times 2} = \frac{1\text{MHz}}{(10000 - 8863) \times 2} = 440[\text{Hz}]$$

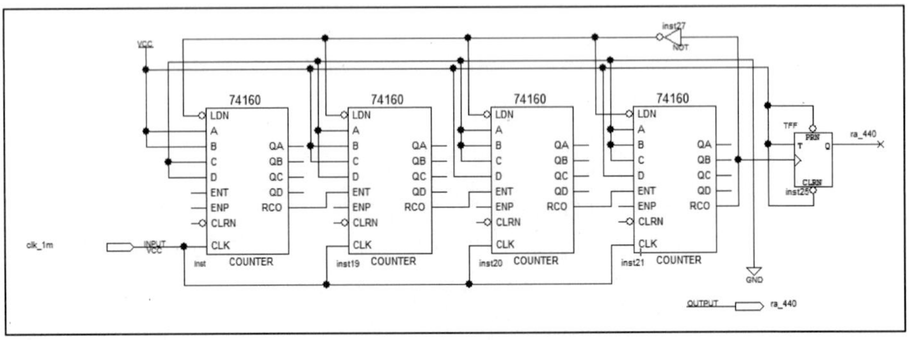

[그림 20-30] 4옥타브 "라" 음 주파수를 만들기 위한 회로

⑭ div1000회로

[그림 20-31]은 1㎒클럭 신호를 1000분주하여 1㎑를 얻어내기 위한 회로이다. 각 카운터는 그림에 놓인 순서대로 1의 자리, 10의 자리 그리고 100의 자리를 카운트 한다. 각 카운터의 캐리 출력 신호 RCO는 다음 카운터의 ENT신호에 연결하여 자리 올림수가 발생할 때만 카운터 값이 하나씩 증가하도록 설계하고 100의 자리에 있는 RCO신호는 NOT게이트를 통해 각 카운터의 병렬 로드 신호인 LDN에 연결하여 카운터 출력이 999가 된 다음에 초기 값이 로드되도록 설계한다.

각 카운터의 초기 값은 100의 자리 5, 10의 자리 0, 1의 자리 0으로 설정하기 때문에 [그림 20-31] 회로는 500부터 999까지 계수한다. 결과적으로 3개의 74160 카운터를 직렬로 연결하므로서 1㎒ 클럭을 500분주한 2㎑신호를 만들 수 있다. 이 신호를 토글플립플롭으로 2분주하면 듀티 싸이클은 50%, 주파수는 1㎑인 신호를 얻을 수 있다.

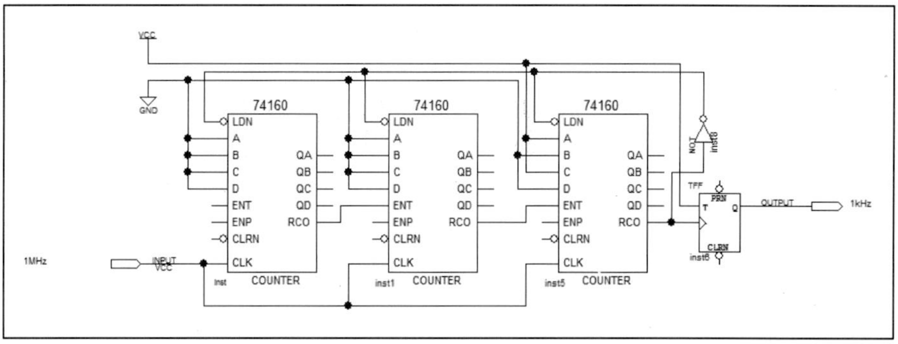

[그림 20-31] 1㎒클럭을 1000분주하는 회로

20.2.4 LPM_ROM 응용회로 동작 파형

LPM_ROM 응용회로의 모의실험은 데이터 량이 너무 많기 때문에 생략한다. 이 회로는 주파수 분주회로를 많이 사용하기 때문에 실제 모의실험 결과를 자료에 나타내기가 용이하지 않다.

20.2.5 LPM_ROM 응용회로 핀 연결

<표 20-6>은 Combo II 트레이닝 키트에 LPM_ROM 응용회로 실장실험을 하기 위한 핀 연결 정보이다.

<표 20-6> Combo II 트레이닝 키트에 LPM_ROM 응용회로 실장실험을 하기 위한 핀 연결 정보

	신호명	Combo II 신호 명	핀번호	신호명	Combo II 신호 명	핀번호
Cyclone II EP2C35F672C8 (Clock SW : C로 설정)	clk_1m	CLK_MAIN[0]	N1	a6	SEG_DATA[6]	AA6
	mode0	DIP_D[0]	Y12	a5	SEG_DATA[5]	AA1
	mode1	DIP_D[1]	AE11	a4	SEG_DATA[4]	AA2
	row0	KEYPAD_ROW[0]	AD10	a3	SEG_DATA[3]	AC6
	row1	KEYPAD_ROW[1]	AC10	a2	SEG_DATA[2]	AD6
	row2	KEYPAD_ROW[2]	V10	a1	SEG_DATA[1]	AE5
	row3	KEYPAD_ROW[3]	AF9	a0	SEG_DATA[0]	AF5
	col0	KEYPAD_COLUMN[0]	V11	COM1	SEG_COM[0]	Y1
	col1	KEYPAD_COLUMN[1]	AB10	COM2	SEG_COM[1]	Y4
	col2	KEYPAD_COLUMN[2]	AA10	COM3	SEG_COM[2]	Y3
	COM4	SEG_COM[3]	W1	COM7	SEG_COM[6]	W2
	COM5	SEG_COM[4]	Y5	COM8	SEG_COM[7]	V1
	COM6	SEG_COM[5]	W3	piezo	PIEZO	F4

20.2.6 LPM_ROM 응용회로 실장실험

〈표 20-6〉과 같이 핀 정보를 모두 입력한 다음 컴파일을 다시 해야 한다. 컴파일을 한 후 [Tools]-[Programmer]를 클릭하여 실장실험을 한다.

설계한 회로를 트레이닝 키트에 다운로드 한다. 그리고 첫 번째 스위치를 ON, 두 번째 스위치는 OFF, 클럭 선택 스위치는 C로 설정하고 공급클럭은 1 ㎒에 맞춘다. 다음으로 키보드의 9키와 6키를 누르고 트레이닝 키트의 FND에 〈표 20-7〉과 같은 결과가 나타나는지 확인한다.

〈표 20-7〉 Combo II 실장실험 1

설정	입력	FND 출력
스위치 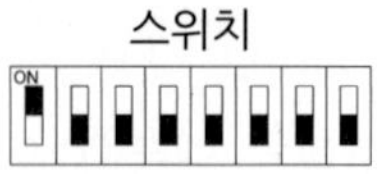 클럭 선택 1㎒(C)	96	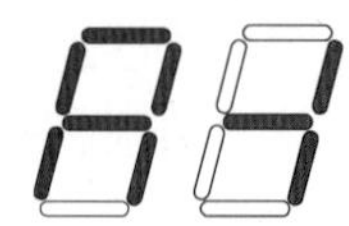

다음으로 키보드의 키 9와 키 3을 누르고 트레이닝 키트에 〈표 20-8〉과 같은 결과가 나타나는지 확인한다.

〈표 20-8〉 Combo II 실장실험 2

설정	입력	FND 출력
스위치  클럭 선택 1㎒(C)	93	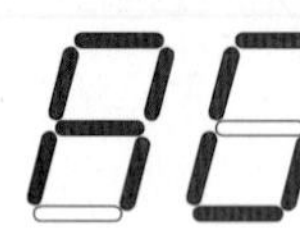

다음으로 키보드의 키 8와 키 7을 누르고 트레이닝 키트에 〈표 20-8〉과 같은 결과가 나타나는지 확인한다.

〈표 20-9〉 Combo II 실장실험 3

설정	입력	FND 출력
스위치  클럭 선택 1㎒(C)	87	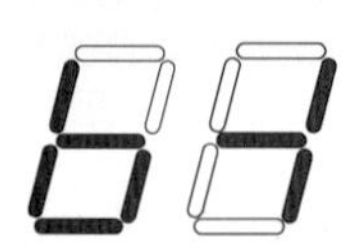

다음으로 키보드의 키 8과 키 3을 누르고 트레이닝 키트에 〈표 20-10〉과 같은 결과가 나타나는지 확인한다.

〈표 20-10〉 Combo II 실장실험 4

설정	입력	FND 출력
스위치 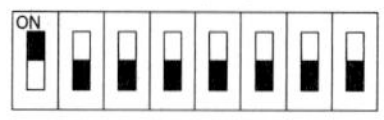	83	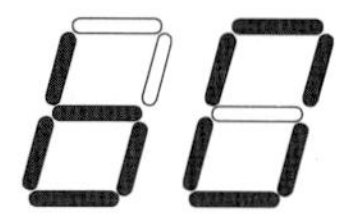
클럭 선택 1MHz(C)		

다음으로 키보드의 키 7과 키 9를 누르고 트레이닝 키트에 〈20-11〉과 같은 결과가 나타나는지 확인한다.

〈표 20-11〉 Combo II 실장실험 5

설정	입력	FND 출력
스위치 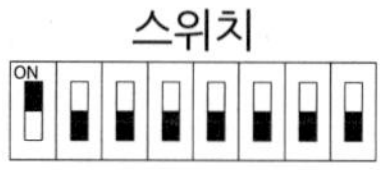	79	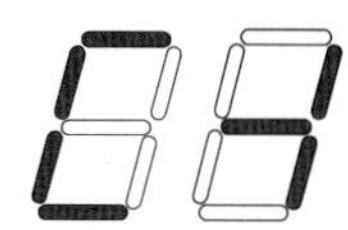
클럭 선택 1MHz(C)		

다음으로 키보드의 키 7와 키 1을 누르고 트레이닝 키트에 〈표 20-12〉와 같은 결과가 나타나는지 확인한다.

〈표 20-12〉 Combo II 실장실험 6

설정	입력	FND 출력
스위치 	71	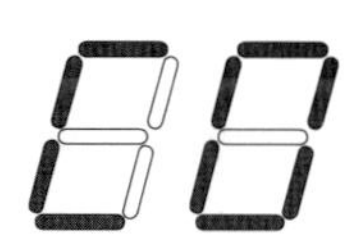
클럭 선택 1MHz(C)		

다음으로 키보드의 키 6과 키 8을 누르고 트레이닝 키트에 〈표 20-13〉과 같은 결과가 나타나는지 확인한다.

〈표 20-13〉 Combo II 실장실험 7

설정	입력	FND 출력
스위치 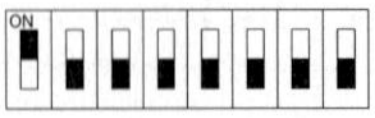	68	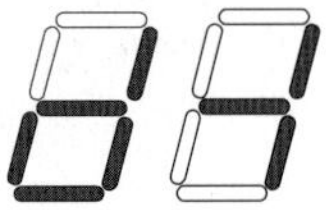
클럭 선택 1MHz(C)		

다음으로 키보드의 키 6과 키 2를 누르고 트레이닝 키트에 〈표 20-14〉와 같은 결과가 나타나는지 확인한다.

〈표 20-14〉 Combo II 실장실험 8

설정	입력	FND 출력
스위치 	62	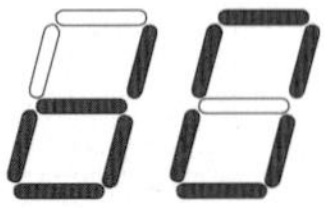
클럭 선택 1MHz(C)		

위의 결과로부터 트레이닝 키트의 키를 이용하여 성적을 입력하면 해당 성적에 대한 등급결과를 FND로 확인할 수 있는 회로가 정상적으로 동작하고 있음을 알 수 있다.

② Combo II 트레이닝 키트를 이용한 음악 출력

성적입력에 대한 등급 표시 실장실험이 완료되었으면 〈표 20-15〉와 같이 트레이닝 키트의 첫 번째 스위치를 OFF하고 두 번째 스위치를 ON한다. 이때 piezo를 통해 "학교종이 땡땡땡" 음악을 확인한다.

〈표 20-15〉 Combo II 실장실험 9

설정	입력	FND 출력
스위치 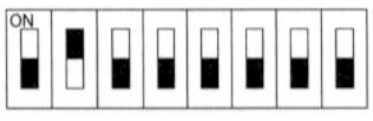		piezo "학교종이 땡땡땡"
클럭 선택 1MHz(C)		

20.3)) 주요 사항 검토

① key_matrix에서 사용한 2개의 플립플롭 용도는 무엇인가?
② LPM_ROM0의 어드레스 크기는 얼마인가?
③ LPM_ROM1의 어드레스 크기는 얼마인가?
④ LPM_ROM2의 어드레스 크기는 얼마인가?
⑤ LPM_ROM2의 데이터 중 각각의 값 사이에 00을 입력한 이유는 무엇인가?
⑥ 74160과 74161의 차이점은 무엇인가?
⑦ "도"음을 만들기 위해 사용한 클럭 소스가 1MHz가 아닌 2MHz라면 각 카운터의 초기 값을 어떻게 설정해야 하는가?
⑧ 현재 연주되고 있는 "학교종이 땡땡땡"의 각 음은 몇 초 동안 유지되는가?

20.4)) 연습문제

연습문제

① "학교종이 땡땡땡" 노래를 현재보다 2배 빠르게 연주되도록 설계 변경하시오.
② "학교종이 땡땡땡" 노래는 현재 4옥타브이다. 이를 4옥타브로 변경하시오.

CHAPTER 21

LPM_RAM 응용회로 설계하기

CHAPTER

21 LPM_RAM 응용회로 설계하기

21.1 LPM_RAM 응용회로 설계 목표

① 이 회로의 입력은 트레이닝 키트에 있는 16개의 키와 스위치 그리고 클럭을 사용한다.

② 이 회로의 출력은 트레이닝 키트에 있는 4개의 FND를 사용한다.

③ 스위치 sw0은 OFF, 스위치 sw1과 스위치 sw2는 ON 상태로 놓는다.

④ 메모리에 데이터를 기록하기 위해 스위치 sw0을 이용하여 상승펄스를 한 번 공급한 다음 키를 이용하여 메모리 주소 2개와 메모리 데이터 2개를 입력하면 메모리에 데이터가 기록된다. 이와 같은 과정을 실행하여 원하는 데이터 수만큼 메모리에 기록한다. FND를 통해 메모리 쓰기 주소와 메모리 쓰기 데이터를 확인한다.

⑤ 데이터를 모두 입력한 다음 입력한 데이터를 읽기위해 스위치 sw1을 OFF 한다.

⑥ 입력한 데이터를 읽기위해 키를 이용하여 처음에 입력한 메모리 주소를 입력한다.

⑦ 스위치 sw2를 OFF한 다음 keyD를 한번 치고 다시 스위치 sw2를 ON한다.

⑧ FND에 첫 번째 기록했던 메모리 주소와 데이터가 나타나는지 확인한 다음 기록한 메모리 데이터 수만큼 keyD를 입력하면서 FND에 나타나는 값이 ④에서 입력하였던 메모리 주소 및 데이터와 일치하는지 확인한다.

21.2 LPM_RAM 응용회로 구성하기

21.2.1 LPM_RAM 응용회로 블록도

LPM_RAM은 FPGA 칩 안에 구성할 수 있는 메모리이다.

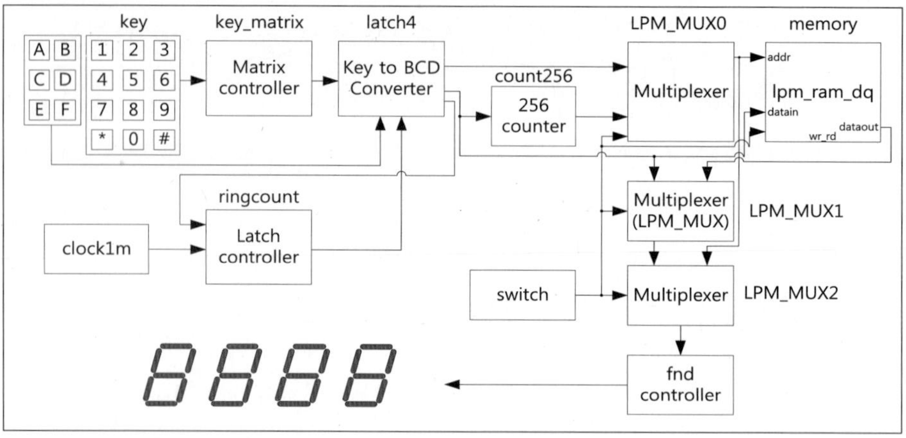

[그림 21-1] LPM_RAM 응용회로 블록도

[그림 21-1]의 LPM_RAM 응용회로는 18개의 키 블록, 키 입력 신호를 만들어주는 key_matrix블록, 키 입력을 받아 메모리 쓰기 주소와 데이터를 래치하는 latch4 블록, 메모리 쓰기주소 및 데이터를 래치하기 위한 신호를 발생하는 ringcount블록, 메모리 데이터 읽기 주소를 발생하는 count256블록, 메모리 쓰기 주소와 읽기 주소를 선택하는 멀티플렉서 LPM_MUX0, 메모리 소자 LPM_RAM_DQ블록, 메모리 쓰기 데이터와 읽기 데이터를 선택하는 멀티플렉서 LPM_MUX1, 4개의 FND에 어드레스와 데이터를 차례로 공급하기 위한 LPM_MUX2, FND에 0에서 F까지 표시가 되도록 설계한 fnd0_F블록 등으로 구성한다.

① 키 입력을 제어하는 회로 key_matrix

key_matrix블록은 매트릭스로 설계되어 있는 0에서 9 그리고 #과 *에 해당하는 키를 제어한다. 트레이닝 키트에서 키가 눌려지면 key_matrix는 latch4 회로에 상승펄스를 공급한다.

② 최대 4개의 키를 래치하는 회로 latch4

latch4 블록은 16개의 키 중 연속으로 눌려지는 4개의 키에 대응하는 2진수 값을 래치한다. 4비트로 구성된 2개의 래치 출력은 메모리의 주소, 나머지 2개의 래치 출력은 메모리 데이터 버스로 사용한다.

③ latch4에 있는 래치에 래치제어신호를 공급하는 ringcount

latch4 블록에는 4개의 래치가 있으며 각각의 래치에 메모리 쓰기 주소 및 데이터를 래치하기 위한 신호가 ringcount블록에서 만들어진다.

④ 메모리 읽기 주소 발생회로 count256

메모리에 쓰여진 데이터를 읽기 위한 8비트 주소를 공급하는 회로이며 초기값을 설정할 수 있다.

⑤ 멀티플렉서 LPM_MUX0

LPM_MUX0는 latch4에서 출력되는 8비트 어드레스와 count256에서 출력되는 8비트 어드레스중 하나를 선택하는 회로이며 스위치를 이용하여 멀티플렉서 선택신호를 제어한다.

⑥ 멀티플렉서 LPM_MUX1

LPM_MUX1은 latch4에서 출력되는 8비트 메모리 쓰기 데이터와 메모리에서 출력되는 8비트 메모리 읽기 데이터중 하나를 선택하는 회로이며 스위치를 이용하여 멀티플렉서 선택신호를 제어한다.

⑦ 멀티플렉서 LPM_MUX2

LPM_MUX2는 LPM_MUX0과 LPM_MUX1에서 출력되는 8비트 어드레스와 8비트 데이터중 4비트를 선택하고 출력하여 4개의 FND에 표시되도록 한다.

⑧ 메모리 lpm_ram_dq

lpm_ram_dq 메모리는 8비트 어드레스와 8비트 데이터 버스를 갖고 있는 256바이트 메모리이다.

⑨ FND 드라이버 fnd0_F

fnd0_F 회로는 FND에 0부터 F까지 표시할 수 있다.

21.2.2 LPM_RAM 응용회로도

[그림 21-2]는 LPM-RAM 응용회로이다. key_matrix 블록은 0에서 9 그리고 #과 *에 해당하는 키를 매트릭스 방식으로 제어하기 위한 회로이며 4개의 열과 3개의 행을 제어하는 신호를 사용한다. LPM_RAM 응용회로는 4개의 키 입력을 받아 8비트 메모리 쓰기 주소와 8비트 메모리 쓰기 데이터를 래치하는 latch4블록, 메모리 쓰기주소 및 데이터를 래치하기 위한 신호를 발생하는 ringcount블록, ringcount 블록을 초기화하는 sw0, 메모리 데이터 읽기 주소를 발생하는 count256블록, count256 블록을 초기화하는 keyC, count256의 클럭신

호 keyD, count256의 초기 값 로드 신호 sw2, 8비트 메모리 쓰기 주소와 읽기 주소를 선택하는 멀티플렉서 LPM_MUX0, 256바이트 메모리 LPM_RAM_DQ 블록, 메모리 쓰기 데이터와 읽기 데이터를 선택하는 멀티플렉서 LPM_MUX1, 4개의 FND에 어드레스와 데이터를 차례로 공급하기 위한 LPM_MUX2, 멀티플렉서 LPM_MUX0, LPM_MUX1 선택 신호 sw1, LPM_MUX2의 선택신호로 사용하는 s[0]와 s[1], 4개의 FND 제어신호 com1, com2, com3 그리고 com4, FND에 0에서 F까지 표시가 되도록 설계한 fnd0_F블록 등으로 구성한다.

21.2.3 LPM_RAM 응용회로 동작원리

[그림 21-2]의 스위치 sw0을 논리 [0]으로 설정하고 sw1과 sw2를 논리 [1]로 설정하는 것이 이 회로의 초기상태이다. 메모리에 데이터를 쓰기 위한 첫 번째 과정으로 sw0를 한번 토글한다. sw0를 토글하면 ringcount 블록이 초기화되며 latch4의 제어신호 l3, l2, l1, l0가 0,1,1,1이 된다. 4개의 키를 차례로 누르면 l3, l2, l1, l0순으로 상승에지가 발생하며 이 신호에 의해 각각의 키에 대한 4비트 2진수 값이 래치되어 ld[3..0][3..0]으로 나타난다. ld[3][3..0]과 ld[2][3..0]은 메모리의 쓰기 주소 버스이고 ld[1][3..0]과 ld[0][3..0]은 메모리 쓰기 데이터 버스이다. 4개의 키를 입력할 때마다 메모리의 주소에 데이터가 기록된다. 메모리에 쓰여진 데이터를 읽기 위해 sw1을 논리 [0]상태로 만든 다음 메모리 읽기 주소를 설정하기 위해 처음 입력했던 메모리 쓰기 주소 값과 일치하는 키를 두 번 누른다. 그리고 sw2를 토글하므로서 하강펄스를 공급하여 count256에 있는 16진 카운터에 메모리 읽기 주소의 초기 값이 로드되도록 한다. count256의 8비트 출력은 멀티플렉서 LPM_MUX0를 통해 메모리 읽기 주소가 된다. count256의 8비트 출력이 메모리의 쓰기 주소에 공급되고 sw1이 논리 [0]이면 메모리에 저장된 데이터가 출력된다. 이때 4개의 FND중 상위 2개에는 메모리 읽기 주소가, 나머지 2개에는 메모리 읽기 데이터가 출력된다. 키 D를 치면 count256의 8비트 데이터가 하나씩 증가하고 이 데이터는 메모리의 읽기 주소를 가리키므로 메모리 쓰기 과정에서 기록하였던 데이터를 하나씩 읽을 수 있다.

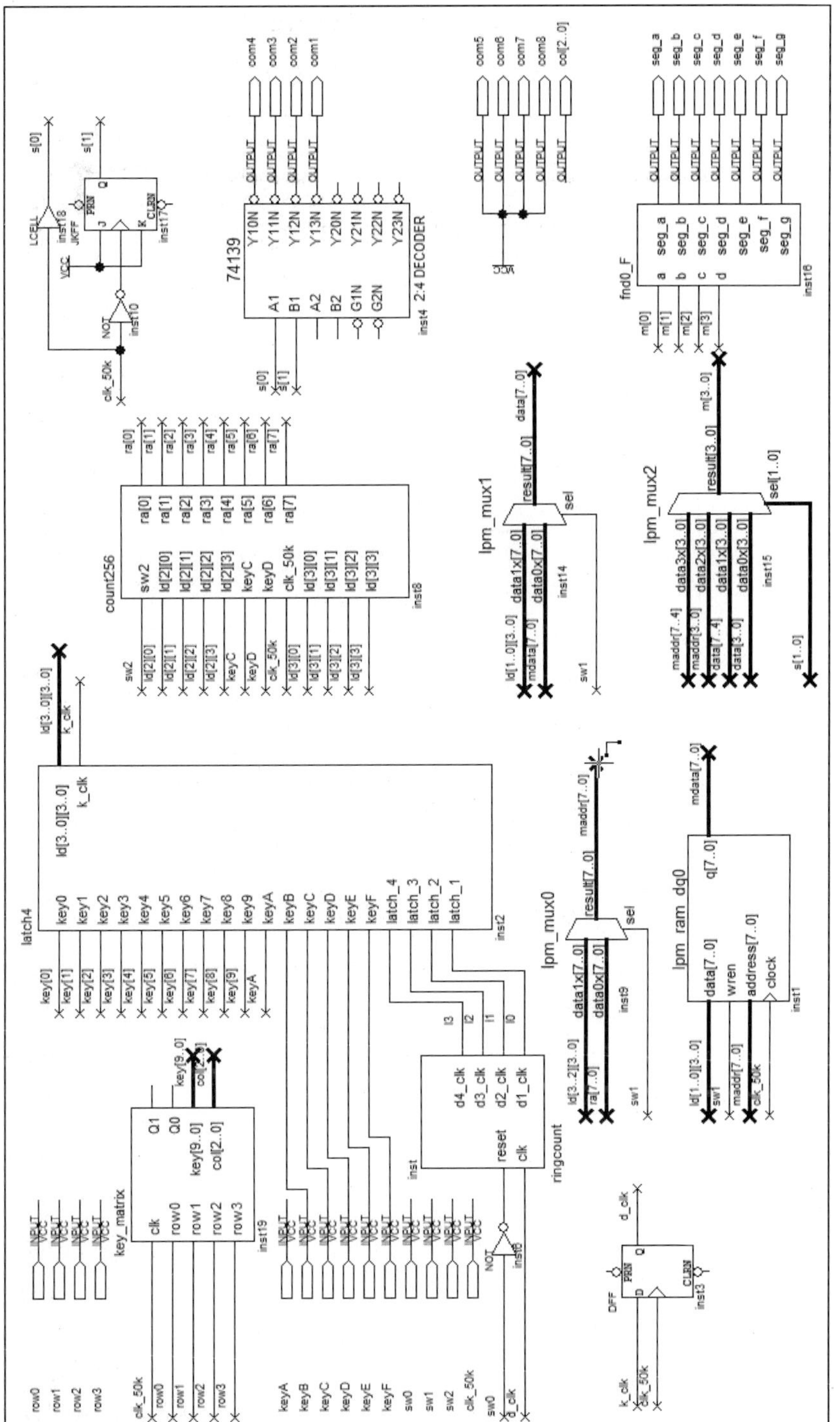

[그림 21-2] LPM_RAM 응용회로 블록도

① key_matrix블록

[그림 21-3]은 Combo II 트레이닝 키트에 적용되는 key_matrix 블록 회로이다.

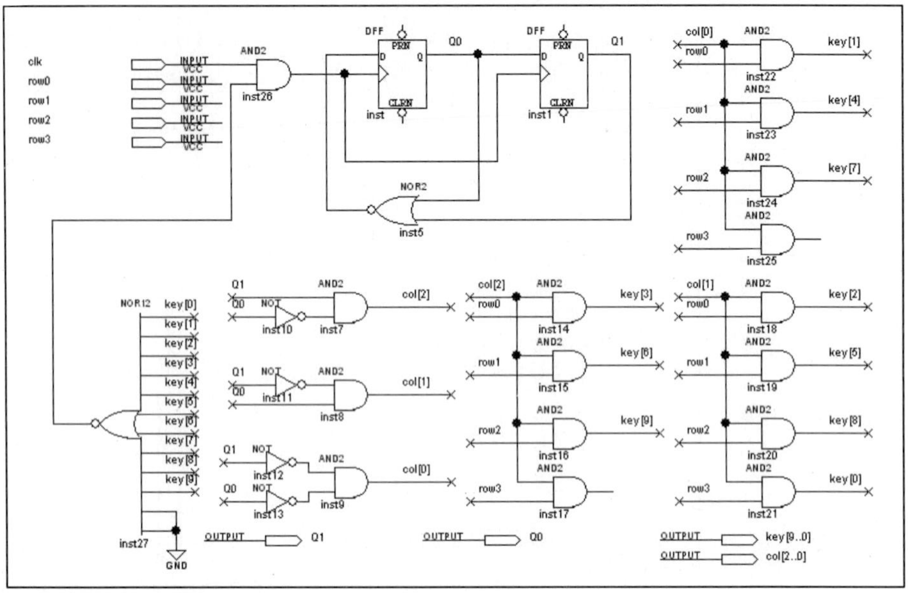

[그림 21-3] LPM_RAM 응용회로의 key_matrix블록 회로도

Combo II 트레이닝 키트는 12개의 키 입력을 매트릭스 방식을 적용하여 제어한다. 4개의 행(row)과 3개의 열(column)이 있는 매트릭스 방식이기 때문에 트레이닝 키트의 키를 누를 경우 눌려진 키에 대한 상승펄스가 발생하도록 설계한다. [그림 21-3]에서 컬럼 신호는 D-플립플롭 2개를 이용하여 동기식 3진 카운터를 설계하여 얻은 2비트 신호에 적절한 게이트 조합을 추가하여 3비트 2진수 신호가 출력되도록 설계한다. 3진 카운터의 출력 2비트의 게이트 조합에 의해 구한 컬럼신호는 〈표 21-1〉과 같다.

〈표 21-1〉 3진 카운터의 출력으로 3비트 컬럼 신호를 구하기 위한 논리식

Q1	Q0	col[2]	col[1]	col[0]	논리식
0	0	0	0	1	$col[0] = \overline{Q1} \cdot \overline{Q0}$
0	1	0	1	0	$col[1] = \overline{Q1} \cdot Q0$
1	0	1	0	0	$col[2] = Q1 \cdot \overline{Q0}$
0	0	0	0	1	

〈표 21-2〉 매트릭스 회로의 키, 컬럼신호 그리고 로우신호의 관계

키 번호	컬럼신호			로우신호				key신호
	col[2]	col[1]	col[0]	row[3]	row[2]	row[1]	row[0]	
1	0	0	1	0	0	0	1	key[1]
2	0	1	0	0	0	0	1	key[2]
3	1	0	0	0	0	0	1	key[3]
4	0	0	1	0	0	1	0	key[4]
5	0	1	0	0	0	1	0	key[5]
6	1	0	0	0	0	1	0	key[6]
7	0	0	1	0	1	0	0	key[7]
8	0	1	0	0	1	0	0	key[8]
9	1	0	0	0	1	0	0	key[9]
*	0	0	1	1	0	0	0	사용안함
0	0	1	0	1	0	0	0	key[0]
#	1	0	0	1	0	0	0	사용안함

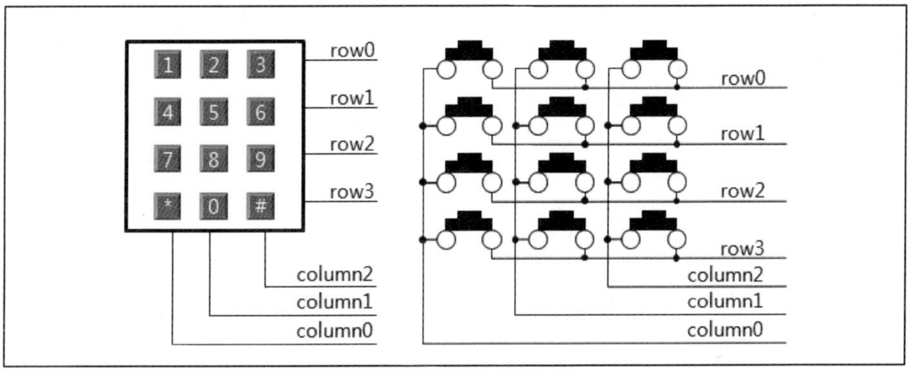

[그림 21-4] Combo II 트레이닝 키트의 매트릭스 제어 방식

〈표 21-1〉과 같이 3진 카운터가 동작하면 컬럼신호가 일정한 주기로 변한다. 일정한 주기로 변하는 컬럼신호의 논리 [1]이 매트릭스에 공급되는 순간 매트릭스에 연결된 키를 누르면 펄스가 발생하고 이 펄스는 키를 누른 것과 같은 동작을 하도록 설계한다. 〈표 21-2〉는 매트릭스 회로의 컬럼신호와 로우신호 그리고 키 정보를 표현한 것이다. [그림 21-4]는 Combo II 트레이닝 키트의 매트릭스 제어 방식의 기본구조를 나타낸 것이다. Combo II 트레이닝 키트 사용자는 컬럼 신호 제어방식 및 로우 신호 제어 방식 중 하나를 선택해서 제어할 수 있다. 예를 들어 키 2를 누를 때 컬럼 신호가 010이면 로우 신호가 0001이 되고 key2신호에 상승펄스가 발생하여 마치 2키를 누른 것과 같게 된다.

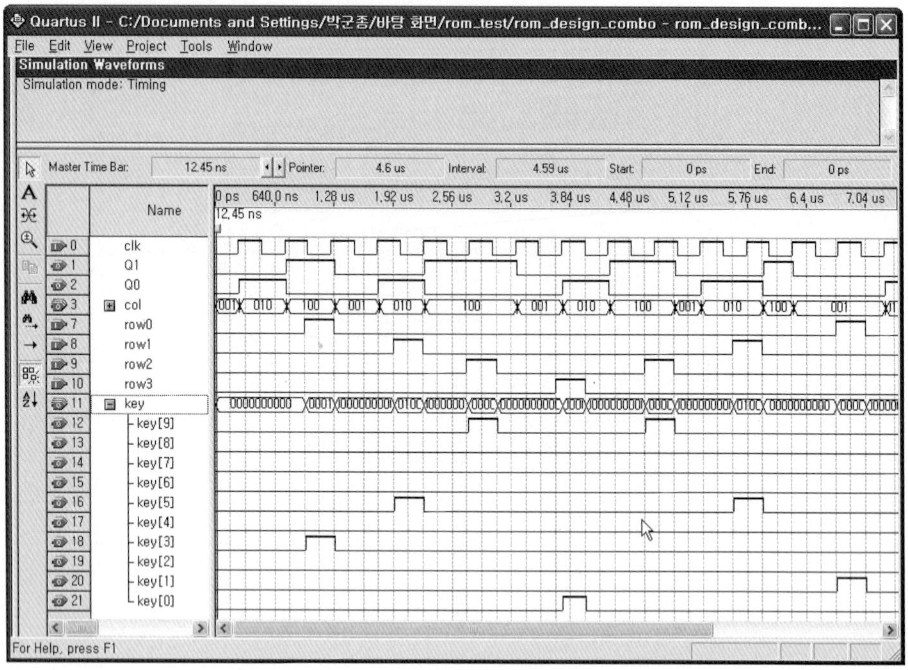

[그림 21-5] key_matrix회로의 동작 파형

이번 장에서는 컬럼 신호를 공급해서 키가 눌려진 것을 확인하는 컬럼제어 방식을 적용한다. [그림 21-5]는 key_matrix 블록 회로의 동작파형이다. clk신호가 공급되면 3진 카운터에 의해 Q1과 Q0가 00, 01, 10, 00의 순으로 인코딩되어 나타난다. 이 신호는 컬럼 신호인 col[2..0]신호가 001, 010 그리고 100이 되도록 코딩하였으며 컬럼 신호가 100일 때 즉, col[2]가 논리 [1]일 때 첫 번째 행(row0)에 있는 키 중 3번 키가 눌려지면 key[3]신호에 펄스가 발생한다. 컬럼 신호가 010일 때 즉, col[1]이 논리 [1]일 때 두 번째 행(row1)에 있는 키 중 5번 키가 눌려지면 key[5]신호에 펄스가 발생한다. 컬럼 신호가 001일 때 즉, col[0]이 논리 1일 때 세 번째 행(row2)에 있는 키 중 9번 키가 눌려지면 key[9]신호에 펄스가 발생한다. 컬럼신호가 010일 때 즉, col[1]이 논리 [1]일 때 네 번째 행(row3)에 있는 키 중 0번 키가 눌려지면 key[0]신호에 펄스가 발생한다. 컬럼 신호가 100일 때 즉, col[2]가 논리 [1]일 때 세 번째 행(row2)에 있는 키 중 9번 키가 눌려지면 key[9]신호에 펄스가 발생한다. 컬럼 신호가 010일 때 즉, col[1]이 논리 [1]일 때 두 번째 행(row1)에 있는 키 중 5번 키가 눌려지면 key[5]신호에 펄스가 발생한다. 컬럼 신호가 001일 때 즉, col[0]이 논리 [1]일 때 첫 번째 행(row0)에 있는 키 중 1키가 눌려지면 key[1]신호에 펄스가 발생한다.

② latch4 블록

[그림 21-6]은 latch4 블록의 회로도이다. [그림 21-6]은 두 개의 74148 인코더, 4개의 74174 래치, 그리고 플립플롭 및 몇 개의 게이트로 설계한 키 입력에 대한 4비트 2진수를 저장하는 회로이다. Combo II 트레이닝 키트의 경우 6개 16진수 키와 key_matrix에서 출력되는 10개의 키로부터 입력되는 신호가 2개의 74148 인코더를 거쳐서 4비트 2진수 데이터로 변경된다. 74148은 8입력 3출력의 인코더이므로 2개의 인코더를 이용해서 10개의 키 입력을 받아 4개의 4비트 2진수 데이터를 출력하도록 설계한다. 위쪽의 인코더는 키 0부터 키 7까지의 입력신호를 처리하고, 아래쪽의 인코더는 키 8부터 키 F까지의 입력신호를 처리한다. 74148 입력신호가 부논리를 적용하기 때문에 인코더 74148의 입력에 NOT 게이트를 연결하여 설계한다. 이렇게 각각의 인코더를 거쳐서 출력되는 정보는 3개의 NAND게이트를 통해 4비트 2진수 데이터가 되며 74174라는 4개의 래치에 순차적으로 저장된다. 각각의 74174 래치는 latch_1, latch_2, latch_3, latch_4신호의 상승에지에 의해 4비트 2진수 데이터를 래치한다. 4개의 래치신호는 ringcount블록에서 출력되는 신호를 사용한다. ringcount 블록에 들어가는 클럭신호는 k_clk신호이며 이 신호는 2개의 8입력 AND게이트와 NAND게이트를 이용하여 만들며 키를 누를 때마다 상승펄스를 만든다.

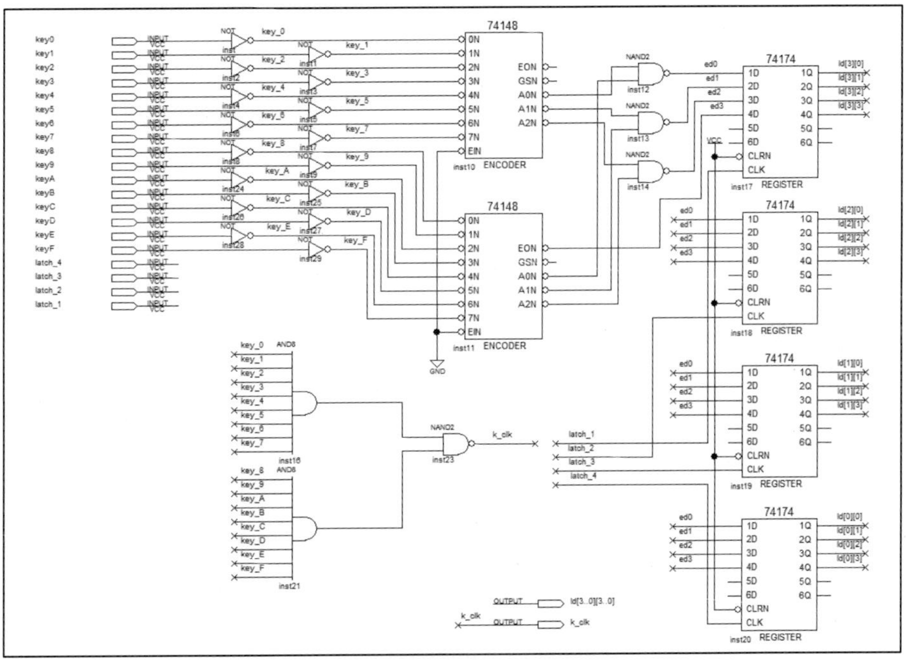

[그림 21-6] latch4 블록 회로도

[그림 21-7]은 latch4 블록의 동작 파형이다. 첫 번째 메모리 주소에 데이터를 저장하기 위해 sw0을 토글하여 상승펄스를 하나 공급한다. 이 펄스가 공급되면 latch_1(l0), latch_2(l1), latch_3(l2) 그리고 latch_4(l3)신호가 0,1,1,1이 된다. 그리고 [그림 21-7]과 같이 4개의 키를 차례로 입력하면 l0, l1, l2 그리고 l3신호에 상승에지가 차례로 발생하며 이 신호는 눌려진 키에 대한 4비트 2진수 값을 74174에 저장한다. [그림 21-7]은 메모리 주소 10h(0001 0000)에 메모리 데이터 5Ah(0101 1010)를 쓰기위한 과정이며 ld[3..0][3..0]에 105Ah가 나타나는 것을 확인할 수 있다.

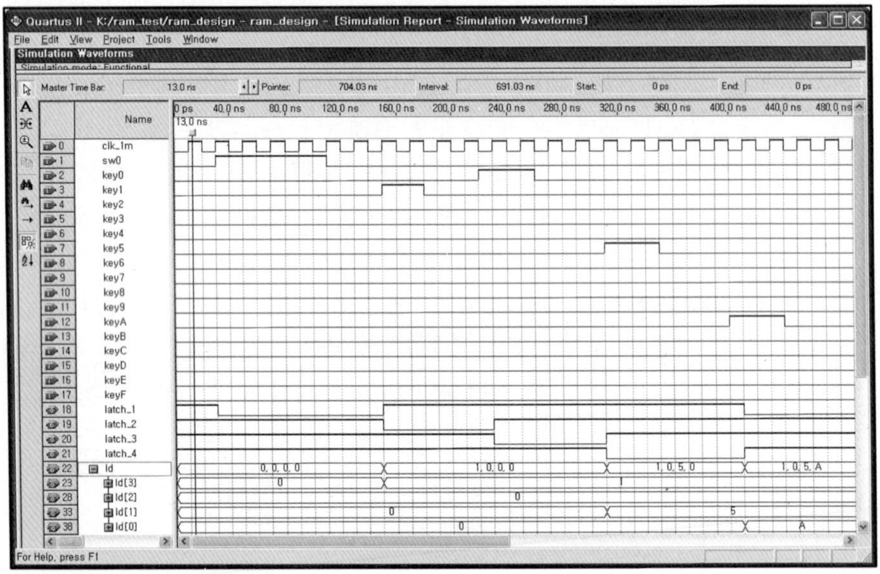

[그림 21-7] latch4 회로의 동작파형

③ ringcount 블록

[그림 21-8]은 ringcount 회로이다. 이 회로는 4개의 JK플립플롭으로 구성한 링카운터 회로이며 latch4블록에 래치 신호를 공급한다. 이 회로는 초기상태를 설정하기 위해 reset신호를 사용하는데 트레이닝 키트의 sw0을 reset신호로 사용한다.

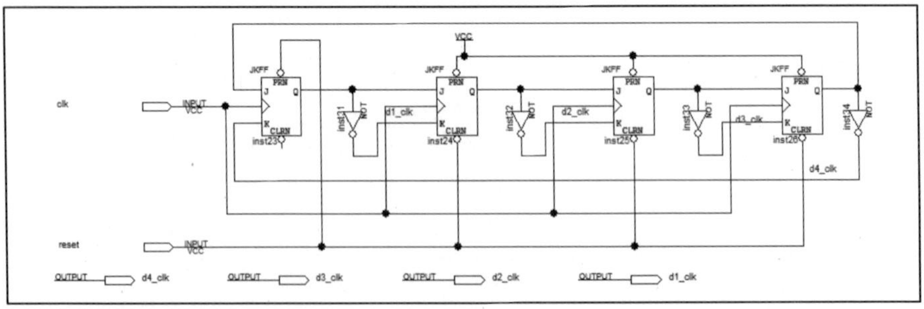

[그림 21-8] ringcount 블록 회로도

[그림 21-9]는 ringcount 블록 회로의 동작파형이다.

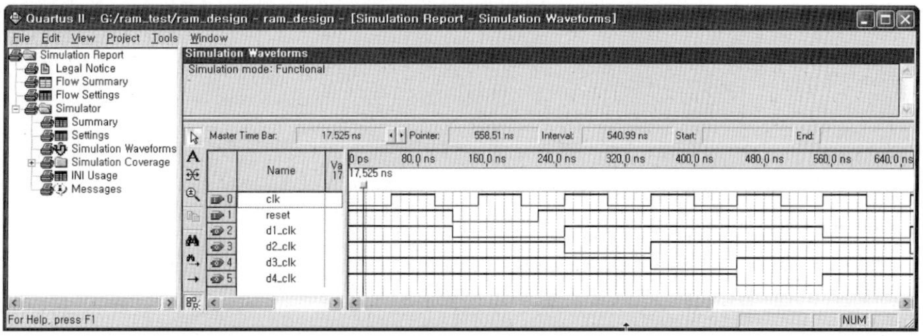

[그림 21-9] ringcount 회로의 동작파형

[그림 21-9]에서 reset 신호에 하강펄스가 공급되면 d1_clk는 0, 나머지 신호는 1이 된다. 그리고 첫 번째 클럭의 상승에지가 공급되면 d1_clk에 상승에지가 발생하고 두 번째 클럭의 상승에지가 공급되면 d2_clk 신호에 상승에지가 발생하고 세 번째 클럭의 상승에지가 공급되면 d3_clk 신호에 상승에지가 발생하며 네 번째 클럭의 상승에지에 의해 d4_clk 신호에 상승에지가 발생한다. 이 상승에지는 latch4 블록의 래치 74174를 제어한다.

④ count256 블록

[그림 21-10]은 count256 블록의 회로도이다. 이 회로는 메모리 읽기 주소를 공급하기 위해 사용하며 키를 2개 입력하여 메모리 읽기 주소의 초기값을 선정할 수 있다. 메모리의 읽기 주소는 8비트이며 상위 4비트는 ra[7..4]이고 하위 4비트는 ra[3..0]이다. ld[3][3..0]은 상위 4비트 초기 값이고 ld[2][3..0]은 하위 4비트 초기 값이다. 이 초기 값은 sw2신호에 하강펄스가 공급될 때 16진 카운터에 로드되며 로드된 값이 출력으로 나타난다. 그리고 D플립플롭에 연결된 clk신호에 상승펄스가 공급될 때마다 카운터의 출력이 하나씩 증가된다.

[그림 21-11]은 count256 회로의 동작파형이다.

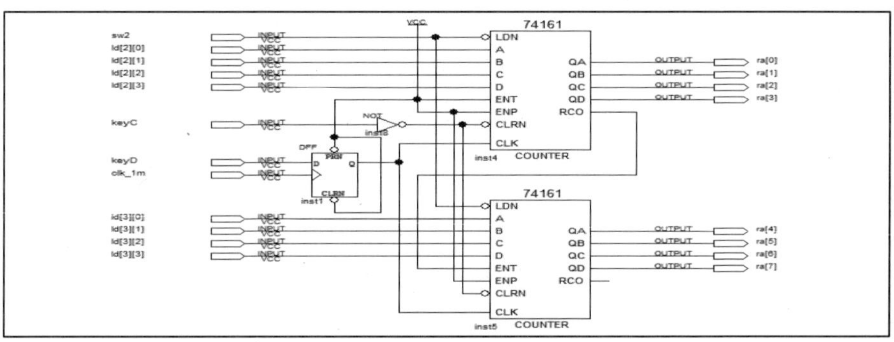

[그림 21-10] count256 블록 회로도

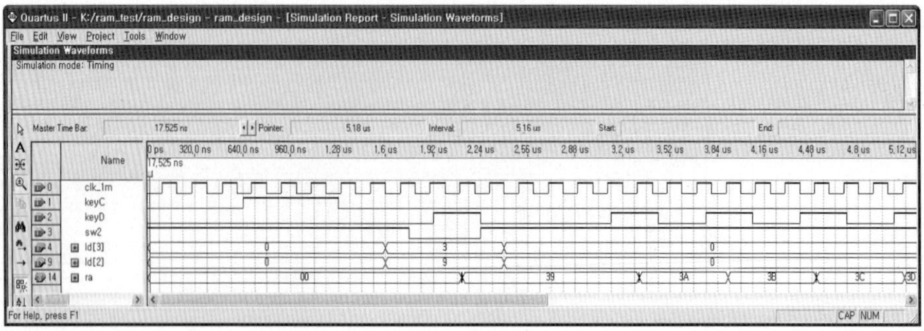

[그림 21-11] count256 회로의 동작파형

[그림 21-11]에서 keyC가 논리 [1]이 되면 2개의 카운터 74161이 모두 리셋되어 출력 ra[7..0]이 00h가 된다. keyC가 논리 [0]이 되면 리셋이 해제되며 카운터의 초기 값을 설정하기 위해 sw2를 논리 [0]으로 만들고 초기 값 ld[3]과 ld[2]를 각각 0011(3)과 1001(9)로 설정한 다음 keyD의 상승에지를 공급하면 ra[7..0]에 초기 값 39h(0011 1001)가 출력되는 것을 확인할 수 있다. 그리고 keyD의 상승에지를 계속 공급하면 ra[7..0]의 값이 3Ah(0011 1010), 3Bh(0011 1011), 3Ch(0011 1100)와 같이 하나씩 증가하는 것을 알 수 있다. count256의 출력 ra[7..0]은 메모리 읽기 주소버스로 사용된다.

⑤ LPM_MUX0

멀티플렉서 LPM_MUX0은 메모리 쓰기 주소와 메모리 읽기 주소를 선택하여 메모리 lpm_ram_dq에 공급하기 위해 사용한다. 멀티플렉서 입력은 latch4 블록의 ld[3..2][3..0]의 8비트와 count256 블록의 ra[7..0] 8비트이며 선택신호는 sw1을 이용한다. sw1에 따른 멀티플렉서의 동작은 〈표 21-3〉과 같다.

〈표 21-3〉 LPM_MUX0의 동작원리

입력	선택신호 sw1	출력
ld[3..2][3..0] ra[7..0]	1	ld[3..2][3..0]
	0	ra[7..0]

⑥ LPM_MUX1

멀티플렉서 LPM_MUX1은 메모리 쓰기 데이터와 메모리 읽기 데이터를 선택하여 LPM_MUX2에 공급하기 위해 사용한다. 멀티플렉서 입력은 latch4 블록의 ld[1..0][3..0]의 8비트와 메모리 lpm_ram_dq0의 출력 mdata[7..0]의 8비트이며 선택신호는 역시 sw1을 이용한다. sw1에 따른 멀티플렉서의 동작은 〈표 21-4〉와 같다.

〈표 21-4〉 LPM_MUX1의 동작원리

입력	선택신호 sw1	출력
ld[1..0][3..0] mdata[7..0]	1	ld[1..0][3..0]
	0	mdata[7..0]

⑦ LPM_MUX2

멀티플렉서 LPM_MUX2는 LPM_MUX0의 출력과 LPM_MUX1의 출력 16비트 중 4비트를 선택하여 FND 드라이버에 공급하기 위해 사용한다. 결과적으로 메모리 쓰기 동작 중에는 메모리 쓰기 주소와 데이터를 FND 드라이버에 보내고 메모리 읽기 동작 중에는 메모리 읽기 주소와 데이터를 FND 드라이버에 공급한다. 멀티플렉서 선택신호는 s[1]과 s[0]를 이용하며 선택신호에 따른 멀티플렉서의 동작은 〈표 21-5〉와 같다.

〈표 21-5〉 LPM_MUX2 동작원리

입력	선택신호 s[1], s[0]	출력
maddr[7..4] maddr[3..0] data[7..4] data[3..0]	00	data[3..0]
	01	data[7..4]
	10	maddr[3..0]
	11	maddr[7..4]

⑧ LPM_MUX2 선택신호 및 FND 인에이블 신호 회로

[그림 21-12]는 LPM_MUX2 선택신호 및 FND 인에이블 신호를 발생한다.

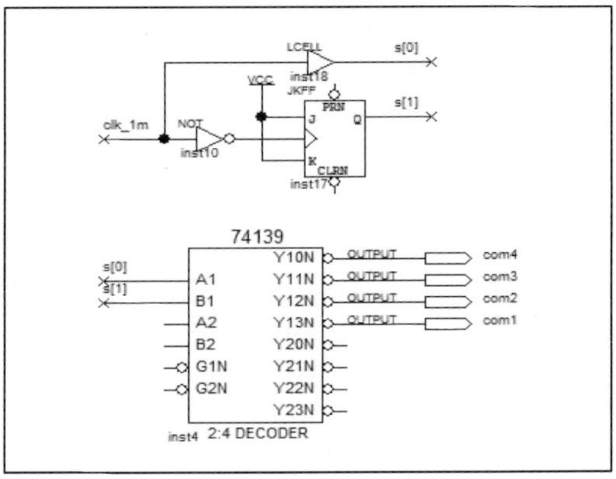

[그림 21-12] LPM_MUX2 선택신호 및 FND 인에이블 신호 발생회로

〈표 21-6〉 LPM_MUX2 선택신호 및 FND 인에이블 신호 발생회로의 동작원리

클럭 수	s[1]	s[0]	com1	com2	com3	com4
1	0	0	1	1	1	0
2	0	1	1	1	0	1
3	1	0	1	0	1	1
4	1	1	0	1	1	1

clk_1m을 버퍼링한 신호 s[0]와 이 신호를 2분주한 신호 s[1]은 클럭이 공급될 때마다 00, 01, 10, 11의 신호를 출력하며 이 신호에 따라 LPM_MUX2가 〈표 21-5〉와 같이 동작하게 된다. 또한 이 디코딩 신호는 74139에 입력되어 FND 4개중 하나를 인에이블 시키는데 사용한다. 이 회로의 동작은 〈표 21-6〉과 같다. [그림 21-13]은 LPM_MUX2 선택신호 및 FND 인에이블 신호 발생회로의 동작파형이다. clk_1m의 상승에지가 있으면 s[1]과 s[0]가 00, 01, 10, 11의 변화를 되풀이한다. 00일 때는 com4, 01일 때는 com3, 10일 때는 com2 그리고 11일 때는 com1이 액티브되는 것을 확인할 수 있다. com1은 트레이닝 키트의 첫 번째 FND, com2는 두 번째 FND, com3은 세 번째 FND 그리고 com4는 네 번째 FND를 제어한다.

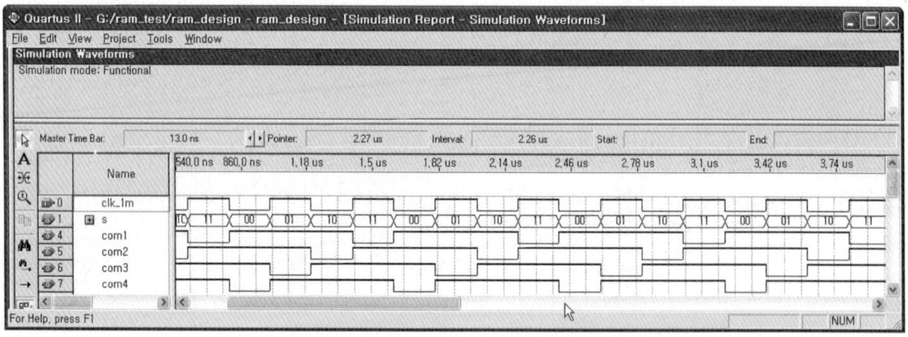

[그림 21-13] LPM_MUX2 선택신호 및 FND 인에이블 신호 발생회로 동작파형

⑨ 메모리 LPM_RAM_DQ

LPM_RAM_DQ를 이용하면 FPGA칩에 메모리를 구성할 수 있다. [그림 21-14]는 메모리를 구성하기 위한 첫 번째 단계이며 데이터가 8비트이고 메모리 사이즈는 256바이트이다.

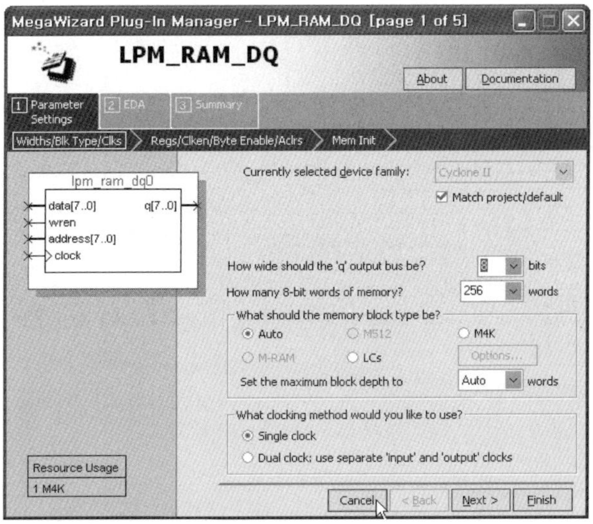

[그림 21-14] 메모리 LPM_RAM_DQ 구성 1단계

[그림 21-15]는 메모리 구성을 위한 2단계 과정이며 메모리의 출력이 플립플롭으로 래치되어야 함을 설정하는 과정이다.

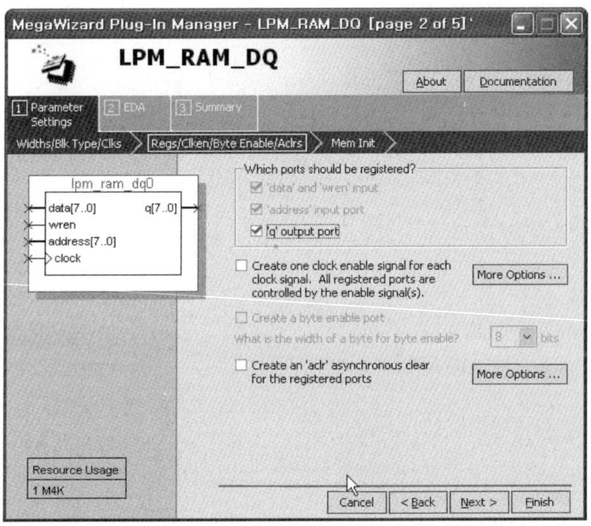

[그림 21-15] 메모리 LPM_RAM_DQ 구성 2단계

[그림 21-16]은 메모리 구성을 위한 3단계 과정이며 256바이트 메모리의 모든 내용에 초기 값을 설정할 것인가를 묻는 것이며 "No, leave it blank."를 선택하므로서 초기 값을 설정하지 않고 비워놓음으로 설정한다.

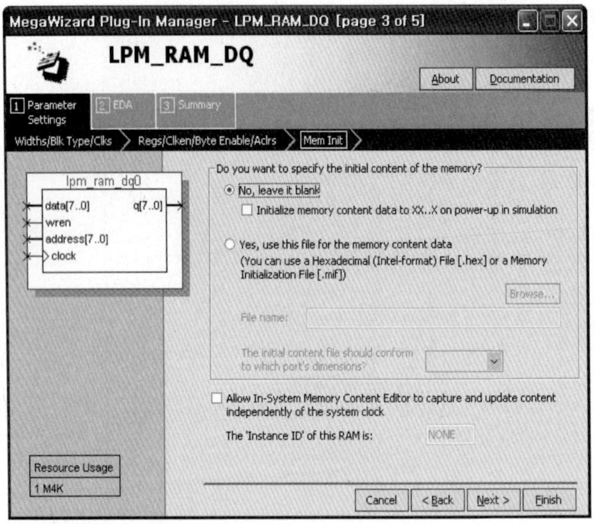

[그림 21-16] 메모리 LPM_RAM_DQ 구성 3단계

[그림 21-17]은 메모리 구성을 위한 4단계 과정이다.

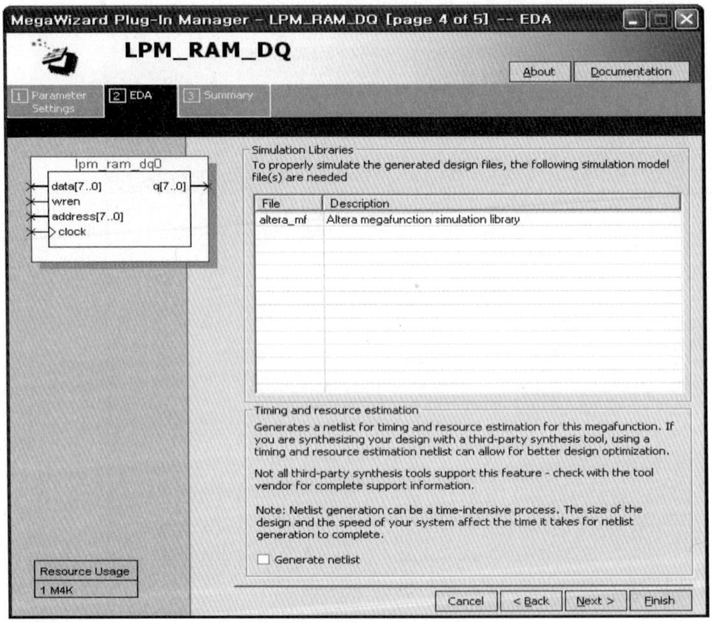

[그림 21-17] 메모리 LPM_RAM_DQ 구성 4단계

[그림 21-18]은 메모리 구성을 위한 마지막 과정이며 메모리 구성의 전체요약이다.

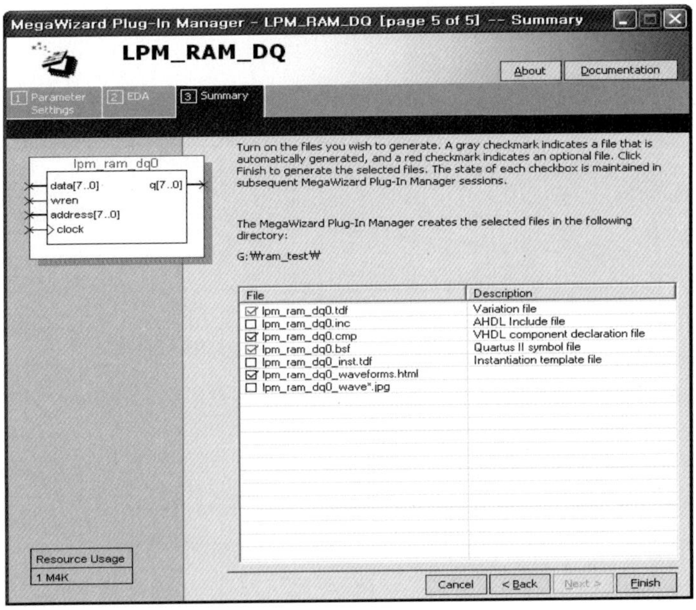

[그림 21-18] 메모리 LPM_RAM_DQ 구성 마지막 단계

⑩ FND 드라이버 fnd0_F

[그림 21-19]는 트레이닝 키트의 FND에 0부터 F까지 표시할 수 있도록 설계한 회로이다.

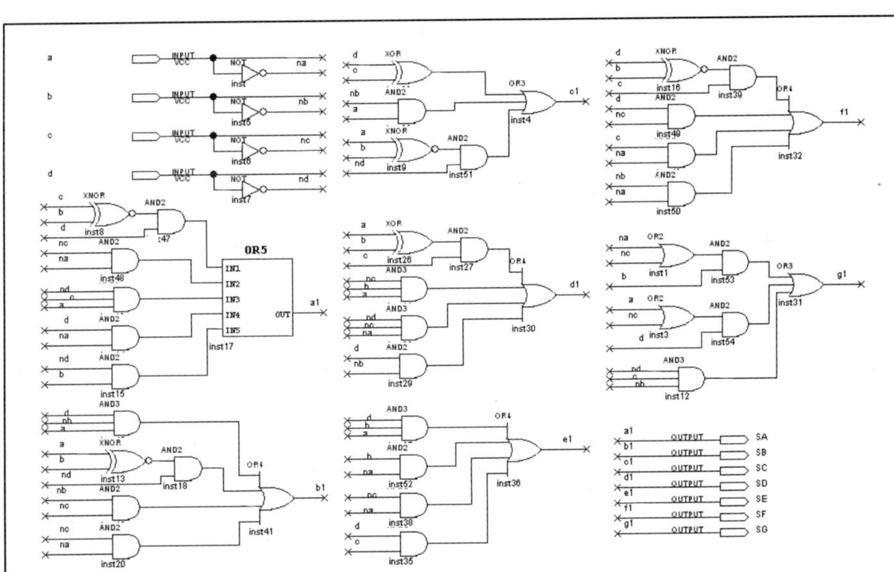

[그림 21-19] FND에 0부터 F까지 표시하기 위한 FND 드라이버 회로

[그림 21-19] 회로는 〈표 21-7〉을 참고하여 설계한 것이다.

〈표 21-7〉 FND 드라이버 입·출력 진리표

숫자	입력 신호				FND 구동신호						
	d	c	b	a	SG	SF	SE	SD	SC	SB	SA
0	0	0	0	0	0	1	1	1	1	1	1
1	0	0	0	1	0	0	0	0	1	1	0
2	0	0	1	0	1	0	1	1	0	1	1
3	0	0	1	1	1	0	0	1	1	1	1
4	0	1	0	0	1	1	0	0	1	1	0
5	0	1	0	1	1	1	0	1	1	0	1
6	0	1	1	0	1	1	1	1	1	0	1
7	0	1	1	1	0	0	0	0	1	1	1
8	1	0	0	0	1	1	1	1	1	1	1
9	1	0	0	1	1	1	0	0	1	1	1
A	1	0	1	0	1	1	1	0	1	1	1
B	1	0	1	1	1	1	1	1	1	0	0
C	1	1	0	0	0	1	1	1	0	0	1
D	1	1	0	1	1	0	1	1	1	1	0
E	1	1	1	0	1	1	1	1	0	0	1
F	1	1	1	1	1	1	1	0	0	0	1

21.2.4 LPM_RAM 응용회로 동작 파형

[그림 21-20]은 Combo II 트레이닝 키트를 위한 LPM_RAM 응용회로의 모의실험 결과이다.

sw0을 이용하여 상승펄스를 공급하면 latch4의 래치신호가 초기화된다. key3, key4, key5, key6을 차례로 누르면 메모리의 쓰기 어드레스 34h, 메모리의 쓰기 데이터는 56h가 된다. 그리고 key6이 눌려진 다음 나타나는 m데이터는 굵은 선으로 표시된 것처럼 3,4,5,6이다. 다음으로 key3, key5, key7, key9를 차례로 누르면 메모리의 쓰기 어드레스 35h, 데이터는 79h가 된다. 그리고 key9가 눌려진 다음 나타나는 m데이터는 굵은 선으로 표시된 것처럼 3,5,7,9이다. sw1을 논리 [0]으로 만들면 메모리 읽기 모드로 바뀐다. key3과 key4를 누르면 메모리 읽기 주소가 설정되고 sw2를 논리 [0]으로 만든 다음 keyD를 누르면 메모리 읽기 주소 34h가 메모리에 공급되고 메모리에 기록되었던 데이터 56h가 된다. keyD를 한번 더 누르면 메모리 쓰기 주소 35h에 기록되었던 데이터 79h가 출력되는 것을 알 수 있다.

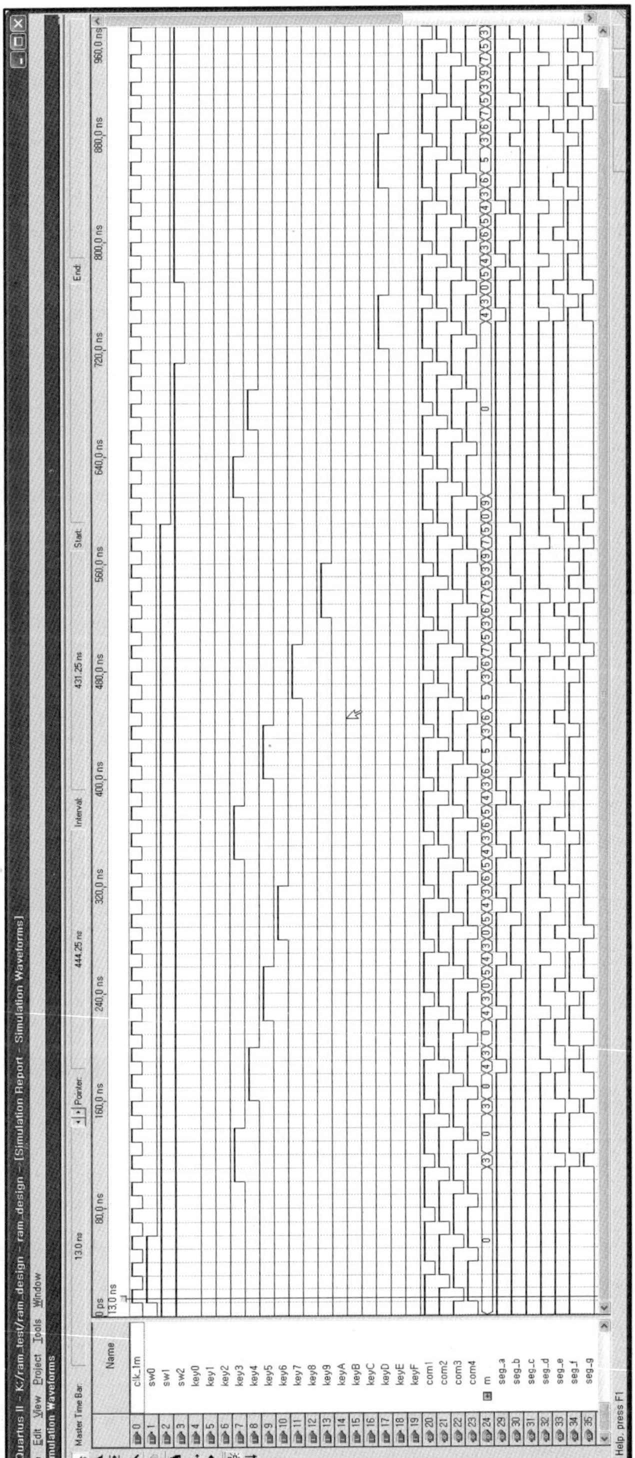

[그림 21-20] LPM_RAM 응용회로 모의실험 결과 파형

21.2.5 LPM_RAM 응용회로 핀 연결

〈표 21-8〉은 Combo II 트레이닝 키트에 LPM_RAM 응용 회로 실장실험을 하기 위한 핀 연결 정보이다.

〈표 21-8〉 Combo II 트레이닝 키트에 LPM_RAM 응용회로 실장실험 핀 연결 정보

	신호명	Combo II 신호 명	핀번호	신호명	Combo II 신호 명	핀번호
Cyclone II EP2C35F672C8 (Clock SW : C로 설정) C_Scan 방식 (Scan Dir)	clk_1m	CLK_MAIN[0]	N1	seg_g	SEG_DATA[6]	AA6
	sw0	DIP_D[0]	Y12	seg_f	SEG_DATA[5]	AA1
	sw1	DIP_D[1]	AE11	seg_e	SEG_DATA[4]	AA2
	sw2	DIP_D[2]	U12	seg_d	SEG_DATA[3]	AC6
	row0	KEYPAD_ROW[0]	AD10	seg_c	SEG_DATA[2]	AD6
	row1	KEYPAD_ROW[1]	AC10	seg_b	SEG_DATA[1]	AE5
	row2	KEYPAD_ROW[2]	V10	seg_a	SEG_DATA[0]	AF5
	row3	KEYPAD_ROW[3]	AF9	COM1	SEG_COM[0]	Y1
	col[0]	KEYPAD_COLUMN[0]	V11	COM2	SEG_COM[1]	Y4
	col[1]	KEYPAD_COLUMN[1]	AB10	COM3	SEG_COM[2]	Y3
	col[2]	KEYPAD_COLUMN[2]	AA10	COM4	SEG_COM[3]	W1
	keyA	BUTTON_SW[0]	Y10	COM5	SEG_COM[4]	Y5
	keyB	BUTTON_SW[1]	W10	COM6	SEG_COM[5]	W3
	keyC	BUTTON_SW[2]	AA9	COM7	SEG_COM[6]	W2
	keyD	BUTTON_SW[3]	V9	COM8	SEG_COM[7]	
	keyE	BUTTON_SW[4]	AE9			
	keyF	BUTTON_SW[5]	AC9			

21.2.6 LPM_RAM 응용회로 실장실험

〈표 21-8〉과 같이 핀 정보를 모두 입력한 다음 컴파일을 다시 해야한다. 컴파일을 한 후 [Tools]-[Programmer]를 클릭하여 실장실험을 한다. 먼저 Combo II 트레이닝 키트의 실장실험 예는 다음과 같다.

설계한 회로를 트레이닝 키트에 다운로드 한다. 그리고 〈표 21-9〉와 같이 Scan_Dir 스위치를 C_Scan위치로 설정한다. 첫 번째 스위치를 OFF, 두 번째와 세 번째 스위치는 ON, 클럭 선택 스위치는 C로 설정하여 공급클럭을 1㎒에 맞춘다. 다음으로 키보드의 키 3, 키 4, 키 5 그리고 키 6을 차례로 누르고 트레

이닝 키트의 FND에 〈표 21-9〉와 같은 결과가 나타나는지 확인한다. 이것은 메모리 주소 34h에 56h데이터를 기록하기 위한 과정이다.

〈표 21-9〉 Combo II 실장실험 메모리 쓰기 1

설정	입력	FND 출력
스위치 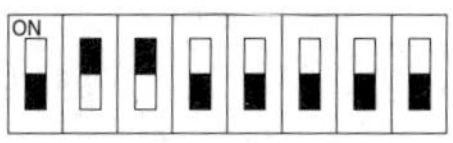	3,4,5,6	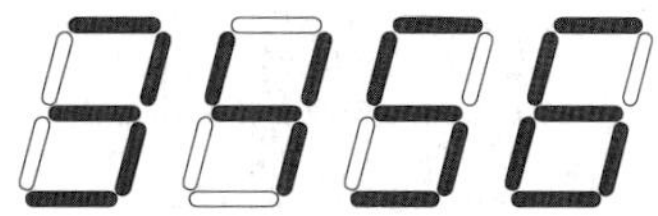
클럭 선택 50㎑(9) Scan_Dir (C_Scan)		

다음으로 키보드의 키 3, 키 5, 키 A 그리고 키 B를 차례로 누르고 트레이닝 키트의 FND에 〈표 21-10〉과 같은 결과가 나타나는지 확인한다. 이것은 메모리 주소 35h에 ABh데이터를 기록하기 위한 과정이다.

〈표 21-10〉 Combo II 실장실험 메모리 쓰기 2

설정	입력	FND 출력
스위치 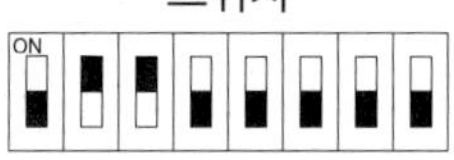	3,5,A,B	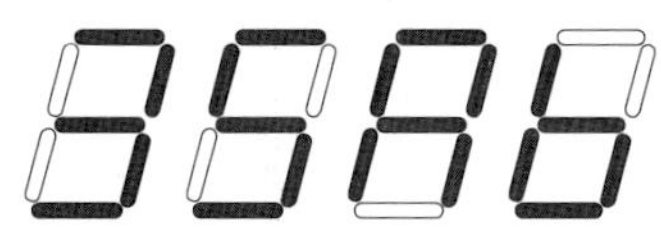
클럭 선택 50㎑(9) Scan_Dir (C_Scan)		

다음으로 키보드의 키 3, 키 6, 키 9 그리고 키 C를 차례로 누르고 트레이닝 키트의 FND에 〈표 21-11〉과 같은 결과가 나타나는지 확인한다. 이것은 메모리 주소 36h에 9Ch데이터를 기록하기 위한 과정이다.

〈표 21-11〉 Combo II 실장실험 메모리 쓰기 3

설정	입력	FND 출력
스위치 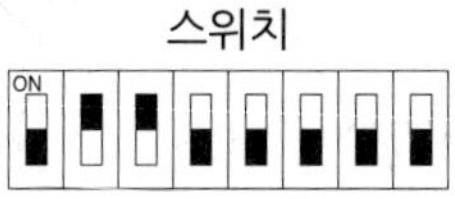	3,6,9,C	
클럭 선택 50㎑(9) Scan_Dir (C_Scan)		

지금까지 입력한 주소 및 데이터는 메모리에 데이터를 기록하는 과정이다. 즉, 8비트 어드레스를 지정한 다음 8비트 데이터를 기록한 것이다. 3개의 메모리 방에 쓰여진 데이터는 각각 56h, ABh 그리고 9Ch이다.

자, 지금부터 메모리에 기록되었던 데이터를 읽어보자. 먼저 키 0을 4번 입력하여 FND를 모두 0으로 만든다. 다음으로, sw1을 아래로 내려 논리 [0]으로 만든다. 이것은 회로내의 멀티플렉서 선택신호로 사용되고 있으며 메모리 읽기 모드로 전환하는 신호이다. 그리고 키를 이용하여 키 3과 키 4를 입력한다. 이것은 메모리 쓰기과정에서 처음 사용했던 주소이다. 이 주소를 입력한 다음 sw2를 아래로 내려 논리 [0]으로 만든다. sw2는 메모리 읽기 주소 발생회로의 초기 값 설정 신호이며 이 신호를 논리 [0]으로 만든 다음 키 D를 한번 누른다. 그러면 메모리 읽기 주소 발생회로의 초기 값이 로드되면서 메모리 읽기 주소 34h가 메모리에 공급되고 해당 주소에 저장되었던 데이터 56h가 출력된다. 이 과정이 〈표 21-12〉에 있다.

〈표 21-12〉 Combo II 실장실험 메모리 읽기 1

순서	설정	입력	FND 출력
1	스위치 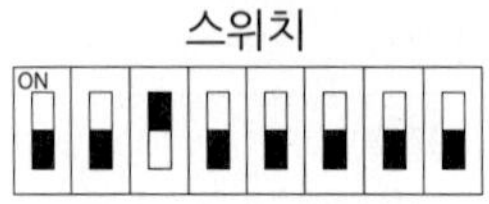 클럭 선택 50㎑(9) Scan_Dir(C_Scan)	3,4	34
2	스위치 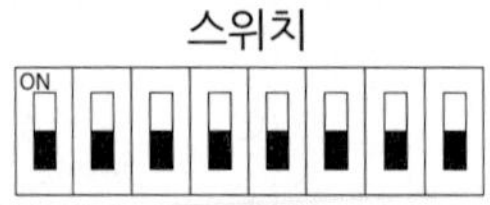	D	3456
3	스위치 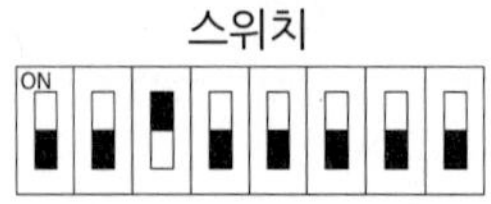		3456

다음으로 키 D를 한 번 더 누른다. 그러면 메모리 주소가 하나 증가하여 35h가 되고 35h번지에 기록되었던 데이터 ABh가 〈표 21-13〉과 같이 출력되는 것을 확인한다.

〈표 21-13〉 Combo II 실장실험 메모리 읽기 2

설정	입력	FND 출력
 클럭 선택 50㎑(9) Scan_Dir(C_Scan)	D	35Ab

다음으로 키 D를 한 번 더 누른다. 그러면 메모리 주소가 하나 증가하여 36h가 되고 36h번지에 기록되었던 데이터 9Ch가 〈표 21-14〉와 같이 출력되는 것을 확인한다.

〈표 21-14〉 Combo II 실장실험 메모리 읽기 3

설정	입력	FND 출력
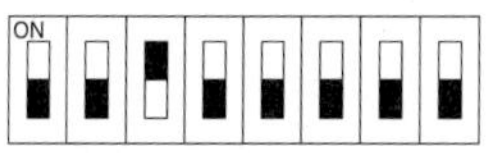 클럭 선택 50KHz(9) Scan_Dir(C_Scan)	D	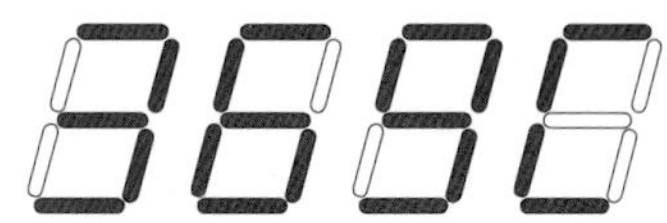

21.3 주요 사항 검토

① latch4 블록의 외부 제어신호를 제공하는 ringcount블록의 용도는 무엇인가?
② LPM_RAM_DQ의 어드레스 크기는 얼마인가?
③ LPM_RAM_DQ의 데이터 크기는 얼마인가?
④ count256블록의 용도는 무엇인가?
⑤ count256 블록의 최대 출력은 얼마인가?
⑥ count256 블록의 2개 카운터는 74161이다. 2개 카운터의 연결방법은 동기식인가 아니면 비동기식인가?
⑦ 디코더 74139를 사용한 이유는 무엇인가?
⑧ lpm_ram_dq는 FPGA칩 내부 메모리이다. 이 메모리에 데이터를 쓰는 동안 메모리의 출력상태는 어떻게 되는가?
⑩ FND 드라이버인 fnd0_F와 7448의 차이점은 무엇인가?

21.4 연습문제

연습문제

① latch4 블록의 래치신호 발생회로인 ringcount회로를 다른 방법으로 설계하여 래치신호를 발생시키시오.

② fnd0_F 블록의 진리표인 〈표 21-7〉을 이용하여 각 출력에 대한 논리식을 구성하시오.

③ 메모리 읽기 회로는 메모리 주소를 직접 입력하는 것이 아니고 카운터를 이용하고 있다. 메모리 읽기 주소를 직접 키로 입력하는 방식으로 회로를 변경하시오.

CHAPTER 22

PS/2 키보드 인터페이스 회로 설계하기

CHAPTER

22 PS/2 키보드 인터페이스 회로 설계하기

22.1 PS/2 키보드 인터페이스 회로 설계 목표

① 이 회로의 입력은 트레이닝 키트에 있는 PS/2 키보드 인터페이스를 사용한다.
② 이 회로의 출력은 트레이닝 키트에 있는 1개의 FND를 사용한다.
③ PS/2 키보드의 숫자 키를 누르면 FND에 표시되도록 한다.
④ 키보드의 스캔 코드를 ASCII코드로 변환하기 위해 LPM_ROM을 사용한다.

22.2 PS/2 키보드 인터페이스 회로 구성하기

22.2.1 PS/2 키보드 인터페이스 회로 블록도

PS/2 키보드 인터페이스 회로는 [그림 22-1]과 같이 외부 PS/2 키보드, 트레이닝 키트의 PS/2 키보드 커넥터, SP Register로 이름 붙여진 11비트 시프트 레지스터(Shift Register), 8비트 래치, 0에서 10까지 세는 11진 카운터, PS/2 키보드의 스캔코드를 BCD 4비트 코드로 변환해주는 LPM_ROM, FND드라이버 그리고 FND로 구성한다.

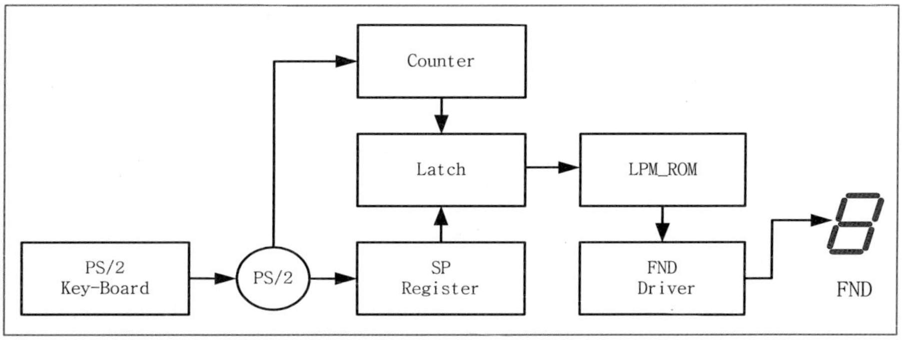

[그림 22-1] PS/2 키보드 인터페이스 회로 블록도

① PS/2 키보드 신호 특성

PS/2 키보드의 데이터 라인은 하나이므로 키를 누를 경우 데이터가 키보드에서 공급되는 클럭에 동기되어 직렬 형태로 출력된다. 키보드의 클럭은 키를 누르거나 뗄 때만 발생한다.

데이터 형태는 시작비트 1(Start Bit), 정지 비트 1(Stop Bit), 패리티 비트 1(Parity Bit) 그리고 데이터 8비트 데이터로 구성하며 총 11비트로 구성한다.

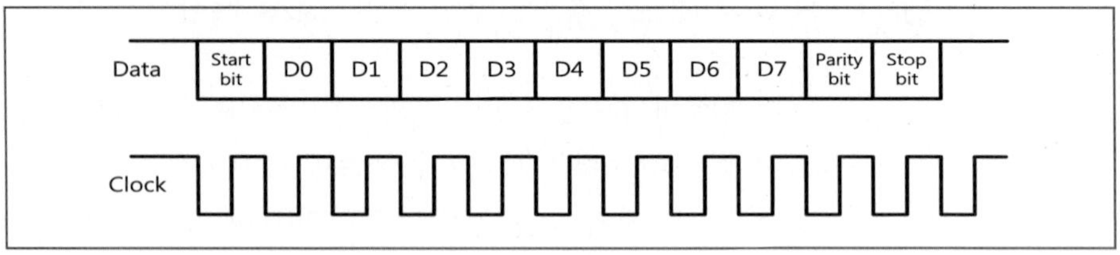

[그림 22-2] PS/2 키보드 타이밍 다이아그램

키보드를 누르면 키보드는 해당키에 대한 스캔 코드를 출력한다. 이 코드는 키를 누르거나 뗄 때 발생하므로 키를 계속해서 누르고 있는 상태를 감지할 수 있다. 결과적으로 키보드는 키를 눌렀을 때의 메이크 코드(Make Code)와 키를 뗄 때의 브레이크 코드(Brake Code)를 발생하므로 누른 것과 뗀 것을 구분할 수 있다. [그림 22-2]는 PS/2 키보드의 데이터와 클럭의 관계를 나타낸 것이며 클럭 신호의 하강에지에 동기되어 데이터가 출력됨을 알 수 있다.

키보드를 뗄 때는 누를 때와 다르게 16진수 F0h 스캔 코드 앞에 나타난다. 즉, 누를 때의 스캔 코드는 1바이트이지만 뗄 때의 스캔 코드는 2바이트로 구성되어 있다.

〈표 22-1〉은 PS/2 키보드의 스캔코드와 입력키의 관계를 표현한 것이다.

〈표 22-1〉 PS/2 키보드 스캔 코드 변환표

입력키	1	2	3	4	5	6	7	8	9	0
Make 코드	16	1E	26	25	2E	36	3D	3E	46	45
Break 코드	F0 16	F0 1E	F0 26	F0 25	F0 2E	F0 36	F0 3D	F0 3E	F0 46	F0 45
입력키	A	B	C	D	E	F	G	H	I	J
Make 코드	1C	32	21	23	24	2B	34	33	43	3B
Break 코드	F0 1C	F0 32	F0 21	F0 23	F0 24	F0 2B	F0 34	F0 33	F0 43	F0 3B
입력키	K	L	M	N	O	P	Q	R	S	T
Make 코드	42	4B	3A	31	44	4D	15	2D	1B	2C
Break 코드	F0 42	F0 4B	F0 3A	F0 31	F0 44	F0 4D	F0 15	F0 2D	F0 1B	F0 2C
입력키	U	V	W	X	Y	Z		-	=	Enter
Make 코드	3C	2A	1D	22	35	1A		4E	55	5A
Break 코드	F0 3C	F0 2A	F0 1D	F0 22	F0 35	F0 1A		F0 4E	F0 55	F0 5A

② LPM_ROM의 내용

LPM_ROM에는 〈표 22-2〉와 동일한 데이터를 저장하며 키보드에서 출력되는 스캔 코드 자체가 LPM_ROM의 주소가 되도록 설계한다. 즉, LPM_ROM의 어드레스는 키보드에서 출력되는 8비트 스캔 코드이고 그 어드레스에 일치하는 메모리 데이터는 4비트 BCD데이터이다.

〈표 22-2〉 LPM_ROM의 데이터 파일(kdata.mif)

파일명 : kdata.mif, width = 4, depth = 256 address_radix = hex; data_radix = hex;	
어드레스	**데이터**
16h	1
1Eh	2
26h	3
25h	4
2Eh	5
36h	6
3Dh	7
3Eh	8
46h	9
45h	0

22.2.2 PS/2 키보드 인터페이스 회로도

PS/2 키보드 인터페이스 회로는 [그림 22-3]과 같이 kbd_data 블록, 74161 16진 카운터 회로, LPM_ROM, 74374 래치, 7448 FND 드라이버 등으로 구성한다. PS/2키보드의 데이터 선(ps2_data)과 키보드 클럭 선(k_clk)이 kbd_data 블록에 공급되면 kbd_data블록에 있는 직렬-병렬 레지스터는 8비트 키보드 데이터를 출력한다. 이 키보드 데이터는 16진 카운터 74161의 MSB 비트인 c[3] 신호의 하강 에지(Falling Edge)에서 74374의 출력으로 래치된다. 74374에 래치된 데이터는 LPM_ROM의 어드레스 선으로 공급되고 이 어드레스에 의해 LPM_ROM에 저장된 데이터가 출력된다. 이 데이터는 7448 FND 드라이버에 입력되고 최종적으로 7448은 FND 데이터를 출력한다.

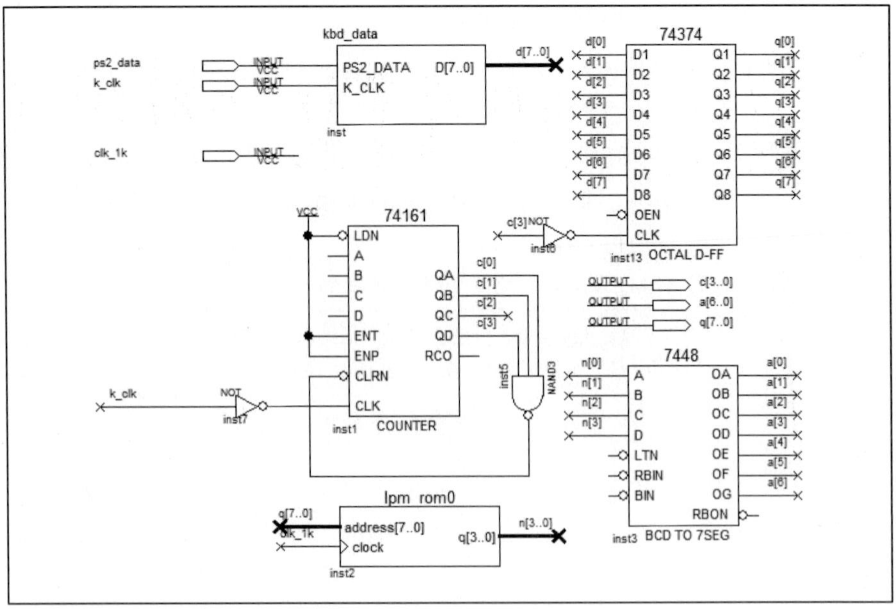

[그림 22-3] PS/2 키보드 인터페이스 회로

22.2.3 PS/2 키보드 인터페이스 회로 동작원리

[그림 22-3]에서 키보드의 키 1을 누르면 1에 해당하는 데이터 16h가 직렬로 입력되고 직렬로 입력된 데이터는 병렬로 바뀌고 74374 OCTAL D-FF에 래치된다. 래치된 데이터는 LPM_ROM의 어드레스가 되고 해당 어드레스에 저장되어 있는 데이터 0001이 출력된다. 0001이 7448에 공급되면 7448은 0000110의 FND데이터를 출력하고 FND는 숫자 1을 표시한다.

① kbd_data블록과 74374

이 블록의 회로도를 [그림 22-4]에 나타내었다. [그림 22-4]는 11개의 D-FlipFlop(DFF)으로 구성한 직렬-병렬 레지스터이며 ps2_data로 입력되는 직렬 데이터는 키보드에서 공급되는 k_clk신호의 하강에지에 의해 순서대로 래치된다. 처음 입력된 sbit는 start bit이며 11번째에 놓여있는 DFF에 래치되고 8개의 데이터 비트(D7~D0)는 10번째부터 3번째 위치에 놓여있는 DFF에 래치된다. 10번째 비트인 parity bit와 11번째 비트인 stop bit는 각각 2번째 및 첫 번째 DFF에 래치된다. [그림 22-5]는 키보드 데이터와 키보드 클럭의 타이밍도이다. 〈표 22-3〉은 모의실험에서 사용할 키보드 데이터 ps2_data의 3가지 샘플을 나타낸 것이다. [그림 22-5]에서 키보드로부터 입력되는 직렬 데이터(ps2_data)는 키보드 클럭의 상승에지에 의해 첫 번째 플립플롭에 래치된다. 다음으로 들어오는 데이터는 다시 첫 번째 플립플롭에 래치되고 첫 번째 플립플롭에 래치되었던 데이터는 두 번째 플립플롭에 래치된다. 키보드 클럭은 총 11개가 입력되므로 〈표 22-3〉에 있는 11개의 데이터가 모두 래치된다. 래치된 11개의 키보드 데이터 중 순수 데이터만 필요하므로 [그림 22-4]의 회로에 표시된 것처럼 D[7]~D[0]로 이름 붙여진 8개의 신호를 얻어내면 된다. 이 8개의 신호는 [그림 22-3]의 8비트 래치 74374에 의해 래치되는데 키보드 클럭의 11번째 클럭이 입력된 후 발생하는 c[3]신호의 하강에지에 의해 래치된다. [그림 22-5]에 나타낸 것처럼 첫 번째 직렬 데이터는 c[3]의 첫 번째 하강에지 이후 00010110이 되고, 두 번째 하강에지 이후 00111101이 되며, 세 번째 하강에지 이후 11100110이 되는 것을 확인할 수 있다.

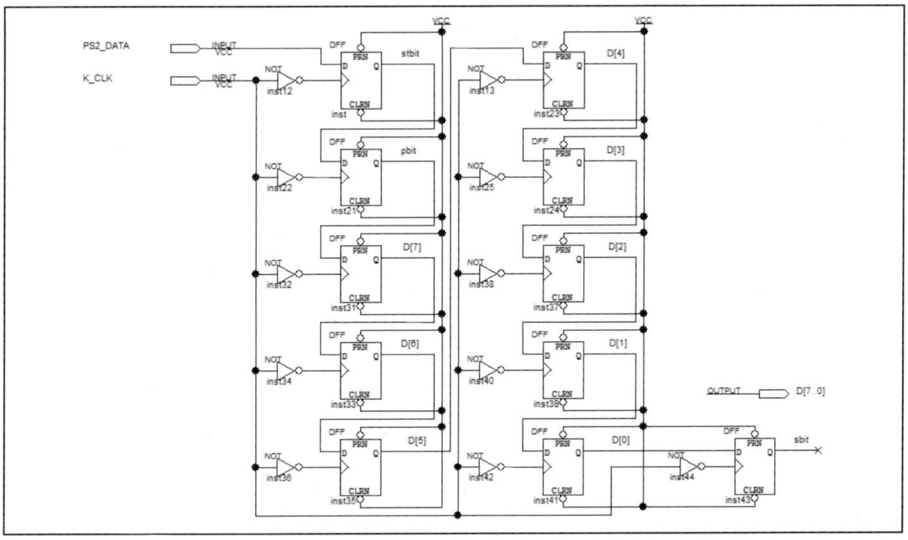

[그림 22-4] 직렬-병렬 레지스터 회로(kbd_data)

〈표 22-3〉 모의실험에 사용한 3가지 데이터 형태

키보드 데이타	Start Bit	D0	D1	D2	D3	D4	D5	D6	D7	Parity Bit	Stop Bit
첫 번째	1	0	1	1	0	1	0	0	0	0	0
두 번째	1	1	0	1	1	1	1	0	0	1	1
세 번째	0	0	1	1	0	0	1	1	1	1	1

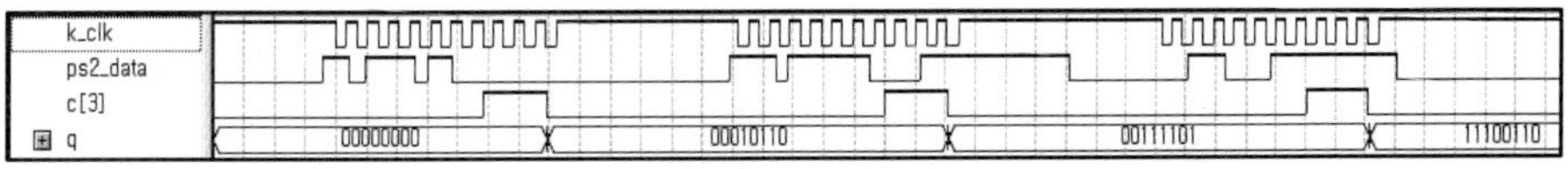

[그림 22-5] 직렬-병렬 레지스터 회로 모의실험 결과

② 74161 16진 카운터와 래치신호

74161 16진 카운터는 키보드 클럭을 계수하기 위해 사용하며 11개의 직렬 키보드 데이터와 함께 입력되는 키보드 클럭 11개를 계수하며 카운터의 출력이 1011 즉, 10진수로 11이 되면 다시 0000이 되도록 설계한다. 이 카운터는 클럭의 상승에지에서 동작하므로 키보드 클럭의 하강에지에 동기가 맞추어진 키보드 데이터를 위해 카운터 클럭에 NOT게이트를 배치하여 하강에지를 상승에지로 맞추어 카운트한다. 이 카운터의 출력 c[3]는 키보드 클럭이 8개 입력되면 논리 [1]이 되고 4 클럭 기간 동안 논리 [1]을 유지한 다음 카운터 출력이 0000이 될 때 논리 [0]이 된다. 이 신호에 NOT게이트를 연결한 신호를 74374 래치 신호로 사용하며 이 신호의 상승 에지에서 직렬-병렬 레지스터의 출력이 래치된다.

③ LPM_ROM

이 회로에서 사용한 LPM_ROM은 256개의 메모리를 가지고 있으며 각 메모리의 크기는 4비트로 설정하였다. LPM_ROM은 클럭이 있어야만 동작하므로 1 ㎑ 구형파를 연결한다. LPM_ROM에 클럭과 8비트 어드레스가 공급되면 LPM_ROM에 저장되어 있던 4비트 데이터가 출력된다. 예를 들어 키보드에 있는 키 1을 누르면 LPM_ROM은 0001, 키 9를 누르면 1001을 출력한다. Quartus II 프로그램을 이용하여 LPM_ROM 파일을 만들기 위한 과정은 다음과 같다.

첫째, [File]-[New]를 누르면 [그림 22-6]의 창이 나타난다.

둘째, [그림 22-6]에서 Memory Initialization File을 선택하면 [그림 22-7] 창이 나타난다. [그림 22-7]에서 Number of words는 메모리 크기, Word size는 각 메모리의 데이터 크기를 나타내는 것이며 256개의 메모리와 8비트 크기를 갖는 메모리가 만들어진다. [그림 22-7]에서 [OK]버튼을 클릭하면 [그림 22-8]과 같은 메모리 편집 창이 활성화된다.

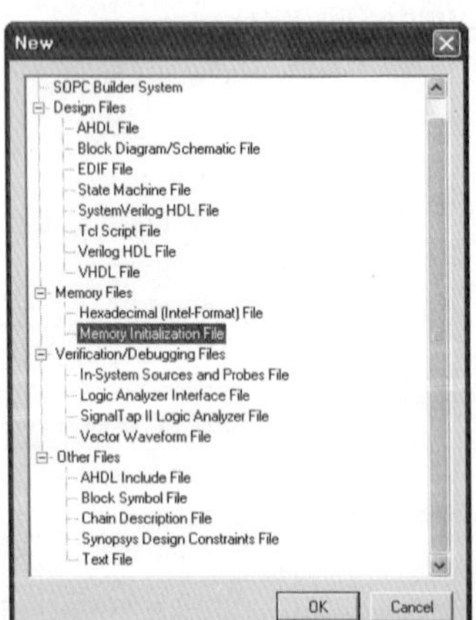

[그림 22-6] LPM_ROM파일 만들기

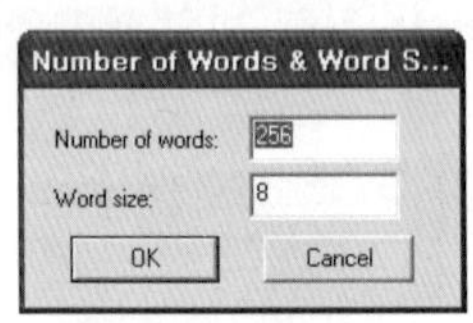

[그림 22-7] 메모리 사이즈

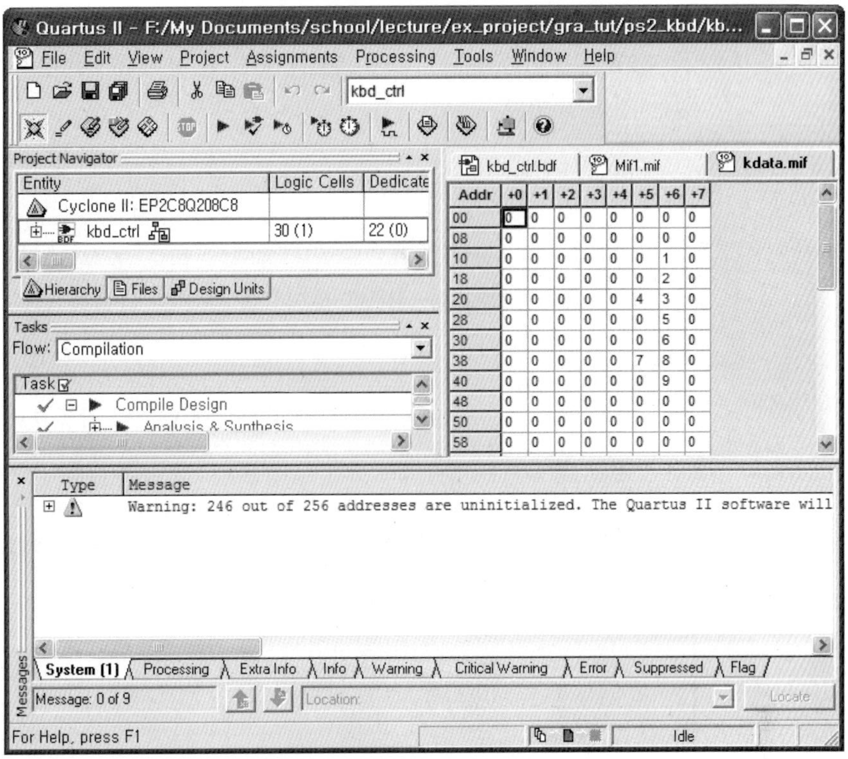

[그림 22-8] LPM_ROM의 메모리 파일 만들기 위한 창

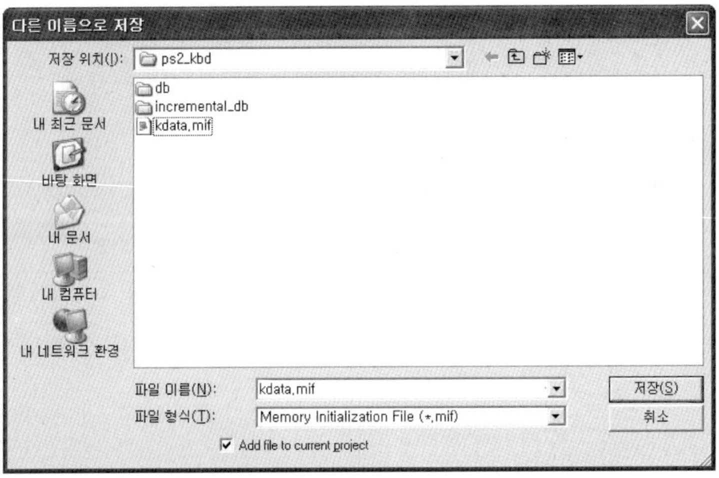

[그림 22-9] LPM_ROM의 메모리 파일 저장하기

[그림 22-8]에서 세로는 어드레스를 의미하며 00h번지부터 8개의 방이 가로로 이어져 있고 FFh번지까지 총 256개의 방이 만들어진다. 각각의 방에 커서를 배치한 다음 메모리에 저장할 데이터를 입력한 후 [File]-[Save As]를 클릭하면

[그림 22-9]가 나타나는데 확장자명이 mif인 파일을 생성할 수 있다. [그림 22-8]에서 16h번지에는 1, 1Eh번지에는 2 그리고 46h번지에는 9가 입력되어 있는 것을 확인할 수 있다.

22.2.4 PS/2 키보드 인터페이스 회로 동작 파형

[그림 22-10]은 PS/2 키보드 인터페이스 회로 동작 파형의 모의실험 조건을 나타낸 것이다. [그림 22-10]의 모의실험 조건은 다음과 같다.

모의실험 조건

Vector Waveform Editor창에서 [Edit]-[End Time]을 15μs로 설정한다.

Vector Waveform Editor창에서 [Edit]-[Grid Size]를 100ns로 설정한다.

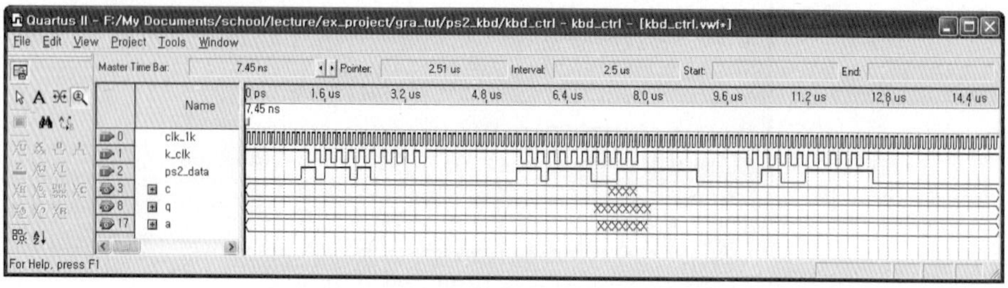

[그림 22-10] PS/2 키보드 인터페이스 회로 모의실험 조건

[그림 22-10]의 모의실험 창에서 사용한 입・출력 신호의 설명을 〈표 22-4〉에 나타내었다.

〈표 22-4〉 모의실험에 사용한 입・출력 신호

신호 이름	특징
clk_1k	LPM_ROM 데이터를 읽을 때 동기 클럭으로 사용
k_clk	PS/2 키보드에서 입력되는 클럭신호이며 키를 누르거나 뗄 때마다 11개의 클럭이 발생
ps2_data	PS/2 키보드에서 입력되는 데이터 신호이며 첫 번째 데이터 : 1 0 1 1 0 1 0 0 0 0 0 두 번째 데이터 : 1 1 0 1 1 1 1 0 0 1 1 세 번째 데이터 : 0 0 1 1 0 0 1 1 1 1 1로 설정한다.
c	1011 즉, 십진수 11에서 카운터가 리셋되는 11진 카운터의 출력이며 c3신호는 직렬-병렬 레지스터의 출력 데이터를 래치하는 신호로 사용
q	8비트이며 직렬-병렬 레지스터에서 출력되는 8비트의 데이터를 c3 신호의 하강 에지에서 래치한다.
a	래치된 PS/2 데이터가 LPM_ROM에 공급되면 LPM_ROM에 저장된 4비트 데이터가 출력되며 4비트 에이터에 대응되는 데이터가 7448디코더를 통해 출력된다.

[그림 22-11]은 PS/2 키보드 인터페이스 회로 모의실험 결과이다.

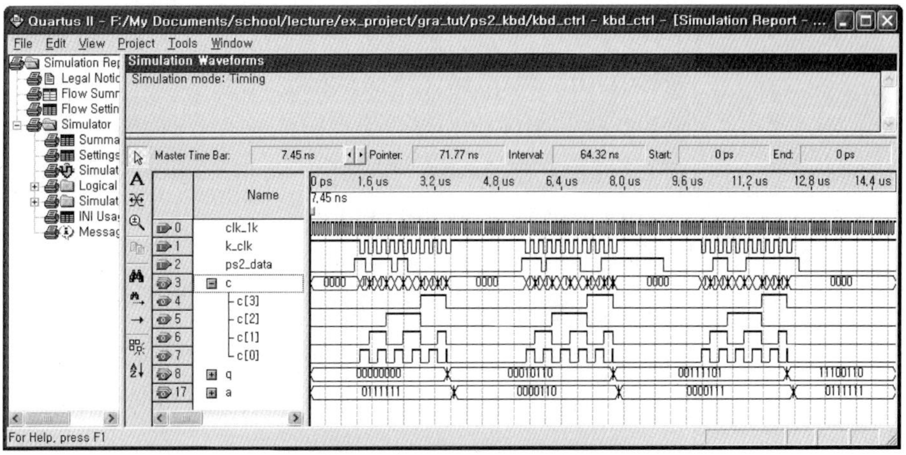

[그림 22-11] PS/2 키보드 인터페이스 회로 모의실험 결과

[그림 22-11]에서 사용한 k_clk은 실제 키보드 데이터와는 다른 설정 값을 가지고 있다. [그림 22-11]의 모의실험 결과에 대한 상세한 설명은 다음과 같다.

① 첫 번째 키보드 데이터 해석

[그림 22-12]는 첫 번째 데이터가 입력되어 나타나는 결과이다.

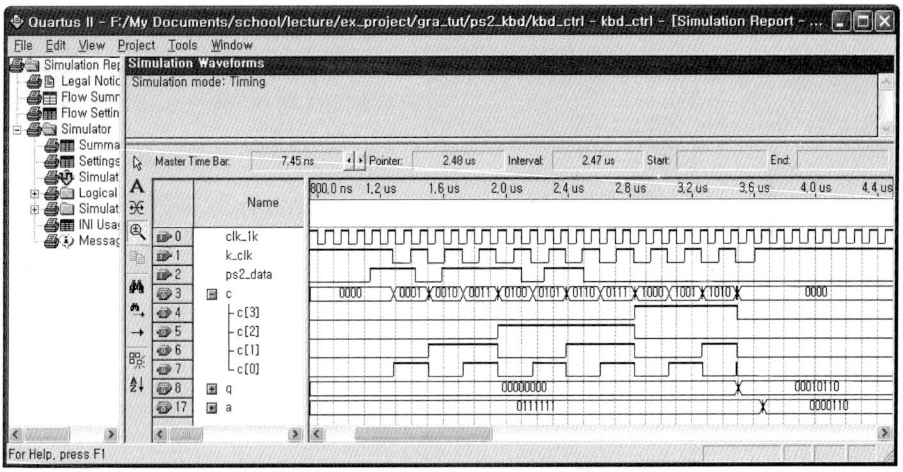

[그림 22-12] 첫 번째 키보드 데이터 모의실험 결과

[그림 22-12]에서 첫 번째 키보드 데이터는 10110100000이며 첫 번째 비트인 start bit를 제외한 나머지 8개의 비트는 LSB부터 0110 1000이므로 c가

1010이후에 1011이 된 순간 카운터는 리셋이 되므로 c[3]이 0이 된다. 이 신호를 인버트하면 논리 [1]이 되므로 상승에지가 되고 이 상승에지는 직렬-병렬 레지스터에 의해 저장된 8비트의 데이터를 q에 래치한다. 래치된 데이터는 MSB부터 0001 0110이다. 이 값은 16진수로 16h이며 이 데이터는 LPM_ROM의 16h번지 주소가 된다. 이 주소에는 10진수 1에 해당하는 0001이 저장되어 있으며 0001이 LPM_ROM에서 출력되면 7448 디코더는 000 0110의 FND데이터를 출력하여 FND에 숫자 1이 켜지게 된다.

② 두 번째 키보드 데이터 해석

[그림 22-13]은 두 번째 데이터가 입력되어 나타나는 결과이다. [그림 22-13]에서 두 번째 키보드 데이터는 11011110011이며 첫 번째 비트인 start bit를 제외한 나머지 8개의 비트는 LSB부터 1011 1100이므로 c가 1010이후에 1011이 된 순간 카운터는 리셋이 되므로 c[3]가 0이 된다. 이 신호를 인버트하면 1이 되므로 상승에지가 되고 이 상승에지는 직렬-병렬 레지스터에 의해 저장된 8비트의 데이터를 q에 래치한다. 래치된 데이터는 MSB부터 0011 1101이다. 이 값은 16진수로 3dh이며 이 데이터는 LPM_ROM의 3dh번지 주소가 된다. 이 주소에는 10진수 7에 해당하는 0111이 저장되어 있으며 0111이 LPM_ROM에서 출력되면 7448 디코더는 000 0111의 FND데이터를 출력하여 FND에 숫자 7이 켜지게 된다.

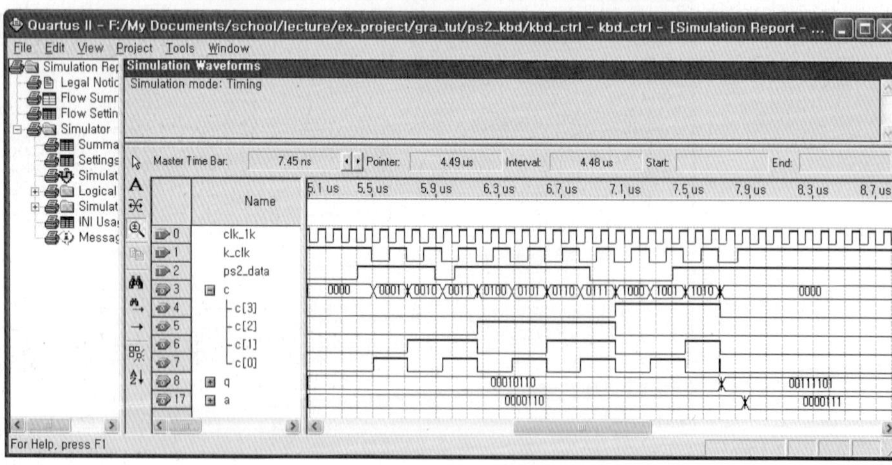

[그림 22-13] 두 번째 데이터 모의실험 결과

③ 세 번째 키보드 데이터 해석

[그림 22-14]는 세 번째 데이터가 입력되어 나타나는 결과이다. [그림 22-14]에서 세 번째 키보드 데이터는 00110011111이며 첫 번째 비트인 start bit를 제외한 나머지 8개의 비트는 LSB부터 0110 0111이므로 c[3..0]가 1010이후에 1011이 된 순간 카운터는 리셋이 되므로 c[3]가 0이 된다. 이 신호를 인버트하면 1이 되므로 상승에지가 되고 이 상승에지는 직렬-병렬 레지스터에 의해 저장된 8비트의 데이터를 q에 래치한다. 래치된 데이터는 MSB부터 1110 0110이다. 이 값은 16진수로 e6h이며 이 데이터는 LPM_ROM의 e6h번지 주소가 된다. 이 주소에는 아무런 데이터도 저장되어 있지 않으므로 0000이 LPM_ROM에서 출력된다. 7448 디코더는 011 1111의 FND데이터를 출력하여 FND에는 숫자 0이 켜지게 된다. 즉, 해당 데이터가 없으면 항상 0이 켜지도록 설계되어 있다.

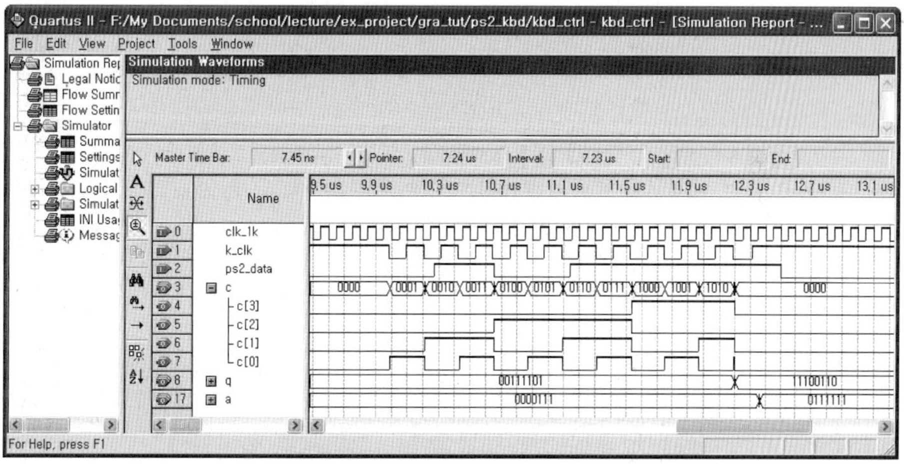

[그림 22-14] 세 번째 데이터 모의실험 결과

22.2.5 PS/2 키보드 인터페이스 회로 핀 연결

〈표 22-5〉는 Combo II트레이닝 키트에 PS/2 키보드 인터페이스 회로 실장 실험을 하기 위한 핀 연결 정보이다.

〈표 22-5〉 Combo II 트레이닝 키트에 PS/2 키보드 인터페이스 회로 실장실험을 하기 위한 핀 연결 정보

		Combo II 신호 명	핀번호	신호명	Combo II 신호 명	핀번호
Cyclone II EP2C35F672C8 (Clock SW : 6으로 설정)	clk_1k	CLK_MAIN0	N1			
	k_clk	PS2_CLK	M4			
	ps2_data	PS2_DATA	M3			
	q7	LED_D(0)	AF7	a6	SEG_DATA[6]	AA6
	q6	LED_D(1)	AE7	a5	SEG_DATA[5]	AA1
	q5	LED_D(2)	AB8	a4	SEG_DATA[4]	AA2
	q4	LED_D(3)	W8	a3	SEG_DATA[3]	AC6
	q3	LED_D(4)	AF6	a2	SEG_DATA[2]	AD6
	q2	LED_D(5)	AE6	a1	SEG_DATA[1]	AE5
	q1	LED_D(6)	AD7	a0	SEG_DATA[0]	AF5
	q0	LED_D(7)	AC7			

22.2.6 PS/2 키보드 인터페이스 회로 실장실험

〈표 22-5〉와 같이 핀 정보를 모두 입력한 다음 다시 컴파일을 해야한다. 컴파일을 한 후 [Tools]-[Programmer]를 클릭하여 실장실험을 한다.

PS/2 키보드를 트레이닝 키트의 PS/2 포트에 연결한 다음 설계한 회로를 트레이닝 키트에 다운로드 한다. 그리고 키보드의 1키를 누르고 트레이닝 키트에 〈표 22-6〉과 같은 결과가 나타나는지 확인한다.

〈표 22-6〉 Combo II 실장실험 1

	PS/2 키보드의 1번 키를 누른 경우
FND 출력	
LED 출력	16h
	○○○● ○●●○

다음으로 PS/2 키보드의 6 키를 누르고 트레이닝 키트에 〈표 22-7〉과 같은 결과가 나타나는지 확인한다.

〈표 22-7〉 Combo II 실장실험 2

	PS/2 키보드의 6번 키를 누른 경우
FND 출력	
LED 출력	36h
	○○●● ○●●○

다음으로 PS/2 키보드의 숫자 이외의 키를 누르고 트레이닝 키트에 〈표 22-8〉과 같은 결과가 나타나는지 확인한다.

〈표 22-8〉 Combo II 실장실험 3

	PS/2 키보드의 숫자가 아닌 키를 누른 경우
FND 출력	
LED 출력	00h
	○○○○ ○○○○

위의 결과로부터 PS/2 키보드 인터페이스 회로는 0에서 9까지만 입력으로 받아들이고 그 외의 키는 모두 0000 0000이 출력되도록 설계한 것임을 알 수 있다.

22.3)) 주요 사항 검토

① PS/2 키보드를 누를 때와 뗄 때의 차이점은 무엇인가?
② PS/2 키보드의 데이터는 몇 비트로 구성 되는가?
③ PS/2 키보드의 숫자외의 키를 누르면 FND에 0이 켜지는 이유는 무엇인가?
④ LPM_ROM의 주소가 8비트인 이유는 무엇인가?
⑤ 회로에서 직렬-병렬 레지스터의 플립플롭이 11개인 이유는 무엇인가?

⑥ 74374래치의 CLK신호에 NOT게이트를 연결한 이유는 무엇인가?

⑦ LPM_ROM에 공급하는 주소가 〈표 22-2〉에 주어진 값 이외의 것이 공급되면 어떤 데이터가 출력되는가?

⑧ 7448은 공통 애노드 형인가 공통 캐소드 형인가?

⑨ 7448에 1010이 공급되면 어떤 데이터가 출력되며 FND에는 어떤 문자가 표시되는가?

⑩ 1010이 입력되었을 때 원하는 문자가 표시되게 하려면 어떤 타입의 드라이버와 FND를 사용해야 하는가?

22.4 연습문제

연습문제

① PS/2 키보드의 데이터가 다음과 같이 입력될 때 직렬-병렬 레지스터의 출력을 예측하시오.

키보드 데이타	직렬-병렬 레지스터 출력
11100010000	
10100110000	
10101100000	
11101001010	
10011110010	

② 문제 ①의 데이터를 모의실험에 적용하여 출력 결과를 얻어내시오.

③ 설계한 회로가 숫자와 문자를 표시하게 하려면 어떤 조치를 취해야 하는지 검토하시오.

CHAPTER 23

트레이닝 키트의 외부 메모리 쓰기 읽기회로 설계하기

CHAPTER

23 트레이닝 키트의 외부 메모리 쓰기 읽기회로 설계하기

23.1 외부 메모리 쓰기/읽기 회로 설계 목표

① 이 회로의 입력은 트레이닝 키트에 있는 16개의 키와 스위치 그리고 클럭을 사용한다.

② 이 회로의 출력은 8개의 FND를 사용한다.

③ 스위치 sw0에 상승 펄스를 인가하면 입력한 키에 대한 4비트 2진수를 저장할 수 있다. 저장된 2진수는 메모리 주소와 데이터로 사용한다.

④ 스위치 sw1이 OFF이면 메모리 쓰기 모드, 스위치 sw2가 OFF이면 메모리 읽기모드이다.

⑤ 외부 메모리에 데이터를 기록하기 위해 스위치 sw0를 이용하여 상승 펄스를 한번 공급한 다음 키를 이용하여 메모리 주소 4개와 메모리 데이터 2개를 입력하면 메모리에 데이터가 기록된다. 이와 같은 과정을 실행하여 원하는 데이터만큼 메모리에 데이터를 기록한다. FND와 LED를 통해 메모리 쓰기 주소와 메모리 쓰기 데이터를 확인한다.

⑥ 외부 메모리에 데이터를 모두 입력한 다음 메모리 데이터를 읽기 위해 0키를 4번 입력하여 FND를 모두 0으로 만든 다음 스위치 sw1을 ON하고 스위치 sw2를 OFF한다.

⑦ 기록한 메모리 데이터를 읽기 위해 처음에 입력한 메모리 주소 4개를 입력한다.

⑧ Combo II 트레이닝 키트에서 FND에 첫 번째 기록했던 메모리 주소와 데이터가 나타나는지 확인한다.

23.2 외부 메모리 쓰기/읽기 회로 구성하기

23.2.1 외부 메모리 쓰기/읽기 회로 블록도

Combo II 트레이닝 키트는 512kByte의 외부 메모리를 가지고 있다. 지금부터 외부 메모리를 제어하는 회로를 설계해 보자.

〈표 23-1〉 외부 메모리 쓰기/읽기 회로 블록별 기능 및 용도

블록 명 및 회로 명	기능 및 용도
key 블록	0에서 9 그리고 * 및 #을 포함한 12개의 키와 6개의 16진 키
key_matrix	컬럼스캔 및 로우 스캔 방식
latch8	8개의 키를 래치
lpm_bustri	latch8 및 latch6의 16비트 데이터와 양방향 메모리 데이터 16비트를 제어
external memory	256kByte
LPM_MUX1	latch8 및 latch6의 데이터 버스와 메모리 읽기 데이터 버스 중 하나를 선택
LPM_MUX2	16비트 어드레스 버스와 16비트 데이터 버스 중 하나를 선택
count8 블록	LPM_MUX2와 FND Controller를 제어
fnd driver	0에서 F 까지 표시
fnd controller	FND 인에이블 신호 발생
ringcount8	latch8의 8개 DFF4를 제어
버스 스위치	외부 메모리 쓰기/읽기 제어
external memory	256kByte

[그림 23-1]은 외부 메모리 쓰기/읽기 회로이다. 〈표 23-1〉에 각 회로의 블록과 기능 및 용도를 나타내었다.

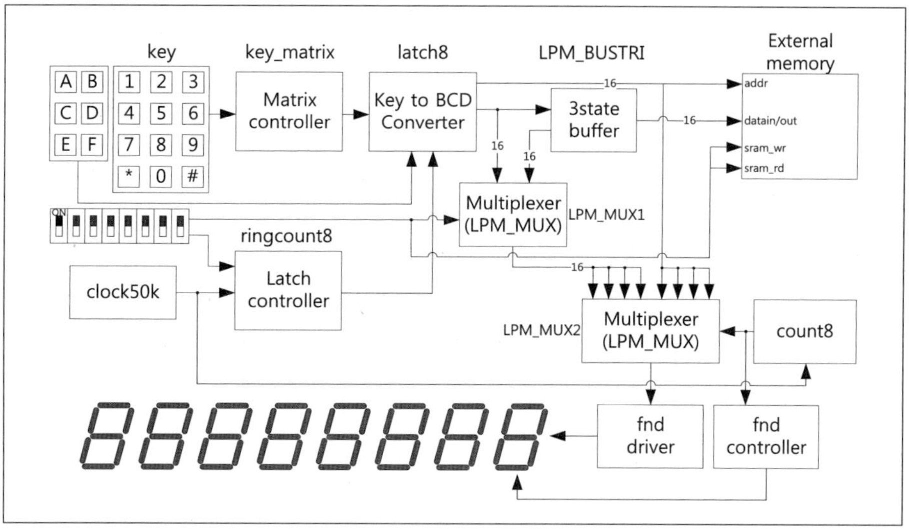

[그림 23-1] 외부 메모리 쓰기/읽기 회로 블록도

① 키 입력을 제어하는 회로 key_matrix

key_matrix블록은 매트릭스로 설계되어 있으며 0에서 9 그리고 #과 *에 해당하는 키를 제어한다. 컬럼 스캔 방식과 로우 스캔 방식이 제공되며 본 장에서는 컬럼 스캔 방식을 적용한다. 트레이닝 키트에서 키가 눌려지면 key_matrix는 latch8 회로에 상승 펄스를 공급한다.

② 최대 8개의 키를 래치하는 회로 latch8

latch8 블록은 16개의 키 중 연속으로 눌려지는 8개의 키에 대응하는 4비트 2진수 값을 래치한다. 4비트로 구성된 8개의 래치 데이터는 16비트 외부 메모리 주소 버스, 16비트 외부 메모리 데이터 버스로 사용한다.

③ latch8에 있는 래치에 래치제어신호를 공급하는 ringcount8

latch8 블록에는 8개의 DFF4 래치가 있으며 각각의 래치에 어드레스 및 데이터를 래치하기 위한 신호가 ringcount8블록에서 만들어진다.

④ LPM_BUSTRI

외부 메모리는 양방향 데이터 버스를 갖고 있는데 메모리 쓰기와 읽기가 같은 데이터 버스에서 이루어진다. 이와 같은 양방향 버스를 제어하기 위해 LPM_BUSTRI를 사용하며 제어신호가 논리 [1]일 경우 원하는 방향으로 정보가 전달되지만 논리 [0]일 경우 출력은 high impedance 상태가 된다.

⑤ 외부 메모리 512kByte

Combo II 트레이닝 키트는 512kByte 외부 메모리를 사용하며 어드레스 버스가 18비트이고 데이터 버스는 16비트로 구성되어 있다.

⑥ 멀티플렉서 LPM_MUX1

LPM_MUX1은 latch8에서 출력되는 16비트 데이터와 메모리에서 출력되는 16비트 데이터 중 하나를 선택하는 회로이다.

⑦ 멀티플렉서 LPM_MUX2

LPM_MUX2는 latch8에서 출력되는 16비트 어드레스 버스와 LPM_MUX1에서 출력되는 16비트 데이터 버스 중 4비트를 순차적으로 출력하는 회로이다.

⑧ count8 블록

LPM_MUX2와 FND Controller를 제어하며 3비트 8진 카운터이다.

⑨ FND 드라이버 fnd0_F

fnd0_F 회로는 FND에 0부터 F까지 표시할 수 있다.

23.2.2 외부 메모리 쓰기/읽기 회로도

[그림 23-2]는 외부 메모리 쓰기/읽기 회로이다. key_matrix 블록은 0에서 9 그리고 #과 *에 해당하는 키를 매트릭스 방식으로 제어하기 위한 회로이며 4개의 행과 3개의 열을 제어하는 신호를 사용한다. key_matrix제어방식에는 컬럼 제어 방식과 로우 제어 방식이 있는데 본장에서는 컬럼 제어방식을 적용한다.

외부 메모리 쓰기/읽기 회로는 [그림 23-2]와 같이 8개의 키 입력을 받아 16비트 메모리 쓰기 주소와 16비트 메모리 쓰기 데이터를 래치하는 latch8블록, 메모리 쓰기주소 및 데이터를 래치하기 위한 신호를 발생하는 ringcount8블록, ringcount8 블록을 초기화하는 sw0, ringcount8 블록에서 8단계 링 또는 4단계 링을 선택하기 위한 sw1, 양방향 외부 메모리 데이터 버스를 제어하기 위한 LPM_BUSTRI, LPM_BUSTRI를 제어하는 sw1과 sw2, 512kByte 메모리 용량을 갖는 외부 메모리, latch8에서 출력되는 16비트 데이터 버스와 외부 메모리 읽기 16비트 데이터 버스 중 하나를 선택하는 LPM_MUX1, LPM_MUX1을 제어하는 sw1, 16비트 메모리 쓰기 주소와 16비트 메모리 읽기 데이터 버스 중 4비트를 선택해서 출력하는 멀티플렉서 LPM_MUX2, LPM_MUX2와 FND controller를 제어하는 3비트 8진 카운터 count8, 8개의 FND에 0부터 F까지 숫자를 표시하기 위한 FND driver, 8개의 FND 중 하나만 인에이블 시켜주는 FND controller 등으로 구성한다.

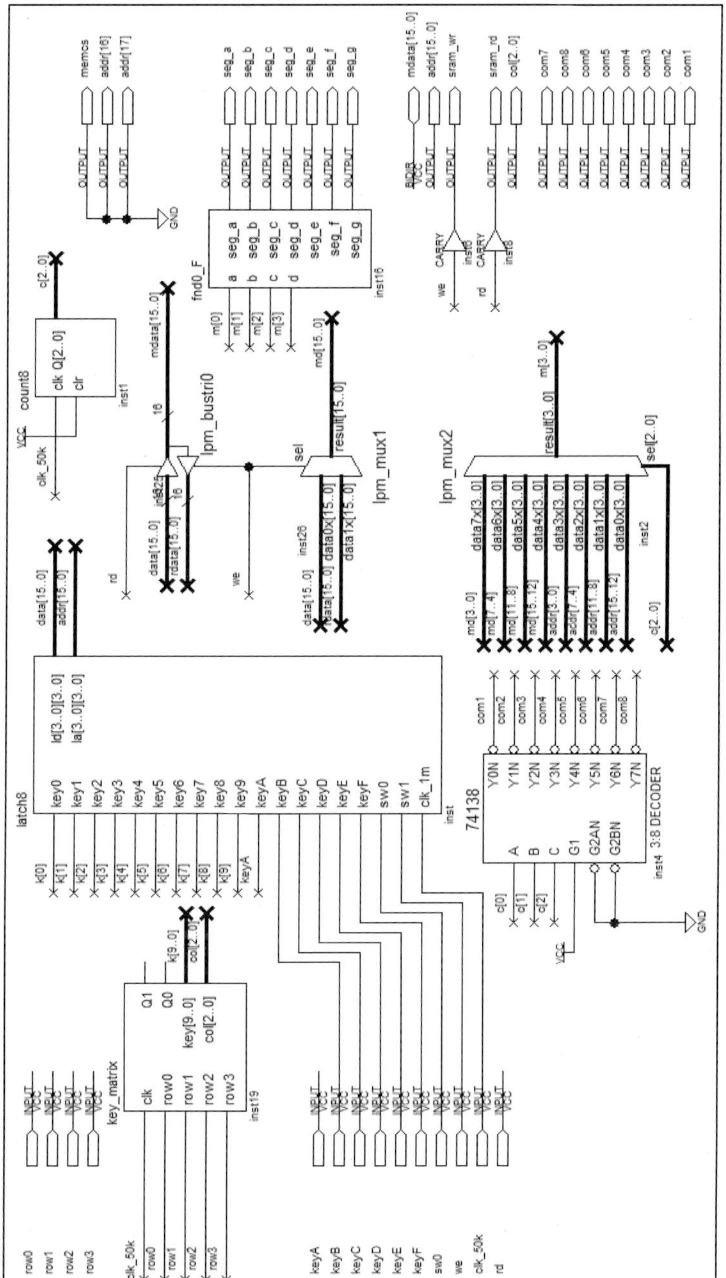

[그림 23-2] 외부 메모리 쓰기/읽기 회로 블록도

23.2.3 외부 메모리 쓰기/읽기 회로 동작원리

[그림 23-2]의 스위치 sw0과 sw1을 논리 [0]으로 설정하고 sw2를 논리 [1]로 설정하는 것이 이 회로의 초기상태이다.

외부 메모리에 데이터를 쓰기 위한 첫 번째 과정으로 sw0에 상승펄스를 공급한다. sw0에 상승펄스를 한번 공급하면 ringcount8블록이 초기화되며 latch8의 래치제어신호가 초기화 된다. 키를 차례로 누르면 ringcount8의 출력에 차례로 상승에지가 발생하며 이 신호에 의해 각각의 키에 대한 4비트 2진수 값이 래치되어 16비트 쓰기 어드레스 버스(addr[15..0])와 16비트 쓰기 데이터 버스(data[15..0])로 나타난다. 이 값들 중 쓰기 어드레스 버스는 직접 외부 메모리의 쓰기 주소가 되고 데이터 버스가 연결된 LPM_BUSTRI의 출력은 외부 메모리의 쓰기 데이터 버스가 된다. 또한 쓰기 어드레스 버스와 쓰기 데이터 버스는 8개의 FND에 보내지고 FND 중 4개는 쓰기 어드레스 버스를, 너머지 4개는 쓰기 데이터 버스를 표시한다. 외부 메모리에 쓰여진 데이터를 읽으려면 sw1을 논리 [1]상태로 만들고 sw2를 논리 [0]으로 설정한다. 그리고 메모리 읽기 주소를 설정하기 위해 키를 4번 누른다. 키를 누를 때 마다 FND에 어드레스 버스가 나타나는데 쓰기 동작일때는 8개의 래치신호가 발생하지만 읽기 모드에서는 ringcount8 블록을 조정하여 래치신호가 4개만 발생하도록 설계한다. 읽기 어드레스 버스가 외부 메모리에 공급되고 sw2가 논리 [0]이기 때문에 외부 메모리는 읽기 모드가 되고 해당 주소에 대한 데이터가 LPM_BUSTRI를 통해 LPM_MUX1로 공급된다. LPM_MUX2에는 latch8의 어드레스 버스 출력과 LPM_MUX1에서 출력되는 데이터 버스가 연결되어 있으므로 총 32비트의 버스가 입력되고 있다. 이 버스는 4비트씩 그룹으로 나뉘어 count8블록의 제어신호에 의해 하나씩 출력되고 FND에 표시된다.

① key_matrix블록

[그림 23-3]은 Combo II 트레이닝 키트에 적용되는 key_matrix 블록 회로이다. Combo II 트레이닝 키트는 12개의 키 입력을 매트릭스 방식을 적용하여 제어한다. 4개의 행(row)과 3개의 열(column)이 있는 매트릭스 방식이기 때문에 트레이닝 키트의 키를 누를 경우 눌려진 키에 대한 상승펄스가 발생하도록 설계한다. [그림 23-3]에서 컬럼 신호는 D-플립플롭 2개를 이용하여 동기식 3진 카운터를 설계하여 얻은 2비트 신호에 적절한 게이트 조합을 추가하여 3비트 2진수 신호가 출력되도록 설계한다. 3진 카운터의 출력 2비트의 게이트 조합에 의해 구한 컬럼신호는 〈표 23-2〉와 같다.

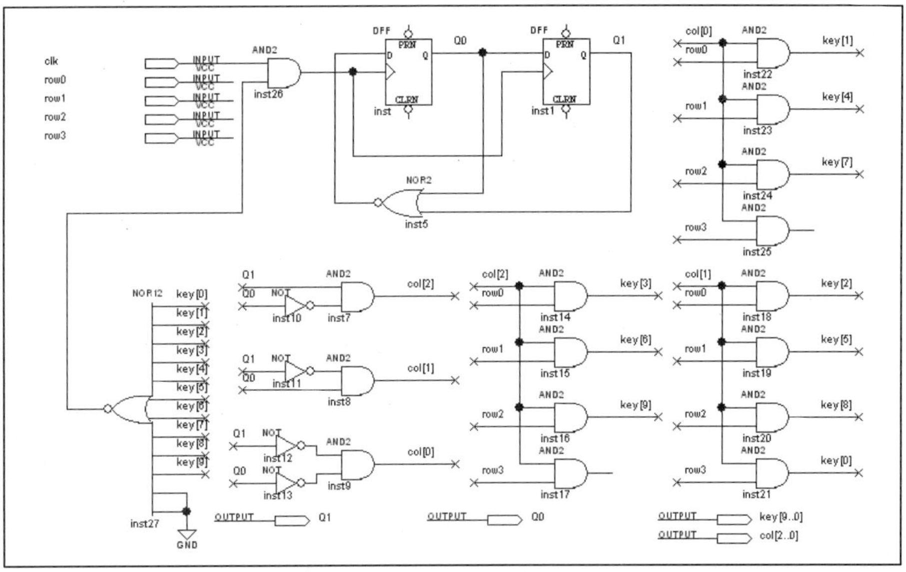

[그림 23-3] 외부 메모리 쓰기/읽기 회로의 key_matrix블록 회로도

〈표 23-2〉 3진 카운터의 출력으로 컬럼 신호를 구하기 위한 논리식

Q1	Q0	col[2]	col[1]	col[0]	논리식
0	0	0	0	1	$col[0] = \overline{Q1} \cdot \overline{Q0}$
0	1	0	1	0	$col[1] = \overline{Q1} \cdot Q0$
1	0	1	0	0	$col[2] = Q1 \cdot \overline{Q0}$
0	0	0	0	1	

〈표 23-3〉 키 메트릭스의 키, 컬럼신호 그리고 로우신호의 관계

키 번호	컬럼신호			로우신호				key신호
	col[2]	col[1]	col[0]	row[3]	row[2]	row[1]	row[0]	
1	0	0	1	0	0	0	1	key[1]
2	0	1	0	0	0	0	1	key[2]
3	1	0	0	0	0	0	1	key[3]
4	0	0	1	0	0	1	0	key[4]
5	0	1	0	0	0	1	0	key[5]
6	1	0	0	0	0	1	0	key[6]
7	0	0	1	0	1	0	0	key[7]
8	0	1	0	0	1	0	0	key[8]
9	1	0	0	0	1	0	0	key[9]
*	0	0	1	1	0	0	0	사용안함
0	0	1	0	1	0	0	0	key[0]
#	1	0	0	1	0	0	0	사용안함

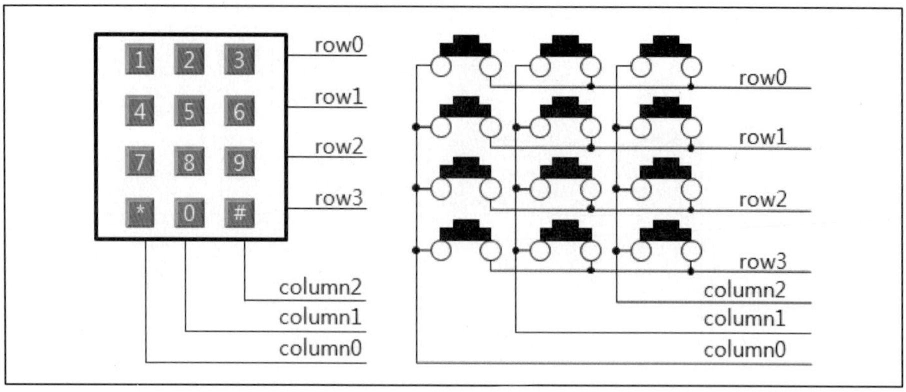

[그림 23-4] Combo II 트레이닝 키트의 매트릭스 제어 방식

〈표 23-2〉와 같이 3진 카운터가 동작하면 컬럼신호가 일정한 주기로 변한다. 일정한 주기로 변하는 컬럼신호의 논리 [1]이 매트릭스에 공급되는 순간 매트릭스에 연결된 키를 누르면 펄스가 발생하고 이 펄스는 키를 누른 것과 같은 동작을 하도록 설계한다. 〈표 23-3〉은 매트릭스 회로의 컬럼신호와 로우신호 그리고 키 정보를 표현한 것이다. [그림 23-4]는 Combo II 트레이닝 키트의 매트릭스 제어 방식의 기본구조를 나타낸 것이다. Combo II 트레이닝 키트 사용자는 컬럼 신호 제어방식 및 로우 신호 제어 방식 중 하나를 선택해서 제어할 수 있다. 예를 들어 키 2를 누를 때 컬럼 신호가 010이면 로우 신호가 0001이 되고 key[2]신호에 상승펄스가 발생하여 마치 2키를 누른 것과 같게 된다.

이번 장에서는 컬럼 신호를 공급해서 키가 눌려진 것을 확인하는 컬럼제어 방식을 적용한다. [그림 23-5]는 key_matrix 블록 회로의 동작파형이다. clk신호가 공급되면 3진 카운터에 의해 Q1과 Q0가 00, 01, 10, 00의 순으로 인코딩되어 나타난다. 이 신호는 컬럼 신호인 col[2..0]신호가 001, 010 그리고 100이 되도록 코딩하였으며 컬럼 신호가 100일 때 즉, col[2]가 논리 [1]일 때 첫 번째 행(row0)에 있는 키 중 3번 키가 눌려지면 key[3]신호에 펄스가 발생한다. 컬럼 신호가 010일 때 즉, col[1]이 논리 [1]일 때 두 번째 행(row1)에 있는 키 중 5번 키가 눌려지면 key[5]신호에 펄스가 발생한다. 컬럼 신호가 001일 때 즉, col[0]이 논리 1일 때 세 번째 행(row2)에 있는 키 중 9번 키가 눌려지면 key[9]신호에 펄스가 발생한다. 컬럼신호가 010일 때 즉, col[1]이 논리 [1]일 때 네 번째 행(row3)에 있는 키 중 0번 키가 눌려지면 key[0]신호에 펄스가 발생한다. 컬럼 신호가 100일 때 즉, col[2]가 논리 1일 때 세 번째 행(row2)에 있는 키 중 9번 키가 눌려지면 key[9]신호에 펄스가 발생한다. 컬럼 신호가 010일 때 즉, col[1]이 논리 [1]일 때 두 번째 행(row1)에 있는 키 중 5번 키가 눌려지면 key[5]신호에 펄스가 발생한다. 컬럼 신호가 001일 때 즉, col[0]이 논리 [1]일 때 첫 번째 행(row0)에 있는 키 중 1키가 눌려지면 key[1]신호에 펄스가 발생한다.

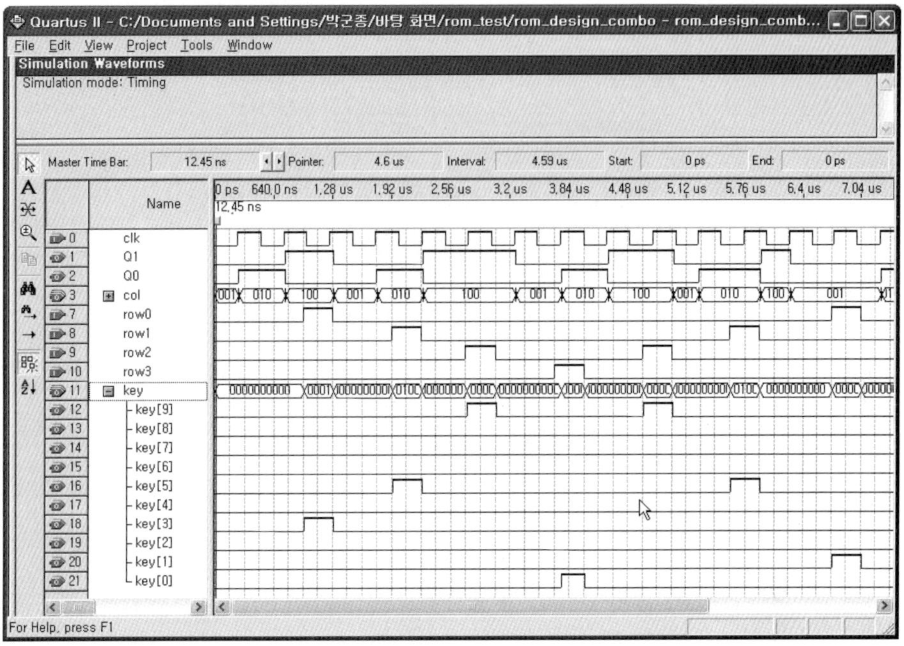

[그림 23-5] key_matrix회로의 동작 파형

② latch8 블록

[그림 23-6]은 latch8 블록의 회로도이다. [그림 23-6]은 두 개의 74148 인코더, 8개의 74174 래치, 그리고 ringcount8 블록, 플립플롭 및 몇 개의 게이트로 설계한 키 입력에 대한 4비트 2진수를 저장하는 회로이다. 트레이닝 키트의 6개 16진수 키와 key_matrix 블록에서 출력되는 10개의 신호는 2개의 74148 인코더를 거쳐서 4비트 2진수 데이터로 변경된다. 74148은 8입력 3출력의 인코더이므로 2개의 인코더를 이용해서 16개의 키 입력을 받아 4비트 2진수 데이터를 출력하도록 설계한다. 위쪽의 인코더는 키 0부터 키 7까지의 입력신호를 처리하고, 아래쪽의 인코더는 키 8부터 키 F까지의 입력신호를 처리한다. 74148 입력신호가 부논리를 적용하기 때문에 인코더 74148의 입력에 NOT 게이트를 연결하여 설계한다. 이렇게 각각의 인코더를 거쳐서 출력되는 정보는 3개의 NAND게이트를 통해 4비트 2진수 데이터가 되며 74174라는 8개의 래치에 순차적으로 저장된다. 각각의 74174 래치는 latch_1, latch_2, latch_3, latch_4, latch_5, latch_6, latch_7, latch_8신호의 상승에지에 의해 4비트 2진수 데이터를 래치한다. 8개의 래치신호는 ringcount8 블록에서 출력되는 신호를 사용한다.

ringcount8 블록에 들어가는 클럭신호는 k_clk신호이며 이 신호는 2개의 8입력 AND게이트와 NAND게이트를 이용하여 만들며 키를 누를 때마다 상승펄스를 출력한다. [그림 23-7]은 latch8 블록의 동작파형이다.

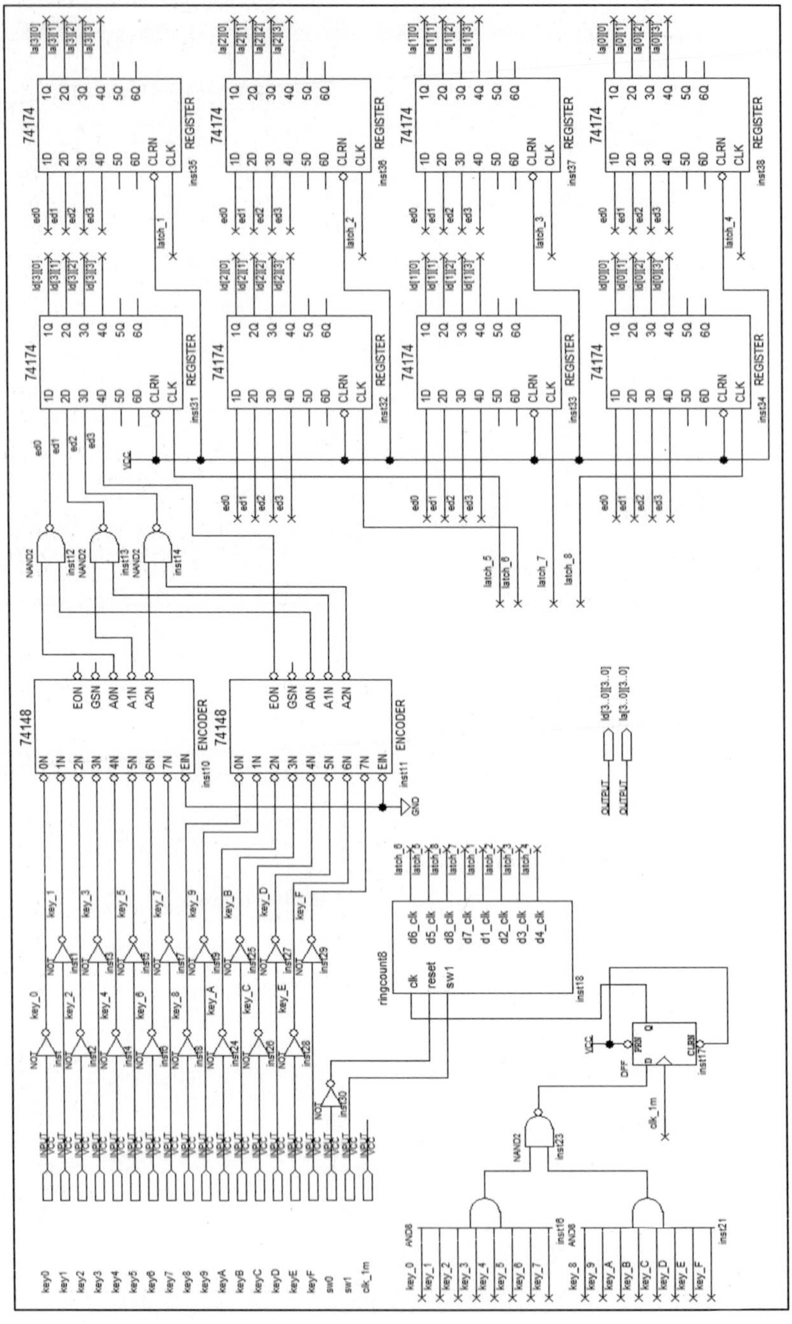

[그림 23-6] latch8 블록 회로도

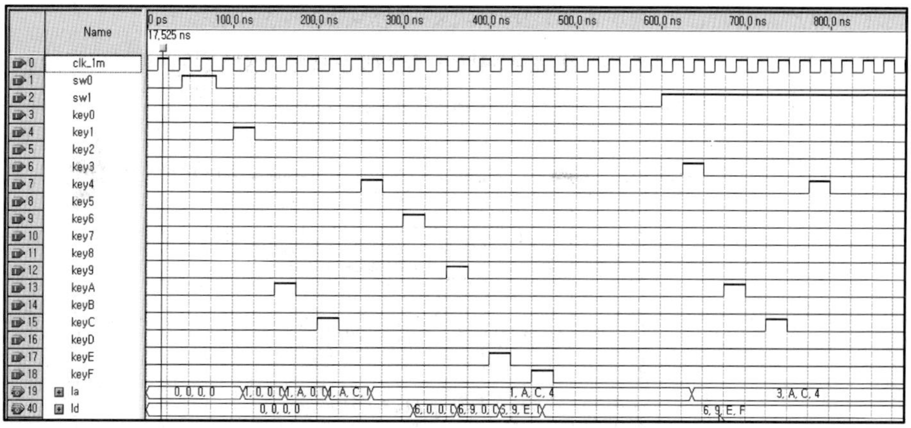

[그림 23-7] latch8 블록 회로 동작파형

[그림 23-7]에서 sw0에 상승펄스를 공급한 다음 sw1을 아래로 내려 논리 [0]으로 하면 메모리 쓰기 동작이다. key1, keyA, keyC, key4, key6, key9, keyE 그리고 keyF를 누르면 latch_1부터 latch_8까지의 신호에 상승에지가 발생하고 이 신호는 8개의 74174 래치를 제어한다. 이때 어드레스 버스 la[15..0]에 1AC4h가 출력되고 데이터 버스 ld[15..0]에 69EFh가 출력된다. sw1을 논리 [1]로하면 메모리 읽기 동작이 시작된다. 메모리 읽기 주소를 설정하기 위해 key3, keyA, keyC 그리고 key4를 차례로 누르면 latch_1부터 latch_4까지의 신호에 상승에지가 발생한 다음 다시 latch_1부터 상승에지 신호가 발생한다. 이 신호는 74174 래치 4개를 제어하여 [그림 23-7]과 같이 3AC4h 메모리 읽기 주소가 설정된다.

③ ringcount8 블록

[그림 23-8]은 latch8 블록의 74174 래치 8개를 제어하기 위한 회로이다.

이 회로는 JK플립플롭 8개와 2개의 21MUX로 구성한 링 카운터이며 sw1신호를 논리 [0]으로 설정하고 reset신호에 하강펄스를 공급한 다음 clk를 하나씩 공급하면 clk 한 주기 동안 각각의 플립플롭이 논리 [0]을 유지하는 8개 링 카운터로 동작하며 메모리 쓰기 동작의 어드레스 버스와 데이터 버스를 래치한다. sw1신호를 논리 [1]로 설정하면 2개의 21MUX가 a와 d4_clk를 링 카운터의 첫 번째 플립플롭으로 피드백하기 때문에 4개의 링 카운터로만 동작하며 메모리 읽기 동작이므로 메모리 읽기 주소 4개만 래치한다.

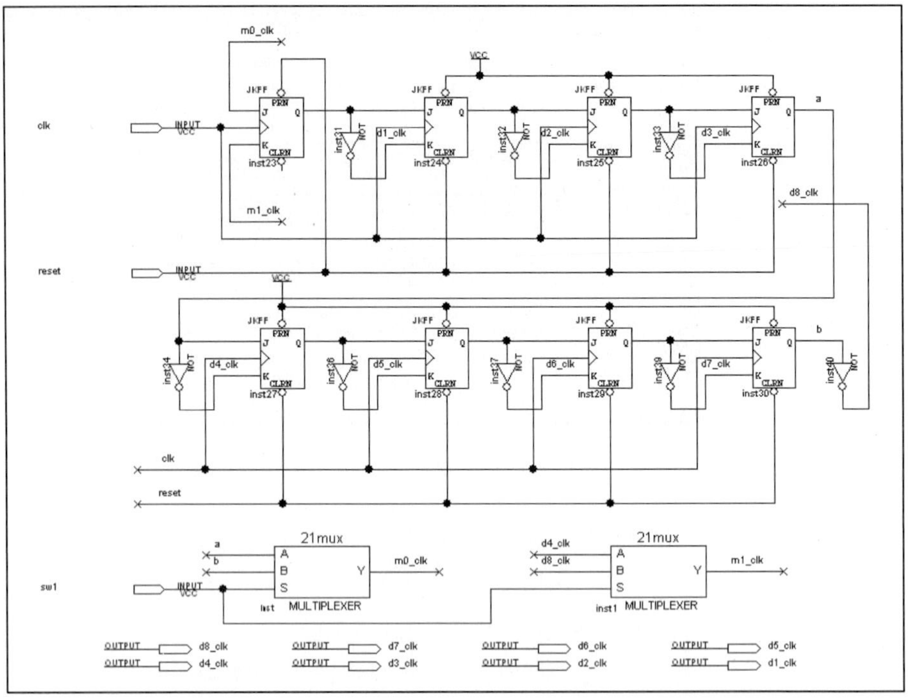

[그림 23-8] ringcount8 블록 회로도

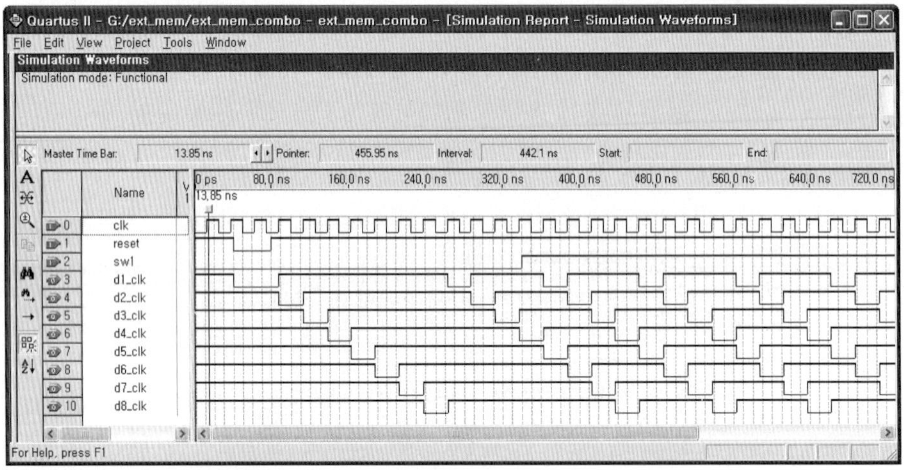

[그림 23-9] ringcount8 블록 회로의 동작파형

[그림 23-9]는 ringcount8 블록 회로의 동작 파형이다. reset에 하강펄스를 공급하면 d1_clk는 논리 [0]을 출력하고 나머지 d2_clk부터 d8_clk는 모두 논리 [1]을 출력한다. sw1신호를 논리 [0]으로 설정한 다음 clk신호를 공급하면 d1_clk부터 d8_clk까지 한 주기 동안 논리 [0]을 유지하는 펄스가 발생하며 이

와 같이 동작하는 회로를 8 링 카운터라 부른다. 이 펄스의 상승에지에서 키 데이터가 래치된다. 한 사이클이 끝난 다음 새로운 사이클이 진행되는데 이때 sw1을 논리 [1]로 설정하면 어떤 결과가 나타날까? [그림 23-8]에서 알 수 있듯이 4번째 플립플롭의 출력과 8번째 플립플롭의 출력이 2개의 21MUX에 연결되어 있고 sw1의 상태에 따라 4번째가 또는 8번째 신호가 피드백되기 때문에 sw1이 논리 [1]이면 4번째 피드백되어 4 링 카운터로 동작한다.

④ count8 블록과 디코더 74138

[그림 23-10]은 count8 블록의 회로도이다. [그림 23-10]의 회로는 8개의 FND에 메모리 쓰기/읽기 주소와 메모리 쓰기/읽기 데이터를 표시하기 위해 사용하는 디코더 74138과 멀티플렉서 LPM_MUX2를 제어하는 신호를 만든다. 이 회로는 출력이 3비트이며 8진 카운터로 동작한다. [그림 23-11]은 count8의 출력과 74138의 출력을 나타낸 것이다. c값이 0일 때 com1, c값이 1일 때 com2 그리고 c값이 7일 때 com7이 활성화된다.

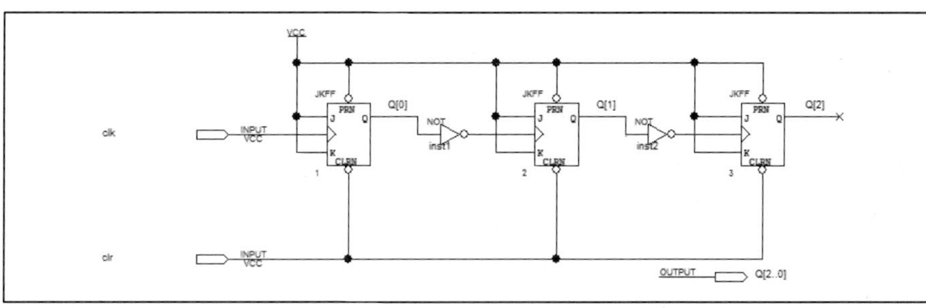

[그림 23-10] count8 블록 회로도

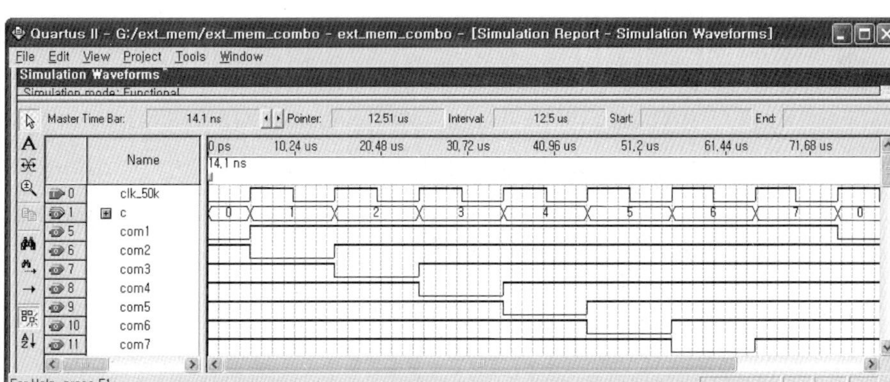

[그림 23-11] count8 블록 및 디코더 74138 동작파형

⑤ LPM_BUSTRI

외부 메모리는 양방향 데이터 버스를 사용한다. LPM_BUXTRI는 latch8 또는 latch6의 출력인 메모리 쓰기 데이터와 메모리 읽기 데이터의 흐름을 통제하며 〈표 23-4〉와 같다.

〈표 23-4〉 LPM_BUSTRI의 동작원리

트레이닝 키트	입력신호	제어신호		출력	동작 모드
		we	rd		
Combo II	data[15..0]	0	1	mdata[15..0]	메모리 쓰기
	mdata[15..0]	1	0	rdata[15..0]	메모리 읽기

⑥ LPM_MUX1

멀티플렉서 LPM_MUX1은 메모리 쓰기 데이터와 메모리 읽기 데이터를 선택하여 LPM_MUX2에 공급하기 위해 사용한다.

〈표 23-5〉 LPM_MUX1의 동작원리

트레이닝 키트	입력신호	제어신호	출력	동작 모드
		we		
Combo II	data[15..0]	0	md[15..0]	메모리 쓰기
	rdata[15..0]	1	md[15..0]	메모리 읽기

⑦ LPM_MUX2

멀티플렉서 LPM_MUX2는 LPM_MUX1의 메모리 데이터 출력 16비트와 latch8의 메모리 쓰기/읽기 어드레스 버스 16비트 중 4비트를 선택하여 FND 드라이버에 공급하기 위해 사용한다. 메모리 쓰기 동작 중에는 메모리 쓰기 주소와 메모리 쓰기 데이터를 FND 드라이버에 보내고 메모리 읽기 동작 중에는 메모리 읽기 주소와 메모리 읽기 데이터를 FND 드라이버에 공급한다. 멀티플렉서 선택신호는 count8 블록의 c[2..0]을 이용하며 선택신호에 따른 멀티플렉서의 동작은 〈표 23-6〉과 같다.

〈표 23-6〉 LPM_MUX2의 동작원리

입력	선택신호 c[2..0]	출력
md[15..12]	000	addr[15..12]
md[11..8]	001	addr[11..8]
md[7..4]	010	addr[7..4]
md[3..0]	011	addr[3..0]
addr[15..12]	100	md[15..12]
addr[11..8]	101	md[11..8]
addr[7..4]	110	md[7..4]
addr[3..0]	111	md[3..0]

⑧ 외부 메모리 K6R4016V1D

외부 메모리 K6R4016V1D는 512kByte의 크기를 갖는 SRAM(Static Random Access Memory)이며 18개의 어드레스 버스와 16비트의 데이터 버스를 갖고 있다. [그림 23-12]에 메모리의 핀 구성도를 나타내었고 〈표 23-7〉에 핀 정보를 나타내었다. [그림 23-13]과 [23-14]는 메모리의 쓰기/읽기 동작파형을 나타낸 것이다.

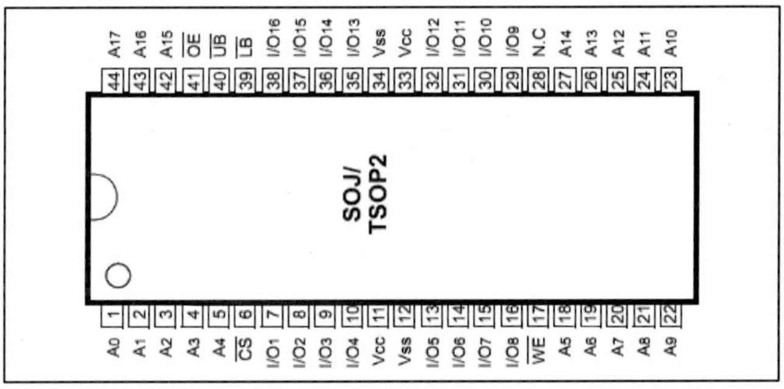

[그림 23-12] K6R4016V1D의 핀 구성도

〈표 23-7〉 K6R4016V1D의 핀 정보

핀 이름	핀 기능
A0-A17	어드레스 버스
$\overline{WE}$	쓰기 제어 신호
$\overline{CS}$	디바이스 선택 신호
$\overline{OE}$	읽기 제어 신호
$\overline{LB}$	저전력 제어(I/O1-I/O8)
$\overline{UB}$	저전력 제어(I/O9-I/O16)
I/O1-I/O16	양방향 데이터 버스
VCC	공급전압(3.3V)
VSS	접지
N.C	연결하지 않음

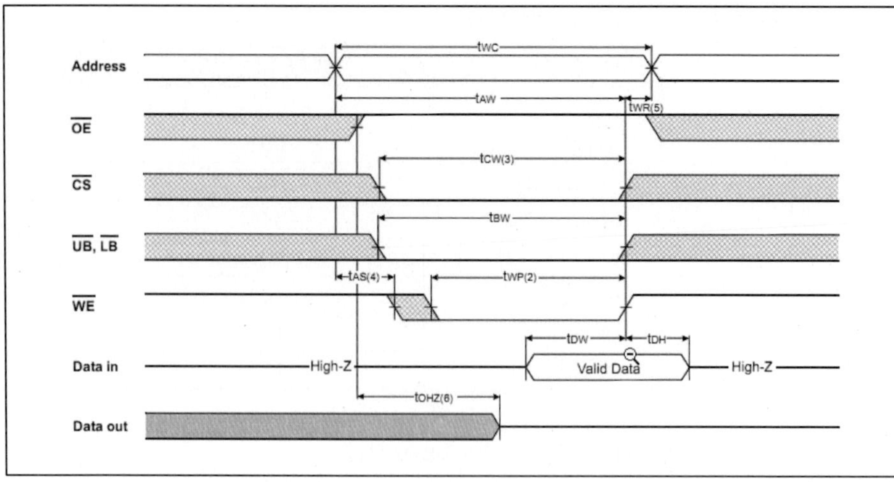

[그림 23-13] K6R4016V1D 메모리의 쓰기 동작파형

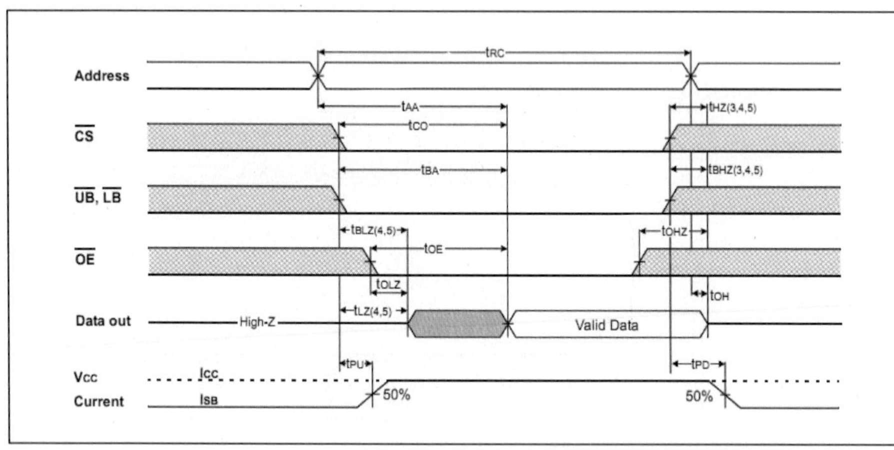

[그림 23-14] K6R4016V1D 메모리의 읽기 동작파형

⑨ FND 드라이버 fnd0_F

[그림 23-15]는 트레이닝 키트의 FND에 0부터 F까지 표시할 수 있도록 설계한 회로이다.

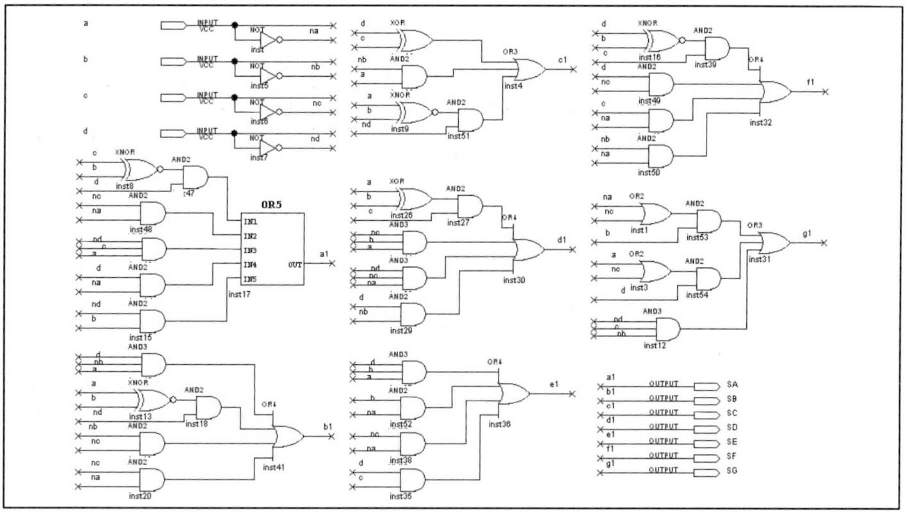

[그림 23-15] FND에 0부터 F까지 표시하기 위한 FND 드라이버 회로

[그림 23-15] 회로는 〈표 23-8〉을 참고하여 설계한 것이다.

〈표 23-8〉 FND 드라이버 입·출력 진리표

숫자	입력 신호				FND 구동신호						
	D	C	B	A	seg_g	seg_f	seg_e	seg_d	seg_c	seg_b	seg_a
0	0	0	0	0	0	1	1	1	1	1	1
1	0	0	0	1	0	0	0	0	1	1	0
2	0	0	1	0	1	0	1	1	0	1	1
3	0	0	1	1	1	0	0	1	1	1	1
4	0	1	0	0	1	1	0	0	1	1	0
5	0	1	0	1	1	1	0	1	1	0	1
6	0	1	1	0	1	1	1	1	1	0	1
7	0	1	1	1	0	0	0	0	1	1	1
8	1	0	0	0	1	1	1	1	1	1	1
9	1	0	0	1	1	1	0	0	1	1	1
A	1	0	1	0	1	1	1	0	1	1	1
B	1	0	1	1	1	1	1	1	1	0	0
C	1	1	0	0	0	1	1	1	0	0	1
D	1	1	0	1	1	0	1	1	1	1	0
E	1	1	1	0	1	1	1	1	0	0	1
F	1	1	1	1	1	1	1	0	0	0	1

23.2.4 외부 메모리 쓰기/읽기 회로 동작 파형

[그림 23-16]은 Combo II 트레이닝 키트의 외부 메모리 쓰기/읽기 회로의

동작파형이며 sw0에 상승펄스를 공급하고 we신호를 논리 [0]으로 만들면 sram_wr신호가 논리 [0]이 되어 메모리 쓰기 동작모드가 된다. 그리고 로우신호(row0, row1, row2, row3)를 4개 공급하면 16비트 어드레스 버스가 설정되고 나머지 로우신호(row0, row1, row2, row3)를 4개 공급하면 16비트 데이터 버스가 설정된다. [그림 23-16]에서 키를 눌러 설정된 어드레스는 3680h이며 데이터는 4930h이다. 참고적으로 모의실험을 위해 m[3..0] 데이터를 출력으로 설정하여 멀티플렉서의 출력이 정상인지를 확인해 보자. com1신호가 논리 [0]이면 첫 번째 FND가 켜지고 이때 출력 데이터 m[3..0]을 보면 3h인 것을 알 수 있다. com2에서는 6h, com3에서는 8h, com4에서는 0h가 출력되고 com5에서는 4h, com6에서는 9h, com7에서는 3h 그리고 마지막 com8에서는 0h가 출력되고 있다. 즉, [그림 23-16]의 동작파형은 메모리 3680번지에 49h를 3681번지에 30h를 쓰고 있는 것이다.

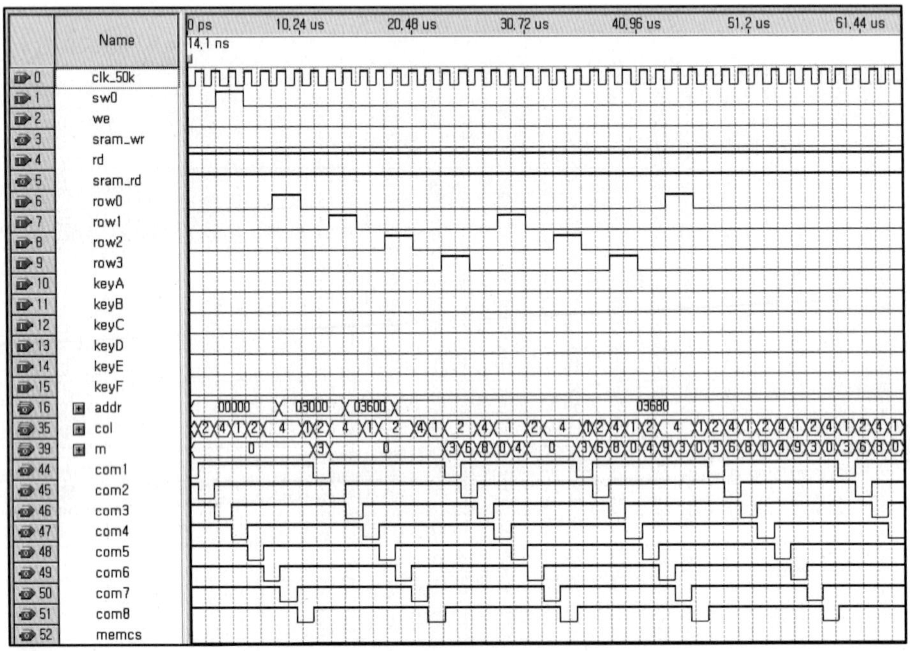

[그림 23-16] 외부 메모리 쓰기/읽기 회로 동작 파형

23.2.5 외부 메모리 쓰기/읽기 회로 핀 연결

〈표 23-9〉는 Combo II 트레이닝 키트에 외부 메모리 쓰기/읽기 회로 실장실험을 하기 위한 핀 연결 정보이다.

〈표 23-9〉 Combo II 트레이닝 키트의 외부 메모리 쓰기/읽기 회로 실장실험 핀 연결 정보

	신호명	Combo II 신호 명	핀번호	신호명	Combo II 신호 명	핀번호
Cyclone II EP2C35F672C8 (Clock SW : 9로 설정) C_Scan 방식 (Scan Dir)	clk_50k	CLK_MAIN[0]	N1	seg_g	SEG_DATA[6]	AA6
	sw0	DIP_D[0]	Y12	seg_f	SEG_DATA[5]	AA1
	we	DIP_D[1]	AE11	seg_e	SEG_DATA[4]	AA2
	rd	DIP_D[2]	U12	seg_d	SEG_DATA[3]	AC6
	row0	KEYPAD_ROW[0]	AD10	seg_c	SEG_DATA[2]	AD6
	row1	KEYPAD_ROW[1]	AC10	seg_b	SEG_DATA[1]	AE5
	row2	KEYPAD_ROW[2]	V10	seg_a	SEG_DATA[0]	AF5
	row3	KEYPAD_ROW[3]	AF9	COM1	SEG_COM[0]	Y1
	col[0]	KEYPAD_COLUMN[0]	V11	COM2	SEG_COM[1]	Y4
	col[1]	KEYPAD_COLUMN[1]	AB10	COM3	SEG_COM[2]	Y3
	col[2]	KEYPAD_COLUMN[2]	AA10	COM4	SEG_COM[3]	W1
	keyA	BUTTON_SW[0]	Y10	COM5	SEG_COM[4]	Y5
	keyB	BUTTON_SW[1]	W10	COM6	SEG_COM[5]	W3
	keyC	BUTTON_SW[2]	AA9	COM7	SEG_COM[6]	W2
	keyD	BUTTON_SW[3]	V9	COM8	SEG_COM[7]	V1
	keyE	BUTTON_SW[4]	AE9	MEMCS	₩SRAM_CS	E10
	keyF	BUTTON_SW[5]	AC9	SRAM_RD	₩SRAM_OE	G10
	addr[17]	SRAM_ADD[17]	A7	SRAM_WR	₩SRAM_WE	F10
	addr[16]	SRAM_ADD[16]	B7	mdata[0]	SRAM_DQ[0]	H8
	addr[15]	SRAM_ADD[15]	C7	mdata[1]	SRAM_DQ[1]	E8
	addr[14]	SRAM_ADD[14]	D7	mdata[2]	SRAM_DQ[2]	D8
	addr[13]	SRAM_ADD[13]	A6	mdata[3]	SRAM_DQ[3]	C8
	addr[12]	SRAM_ADD[12]	B6	mdata[4]	SRAM_DQ[4]	B8
	addr[11]	SRAM_ADD[11]	C6	mdata[5]	SRAM_DQ[5]	A8
	addr[10]	SRAM_ADD[10]	D6	mdata[6]	SRAM_DQ[6]	K9
	addr[9]	SRAM_ADD[9]	A5	mdata[7]	SRAM_DQ[7]	J9
	addr[8]	SRAM_ADD[8]	B5	mdata[8]	SRAM_DQ[8]	G9
	addr[7]	SRAM_ADD[7]	C2	mdata[9]	SRAM_DQ[9]	F9
	addr[6]	SRAM_ADD[6]	C3	mdata[10]	SRAM_DQ[10]	D9
	addr[5]	SRAM_ADD[5]	D1	mdata[11]	SRAM_DQ[11]	C9
	addr[4]	SRAM_ADD[4]	D2	mdata[12]	SRAM_DQ[12]	B9
	addr[3]	SRAM_ADD[3]	E2	mdata[13]	SRAM_DQ[13]	A9
	addr[2]	SRAM_ADD[2]	E5	mdata[14]	SRAM_DQ[14]	J10
	addr[1]	SRAM_ADD[1]	F7	mdata[15]	SRAM_DQ[15]	H10
	addr[0]	SRAM_ADD[0]	E1			

23.2.6 외부 메모리 쓰기/읽기 회로 실장실험

〈표 23-9〉와 같이 핀 정보를 모두 입력한 다음 컴파일을 다시 해야한다. 컴파일을 한 후 [Tools]-[Programmer]를 클릭하여 실장실험을 한다. 먼저 Combo II 트레이닝 키트의 실장실험 예는 다음과 같다.

설계한 회로를 트레이닝 키트에 다운로드 한다. 먼저 외부 메모리 쓰기 동작을 실행해보자. Scan_Dir 스위치를 C_Scan위치로 설정한다. 스위치 sw0과 sw1을 아래로 내려 OFF, 스위치 sw2는 위로 올려 ON, 클럭 선택 스위치는 9로 설정하여 공급 클럭을 50㎑에 맞춘다. 이것은 외부 메모리 쓰기 동작모드를 설정한 것이다. 다음으로 〈표 23-10〉과 같이 외부 메모리에 데이터를 기록해보자.

〈표 23-10〉 Combo II 실장실험 외부 메모리 쓰기

설정	입력		FND 출력	
	어드레스	데이터	어드레스	쓰기 데이터
스위치 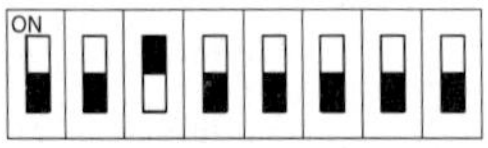 클럭 선택 50㎑(9) Scan_Dir (C_Scan)	1234	55AA		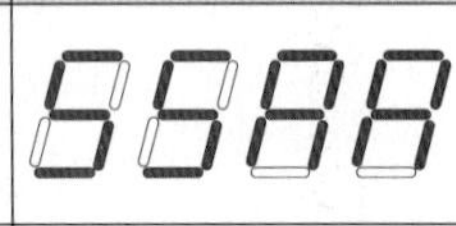
	35AA	3125		
	7642	FD86		
	98CB	EEAA		
	5678	ABCD	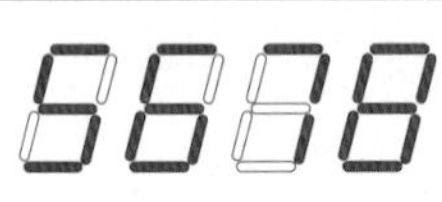	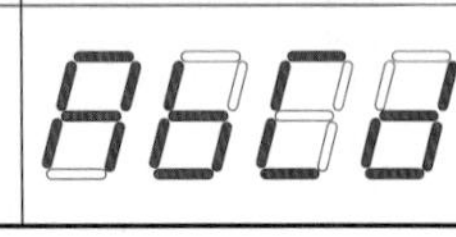

다음으로 외부 메모리 읽기 동작을 실행해보자. Scan_Dir 스위치를 C_Scan위치로 설정한다. 스위치 sw0은 아래로 내려 OFF, 스위치 sw1은 위로 올려 ON, 스위치 sw2는 아래로 내려 OFF로 설정하고 클럭 선택 스위치는 9로 설정하여 공급 클럭을 50㎑에 맞춘다. 이것은 외부 메모리 읽기 동작모드를 설정한 것이다. 다음으로 〈표 23-11〉과 같이 어드레스를 입력하여 외부 메모리에 데이터가 정상적으로 읽혀지는지 확인해 보자.

〈표 23-11〉 Combo II 실장실험 외부 메모리 읽기

설정	입력	FND 출력	
	어드레스	어드레스	읽기 데이터
스위치 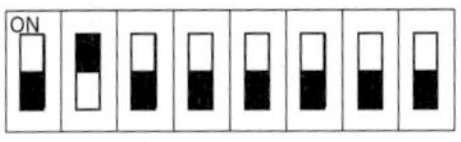 클럭 선택 50KHz(9) Scan_Dir (C_Scan)	1234		
	35AA		
	7642	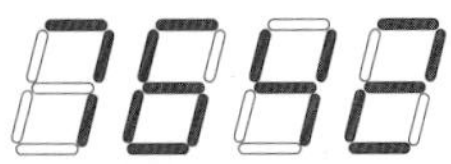	
	98CB	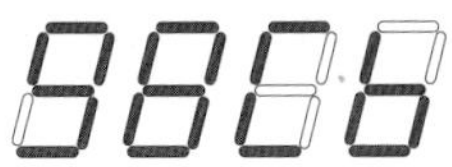	
	5678		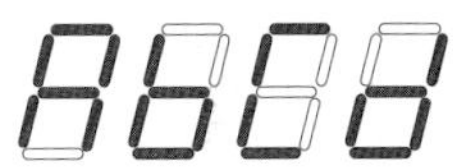

23.3 주요 사항 검토

① key_matrix는 컬럼 제어방식을 사용하고 있다. 이를 로우 제어방식으로 바꾸는 방법을 방법은 무엇인가?

② K6R4016V1D 메모리의 크기는 얼마인가?

③ ringcount8블록의 21MUX의 용도는 무엇인가?

④ LPM_BUSTRI는 양방향 버퍼이다. 제어신호가 논리 [0]이면 출력상태는 어떻게 되는가?

⑤ ringcount8 및 ringcount6 블록의 reset 역할은 무엇인가?

⑥ LPM_MUX2의 제어신호가 3개인 이유는 무엇인가?

23.4 연습문제

연습문제

① K6R4016V1D 메모리의 어드레스 버스는 총 18개를 가지고 있다. 현재의 회로는 상위 어드레스 A17과 A16을 접지에 연결하였다. 이 어드레스를 적절히 조합하여 메모리를 4개의 블록 즉, 한 블록 당 64kByte로 구분하는 회로를 설계하시오.

부록 01

Quartus II 프로그램 사용법

1. Quartus II 프로그램은 어떻게 시작하나?
2. 새로운 프로젝트 만들기
3. 그래픽 에디터를 이용한 회로 설계
4. 설계한 회로를 컴파일하기
5. 핀 지정(할당)
6. 설계한 회로를 모의실험하기
7. 모의실험 실행하기
8. [FPGA] 칩을 프로그래밍하고 구성하기

부록

01 Quartus II 프로그램 사용법

1 Quartus II 프로그램은 어떻게 시작하나?

Quartus II 소프트웨어를 이용하여 설계할 논리회로들을 프로젝트라 부른다. 이 프로젝트를 통해 소프트웨어가 동작하고 해당 프로젝트가 포함되어 있는 폴더에 프로젝트에 대한 모든 정보가 기록된다. 새로운 프로젝트를 만들기 위한 첫 번째 작업은 폴더를 하나 만드는 것이다. 이 부록에서 사용할 폴더는 PLD_CLASS이다.

프로그램을 시작하려면 자신이 가지고 있는 컴퓨터 화면에 있는 아이콘 을 클릭하거나 [프로그램]-[Altera]-[Quartus II Web Edition]-[Quartus II Web Edition]을 클릭하면 그림 1과 같은 윈도우 화면이 나타난다.

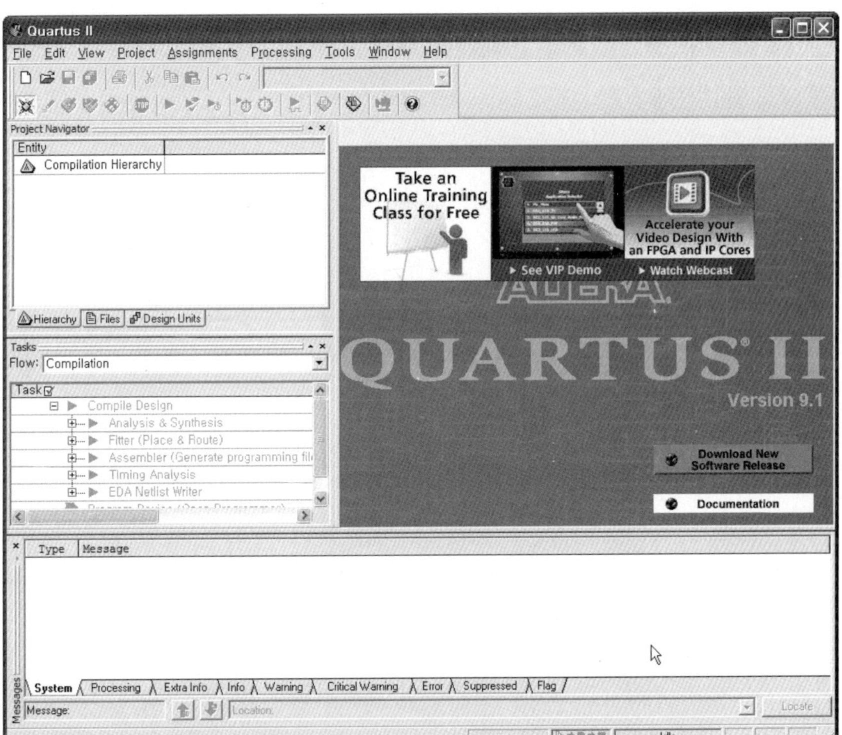

[그림 1] Quartus II 메인 화면

앞으로 이 부록에서 [그림 1]을 메인화면이라 부를 것이다. 그리고 대부분의 컴퓨터 프로그램이 그렇듯이 이 프로그램도 명령어를 선택할 경우 메뉴를 선택하는 방식을 사용하고 있다.

2)) 새로운 프로젝트 만들기

회로를 설계하기 위한 새로운 설계 프로젝트를 만드는 과정은 다음과 같다.

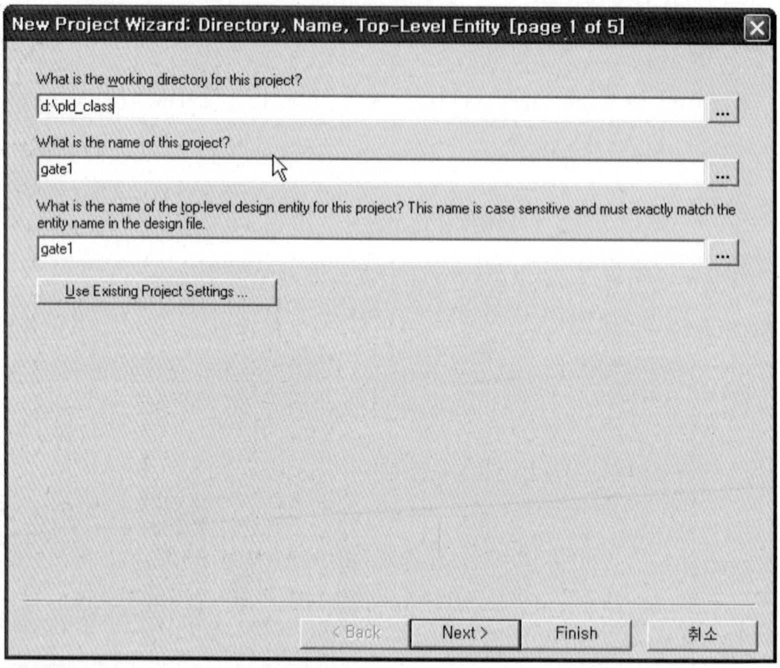

[그림 2] 새 프로젝트 생성 창

① [File]-[New Project Wizard]를 선택하면 [그림 2]와 같은 창이 나타난다.
② [그림 2]에서 working directory는 pld_class로 설정하였다. 프로젝트는 이름을 가져야 하는데 보통 top level design entity와 동일한 이름을 사용한다. [그림 2]에서는 프로젝트 명과 top level design entity를 gate1로 설정하였다.

이제 [Next]를 클릭하면 pld_class라는 폴더가 없기 때문에 [그림 3]과 같은 팝업 창이 나타난다.

[그림 3] 폴더 생성 창

예(Y)를 클릭하면 [그림 4]와 같은 창이 나타난다.

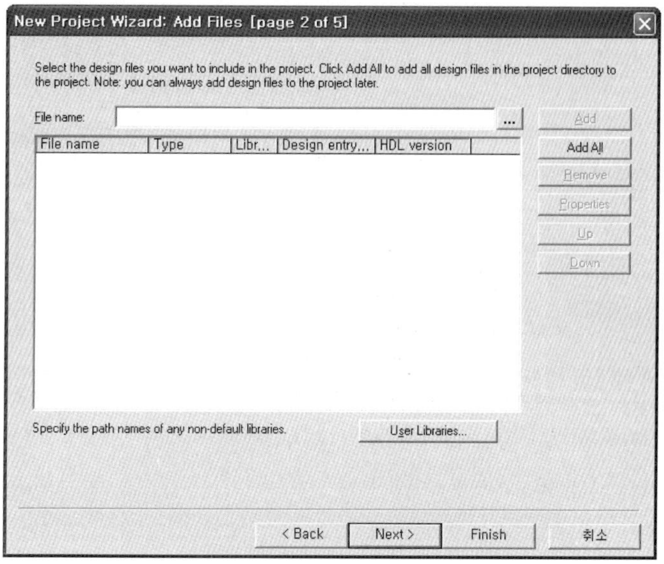

[그림 4] 특정 설계 파일을 포함시킬 수 있는 창

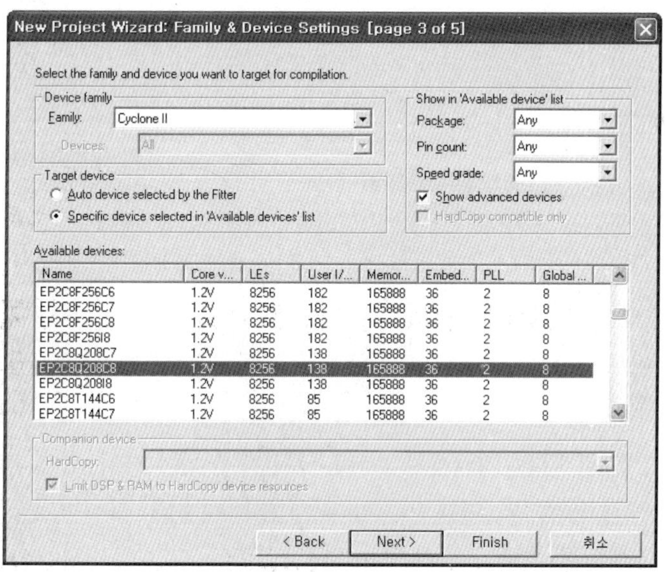

[그림 5] 디바이스 패밀리 및 디바이스 지정 창

③ 프로젝트에 포함시킬 파일이 있으면 해당 파일을 찾아 [Add All]을 클릭하면 된다. 여기서는 포함시킬 파일이 없다고 가정하여 [Next]를 클릭하면 [그림 5]의 창이 나타난다.

이 창을 정리하면 다음과 같다.

모델 명	Device family	Device
Combo II-SE	Cyclone II	EP2C8Q208C8
Combo II	Cyclone II	EP2C356F672C6

④ [그림 5]에서 Combo II를 이용할 경우 디바이스 패밀리는 Cyclone II를 선택하고 디바이스는 EP2C356F672C6을 선택해야 한다.

⑤ [그림 6]은 EDA(Electronic Design Automation) 툴을 설정하는 창이며 본 교재에서는 Quartus II만 사용하기 때문에 [Next]를 클릭하여 다음 창을 열도록 한다.

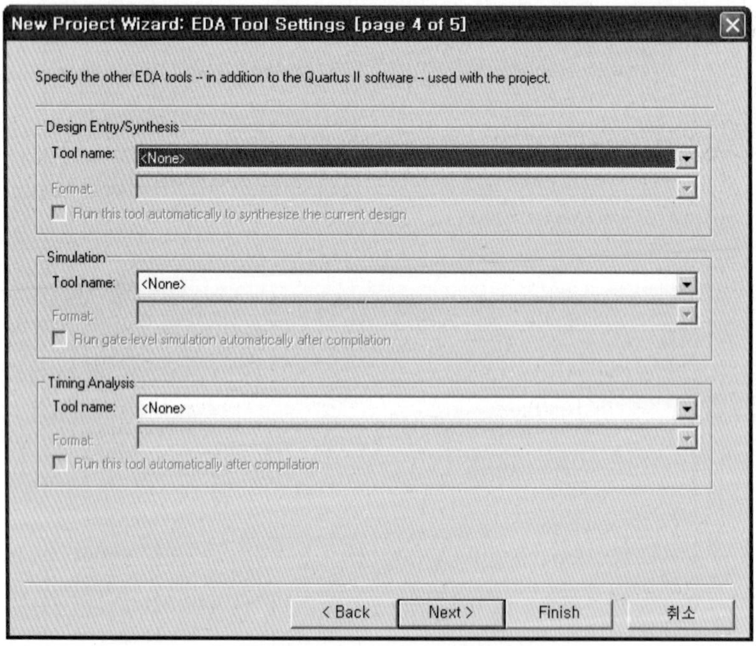

[그림 6] EDA 툴을 설정하기 위한 창

⑥ [그림 7]은 지금까지 gate1프로젝트를 생성하기 위해 진행해온 모든 과정의 요약이며 이제 마지막 단계로 [Finish]를 클릭하면 그림 8과 같은 창이 활성화 된다.

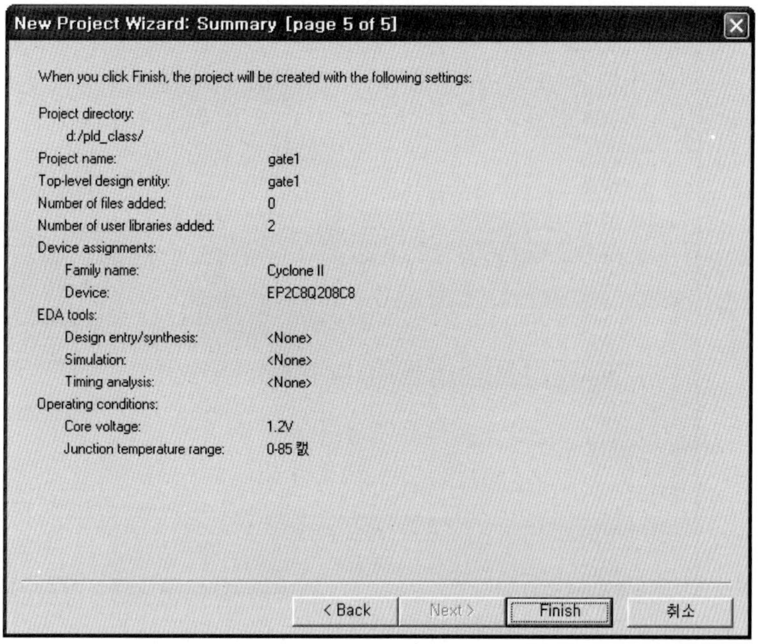

[그림 7] 프로젝트 gate1의 요약 창

3)) 그래픽 에디터를 이용한 회로 설계

이번 장에서는 그래픽 에디터를 이용하여 회로를 설계하는 과정을 소개한다. [그림 8]은 〈표 1〉의 진리표를 만족하는 회로이다.

〈표 1〉 진리표

X	Y	Z
0	0	0
0	1	1
1	0	1
1	1	0

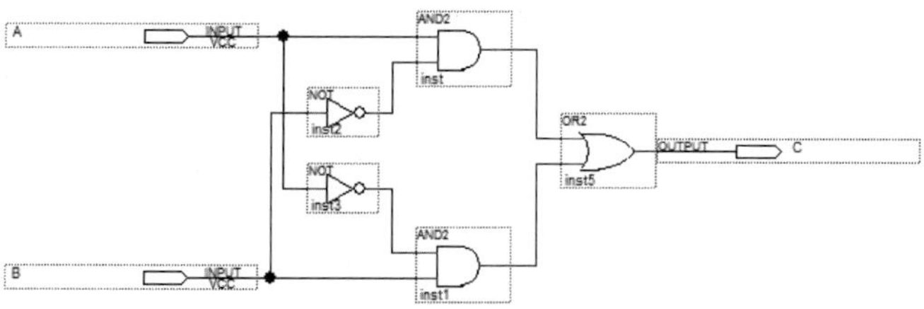

[그림 8] Exclusive OR(XOR)

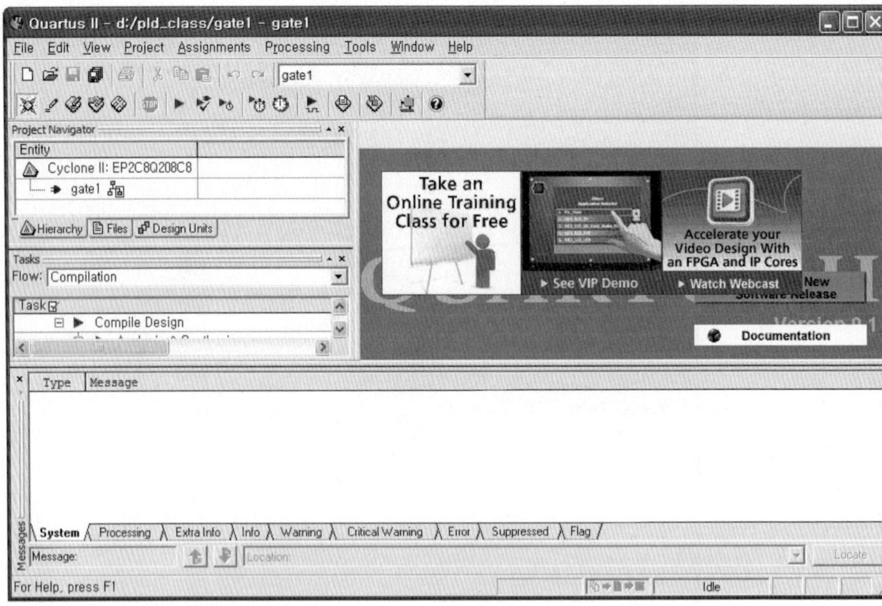

[그림 9] 프로젝트 [gate1]의 활성화 창

[그림 8]의 회로를 그리기 위해 [그림 9]의 창에서 [File]-[New]를 선택하면 [그림 10]과 같은 창이 나타난다. 이 창에서 [Block Diagram/Schematic File]을 선택한 다음 [OK]버튼을 클릭하면 [그림 11]과 같은 창이 만들어 진다. [그림 11]에서 현재의 파일명은 Block1.bdf이므로 [File]-[Save As]를 클릭하면 [그림 12]창이 나타난다.

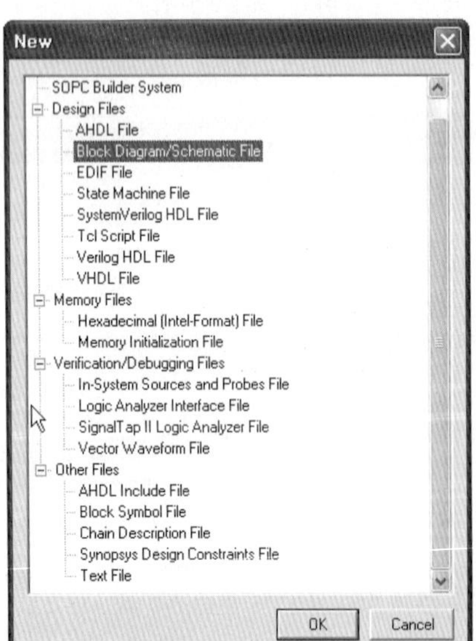

[그림 10] 회로 그리기 [Block Diagram] 선택 창

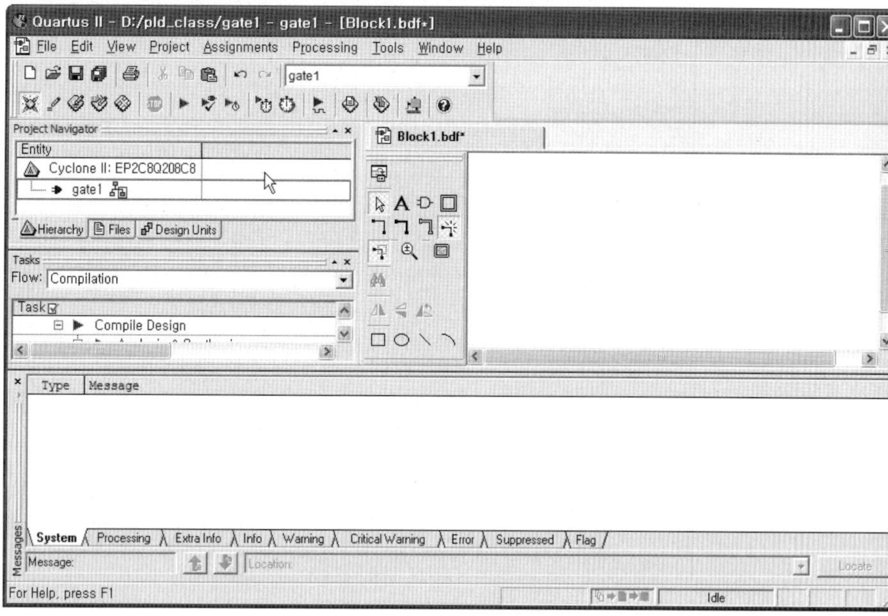

[그림 11] 회로를 그리기 위한 최초의 창, 파일명은 [Block1.bdf]

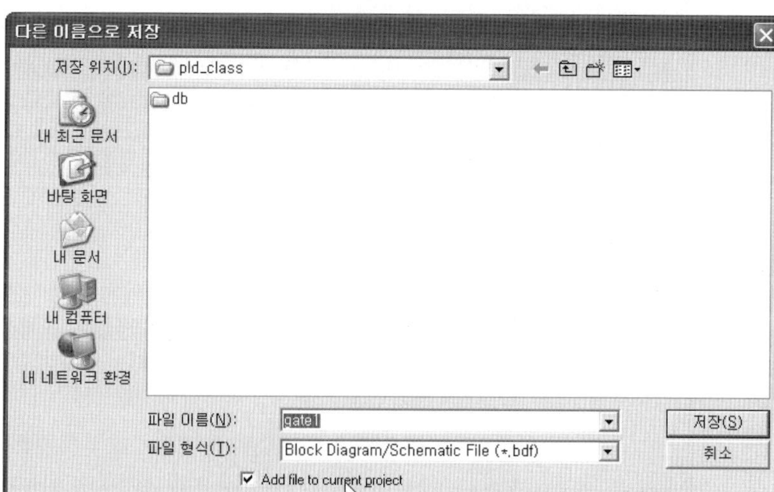

[그림 12] 파일명 설정하기 위한 창

[그림 12]의 파일이름 항에는 Top Level Entity와 동일한 이름으로 저장할 파일명이 나타나므로 별도의 이름을 입력할 필요 없이 저장(S)을 누르면 [그림 11]의 창에 있는 파일명 Block1.bdf가 [그림 13]처럼 gate1.bdf로 바뀐 것을 확인할 수 있다.

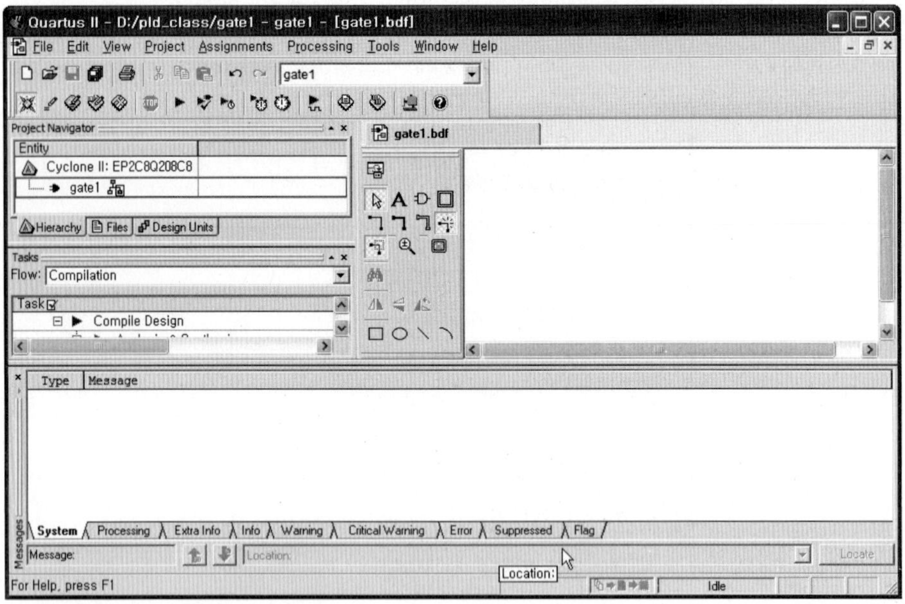

[그림 13] 파일명이 [gate1.bdf]로 바뀐 창

3.1 논리 게이트 심벌 입력하기

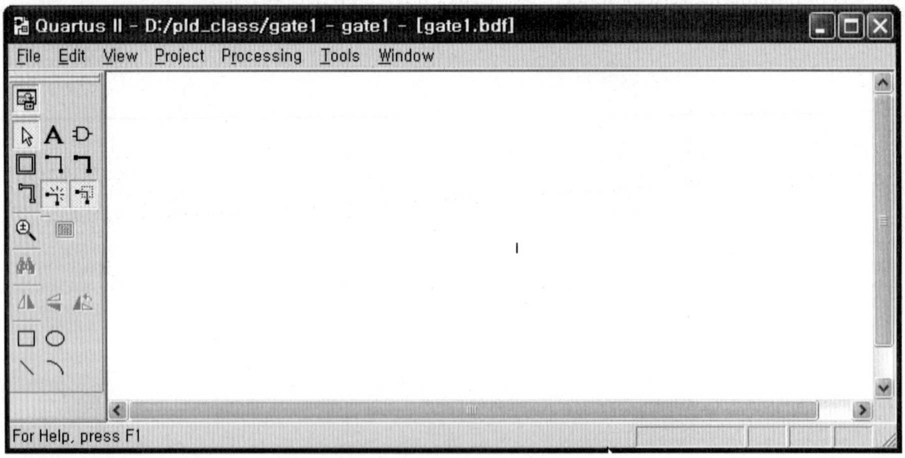

[그림 14] gate1.bdf의 전체 창

[그림 13]에서 중앙 윗부분에 있는 아이콘 을 클릭하면 gate1.bdf 파일 창이 [그림 14]와 같이 전체 창으로 바뀐다.

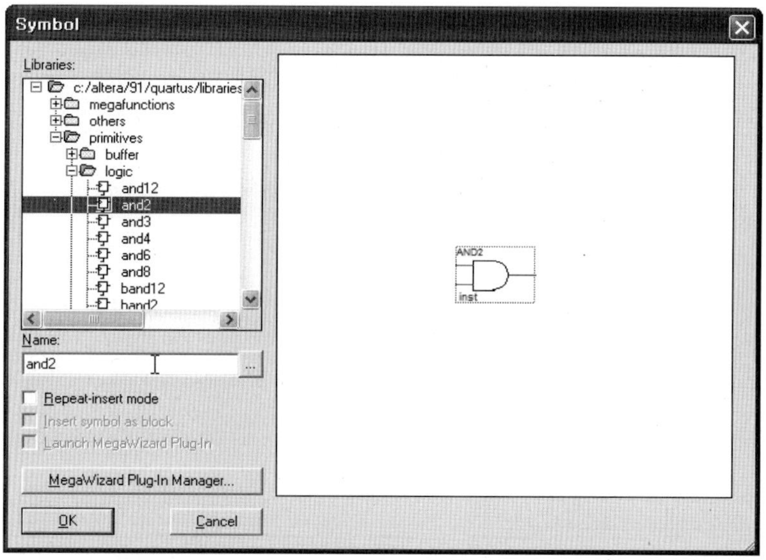

[그림 15] 논리 게이트 심벌을 가져오기 위한 창

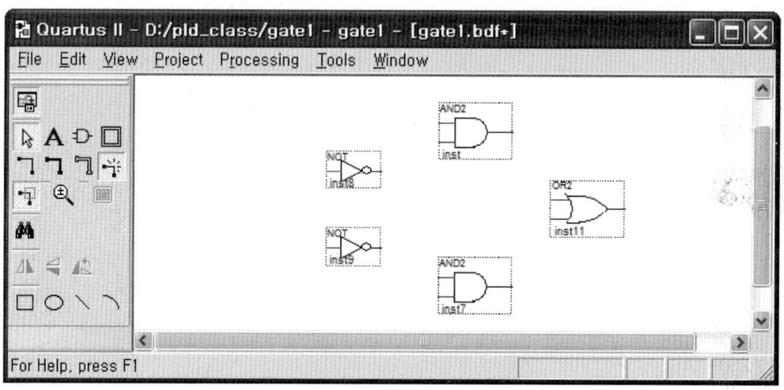

[그림 16] 논리 게이트 심벌 배치 창

이제 논리 게이트 심벌을 가져와 보자. 논리 게이트 심벌을 가져오기 위해 [그림 14]의 창에 커서를 배치한 다음 마우스를 두 번 클릭하거나 아이콘 를 클릭하면 [그림 15]가 나타난다.

[그림 15]에 있는 Name항에 and2를 입력하면 해당 심벌이 우측 창에 나타난다. [OK]버튼을 클릭하면 마우스 끝에 해당 심벌이 나타나고 원하는 위치를 선정한 다음 마우스를 클릭하면 해당 심벌을 배치할 수 있다. [그림 16]은 [그림 8] 회로를 그리기 위해 배치한 심벌들이다. 심벌을 회전하여 배치할 때 [Edit]-[Rotate by Degrees]에 있는 메뉴를 이용하여 90도, 180도, 270도의 회전 배치가 가능하다.

3.2 입·출력 심벌 가져오기

게이트 심벌을 가져오는 방법과 동일하며 Name항에 Input 또는 Output이라고 입력한 다음 [OK]버튼을 클릭한다. [그림 17]은 입·출력 심벌을 배치한 창이다.

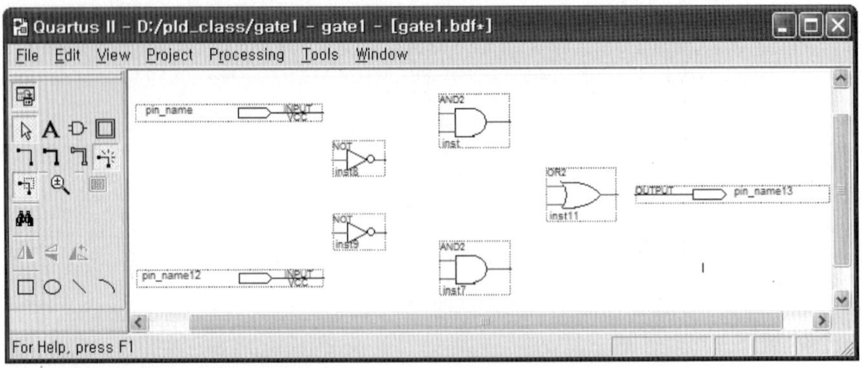

[그림 17] 입·출력 심벌을 배치한 창

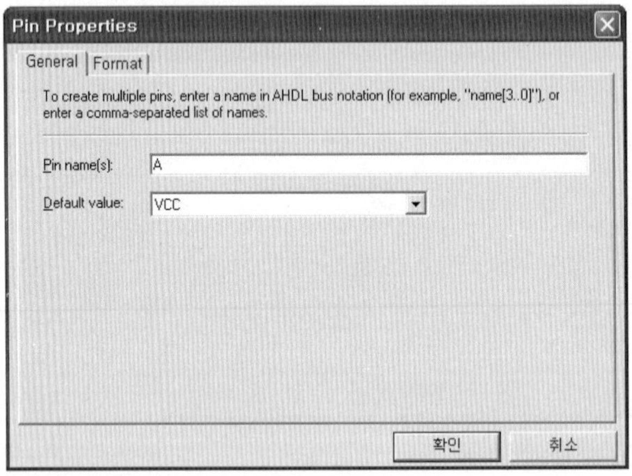

[그림 18] 핀 이름 입력하기 위한 창

[그림 17]에서 입·출력 심벌의 이름을 입력하기 위해 마우스로 입·출력 핀을 더블 클릭하면 [그림 18]과 같은 창이 나타난다. [그림 18] 창에서 Pin name 항에 핀 이름을 입력하면 된다.

3.3 배치된 심벌과 심벌 사이에 선 연결하기

배치된 심벌들 간에 선을 연결하기 위해 아이콘 을 클릭한다. 마우스 끝에는 이 나타나고 원하는 심벌의 끝에 마우스의 커서를 배치한다. 그리고 다른 심벌의 끝까지 마우스를 [드래그]하면 선이 연결된다. 이와 같은 과정을 되풀이하여 모든 심벌들의 노드를 연결하면 된다. 선 연결이 잘못된 경우 해당 선을 클릭한 다음 Delete키를 누르면 지워진다. 선 연결이 완료되면 을 클릭하여 Selection Tool모드로 전환한다. 최종 회로도를 [그림 19]에 나타내었다.

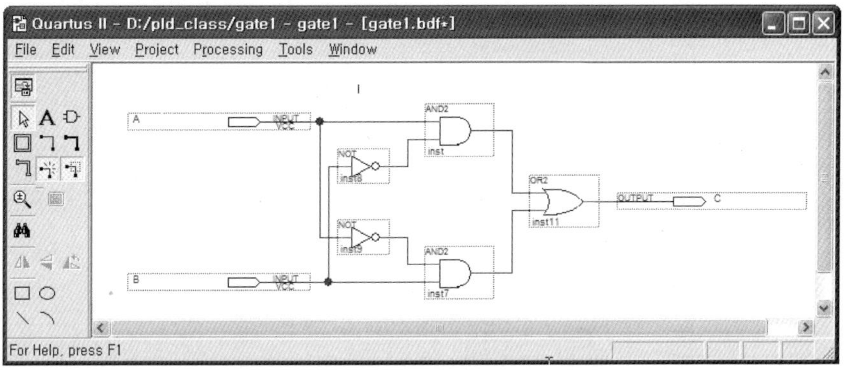

[그림 19] gate1.gdf의 최종회로도 창

4)) 설계한 회로를 컴파일하기

회로 설계가 완료되면 gate1.bdf는 여러 가지 Quartus II Tools 즉, 파일 분석, 회로 합성 및 회로 실장 실험 등을 처리해야 한다. 컴파일러는 이들 [Tools]를 제어한다.

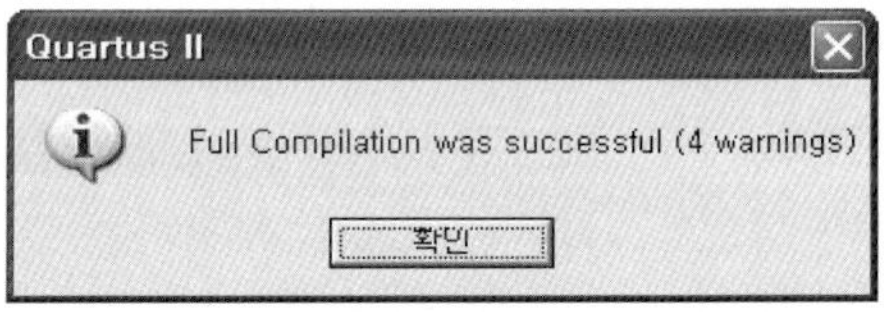

[그림 20] 오류 없는 경우의 컴파일러 메시지

컴파일을 실행하려면 [Processing]-[Start Compilation]을 클릭하거나 아이콘 ▶을 클릭하면 된다. 컴파일러가 여러 가지 단계를 진행하는 상태는 윈도우 우측 하단에 %로 나타난다. 설계한 회로에 오류가 없으면 컴파일러는 [그림 20]과 같은 메시지를 출력한다. [그림 20] 창에서 [확인]버튼을 클릭하면 컴파일러는 종료되고 [그림 21]이 나타난다.

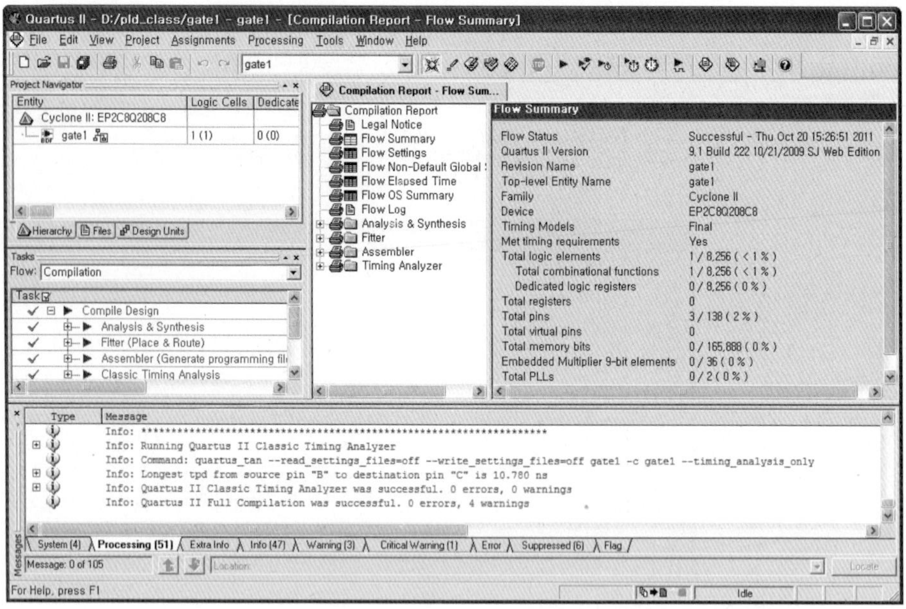

[그림 21] 오류 없이 성공적으로 실행된 컴파일러 창

[그림 21]의 하단에는 여러 가지 메시지가 나타나는데 오류가 있을 경우 오류에 대한 적절한 컴파일 메시지가 나타나게 된다. [그림 21]의 중간 우측에는 Compilation Report의 Flow Summary가 있으며 사용한 디바이스는 EP2C8Q208C8, 전체 8256개 중 1개의 논리 소자를 사용했고, 이 회로를 FPGA에 실장하기 위해 필요한 입·출력 핀은 3개라는 정보를 나타내고 있다.

4.1 설계한 회로에 오류가 있을 경우

컴파일러가 오류 메시지를 출력하는 경우 최소한 1개 이상의 오류가 있는 경우이며 메시지 창에 빨강색으로 나타나는 오류 메시지를 두 번 클릭하면 해당 오류의 위치를 찾을 수 있다. 유사한 경우로 경고 메시지도 출력되는데 오류 메시지의 경우와 동일한 방법으로 경고의 위치를 찾을 수 있다.

예를 들어 gate1.gdf에 오류를 만들어 보자. AND게이트와 OR게이트 간에 연결된 선을 지워보자. [그림 22]와 같이 오류를 만들고 컴파일러를 실행해 보자. 컴파일을 실행하기 전 gate1.gdf가 변경되었기 때문에 [저장]할 것인지를 물을 것이다. [Yes]버튼을 클릭하면 컴파일러가 실행된다. 컴파일러는 그림 23의 오류 메시지를 출력하게 되고 [확인]버튼을 클릭하면 [그림 24]의 메시지를 출력하게 된다.

[그림 24]의 좌측 중앙에 있는 Analysis & Synthesis를 확장한 다음 Messages를 클릭하면 [그림 25]와 같이 오류 메시지가 나타난다.

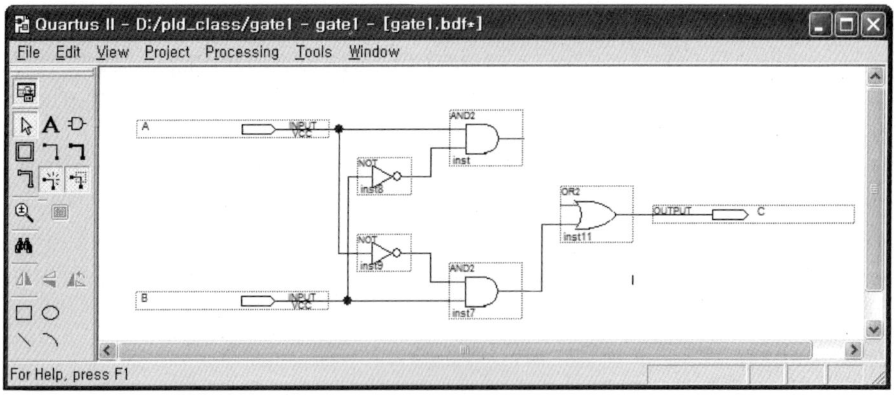

[그림 22] 오류가 있는 gate1.gdf

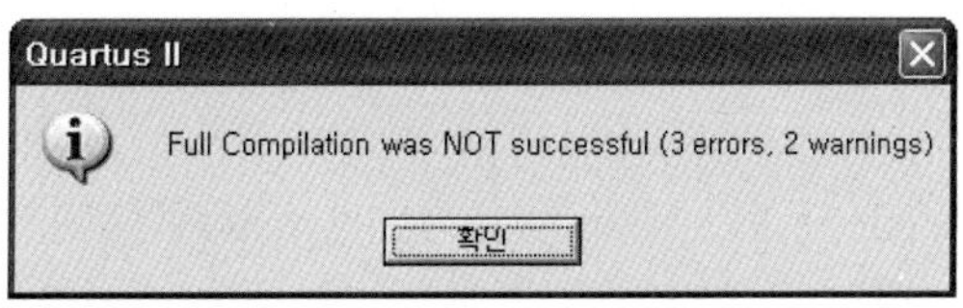

[그림 23] 오류가 있는 컴파일러 메시지

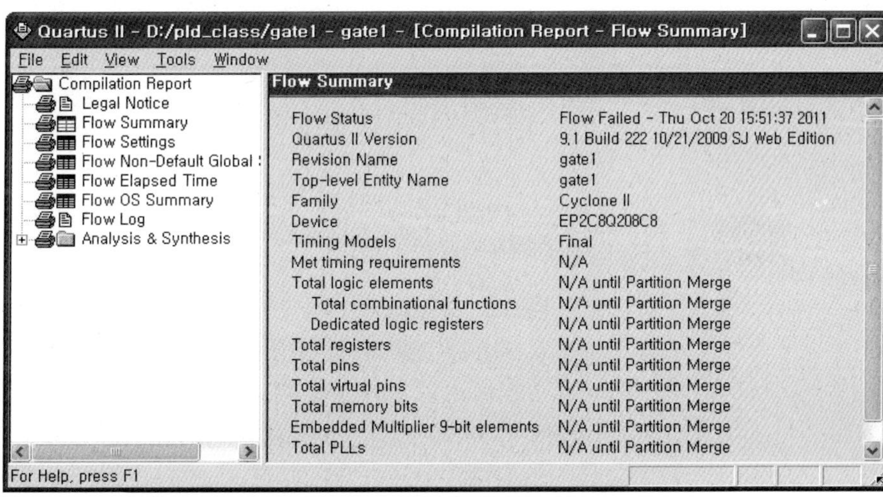

[그림 24] 오류가 있는 Compilation Report의 Flow Summary

자, 이제 첫 번째 오류 메시지(Error : Node "inst11" is missing source)를 두 번 클릭해보자. 이 메시지는 노드중의 하나에 연결될 선이 없다는 뜻이다.

Quartus II 소프트웨어는 [그림 26]과 같이 오류의 위치가 표시된 gate1.bdf를 보여주며 이 과정을 통해 설계의 오류를 제거하면 된다.

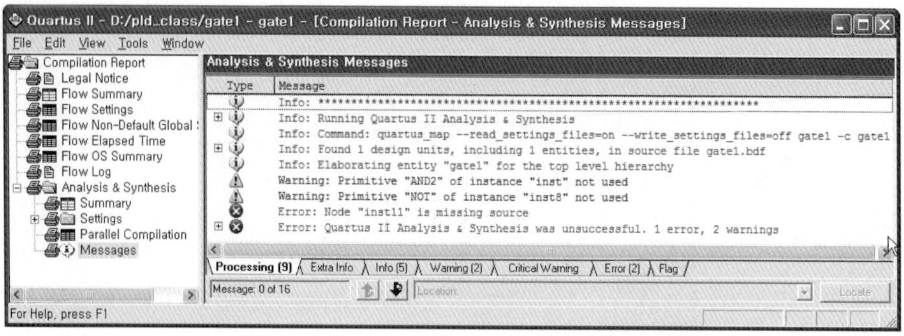

[그림 25] 오류 메시지 확인 창

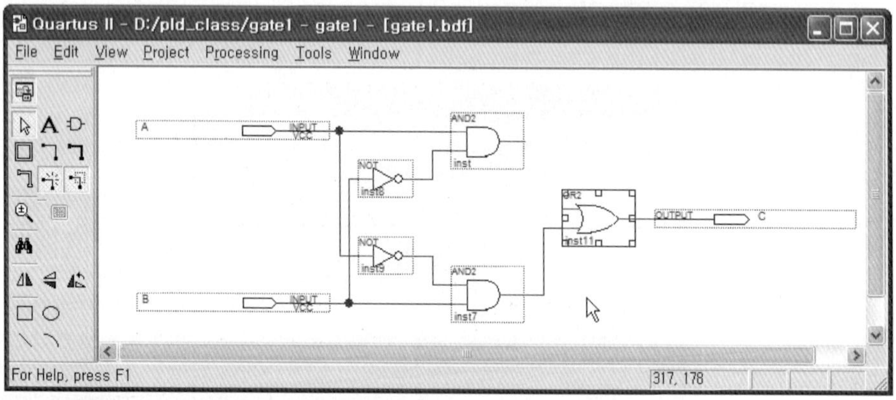

[그림 26] 오류의 위치가 표시된 gate1.bdf

5)) 핀 지정(할당)

컴파일이 완료된 후 gate1.gdf와 FPGA칩을 연결해주는 과정이 필요하다. 핀 연결과 관련된 정보는 〈표 2〉를 참조하도록 한다. 〈표 2〉에 의하면 입력은 모든 트레이닝 키트의 DIP Switch를 이용하고 출력은 LED로 확인하도록 정했다.

핀을 지정하기 위해 [Assignments]-[Assignment Editor]를 클릭하면 [그림 27]과 같은 창이 나타난다. [그림 27]에서 Category를 클릭하여 Pin을 선택한다. 다음으로 〈표 2〉를 참조하여 To영역의 파란색으로 된 〈〈new〉〉를 두 번 클릭한 다음 핀 이름을 입력하고 Location 영역의 빈칸을 두 번 클릭한 다음 FPGA 핀 번호를 입력한다. [그림 28]은 gate1.bdf파일의 입·출력 핀과 FPGA의 핀 번호를 서로 일치시킨 결과이다.

〈표 2〉 핀 지정 예

트레이닝 키트	핀 이름		FPGA 핀 번호
	gate1.bdf	FPGA	
Combo II	A	DIP_D(0)	Y12
	B	DIP_D(1)	AE11
	C	LED_D(0)	AF7
Combo II-SE	A	BUS_SW1	86
	B	BUS_SW2	84
	C	LED1	41

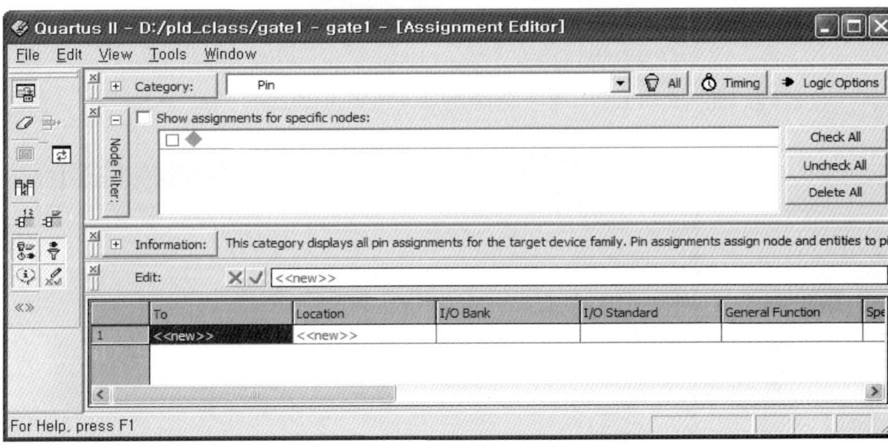

[그림 27] 핀 지정 편집기 창

핀 입력이 모두 완료되면 [File]-[Save]를 실행하고 컴파일러를 다시 실행한다.

Quartus II 소프트웨어 사용자는 핀을 지정할 때 CSV(Comma Separated value)파일을 불러오거나 파일로 내보낼 수 있다.

지금부터 gate1.gdf파일의 csv파일을 만들어 보자. 먼저 현재의 창은 Assignment Editor창이어야 하며 다음으로 [File]-[Export]를 클릭하면 [그림 29]와 같은 창이 나타난다. [그림 29]에서 gate1.csv는 파일명이다. 이때 [Export]버튼을 클릭하면 파일이 생성된다.

다음으로 gate1.csv 파일을 이용하여 gate1.bdf의 핀 지정을 다시 해보자. [그림 30]은 기존의 핀 지정을 모두 제거한 상태이다.

[Assignments]-[Import Assignment]를 클릭하면 [그림 31]과 같은 창이 나타나며 File Name항에 gate1.csv를 입력하거나 선택아이콘 ...를 클릭하고 해당 파일을 선택하고 [OK]버튼을 클릭한 다음 [Assignments]-[Assignment Editor]를 클릭하면 [그림 32]의 결과를 확인할 수 있다.

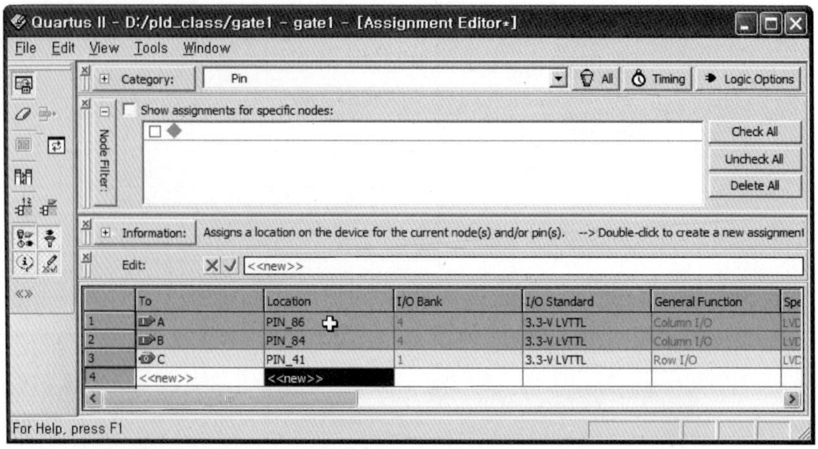

[그림 28] gate1.bdf의 입·출력 핀과 FPGA핀 번호를 서로 연결하기 위한 창

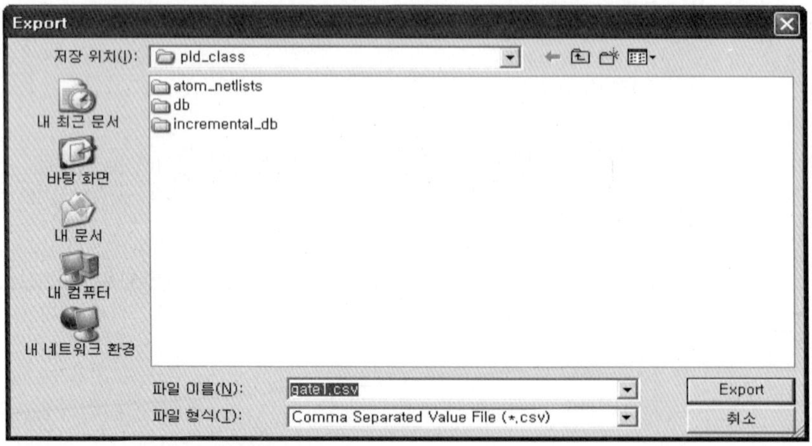

[그림 29] gate1.csv 파일 만들기 창

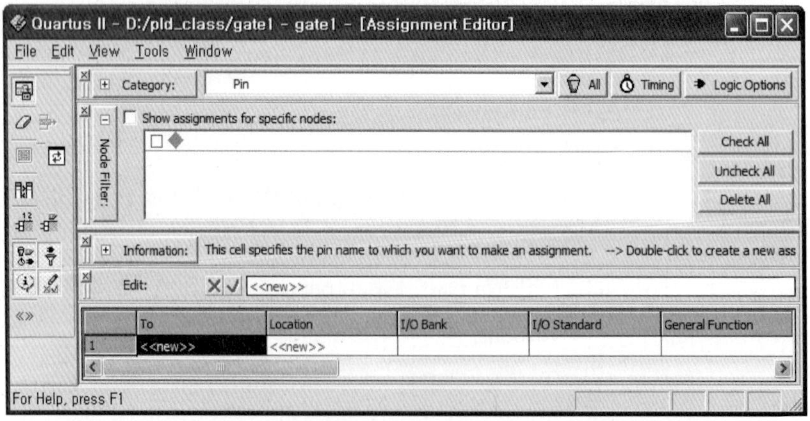

[그림 30] 핀 지정을 모두 제거한 gate1.gdf

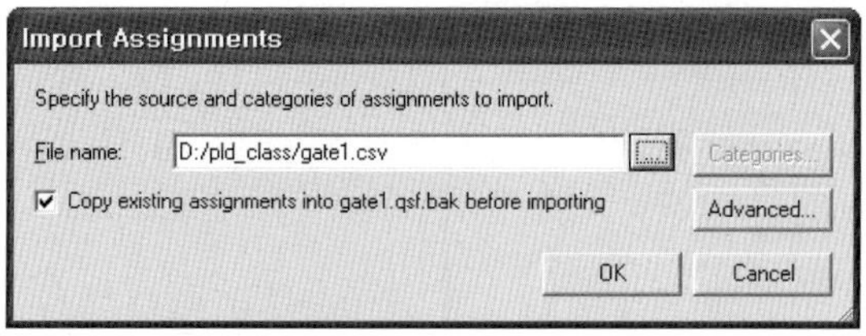

[그림 31] Import Assignments 창

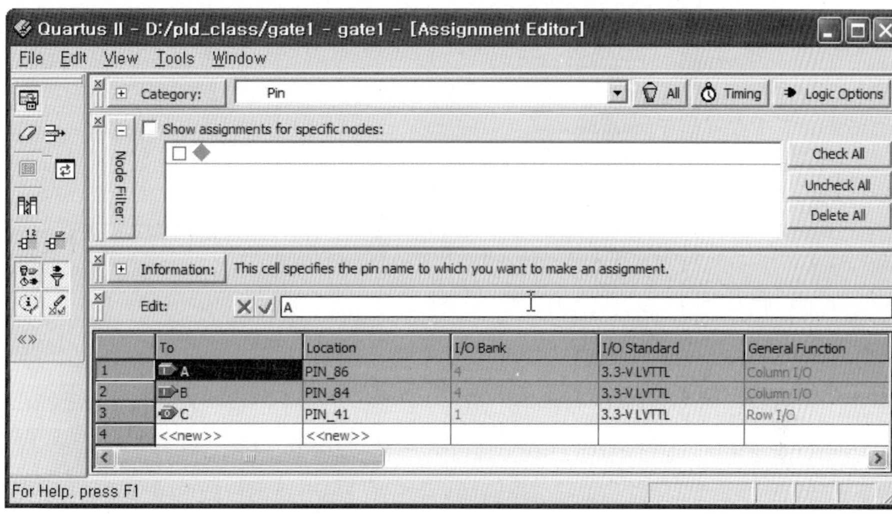

[그림 32] Import Assignments 메뉴를 이용하여 핀 지정한 창

6)) 설계한 회로를 모의실험하기

설계한 회로를 트레이닝 키트에 실장실험하기 전에 모의실험을 실행하여 회로의 기능을 점검할 수 있다. 회로를 모의실험하려면 입력신호에 파형을 공급해야 하는데 설계자가 원하는 가상의 입력 신호를 Test Vector라 부른다. Quartus II 소프트웨어는 Test Vector를 만들기 위해 Quartus II Waveform Editor를 사용한다.

이 과정은 다음과 같다.

① [File]-[New]를 클릭하면 [그림 33]이 나타난다.

② Vector Waveform File을 선택한 다음 [OK]버튼을 클릭하면 [그림 34]가 나타난다.

③ [File]-[Save As]를 클릭하여 Gate1.vwf로 저장하면 파일명이 Waveform1.vwf에서 [그림 35]와 같이 gate1.vwf로 바뀌어 나타난다.

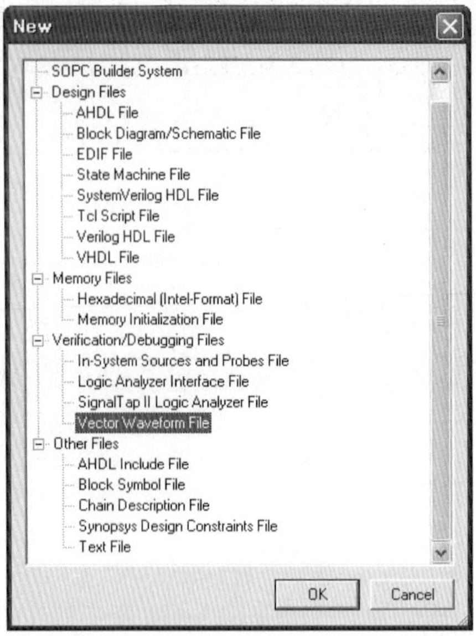

[그림 33] Vector Waveform File 창

④ [Edit]-[End Time]을 클릭하여 Time을 1㎲로 설정되어 있는지를 확인한다. Time의 초기 값은 언제나 1㎲이다. [Edit]-[Grid Size]를 선택하여 Time Period를 100ns로 설정한 다음 [View]-[Fit in Window]를 클릭하면 [그림 36]과 같이 0에서 1㎲까지 한 화면에 나타난다.

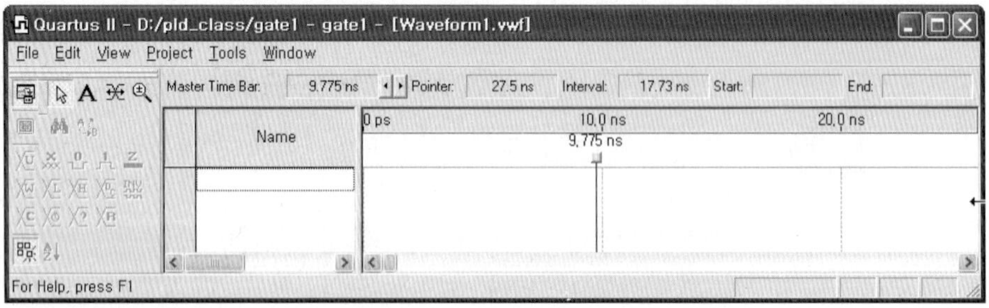

[그림 34] Waveform1.vwf창

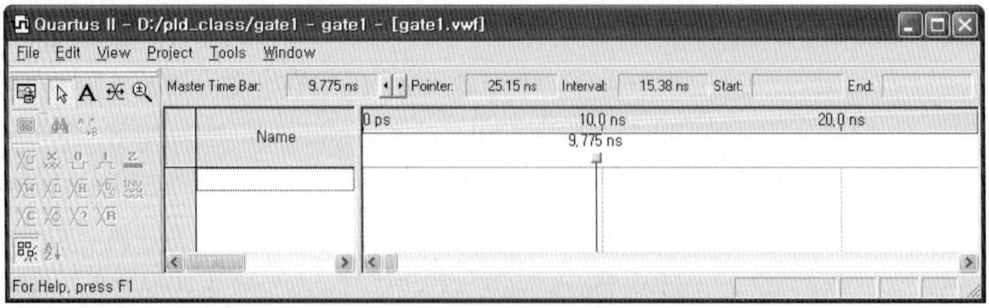

[그림 35] 수정된 Gate1.vwf 창

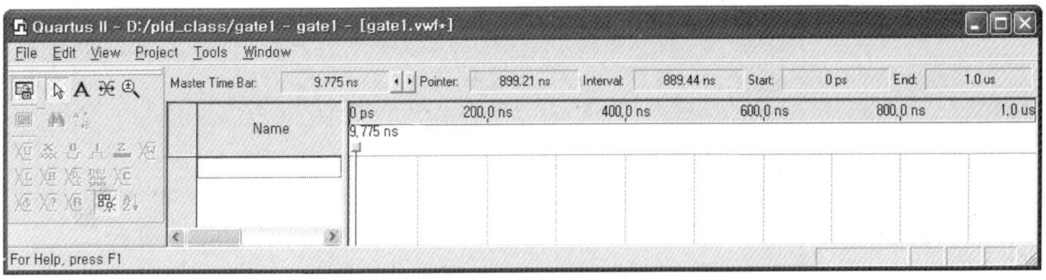

[그림 36] End Time 0~1㎲, Grid Size 100㎱를 표현한 gate1.vwf창

⑤ 다음으로 파형 관찰 할 입·출력 신호를 화면에 나타내야 하는데 [Edit] -[Insert] -[Insert Node or Bus]를 선택하면 [그림 37]과 같은 창이 나타난다. 회로에 사용된 모든 입·출력 신호의 이름을 기억하고 있다면 [그림 37]의 Name항에 신호 이름을 입력할 수 있지만 [그림 37]의 창에서 Node Finder를 클릭하면 [그림 38]과 같은 창이 나타난다. [그림 38]에서 Filter는 Pins : all로 설정하고 List를 클릭하면 [그림 39]가 나타나고 마우스를 이용하여 A를 선택한 다음 아이콘 > 을 클릭하면 [그림 40]과 같이 좌측에 있던 노드 A가 우측으로 이동된다. 아이콘 >> 을 클릭하면 좌측에 있던 모든 노드가 우측으로 옮겨진다.

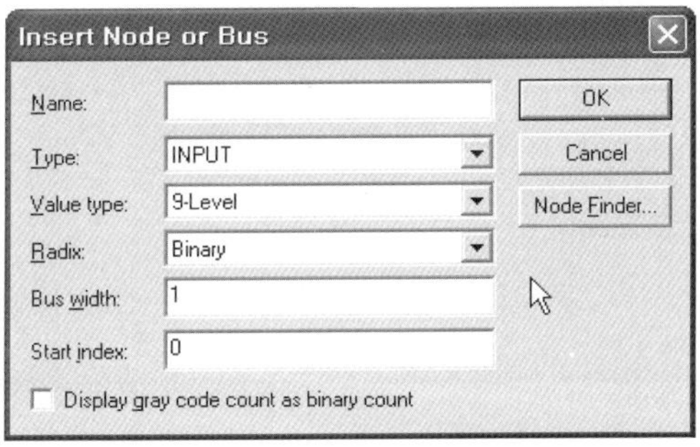

[그림 37] Insert Node or Bus를 실행한 상태

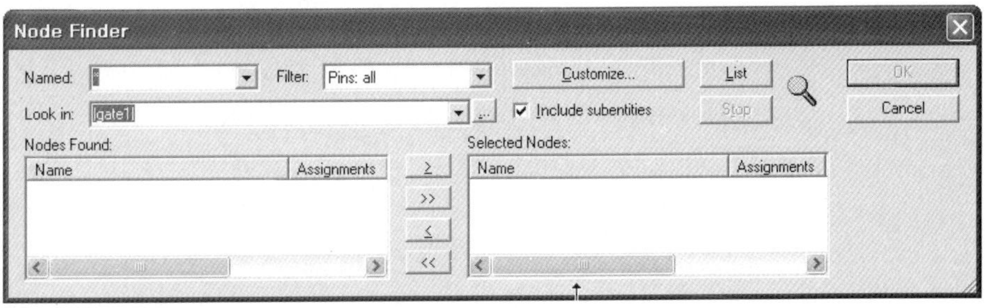

[그림 38] Node Finder를 실행한 상태

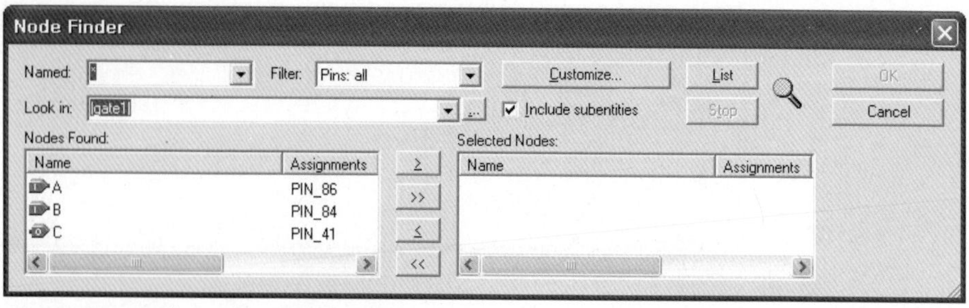

[그림 39] Node Finder의 List를 클릭한 상태

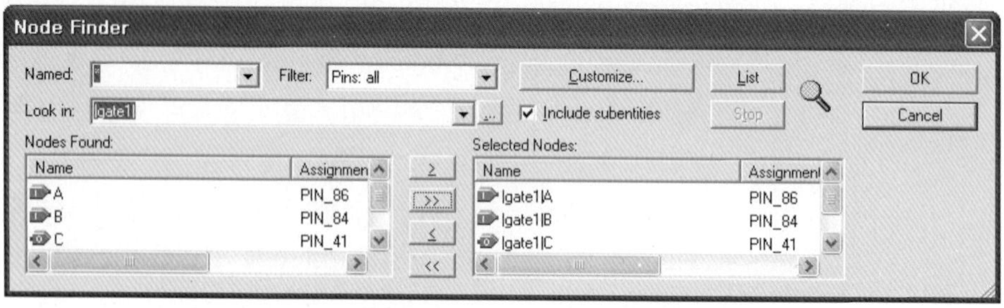

[그림 40] 모든 노드를 좌측에서 우측으로 옮기기

[그림 40]과 같이 모든 노드를 우측으로 옮긴 다음 [OK]버튼을 클릭하면 [그림 41]의 결과가 나타난다.

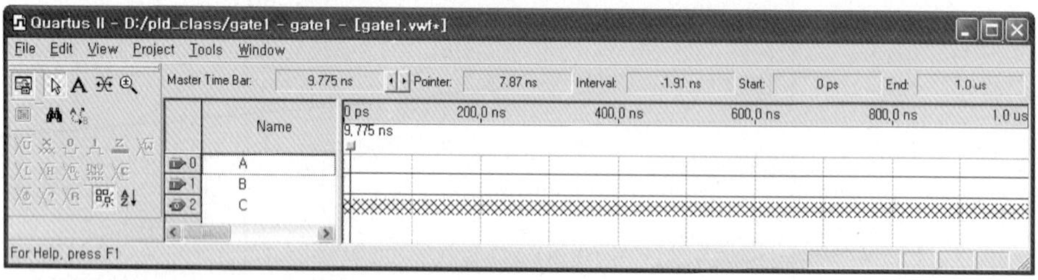

[그림 41] 모의실험을 하기 위한 기본 창

[그림 41]에서 각 신호의 앞에 있는 은 각각 입력과 출력신호임을 의미한다. [그림 41]에서 각 신호의 위치를 위·아래로 이동시키려면 신호의 이름을 클릭하여 색깔을 변경시킨 다음 마우스로 끌어내리거나 올리면 된다. 신호 [C]의 상태는 격자 모양으로 나타나는데 아직 모의실험을 실행시키지 않았기 때문이며 논리 상태로는 알 수 없는 상태이기도 하다.

⑥ 이제 [그림 41]의 입력 신호 [A]와 [B]에 논리 상태를 입력해보자. 출력의 논리 상태는 모의실험에 의해 자동으로 결정되므로 입력신호만 결정하면 된다. 입력신호의 논리 상태는 [그림 41]에서 수직으로 나타나있는 그리드

단위로 값을 결정할 수 있다([View]-[Snap to Grid]). 논리 상태를 그리드 단위가 아닌 임의의 위치에 주고 싶으면 [View]-[Snap to Grid]를 클릭하여 해제하면 된다. 신호의 파형을 입력할 때 다양한 방법이 제공되고 있지만 Waveform Editing Tool인 아이콘 을 사용하면 편리하다.

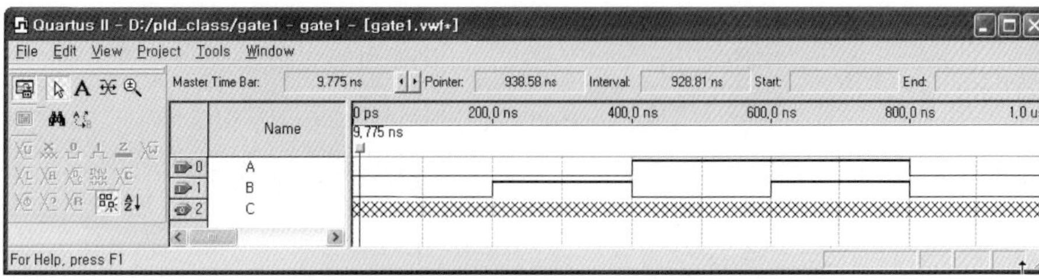

[그림 42] 신호 A, B를 설정한 상태

[그림 41]의 A, B신호를 아이콘 를 이용하여 [그림 42]와 같은 상태가 되도록 만들어 보자. 아이콘 을 파형 A의 원하는 위치에 배치한 후 원하는 위치까지 마우스를 드래그하면 자동으로 논리상태가 입력된다. 만약 기본이 0이었다면 해당 범위는 1이 될 것이고 1이었다면 해당 범위가 0이 될 것이다. A신호의 경우 0에서 400ns까지는 논리 0, 400ns에서 800ns까지는 논리 1, 800ns에서 1㎲까지는 논리 0이다. B신호의 경우 0에서 200ns까지는 논리 0, 200ns에서 400ns까지는 논리 1, 400ns에서 600ns까지는 논리 0, 600에서 800ns까지는 논리 1, 800ns에서 1㎲까지는 논리 0이다.

〈표 3〉은 파형편집을 위해 사용하는 아이콘들에 대한 설명이다.

〈표 3〉 파형 편집에 사용되는 각종 아이콘

아이콘	영문 설명	한글 설명
	Uninitialized	초기화 되지 않은 상태
	Forcing Unknown	논리 상태를 알 수 없는 상태로 만들기
	Forcing Low	논리 상태를 0으로 만들기
	Forcing High	논리 상태를 1로 만들기
	High Impedance	전류가 거의 흐르지 않는 상태로 만들기
	Weak Unknown	알 수 없는 상태지만 전류가 약하게 흐르게 만들기
	Weak Low	논리 상태를 0으로 만들지만 전류가 적게 흐르는 상태
	Weak High	논리 상태를 1로 만들지만 전류가 적게 흐르는 상태
	Don't care	출력에 영향을 주지 않는 입력 상태

아이콘	영문 설명	한글 설명
	Invert	현재의 논리 상태를 반전시키기
	Count value	2개 이상의 신호 그룹에 순서대로 값을 설정하기
	Overwrite Clock	한 개의 신호에 일정한 주기를 갖는 클럭신호 만들기
	Arbitrary Value	2개 이상의 신호 그룹에 특정 값을 설정하기
	Random Value	2개 이상의 신호 그룹에 불특정 값을 설정하기
	Snap to Grid	켜져 있으면 커서가 Grid에서 Grid로 움직인다.
	Sort	영문 순서로 정열하기

[그림 42]에서 파형 A를 클릭한 다음 아이콘 을 클릭하면 [그림 43]이 나타난다. [그림 43]에서 Time Range를 0에서 1㎲로 설정하고 Time Period를 200ns로 설정하고 [OK]버튼을 클릭한다. 다음으로 파형 B를 클릭한 다음 아이콘 을 클릭하면 [그림 44]가 나타난다. [그림 44]에서 Time Range를 0에서 1㎲로 설정하고 Time Period를 400ns로 설정하고 [OK]버튼을 클릭하면 [그림 45]와 같은 파형 결과가 나타난다.

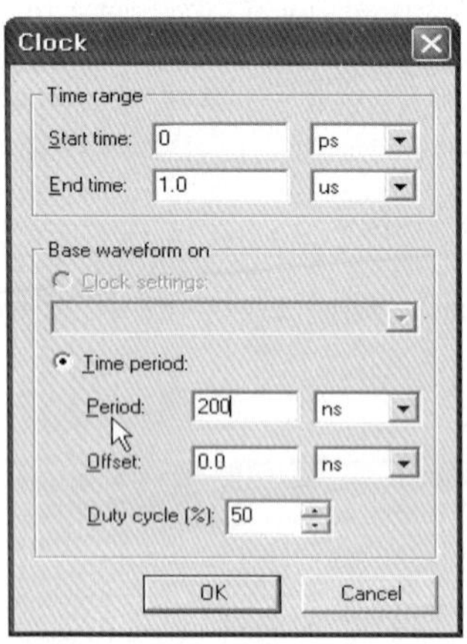

[그림 43] 신호 A Time period

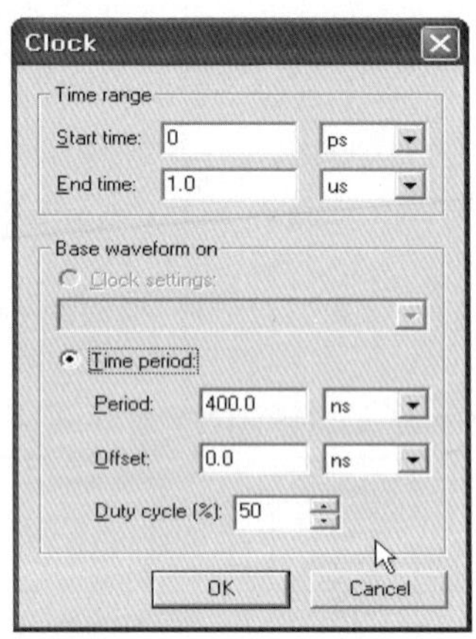

[그림 44] 신호 B의 Time period

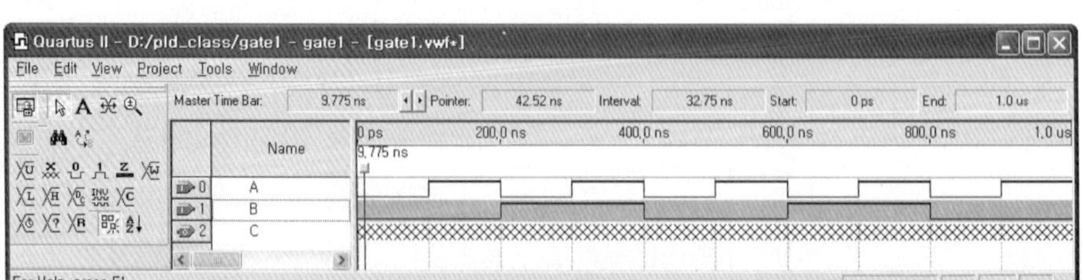

[그림 45] Overwrite Clock 아이콘을 이용하여 편집한 파형

7)) 모의실험 실행하기

설계한 회로를 모의실험하기 위한 방법이 2가지 있다. 한 가지는 모든 신호가 완벽하여 지연시간이 전혀 없는 상태로 모의실험을 할 수 있는 경우이며 이를 Functional Simulation이라 한다. 또 다른 방법은 사용할 FPGA칩과 동일하게 지연시간 등을 적용하는 방법이며 이를 Timing Simulation이라 부른다.

7.1 Functional Simulation

Functional Simulation을 실행하기 전에 반드시 처리해야 할 과정이 하나 있는데 [Processing]- [Generate Functional Simulation Netlist]를 실행하여 Netlist를 만들어 주어야 한다. Functional Simulation을 실행하기 위해 [Assignments]-[Settings]를 선택하면 [그림 46]이 나타난다. [그림 46]의 왼쪽에 보면 Simulator Settings가 있으며 이를 클릭하여 나타나는 창에서 상단 중앙부분에 있는 Simulation Mode를 Functional로 설정한 다음 [OK]버튼을 클릭한다.

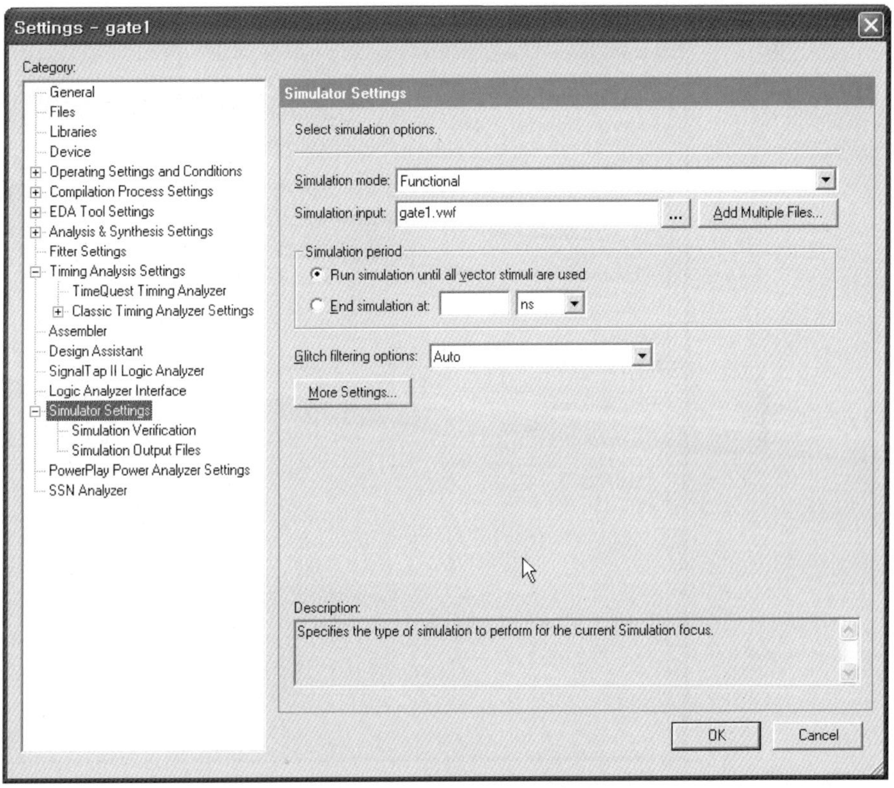

[그림 46] 모의실험을 Functional Simulation상태로 설정하기 위한 창

다음으로 [Processing]-[Start Simulation]을 클릭하거나 아이콘 을 클릭하면 [그림 47]의 결과 파형을 얻을 수 있다. [그림 47]의 결과파형으로부터 〈표 1〉의 진리표와 동일한 결과를 보이고 있음을 알 수 있으며 파형의 출력에 시간지연 상태가 전혀 나타나지 않는 순수한 기능만 결과로 출력하고 있음을 알 수 있다.

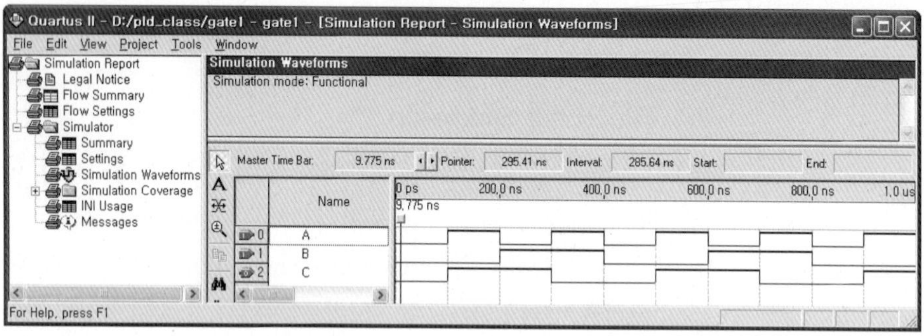

[그림 47] Functional Simulation결과 파형

7.2 Timing Simulation

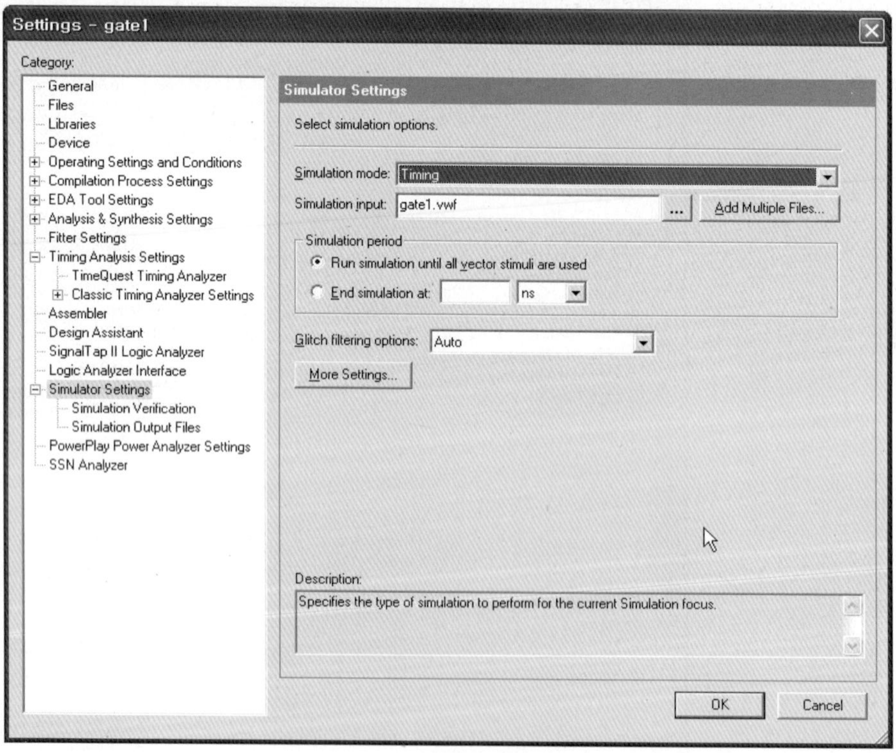

[그림 48] 모의실험을 Timing Simulation상태로 설정하기 위한 창

Functional Simulation의 결과 논리 상태가 진리표와 일치하므로 설계한 회로는 기능적으로 완벽한 것이다. 이제 설계한 회로를 실제 상황과 동일한 조건으로 모의실험 해보자. 실제상황이란 설계한 회로가 FPGA칩에 실장된 상태와 동일한 시간지연 등의 요소를 고려하여 모의 실험하는 경우이며 Timing Simulation이라 부른다. Timing Simulation에서는 Netlist를 만들 필요가 없다.

먼저 [Assignments]-[Settings]를 클릭하면 [그림 48]이 나타난다. [그림 48]에서 Simulation mode를 Timing으로 변경한 다음 [OK]버튼을 클릭한다. 다음으로 [Processing]-[Start Simulation]을 클릭하거나 아이콘 을 클릭하면 [그림 49]의 결과 파형을 얻을 수 있다. [그림 49]는 [그림 47]과 다르게 입력과 출력 간에 지연시간이 생기는 것을 알 수 있다. 이 지연시간은 FPGA칩의 지연시간이며 실제 상황과 같다.

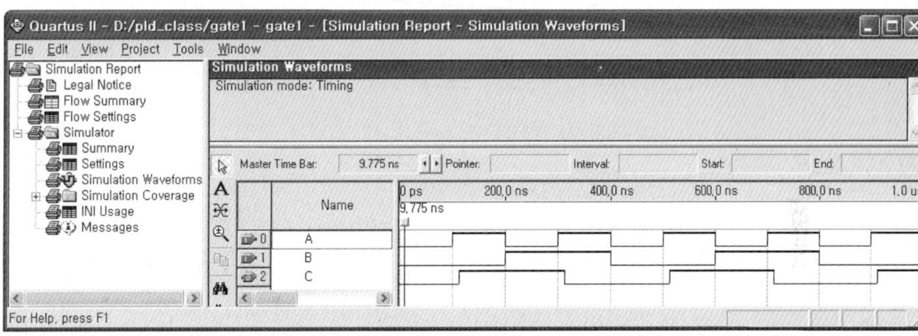

[그림 49] Timing Simulation결과 파형

8)) [FPGA] 칩을 프로그래밍하고 구성하기

설계한 회로를 FPGA칩에 실장하려면 FPGA칩을 프로그램하고 구성해야 한다. FPGA칩을 구성하기 위해 필요한 파일은 Quartus II Complier Assembler Module을 통해 만들어진다. 트레이닝 키트에 해당 파일을 구성하려면 JTAG : Joint Test Action Group와 AS : Active Serial라 부르는 모드를 이용해야 한다.

8.1 [Combo II] 트레이닝 키트 연결방법

[그림 50]과 같이 Combo II 트레이닝 키트의 경우 칩을 구성하는데 사용하는 파일은 호스트 컴퓨터의 USB Port를 통해 Terasic Blaster에 연결된 케이블과 Terasic Blaster에서 트레이닝 키트의 Altera JTAG 10핀 커넥터에 연결된 케이

블을 이용한다. 물론 이들 연결을 완성시키기 위한 디바이스 드라이버인 USB Blaster파일이 호스트 컴퓨터에 설치되어 있어야 한다.

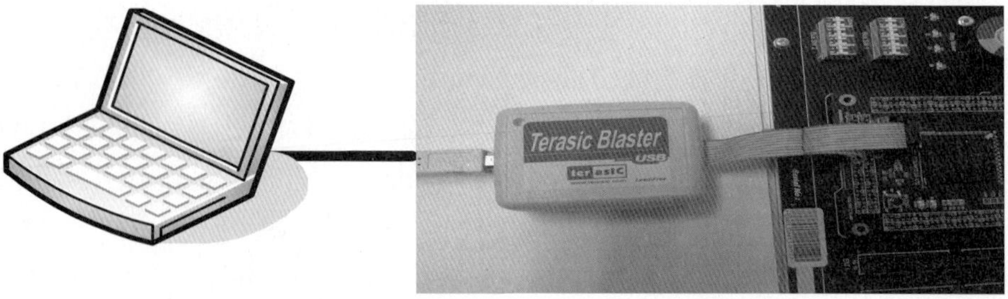

[그림 50] Combo II 트레이닝 키트와 PC연결

디바이스 드라이버 설치 과정은 다음 장을 참고하도록 한다.

8.2 [Combo II SE] 트레이닝 키트 연결방법

[그림 51]과 같이 Combo II SE 트레이닝 키트의 경우 칩을 구성하는데 사용하는 파일은 호스트 컴퓨터의 USB Port를 통해 Terasic Blaster에 연결된 케이블과 Terasic Blaster에서 트레이닝 키트의 Altera Module에 있는 JTAG 10핀 커넥터에 연결된 케이블을 이용한다. 물론 이들 연결을 완성시키기 위한 디바이스 드라이버인 USB Blaster파일이 호스트 컴퓨터에 설치되어 있어야 한다. 디바이스 드라이버 설치 과정은 다음 장을 참고하도록 한다.

[그림 51] Combo II SE 트레이닝 키트와 PC연결

8.3 JTAG 프로그래밍

JTAG모드의 경우 칩을 구성하는 파일이 직접 FPGA칩에 입력되는데 칩에 전원이 공급되는 한 한번 입력된 데이터는 사라지지 않는다. 반면 전원이 꺼지면 입력된 구성 데이터 역시 사라진다.

자 이제 설계한 회로의 구성 파일을 트레이닝 키트에 입력시켜 보자. 먼저 [Tools]- [Programmer]를 클릭하면 [그림 52] 또는 [그림 53]이 나타난다.

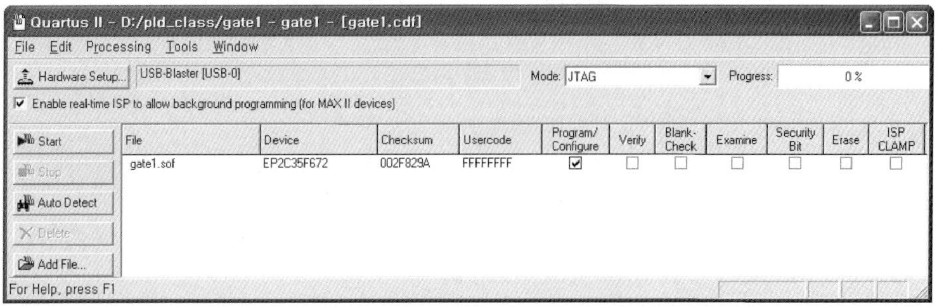

[그림 52] Combo II 트레이닝 키트의 프로그래머 창

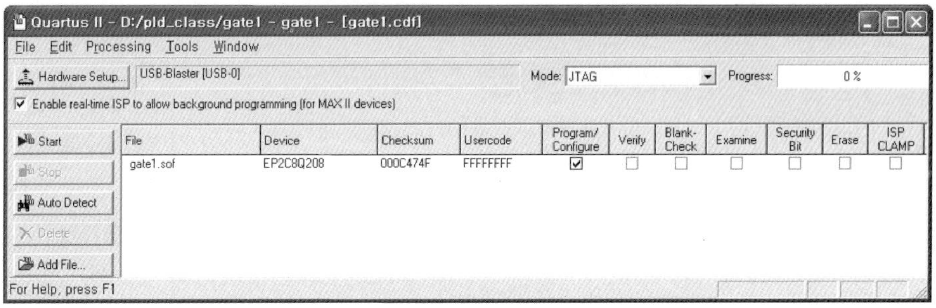

[그림 53] Combo II SE 트레이닝 키트의 프로그래머 창

[그림 52]와 [그림 53]에서 상단의 Mode를 JTAG로 설정한다. 만약에 USB Blaster가 설정되어 있지 않다면 Hardware Setup을 클릭한 다음 나타나는 [그림 54]에서 USB-Blaster를 두 번 클릭하여 Currently selected hardware를 USB-Blaster로 설정하고 Close버튼을 클릭한다. 다음으로 [그림 52]와 [그림 53]에서 gate1.sof 파일이 나타난 것을 확인한다. 만약 파일이 없다면 [그림 52]와 [그림 53]의 좌측 하단에 있는 Add File을 클릭하여 나타나는 창에서 gate1.sof파일을 찾아 클릭한 다음 [OK]버튼을 누르면 된다. 확장자 명 sof는 SRAM Object File을 의미한다. [그림 52, 53]과 같이 하드웨어 및 파일 설정이 모두 이상이 없으면 Program/Configure항에 [✔]표시가 있는지를 확인한 다음 Start버튼을 클릭한다. 오류가 있을 경우 오류를 보고할 것이고 그렇지 않다면 정상적으로 칩에 프로그래밍 될 것이다. 그리고 〈표 1〉의 진리표에 맞게 동작하는지 확인해 보자. 그리고 트레이닝 키트의 전원을 꺼보자. 그리고 〈표 1〉의 진리표에 맞도록 동작하는지 다시 한 번 확인해 보자.

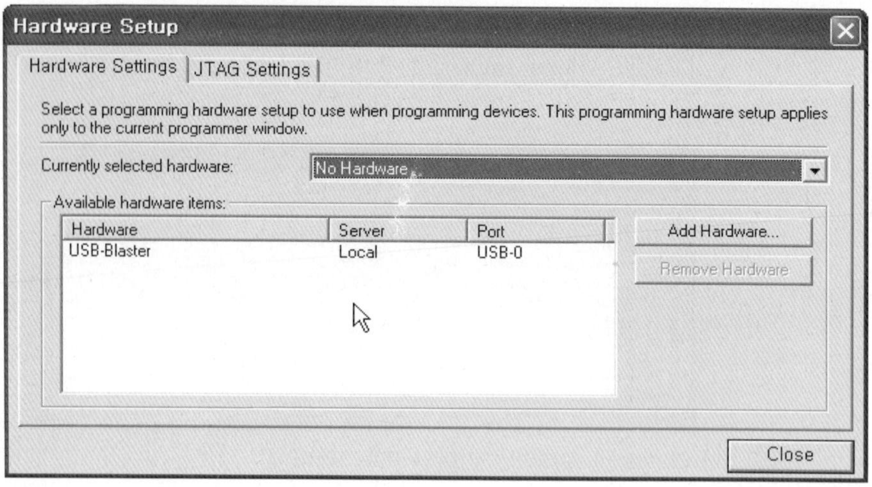

[그림 54] Hardware Setup 창

8.4 AS 프로그래밍

AS모드의 경우 구성 데이터를 저장하는 Flash Memory인 Configuration Device가 별도로 준비되어 있어야 한다. Quartus II 소프트웨어는 Combo II 트레이닝 키트에 있는 Configuration Device인 EPCS16에 USB Port를 이용하여 직접 프로그래밍할 수 있다. EPCS16디바이스에 저장된 데이터는 전원이 켜지면 자동으로 FPGA칩에 입력된다. Combo II-SE 트레이닝 키트의 경우 AS모드는 사용하지 않는다.

자 지금부터 AS모드를 이용하여 설계한 회로를 Combo II 트레이닝 키트에 입력시켜 보자. 먼저 [Assignments]-[Device]를 선택하여 [그림 55]가 나타나도록 한다. [그림 55]의 우측 중앙에 있는 [Device and Pin Options]를 선택하면 [그림 56]의 창이 나타난다. [그림 56]에서 [Configuration] 탭을 누르면 [그림 57]이 나타난다. [그림 57]에서 [EPCS16]이라는 [Configuration Chip]을 선택한 다음 [OK]버튼을 클릭한 다음 컴파일을 다시 한다.

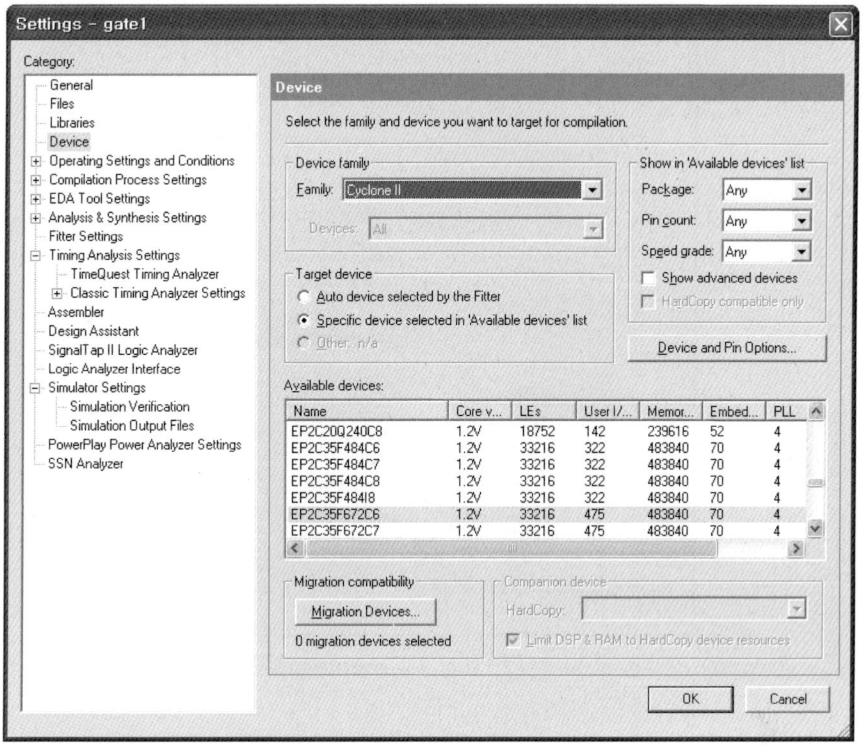

[그림 55] [AS]모드를 사용하기 위한 첫 번째([Assignments]–[Device])

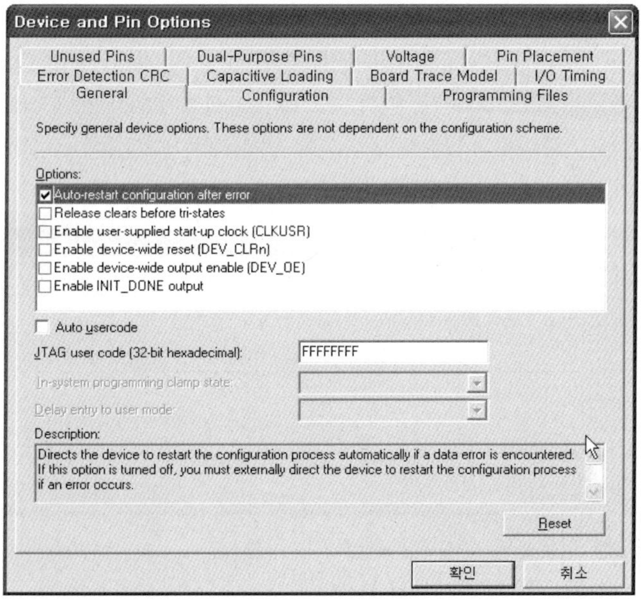

[그림 56] AS모드를 사용하기 위한 두 번째(Device and Pin Options)

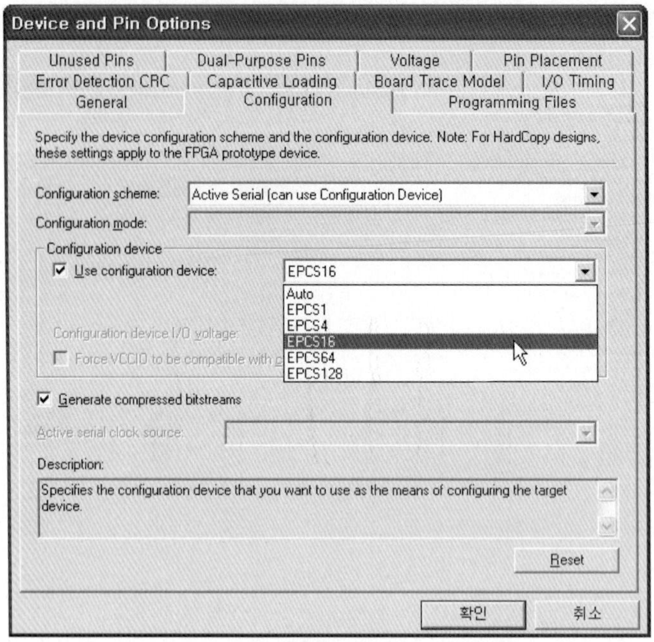

[그림 57] AS모드를 사용하기 위한 세 번째(Configuration)

다음으로 [Tools]-[Programmer]를 선택하면 [그림 58]이 나타난다. [그림 58]에서 [Mode]를 [Active Serial Programming]으로 설정한다. [그림 58]에는 프로그래밍 할 파일이 아직 선택되지 않았으므로 좌측 하단의 [Add File]을 클릭하여 [그림 59]와 같이 확장자명이 POF로 되어 있는 gate1.pof파일을 선택하여 [그림 60]과 같이 되도록 한다. [그림 60]에서 Program/Configure항에 [✔]표시가 된 것을 확인한 다음 Start버튼을 클릭하면 FPGA에 구성파일이 입력된다.

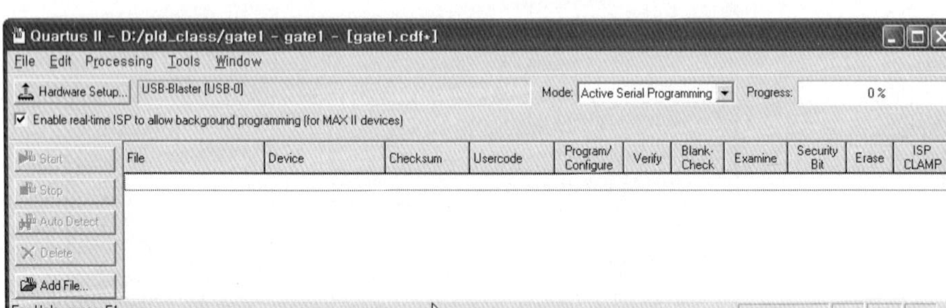

[그림 58] AS모드를 이용하여 FPGA칩 구성하기 위한 창

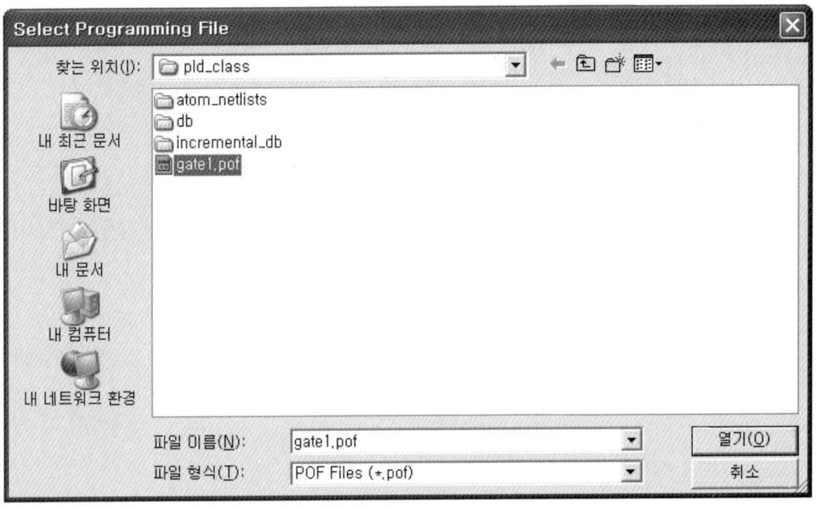

[그림 59] AS모드에서 사용할 파일 gate1.pof선택하기

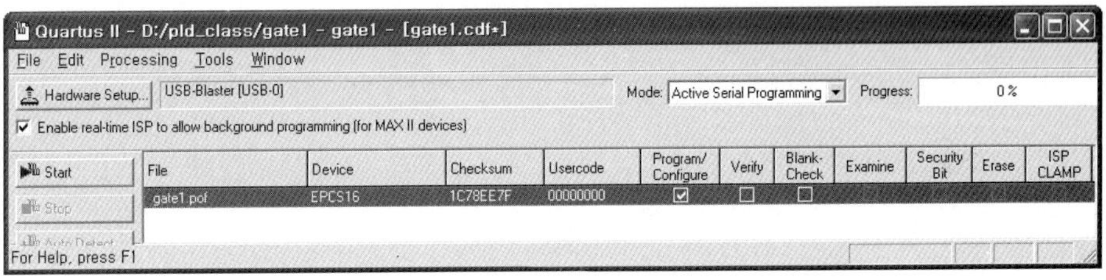

[그림 60] AS모드의 최종 구성

부록 02

Quartus II 프로그램과 USB blaster 디바이스 드라이버 설치

부록 02

Quartus II 프로그램과 USB blaster 디바이스 드라이버 설치

1 USB blaster는 무엇인가?

Quartus II 소프트웨어를 이용하여 설계한 FPGA 회로를 칩이라 부르며 이 칩을 FPGA에 다운로드하여 프로그래밍 하는 디바이스 모듈을 USB blaster라 부른다. 프로그래머가 컴퓨터에 Quartus II 프로그램을 설치하고 칩 설계를 완료한 다음 다운로드하여 FPGA의 동작을 확인하려면 컴퓨터에 USB blaster가 반드시 설치되어 있어야 한다.

2 USB blaster 디바이스 드라이버 설치하기

2.1 트레이닝 키트 동작 확인

① 트레이닝 키트의 좌측상단의 스위치가 OFF상태인 것을 확인한 다음 5V 전원 장치를 연결한다.
② 스위치를 ON한다.
③ 스위치 바로위의 LED가 ON되는 것을 확인한다.
④ 16개의 LED가 정상적으로 동작하는지 확인한다.

2.2 USB blaster 연결 및 설치

① Terasic Blaster라 부르는 디바이스를 컴퓨터의 USB 포트에 연결한다.
② Terasic Blaster라 부르는 디바이스의 다른 쪽을 트레이닝 키트의 10핀 케이블에 [그림 1]과 같이 연결한다.

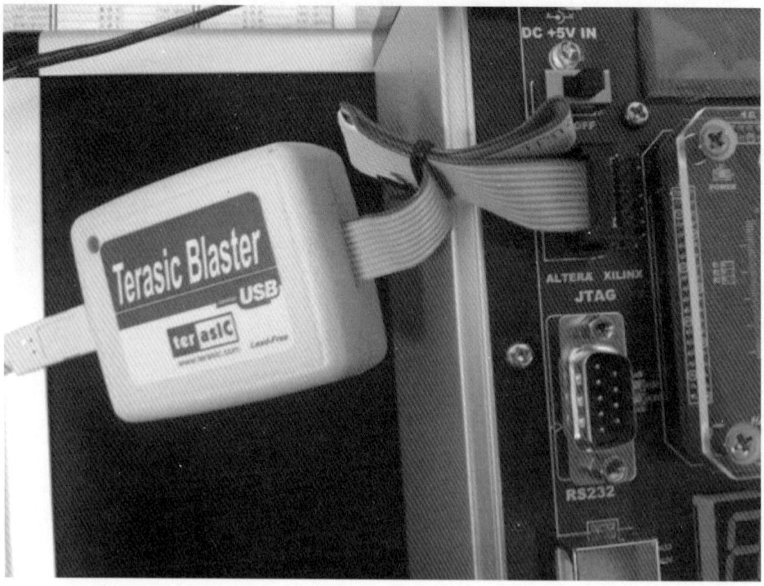

[그림 1] Terasic Blaster 연결 방법

③ USB 케이블을 연결하면 컴퓨터 화면에 [그림 2]와 같은 창이 활성화된다.

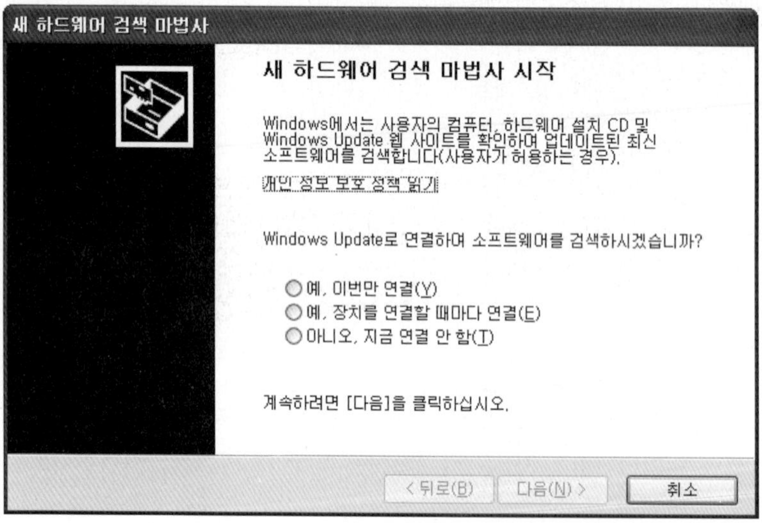

[그림 2] 새 하드웨어 검색 마법사 시작 1

④ [그림 3]과 같이 "예, 이번만 연결(Y)"를 선택한 후 다음(N) 버튼을 클릭한다.

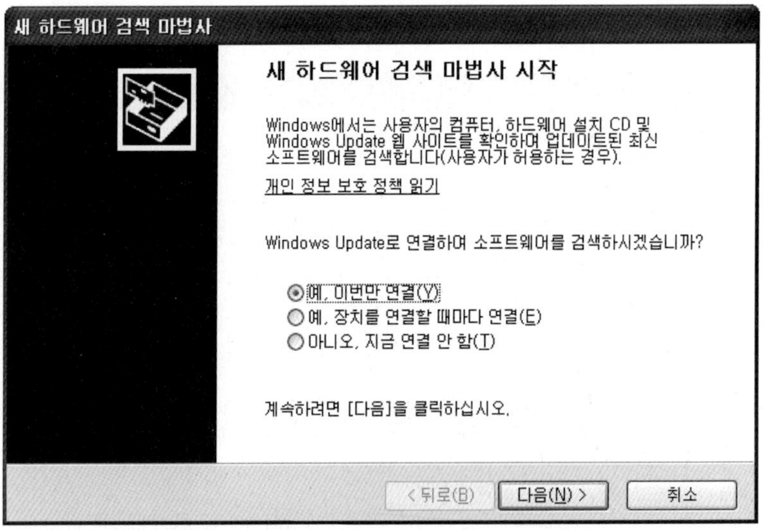

[그림 3] 새 하드웨어 검색 마법사 시작 2

⑤ [그림 4]와 같이 "목록 또는 특정 위치에서 설치(고급)(S)"를 선택한 후 다음(N) 버튼을 클릭한다.

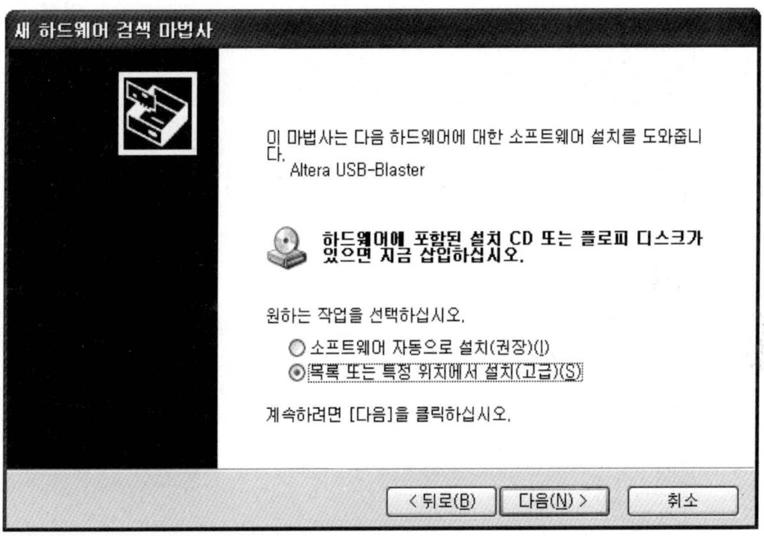

[그림 4] 새 하드웨어 검색 마법사 시작 3

⑥ [그림 5]에서 "찾아보기"를 클릭하여 [그림 6]과 같은 위치를 지정한다.

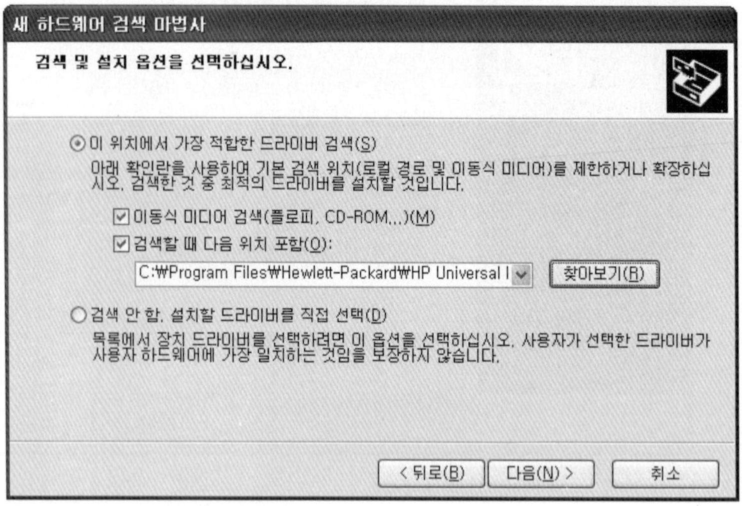

[그림 5] 새 하드웨어 검색 마법사 시작 4

⑦ [그림 6]과 같이 Quartus II 프로그램이 설치되면 USB blaster 디바이스 드라이버 위치가 생성된다. 사용자는 [그림 6]의 위치를 지정하면 된다.

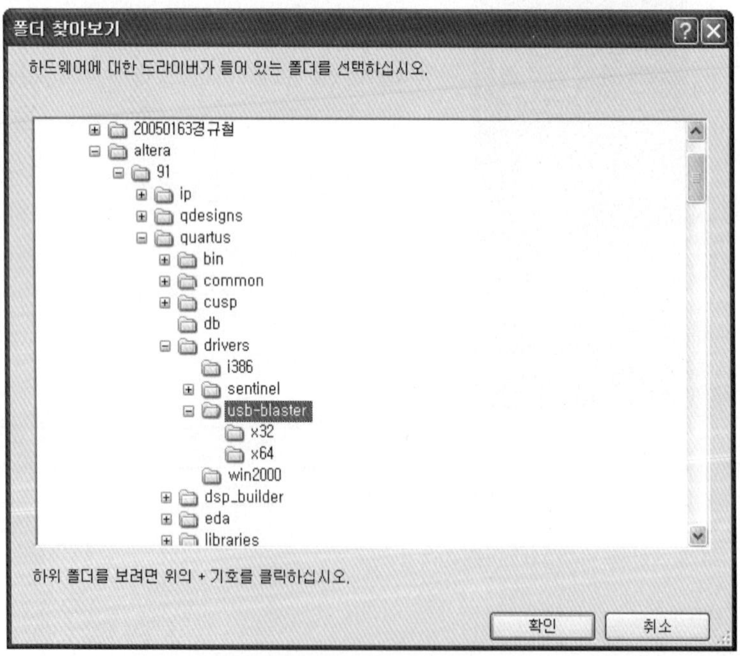

[그림 6] 새 하드웨어 검색 마법사 시작 5

⑧ [그림 7]과 같이 USB blaster 디바이스 드라이버의 위치를 지정한 다음 "다음(N)" 버튼을 클릭한다.

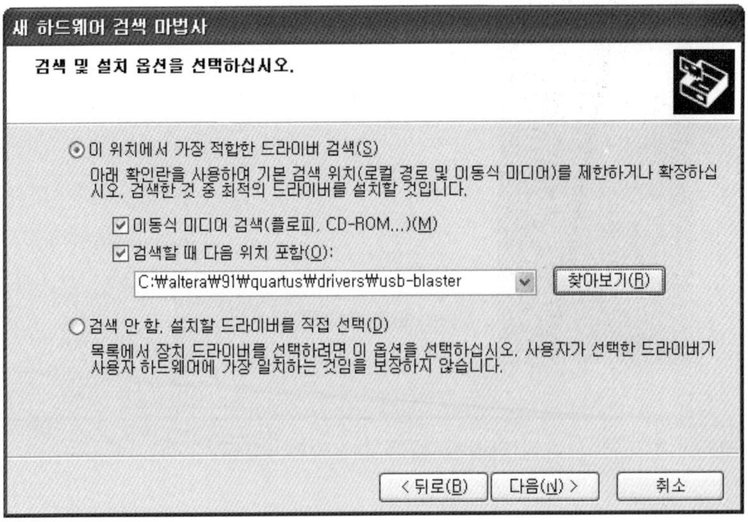

[그림 7] 새 하드웨어 검색 마법사 시작 6

⑨ [그림 8]과 같은 창이 활성화되어 진행된다.

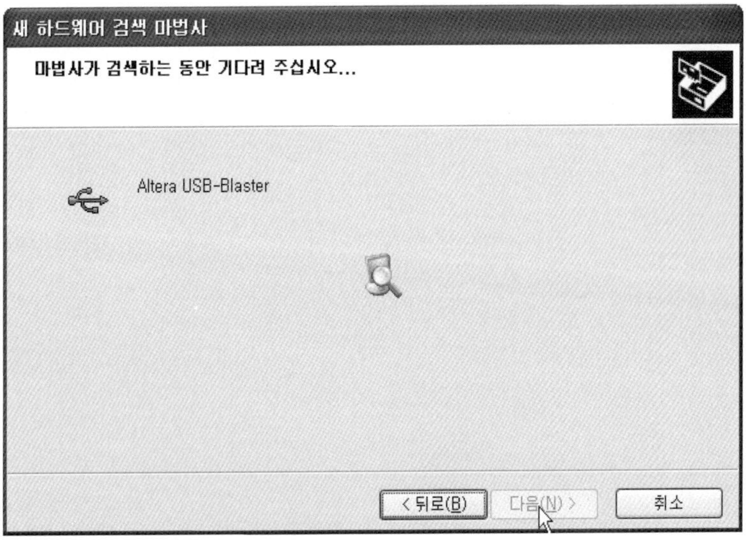

[그림 8] 새 하드웨어 검색 마법사 시작 7

⑩ 마지막으로 [그림 9]와 같은 창이 나타나면 "마침"을 클릭한다.

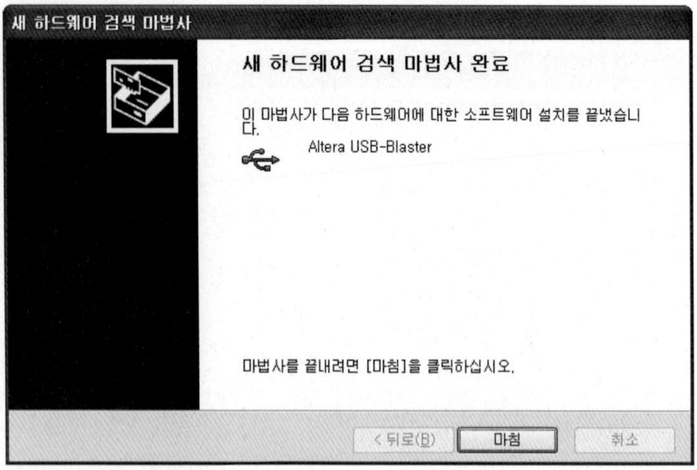

[그림 9] 새 하드웨어 검색 마법사 시작 7

⑪ USB blaster 디바이스 드라이버 설치가 완료되었음을 확인한다.

부록 03

HBE-Combo II 트레이닝 키트 사용법

1. HBE-Combo II 트레이닝 키트 제품 특징
2. HBE-Combo II 트레이닝 키트 제품 구성
3. HBE-Combo II 트레이닝 키트 모듈 및 핀 구성

부록

03 HBE-Combo II 트레이닝 키트 사용법

1 HBE-Combo II 트레이닝 키트 제품 특징

❑ 알테라(Altera), 자이링스(Xilinx) 디바이스의 모듈화

FPGA 디바이스의 유연성과 확장성을 고려하여 알테라와 자이링스 디바이스의 교체 사용이 가능하도록 모듈화 하였으며 알테라사의 Cyclone II Series(3.5M~7M System Gates)와 자이링스사의 Spartan 3 Series(1M~4M System Gates)를 사용할 수 있도록 구성하였다

❑ 디바이스 모듈의 독립성

모듈 내에 FPGA 디바이스와 Configuration 디바이스를 같이 두었으며 Configuration ROM에 프로그램을 하면 전원이 제거되어도 그 내용을 그대로 유지하기 때문에 언제나 일정한 데모 프로그램을 동작시킬 수 있다. 물론 FPGA에 설계한 내용을 직접 프로그램할 수 있는 모드도 사용한다. 또한 별도의 오실레이터를 모듈에 장착하여 사용할 수 있도록 설계하였다.

❑ Clock Control Block

베이스 보드에 있는 50㎒의 오실레이터 출력을 Clock Control Block을 이용하여 0㎐~50㎒까지 총 16종류의 클럭을 사용할 수 있도록 구성하였다. 또한 디바이스 모듈에서 별도의 사용자 클럭이 있어 모듈에 사용하는 오실레이터 클럭을 그대로 전달하여 사용할 수 있도록 구성하였다. 따라서 베이스 보드와 디바이스 모듈의 2개의 클럭을 입력 받아 다양한 클럭 선택을 통한 설계가 가능하게 구성하였다. 이러한 두 종류의 클럭은 디바이스 별로 각각의 클럭 전용 핀에 연결되어 있어 제어 프로그램에서의 클럭 핀의 선택에 따라 원하는 클럭을 선택하여 사용할 수 있다. 이러한 클럭의 선택은 디바이스 모듈에 있는 User Clk EN 스위치를 이용하여 디바이스 모듈에 있는 클럭 입력을 제어할 수 있다.

❑ 장비의 확장성

사용자가 제작한 입출력 장치들을 트레이닝 키트에 인터페이스 할 수 있도록 50pin×2의 확장 포트를 지원하여 사용자가 보드 이외의 곳에 데이터를 출력하여 제어가 가능하도록 구성하였다. 또한 별도의 50핀 확장 커넥터를 통해 HBE-Combo II용 모듈을 장착하여 다양한 실험을 하도록 구성하고 있다.

❑ 손쉬운 프로그래밍 작업

다양한 작업 (FPGA Download, PROM Program)에 사용되는 전용 케이블 모듈을 이용하여 PC와 트레이닝 키트를 연결하여 손쉽게 프로그램 할 수 있도록 구성하였다.

2)) HBE-Combo II 트레이닝 키트 제품 구성

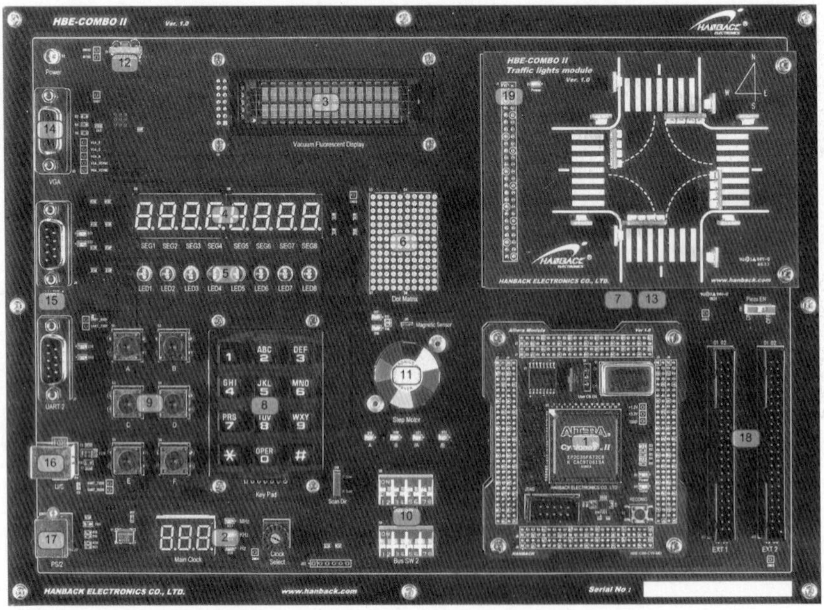

[그림 1] HBE-Combo II 보드구성 및 각 부분 명칭

알테라사의 Cyclone II Series를 사용하는 경우에는 Quartus II를 사용하여 디바이스를 제어하고, 자이링스사의 Spartan-3 Series를 사용하는 경우에는 ISE(Integrated Software Environment)를 이용하여 제어가 가능하다. 이러한 2개의 소프트웨어는 각 회사의 홈페이지에서 웹 버전을 무료로 다운 받아서 사용할 수 있다.

[그림 1]의 각 부분의 명칭과 설명은 다음과 같다.

1) FPGA 모듈

알테라 및 자이링스 FPGA 디바이스를 겸용으로 장착하여 사용 가능하도록 커넥터로 구성하였다. 따라서 사용자가 사용하려는 FPGA 모듈을 선택하여 장착할 수 있다. 물론 어떤 모듈을 선택하느냐에 따라 설계 소프트웨어도 다르게 사용해야 한다. 그리고 설계가 완료된 칩은 전용 다운로드 케이블을 이용하여 디바이스 모듈의 JTAG 커넥터로 FPGA 디바이스 또는 Configuration PROM에 다운로드할 수 있다.

FPGA 디바이스는 RAM 타입의 디바이스로 전원 OFF시 디바이스 내부의 데이터가 사라짐으로 다시 전원을 ON 하더라도 이전의 동작이 계속 유지가 되지 않는다. 그래서 전원을 켤 때마다 디바이스에 재 프로그램 해 주어야 한다. 이런 불편한 점을 보완하기 위해 별도의 Configuration ROM에 한 번의 프로그램만으로 전원이 제거되더라도 데이터가 사라지지 않도록 설계하였으며 RESET 버튼을 이용하여 Configuration ROM의 내용이 FPGA에 다운로드 되도록 설계하였다. 현재 FPGA 모듈 에서 사용하는 Configuration ROM의 경우 알테라는 EPCS Series, 자이링스는 XCF Series를 사용하고 있다. 그리고 베이스 보드로부터 클럭의 입력을 받아 사용하고, 모듈 내에 오실레이터를 장착하여 User Clock을 입력 받아 사용할 수 있도록 구성하였다.

2) 클럭 제어 블록

메인 클럭은 Base Board에서 제공하는 50㎒ 클럭을 로터리 스위치를 이용하여 0㎐~50㎒까지의 16개 클럭 형태로 분주하여 사용한다. 또한 모듈에 별도의 User Clock을 달아서 사용할 수 있도록 구성하였다. 사용자가 사용하려는 오실레이터의 클럭 값이 그대로 FPGA 디바이스에 전달되어 사용 할 수 있도록 구성하였다.

따라서 사용자가 원하는 클럭에 맞는 오실레이터를 꽂으면 그 클럭이 바로 디바이스에 전달되어 사용할 수 있다. 이 User Clock은 옆에 스위치를 두어 사용하는 오실레이터가 없을 때 스위치를 OFF 시켜서 클럭 핀을 안정화 시켜 놓았다. 사용하는 클럭은 몇 개의 클럭 입력 전용 핀을 이용해서 입력을 받고 있으므로 메인 클럭과 User Clock을 동시에 받아서 회로를 설계 할 수 있다.

3) VFD(Vacuum Fluorescent Display)

16문자×2라인을 출력할 수 있도록 구성된 VFD 모듈입니다. VFD란 진공 형광 표시 장치(Vacuum Fluorescent Display)로써 저속 전자선에 의한 형광체의 여기 발광 현상을 이용한 표시 장치이다. 따라서 HBE-Combo의 Text LCD 보다 도트 자체적으로 발광을 하기 때문에 밝기 면에서 우수하여 시인성이 뛰어나고 응답 속도가 빠른 특징이 있다.

동작은 영문, 숫자, 특수문자 등이 문자표에 따라 데이터 값을 출력하므로 서 표시가 가능하다. 또한 코드를 수정하므로 서 문자의 밝기를 4가지 모드로 조절 할 있는 특징이 있다.

4) 7-Segment Array

총 8자리의 숫자를 표시할 수 있도록 구성된 7-세그먼트(Segment) 모듈이다. 각 세그먼트에서 사용하는 핀의 수를 줄이기 위해 세그먼트의 Common 핀을 이용하여 세그먼트를 하나씩 선택하고, 이렇게 선택된 세그먼트에 데이터를 주는 샘플링 방식을 이용하여 제어한다. 따라서 FPGA I/O가 제한되어 있는 곳에서 적은 핀으로 보다 많은 7-세그먼트를 제어할 수 있다.

5) High light LED

총 8개의 딥(Dip) 타입의 고휘도 LED로 구성되어 있다. 따라서 보다 선명한 빛을 통해 LED의 동작을 확인 할 수 있다.

6) Dot Matrix LED

10×14 도트로 구성된 Dot Matrix LED로서 최대 4글자의 영문자 또는 1글자의 한글을 표시할 수 있도록 구성되었다.

7) Piezo

특정 주기의 클럭 소스를 인가할 경우 멜로디를 출력하는 장치입니다. 10㎑ ~1㎐의 클럭 소스를 사용하여 다양한 멜로디를 출력 할 수 있다. [그림 1]에서는 신호등 모듈 밑에 위치하고 있다.

8) 키 패드(Key pad)

3×4의 키 패드 모듈을 사용하여 숫자 0 ~ 9와 #,*를 표현 할 수 있는 스위치로 구성하였다. 스위치의 동작은 스캔 방식을 이용하여 제어를 하도록 구성이 되어 있다. 스캔으로 사용할 수 있는 컬럼(Column)과 로우(Row) 라인을 "Scan Dir" 스위치를 통해 선택 할 수 있다.

9) 버튼 스위치(Button Switch)

A~F까지의 입력을 할 수 있도록 버튼 스위치 6개로 구하였다. 이 버튼에 대한 표시는 보드에 표기되어 있다. 또한 스위치에는 채터링을 방지하기 위한 회로가 추가 되어 있어 버튼의 입력을 확실히 받을 수 있다.

10) 버스 스위치(Bus Switch)

16비트의 버스 입력을 위한 딥 타입의 스위치입니다. 이 스위치에는 채터링 방지 회로가 내장되어 있지 않으므로 버튼 스위치의 용도로 사용할 경우 정상적인 입력이 되지 않을 수 있다.

11) 스텝 모터(Step Motor)

4개의 데이터 라인을 통해 1상 여자 방식, 2상 여자 방식, 1-2상 여자 방식으로 모터를 구동하게 한다. 이러한 데이터의 신호에 따라서 모터가 가지고 있는 정해진 각도에 따라 모터 축이 회전하는 원리를 가지고 있는 모터를 설치하였다. 또한 모터의 회전을 감지하기 위해 자기센서를 부착하고 있어, 모터의 제어를 더욱 다양하게 할 수 있다.

12) IrDA

적외선 주파수 스펙트럼 내의 모아진 광선을 이용하여 비교적 짧은 거리 내에 있는 송, 수신기 사이의 무선 데이터 통신에 이용할 수 있는 블록을 구성하였다. 송, 수신기를 하나의 모듈로 구성한 HSDL-3600 1개를 보드 가장 자리에 배치하고 있어 다른 장비와 연동하여 서로간의 적외선 통신 실습을 구현할 수 있다.

13) Memory

512K 비트의 SRAM과 16M 비트의 플래시(Flash) 메모리로 구성하였으며 SRAM과 플래시 메모리는 각각 별도의 데이터 라인을 통해 독립적으로 제어가 가능하다. 이러한 메모리들의 입력 핀을 제어하여 메모리 영역을 제어할 수 있도록 구성하였다. 그림1에서는 신호등 모듈 밑에 위치하고 있다.

14) VGA 포트

컬러 VGA 모니터를 구동할 수 있도록 디지털 RGB를 아날로그 RGB 신호로 변환해 줄 수 있는 D/A 컨버터(Converter)를 연결하여 최대 1024×768 해상도에 최대 24-비트 RGB 컬러를 구현할 수 있도록 구성하였다.

15) RS-232 통신 포트

PC 등의 개발 호스트와 RS-232 포트와의 통신을 위한 시리얼 포트입니다. 9핀 Male 형식이며 2개의 커넥터가 장착되어 있다.

16) USB to Serial 포트

시리얼 통신을 하기 위한 포트로써 RS-232 포트를 지원하지 않는 호스트에서 USB 포트를 이용하여 실험할 수 있는 장치다. 지원하는 디바이스로 FT232를 사용하고 있고, http://www.ftdichip.com/에서 윈도우용 드라이버를 설치하여 사용할 수 있다.

17) PS/2 포트

PC의 입력 장치로 사용되는 PS/2 키보드나 마우스를 연결해 키보드 컨트롤러나 마우스 컨트롤러를 설계해 볼 수 있는 PS/2 커넥터 2개로 구성되어 있다.

18) 확장 포트

외부 응용 장치나 사용자가 제작한 장치를 연결하기 위한 포트로 50핀 Male 커넥터로 구성하였으며 총 2개의 포트를 제공한다.

19) 확장 포트(Daughter)

장비 내에 50핀 확장 커넥터에 확장 모듈을 장착하여 실험할 수 있는 포트이다. 이 모듈에는 신호등, 자판기부터 오디오 코덱을 실험할 수 있는 모듈 등이 구성되어 있다.

3 HBE-Combo II 트레이닝 키트 모듈 및 핀 구성

3.1 Clock Control Block

1) 구성

장비 내부에는 Clock control block이 있어서 사용자가 원하는 클럭을 간단한 스위치의 조작으로 입력 받아 사용할 수 있다. 이 제어 블록은 오실레이터로 입력되는 50㎒의 클럭을 별도의 CPLD에서 16분주하여 FPGA 디바이스 모듈의 입력 전용 핀으로 다양하게 분주된 클럭이 입력되고 있다. 따라서 사용자는 Clock Control Switch를 이용하여 16개의 클럭 중 하나를 선택할 수 있다.

Clock Control Block의 구성은 50㎒의 오실레이터와 표시 부, 클럭 제어부등 3 부분으로 구성한다.

오실레이터 부는 전원이 공급되면 주파수를 생성하는 장치이며 트레이닝 키트에서 필요로 하는 클럭을 생성하고 있다. 표시 부는 7-세그먼트와 LED로 구성하고 있고, 7-세그먼트에는 현재 선택한 주파수 값을 표시하고 LED에는 주파수 대역(㎒, ㎑, ㎐)을 표시한다. 클럭 제어부는 오실레이터에서 나오는 값을 클럭 제어 스위치에 따라 16분주하여 FPGA 디바이스 모듈로 전달하는 역할을 하고 있다.

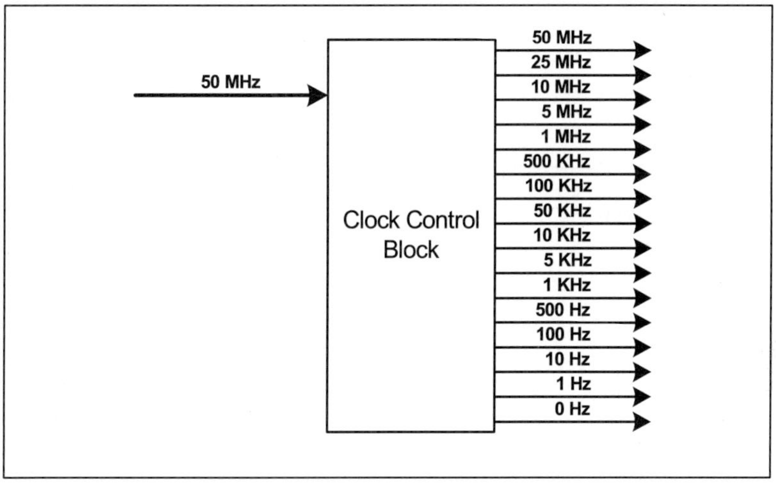

[그림 2] Clock Control Block 구성

2) 동작

장비에서 사용하는 클럭은 기본으로 Base board 에 있는 50㎒를 가지고 사용한다. 클럭 제어 스위치를 조절하면 7-세그먼트에 현재 FPGA 디바이스 모듈로 공급되는 클럭 주파수 값이 표시되고 오른 쪽에 있는 LED를 통해 현재 주파수 대역을 확인할 수 있다.

이 스위치를 조절하여 0㎐~50㎒의 분주된 클럭의 값이 FPGA 디바이스 모듈로 전달되게 된다. 또한 FPGA 디바이스 모듈에는 별도로 오실레이터를 꼽아 사용할 수 있는 소켓을 구성해 놓았다. 이 소켓에는 사용자가 원하는 값을 가진 오실레이터를 장착해서 사용할 수 있다. 따라서 이 위치에 사용할 오실레이터를 장착하고 User Clk EN 스위치를 On 하여 사용하면 된다. Main clock 과 User clock은 서로 다른 입력 전용 핀으로 연결이 되어 있으므로 설계 소프트웨어에서 핀 연결을 하여 사용하면 된다.

〈표 1〉 클럭 스위치와 클럭 입력 주파수

클럭 SW	클럭입력	클럭 SW	클럭입력	클럭 SW	클럭입력	클럭 SW	클럭입력
0	0Hz	4	100Hz	8	10kHz	C	1MHz
1	1Hz	5	500Hz	9	50kHz	D	5MHz
2	10Hz	6	1kHz	A	100kHz	E	25MHz
3	50Hz	7	5kHz	B	500kHz	F	50MHz

오실레이터의 출력 클럭은 표 1에서 확인할 수 있다. 표 1에서는 클럭 스위치에 따른 출력 주파수를 확인할 수 있다. 장비에서는 3개의 7-세그먼트를 이용하여 출력 클럭의 주파수 값을 확인할 수 있고, 7-세그먼트 옆에 있는 3개의 LED를 통해 주파수 대역을 확인할 수 있다. 이처럼 장비에서는 손쉽게 원하는 클럭을 선택하여 FPGA 디바이스로 입력할 수 있다.

3) 회로도

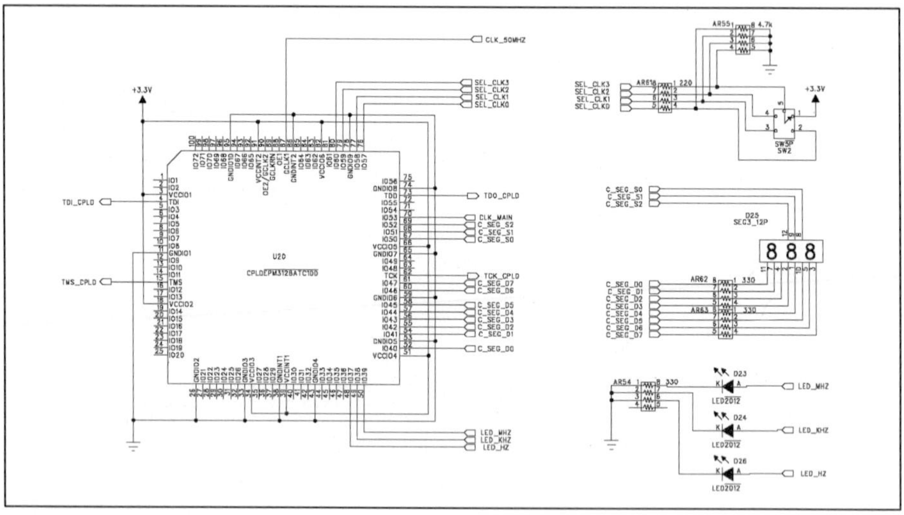

[그림 3] Clock control block 회로도

4) 핀 구성도

〈표 2〉 Clock control block의 핀 구성도

FPGA Signal	Altera	Xilinx	Description
CLK_MAIN[0]	N1	A13	Main Clock Input
CLK_MAIN[1]	A13	C14	Main Clock Input
CLK_USER[0]	N2	B13	User Clock Input
CLK_USER[1]	B13	B14	User Clock Input

3.2 VFD (16 × 2 Line)

1) VFD는 무엇인가?

VFD(Vacuum Fluorescent Display)는 형광 표시판이며 1960년도에 개발되어 전자계산기에 적용하기 시작하였으며, 80년대에 다색화에 성공하여 여러 색깔을 만들어 내고 있다. 이 모듈은 CRT의 전자총 역할을 하는 필라멘트에서 항시 방출되는 전자를 형광체에 충돌시켜 자체적으로 발광시키는 소자이다. 따라서 예전의 Text LCD에서 보는 백 라이트에서 보는 것과 달리 하나의 도트마다 자체 발광하여 출력하는 장치라 할 수 있다.

2) 특징

VFD는 형광 물질의 조절로 여러 가지 색의 표시가 용이하고, 자체적으로 발광하기 때문에 시인성이 뛰어나다. 또한 LED등과 비교 시 빛이 부드러워 눈의 피로를 덜고 어두운 곳이나 밝은 곳에서도 문자 식별이 가능하며, 시야 각 또한 우수하고 저 전압으로 구동이 가능하여 부품의 적용이 쉬우며 고 신뢰성을 가지고 있다.

3) 구성

VFD 모듈의 외부 구조는 그림 4와 같이 16문자 X 2의 표시부가 있으며 표시부 좌측에 커넥터가 위치한 형태이다.

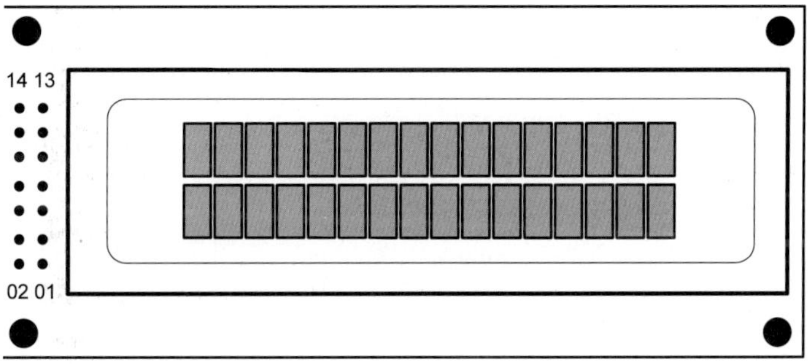

[그림 4] 16×2 VFD

사용되는 인터페이스 커넥터 핀의 기능을 요약하면 표 3과 같다.

〈표 3〉 VFD 인터페이스 핀

핀	신호명	기 능
1	GND	전원 GND
2	VCC	전원 +5V
3	/RST	Reset input
4	RS	Register Select (0 = instruction, 1 = data)
5	R/W	Read/Write (0 = FPGA -> LCD, 1 : FPGA <- LCD)
6	E	Enable Signal for read/write LCD
7	DB0(LSB)	
8	DB1	
9	DB2	
10	DB3	
11	DB4	
12	DB5	
13	DB6	
14	DB7	

4) 동작 타이밍

VFD 모듈은 FPGA로 접속할 때는 각 제어신호의 동작 타이밍을 고려하여야 한다. VFD 모듈은 과거의 Text LCD 보다 동작 타이밍에 대한 성능이 우수해 졌다. VFD 모듈의 읽기(read) 및 쓰기(write) 동작시의 타이밍 도를 보면 [그림 5]와 같다.

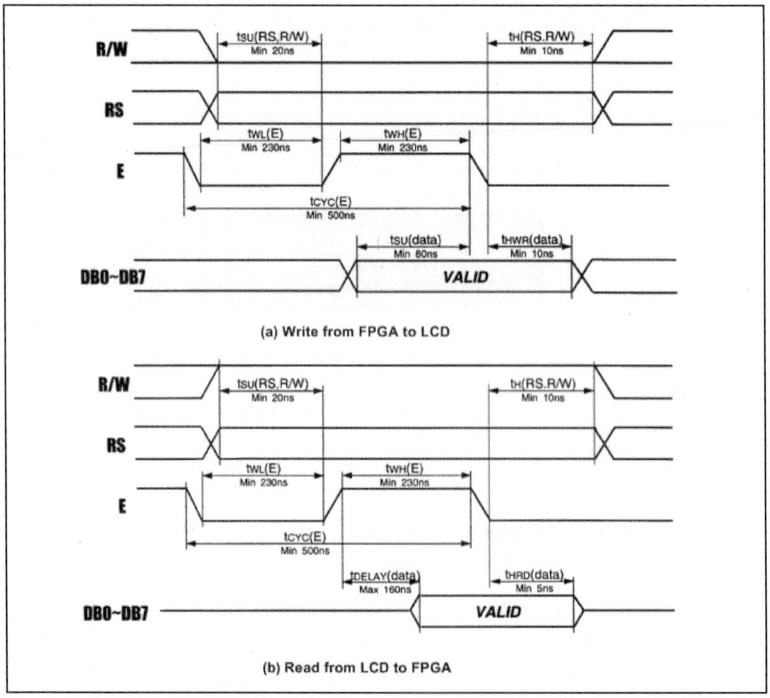

[그림 5] VFD 모듈의 동작 타이밍

5) 회로도

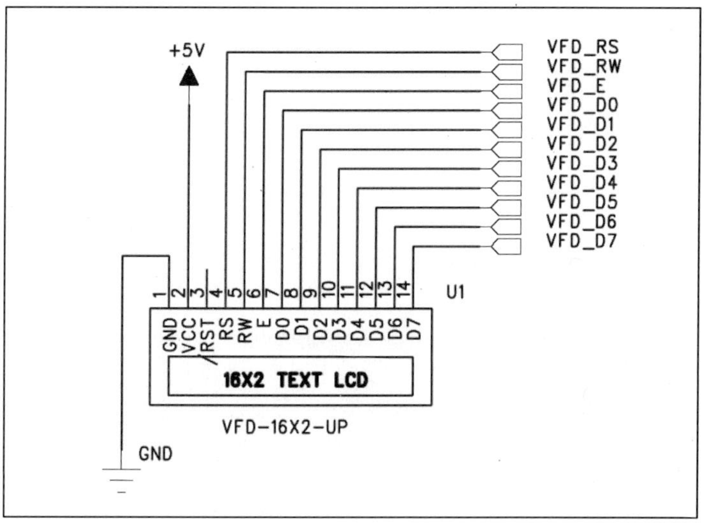

[그림 6] VFD 회로도

VFD 모듈은 총 14개의 핀으로 구성되어 있다. [그림 6]과 같이 전원 및 데이터 전송, 컨트롤 핀, 리셋 핀으로 구성되어 있다. [그림 6] 회로도에 나와 있는 것과 같이 전원은 보드에서 공급받아 사용할 수 있도록 구성하였고, 리셋 핀은 하드웨어적으로는 사용하고 있지 않다. VFD의 사용을 위해서는 제어신호인 VFD_RS, VFD_RW, VFD_E의 제어신호와 데이터 신호 8개를 FPGA에서 직접 제어하여 VFD에 문자를 표시하게 한다.

〈표 4〉 VFD 핀 구성표

FPGA Signal	Altera	Xilinx	Description
VFD_D[0]	R7	R6	VFD DATA 0
VFD_D[1]	R6	R5	VFD DATA 1
VFD_D[2]	P3	P4	VFD DATA 2
VFD_D[3]	R8	P3	VFD DATA 3
VFD_D[4]	P6	P2	VFD DATA 4
VFD_D[5]	P4	P1	VFD DATA 5
VFD_D[6]	P9	P8	VFD DATA 6
VFD_D[7]	P7	P7	VFD DATA 7
VFD_E	R4	R7	VFD Enable
VFD_RW	R5	R8	VFD Read/Write
VFD_RS	R2	T8	VFD Register Select

3.3 7-Segment Array

1) 구성

본 제품에서는 4개의 7-세그먼트가 하나로 묶여있는 제품을 사용하였으며 4개의 세그먼트 묶음 두 개를 연결하여 [그림 7]과 같이 구성하였다.

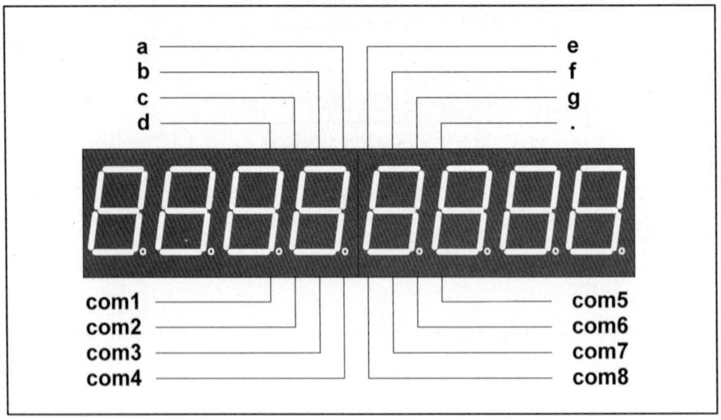

[그림 7] 7-세그먼트 LED Array 구성

2) 동작

일반적인 방법에서 7-세그먼트 8개를 사용할 경우 하나의 7-세그먼트 당 a, b, c, d, e, f, g, .등 8개씩 총 64개의 출력 핀을 필요로 한다. 이 경우 FPGA는 핀의 수가 제한되어 있으므로 세그먼트에 너무 많은 핀을 할당하게 되므로 핀 소모를 개선하기 위하여 [그림 7]과 같이 7-세그먼트의 데이터 라인(a, b, c, d, e, f, g, .)은 공통으로 연결되어 있고 출력할 위치인 7-세그먼트를 지정하는 제어신호만 별도의 핀으로 나와 있는 7-세그먼트를 사용하면 출력 핀을 16개로 줄일 수 있다. 물론 각각의 세그먼트를 인에이블 시키기 위한 제어회로가 추가되어야 한다. 이렇게 하면 16개의 핀을 가지고 8개의 7-세그먼트를 제어할 수 있게 된다. 따라서 8개의 7-세그먼트 중에 표시하려는 세그먼트 인에이블 핀을 선택하고 동시에 세그먼트에 데이터를 주는 형태로 7-세그먼트를 제어할 수 있다. [그림 8]은 4개의 7-세그먼트에 "1234"의 숫자를 표시하기 위한 방법을 설명한 것입니다.

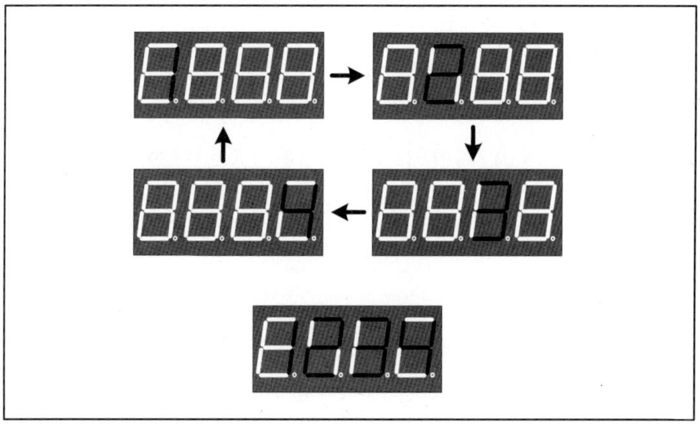

[그림 8] 동적 방식의 숫자 표시방법

다시 설명하면 7-세그먼트 데이터 값을 "00000110"로 주어 '1'을 표시하는 값을 주고 com1에 '0'을 그리고 나머지 com2~4에는 '1'의 값을 주면 첫째 7-세그먼트에 '1'이 표시되고 나머지는 꺼진다. 다음으로 데이터에 "01011011"을 주어 '2'의 값을 주고 com2에는 '0'을 com1, com3~4에는 '1'을 주면 둘째 7-세그먼트에 2가 표시되고 나머지는 꺼진다. 이런 순서로 4까지의 숫자를 표시하고 다시 처음으로 돌아가 위의 내용을 반복한다. 이를 약 1ms 이상의 주기로 반복하면 우리 눈의 잔상효과에 의해 "1234"의 숫자가 모두 켜져 있는 것처럼 표시하게 된다. 이러한 형태로 8개의 7-세그먼트를 com 핀을 이용하여 선택하고, 해당되는 데이터 값을 줌으로써 각각의 7-세그먼트의 제어가 가능하게 된다.

3) 회로도

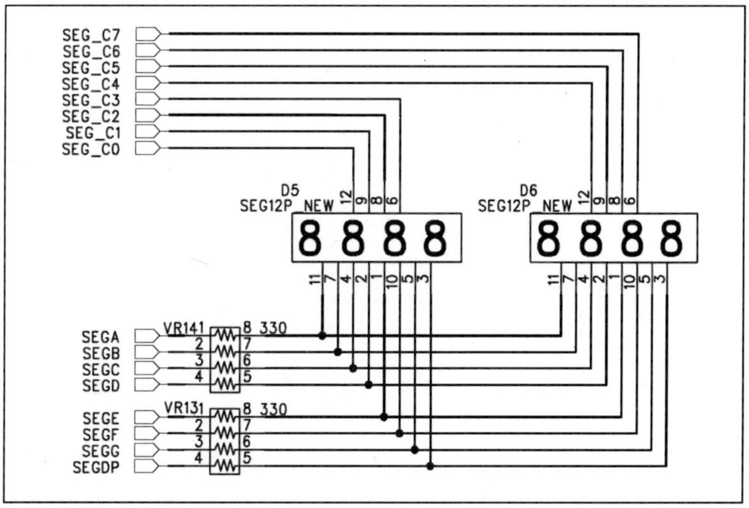

[그림 9] 7-세그먼트 회로도

[그림 9]의 회로도에는 16개의 핀을 가지고 8개의 세그먼트를 제어하고 있다. 위쪽에 있는 SEG_C의 8개의 핀을 이용하여 각각의 세그먼트를 선택한다. 그리고 데이터 핀인 SEGA~SEGDP의 핀을 제어하여 7-세그먼트 데이터를 제어하게 된다. 이 모든 작업은 FPGA 디바이스와 연결된 I/O핀에서 제어를 하면 된다.

4) 핀 구성표

〈표 5〉 7-세그먼트 핀 구성표

FPGA Signal	Altera	Xilinx	Description
SEG_COM[0]	Y1	AD2	Segment 1 Select
SEG_COM[1]	Y4	W2	Segment 2 Select
SEG_COM[2]	Y3	W1	Segment 3 Select
SEG_COM[3]	W1	AB4	Segment 4 Select
SEG_COM[4]	Y5	AB3	Segment 5 Select
SEG_COM[5]	W3	W6	Segment 6 Select
SEG_COM[6]	W2	W5	Segment 7 Select
SEG_COM[7]	V1	W4	Segment 8 Select
SEG_DATA[0]	AF5	AF5	Segment data A
SEG_DATA[1]	AE5	AE5	Segment data B
SEG_DATA[2]	AD6	AB6	Segment data C
SEG_DATA[3]	AC6	AA6	Segment data D
SEG_DATA[4]	AA2	K26	Segment data E
SEG_DATA[5]	AA1	K25	Segment data F
SEG_DATA[6]	AA6	AC2	Segment data G
SEG_DATA[7]	AA5	AC1	Segment data H

3.4 LED

1) 구성

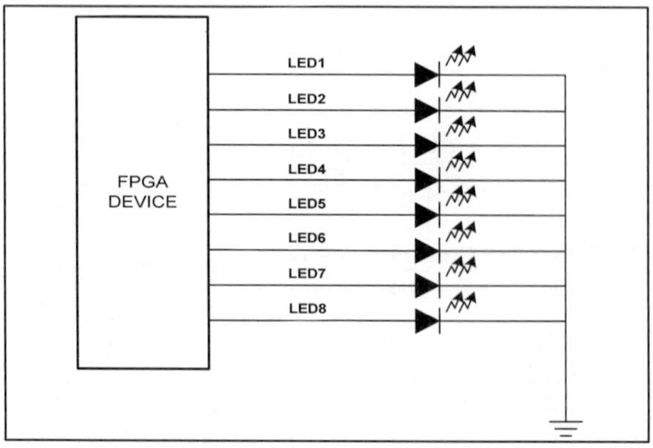

[그림 10] LED 회로 블록도

LED는 비트 출력을 확인하거나 동작의 상태를 표시하기 위해 사용하는데 본 제품에서는 8개의 DIP 타입의 LED를 사용하고 있다. 또한 사용자의 시인성을 좋게 하기 위해 고휘도 LED를 사용하고 있다. [그림 10]은 LED 회로에 대한 블록 도를 보여주고 있다.

2) 동작

LED의 입력 단(애노드)에 디지털 신호 '1'에 해당하는 입력이 인가 될 경우 LED에 불이 들어오게 된다. 초기의 전원 인가 시 LED의 특성상 미세한 전류의 흐름에 의해서도 희미하게 LED가 켜지는 경우가 있는데 이것은 제품의 문제가 아니며 프로그램 되지 않는 디바이스의 잔류 전류가 나와서 이러한 현상이 일어나게 된다. 이러한 증상은 설계한 칩을 다운로드하여 FPGA 디바이스가 동작을 시작하면 LED는 정상적으로 동작한다.

3) 회로

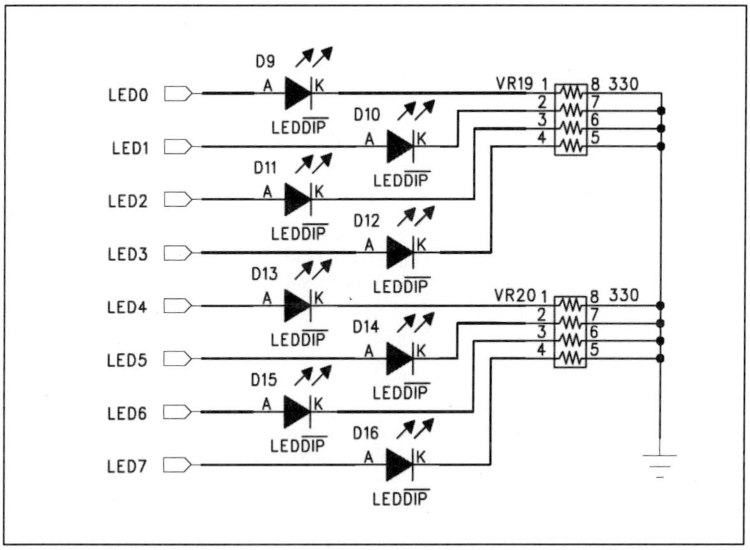

[그림 11] LED 회로도

LED는 [그림 11]에 나타낸 것과 같이 8개의 LED 각각의 애노드에 FPGA의 I/O 핀을 연결하고 캐소드에는 직렬 저항을 통해 접지에 연결하였다. 따라서 FPGA에 연결된 애노드에 논리 '1'이라는 신호를 주어 LED를 켜고 애노드에 '0'을 공급하여 LED를 끄게 한다.

4) 핀 구성표

〈표 6〉 LED 핀 구성표

FPGA Signal	Altera	Xilinx	Description
LED_D(0)	AF7	AB7	D1 LED display
LED_D(1)	AE7	AA7	D2 LED display
LED_D(2)	AB8	AE7	D3 LED display
LED_D(3)	W8	AC7	D4 LED display
LED_D(4)	AF6	AD6	D5 LED display
LED_D(5)	AE6	AC6	D6 LED display
LED_D(6)	AD7	AF6	D7 LED display
LED_D(7)	AC7	AE6	D8 LED display

3.5 Dot 매트릭스(matrix) LED

1) 구성

본 제품에 사용된 Dot 매트릭스 LED 모듈은 5×7 dot LED 4개를 조합하여 10개의 열과 14개의 행으로 구성하였다. 이는 영문, 숫자 및 한글까지 표현할 수 있도록 구성한 것이다. Dot 매트릭스 LED 모듈의 구성은 [그림 12]와 같다.

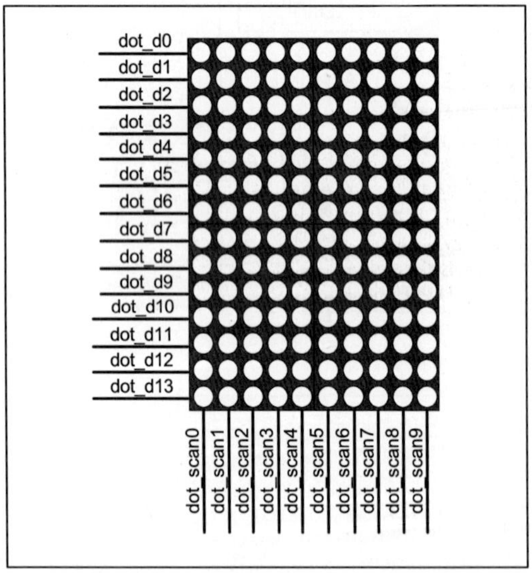

[그림 12] Dot matrix LED 구성

Dot_d0~dot_d13은 해당 열에 표시될 데이터 입력이며 데이터 값은 '1'의 값을 가질 경우 켜지게 된다. dot_scan0~dot_scan9는 dot_d0~dot_d13의 데이터를 표시할 열의 위치를 지정하는 입력이며 '0'의 값을 가질 때 해당 열이 선택된다.

예를 들어 1행 1열의 dot LED를 켜기 위해서는 dot_d0의 값을 '1'로 입력하고 dot_scan0의 값을 '0'으로 할 때 1행 1열의 dot LED가 켜지게 된다. 이런 방법으로 dot의 스캔(scan) 라인을 선택하고, 해당되는 라인에 데이터 값을 주어서 dot를 표시한다. 이것도 7-세그먼트와 같이 1ms 이상의 주기로 반복해서 표시하면 눈의 잔상 효과로 인해서 모든 dot가 표시되어 있는 것처럼 느끼게 한다. 이러한 구동 방식은 7-세그먼트의 스캔 방식과 비슷한 구조를 가지고 있다.

2) 동작

[그림 13]은 Dot 매트릭스 LED에 글자 "한"을 표시한 것이며 글자 "한"을 표시하기 위한 방법은 다음과 같다. 처음으로 dot_d13~dot_d0에 "00000001100010"인 첫째 열의 데이터를 입력하고 dot_scan9~ dot_scan0에 "1111111110"의 값을 입력하면 첫째 열의 원하는 dot LED가 켜지게 된다. 둘째로 dot_d13~dot_d0에 "11110010010010"인 둘째 열의 데이터를 입력하고 dot_scan9~dot_scan0에 "1111111101"의 값을 입력하면 둘째 열의 원하는 dot LED가 켜지게 된다. 이를 15번째 열까지 반복하면서, 반복되는 주기를 약 1ms 이하로 해서 반복하면 눈의 잔상효과에 의해서 '한'이라는 글자가 dot matrix LED 모듈에 표시된다.

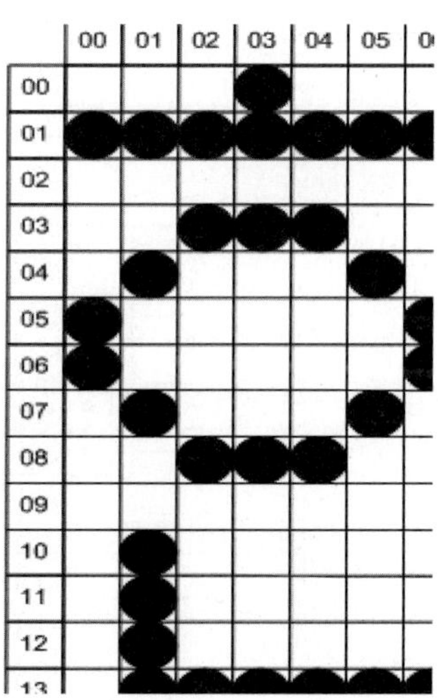

[그림 13] Dot 매트릭스 LED에 "한" 글자 표시

[그림 13]의 글자 "한"에 대한 자료를 정리하면 〈표 7〉과 같다.

〈표 7〉 Dot 매트릭스 LED에 글자 "한"을 표시하기 위한 데이터 그룹

구 분	dot_d13~dot_d0	dot_scan9~dot_scan0
0 열	"00000001100010"	"1111111110"
1 열	"11110010010010"	"1111111101"
2 열	"10000100001010"	"1111111011"
3 열	"10000100001011"	"1111110111"
4 열	"10000100001010"	"1111101111"
5 열	"10000010010010"	"1111011111"
6 열	"10000001100010"	"1110111111"
7 열	"10000000000000"	"1101111111"
8 열	"10001111111110"	"1011111111"
9 열	"10000000100000"	"0111111111"

3) 회로

그림 14 회로에서 보는 것과 같이 Dot 매트릭스 LED는 5×7의 Dot LED 그룹 4개를 사용하고 있고, 행과 열의 데이터 라인을 공통으로 사용하고 있다. 따라서 행과 열의 신호가 서로 일치되는 구간에서 Dot의 LED에 불이 들어오게 된다. 현재 장비에서는 동작을 스캔 라인과 데이터 라인으로 구분 지어 동작 시키고 있다. 따라서 스캔 라인을 하나씩 일정한 주기로 시프트 시키고, 해당되는 스캔 라인에 데이터를 입력하는 방식으로 문자, 숫자 또는 글자를 표시하면 된다.

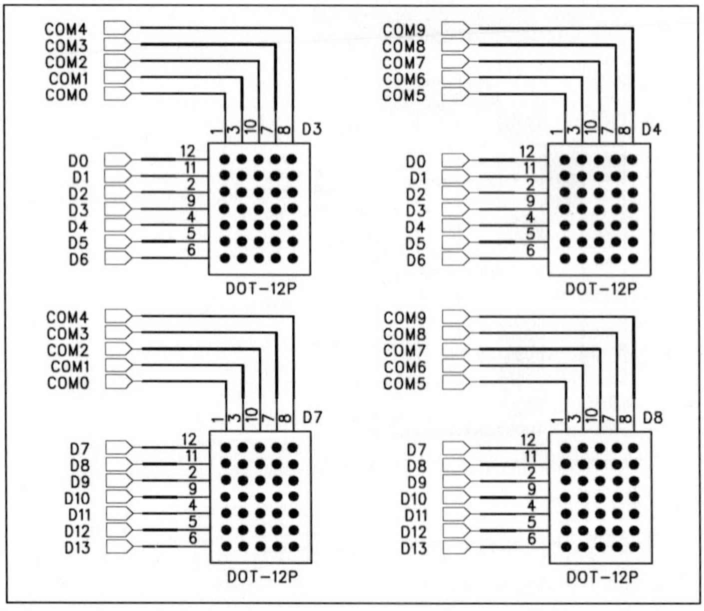

[그림 14] Dot matrix 회로도

4) 핀 구성표

〈표 8〉 Dot 매트릭스 핀 구성표

FPGA Signal	Altera	Xilinx	Description
DOT_D[0]	U3	U4	DOT DATA 0
DOT_D[1]	U6	U3	DOT DATA 1
DOT_D[2]	U5	U2	DOT DATA 2
DOT_D[3]	U9	T2	DOT DATA 3
DOT_D[4]	U7	T1	DOT DATA 4
DOT_D[5]	T2	U7	DOT DATA 5
DOT_D[6]	U10	U6	DOT DATA 6
DOT_D[7]	T6	T7	DOT DATA 7
DOT_D[8]	T3	T6	DOT DATA 8
DOT_D[9]	T8	T5	DOT DATA 9
DOT_D[10]	T7	T4	DOT DATA 10
DOT_D[11]	T10	R3	DOT DATA 11
DOT_D[12]	T9	R2	DOT DATA 12
DOT_D[13]	R3	R1	DOT DATA 13
DOT_COM[0]	W4	W3	DOT COM LINE 1
DOT_COM[1]	V3	V4	DOT COM LINE 2
DOT_COM[2]	V2	V3	DOT COM LINE 3
DOT_COM[3]	V5	V2	DOT COM LINE 4
DOT_COM[4]	V4	W7	DOT COM LINE 5
DOT_COM[5]	V7	U1	DOT COM LINE 6
DOT_COM[6]	V6	V7	DOT COM LINE 7
DOT_COM[7]	U2	V6	DOT COM LINE 8
DOT_COM[8]	U1	V5	DOT COM LINE 9
DOT_COM[9]	U4	U5	DOT COM LINE 10

3.6 키 패드(Keypad)

1) 구성

트레이닝 키트의 입력 원으로 설계한 첫 번째 장치 키 패드이다. [그림 15]에 키 패드의 구성 도를 나타내었다. 트레이닝 키트의 입력 원으로 사용하는 스위치는 4×3 키 패드와 6개 버트 스위치 그리고 16개의 단자로 구성된 딥(Dip) 스위치로 구성되어 있다.

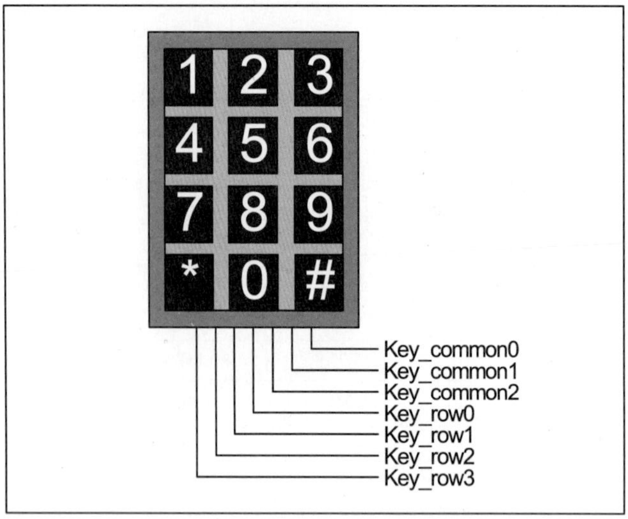

[그림 15] 키 패드 구성도

2) 동작

키 패드는 3×4의 컬럼과 로우방식으로 구성한 12개의 키를 제어한다. 키 입력 방식은 스캔 방식 구조이며 컬럼 라인과 로우 라인에서 동시에 제어하여 입력을 받아 사용할 수 있도록 구성하였다. 본 장비에서는 기본적으로 키 패드의 컬럼 라인을 스캔하는 방식으로 설계하였다. 따라서 FPGA 디바이스를 이용하여 3개의 컬럼 라인을 스캔 형식(001, 010, 100)으로 '1'의 값을 시프트 시키는 동시에 키 패드의 키를 눌렀을 때 일치하는 로우 값의 '1'을 이용하여 키 패드의 어떤 키가 눌려졌는지 판단하도록 설계하였다. 현재의 키 패드 입출력 방향은 Scan Dir의 헤더 핀을 이용하여 바꿀 수 있다. 따라서 컬럼 라인을 FPGA 디바이스에서 스캔 형식으로 구동 할지, 로우 라인을 스캔 형식으로 구동 시킬 지는 Scan Dir에 점퍼 캡을 이용하여 제어할 수 있다.

3) 회로

[그림 16] 회로에서 보는 것과 같이 키 입력은 3×4의 키 패드 12개의 버튼을 입력 받아 사용할 수 있다. 컬럼 라인과 로우 라인 모두 풀다운 저항을 사용하고 있어서 모든 데이터 라인은 기본적으로 '0'의 값을 가지고 있다. 컬럼 라인과 로우 라인의 입·출력은 양방향 버퍼를 사용하고 있기 때문에 컬럼과 로우 라인의 입·출력 방향을 바꿀 수 있다. [그림 16]과 같이 Scan Dir의 점퍼 캡을 이용하면 양방향 버퍼의 입출력 방향을 바꿀 수 있으므로 컬럼 스캔 방식과 로우 스캔 방식 중 하나를 선택하여 사용할 수 있다.

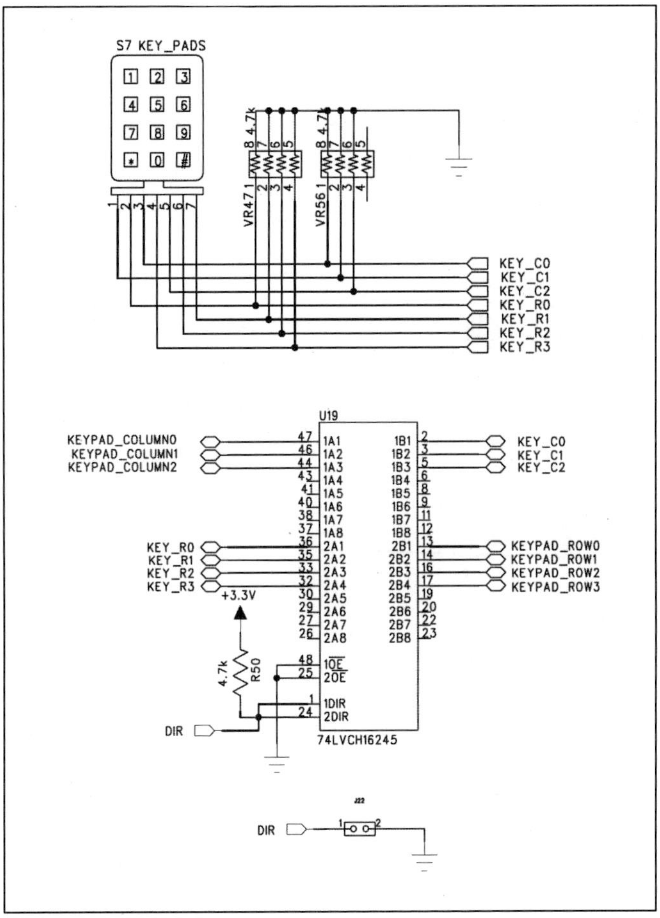

[그림 16] 키 패드 회로도

4) 핀 구성표

〈표 9〉 키 패드의 핀 구성표

FPGA Signal	Altera	Xilinx	Description
KEYPAD_COLUMN[0]	V11	Y12	Column Data 0
KEYPAD_COLUMN[1]	AB10	Y11	Column Data 1
KEYPAD_COLUMN[2]	AA10	W11	Column Data 2
KEYPAD_ROW[0]	AD10	AB11	Row Data 0
KEYPAD_ROW[1]	AC10	AA11	Row Data 1
KEYPAD_ROW[2]	V10	AB10	Row Data 2
KEYPAD_ROW[3]	AF9	AA10	Row Data 3

3.7 버튼 스위치(Button Switch)

1) 구성

버튼 스위치는 6개로 구성하였으며 각 버튼 스위치의 한쪽은 접지에 그리고 다른 한쪽은 RC회로와 슈미트 트리거를 통해 FPGA I/O와 연결하였다. 그림 17에 버튼 스위치의 블록 도를 나타내었다.

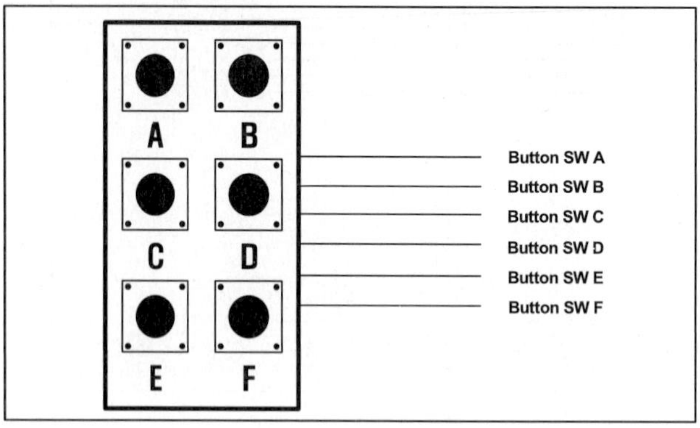

[그림 17] Push 버튼 스위치 구성도

2) 동작

버튼 스위치마다 FPGA의 I/O를 직접 연결하였기 때문에 키 패드 보다 제어가 간단하다. 버튼 스위치에는 키가 눌려 질 때 발생하는 채터링 현상을 방지하기 위한 회로를 내장하여 보다 더 정확한 키 입력이 가능하도록 구성하였다.

3) 회로

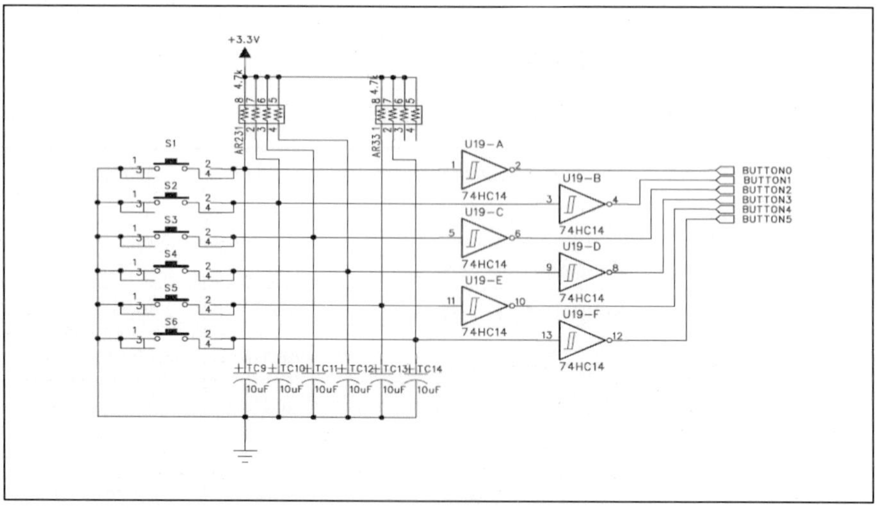

[그림 18] 버튼 스위치 회로도

[그림 18] 회로도에서 보는 것과 같이 저항과 커패시터를 사용한 채터링 방지 회로가 내장되어 있다. 현재 회로에서는 스위치가 안 눌려 졌을 때, 저항의 풀 업 저항에 의해 +3.3V가 공급되므로 '1'의 값을 갖는다. 이 신호는 슈미트 트리거 IC 74LCX14에 의해 반전되어 '0'의 값이 FPGA 디바이스의 I/O에 입력된다. 반대로 스위치가 눌려 졌을 때는 신호선이 GND와 연결되므로 풀업 저항의 3.3V가 접지로 연결되기 때문에 스위치는 '0'의 값을 가지게 되고 FPGA 디바이스로 가는 최종 데이터는 슈미트 트리거 IC 74LCX14에 의해 '1'의 값이 된다. 결과적으로 키를 누르면 FPGA에는 '1'이 공급되고 키를 누르지 않으면 '0'이 공급된다.

4) 핀 구성표

〈표 10〉 버튼 스위치의 핀 구성표

FPGA Signal	Altera	Xilinx	Description
BUTTON_SW[0]	Y10	AD10	Detected High
BUTTON_SW[1]	W10	AC10	Detected High
BUTTON_SW[2]	AA9	AA9	Detected High
BUTTON_SW[3]	V9	Y9	Detected High
BUTTON_SW[4]	AE9	Y10	Detected High
BUTTON_SW[5]	AC9	AB9	Detected High

3.8 버스 스위치(Bus Switch)

1) 구성

버스 스위치는 입력의 경우 데이터 입력이나 모드 설정 등의 장치로 사용한다. 본 트레이닝 키트에서는 8개의 딥 스위치를 2개 사용하여 총 16개의 버스 스위치를 제공한다. [그림 19]는 딥 스위치의 기본 구성도이다.

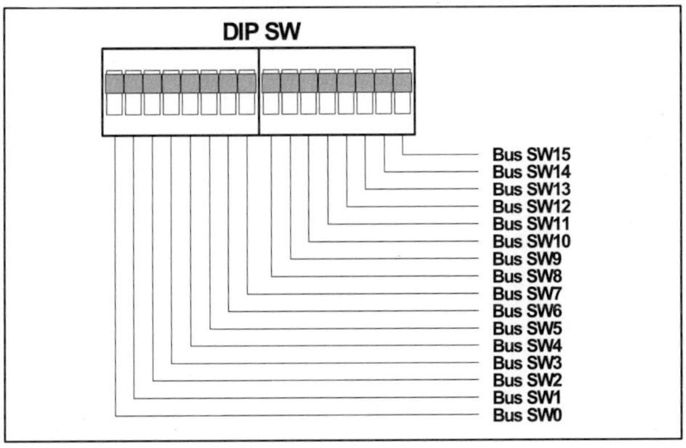

[그림 19] 버스 스위치 구성도

2) 동작

버스 스위치의 경우 데이터의 입력이나 모드 설정을 위한 스위치로 동작하므로 버튼의 설정이 고정 되는 형태를 취하고 있다. 동작은 스위치를 위로 올리면 FPGA 디바이스에 '1'의 값이 공급되고 내리면 반대로 '0'의 값이 공급된다. 이 스위치는 버튼 스위치나 키 패드처럼 키가 원상태로 돌아오지 않고 그 상태를 유지하고 있기 때문에 사용하지 않을 때는 스위치를 내려서 FPGA 디바이스에 불필요한 신호가 공급되지 않도록 하여 FPGA디바이스의 손상을 줄여야 한다.

3) 회로

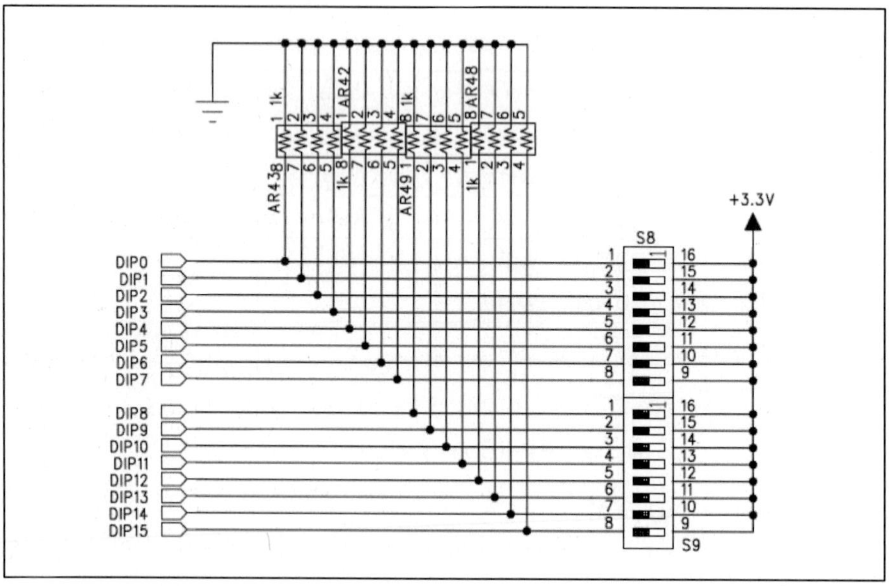

[그림 20] 버스 스위치 회로도

[그림 20]에 버스 스위치 회로도를 나타내었다. 스위치를 내리면 4.7kΩ의 풀다운 저항에 의해 '0'의 값이 FPGA 디바이스에 전달된다. 스위치를 올리면 스위치가 +3.3V와 연결이 되어 FPGA 디바이스에 '1'의 값을 전달한다.

▶ 스위치와 디바이스의 연결은 직접 연결하는 것이 아니라 버퍼를 통해 FPGA 디바이스의 I/O로 연결한다. 이것은 다른 출력 장치와 달리 스위치의 경우 FPGA 디바이스로 입력 신호를 보내는 역할, 즉 FPGA 디바이스는 스위치에서 신호를 입력 받아 사용하는 장치이므로 신호의 입력 시 전압이 불안정할 때 FPGA 디바이스가 손상을 입을 수 있다. 따라서 버퍼를 통해 연결을 하여 디바이스의 손상을 줄이는 것이 필요하다.

4) 핀 구성표

〈표 11〉 버스 스위치 핀 구성표

FPGA Signal	Altera	Xilinx	Description
DIP_D[0]	Y12	W15	Bus Switch Data 0
DIP_D[1]	AE11	AA13	Bus Switch Data 1
DIP_D[2]	U12	AF13	Bus Switch Data 2
DIP_D[3]	AC12	AD15	Bus Switch Data 3
DIP_D[4]	AD12	AE15	Bus Switch Data 4
DIP_D[5]	AA12	AA15	Bus Switch Data 5
DIP_D[6]	AB12	AB15	Bus Switch Data 6
DIP_D[7]	Y13	Y16	Bus Switch Data 7
DIP_D[8]	W11	AD12	Bus Switch Data 8
DIP_D[9]	AE10	AC11	Bus Switch Data 9
DIP_D[10]	AF10	W12	Bus Switch Data 10
DIP_D[11]	AC11	W13	Bus Switch Data 11
DIP_D[12]	AD11	Y13	Bus Switch Data 12
DIP_D[13]	Y11	AE12	Bus Switch Data 13
DIP_D[14]	AA11	AF12	Bus Switch Data 14
DIP_D[15]	W12	AB14	Bus Switch Data 15

3.9 압전소자(Piezo)

1) 구성

소리를 출력하는 장치로 흔히 사용하는 것이 스피커인데 스피커의 경우 소리의 높낮이와 주파수를 조정하여 원하는 소리를 출력한다. 이외에 사용할 수 있는 것이 압전소자인데 소리의 높낮이는 고정되어 있고 단지 소리의 주파수만 조정할 수 있는 소리 출력 장치이다. 트레이닝 키트에서는 압전소자의 제어신호를 FPGA I/O 핀 한 개와 연결하였으므로, 이 핀에 주파수를 조절하여 공급하면 압전소자의 소리를 조절할 수 있다.

2) 동작

압전소자는 디지털 신호 '1'에 해당하는 음성 주파수대의 신호를 입력하면 소리를 출력하고 '0'을 입력하면 소리 출력은 멈춘다. 따라서 압전소자에 '1'과 '0'이 반복되는 주파수를 공급하므로 서 압전소자의 소리를 얻을 수 있다. 그러나 압전소자의 주파수 특성에 의해 약 10㎑ 이상의 주파수에서는 소리를 내지 않는다. 그리고 같은 전압 레벨에서도 주파수에 따라 소리의 강약이 달라지는 특성을 가지고 있다. 표 13은 옥타브 및 음계별 주파수를 정리한 것이다.

〈표 12〉 압전소자 옥타브 및 음계별 주파수 (단위 : Hz)

Oct	0	1	2	3	4	5	6	7
A	27.5000	55.0000	110.0000	220.0000	440.0000	880.0000	1760.000	3520.000
Bb	29.1352	58.2705	116.5409	233.0819	466.1638	932.3275	1864.655	3729.310
B	30.8677	61.7354	123.4708	246.9417	493.8833	987.7666	1975.533	3951.066
C	32.7032	65.4064	130.8128	261.6256	523.2511	1046.502	2093.005	4186.009
Db	34.6478	69.2957	138.5913	277.1826	554.3653	1108.731	2217.461	4434.922
D	36.7081	73.4162	146.8324	293.6648	587.3295	1174.659	2349.318	4698.636
Eb	38.8909	77.7817	155.5635	311.1270	622.2540	1244.508	2489.016	4978.032
E	41.2034	82.4069	164.8138	329.6276	659.2551	1318.510	2637.020	5274.041
F	43.6535	87.3071	174.6141	349.2282	698.4565	1396.913	2793.826	5587.652
Gb	46.2493	92.4986	184.9972	369.9944	739.9888	1479.978	2959.955	5919.911
G	48.9994	97.9989	195.9977	391.9954	783.9909	1567.982	3135.963	6271.927
Ab	51.913	103.8262	207.6523	415.3047	830.6094	1661.219	3322.438	6644.875

※ 참고 : C=도, D=레, E=미, F=파, G=솔, A=라, B=시 (C음행/3옥타브 열의 261.6256 Hz가 피아노의 중앙 C음에 해당함.)

3) 회로

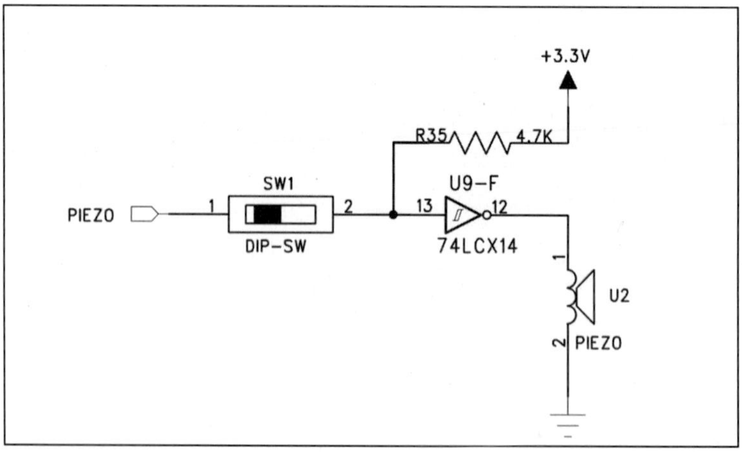

[그림 21] 압전소자 회로도

그림 21의 압전소자 회로는 FPGA에서 주파수 신호를 받아 소리를 내는 장치이며 기본적으로 압전소자에는 +3.3V에 해당하는 '1' 신호가 슈미트 트리거 IC 74LCX14에 의해 반전되어 '0'이 공급되므로 FPGA에서 공급되는 신호가 없으면 압전소자는 아무런 소리도 출력하지 않는다. 그림 21의 회로에 나타낸 것과

같이 딥 스위치를 이용하여 FPGA에서 출력하는 주파수 신호를 압전소자에 연결 할 것인지를 결정한다. 딥 스위치의 역할은 압전소자를 구동하지 않을 때 연결 라인의 잡음에 의해 압전소자가 동작 하는 것을 방지하기 위한 것이다. 따라서 압전소자를 구동하지 않을 때는 딥 스위치를 내려서 잡음으로 인한 동작이 발생하지 않도록 해야 한다.

4) 핀 구성표

〈표 13〉 압전소자의 핀 구성표

FPGA Signal	Altera	Xilinx	Description
PIEZO	F4	H2	Speaker control

3.10 SRAM(Static Random Access Memory)

1) 구성

본 트레이닝 키트에는 FPGA 디바이스 내부의 메모리 영역 이외에 별도로 256K×16 Bit, 총 4M 비트의 SRAM이 있다. 사용자는 SRAM을 이용하여 메모리 영역을 확장해서 사용할 수 있다. 그림 22는 SRAM 블록 구성 도를 나타낸 것이다.

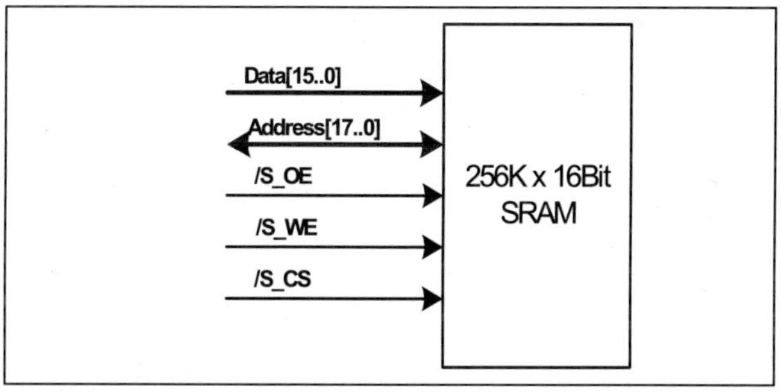

[그림 22] SRAM 블록 구성도

2) 동작

트레이닝 키트에서 제공하는 SRAM은 FPGA I/O와 연결되어 있기 때문에 SRAM을 제어하기 위해서는 FPGA 디바이스의 핀을 설정하는 것과 제어 회로를 별도로 설계해야 한다. 이렇게 제어 회로의 설계 및 SRAM 신호 핀 설정을 하면 사용자에 의한 메모리 영역의 제어가 가능하다. 그림 23에 SRAM의 읽기 동작 타이밍을 나타내었다.

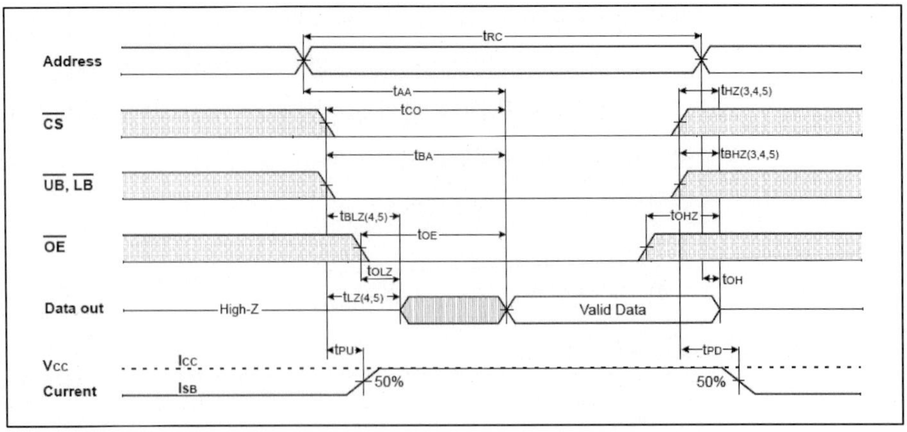

[그림 23] SRAM 읽기 동작 타이밍

3) 회로

SRAM은 그림 24와 같은 회로를 사용하고 있다. 그림 24의 회로에서 SRAM K6R4016V1D는 18개의 어드레스 라인과 16개의 데이터 라인으로 구성되어 있고, 3개의 제어 신호를 이용하여 SRAM에 데이터를 쓰거나 읽는 동작을 제어한다. SRAM의 모든 제어 신호는 FPGA 디바이스와 직접 연결 되어 있고, FPGA 디바이스에서 SRAM 핀을 제어하여 메모리 내부에 데이터를 읽고, 쓰고 하는 작업을 하게 된다.

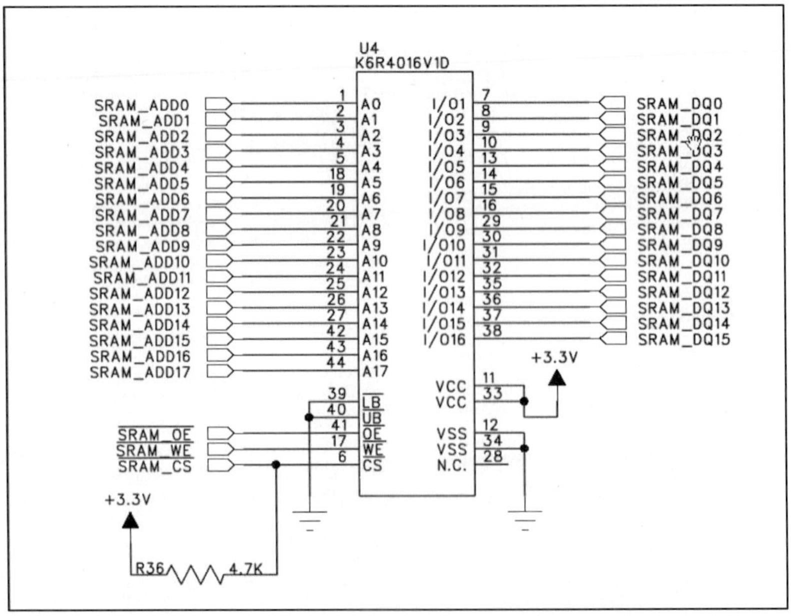

[그림 24] SRAM 회로도

4) 핀 구성표

〈표 14〉 SRAM 핀 구성표

FPGA Signal	Altera	Xilinx	Description
SRAM_ADD[0]	E1	F6	SRAM Address 0
SRAM_ADD[1]	F7	F5	SRAM Address 1
SRAM_ADD[2]	E5	G2	SRAM Address 2
SRAM_ADD[3]	E2	G1	SRAM Address 3
SRAM_ADD[4]	D2	E4	SRAM Address 4
SRAM_ADD[5]	D1	E3	SRAM Address 5
SRAM_ADD[6]	C3	D2	SRAM Address 6
SRAM_ADD[7]	C2	D1	SRAM Address 7
SRAM_ADD[8]	B5	D5	SRAM Address 8
SRAM_ADD[9]	A5	C5	SRAM Address 9
SRAM_ADD[10]	D6	A4	SRAM Address 10
SRAM_ADD[11]	C6	E5	SRAM Address 11
SRAM_ADD[12]	B6	E6	SRAM Address 12
SRAM_ADD[13]	A6	D6	SRAM Address 13
SRAM_ADD[14]	D7	B5	SRAM Address 14
SRAM_ADD[15]	C7	A5	SRAM Address 15
SRAM_ADD[16]	B7	A6	SRAM Address 16
SRAM_ADD[17]	A7	F7	SRAM Address 17
SRAM_DQ[0]	H8	C6	SRAM Data 0
SRAM_DQ[1]	E8	B6	SRAM Data 1
SRAM_DQ[2]	D8	B7	SRAM Data 2
SRAM_DQ[3]	C8	A7	SRAM Data 3
SRAM_DQ[4]	B8	E7	SRAM Data 4
SRAM_DQ[5]	A8	D7	SRAM Data 5
SRAM_DQ[6]	K9	G9	SRAM Data 6
SRAM_DQ[7]	J9	F9	SRAM Data 7
SRAM_DQ[8]	G9	B8	SRAM Data 8
SRAM_DQ[9]	F9	A8	SRAM Data 9
SRAM_DQ[10]	D9	E10	SRAM Data 10
SRAM_DQ[11]	C9	D10	SRAM Data 11
SRAM_DQ[12]	B9	G10	SRAM Data 12
SRAM_DQ[13]	A9	F10	SRAM Data 13
SRAM_DQ[14]	J10	G11	SRAM Data 14
SRAM_DQ[15]	H10	F11	SRAM Data 15
₩SRAM_OE	G10	C10	Output Enable
₩SRAM_WE	F10	H11	Write Enable
₩SRAM_CS	E10	H12	Chip Select

3.11 스텝 모터(Step Motor)

1) 구성

Combo II 장비에서는 모터의 구동 원리 학습을 위한 스텝 모터 구성을 제공한다. 이 모터는 A, B, /A, /B 4개의 데이터 라인을 가지고 모터 동작을 제어하며, 모터로 들어가는 데이터 라인 신호의 주파수에 따라 모터의 회전 속도를 제어 할 수 있다.

2) 동작

위상 제어를 위한 신호에 FPGA I/O가 트랜지스터를 통해 연결되어 있으며, 모터의 제어는 여자 방식에 따라 3가지 방식으로 구분한다. 1상 여자, 2상 여자, 1-2상 여자 방식이 있고, 이 중 1-2상 여자 방식은 고-분해능의 이점을 가지고 있다. 다음은 1상 여자 방식의 모터 제어 데이터의 흐름을 나타낸 것이다. 각각의 데이터 라인에 다음과 같은 데이터를 순차적으로 인가하여 모터를 회전 시킬 수 있다.

▣ 1상 여자

구분	1	2	3	4	5	6	7	8	9
	1				1				1
		1				1			
			1				1		
				1				1	

1주기

다음은 2상 여자 방식의 모터 제어 데이터의 흐름을 나타낸 것이다. 각각의 데이터 라인에 다음과 같은 데이터를 순차적으로 인가하여 모터를 회전 시킬 수 있다.

▣ 2상 여자

구분	1	2	3	4	5	6	7	8	9
	1			1	1			1	1
	1	1			1	1			1
		1	1			1	1		
			1	1			1	1	

1주기

▣ 1-2상 여자

다음은 1-2상 여자 방식의 모터 제어 데이터의 흐름을 나타낸 것이다. 각각의 데이터 라인에 다음과 같은 데이터를 순차적으로 인가하여 모터를 회전 시킬 수 있다.

FPGA에서의 모터 제어는 위 표 중 하나의 여자 방식을 선택하여 모터에 신호를 제공하기 때문에 모터가 정상적인 동작을 한다.

구분	1	2	3	4	5	6	7	8	9
	1	1						1	1
		1	1	1					
				1	1	1			
						1	1	1	
					1주기				

3) 회로

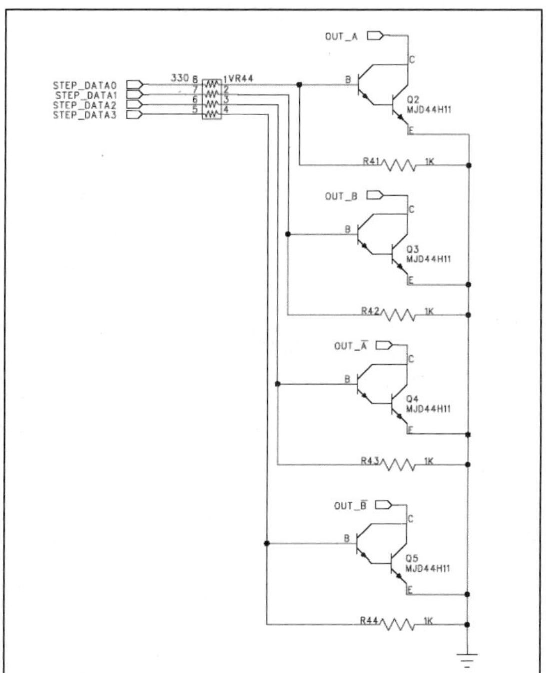

[그림 25] 스텝 모터 구동 회로도

그림 28 회로에 나타낸 것처럼 A, B, /A, /B 4개의 데이터 라인(STEP_DATA0, STEP_ DATA1, STEP_DATA2, STEP_DATA3)이 FPGA로부터 모터 구동회로로 입력되도록 설계하였다. FPGA로부터 출력되는 전류가 작기 때문에 모터 구동회로에서는 중간에 NPN 트랜지스터를 사용, 전류를 증폭하여 모터로 보내게 된다.

4) 핀 구성표

〈표 15〉 스텝 모터의 핀 구성표

FPGA Signal	Altera	Xilinx	Description
STEP_DATA[0]	AD8	Y8	Motor Data A
STEP_DATA[1]	AC8	AF7	Motor Data B
STEP_DATA[2]	AF8	AF8	Motor Data ₩A
STEP_DATA[3]	AE8	AE8	Motor Data ₩B
Motor Sensor	M5	N1	Detected High

3.12 IrDA

1) 구성

본 트레이닝 키트는 HSDL-3600시리즈의 적외선 모듈을 사용하여 IrDA 블록을 구성하였다. 이 모듈 내부에는 적외선 수신 및 발신을 하는 장치가 내부에 포함되어 있다. 또한 IrDA 모듈의 통신 모드를 제어하기 위해 주변 저항을 통해 모듈의 모드 설정을 지원하고 있다. FPGA 디바이스에는 통신에 해당되는 데이터 선인 TX, RX에 해당되는 부분만 연결한다.

2) 동작

HSDL-3600모듈은 모드(Mode0)와 FIR_SEL핀을 통해 RX, TX의 모드를 설정할 수 있다. 〈표 16〉에 핀의 설정에 따른 모드의 변화를 나타내었다. 기본 모드에서 RX Function은 SIR로 되어 있고, TX Function은 Full Distance Power로 설정되어 있다.

〈표 16〉 HSDL-3600 모듈의 RX와 TX 함수 기능표

Mode 0		FIR_SEL	RX Function	TX Function
1	0	X	Shutdown	Shutdown
0	0	0	SIR	Full Distance Power
0	1	0	SIR	2/3 Distance Power
1	1	0	SIR	1/3 Distance Power
0	0	1	MIR/FIR	Full Distance Power
0	1	1	MIR/FIR	2/3 Distance Power
1	1	1	MIR/FIR	1/3 Distance Power

3) 회로

[그림 29] 회로에서 알 수 있듯이 IrDA 블록에서 FPGA와 연결되어 있는 핀은 RX, TX의 통신에 관계되는 두 핀만 연결 되어 있다. 나머지는 저항을 통해 풀 업, 풀 다운 연결을 하므로서 모드 설정을 할 수 있게 되어 있다. 모드는 앞서 설명한 것과 같이 RX Function은 SIR로 되어 있고, TX Function은 Full Distance Power로 설정되어 있다. 따라서 사용자는 TX에 대한 신호 데이터를 FPGA에서 생성하여 보내고 IrDA로부터 출력되는 RX 신호를 받아 처리하면 된다.

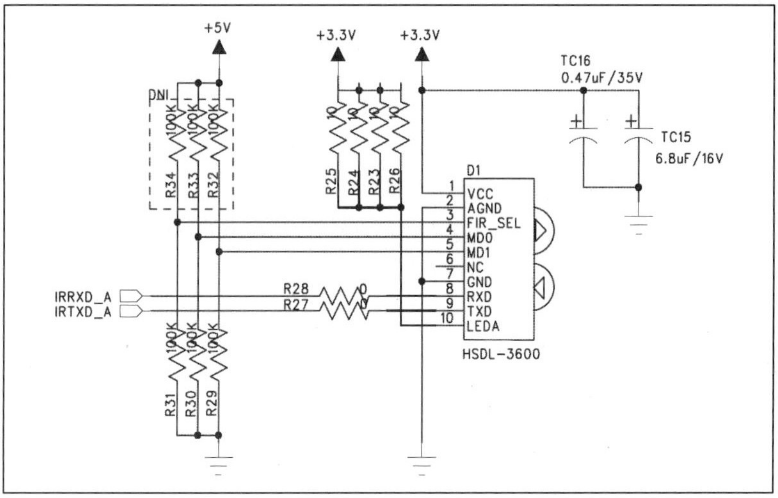

[그림 26] HSDL-3600모듈 회로도

4) 핀 구성표

〈표 17〉 IrDA 핀 구성표

FPGA Signal	Altera	Xilinx	Description
IrDA_RXD	M2	P6	Receiver Data Output
IrDA_TXD	N9	P5	Transmitter Data Input

3.13 UART

1) 구성

본 트레이닝 키트에는 PC의 RS232 직렬포트와 연결하여 직렬 데이터 통신을 할 수 있도록 하는 Male타입의 9핀 커넥터 2개가 있다. 따라서 동시에 2개의 통신 포트를 통해 PC와 트레이닝 키트 상호간 통신을 할 수 있고, 통신 프로그램을 이용하여 트레이닝 키트 내부에 있는 각종 장치를 제어할 수 있다.

2) 동작

트레이닝 키트에서 사용된 직렬 인터페이스용 디바이스는 Maxim사의 MAX3232계열을 사용하여 최대 1Mbps의 데이터를 송수신 할 수 있도록 구성하였으며, 데이터 포트는 RXD, TXD의 두 포트를 사용하도록 설계하였다.

3) 회로

그림 30 회로는 MAX3232 디바이스를 사용하여 직렬 통신을 할 수 있도록 설계한 것이며 최대 1Mbps 성능의 통신 속도를 낼 수 있다. 전압 레벨은 +3.0~+5.5V의 전압을 지원해 주며, 동시에 2개의 UART를 제어할 수 있는 디바이스이다. 현재 2개의 직렬 케이블을 장착할 수 있는 커넥터에 있는 송·수신 신호를 FPGA 디바이스와 연결하므로 서 통신 실험을 할 수 있도록 지원하고 있다.

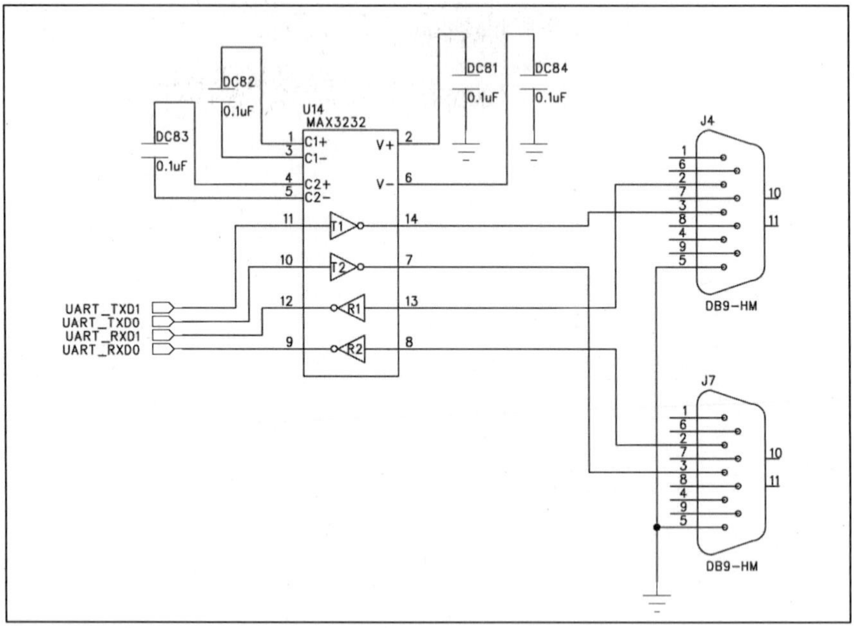

[그림 27] UART 회로도

4) 핀 구성표

〈표 18〉 UART 핀 구성표

FPGA Signal	Altera	Xilinx	Description
UART_TXD0	L3	N7	Transmitter Data Input
UART_RXD0	L7	N5	Receiver Data Output
UART_TXD1	L6	N8	Transmitter Data Input
UART_RXD1	L9	N6	Receiver Data Output

3.14 USB/Serial 포트

1) 구성

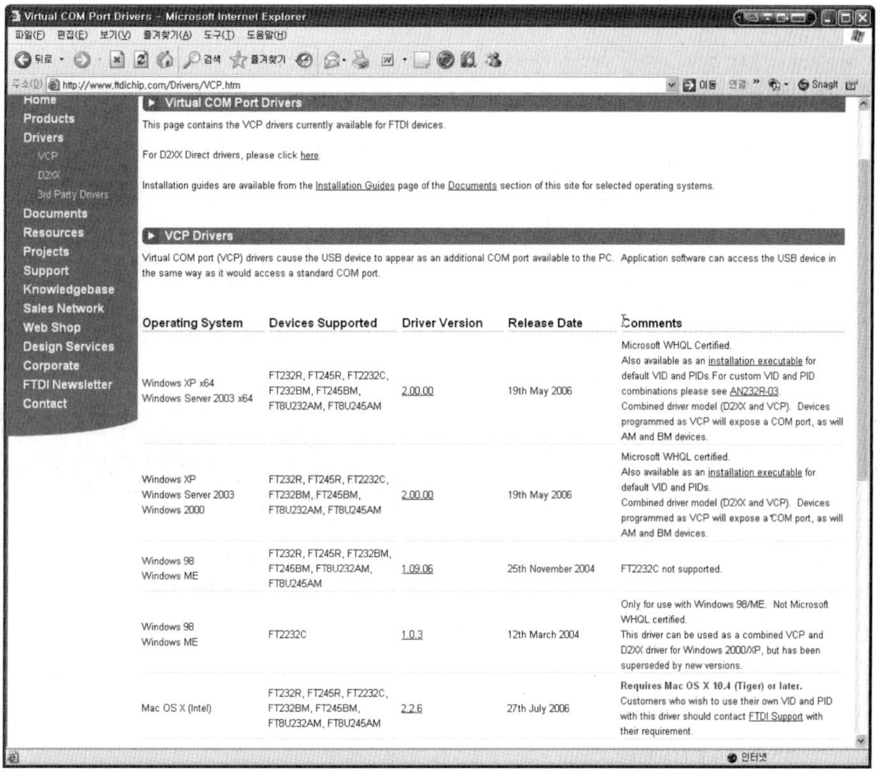

Operating System	Devices Supported	Driver Version	Release Date	Comments
Windows XP x64 Windows Server 2003 x64	FT232R, FT245R, FT2232C, FT232BM, FT245BM, FT8U232AM, FT8U245AM	2.00.00	19th May 2006	Microsoft WHQL Certified. Also available as an installation executable for default VID and PIDs. For custom VID and PID combinations please see AN232R-03. Combined driver model (D2XX and VCP). Devices programmed as VCP will expose a COM port, as will AM and BM devices.
Windows XP Windows Server 2003 Windows 2000	FT232R, FT245R, FT2232C, FT232BM, FT245BM, FT8U232AM, FT8U245AM	2.00.00	19th May 2006	Microsoft WHQL certified. Also available as an installation executable for default VID and PIDs. Combined driver model (D2XX and VCP). Devices programmed as VCP will expose a COM port, as will AM and BM devices.
Windows 98 Windows ME	FT232R, FT245R, FT232BM, FT245BM, FT8U232AM, FT8U245AM	1.09.06	25th November 2004	FT2232C not supported.
Windows 98 Windows ME	FT2232C	1.0.3	12th March 2004	Only for use with Windows 98/ME. Not Microsoft WHQL certified. This driver can be used as a combined VCP and D2XX driver for Windows 2000/XP, but has been superseded by new versions.
Mac OS X (Intel)	FT232R, FT245R, FT2232C, FT232BM, FT245BM, FT8U232AM, FT8U245AM	2.2.6	27th July 2006	Requires Mac OS X 10.4 (Tiger) or later. Customers who wish to use their own VID and PID with this driver should contact FTDI Support with their requirement.

[그림 28] USB 포트 드라이버 다운로드 사이트

본 트레이닝 키트에 있는 USB 포트는 직렬 통신을 할 수 있는 포트이다. 이 포트는 RS232 통신 실험 포트가 아닌 USB 포트를 이용한 직렬 통신 실험을 할 수 있는 블록이다.

2) 동작

본 트레이닝 키트에서는 FT232 디바이스를 사용하여 USB를 통한 직렬 데이터 통신 기능을 지원하고 있다. UART와 비슷한 핀 구조로 연결 되어 있고, FPGA 디바이스에서는 UART와 핀이 공통으로 연결 되어 있으므로 UART와 USB는 FPGA 디바이스 핀 제어가 가능하다. USB 포트를 사용하기 위해서는 먼저 http://www.ftdichip.com/ 에서 FT232R에 대한 드라이버를 먼저 설치해야 한다. 그림 31에 나타낸 것과 같이 사이트의 다운로드 센터를 확인할 수 있다.

3) 회로

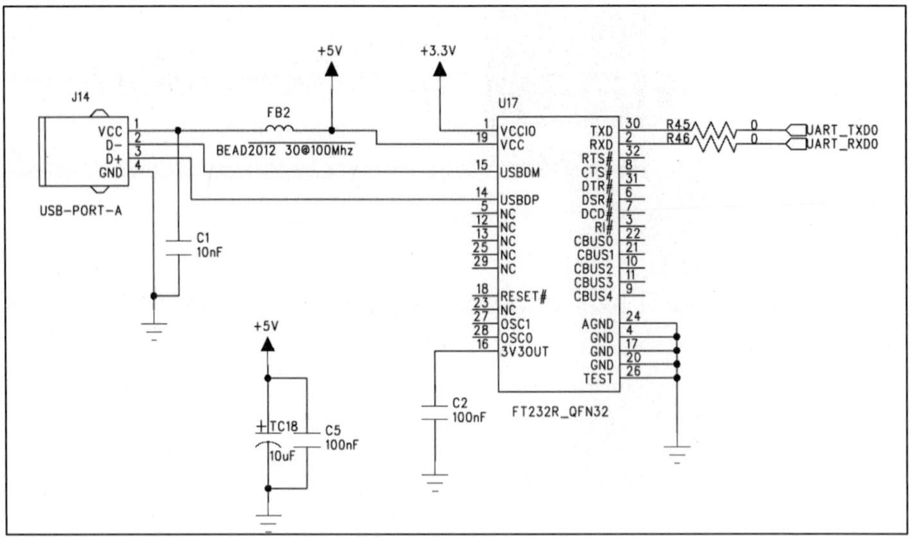

[그림 29] USB 포트 회로도

그림 32 회로에 나타낸 것과 같이 USB에서 입력되는 데이터 핀이 FT232 디바이스를 통해 바로 FPGA 디바이스로 연결되어 있다.

4) 핀 구성표

〈표 19〉 USB 포트 핀 구성도

FPGA Signal	Altera	Xilinx	Description
USB_TXD	L3	N7	Transmitter Data Input
USB_RXD	L7	N5	Receiver Data Output

3.15 VGA

1) 구성

HBE-Ccombo II는 FPGA I/O에 연결한 D/A 변환기를 이용하여 컬러 VGA 모니터를 구동할 수 있다. 그림 33은 FPGA와 DA변환기 그리고 VGA 모니터의 구성 도를 나타낸 것이다.

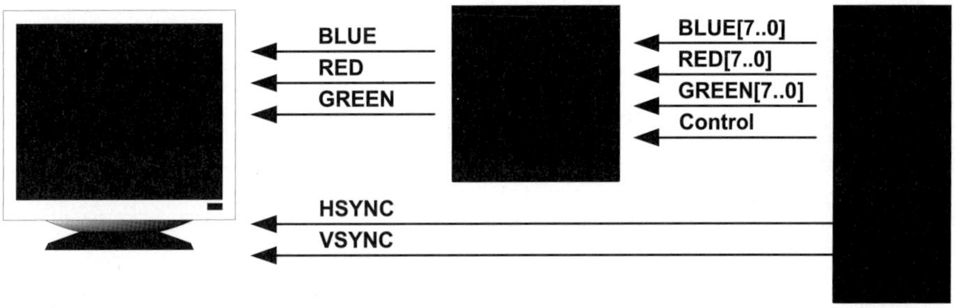

[그림 30] VGA 블록 구성도

2) 동작

VGA 모니터를 구동하기 위해 FPGA 디바이스와 D/A 컨버터 사이에 R(빨강), G(녹색), B(파랑) 색깔 별로 8개의 데이터 라인이 연결한다. 이 D/A변환기는 1024x768 해상도에 최대 24-비트 RGB 컬러를 구현할 수 있도록 설계되어 있다.

VGA 블록은 FPGA에서 VGA D/A Driver를 제어하는 회로와 VGA 모니터 동기 신호(H-sync/V-sync)를 생성해 주는 회로를 설계해야 하며, 동시에 이와 관련된 I/O 핀을 적절히 지정해 주어야 한다. 모니터 동기 신호는 구현하고자 하는 해상도에 따라 그 출력 주파수도 달라지며, 동시에 D/A 컨버터 입력 클럭도 수정되어야 한다. 1024×768 해상도를 구현하기 위해서는 구동 클럭이 65㎒가 되어야 한다.

표 20과 표 21에 해상도에 따른 VGA 동작 타이밍과 기타 유용한 정보를 나타내었다.

비디오 신호는 라인 수평 동기 신호와 수직 동기 신호로 구성된다. 해상도에 따라 수평 동기 신호는 640, 800, 1024 픽셀로 구성되며, 수직 동기 신호는 480, 600, 768 픽셀이 된다. Blankn 신호가 '1'일 때 비디오 DAC 출력 R, G, B가 액티브 상태임을 알린다. 수평 동기 신호 HS는 새로운 라인의 시작을 의미하고, 수직 동기 신호 (VS)는 새로운 프레임의 시작을 의미한다.

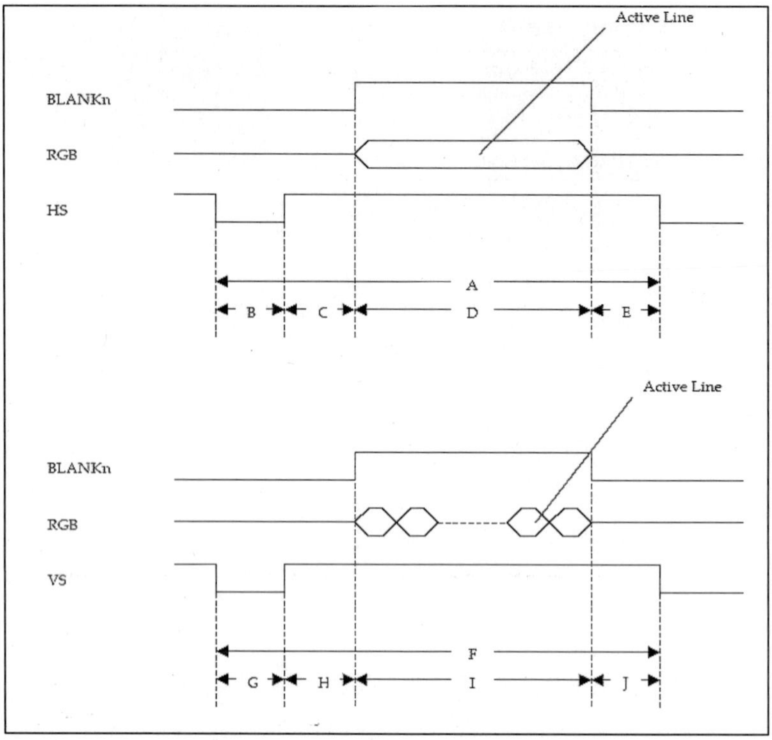

[그림 31] 수평 동기 및 수직 동기

〈표 20〉 해상도에 따른 각 타이밍 데이터

구분	해상도	640 X 480	800 X 600	1024 X 768
A	Line Period	32.8us	26.4us	20.7us
B	Hsync Sync Period	3.8us	3.2us	2.1us
C	Hsync Back Porch	1.9us	2.2us	2.5us
D	Active Video	25.4us	20us	15.7us
E	Hsync Front Porch	0.6us	1us	0.4us
F	Frame Period	16.7ms	16.58ms	16.67ms
G	Vsync Sync Period	0.05ms	0.1ms	0.12ms
H	Vsync Back Porch	1ms	0.6ms	0.6ms
I	Active Frame	15.3ms	15.84ms	15.88ms
J	Vsync Front Porch	0.3ms	0.02ms	0.06ms

그리고 수평 동기(H.Sync)와 수직 동기(V.Sync)는 각각 주사선의 수평, 수직 동기를 맞추기 위한 신호로 이 동기신호가 적절해야만 정상적인 화면을 표현할 수 있다. 따라서 수평 동기와 수직 동기에 적절히 동기 시켜 RGB 데이터를 입력함으로 모니터 내의 원하는 위치에 데이터를 표현할 수 있다.

〈표 21〉 해상도와 비디오 클럭

해상도	640 X 480	800 X 600	1024 X 768
Video clock	25.2MHz	40MHz	65MHz
Horizontal Resolution	640	800	1024
Vertical Resolution	480	600	768
Hsync Pulse Width	95	128	136
Hsync Back Porch width	40	88	160
Hsync Front Porch width	25	40	24
Vsync Pulse Width	2	4	6
Vsync Back Porch Width	22	23	29
Vsync Front Porch Width	10	1	3

3) 회로

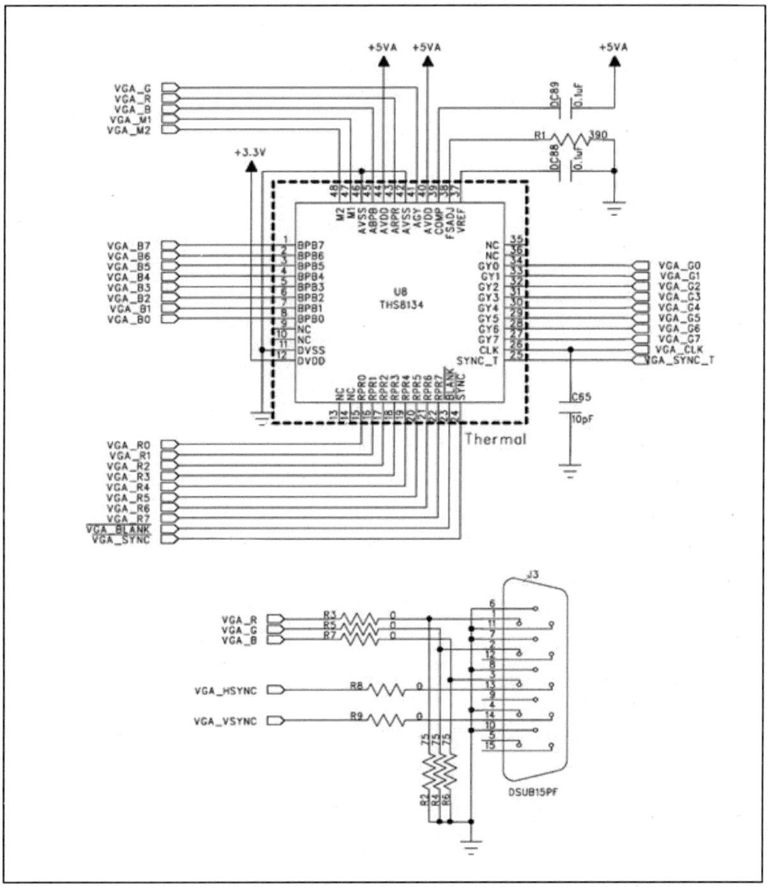

[그림 32] VGA 회로도

[그림 35] 회로에 나타낸 것과 같이 THS8134의 D/A 컨버터를 이용하여 모니터를 제어한다. FPGA 디바이스는 R(빨강), G(녹색), B(파랑) 세 가지 색깔에 대한 8-bit 데이터를 THS8134 디바이스에 전달하고 THS8134는 이러한 데이터 값을 변환하여 모니터의 색깔을 제어한다.

4) 핀 구성표

〈표 22〉 VGA 핀 구성표

FPGA Signal	Altera	Xilinx	Description
VGA_BLUE[0]	K6	M6	Blue/Pr pixel data 0
VGA_BLUE[1]	J1	L6	Blue/Pr pixel data 1
VGA_BLUE[2]	K8	L5	Blue/Pr pixel data 2
VGA_BLUE[3]	J3	L4	Blue/Pr pixel data 3
VGA_BLUE[4]	J2	L2	Blue/Pr pixel data 4
VGA_BLUE[5]	J6	K2	Blue/Pr pixel data 5
VGA_BLUE[6]	J4	K1	Blue/Pr pixel data 6
VGA_BLUE[7]	J8	L8	Blue/Pr pixel data 7
VGA_RED[0]	J7	L7	Red/Pr pixel data 0
VGA_RED[1]	H2	K6	Red/Pr pixel data 1
VGA_RED[2]	H1	K5	Red/Pr pixel data 2
VGA_RED[3]	H4	K4	Red/Pr pixel data 3
VGA_RED[4]	H3	K3	Red/Pr pixel data 4
VGA_RED[5]	G1	J4	Red/Pr pixel data 5
VGA_RED[6]	H6	J3	Red/Pr pixel data 6
VGA_RED[7]	G3	J2	Red/Pr pixel data 7
VGA_GREEN[0]	G2	K7	Green/Y pixel data 0
VGA_GREEN[1]	G5	H1	Green/Y pixel data 1
VGA_GREEN[2]	G4	J7	Green/Y pixel data 2
VGA_GREEN[3]	F1	J6	Green/Y pixel data 3
VGA_GREEN[4]	G6	J5	Green/Y pixel data 4
VGA_GREEN[5]	F3	H5	Green/Y pixel data 5
VGA_GREEN[6]	F2	H4	Green/Y pixel data 6
VGA_GREEN[7]	F6	H3	Green/Y pixel data 7
₩VGA_BLANK	K4	M8	Blanking control input
₩VGA_SYNC	K7	M7	Sync control input
VGA_CLK	AA7	AD1	VGA clock
VGA_SYNC_T	K5	L1	Sync tri-level control
VGA_HSYNC	K3	M2	Horizontal Sync
VGA_VSYNC	K2	M1	Vertical Sync
VGA_M1	K1	M5	Operation mode control 1
VGA_M2	L10	M3	Operation mode control 2

3.16 PS/2 포트 사용하기

1) 구성

PS/2 포트는 주로 PC 키보드나 마우스의 입력장치로 사용되는 직렬 통신방식이다. PS/2 커넥터를 이용하여 키보드 컨트롤러나 마우스 컨트롤러를 설계해 볼 수 있다. PS/2는 커넥터는 데이터 선과 클럭 선 두 개만 가지고 데이터의 전송이 이루어진다. 데이터 라인이 하나이기 때문에 데이터는 클럭에 동기 되어 직렬 형태로 전달된다. PS/2 커넥터의 클럭은 키보드나 마우스가 어떤 동작을 할 때만 발생한다. 데이터 형태는 시작비트(1bit), 정지 비트(1bit), 패리티 비트(1bit), 데이터 비트(8bit)로 구성하며, 모두 11bit로 되어 있다. 키보드를 누르면 키보드는 해당 키의 스캔코드 값을 출력한다. 이 코드는 처음 눌렀을 때 출력할 뿐 만 아니라 키를 뗐을 때에도 출력이 되기 때문에 키가 계속 눌려져 있을 상태를 알 수 있도록 해준다. 결국 키보드는 키를 누를 때 키 값에 해당하는 메이크 코드와 키를 뗐을 때 브레이크 코드를 출력하므로 눌렀을 때와 뗐을 때의 사이를 구분 할 수 있다. 표 23은 해당 알파벳 및 숫자에 대한 스캔코드이다.

〈표 23〉 PS/2 데이터와 코드 변환 표

입력키	Make 코드	Break 코드	입력키	Make 코드	Break 코드	입력키	Make 코드	Break 코드
1	16	F0 16	C	21	F0 21	Q	15	F0 15
2	1E	F0 1E	D	23	F0 23	R	2D	F0 2D
3	26	F0 26	E	24	F0 24	S	1B	F0 1B
4	25	F0 25	F	2B	F0 2B	T	2C	F0 2C
5	2E	F0 2E	G	34	F0 34	U	3C	F0 3C
6	36	F0 36	H	33	F0 33	V	2A	F0 2A
7	3D	F0 3D	I	43	F0 43	W	1D	F0 1D
8	3E	F0 3E	J	3B	F0 3B	X	22	F0 22
9	46	F0 46	K	42	F0 42	Y	35	F0 35
0	45	F0 45	L	4B	F0 4B	Z	1A	F0 1A
-	4E	F0 4E	M	3A	F0 3A	Enter	5A	F0 5A
=	55	F0 55	N	31	F0 31			
A	1C	F0 1C	O	44	F0 44			
B	32	F0 32	P	4D	F0 4D			

2) 동작

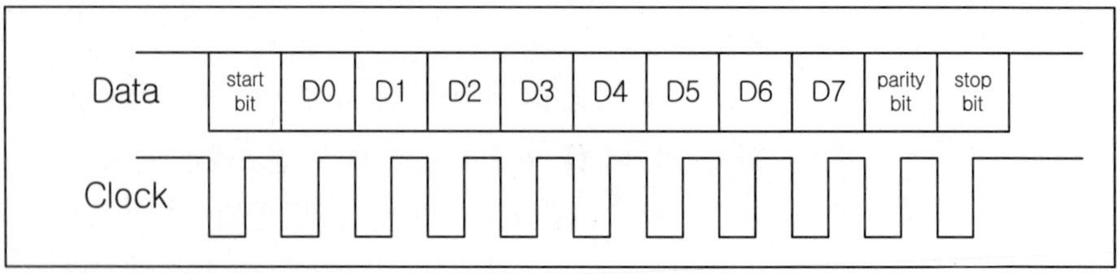

[그림 33] PS/2 키보드 동작 타이밍도

[그림 36]과 같이 키보드 통신에 사용되는 데이터 형태는 시작비트(start bit), 데이터 비트(data bit) 8개, 패리티 비트(parity bit), 정지 비트(stop bit)등의 총 11비트로 구성되어 있다. 데이터 신호는 클럭 신호로 동기를 취하기 때문에 타이밍만 일치하면 데이터를 보내는 속도에 오차가 많더라도 문제가 되지 않으며 규격으로는 1비트 당 60㎲에서 100㎲면 된다. 키보드의 키가 눌려지면 키보드 내부 컨트롤러에 의해 키에 대응하는 스캔 코드를 데이터 선을 통해 보낸다. 스캔코드는 키가 떨어질 때에도 코드를 발생하기 때문에 이를 통해 키가 계속 눌러지는 것을 인식 할 수 있게 된다. 키를 누를 때는 메이크 코드(make code)가 발생하고 키를 떼면 브레이크 코드가 발생한다. 메이크 코드(Make code)는 1 Byte로 이루어져 있으며 브레이크 코드(break code)는 메이크 코드(make code) 앞부분에 F0이 더해진 2 Byte로 이루어진다.

3) 회로

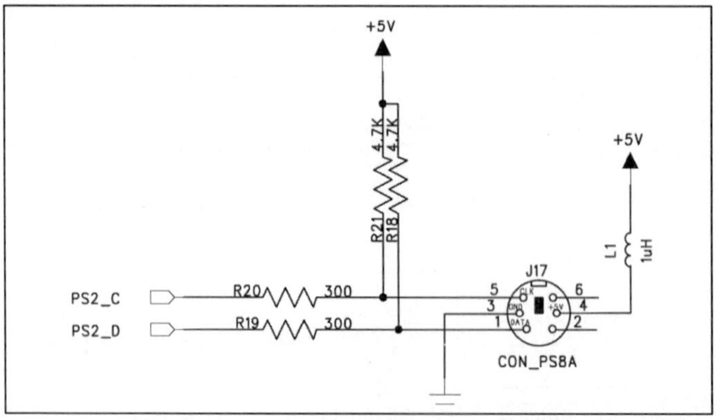

[그림 34] PS/2 키보드 회로도

[그림 37] 회로에 나타낸 것과 같이 PS/2 커넥터에 일치하는 클럭(PS2_C)과 데이터 라인(PS2_D)이 풀업저항과 직렬 저항을 통해 FPGA 디바이스에 연결되

어 있다. 이 데이터 라인으로부터 FPGA 디바이스로 스캔 코드를 읽어 들여 키보드에서 어떠한 값이 들어 왔는지 분석하여 인식하게 된다.

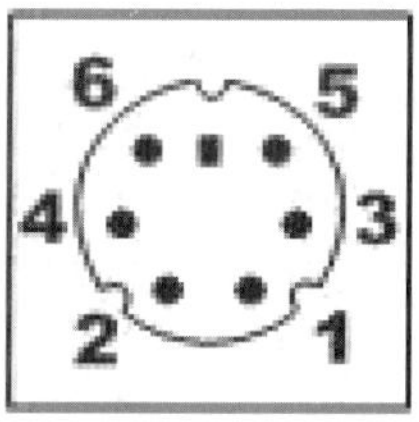

[그림 35] PS/2 커넥터

Pin	Name	Description
1	Data	Key Data
2	N/C	Not Connect
3	GND	Ground
4	VCC	+5V DC
5	CLK	Clock
6	N/C	Not Connect

〈표 24〉 PS/2 커넥터 핀 구성표

4) 핀 구성표

〈표 24〉 PS/2 키보드 핀 구성표

FPGA Signal	Altera	Xilinx	Description
PS2_CLK	M4	N4	PS/2 Clock
PS2_DATA	M3	N3	PS/2 Key data input

3.17 확장 포트

1) 구성

HBE-Combo II 장비에서는 내부 장치 이외에 별도의 확장 포트를 사용하여 외부의 장치를 제어할 수 있도록 지원하고 있다. 이러한 확장 포트의 구성은 기존의 HBE-응용 모듈을 제어하기 위한 50핀 확장 포트 2개와 보드 내에 장착하여 사용할 수 있도록 구성한 확장 포트 하나를 가지고 있다. 〈표 26, 27, 28〉은 3종류의 확장 포트에 대한 핀 구성이다. EXT1과 EXT2는 1, 2 번 핀에 +5V의 전원을 연결하고 49, 50번 핀에 GND를 연결하였다. 또한 EXT3에서는 1 ,2번 핀에 +5V의 전원을 연결하고 3, 4번 핀에 +12V의 전원을 연결하였으며, 49, 50번 핀에 GND를 연결하였다.

〈표 25〉 확장 포트 1

FPGA Signal	Altera	Xilinx	Description
EXT1[1]	–	–	+5V
EXT1[2]	–	–	+5V
EXT1[3]	J24	L26	EXT1-3
EXT1[4]	J25	M19	EXT1-4
EXT1[5]	J26	M25	EXT1-5

FPGA Signal	Altera	Xilinx	Description
EXT1[6]	K18	M26	EXT1-6
EXT1[7]	K19	M22	EXT1-7
EXT1[8]	K21	M24	EXT1-8
EXT1[9]	K22	N21	EXT1-9
EXT1[10]	K23	N22	EXT1-10
EXT1[11]	K24	N19	EXT1-11
EXT1[12]	K25	N20	EXT1-12
EXT1[13]	T26	N25	EXT1-13
EXT1[14]	L19	N26	EXT1-14
EXT1[15]	L20	N23	EXT1-15
EXT1[16]	L21	N24	EXT1-16
EXT1[17]	L23	P21	EXT1-17
EXT1[18]	L24	P22	EXT1-18
EXT1[19]	L25	P19	EXT1-19
EXT1[20]	M19	P20	EXT1-20
EXT1[21]	M20	P25	EXT1-21
EXT1[22]	M21	P26	EXT1-22
EXT1[23]	M22	P23	EXT1-23
EXT1[24]	M23	P24	EXT1-24
EXT1[25]	M24	R21	EXT1-25
EXT1[26]	M25	R22	EXT1-26
EXT1[27]	N18	R19	EXT1-27
EXT1[28]	N20	R20	EXT1-28
EXT1[29]	N23	R26	EXT1-29
EXT1[30]	N24	T19	EXT1-30
EXT1[31]	P17	R24	EXT1-31
EXT1[32]	P18	R25	EXT1-32
EXT1[33]	P23	T22	EXT1-33
EXT1[34]	P24	T23	EXT1-34
EXT1[35]	R17	T20	EXT1-35
EXT1[36]	R19	T21	EXT1-36
EXT1[37]	R20	U20	EXT1-37
EXT1[38]	R24	U21	EXT1-38
EXT1[39]	R25	T25	EXT1-39
EXT1[40]	T17	T26	EXT1-40
EXT1[41]	T18	U24	EXT1-41
EXT1[42]	T19	U25	EXT1-42
EXT1[43]	T20	U22	EXT1-43
EXT1[44]	T21	U23	EXT1-44
EXT1[45]	T22	V21	EXT1-45
EXT1[46]	T23	V22	EXT1-46
EXT1[47]	T24	U26	EXT1-47
EXT1[48]	T25	V20	EXT1-48
EXT1[49]	–	–	GND
EXT1[50]	–	–	GND

〈표 26〉 확장 포트 2

FPGA Signal	Altera	Xilinx	Description
EXT2[1]	–	–	+5V
EXT2[2]	–	–	+5V
EXT2[3]	U20	V25	EXT2-3
EXT2[4]	U21	W22	EXT2-4
EXT2[5]	U22	V23	EXT2-5
EXT2[6]	U23	V24	EXT2-6
EXT2[7]	U24	W25	EXT2-7
EXT2[8]	U25	W26	EXT2-8
EXT2[9]	U26	W23	EXT2-9
EXT2[10]	V20	W24	EXT2-10
EXT2[11]	V21	AC25	EXT2-11
EXT2[12]	V22	AC26	EXT2-12
EXT2[13]	V23	Y25	EXT2-13
EXT2[14]	V24	Y26	EXT2-14
EXT2[15]	Y18	AE24	EXT2-15
EXT2[16]	V18	AF23	EXT2-16
EXT2[17]	AA18	AF24	EXT2-17
EXT2[18]	AE17	AF22	EXT2-18
EXT2[19]	AD17	AE22	EXT2-19
EXT2[20]	U18	AE23	EXT2-20
EXT2[21]	AF17	AD23	EXT2-21
EXT2[22]	W17	AB22	EXT2-22
EXT2[23]	V17	AF21	EXT2-23
EXT2[24]	AC17	AD22	EXT2-24
EXT2[25]	AA17	AC22	EXT2-25
EXT2[26]	AD16	AC21	EXT2-26
EXT2[27]	AC16	AB21	EXT2-27
EXT2[28]	U17	AE21	EXT2-28
EXT2[29]	AE16	AD21	EXT2-29
EXT2[30]	W16	AC20	EXT2-30
EXT2[31]	AE15	AB20	EXT2-31
EXT2[32]	AA16	AF20	EXT2-32
EXT2[33]	Y16	AE20	EXT2-33
EXT2[34]	AB15	AE19	EXT2-34
EXT2[35]	AA15	AA18	EXT2-35
EXT2[36]	AD15	AA20	EXT2-36
EXT2[37]	AC15	AF19	EXT2-37
EXT2[38]	AC14	AC17	EXT2-38
EXT2[39]	AA14	AB17	EXT2-39
EXT2[40]	Y15	Y18	EXT2-40
EXT2[41]	W15	AD17	EXT2-41
EXT2[42]	AF13	AC16	EXT2-42
EXT2[43]	AE13	AB16	EXT2-43
EXT2[44]	Y14	AA17	EXT2-44
EXT2[45]	V14	Y17	EXT2-45
EXT2[46]	V13	W16	EXT2-46
EXT2[47]	AE12	AF15	EXT2-47
EXT2[48]	AA13	AA16	EXT2-48
EXT2[49]	–	–	GND
EXT2[50]	–	–	GND

〈표 27〉 확장 포트 다우터(Daughter)

FPGA Signal	Altera	Xilinx	Description
EXT_DAU[1]	-	-	+5V
EXT_DAU[2]	-	-	+5V
EXT_DAU[3]	-	-	+12V
EXT_DAU[4]	-	-	+12V
EXT_DAU[5]	H21	L20	EXT3-5
EXT_DAU[6]	H19	L19	EXT3-6
EXT_DAU[7]	G24	K22	EXT3-7
EXT_DAU[8]	G23	K21	EXT3-8
EXT_DAU[9]	G26	K24	EXT3-9
EXT_DAU[10]	G25	K23	EXT3-10
EXT_DAU[11]	F26	J24	EXT3-11
EXT_DAU[12]	F25	J23	EXT3-12
EXT_DAU[13]	G22	K20	EXT3-13
EXT_DAU[14]	G21	J25	EXT3-14
EXT_DAU[15]	F21	J20	EXT3-15
EXT_DAU[16]	F20	H26	EXT3-16
EXT_DAU[17]	F24	J22	EXT3-17
EXT_DAU[18]	F23	J21	EXT3-18
EXT_DAU[19]	E24	H23	EXT3-19
EXT_DAU[20]	E23	H22	EXT3-20
EXT_DAU[21]	E26	H25	EXT3-21
EXT_DAU[22]	E25	H24	EXT3-22
EXT_DAU[23]	D25	E24	EXT3-23
EXT_DAU[24]	D23	E23	EXT3-24
EXT_DAU[25]	E22	H21	EXT3-25
EXT_DAU[26]	D26	H20	EXT3-26
EXT_DAU[27]	B25	D26	EXT3-27
EXT_DAU[28]	B24	D25	EXT3-28
EXT_DAU[29]	C25	C26	EXT3-29
EXT_DAU[30]	C24	C25	EXT3-30
EXT_DAU[31]	E20	B23	EXT3-31
EXT_DAU[32]	A19	C23	EXT3-32
EXT_DAU[33]	C19	A23	EXT3-33
EXT_DAU[34]	D19	C22	EXT3-34
EXT_DAU[35]	A18	D22	EXT3-35
EXT_DAU[36]	B18	A22	EXT3-36
EXT_DAU[37]	D18	B22	EXT3-37
EXT_DAU[38]	E18	B21	EXT3-38
EXT_DAU[39]	F18	C21	EXT3-39
EXT_DAU[40]	G18	E22	EXT3-40
EXT_DAU[41]	J18	A21	EXT3-41
EXT_DAU[42]	A17	F21	EXT3-42
EXT_DAU[43]	B17	A20	EXT3-43
EXT_DAU[44]	C17	D21	EXT3-44
EXT_DAU[45]	D17	E21	EXT3-45
EXT_DAU[46]	F17	E20	EXT3-46
EXT_DAU[47]	G17	F20	EXT3-47
EXT_DAU[48]	H17	B20	EXT3-48
EXT_DAU[49]	-	-	GND
EXT_DAU[50]	-	-	GND

찾아보기

■ 저자 약력

박군종

연세대학교 전자공학과 학사
연세대학교 전자공학과 석사
동양정밀공업(주) 중앙연구소 연구원
삼성종합기술원 정보시스템 연수소 선임연구원
연세대학교 전기컴퓨터공학과 박사
현재 동양미래대학교 정보통신과 교수

정성순

연세대학교 전자공학과 학사
연세대학교 전자공학과 석사
삼성전자 정보통신연구소 선임연구원
연세대학교 전기전자공학과 박사
현재 동양미래대학교 정보통신과 교수

김용규

연세대학교 공과대학 전자공학과 학사
연세대학교 대학원 전자공학과 석사
연세대학교 대학원 전자공학과 박사
삼성전자 가전부문 연구소
현재 성결대학교 정보통신공학부 교수

ALTERA QUARTUS II와
디지털 응용회로 설계

박군종·정성순·김용규 지음

초판인쇄 : 2014. 2. 24
초판발행 : 2014. 3. 3
발 행 인 : 김 승 기
발 행 처 : 생능출판사
신고번호 : 제406-2005-000002호
신고일자 : 2005. 1. 21
I S B N : 978-89-7050-800-9

413-120
경기도 파주시 광인사길 143
대표전화 : (031) 955-0761 FAX : (031) 955-0768
홈페이지 : http://www.booksr.co.kr

파본 및 잘못된 책은 바꾸어 드립니다. 정가 22,000원